MONOGRAPHIEN AUS DEM GESAMTGEBIET DER PHYSIOLOGIE DER PFLANZEN UND DER TIERE

HERAUSGEGEBEN VON

M. GILDEMEISTER-LEIPZIG · R. GOLDSCHMIDT-BERLIN
C. NEUBERG-BERLIN · J. PARNAS-LEMBERG · W. RUHLAND-LEIPZIG

SIEBENUNDZWANZIGSTER BAND

DAS RECHTS-LINKS-PROBLEM
IM TIERREICH UND BEIM MENSCHEN

VON

WILHELM LUDWIG

Springer-Verlag Berlin Heidelberg GmbH
1932

DAS
RECHTS-LINKS-PROBLEM
IM TIERREICH UND BEIM MENSCHEN

MIT EINEM ANHANG
RECHTS-LINKS-MERKMALE DER PFLANZEN

VON

WILHELM LUDWIG
PRIVATDOZENT FÜR ZOOLOGIE AN DER UNIVERSITÄT HALLE A. S.

MIT 143 ABBILDUNGEN

Springer-Verlag Berlin Heidelberg GmbH
1932

ISBN 978-3-662-27706-5   ISBN 978-3-662-29196-2 (eBook)
DOI 10.1007/978-3-662-29196-2

Vorwort.

Asymmetrien in der organischen Natur haben meist — unter gewissen Voraussetzungen kann man auch sagen: immer — sekundären Charakter, sie stellen entweder Abweichungen von einer ursprünglich vorhandenen bilateralen Symmetrie dar (dies in der Mehrzahl) oder haben sich aus völliger Regellosigkeit herausgebildet (z. B. die Schraubenbahnen), ohne zuvor das Stadium bilateraler Symmetrie zu durchlaufen. In beiden Fällen kann man zwei Fragen stellen, die auf zwei gesonderte Probleme führen. Die erste Frage ist: warum kommt es überhaupt zur Herausbildung einer Asymmetrie, die zweite geht von der Tatsache aus, daß von jedem räumlichen asymmetrischen Gebilde zwei spiegelbildliche Formen möglich sind, die sich nicht miteinander zur Deckung bringen lassen — wir wollen sie Rechts- und Linksform nennen —, und sie lautet: welche Form ist von einer Asymmetrie verwirklicht, die Rechtsform, die Linksform, oder beide in verschiedener Häufigkeit nebeneinander, sie fordert zu weiteren Fragestellungen heraus: warum gerade die eine und nicht die andere Form; wieso ist es möglich, daß manchmal die spiegelbildliche Form nur ab und zu als „Inversion" auftritt usw. Die Gesamtheit aller Tatsachen und Fragestellungen, die diese zweite Hälfte des Asymmetrieproblems betreffen, wird hier unter dem Namen „Rechts-Links-Problem" zusammengefaßt.

Es gibt nur wenige Asymmetrien, die man eingehend unter dem Gesichtspunkt des RL-Problems untersucht hat. Der Windungssinn der Schnecken, die Ungleichscherigkeit der Krebse, der inverse Eingeweidesitus der Wirbeltiere und die Händigkeit des Menschen sind die wichtigsten unter ihnen. Daneben sind in der zoologischen, botanischen und medizinischen Literatur außerordentlich viel Einzeltatsachen verstreut, und da es sich im folgenden darum handeln soll, aus dem bisher Bekannten Folgerungen zu ziehen, war eine Sammlung all dieses Tatsachenmaterials erste Vorbedingung. Denn das Beispiel des Menschen wird zeigen, daß es „gefährlich" ist und zu überflüssigen Diskussionen führen kann.

wenn man die Asymmetrien einer Art allein betrachtet. Ebenso wie der innere Bau einer Tierart in seinem Wesen unverständlich bleibt, solange man nicht die Art im Rahmen der Tierklasse, zu der sie gehört, und im Rahmen des ganzen Tierreiches betrachtet, so können auch die RL-Eigenschaften einer Asymmetrie erst durch Vergleich mit anderen und durch ihre Einordnung in die Gesamtheit der Asymmetrien begriffen werden.

Mit wenigen Ausnahmen wurde alle erreichbare Literatur im Original eingesehen; nur die wichtigen Arbeiten — etwa $^1/_6$ der Gesamtzahl — wurden ins Literaturverzeichnis aufgenommen, der Rest konnte ausgeschieden werden oder wurde so zitiert, daß eine mit einer 0 beginnende Literaturnummer (z. B. [0326]) darauf hinweist, daß die betreffende Publikation im Literaturverzeichnis der sub [326] zitierten Arbeit aufgeführt ist. Die ursprüngliche Absicht, das von botanischer Seite beigebrachte Material in gleich genauer Weise wie das über Tiere und den Menschen zusammenzutragen, erwies sich für den Zoologen unmöglich. Ein kurzer Anhang zeigt, daß am Tier gewonnene Erkenntnisse sich im Pflanzenreich bestätigt finden.

Das vorliegende Buch bringt nach einem einleitenden Teil vorwiegend terminologischen Inhalts im speziellen Teil eine Zusammenfassung des Tatsachenmaterials, geordnet nach Tiergruppen. Dabei wird das rein Beschreibende zwar vollständig, aber in möglichster Kürze dargelegt; der Hauptraum ist solchen Asymmetrien gewidmet, die zur Theorie der RL-Merkmale Erkenntnisse liefern. Ein allgemeiner Teil enthält die zusammenfassende Formulierung und Diskussion der Einzelprobleme. Zweck dieses Buches soll es sein, das RL-Problem in seinem heutigen Stande vor Augen zu führen; anzuregen, alle Asymmetrien fortan auch unter diesem Gesichtspunkt zu betrachten und hinzuweisen auf die Bedeutung des RL-Problems innerhalb des Gesamtgebiets der Vererbungslehre.

Herrn Professor R. GOLDSCHMIDT, der die Anregung zu diesem Buche gab, jenen Herren, die mich durch Beantwortung von Anfragen oder Überlassung von Zeichnungen unterstützten, sowie vor allem dem Verlag JULIUS SPRINGER, der dem Buche die so vorzügliche Ausstattung zuteil werden ließ, bin ich zu großem Danke verpflichtet.

Halle a. d. S., März 1932.

W. LUDWIG.

Inhaltsverzeichnis.

I. Einleitender Teil.

II. Spezieller Teil.

III. Allgemeiner Teil.

I. Einleitender Teil.

§ 1. Das RL-Problem. Die RL-Merkmale.

Es ist unmöglich, an den Anfang dieser Ausführungen eine kurze Definition des Begriffes „RL-Problem" zu stellen. Denn in dem Sinne, in dem das Wort „RL-Problem" in den folgenden Kapiteln gebraucht werden wird, bedeutet es nicht ein einzelnes Problem, sondern stellt — zumindest fürs erste — einen Ausdruck dar für die Gesamtheit aller Tatsachen, Fragestellungen und Einzelprobleme, die „RL-Merkmale" betreffen. Und unter „RL-Merkmalen" verstehen wir alle Merkmale im weitesten Sinn, Merkmale morphologischer oder physiologischer Art, denen als gemeinsames Charakteristikum zukommt, daß sie „wesentlich" asymmetrisch sind, daß von jedem Merkmal also zwei kongruente, aber spiegelbildliche Typen existieren.

Bevor dargelegt werden soll, welche Asymmetrien in dem genannten Sinn als wesentlich zu bezeichnen sind, erscheint es angebracht, einige Beispiele echter RL-Merkmale anzuführen. Die Körpergestalt eines Tieres ist ein Merkmal morphologischer Art; ist, wie bei den Schnecken oder Infusorien, der Körper asymmetrisch geformt, so gehört bei diesen Tierklassen die Körpergestalt unter die RL-Merkmale. Es können jedoch auch einzelne Teile eines äußerlich symmetrischen Körpers unsymmetrisch gestaltet sein, wie das Herz der Säugetiere, es können einzelne Zellen (Nesselzellen der Coelenteraten) oder schließlich nur gewisse Zellbestandteile asymmetrischen Bau besitzen. Paarige und primär spiegelbildlich symmetrisch angelegte Organe eines bilateralsymmetrischen Körpers können im ausgebildeten Zustand in Lage oder Größe differieren, eines der beiden kann rückgebildet oder umgekehrt in Anpassung an besondere Funktion exzessiv ausgestaltet werden oder einen differenzierten Bau erhalten (Hectocotylus der Cephalopoden). Eine Überleitung zu RL-Merkmalen physiologischer Art bedeutet es, wenn die paarig spiegelbildlichen Organe oder Körperteile zwar mehr oder weniger gleichgeformt sind, aber eines von beiden im Gebrauch bevorzugt wird (Händigkeit, Äugigkeit), wenn bei Insekten z. B. der linke

Flügel in der Ruhe über dem rechten liegt oder umgekehrt, oder
wenn ein Tier die Gewohnheit besitzt, zur Ruhe sich vorzugsweise auf eine Körperseite zu legen — eine „Lagegewohnheit‘,
die starke körperliche Asymmetrie im Gefolge haben kann (Plattfische). Ist die Bewegungsbahn eines Körpers eine gesetzmäßig
asymmetrische, wie es der Fall ist beim schraubigen Schwimmen
der Mikroorganismen, dem Im-Kreise-Laufen von Landtieren
oder dem Absuchen eines zylindrischen Blütenstandes in Schraubentouren durch fliegende Insekten, so ist in jedem Falle das eine
zweier möglicher spiegelbildlicher Gebilde verwirklicht. Und um
einen letzten Typ von RL-Merkmalen anzuführen: Es kann bei
den zirpenden Laubheuschrecken der rechte Flügel eine Schrillkante tragen, die über die gerippte Schrilleiste des linken gleitet,
es kann oder könnte zumindest auch das Umgekehrte statthaben —
also der Fall eines aus zwei notwendigen und voneinander verschiedenen Teilen bestehendes Organs, von denen jeder einer
anderen Körperhälfte angehört.

In allen diesen Fällen echter RL-Merkmale handelt es sich
um räumliche (Körperteile) oder raumzeitliche (Bewegungsbahn,
Lagegewohnheit) Gebilde, die derart asymmetrisch sind, daß von
jedem nur zwei scharfunterschiedene spiegelbildliche Sorten
möglich sind und in jedem Einzelfalle entscheidbar ist, welcher
der beiden Sorten das individuell betrachtete Merkmal angehört.
Dies wird unter der Eigenschaft „wesentlich asymmetrisch‘
verstanden, die jedem echten RL-Merkmal zukommen muß.

Daneben existieren andere Asymmetrien, die fluktuierende
und Kollektivasymmetrien genannt werden sollen und die
nur an bilateral-symmetrischen Körpern auftreten. Der Grund
für ihre Existenz liegt darin, daß bilaterale Symmetrie niemals
exakt in der Natur verwirklicht ist, daß zumindest am einzelnen
Individuum die feineren prinzipiell spiegelbildlichen Strukturen
jeder Seite durch individuelle Variation überdeckt werden. Die
Flügel der Libellen oder Hymenopteren beispielsweise sind zwar
grundsätzlich spiegelbildlich geädert, indessen lassen sich zwei
zusammengehörige Flügel eines Individuums niemals genau zur
Deckung bringen, die Anzahl der zwischen zwei bestimmten
Längsadern verlaufenden Queraderbrücken ist, vor allem beim
Libellenflügel, links und rechts nur selten numerisch gleich,
ebenso wie die Zahl der Maschen des Geäders überhaupt. In der

Mantelhöhle der Placophoren (Käferschnecken) sitzen jederseits bis 80 gefiederte Kiemen, und nur selten ist die Anzahl der linken gleich der der rechten, wie die folgende Tabelle zeigt (nach PLATE[0202]):

Acanthopleura echinata.

Körperlänge in mm. . .	18	38	65	72	82	97	100	122
Kiemenzahl, rechts . . .	55	62	71	73	74	69	73	73
„ links . . .	53	65	70	69	72	69	71	72

Und Ähnliches ist fast überall dort der Fall, wo beiderseits an einem bilateralsymmetrischen Körper ein Merkmal in der Vielzahl und in grundsätzlich paariger Anordnung auftritt. Überprüft man in solchem Sinne eine hinreichend große Anzahl von Individuen derselben Art, so daß das Ergebnis statistisch einwandfrei und nicht durch Zufälligkeiten beeinflußt ist, so kann sich ergeben, daß im Mittel die Anzahl der Merkmale jeder Seite die gleiche, daß hinsichtlich dieser Merkmale die betreffende Art also symmetrisch ist und alle Verschiedenheiten beider Seiten beim einzelnen Tier auf Rechnung individueller Variation gesetzt und als fluktuierende Asymmetrien bezeichnet werden müssen — oder aber es kann sich ergeben, daß im Mittel über große Individuenzahlen auf der einen Körperhälfte, z. B. der Linken, das Merkmal öfter vertreten ist als auf der anderen (der rechten). Zwar wird es dann trotzdem und meist in keineswegs zu geringer Häufigkeit Individuen geben, bei denen sich umgekehrt auf der rechten Körperseite die größere Anzahl findet: am einzelnen Individuum ist es nicht möglich, einen Schluß auf die Gesamtheit der Individuen zu ziehen, die Befunde am Individuum sind von der individuellen Variation überlagert und fallen unter den Begriff der fluktuierenden Asymmetrie, die Gesamtheit der Individuen jedoch, das Kollektiv, erweist sich nach statistischer Betrachtung als asymmetrisch, und in diesem Sinne soll eine solche Asymmetrie als Kollektivasymmetrie bezeichnet werden.

Im ersten, oben genannten Falle war das Kollektiv als Ganzes symmetrisch, das Einzelindividuum konnte infolge Variation asymmetrisch sein; diese fluktuierenden Asymmetrien sind für das Weitere ohne Interesse, da sie, wenn nicht als Zahlen-, so doch als Größen- oder Gewichtsunterschiede wohl bei jedem symmetrischen Merkmalspaar auftreten. Im zweiten Falle ist auch das Kollektiv asymmetrisch, doch ist wegen der individuellen

Variation diese Tatsache im Einzelfalle nicht erkennbar. Diese Kollektivasymmetrien erscheinen meist, vielleicht sogar immer, als sekundäre Folge echter Asymmetrien, sei es innerer oder solcher physiologischer Art. Untersuchungen über sie liegen außer dort, wo es sich nur darum handelt, die variationsstatistische Methode zu illustrieren (§ 2), nur vor, wo ein wichtiges RL-Merkmal die Erforschung aller zugehörigen sekundären Details wünschenswert machte, und von solchen RL-Merkmalen gibt es bisher nur drei, die Rechtshändigkeit des Menschen, die Heterochelie der Krebse und die Asymmetrie der Plattfische. Angaben wie die, daß beim rechtshändigen Menschen im Mittel das Gewicht der Muskelmasse der rechten Körperhälfte das der linken um ein geringes übertrifft, oder daß die Extremitäten einer Seite etwas länger als die der anderen sind, sind Beispiele solcher Kollektivasymmetrien. Sie werden im folgenden beim zugehörigen RL-Merkmal als Ergänzung mit aufgeführt werden, und in seltenen Fällen (Armlänge des Menschen) läßt sich mit ihnen fast ebenso operieren wie mit einem echten RL-Merkmal.

Im nächsten Paragraph werden außerdem, um einerseits die zugehörige statistische Methode, andererseits die Verbreitung und den Grad der Kollektivasymmetrien zu demonstrieren, einige solche Kollektivasymmetrien mitgeteilt, die ihre Analyse vornehmlich methodischen Gründen verdanken.

§ 2. Beispiele von fluktuierender und Kollektivasymmetrie.

a) Methodik. Asymmetrieindex.

Als erstes einfaches Beispiel für die Analyse der Symmetrieeigenschaften eines paarigen Merkmals innerhalb eines Kollektivs seien angeführt die Anzahlen der Flossenstrahlen in den Brustflossen bei 1000 weiblichen Kaulbarschen (*Acerina cernua* L.). Man erhält nach Auszählung das folgende Schema:

R \ L	11	12	13	14	15	16	Σ
11			1				1
12		2	5		1		8
13		6	**161**	57	1		225
14		1	58	**592**	27		678
15				27	**60**		87
16			1				1
Σ	0	9	226	676	89	0	1000

und erkennt, daß in diesem Kollektiv die Strahlenzahl in der linken Flosse von 12—15, in der rechten von 11—16 variiert, und daß symmetrische Strahlenzahlen (Hauptdiagonale) am häufigsten vertreten sind. Um zu erkennen, ob die gesamte Verteilung eine asymmetrische ist, muß man zunächst die Summen der jederseits überzähligen Strahlen bilden:

Es gibt

6 + 58 + 27 =	91 Tiere mit	1	überz. Strahl R,	zus.	91	überz. Strahlen R
	1 Tier „	2	„ Strahlen R,	„	2	„ „ R
	1 „ „	3	„ „ R,	„	3	„ „ R
$\Sigma R =$	93 Tiere mit zusammen			$\Sigma r =$	96	überz. Strahlen R.

5 + 57 + 27 =	89 Tiere mit	1	überz. Strahl L,	zus.	89	überz. Strahlen L
	2 „ „	2	„ Strahlen L,	„	4	„ „ L
	1 Tier „	3	„ „ L,	„	3	„ „ L
$\Sigma L =$	92 Tiere mit zusammen			$\Sigma l =$	96	überz. Strahlen L.

Als einfaches Maß für die Größe der Asymmetrie könnte man den Ausdruck $(\Sigma R - \Sigma L) : n$ wählen, d. h. die durch die Gesamtindividuenzahl dividierte Differenz der Individuenzahl, die rechts mehr Strahlen als links, minus der Zahl der Individuen, die links mehr Strahlen als rechts besitzen, ohne Rücksicht darauf, wieviel Strahlen die einzelnen Tiere auf der einen Seite mehr enthalten, und erhielte in unserem Falle den Wert $(93 — 92) : 1000 = 0,001$; wobei als Folge der Definition ein positiver (bzw. negativer) Wert Rechts-(bzw. Links-)asymmetrie (d. h. rechts bzw. links mehr Strahlen) bedeutet. Andererseits könnte man die analoge Differenz $(\Sigma r - \Sigma l) : n$ bilden, d. h. die durch die Gesamtindividuenzahl dividierte Differenz der überzähligen Flossenstrahlen beider Seiten, wobei also z. B. ein Tier mit 3 überzähligen Strahlen links 3 Tiere mit je 1 überzähligen Strahl rechts „aufhebt", und erhielte in unserem Falle den Wert 0.

Einen Asymmetrieindex, der diese beiden Berechnungsweisen miteinander vereinigt und außer einigen weiteren die folgenden wichtigen Bedingungen erfüllt:

1. er ist nur $= 0$, wenn kein Tier Asymmetrien zeigt, wenn also in dem quadratischen Schema alle Felder außer der Hauptdiagonale frei sind (vollkommene Symmetrie);

2. er erreicht den Maximalwert ± 1, wenn alle Tiere auf der gleichen Körperseite mehr Strahlen als auf der anderen besitzen, wenn also auch symmetrische Tiere völlig fehlen, so daß im obigen Schema die Hauptdiagonale und eines der beiden Halbquadrate (rechts oben oder links unten) völlig freibleiben (vollkommene Asymmetrie),

hat DUNCKER[5] aufgestellt in der* Formel

$$\alpha = \frac{\Sigma R \cdot \Sigma r - \Sigma L \cdot \Sigma l}{n \, (\Sigma r + \Sigma l)},$$

wobei α positiv ist bei Rechts- und negativ bei Linkssaymmetrie.

---

* durch Probieren gefundenen, nicht theoretisch abgeleiteten, im allgemeinen aber durchaus zweckmäßigen

	Autor	Spezies	Merkmal	♂, ♀, R, L	Individuenzahl n	Asymmetrieindex α	Prozentsatz der symmetrischen Individuen	Bemerkungen
1	VORIS	Pimephalus notatus	Zahl der Seitenlinienschuppen	♂+♀	500	0,0603	37,4	Symmetrie?
2	DUNCKER	Acerina cernua	„ „ Brustflossenstrahlen	♂	650	−0,0263	82,5	Symmetrie
3	„	„ „	„ „ „	♀	1000	0,0005	81,5	„
4	„	„ „	Kopflänge seitlich	♀	692	−0,0236	80,4	„
5	BYRNE	Zeus faber (Peters-fisch)	Unterkieferlänge	♀	692	−0,0298	72,7	„
6			Zahl d. Basalplatten d. weichstrahl. Rückenflosse	♂+♀	250	0,0265	42,4	„
7	DUNCKER	„ „ „	„ „ „ Bauchflosse	♂+♀	250	−0,0115	49,6	„
8	DAVENPORT	Cottus gobio L.	„ „ Strahlen der Brustflosse	♂+♀	354	0,0630	82,5	Wahrscheinl. Sym.
9	und BULLARD	Schweine	„ „ MÜLLERschen Drüsen (Achselhöhle)	♂	2000	0,0044	40,5	Symmetrie
10a	DUNCKER	Pleuronectes flesus (Flunder)	Zahl der Brustflossenstrahlen	R ♂	562	0,6119	36,7	
b	„	„	„ „ „	R ♀	497	0,5957	35,2	
c	„	„	„ „ „	L	60	−0,5833	1,9	
11a	„	„	„ „ geteilten Brustflossenstrahlen	R ♂	528	0,9763	2,1	
b	„	„	„ „ „	R ♀	486	0,9794		
c	„	„	„ „ „	L	60	−0,9831		Asymmetrie als Folge der Seitenlage
12a	„	„	Gesamtzahl der Bauchflossenstrahlen	R ♂	550	0,0220	95,5	
b	„	„	„ „ „	R ♀	497	0,0171	92,8	
c	„	„	„ „ „	L	60	−0,0833		
13a	„	„	Zahl der geteilten	R ♂	558	0,3709	57,2	
b	„	„	„ „ „	R ♀	496	0,3858	56,3	
c	„	„	„ „ „	L	60	−0,3742		
14a	YERKES	Gelasimus pugilator (Brachyure mit Heterochelie)	Lateralrand des Cephalothorax	♂ R	400	0,8377	15,8	
b	und DUNCKER		„ „ „	♂ L	400	−0,7926	20,3	
15a	„	„	Meropodit des 2. Beinpaares	♂ R	400	0,8132	17,8	Asymmetrie als Folge der Heterochelie
b	„	„	„ „ 2.	♂ L	400	0,8724	9,8	
16a	„	„	Mero-, Carpo- und Propodit des Scherenbeins	♂ R	400	1,0000	—	
b	„	„	„ „ „ „	♂ L	400	−1,0000		
17a	Telphis spinifrons (Carcinide)		Desgleichen des Dactylopoditen des Cephalothorax	♀ R	695	0,0007	90,6	Symmetrie
b	„	„	„ „ „	♂ L	543	−0,0097	92,8	„
c	„	„	„ „ „	♀ L	255	−0,0135	87,1	„
d	„	„	„ „ „	♀ L	206	−0,0296	90,8	„

	Species	Merkmal		N	α	%	Note
18a		Infraorbitalränder d. Cephalothorax	♂R	690	0,0385	52,2	Schwacher Einfluß der Ausbildung der großen Schere
b		„ „ „	♀R	538	0,0622	53,0	
c		„ „ „	♂L	255	−0,0603	50,6	
d		„ „ „	♀L	204	−0,0694	50,0	
19a		Frontalränder	♂R	682	0,0090	57,8	„ ?
b		„	♀R	537	0,0019	60,9	
c		„	♂L	253	−0,0536	60,5	
d		„	♀L	204	−0,1120	57,4	
20a	HEFFEREN Nereis limbata	Zahl der freien Zähne an den Kiefern			−0,0459	49,3	± Symmetrie
b	„	„ verdeckten Zähne an den Kiefern		400	0,0998	50,0	
c	„	„ aller Zähne an den Kiefern		400	0,0438	58,5	
21a	PEARSON u. WHITELEY Mensch	Länge des proxim. Gliedes des Zeigefingers	♀	551	0,3850	42,7	9,7* Asymmetrie als Folge vorwiegender Rechtshändigkeit
b	„	„ „ „ „ Mittel- „	♀	551	0,3564	46,0	9,5*
c	„	„ „ „ „ Ring- „	♀	551	0,3777	45,3	8,8*
d	„	„ „ „ „ kleinen Fingers	♀	551	0,3887	43,7	9,1*

* Die Zahlen bedeuten die Prozentsätze der Individuen mit linksseitig größerem Finger. R bzw. L in der 5. Spalte bedeuten bei den Flundern rechts- bzw. linksäugige, bei den Krebsen rechts- bzw. linkshändige Individuen (Heterochelie).

Für das obige Beispiel ergäbe sich für α der außerordentlich kleine Wert α = 0,00050; es ist wohl selbstverständlich, daß dieser Wert nur durch zufällige Zusammensetzung des Kollektivs bedingt ist und richtig interpretiert besagt, daß das Kollektiv symmetrisch ist und alle Abweichungen als fluktuierende Asymmetrien zu buchen sind. Eine entsprechende Durchzählung von 650 männlichen Kaulbarschen ergibt einen Index von α = —0,02631, doch trägt offenbar auch dieser Wert nur zufälligen Charakter, und man kann von Kollektivasymmetrie im allgemeinen nur dann reden, wenn α einen gewissen Minimalwert, etwa 0,05, übersteigt.

b) Liste einiger auf Asymmetrie analysierter Kollektive.

Die vorstehende Tabelle bringt eine Auswahl von Kollektiven, die von DUNCKER auf Asymmetrie untersucht wurden. Man erkennt, daß in einigen Fällen (MÜLLERsche Drüsen der Schweine, Schädel der Fische, Brustflossenstrahlenzahl bei Acerina) ohne Zweifel, bei den Kieferzähnen von Nereis vermutlich symmetrische Kollektive vorliegen. In anderen Fällen (Seitenlinienschuppen, Brustflossenstrahlenzahl von Cottus) mag der etwas höhere Asymmetrieindex gleichfalls nur zufälligen Charakter tragen und das Kollektiv symmetrisch sein, doch könnte es sich hier bereits um geringstgradige Auswirkungen des asymmetrischen Baues im Körperinnern handeln. Bei den Flundern sind alle untersuchten Merkmale, allerdings in wesentlich verschiedenem Grade, durch die grundsätzliche Asymmetrie des Körpers direkt beeinflußt, und Ähnliches gilt für die ungleichscherigen Krebse, doch zeigen hier die Dornzahlen der Dental- und Frontalränder, daß keineswegs alle Teile und Strukturen des Körpers durch eine wesentliche Asymmetrie in Mitleidenschaft gezogen zu sein brauchen. — Auf das Beispiel der menschlichen Finger glieder wird im speziellen Teil nochmals eingegangen.

Zugleich bestätigen die wiedergegebenen Beispiele die obige Behauptung daß die statistische Methode nur dann ein der aufgewandter Mühe entsprechendes Ergebnis zeitigt, wenn es sich darum handelt, eine wesentliche Asymmetrie des Organismus in ihrer Auswirkungen auf den ganzen Körperbau zu studieren, und daß darum im folgenden nur in seltenen Fällen auf Kollektivasymmetrie ein gegangen zu werden braucht.

c) Liste nichtanalysierter Kollektive.

Randständige Augen gewisser Turbellarien (z. B. *Polycelis nigra*).
Laterale Darmaussackungen der höheren Turbellarien.
Turbellar *Anonymus* mit zwei ventralen Penisreihen.
Uterusaussackungen vieler Bandwürmer.
Genitalpapillen einiger Nematoden.
Gonaden der Acranier.
RL-Unterschiede in der Färbung und Zeichnung vieler Insekten (vgl. [310 d]).

§ 3. Definition und Homologie von Rechts und Links bei verschiedenen Gebilden. Asymmetrische Gebilde analoger Gestalt

Die RL-Merkmale wurden definiert als Merkmale in weitesten Sinn, denen eine wesentliche Asymmetrie eigentümlich ist, s daß von jedem Merkmal zwei spiegelbildliche Sorten existieren, die man im üblichen Sprachgebrauch als Links- und Rechts merkmal unterscheidet. Daraus ergibt sich sofort mit Notwendig keit die Fragestellung, welches der beiden spiegelbildlichen Merk male im Einzelfalle als das Rechts- bzw. Linksmerkmal zu be zeichnen ist.

Die Begriffe oder Benennungen Rechts und Links gehen auf die Morphologie des menschlichen Körpers zurück, eines lang gestreckten Körpers mit Vorder- und Hinterende, Ventral- und Dorsalseite, und an ihm kann durch Aufzeigen eine der beiden Seitenflächen als die rechte, die andere als die linke bezeichne werden. Eine Definition von Rechts und Links, d. h. eine Ab leitung der Begriffe Rechts und Links aus Begriffen, die nicht Rechts oder Links versteckt in sich enthalten, ist nicht möglich, ebensowenig wie man imstande ist, „süß" zu definieren. Diese beim Menschen einmal gewählten Benennungen Rechts und Links werden zwecks einfacher Nomenklatur auf die analogen

Körperseiten aller übrigen bilateralsymmetrischen Tiere übertragen, an denen vorn und hinten sowie ventral und dorsal unterscheidbar ist, ja da es sich lediglich um Analogie handelt, sind die Worte Rechts und Links auch auf gewisse asymmetrische Tiere, z. B. die strudelnden Infusorien, anwendbar, die gleichfalls ein Vorder- und ein Hinterende und eine orale (= ventrale) und aborale (= dorsale) Körperseite besitzen.

In allen anderen Fällen aber, z. B. bei den spiegelbildlichen Pyramiden der Abb. 1 oder den beiden Schraubenlinien der Abb. 2, oder dann, wenn ein Insekt den rechten Flügel über den linken oder den linken über den rechten legt, sind neue Festlegungen nötig, darüber, welcher der beiden Formen oder Modi fortan das Charakteristikum Rechts oder Links zukommen soll.

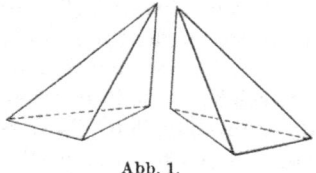

Abb. 1.

Und so wären für jedes asymmetrische Gebilde neue Festlegungen nötig und sind es auch, außer dort, wo, wie im Falle der bilateralsymmetrischen Gebilde, eine einmalige Festlegung von Rechts und Links an einem bestimmten asymmetrischen Gebilde auf alle analog gebauten Gebilde übertragbar ist. Von solchen Klassen analog gestalteter asymmetrischer Gebilde lassen sich vier unterscheiden, denen Bedeutung zukommt und die die Hauptmasse aller bisher bekannten RL-Merkmale in sich fassen:

a) Bilateralsymmetrische Körper mit sekundär ungleich entwickelten, ursprünglich streng paarig symmetrischen Merkmalen (s. o.).

b) Schraubige und turbospirale (schneckenartige) Gebilde: Schraubenbahnen; Schnecken.

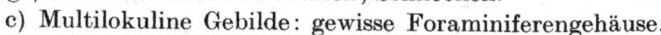

a   b

Abb. 2. *a* rechts-, *b* linksgewundene Schraubenlinie.

c) Multilokuline Gebilde: gewisse Foraminiferengehäuse.

d) Nur in der Aufsicht betrachtbare zirkulare, spiralige oder zykloide Gebilde: Bewegungsbahnen auf ebener Unterlage.

Klasse a betrifft den oben bereits erörterten Fall des bilateralsymmetrischen Körpers; für b und d müssen die Begriffe links und rechts (-gewunden oder -verlaufend) wiederum neu, willkürlich und unabhängig von den Begriffen Links und Rechts der

Klasse a festgelegt werden. Man tut dies hier, wie im nächsten Paragraph gezeicht werden wird, unter Zuhilfenahme der Begriffe „im" und „gegen den Uhrzeigersinn", und die einzige rein äußerliche Beziehung zwischen den Festlegungen von links und rechts in a einer- und in b + d andererseits besteht darin, daß die Begriffe „im" bzw. „gegen den Uhrzeigersinn" nicht aufgezeigt zu werden brauchen, sondern unter Verwendung der für den bilateralen Körper einmal festgesetzten Begriffe Links und Rechts definiert werden können. Notwendigerweise muß dann auch das Umgekehrte möglich sein: auf Grund der als bekannt vorausgesetzten Bedeutung von „im und gegen den Uhrzeigersinn" zu definieren, was unter links und rechts verstanden werden soll, wie solches z. B. in der Mathematik* der Definition des + oder − dreidimensionalen CARTESIschen Koordinatensystems zugrunde liegt. — Auch bei dem seltenen Fall der multilokulinen Asymmetrie, der bei den Foraminiferen, wo er allein bisher gefunden wurde, näher erläutert werden wird, der aber als Asymmetrietypus dem der schraubigen Asymmetrie gleichwertig an die Seite gestellt werden muß, wird links und rechts mit Hilfe des „Uhrzeigersinns" festgelegt, doch ergeben sich in der Praxis insofern Schwierigkeiten, als der Verlauf der ersten, innersten, von den späteren umschlossenen Kammern für die Diagnose, ob rechts oder links, entscheidend ist.

In allen übrigen Fällen (z. B. bei den beiden Pyramiden, dem Situs inversus des Genitalapparates der Trematoden, der Flügellage der Insekten usf.), die allerdings nicht allzu häufig sind, muß das, was unter Links oder Rechts (-form bzw. -modus) verstanden werden soll, jeweils, bei jedem einzelnen Merkmal neu und rein willkürlich festgelegt werden, sofern es überhaupt notwendig erscheint.

Als wesentliches Ergebnis dieser Erörterungen mag erscheinen, daß die Begriffe Rechts und Links innerhalb jeder Asymmetrieklasse und bei jedem nicht in eine solche eingereihten RL-Merkmal neu, willkürlich und von den übrigen unabhängig festgelegt werden müssen, daß also die Begriffe Rechts und Links höchstens bei Angehörigen derselben Klasse homologisierbar sind. Es ist dies von Wichtigkeit vor allem mit Rücksicht auf jene

---

* Anhangsweise sei bemerkt, daß hier „im Uhrzeigersinn" mit „negativer", „gegen den U." mit „positiver Drehungssinn" bezeichnet wird.

nicht zu seltenen Darlegungen verschiedener Autoren, die beweisen sollen, daß in der Natur eine der beiden Möglichkeiten, Rechts oder Links, allgemein bevorzugt ist, eine Fragestellung, die am Ende des letzten Teiles noch kurz gestreift wird. Aber selbst innerhalb der gleichen Asymmetrieklasse ist die unbeschränkte Homologisierbarkeit von rechts oder links kaum möglich. Zwar unterliegt es keinem Zweifel, daß die linken Körperhälften aller Wirbeltiere untereinander homolog sind. Ob das gleiche aber für die linken Körperhälften der Wirbeltiere einer- und der Annelliden z. B. andererseits gelten darf, erscheint mehr als fraglich, da erstere zu den Deutero-, letztere zu den Protostomiern gehören. Bei den Nematoden schließlich scheint es noch keineswegs hinreichend geklärt, ob die hier als ventral bezeichnete Körperseite mit der Ventralfläche anderer, diesen einigermaßen nahestehender Formen morphologisch homologisierbar ist oder ob die Bezeichnung ventral hier einen vorzugsweise nicht morphologischen Charakter trägt. Solche Beispiele ließen sich beliebig vermehren und auch bei den schraubigen Merkmalen sind ähnliche Einwände zulässig: so wird man zwar alle Schraubenbahnen untereinander vergleichen dürfen, nicht ohne weiteres zulässig aber erscheint es, den Windungssinn dieser Bahnen z. B. mit dem sich windender Pflanzen in direkte Beziehung zu setzen, und alle diese Überlegungen mahnen zur Vorsicht, wo es sich darum handelt, RL-Merkmale bezüglich rechts oder links miteinander zu vergleichen.

Gebilde, die zwar keine Symmetrieebene, aber eine oder mehrere Symmetrieachsen oder ein Symmetriezentrum oder beides besitzen — diese Begriffe in der Bedeutung verstanden, die ihnen in der Kristallographie zukommt —, gelten hier als asymmetrisch. Denn auch von jedem derartigen Gebilde sind zwei spiegelbildliche Typen möglich.

Sind beiderseitige Merkmale alternierend zueinander angeordnet (z. B. am Rande alternierend eingekerbte Plattwürmer, die alternierenden abgehenden Septen von *Amphioxus* usw.), so nehmen diese Merkmale meist gegen die freien Enden an Größe und Deutlichkeit ab, so daß nur selten feststellbar ist, welche Körperseite das erste Merkmal enthält, und die Frage, ob Rechts- oder Linkstypus, meist unentscheidbar bleibt.

§ 4. Spiralen, Schraubenlinien, Schneckenlinien, Zykloiden und ihr Windungssinn.

Überall dort, wo im Tier- oder Pflanzenreich ein „spiraliger Bau", eine „Spiralstruktur", „Spiralbewegung", „Spiraltendenz"

usw. — wie die in der biologischen Literatur immer wieder-
kehrenden Ausdrucksweisen lauten — gefunden wird, handelt
es sich um das Auftreten eines morphologischen Baues, einer
Bewegungsbahn oder einer physiologischen Gewohnheit (z. B.
Ruhelagerung), denen als wesentliches Charakteristikum das
gemeinsam ist, daß sie exakt oder nur angenähert nach dem
Prinzip einer der drei in der Überschrift genannten Kurven
Spirale, Schrauben- oder Schneckenlinie, „konstruiert" sind
Von diesen drei Kurventypen sind Spirale und Schraubenlinie
einander völlig wesensfremd, nur die Schneckenlinie vereinigt
Eigenschaften jener und dieser Kurve in sich und stellt daher
eine Art Bindeglied zwischen beiden Kurvenarten dar.

Für die folgenden Kapitel, die eine Art Generalverzeichnis
aller wesentlichen bisher bekannten RL-Merkmale darstellen,
ist eine klare Nomenklatur notwendige Voraussetzung, es
werden daher die Bezeichnungen Spirale, Schnecken- und Schraubenlinie nur ihrer wirklichen Bedeutung entsprechend gebraucht,
was oft zu einer Ausdrucksweise führen muß, die von der bisher
üblichen abweicht. In der Literatur wird alles, was spiralig,
schraubig oder schneckenartig gewunden ist, als „spiral" bezeichnet, und wenn es sich dabei um eine Beschreibung eines
einzelnen, genugsam bekannten oder zugleich bildlich dargestellten Merkmals handelt, ist allerdings die Gefahr einer Unklarheit, um welche Kurvenart es sich handelt, ausgeschlossen;
für genaue Betrachtung erweist sich diese allgemeine Bezeichnungsweise „spiralig" aber unzureichend, und so ist es nicht verwunderlich, daß innerhalb der letzten 10 Jahre von verschiedenen Autoren,
die im einzelnen anzuführen unnötig erscheint, aus Anlaß der
genauen Beschreibung eines RL-Merkmals, der Versuch gemacht
worden ist, zu einer eindeutigen Ausdrucksweise zu gelangen,
doch leider so, daß die einzelnen Nomenklaturen unvollständig
waren und miteinander nicht in allen Punkten übereinstimmten.
Infolge dieser Unklarheiten ist es besonders dort, wo es sich um
die Festlegung der (für das Folgende sehr wesentlichen) Art des
Windungssinns handelt — sofern nicht eine spezielle Definition
vorausgeht oder begleitende Abbildungen vorhanden sind —,
oft schwer zu entscheiden, welchen Sinn der Verfasser seinen Worten „rechtsgewunden" oder „linksgewunden", „eine Drehung über
die linke Seite" usw. unterlegt wissen will; in fast 25% dieser

Fälle ist eine Entscheidung überhaupt nicht zu treffen, andere Angaben sind in sehr leicht mißverständlicher Form gehalten und nur, wo persönliche Anfrage beim Autor möglich ist, läßt sich der Tatbestand eindeutig rekonstruieren.

Der Zweck dieses Abschnittes ist es, von Spirale, Schrauben- und Schneckenlinie und Zykloide je eine klare Definition zu geben und die Hauptcharakteristika dieser allgemeinen Kurven und der in der Natur im speziellen vertretenen Unterarten dieser Kurven (Archimedische, logarithmische, Conchospirale usw.) an-zuführen, zugleich aber auch den Windungssinn für jede Kurven-art eindeutig festzulegen. Zwei-fel, wie dies zu geschehen hätte, schalten deswegen aus, weil man lediglich die in der Mathematik üb-lichen Definitionen des Windungs-sinns zu übernehmen braucht, was deshalb ohne weiteres mög-lich ist, weil die mathematischen Definitionen mit denjenigen, wie sie für einzelne Tierklassen, z. B. die Schnecken, üblich sind, über-einstimmen.

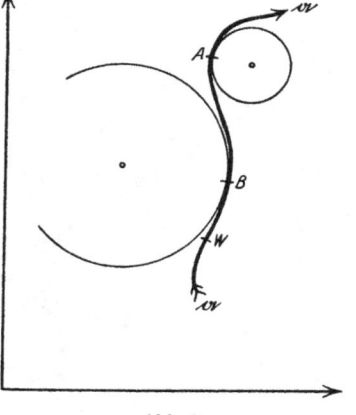

Abb. 3.

Vorgeschaltet wird den wei-teren Ausführungen ein kurzer mathematischer Abschnitt über „Ebene Kurven" (Kurven, die innerhalb einer Ebene liegen) und „Raumkurven".

Ebene Kurven: Jede ebene Kurve hat im allgemeinen in jedem ihrer Punkte eine andere Krümmung, z. B. ist die Kurve $\alpha\alpha$ in Abb. 3 im Punkte A stärker gekrümmt als im Punkte B. Um die Krümmung einer Kurve in einem Punkte zu messen, denkt man sich die Kurve in zahllose kleine Stückchen zerlegt, jedes dieser Stückchen kann als Bogen eines zugehörigen Kreises aufgefaßt werden, der sich in dem betrachteten Punkte der Kurve „anschmiegt". Dieser mathematisch exakt definierbare Kreis wird Krüm-mungskreis in dem betreffenden Punkte genannt, der reziproke Wert seines Halbmessers gilt als Maß der Krümmung. In B (Abb. 3) ist der zugehörige Kreis groß, die Krümmung also klein; in A ist es umgekehrt; in W, wo ein Wendepunkt der Kurve vorliegt. artet der Kreis in eine Gerade aus, der Kreisradius ist ∞, die Krümmung Null. Liegen die Krümmungskreise auf verschiedenen Seiten der Kurve, wie in A und B, so werden die Krüm-mungen als $+$ und $-$ unterschieden. **Durch Angabe der Krümmung**

in jedem ihrer Punkte ist jede ebene Kurve eindeutig bestimmt. Es gibt einen einzigen Typ ebener Kurven, bei denen die Krümmung in jedem Punkte dieselbe ist: das sind die Kreise.

Raumkurven: Jede Raumkurve kann man sich wiederum in zahllose unendlich kleine Stückchen zerlegt denken, jedes dieser Stückchen kann wegen seiner Kleinheit als eben betrachtet werden. Greift man z. B. aus der Raumkurve α α in Abb. 4 den beliebigen Punkt A heraus, so läßt sich eindeutig eine Ebene angeben, in der dieser Punkt A und die ihm links

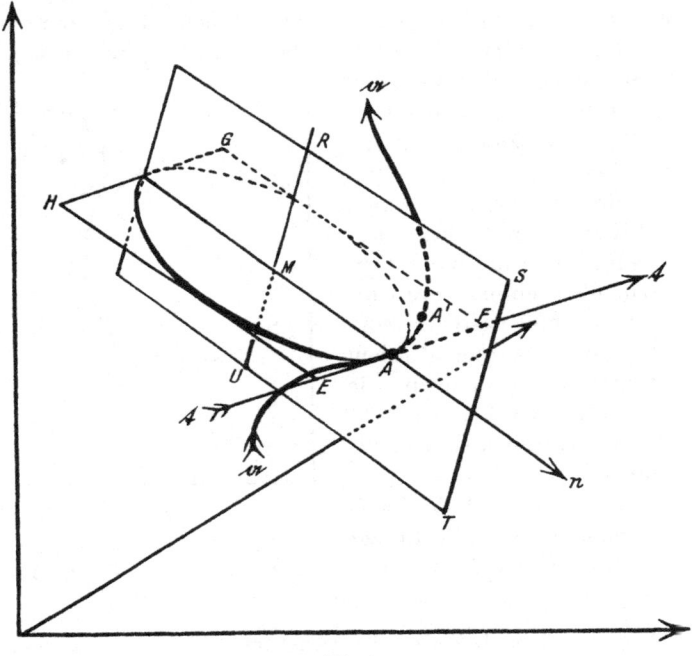

Abb. 4.

und rechts benachbarten Punkte der Kurve liegen: Diese der Kurve in dem Punkte A sich „anschmiegende" Ebene heißt Schmiegungsebene im Punkte A. Sie ist in Abb. 4 durch die Ebene wiedergegeben, in der das Quadrat EFGH liegt. Auch die Tangente an die Kurve im Punkte A (tt in Abb. 4) muß dieser Ebene angehören. Weil nun das Kurvenstückchen in der Umgebung des Punktes A als eben betrachtet werden kann, können auf dasselbe die Gesetze ebener Kurven angewendet werden, es läßt sich der dem Punkte A zugehörige Krümmungskreis konstruieren, der in der Schmiegungsebene liegen muß. Sein Mittelpunkt (M) liegt auf der Schnittgeraden (Mn) der Schmiegungsebene mit derjenigen Ebene, die von der Kurve im Punkte A senkrecht durchsetzt wird und Normalebene der

Kurve im Punkte A genannt wird. Sie ist in Abb. 4 durch die Ebene des Rechtecks $RSTU$ dargestellt. Aus dem Gesagten geht hervor, daß jede Raumkurve in jedem ihrer Punkte eine bestimmte Krümmung besitzt, diese ist gleich dem reziproken Wert des Halbmessers des Krümmungskreises in dem betrachteten Punkte. — Jedoch ist eine Raumkurve durch Angabe der Krümmung in jedem ihrer Punkte noch nicht bestimmt. Konstruiert man in dem dem Punkte A benachbarten Punkte A' der Kurve wiederum die Schmiegungsebene, so ist diese, falls nicht eine ebene Kurve vorliegt, gegen die Schmiegungsebene in A in einem bestimmten Winkel geneigt, sie geht aus der Schmiegungsebene in A durch Drehung um diesen Winkel hervor, und je nachdem diese Drehung nach rechts oder links geschieht, nennt man die Kurve in dem betrachteten Stück AA' rechts- oder linksgewunden. Je nachdem dieser Drehwinkel größer oder kleiner ist, nennt man die Kurve in A stärker oder schwächer gewunden, die Winkelgröße gilt als Maß für die Windung oder Torsion der Kurve. Es gelten die Sätze: Jede Raumkurve ist durch Angabe von Krümmung und Torsion in jedem ihrer Punkte eindeutig bestimmt. Die einzige Art von Kurven, deren Krümmung und Torsion in allen Punkten konstant ist, sind die gemeinen Schraubenlinien" (Ludwig[596]).

a) Spiralen.

Rotiert ein stetig sich vergrößernder Radiusvektor innerhalb einer Ebene um einen Punkt (Pol), so beschreibt sein Endpunkt eine Spirale. Spiralen sind also ebene Kurven, ihre Krümmung nimmt vom Pol nach außen dauernd ab. In Polarkoordinaten (Radiusvektor = r, Winkel = ϑ) ist die allgemeinste explizite Gleichung einer Spirale

$$r = f(\vartheta) \tag{1}$$

dadurch charakterisiert, daß die rechte Seite ϑ selbst, allein oder verbunden mit trigonometrischen Funktionen von ϑ, als Argument enthält, so daß bei stetiger Vergrößerung von ϑ auch r stetig wächst, was eine in unzähligen Windungen den Pol umziehende, sich niemals überschneidende Kurve ergibt. — Wir bezeichnen den Abstand eines Spiralenpunktes vom Pol als Polabstand, den gegenseitigen Abstand der Schnittpunkte zweier benachbarter Windungen mit dem gleichen Radiusvektor (z. B. $C_1 C_2$ in Abb. 5) als Windungsabstand.

Je nach der Art des Gesetzes, das das stetige Wachstum des rotierenden Radiusvektors regelt, unterscheidet man verschiedene Arten von Spiralen, von denen die Spirale des Archimedes, die logarithmische Spirale, die Conchospirale und vielleicht auch die parabolische Spirale an biologischen Objekten sich vorfinden.

1. Die Spirale des Archimedes (Abb. 5) besitzt die Gleichung

$$r = a\vartheta ; \tag{2}$$

alle Windungsabstände sind konstant, denn

$$d = r_n - r_{n-1} = a(2\pi n + \vartheta) - a[2\pi(n-1) + \vartheta] = 2a\pi = \text{konst.;} \qquad (3)$$

die Konstante a bestimmt die Weite der einzelnen Umgänge. Diese Spirale ist vergleichbar einem Band von der konstanten Dicke des Windungsabstandes, das um den Pol aufgewickelt ist.

Die Archimedische Spirale ist relativ selten in der Natur verwirklicht: die Schalen der Nummuliten, den allerinnersten Kern ausgenommen, und die peripheren Windungen einiger anderer Foraminiferengehäuse sind nach ihr gebaut, wo also die Kammern nach außen zu nicht an Größe zunehmen. Weiter wickeln sich blindendigende Anhänge (z. B. am Darm, Receptaculum seminis bei Insekten usw.) in einer solchen Spirale auf, und schließlich liegt die Spirale des ARCHIMEDES der rücklaufenden Doppelspirale zugrunde, in deren Form bei einigen Tieren, z. B. Chiton (Abb. 93) oder den Kaulquappen, der Darm gelagert ist.

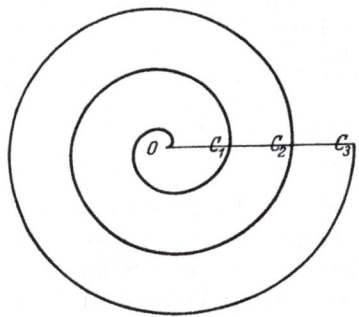

Abb. 5. Archimedische Spirale
(linksgewunden).

2. Die logarithmische Spirale (Abb. 6) besitzt die Gleichung

$$r = a\,e^{m\vartheta}, \qquad (4)$$

worin e die Basis des natürlichen Logarithmus und a und m Konstante bedeuten. Sie hat im Pol einen asymptotischen Punkt, dem sie sich (von außen kommend) in unzähligen, immer enger werdenden Windungen nähert, so daß die Umgebung des Poles zeichnerisch überhaupt nicht darstellbar ist. Die Windungsabstände nehmen ständig an Größe zu: die logarithmische Spirale ist vergleichbar einem um den Pol aufgewickelten Winkelraum (Keil). Die auf einem beliebigen Radiusvektor liegenden Polabstände bilden eine geometrische Reihe,

$$\left.\begin{aligned}
&a\,e^{m\vartheta} : a\,e^{m(\vartheta+2\pi)} : a\,e^{m(\vartheta+4\pi)} : a\,e^{m(\vartheta+6\pi)} : \ldots \\
&= 1 : e^{2m\pi} : (e^{2m\pi})^2 : (e^{2m\pi})^3 : \ldots,
\end{aligned}\right\} \qquad (5)$$

ebenso die aufeinanderfolgenden, auf dem gleichen Radiusvektor liegenden Windungsabstände:

$$\left.\begin{aligned}
&\left(a\,e^{m(\vartheta+2\pi)} - a\,e^{m\vartheta}\right) : \left(a\,e^{m(\vartheta+4\pi)} - a\,e^{m(\vartheta+2\pi)}\right) \\
&: \left(a\,e^{m(\vartheta+6\pi)} - a\,e^{m(\vartheta+4\pi)}\right) : \ldots = 1 : e^{2m\pi} : e^{4m\pi} : \ldots
\end{aligned}\right\} \qquad (6)$$

Bricht man eine logarithmische Spirale (nach außen zu) in verschiedenen Punkten ab, so sind die einzelnen kleineren oder größeren „Spiralen" einander geometrisch ähnlich, eine Eigentümlichkeit, der auch biologischer Wert zukommt: Ein Tier, das nach dem Gesetz der logarithmischen

Spirale wächst, bleibt sich immer ähnlich, sein Wachstum ist, zumindest äußerlich, ein proportionales.

Des asymptotischen Punktes wegen ist die logarithmische Spirale in der Natur überhaupt nicht verifizierbar. Denn in der Natur beginnt das spiralige Wachstum mit einem ersten Umgang von geringer, aber endlicher Dicke, und nur dann, wenn dieser sehr dünn ist, beeinflußt er die äußeren Umgänge so wenig, daß diese innerhalb der Grenzen der Meßgenauigkeit mit denen einer logarithmischen Spirale übereinstimmen. Solches ist z. B. der Fall beim Operculum der Vorderkiemerschnecke *Turbo* oder bei den Gehäusen einiger Foraminiferen. In allen anderen Fällen ist die Anfangswindung zu dick, so daß sie das Wachstum der weiteren Umgänge in bestimmter Weise beeinflußt, der asymptotische Punkt wird dann durch ein kreisförmiges Zentrum (Zentralschale, Zentralkammer) ersetzt, die loga-

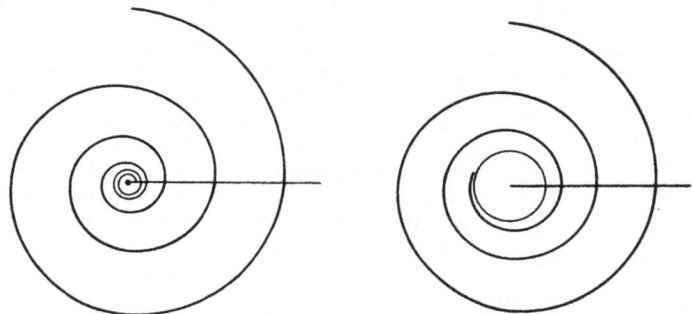

Abb. 6. Logarithmische Spirale (linksgewunden).   Abb. 7. Conchospirale (linksgewunden).

rithmische Spirale modifiziert sich zu logarithmischen Conchospirale, der nur biologische, nicht aber mathematische Bedeutung zukommt.

3. Die (logarithmische) Conchospirale (Abb. 7): sie besitzt die Gleichung:

$$r = a e^{m \vartheta} + b, \tag{7}$$

die sich von der der logarithmischen Spirale durch die additive Konstante *b* unterscheidet. Sie hat keinen asymptotischen Punkt, sondern an dessen Stelle einen Kreis vom Radius *b*, dem sie sich in unendlich vielen Windungen nähert. Indessen kommt nicht diesem Umstand eigentliche Bedeutung zu, denn in der Natur ist asymptotische Annäherung an diesen Anfangskreis ebensowenig verifizierbar wie das unendlich ofte Umkreisen des Poles bei der logarithmischen Spirale, wichtig ist vielmehr die Tatsache, daß jetzt, wie aus den Formeln (5) und (6) ohne weiteres zu ersehen ist, nicht mehr die Pol-, sondern nur mehr die Windungsabstände eine geometrische Reihe bilden, weil nur bei den in (6) auftretenden Differenzen die summativen Glieder *b* sich aufheben. Als Conchospirale wird also schlechtweg jede Spirale bezeichnet, bei der die Windungsabstände eine geometrische Reihe bilden, die logarithmische Spirale erscheint als derjenige Spezialfall der Conchospirale, wo Gleiches auch für die Polabstände gilt, weil der Radius (*b*) des Anfangskreises auf Null zusammenschrumpft. Die Conchospirale findet sich in der Natur bei der überwiegenden Mehrzahl aller planspiralen Gehäuse (Foraminiferen, Schnecken, Cephalopoden usw.), sie gewinnt noch größere Bedeutung dadurch, daß auch die Projektionen aller turbospiralen (schneckenartigen) Gehäuse auf eine zur Aufwindungsachse senkrechte Ebene Conchospiralen darstellen.

Bei der praktischen Ausmessung der Gehäuse, namentlich in der conchyliologischen Literatur, dient zur Charakterisierung einer bestimmten Conchospirale (einschließlich der viel selteneren reinen logarithmischen Spiralen) der Windungsquotient *p*, d. h. der Quotient zweier aufeinanderfolgender Windungsabstände, der in den obigen Gleichungen der Größe $e^{2n\pi}$ gleichkommt. Als Beispiel der Exaktheit, mit der in der Natur Conchospiralen verwirklicht sind, sei die Schale von *Solarium perspectivum* (nach NAUMANN[07]), mit $p = {}^2/_3$, willkürlich herausgegriffen:

Windungsabstände in mm	
gemessen	berechnet
4,65	4,65
3,25	3,10
2,05	2,06
1,30	1,38
0,90	0,92
0,60	0,61

Die Aufgabe, die einer am Objekt vorliegenden Conchospirale zukommende Gleichung aufzustellen, wird in der Praxis kaum gestellt und kann daher hier übergangen werden. Es genügt zur Charakterisierung des Verlaufes einer Concho- oder logarithmischen Spirale im allgemeinen der Windungsquotient vollkommen. Eindeutig ist für die Bedürfnisse der Systematik eine Spirale bestimmt durch Angabe des Windungsquotienten, des „ersten wahrnehmbaren Radiusvektors" (= Parameter = Grundkreisradius) und der Anzahl der vorhandenen Umgänge. Darauf, daß bei gewissen Gehäusen usw. der Windungsquotient sich plötzlich unstetig ändern kann, wird in den entsprechenden Kapiteln eingegangen werden. — Die biologisch wichtige Tatsache, daß nach dem Prinzip der logarithmischen Spirale wachsende Gehäuse sich stets geometrisch ähnlich bleiben, gilt mit großer Annäherung auch für alle conchospiraligen Schalen.

4. Die parabolische Spirale ist nach HEIS[07] auf die Schale von *Argonauta argo* anwendbar, doch dürfte das Gehäuse dieser Form auch durch eine Conchospirale darstellbar sein.

Keiner Spirale kommt ein bestimmter Windungssinn zu. Würde man den Windungssinn so definieren: „Dreht bei Aufsicht auf eine Spirale ein diese vom Pol aus nach außen durchlaufender Punkt sich im oder gegen den Sinn des Uhrzeigers, so ist die Spirale rechts- bzw. linksgewunden", so ist dieselbe Spirale rechts- und linksgewunden, je nachdem, von welcher Seite man sie betrachtet. Von einem bestimmten Windungssinn einer Spirale könnte man höchstens dann reden, wenn an der Oberfläche eines dreidimensionalen Körpers eine Spirale zutage tritt, die also stets nur von einer, nämlich der „Außenseite"

beschaubar ist. Ein solcher Fall tritt aber unseres Wissens nur
ein einziges Mal, bei dem Operculum gewisser Vorderkiemer-
schnecken, auf: hier ist an der Innen-, dem Hohlraum des
Schneckengehäuses zugekehrten Seite dieses Deckels ein deutlicher spiraliger Zuwachsstreifen wahrnehmbar. In allen anderen
Fällen, z. B. bei der adoralen „Wimperspirale" von *Stentor* oder
bei der Peristommembran von *Spirochona* (Abb. 48), liegt das
betreffende, als Spirale bezeichnete Gebilde nicht in einer Ebene,
ist also eine Turbospirale (Schneckenlinie), und dieser kommt
ein von der Richtung des Beschauens unabhängiger absoluter
Windungssinn zu (s. w. u.).

b) Schraubenlinien*.

Schraubenlinien sind Raumkurven, und zwar definitionsgemäß diejenigen Raumkurven mit konstanter Krümmung und konstanter Torsion (s. o.). In diesem Sinne
stellen also die Schraubenlinien ebenso die einfachsten und zugleich gesetzmäßigsten Kurven des Raumes dar, wie es die Kreise
einschließlich der Geraden für die Ebene sind.

Eine Schraubenlinie entsteht, wenn man eine Gerade an
einem Zylindermantel „aufrollt". Je nachdem der Radius des
Zylinders klein oder groß ist,
unterscheidet man enge und
weite Schraubenlinien. Das
Stück einer Schraubenlinie, das
einem einmaligen Umlauf um
den Zylinder entspricht (z. B.
das Stück *AB* in Abb. 8),
nennt man Windung, den Abstand von Anfangs- und Endpunkt einer Windung Gang-
höhe (Strecke *AB* in Abb. 8).
Je nachdem die Ganghöhe
groß oder klein ist, unter-

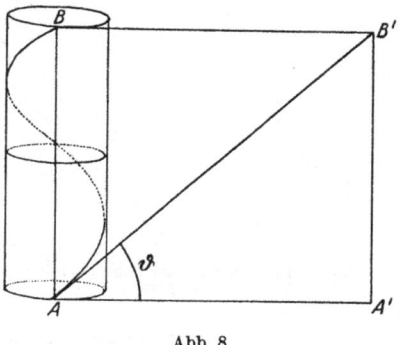

Abb. 8.

scheidet man steilwindige und flachwindige Schraubenlinien.

Der Windungssinn einer Schraubenlinie wird folgendermaßen definiert: Blickt man gegen eine Schraubenlinie in Rich-

---

* Alles Wesentliche über Schraubenlinien, sofern es biologisches Interesse hat, ist bei Ludwig[596] aufgeführt.

tung der Zylinderachse und denkt sich die Schraubenlinie vor
einem Punkte so durchlaufen, daß dieser sich immer mehr vom
Beschauer entfernt, so macht dieser Punkt auf einem Kreise
regelmäßige Umläufe, entweder im Sinne des Uhrzeigers (clock
wise) oder entgegengesetzt (counterclockwise). Im ersten Falle
nennt man die Schrauben
linie rechts-, im zweiten
Falle linksgewunden. Der
Windungssinn einer
Schraubenlinie ist et
was Absolutes, eine
rechtsgewundene Schrau-
benlinie bleibt rechtsgewunden, auch wenn man sie von
rückwärts betrachtet; im
übrigen gleiche rechts- und
linksgewundene Schrau-
benlinien verhalten sich
wie Bild und Spiegelbild
(Abb. 2).

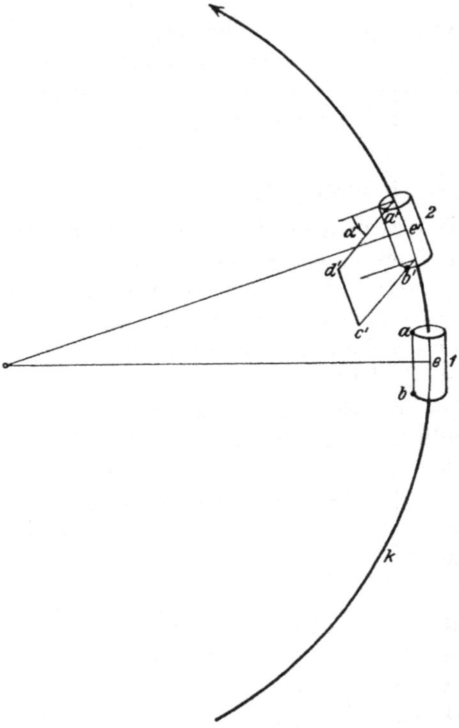

Exakte Schraubenlinien sind
in der Natur in den schraubigen
Schwimmbahnen der Mikro-
organismen verwirklicht. Sie
finden sich weiter dort, wo ein
pflanzlicher Sproß einen zylindrischen Fremdkörper um-
windet, wo irgendein schlauch-
oder fadenartiges Gebilde
(Abb. 137 u. 64) sich um eine
zylindrische Achse schlägt, we-
ter überall, wo ein solches Gebilde auf beschränktem, meist

Abb. 9. Entstehung einer Schraubenlinie. (Nach
LUDWIG.)

schem Raum untergebracht werden muß, und die Lagerung eine gesetzmäßige ist (kontrahierter Vorticellenstiel, Darm [Abb. 92], gewundene
Kanäle, Chlorophyllbänder im Zellinnern, Spiralfaden der Nesselkapsel
usw.). Schraubenlinien sind im Tier- und Pflanzenreich viel weiter verbreitet als echte Spiralen.

Das Auftreten und Zustandekommen der Schraubenlinien in der Natur
ist nur dynamisch zu verstehen. In dem Kapitel über die Schraubenbahnen
wird deren Entstehung vom physikalischen Standpunkt aus nochmals kurz
gestreift werden, doch erscheint es ratsam für das Verständnis des Wesens-

liclen im Bau der Schraubenlinie, bereits hier eine Möglichkeit für das Zustandekommen einer Schraubenlinie herauszugreifen und zu erörtern.

Man denke sich ein kleines, zylinderförmiges Stäbchen (Abb. 9), das die Tendenz hat, sich auf einem Kreise zu bewegen und dem Kreismittelpunkte dabei stets die gleiche Körperseite zuwendet, in der gleichen Weise, wie ein Kahn sich bewegt, der einseitig stärker gerudert wird. In Abb. 9 sei die linke Körperseite dem Kreismittelpunkte zugekehrt, sie werde in Stellung *1* durch die Linie *ab* des Zylindermantels repräsentiert. Solange das Stäbchen nicht um seine Längsachse rotiert, wird es sich in der geschilderten Weise auf dem in Abb. 9 gezeichneten Kreise bewegen. Nehmen wir aber weiterhin an, daß das Stäbchen um seine Längsachse mit gleichförmiger Geschwindigkeit rotiere (z. B. nach rechts), so wird es, während es von der Stellung *1* in die Stellung *2* sich bewegt hat sich gleichzeitig um einen Winkel α gedreht haben, die „linke" Körperseite (*a'l'*) liegt jetzt nicht mehr in der Zeichenebene, vielmehr in einer Ebene, die nach links oben von der Zeichenebene sich erhebt und durch die Ebene des Rechteckes *a'b'c'd'* dargestellt wird. Da das Stäbchen aber die Tendenz hatte, immer auf die linke Seite hin in einem Kreise abzuweichen, wird es sich von jetzt ab bis zur nächsten Lage (*3*) in einem Kreise bewegen, der den gleichen Radius wie der gezeichnete hat aber in der Ebene *a'b'c'd'* liegt und die Zylinderachse in *e'* berührt. Der berührende Kreis wird gewissermaßen von dem sich bewegenden Stäbchen während seiner Bewegung mitgeführt. Man fragt, welche Bahn sich für das Stäbchen ergibt. Die resultierende Bahn ist eine Raumkurve, der

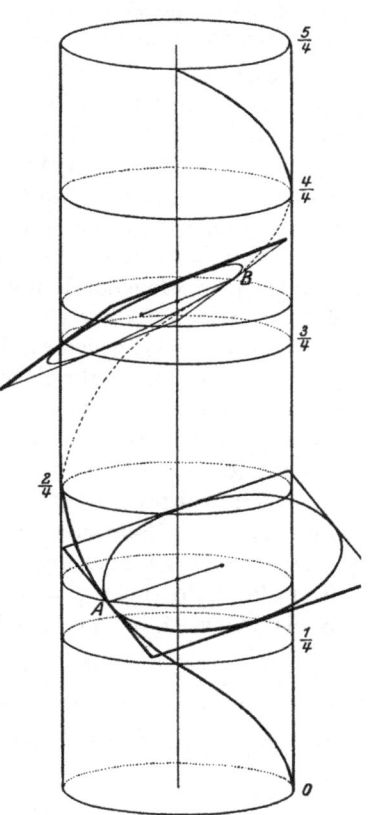

Abb. 10. Schraubenlinie mit Krümmungskreisen. (Nach LUDWIG.)

von dem Stäbchen mitgeführte Kreis nichts anderes als der Krümmungskreis (s. S. 13/14), da er die Bewegung des Stäbchens während eines sehr kurzen Kurvenstückchens darstellt, währenddessen dieses als eben betrachtet werden kann. Und da der Kreisradius immer derselbe ist, entsteht eine Kurve konstanter Krümmung. Weil ferner das Stäbchen immer mit gleicher Geschwindigkeit (nach rechts) rotiert, so dreht sich auch die Ebene des Kreises um den gleichen Winkel, wenn das Stäbchen um ein gleich großes Stückchen fortschreitet, die entstandene Raumkurve hat demnach auch konstante Torsion, es resultiert eine gemeine Schraubenlinie als Bahnkurve. Bei der Betrachtung der Abb. 10 erkennt man, welche Rolle der in Abb. 9 gezeichnete Kreis als Krümmungskreis gegenüber der entstandenen Schraubenlinie spielt. Es wird auch sofort klar, daß dieselbe Seite des Stäbchens, die in Abb. 9 dem Mittelpunkt des Kreises zugekehrt ist, auch (Abb. 10) der Schraubenachse zugekehrt sein muß.

Wesentlich an dieser Überlegung ist, daß das Bahnstückchen, das von dem Stäbchen in einem Moment beschrieben wird, von dem unmittelbar vorangehenden Bahnstückchen in bestimmter und in immer derselben Weise abweicht. Ist das Wachstum eines Sprosses ein solches, daß jedes neugebildete Sproßstückchen relativ zum unmittelbar vorangehenden stets die gleiche schiefe Lage einnimmt, so entsteht schraubiges Wachstum. Schlägt die Geißel eines Flagellaten immer relativ zum Körper gleichartig, übt sie also auf diesen immer denselben Zug aus, so daß der Körper aus seiner gegenwärtigen Lage 1 in eine neue, von 1 stets in gleichem Sinne abweichende Stellung 2 gebracht wird, so entsteht eine schraubige Bahn. Gemeinsam ist allen diesen Beispielen: daß ein bestimmter kleiner Teil eines schraubigen „Gebildes" von dem unmittelbar vorangehenden Teil hinsichtlich der Lage stets gleichartig abweicht. Zwar haben die Schraubenlinien dieses auch mit Kreis und Gerade gemeinsam, doch sind dies ja nur Spezialfälle der Schraubenlinie (Gerade: Abweichung = 0, daher Torsion = Krümmung = 0; Kreis: Abweichung plan, daher Torsion = 0).

Die eine Schraubenlinie bestimmenden Konstanten ($a =$ Radius des Grundzylinders, Steigwinkel ϑ) stehen mit Krümmung $\left(= \dfrac{1}{r}\right)$ und Torsion $\left(= \dfrac{1}{\varrho}\right)$ in folgender Beziehung:

$$r = \frac{a}{\cos^2 \vartheta}, \qquad \varrho = \frac{2a}{\sin 2\vartheta},$$

daher

$$\tan \vartheta = \frac{r}{\varrho}.$$

Steigt bei konstanter Krümmung die Torsion von 0 nach ∞ bzw. bei konstanter Torsion die Krümmung von 0 nach ∞, so ändern sich a und ϑ in der durch folgende Tabelle und die zugehörigen Abb. 11 u. 12 dargestellten Weise.

Mit zunehmender Torsion werden die Schraubenlinien immer steiler und enger, mit zunehmender Krümmung immer flacher, die Weite nimmt bis zu einem Steigwinkel von 45° zu, darüber hinaus wieder ab.

I (Abb. 11)			II (Abb. 12)		
$r = \text{konst.}$			$\varrho = \text{konst.}$		
Torsion $= \dfrac{1}{\varrho}$	ϑ	a	Krümmung $= \dfrac{1}{r}$	ϑ	a
0	0°	$r(=max)$	0	90°	0
klein gegen r	↓	↓	klein gegen ϱ	↓	↓
$= r$	45°	$\dfrac{r}{2}$	$= \varrho$	45°	$\dfrac{\varrho}{2}(=max)$
groß gegen r	↓	↓	groß gegen ϱ	↓	↓
∞	90°	0	∞	0°	0

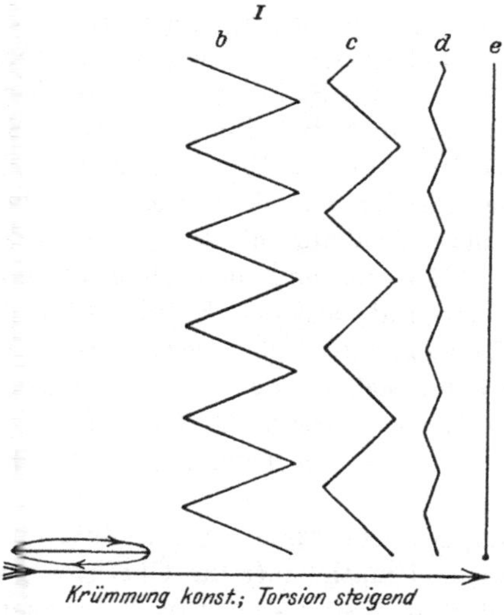

Krümmung konst.; Torsion steigend
Abb. 11.

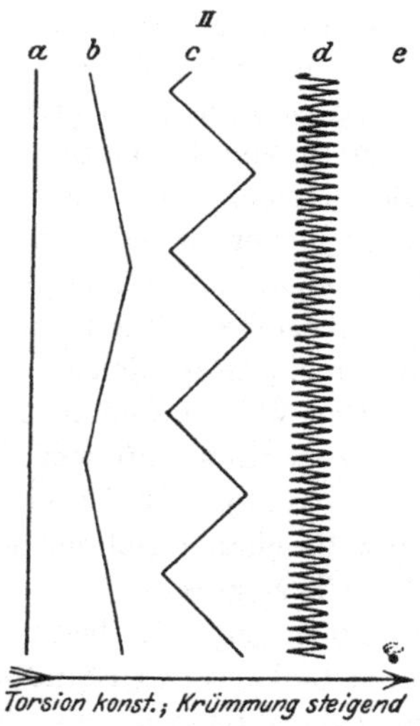

Torsion konst.; Krümmung steigend
Abb. 12.

Die Begriffe Krümmung und Torsion sind (in beschränkter Weise) auch dynamisch interpretierbar: Bezeichnet in dem obenangeführten Fall des sich bewegenden Stäbchens α die Winkelgeschwindigkeit, mit der es (ohne Rotation) den Kreis K durchläuft und β die Winkelgeschwindigkeit, mit der es gleichzeitig um seine Längsachse rotiert, so gilt die Beziehung:

$$\tan\vartheta = \frac{\beta}{\alpha} = \frac{\text{Torsion}}{\text{Krümmung}}.$$

Schließlich verdient noch ein letzter Punkt der Erwähnung: Bei der sich windenden Pflanze kommt die Schraubung des Stammes durch ein entsprechendes Wachstum des freien Endes zustande. Daß sich aber ein beiderseits festgewachsenes und ursprünglich geradliniges Rohr (z. B. der Darm) nachträglich in schraubige Windungen legt, wird nur dadurch mög-

lich, daß er im selben Maße, in dem er sich aufwindet, gleichzeitig,
und zwar in entgegengesetztem Sinne, in sich zurückdreht, eine
Tatsache, die an einem Gummischlauch ohne weiteres veranschaulichbar ist.
Umgekehrtes gilt für einen schraubigen, nicht in sich rückgedrehten Körper:
Streckt sich der kontrahierte Vorticellenstiel zu einer „Geraden" aus, so
bleibt die Anzahl seiner Windungen stets erhalten, nur werden sie äußerst
eng und steil, die Schraubenlinie artet zu einer in sich tordierten Geraden
aus. — Ähnlich wie bei Spiralen (s. S. 16) sind auch hier „zurücklaufende
Doppelschrauben" (vgl. Abb. 92 d) möglich.

c) Schneckenlinien (Turbospiralen).

Die Schneckenlinie oder Turbospirale, die Kurve also, die
z. B. durch die Nahtlinie eines gewöhnlichen Schneckengehäuses
dargestellt wird, ist eine Art Kombination zwischen Spirale und
Schraubenlinie: von ersterer ist ihr das Sichverjüngen der Windungen, von letzterer die räumliche Aufwindung eigentümlich.
Die Schneckenlinie ist am einfachsten genetisch zu definieren:
Liegt in der Grundfläche eines geraden Kreiskegels eine Concho-
(oder logarithmische) Spirale, deren Zentrum mit dem Mittelpunkt
der Kegelbasis zusammenfällt, so entsteht die Schneckenlinie
durch Normalprojektion dieser Spirale auf den Kegelmantel.

Der Windungssinn der Schneckenlinie wird analog dem der
Schraubenlinie definiert: Bei einer rechts- bzw. linksgewundenen
Schneckenlinie dreht ein die Kurve durchlaufender und dabei
vom Beschauer sich entfernender Punkt im bzw. gegen den Sinn
des Uhrzeigers.

Mathematisch besitzt die Schneckenlinie wenig Interesse.
Vom biologischen Standpunkt sind mathematische Überlegungen
über diese Kurve, zumindest derzeit, überflüssig. Eine Schneckenlinie ist eindeutig bestimmt durch Angabe der durch Projektion
entstehenden Conchospirale und der Neigung des zugehörigen
Kegels.

Die Schneckenlinie ist in der Natur weit verbreitet: Außer bei
allen turbospiralen Gehäusen ist sie an der Peristommembran der
Spirochoninen, der adoralen Zone der Infusorien und sonst an
vielen Orten des Tier- und Pflanzenreiches verwirklicht.

d) Zykloiden.

Gewisse Lebewesen (darunter auch der Mensch), die sich auf
einer festen Unterlage bewegen, beschreiben entweder normalerweise oder vor allem dann, wenn ihnen die Möglichkeit, sich zu

orientieren, genommen wird, Bahnen, die entweder kreisartig sind oder aus einer Reihe aneinandergereihter Kreise zu bestehen scheinen (vgl. Abb. 126c). Von den diese „Zirkularbewegung" studierenden Autoren wurden solche Bewegungsbahnen bisher meist in ebenso unrichtiger wie Verwirrung stiftender Weise als „Spiralen" bezeichnet. Eher sind sie, worauf bereits A. A. SCHAEF-FER hinweist, dem Schatten zu vergleichen, den eine senkrecht stehende Schraubenlinie bei schiefer Beleuchtung auf eine horizontale Unterlage wirft. Hier soll dieser Kurventyp als Zykloide bezeichnet werden, deshalb, weil unter den bekannteren Kurvenarten die Zykloiden (Abb. 13) mit ihm noch die meiste Ähnlichkeit haben. Unter Zykloide versteht man eine Kurve, die von einem mit einem Rade starr verbundenen Punkt, der auf der Fläche, am Rande oder außerhalb des Rades liegt, beschrieben wird, wenn das Rad längs einer anderen Kurve (im einfachsten Falle einer Geraden) dahinrollt. Es liegen weder bisher Beweise vor, noch ist es überhaupt wahrscheinlich, daß die bei der Zirkularbewegung auftretenden Kurven mit Zykloiden etwas zu tun haben; die Benennung mit „Zykloide" geschieht lediglich im Interesse sprachlicher Klarheit und mangels einer geeigneteren Bezeichnungsweise.

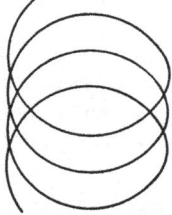

Abb. 13. „Zykloide."

Für die Definition des Sinns einer kreis- oder zykloidartigen Bahn ist Kenntnis der Bewegungsrichtung Vorbedingung. Schreitet die Bewegung, aus der Vogelschau betrachtet, im oder gegen den Sinn des Uhrzeigers fort, so verläuft sie rechts- bzw. linksgewunden.

Werden die einzelnen Schlingen einer „Zykloide" mit fortschreitender Bewegung kleiner, so soll eine solche Kurve als „sich verjüngende Zykloide" bezeichnet werden (Abb. 126d).

§ 5. Die möglichen Arten der Verteilung von Rechts und Links.

Für das Studium der Verteilung von Rechts und Links innerhalb einer Art oder einer anderen Einheit des Systems ist eine klare Nomenklatur Vorbedingung. Wie jede Nomenklatur muß auch diese vor allem eindeutig sein; weiter muß gefordert werden, daß sie auf der einen Seite reichhaltig genug ist, um alle möglichen — in der Natur beobachteten oder vielleicht noch zur Beobachtung

gelangenden — Verteilungsmodi zu enthalten, daß sie andererseits
aber frei von Kompliziertheit oder Schwerfälligkeit sei. Die
äußerst mangelhafte Berücksichtigung der RL-Merkmale in der
biologischen Literatur brachte es mit sich, daß eine entsprechende
Nomenklatur bis vor kurzem völlig fehlte, und erst im Jahre 1929
habe ich die ersten Anregungen zu einer solchen gegeben[8]. Sie
soll im folgenden weiter ergänzt werden.

Liegt eine hinreichend große Anzahl von Fällen des gleichen
RL-Merkmals vor, so bezeichnen wir die Verteilung als razemisch*, wenn dem L und dem R eine Häufigkeit von je 50%
zukommt, als monostroph**, wenn dem L oder R eine Häufigkeit von nur 10% oder weniger zukommt, und als amphidrom-
nichtrazemisch, wenn die Verteilung zwischen diesen beiden
Extremen liegt, wenn also dem L oder R eine Häufigkeit von
weniger als 50%, aber mehr als 10% zukommt.

Beim monostrophen Verteilungsmodus bezeichnen wir
allgemein die weniger häufige der beiden spiegelbildlichen Formen
als die inverse, und wir können diesen Modus weiter unterteilen:

extrem monostroph: Häufigkeit der inversen Form < 0,1%,
stark   „   „   „   „   „   0,1—1%,
schwach   „   „   „   „   „   1—10%.

Da es sich stets um empirische Zahlwerte handelt, sind die Grenz-
fälle 0,1, 1 und 10% nie genau verwirklicht. Es ergibt sich im
Einzelfalle, ob z. B. eine Verteilung 99 : 1 besser als schwach oder
stark monostroph anzusprechen ist.

Als razemisch wird eine Verteilung nur dann bezeichnet,
wenn durch eine hinreichende Anzahl von Beobachtungen sichergestellt ist, daß die Verteilung wirklich 1 : 1 beträgt, so daß es
den Anschein hat, es sei für das Entstehen einer der beiden
Alternativen — Links oder Rechts — Zufall allein maßgebend.
Es genügen im allgemeinen für die Sicherstellung razemischer Verteilung 100 beobachtete Fälle.

Bei der Behauptung einer amphidrom-nichtrazemischen
Verteilung ist größere Vorsicht am Platze, zumal sie in der Natur
sehr selten verwirklicht ist. Leicht kann z. B. durch Vergrößerung
des Tatsachenmaterials ein anfängliches Verhältnis 2 : 3 sich zu
1 : 1 verschieben, wie das Beispiel des Kreuzschnabels lehrt. Wir

---

* In Anlehnung an eine in der Chemie übliche Bezeichnungsweise.
** In Anlehnung an GÜNTHERS Terminus „bistroph".

bezeichnen daher im folgenden in allen Fällen, wo die seltenere
Form eine Häufigkeit von mehr als 10% besitzt, wo das vorhandene Tatsachenmaterial aber nicht genügt, die Alternative
— razemisch oder amphidrom-nichtrazemisch — zu entscheiden,
die Verteilung als schlechtweg amphidrom, so daß sich dieser
in der conchyliologischen Literatur gebräuchliche Terminus in
unveränderter Bedeutung unserer Nomenklatur einfügt. Nur hat
hier die Bezeichnung amphidrom den Charakter einer vorläufigen
Feststellung, die die beiden Möglichkeiten — razemisch oder
amphidrom-nichtrazemisch — in sich schließt. Liegt bei einem
wirklichen nichtrazemischen Verteilungsmodus das Zahlenver-
hältnis zwischen links und rechts, z. B. 1 : 3, endgültig vor, so
ist dessen Angabe im Einzelfalle wünschenswert: die Bezeichnung
„amphidrom 1 : 3" ist so eindeutig, daß das Attribut „nichtrazemisch" in Wegfall kommen kann.

Anhangsweise sei erwähnt, daß demjenigen Verteilungsmodus,
wo Inverse vollständig fehlen, die Bezeichnung „absolut monostroph" zukommen müßte. Indes ist dieses „Fehlen" unbeweis-
bar, und es hat durchaus den Anschein (vgl. die Befunde an Infusorien und Schnecken), daß Durchsichtung hinreichend großen
Materials in jedem Falle auch Inversionen zutage fördert. Darum
erscheint es geboten, sich stets mit der Bezeichnung „extrem
monostroph" zu begnügen. Höchstens wäre es möglich, das bisherige Fehlen des inversen Merkmals in folgender Weise anzu-
deuten: „extrem (absolut?) monostroph".

Die im obigen aufgestellten Termini finden Anwendung auf
die Verteilung von Rechts und Links innerhalb einer
beliebigen systematischen Einheit (Individuum, Art,
Gattung, Familie, Klasse usw.).

a) Intraindividuelle Verteilung: Die allermeisten, z. B.
alle morphologischen, am Individuum in der Einzahl auftretenden
RL-Merkmale sind individuell konstant, d. h. ein Individuum
besitzt ein für allemal entweder das Links- oder das Rechts-
merkmal. Physiologische Gewohnheiten jedoch können individuell-inkonstante Merkmale darstellen, z. B. kann dieselbe
Fliege bald den linken Flügel über den rechten, bald den rechten
über den linken legen, dasselbe Peridineen-Individuum bald in
links-, bald in rechtsgewundener Schraubenbahn schwimmen usf.
Weiter können solche RL-Merkmale individuell-inkonstanten

Charakter besitzen, die in der Vielzahl an einem Tier vorhanden
sind, für die also bereits das Individuum eine höhere Einheit
bedeutet (Geißelfäden in den Nesselkapseln eines Coelenteraten,
„Spiral"fäden in den Tracheen usw.). — Intraindividuelle Verteilung hat nur für individuell-inkonstante Merkmale einen Sinn;
wo solche Inkonstanz vorliegt, muß sie stets ausdrücklich betont
werden. Man kann unterscheiden: individuell-razemisch (das
Tier übt bald die eine, bald die andere der beiden Möglichkeiten
aus, im Durchschnitt jede gleich oft, bzw. bei in der Vielzahl
vorhandenen morphologischen Merkmalen: prozentuelle Häufigkeit der beiden Alternativen je 50%), individuell-monostroph
(die eine Alternative — sei es Gewohnheit oder Einzelmerkmal —
überwiegt bedeutend) und schließlich, was allerdings äußerst
selten ist, individuell-amphidrom-nichtrazemisch. — Absolut-
monostroph ist bei intraindividueller Verteilung gleichbedeutend
mit individueller Konstanz.

b) Intraspezielle Verteilung: Die intraspezielle Verteilung entspricht der gewöhnlichen Art der Betrachtung; hier
handelt es sich um die Verteilung des RL-Merkmals auf die verschiedenen Individuen einer Art. Voraussetzung hierbei ist, daß
das betrachtete Merkmal individuell konstant oder zumindest
individuell monostroph sei. Denn im letzteren Falle kann man
ein Tier, bei dem die Links- (bzw. Rechts-) Gewohnheit überwiegt
oder an dem die Links- (bzw. Rechts-) Merkmale in überwiegender
Majorität vertreten sind, ebenso als Links- (bzw. Rechts-) Tier
bezeichnen und mit diesen Begriffen weiteroperieren, als wenn
individuell konstante Merkmale vorlägen. Arten können razemisch, amphidrom-nichtrazemisch oder monostroph sein. Vorzugsweise Rechts- bzw. Linksindividuen enthaltende Arten
werden kurz als Rechts- bzw. Linksarten bezeichnet.

c) Intragenerelle Verteilung: Analog wie bei der intra-
speziellen Verteilung ist für die intragenerelle Voraussetzung, daß
die betreffende Gattung nur oder fast nur monostrophe Arten
enthält. Sind dies ausschließlich oder vorzugsweise Rechtsarten
bzw. Linksarten, so ist die Gattung monostroph, andernfalls
amphidrom. Die Bezeichnung razemisch hat nur für sehr artenreiche Gattungen einen Sinn.

d) Verteilung innerhalb einer Gruppe: Besteht eine
höhere systematische Einheit (Familie, Ordnung, Klasse) nur

oder fast nur aus Rechts- oder Linksgattungen, so ist das betreffende Merkmal als gruppenkonstant, andernfalls als gruppeninkonstant zu bezeichnen. Statt „gruppeninkonstant" ist der Ausdruck „gruppenverzweigt" vorzuziehen, wenn sich in dem auf Grund der natürlichen Verwandtschaftsbeziehungen aufgestellten Stammbaum der betreffenden systematischen Einheit verfolgen läßt, daß und an welchen Stellen inverse Äste abgezweigt sind, so daß die jetzige Verteilung von Rechts und Links durch Verfolg der phylogenetischen Entwicklung verständlich wird. Der Ausdruck „gruppenrazemisch" hat nur einen Sinn, wenn innerhalb sehr formenreicher Gruppen ohne erkennbare Gesetzmäßigkeit auch unter nächstverwandten Gattungen Rechts und Links anscheinend willkürlich und Rechts etwa gleich oft wie Links vertreten ist.

§ 6. Literatur.

In dem diesem Paragraphen entsprechenden Literaturabschnitt sind die wenigen zusammenfassenden Aufsätze über Asymmetrie und über das Asymmetrieproblem, die es bisher gibt, aufgeführt, sofern sie verschiedene Gruppen des Tier- oder Pflanzenreichs zugleich berücksichtigen. Sie werden im speziellen Teil nur dann nochmals zitiert, wenn sie Originalangaben, die auch vom selben Autor nicht anderweitig publiziert sind, enthalten.

Weiteres über Literatur vgl. im Vorwort.

II. Spezieller Teil.

§ 7. Protozoa. Rhizopoda.

a) Amoebina.

Die Nichtkonstanz der Körperform bei den unbeschalten Amöben scheint die Möglichkeit, an ihnen äußerlich eine Asymmetrie im Sinne des RL-Problems festzustellen, von vornherein auszuschließen. Bewahrheiten sich aber die Befunde A. A. SCHAEFFERS über die zirkulare Bewegungsweise (§ 34, f) der oder zumindest gewisser Amöben, so würde dies zu der Forderung führen, daß die „durchschnittliche Körperform", die man durch eine Art Mittelwertbildung aus den zahlreichen aufeinanderfolgenden Bewegungszuständen einer Amöbe konstruieren könnte, bei rechts- oder linkslaufenden Amöben eine „rechte" bzw. „linke" ist. —

Einer neuen Amöbenart, *A. flagellipodia*, sollen linksschraubige Filipodien eigentümlich sein[479].

Von den Thekamöben besitzen nur wenige eine einigermaßen feste Schale und daher eine konstante Körperform, und da,

wo es der Fall ist, ist die Asymmetrie der äußeren Gestalt eine so geringe, daß Links- und Rechtsformen kaum unterscheidbar sind, zumindest haben die bisherigen Beobachter von einer solchen Möglichkeit nichts erwähnt und nur *Lecquereusia spiralis* (EHRBG.) (Abb. 14) und *Pontigulasia spiralis* RHUMBLER besitzen Schalen, die die ersten Anfänge schraubiger Aufwindung zeigen. Bei Durchsicht einiger Exemplare der ersteren Art fand ich Rechts- und Linkswindung etwa gleich oft vertreten.

Abb. 14. Gehäuse von Lecquereusia spiralis. Der Pfeil deutet die Öffnung an. (Nach RHUMBLER.)

b) Foraminifera.

Bei den Foraminiferen erreicht die gewundene Schalenform, der Bau von plan- oder turbospiralen Gehäusen einen Höhepunkt im Tierreich, der dem Gehäusebau der Schnecken gleichwertig zur Seite gestellt werden kann. In der Systematik nimmt man an, daß die Arten mit vielkammeriger Schale sich aus einkammerigen

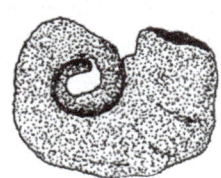

Formen entwickelt haben, und die primitivsten Typen dieser Monothalamen unterscheiden sich fast in nichts von ihren Verwandten unter den Thekamöben. Bei den einfachsten einkammerigen Foraminiferen beginnt z. B. mit *Psammonyx* (Abb. 15) die Ein- oder Aufwindung der Schale in einer Weise, die der von *Lecquereusia* durchaus gleichwertig ist, bei den höheren aber

Abb. 15. Psammonyx vulcanicus Dödl. (Nach RHUMBLER.)

nehmen die Windungen der jetzt rein kalkigen Schale regelmäßige Gestalt und Lagerung an, die Schale wird zunächst planspiral, wie bei *Spirillina* oder *Cornuspira* (Abb. 16), und erreicht in turbospiralen Gattungen mit kegelförmigen Gehäusen (z. B. *Patellina* Abb. 17) ihren Höhepunkt.

Unter den Polythalamen stehen Formen mit geradlinig oder in Form eines schwachen Bogens hintereinandergereihten Kammern (Nodosaltypus) an unterster Stelle. Aus ihm geht der Spiraltypus hervor, der der Mehrzahl aller Foraminiferen eigen ist und aus dem alle übrigen Typen sekundär sich herleiten lassen. Wiederum sind die planspiralen Formen als ursprünglich zu betrachten: Selten allerdings sind *Planorbis*-ähnliche Gehäuse, wo die späteren Kammern sich außen an die früheren anlegen, doch gehören hierher die Grundformen aller Familien mit schraubig aufgewundener Schale (z. B. *Spiroloculina*, Abb. 18, eine primitive Miliolinide). Meist greifen die späteren Kammern beiderseits gleichmäßig über die früheren über und so entstehen die planspiralen Gehäuse (Abb. 19) vieler *Truncatulina*-Arten, von *Polystomella*, der *Nummuliten* u. v. a., die Jugendgehäuse von *Orbiculina*, *Peneroplis* usw., Gattungen, die beim weiteren Wachstum zur einreihigen oder zyklischen Kammeranordnung übergehen. Verbreitern sich die späteren Kammern so weit, daß sie die früheren vollkommen überdecken, so daß von außen nur der letzte Umgang sichtbar ist, so kommen planspirale Schalen zustande, die eine mehr oder weniger kugelige, breitgezogene oder beiderseits zugespitzt-spindelförmige Gestalt besitzen, wie bei *Alveolina*, *Fusulina* (Abb. 20) u. a. — Allen diesen planspiralen stehen die **turbospiral** eingerollten, also schneckenartigen Gehäuse gegenüber, ein Typus, der besonders innerhalb der Familie der *Rotalidae* deutlich ausgeprägt ist: zunächst ist die Aufwindung nur eben erst angedeutet, dann treten Schalen mit noch flachen Kammern und wenig Umgängen (*Pulvinulina*, Abb. 21) auf, an denen man, wie bei allen weiteren Formen, bereits eine „obere" Gehäuseseite, die die Anfangskammer enthält und auf der alle Kammern sichtbar sind, und eine „untere" Seite unterscheiden kann, an der nur die Kammern des letzten Umganges zutage treten. Es kann, wie in Abb. 21, die Oberseite mehr konvex, die untere flach sein, es kann sich umgekehrt verhalten oder die Schale bikonvex gestaltet sein. Bei den höheren Formen mit vielen Umgängen, die einen durchaus schneckenartigen Habitus besitzen, kann die Windungsachse relativ hoch, mittelhoch (Abb. 22) oder kurz sein, was dann zu Schalen führt, die denen der *Olividen* oder *Cypraeiden* unter den Schnecken vergleichbar sind. — Ganz eigenartige Symmetrie- bzw. Asymmetrieverhältnisse treten innerhalb der gleichfalls spiral gebauten Gruppe der *Milioliniden* auf: die primitiven Formen (*Spiroloculina*, Abb. 18) besitzen ein typisch planspirales Gehäuse, bei dem jeder Umgang aus zwei Kammern besteht; verbreitern sich

die Kammern einer solchen Form, so daß die beiden letzter,
alle früheren umgreifend, allein von außen sichtbar sind, so ent-

Abb. 16. Zentralschnitt durch Cornuspira
sp. (ungekammerte Schale; planspiral).
(Modifiziert nach ZITTEL.)

Abb. 17. Pattelina corrugata William.
Ansicht von der Seite. (Ungekammere
Schale.) (Nach BRADY.)

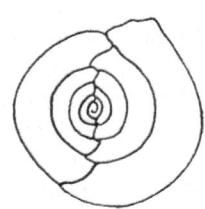

Abb. 18. Spiroloculina tenuiseptata Brady.
(Planspiral.) (Nach RHUMBLER.)

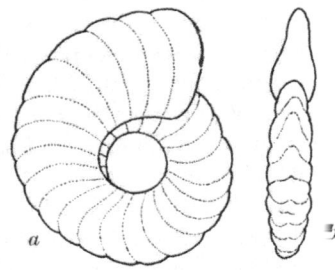

Abb. 19. Operculina ammonoides Gro.
a Flächenansicht. b Ansicht von der Mü-
dungsseite. (Nach KÜHN.)

Abb. 20. Schema von Fusulina. (Breitgezogen-
planspiral.) (Nach LANG.)

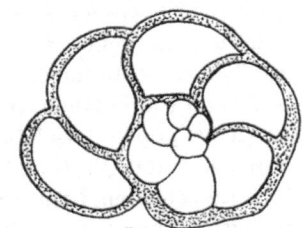

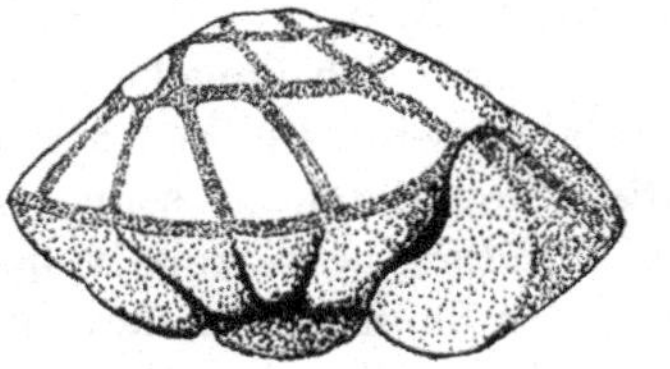

Abb. 22. Rotalia beccarii L. Ansicht von
der Mündungsseite. (Rechtsgewunden-turbo-
spiral.) (Nach KÜHN.)

Abb. 21. Pulvinulina menardii d'Orb. a Von
oben. b Von der Seite. (Linksgewunde-
turbospiral.) (Nach BRADY.)

steht der Typus von *Biloculina* (Abb. 23 a, b), von der in Abb. 23 b
ein zur Spiralachse senkrechter Schnitt gezeichnet ist, während
Abb. 23 a die „untere" Hälfte eines parallel zur Spiralachse ha-

bierten Tieres wiedergibt. Bei *Triloculina* liegt jeder der halben Spiralumgänge in einer Ebene, die zu der des vorhergehenden halben Umgangs um 120° gedreht ist (Abb. 24), drei Kammern haben an der Begrenzung des Gehäuses Anteil, es gibt jetzt keine Spiralachse mehr, sondern eine neu entstandene Torsionsachse, um die sich die den jeweiligen halben Umgang enthaltende Spiralebene dreht. Beim *quinqueloculinen* Typ (Abb. 25, 26, cc') beträgt der Winkel zweier benachbarter Halbumgangsebenen 144° ($5 \cdot 144 = 2 \cdot 360$), 5 Kammerwände grenzen hier die Schale nach außen ab, beim triloculinen (s. o.) beträgt er 120° und beim tetraloculinen (*Quadrulina*, Abb. 26 b) 90°. Die phyletische Folge der Gattungen bei den Milioliniden ist jedoch, abweichend von der eben aus schematisierenden Gründen gegebenen, die folgende: *Cornuspira* (ungekammerte bis teilweise gekammerte Gehäuse, Abb. 16), *Spiroloculina, Quinqueloculina, Triloculina, Biloculina.* Sie ist leicht beweisbar, z. B. durch die Tatsache, daß ein mikrosphärisches *Biloculina*-Individuum in seiner Ontogenese nacheinander ein *Cornuspira-, Quinque-* und *Triloculina*-Stadium durchläuft und schließlich als *Biloculina* endet — andererseits ist aus der allmählichen Abnahme der Ebenenwinkel von 180 über 144 bis 120° auch verständlich, daß *Quinqueloculina* primitiver als *Triloculina* ist.

Diese „multiloculine" Lagerung bedeutet einen zweiten, der turbospiralen (schneckenartigen) Aufwindung gleichwertigen Weg des Übergangs von der planspiralen zu einer kompakteren, bruchfesteren Gehäuseform, bedingt durch das gleiche mechanische Prinzip: Verkleinerung der freien Gehäuseoberfläche durch möglichst intensive Verwachsung der einzelnen Windungen. Und ebenso wie die schneckenartigen sind auch die multiloculinen Gehäuse, im Gegensatz zur planspiralen Ausgangsform, asymmetrische Bildungen, bei denen also auch Rechts- und Linksformen unterscheidbar sind. Nur ist der Weg der turbospiraler Aufwindung oft, der der multiloculinen nur einmal in der Natur beschritten worden, nur bei den Foraminiferen, wo er sich außer bei den *Milioliniden* in leicht modifizierter Form auch innerhalb der Familie der *Polymorphiniden* wiederfindet*.

---

* Der tetraloculine Typus ist auf diese Familie beschränkt.

Die weiteren Schalentypen, der zyklische mit „kreis"-förmiger Ausgestaltung seiner späteren Kammern und der Azer-val-Typus (spätere Kammern unregelmäßig zusammengelagert) nehmen vom Spiraltypus ihren Ausgang, die ältesten Kammern weisen stets noch deutliche spirale Lagerung auf, auch die an-

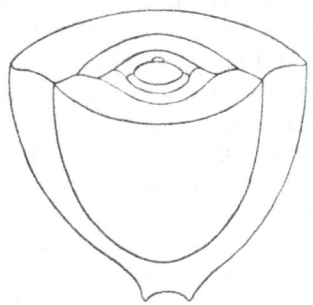

Abb. 23a. Megalosphärisches Gehäuse von Biloculina, halbiert. (Schema nach STEIN-MANN-DÖDERLEIN.)

Abb. 23b. Biloculina depressa d'Orb. „Längsschnitt." (Vereinfacht nach RHUMBLER.)

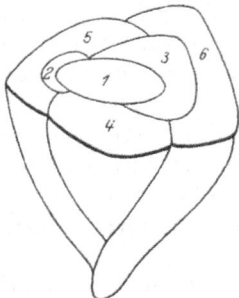

Abb. 24. Gehäuse von Triloculina, senk-recht zur Torsionsachse halbiert. (Schema nach STEINMANN-DÖDERLEIN.)

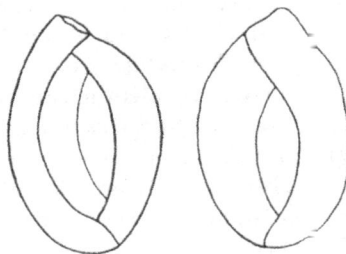

Abb. 25. Quinqueloculina seminulum (L.). Ansicht von zwei gegenüberliegenden Sei-ten. (Nach CUSHMAN.)

fangskammern der *Globigerinen* z. B. sind streng turbospiral angeordnet (Abb. 27).

Der Textularientypus schließlich, dem zwei- oder drei-reihig-zopfartige Kammeranordnung eigentümlich ist (Abb. 28, 29), kommt als Charakteristikum den *Textulariiden* zu, findet sich aber auch in anderen Familien, so z. B. bei den *Polymorphiniden,* wo sich die biseriale aus der tetraloculinen oder über den Weg der sigmoiden aus der quinqueloculinen Lagerung herleitet (Abb. 26).

Ursache der Aufwindung ist in allen Fällen die Erzielung höherer Bruchfestigkeit. Vom stabförmigen Typus ausgehend, bedeuten die planspiralen, *Cornuspira*-ähnlichen Gehäuse hierzu den ersten Schritt. Dann teilen sich die Wege: durch Breitziehen der Umgänge (*Fusulina*), schraubige Aufrollung, multiloculine Lagerung oder zyklische Kammerform wird, bei gesetzmäßiger Anordnung der Kammern, das erstrebte Ziel in ungefähr gleicher Güte erreicht.

Die Schalen des spiralen Typus sind, wie bei den Schnecken, nach der Conchospirale gebaut (Möller[27], Iterson[028]), doch ist als Spezialfall auch die logarithmische Spirale gelegentlich verwirklicht (Winter[028]). Auch tritt hier, wie bei den Schnecken, häufig im Laufe des Wachstums plötzlich eine Änderung, Vergrößerung oder Verkleinerung, des Windungsquotienten ein, so daß exo- bzw. endosthene Schalen entstehen (vgl. § 19). Bei den Nummuliten findet sich der seltene Fall, daß nach einer sehr kurzen Periode conchospiralen Wachstums der Windungsquotient $\gamma = 1$ wird, was zur Archimedischen Spirale führt (vgl. § 4); Ähnliches wurde für die peripheren Windungen einiger anderer Foraminiferenarten gefunden. Bisweilen (einige Nummuliten) sinkt γ auf 0 herab, das Wachstum geht vom spiraligen zum kreisförmigen über, die letzte Windung berührt mit ihrer Außenfläche die vorletzte, es tritt Verschluß der Schale und damit Ende des Wachstums ein.

Bei allen Foraminiferen mit asymmetrischer, aber gesetzmäßiger Kammerlagerung, und das sind alle Formen mit dauernd oder zumindest in der Jugend turbospiralen, multiloculinen, sigmoiden oder daraus hervorgegangenen textularioiden Gehäusen, müssen Links- und Rechtsschaler unterscheidbar sein. Die exakt planspiralen Formen und ebenso die meisten biserialen Textularien hingegen besitzen eine Symmetrieebene, bei den dreireihigen Textularien aber sind die Kammern in einer von oben nach unten absteigenden links- oder rechtsgewundenen Schraubenlinie angeordnet, wobei je 3 Kammern auf einen Umgang entfallen. Die biserialen Gehäuse sind nur dann asymmetrisch, nur dann sind hier also Rechts- und Linksgehäuse unterscheidbar, wenn die eine der beiden flacheren, die Zickzacklinie enthaltenden Seiten (wie in Abb. 29) von der gegenüberliegenden etwas verschieden ist; so kann z. B. auf der einen Seite eine ziemlich tief

einschneidende Zickzackfurche vorhanden sein, während die
andere Seite die Kammernfolge nur undeutlich erkennen läß-.
Unter dieser Voraussetzung würde z. B. Abb. 29 ein Paar spiege -
bildlicher Tiere wiedergeben.

Die Schar der Foraminiferen mit turbospiralem Gehäuse böte
für die Untersuchung der Verteilung des Windungssinns innerhalb

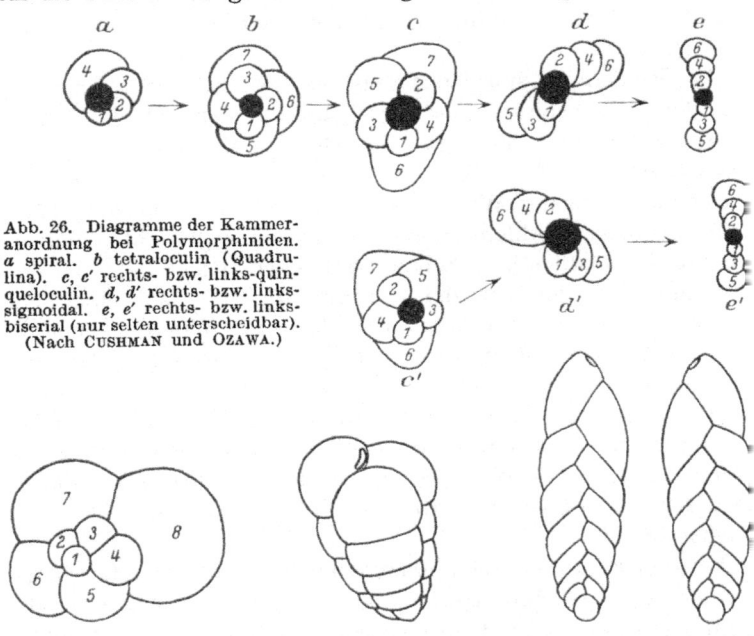

Abb. 26. Diagramme der Kammeranordnung bei Polymorphiniden.
a spiral. *b* tetraloculin (Quadrulina). *c, c'* rechts- bzw. links-quin-
queloculin. *d, d'* rechts- bzw. links-
sigmoidal. *e, e'* rechts- bzw. links-
biserial (nur selten unterscheidbar).
(Nach CUSHMAN und OZAWA.)

Abb. 27. Globigerina bul-
loides d'Orb. Oberansicht.
(Rechtsgewunden-turbo-
spiral.) (Nach KÜHN.)

Abb. 28. Verneuilina pyg-
maea Egger. Seitenan-
sicht. (Rechtsgewunden-
triserial.) (Nach BRADY.)

Abb. 29. Bolivina punctata
d'Orb. (Biserial.) Näheres
siehe Text. (Nach KÜHN)

der Arten, der Gattungen und des ganzen Systems ebenso reich-
liches Material wie die Schnecken. Leider wurde bisher der
Windungssinn der Gehäuse, wiewohl er auffallend ist und sein
Wechsel ohne Zweifel beobachtet wurde, nirgends in der Literatur
berücksichtigt, wie man daraus schließen kann, daß in den Haupt-
werken über Foraminiferen bis herauf zu den Monographien[20, 21]
und dem Sammelwerke CUSHMANS[22] die Frage nach der Rechts-
oder Linkswindung nicht einmal angedeutet ist. Daß trotzdem
wohl in jeder Familie mit turbospiralem Gehäuse Rechts- und

Linksarten auftreten, erkennt man aus den Abbildungen der einzelnen Autoren. Man kann offenbar, wenn etwa 10 Autoren von der gleichen Art Zeichnungen geben, die den gleichen Windungssinn erkennen lassen, auf Konstanz des Windungssinns bei dieser Art schließen; sehr häufig aber zeigen verschiedene Abbildungen entgegengesetzten Windungssinn, ja gar nicht selten ist der Fall, daß derselbe Autor nebeneinander rechts- und linksgewundene Tiere der gleichen Art abbildet.

So stellt BRADYS[19]Abb. 2 *a b c* auf Tafel 95 „*Truncatulina praecincta* KARRER" (eine der hier in Abb. 22 wiedergegebenen sehr ähnliche Form), in *a* von oben, in *b* von unten, in *c* von der Seite gesehen, dar, wobei man bei oberflächlicher Betrachtung den Eindruck gewinnen könnte, als handle es sich stets um das gleiche Tier; bei genauerem Zusehen aber erweisen sich *a* und *b* als rechts-, *c* als linksgewunden. Auf der gleichen Tafel BRADYS sind noch weiter abgebildet:

Tr. praecincta KARRER, 3 weitere Abbildungen, alle R (Fig. 1),

Tr. dutemplei d'ORB., 3 Abbildungen, *a b* R, *c* L (Fig. 5),

Tr. sp., intermediate form near *Tr. haidingerii* d'ORB., 3 Abbildungen, alle L (Fig. 6),

Tr. haidingerii d'ORB., 3 Abbildungen, alle L (Fig. 7),

Tr. pygmaea HANTKEN, 3 Abbildungen, alle L (Fig. 9),

Tr. pygmaea HANTKEN, 1 Abbildung, R (Fig. 10),

Tr. robertsoniana BRADY, 3 Abbildungen, alle L (Fig. 4),

Tr. tenera BRADY, 3 Abbildungen, alle R (Fig. 11),

Tr. tumidula BRADY, 4 Abbildungen, 1 L, 1 R; 1 L (?), 1 R (?) (Fig. 8).

In allen diesen BRADYschen Originalfiguren (außer Fig. 8) wird durch Hilfslinien der Anschein erweckt, als stellten je die 3 Einzelbilder einer Figur dasselbe Tier in verschiedener Ansicht dar; daß es sich aber in den Fällen, wo eine einzelne der jeweils zusammengehörigen Zeichnungen abweichenden Windungssinn aufweist, nicht um eine versehentlich spiegelbildliche Abbildung handelt, erhellt aus den relativ häufigen Fällen, wo BRADY von derselben Art verschiedene und verschieden gewundene Individuen bildlich wiedergibt, so ist z. B. das von BRADY auf Taf. 87, Abb. 4 *a b c* in 3 Ansichten zur Darstellung gebrachte größere Exemplar von *Discorbina rosacea* d'ORB. rechtsgewunden, in 1 *a b* aber ist ein kleines Linksindividuum, abgebildet, während 1 *c* die seitliche Ansicht eines Rechtstieres darstellt. Die dieser gestaltlich äußerst ähnliche Art *D. vilardeboana* d'ORB. (Taf. 88, Fig. 2) aber ist 3mal rechtsgewunden wiedergegeben.

Diese willkürlich herausgegriffenen Beispiele geben von der Inkonstanz des Windungssinns bei Foraminiferen lebhaftes Zeugnis ab. CUSHMAN übernahm viele der BRADYschen widerspruchsvollen Abbildungen in seine Schriften, die Originalzeichnungen dieses Autors aber weisen, sofern sie das gleiche Tier betreffen, keine Unstimmigkeiten mehr auf. Als Stichprobe zum

Beweis des amphidromen Charakters vieler Foraminiferen las ch
aus einer Tiefseeschlickprobe (Material der D. Tiefseeexpedition,
Stat. 83, Südatlantis, 981 m) 312 Individuen einer *Pulvinulina*-Art
aus, von ihnen waren 305 rechts- und 7 linksgewunden, eine
Rotalia-Art war mit 3 L- und 7 R-Tieren vertreten.

Alle diese Indizien lassen mit Sicherheit das Ergebnis ableiten,
daß innerhalb sehr vieler Foraminiferenarten mit turbospiralem Gehäuse der Windungssinn amphidrom verteilt ist; zu vermuten ist weiter, daß unter diesen amphidromen
sich auch razemische Arten finden, daneben aber besteht
durchaus die Möglichkeit der Existenz von Arten monostrophen
Charakters. Bezüglich der Vererbung oder Nichtvererbung des
Windungssinns ist man auf Vermutungen angewiesen. Es könnte
so sein, daß bei der Bildung der allerersten Kammern oft der
Zufall den Ausschlag gibt, nach welcher Richtung die Aufwindung
erfolgt, und daß alle späteren Kammern diesen einmal eingeschlagenen Sinn beibehalten; es kann aber auch der andere Fall
zutreffen, daß alle aus Rechtsformen durch Teilung entstehenden
Nachkommen rechtsgewunden, die einer Linksform entsprechend
linksgewunden sind, und dieses ist sogar wahrscheinlich, weil
unter den zahlreichen in der Literatur gegebenen Abbildungen
von Doppelindividuen* stets beide Tiere, die offenbar in enger
„Blutsverwandtschaft" stehen, den gleichen Windungssinn aufweisen. Wenn also, was durchaus wahrscheinlich ist, aus Rechtstieren jemals Linkstiere entstehen sollen, so erscheint dies nur
durch Zwischenschaltung eines geschlechtlichen Vermehrungs-
aktes möglich. Bei solchen Verhältnissen wäre weiterhin begreiflich, daß innerhalb der einzelnen Arten streng razemische
Verteilungsweise gegenüber der amphidrom-nichtrazemischen weit
seltener statthätte; denn ein einmal örtlich vorhandenes amphidromes Verteilungsverhältnis könnte höchstens durch geschlechtliche,
kaum aber bei Vermehrung durch Teilung geändert werden.

Als gesichert kann weiter gelten, daß im System der Foraminiferen, soweit sich turbospirale Schalen finden, dem Windungssinn
der Gehäuse gruppeninkonstante, vermutlich gruppenrazemische Verteilung zukommt.

Über die Existenz von Rechts- und Linksformen bei
Arten mit multiloculiner Asymmetrie finden sich zum

---

* = mit ihren Basisflächen zusammengewachsene Tiere.

erstenmal Angaben in der CUSHMAN u. OZAWAschen Monographie
der *Polymorphiniden* (1930). Diese Autoren beschreiben:

Gattung	Rechts-gewundene Arten*	Links-gewun-dene Arten	Arten mit r- und l-ge-wundenen Individuen	Arten ohne Angabe des „Windungs"sinns (meist bi- oder triseriale, selte-ner sigmoide Arten)
Guttulina	10	6	3	einige
Sigmomorphina und				
Sigmoidella . . .	24	22	—	einige
Polymorphina . . .	—	2	—	viele
Globulina	1 (triserial)	—	—	viele
Pseudopolymorphina	1	—	—	viele

Die intragenerelle Verteilung von Rechts und Links ist also
etwa razemisch. Die Arten selbst sind vorzugsweise monostroph;
als amphidrom** wurden nur angeführt: *Guttulina irregularis*
D'ORB. var. *Nipponensis* C. u. O. aus Japan (im Gegensatz zu
den übrigen Varietäten dieser am weitesten verbreiteten Poly-
morphinidenart, die rein rechtsgewunden sind), *G. (Sigmoidina)
pacifica* C. u. O., und *G. (S.) silvestrii* C. u. O. Ob „almost clock-
wise" bei *G. bulloides* (R.) als schwach monostroph übersetzbar
ist, mag dahingestellt bleiben. Erwähnenswert als Zeichen für
die Bedeutung, die CUSHMAN dem Windungssinne beilegt, ist
die Tatsache, daß die von ihm (1930) neugeschaffene Spezies
Sigmoidella specifica sich von der lange bekannten Art *S. elegantissima* fast nur durch den entgegengesetzten Windungssinn
unterscheidet, daß ferner ein von CUSHMAN zu eben dieser Art
gerechnetes inverses Individuum neuerdings[23] als selbständige
Art *S. margaretae* abgetrennt wurde.

Im Falle der multiloculinen Asymmetrie wurde also
gefunden: gruppenrazemische Verteilung von Rechts und Links,
Arten vorwiegend monostroph (über Inverse noch nichts bekannt),
selten amphidrom (evtl. razemisch). Vielleicht wird einmal eine
genaue Durchsicht der turbospiralen Gruppe erweisen, daß es
auch hier zweckmäßig ist, Rechts- und Linksarten zu schaffen,
so daß also auch hier die monostrophen Spezies die Oberhand

---

* Die CUSHMANsche RL-Nomenklatur weicht (vgl. Abb. 26) nur scheinbar von der in diesem Buche gegebenen ab.

** CUSHMAN gibt an „rechts- oder linksgewunden"; in welchem Ver-
hältnis, wird nicht gesagt.

besäßen und sich eine ähnliche RL-Verteilung wie bei der mult.-
loculinen Asymmetrie ergäbe.

c) Heliozoa und Radiolaria.

Die kugeligen, zentrisch symmetrischen Heliozoen weisen keinerlei
Asymmetrien auf.

Die Radiolarien sind vorwiegend radiär gebaut, doch gibt es viele
abgeleitete Formen, die nur mehr eine Symmetrieebene besitzen; asymmetrische Formen aber fehlen. Zwar kann es vorkommen, daß dendritisch
verzweigte Skeletanhänge, nicht aller- oder beiderseits gleichmäßig entwickelt, dem Tier ein asymmetrisches Aussehen verleihen, oder daß alle
4 Strahlen einer Vierernadel verschiedene Länge besitzen, doch handelt es
sich in diesen Fällen stets um fluktuierende Asymmetrien. Hingewiesen sei
schließlich auf die Tatsache, daß auch bei Radiolarien (einige *Larcoidea*)
planspirale Schalen vorkommen, und auf die zweiklappige Kieselschale der
Phaeoconchia, deren beide Hälften in der Regel durch ein aus alternierenden,
ineinandergreifenden Zähnen bestehendes Schloß miteinander verbunden
sind. Auch hier sind Links- und Rechtsformen nicht unterscheidbar, da
sowohl die *Larcoidea* wie die *Phaeoconchia* eine Symmetrieebene besitzen. —
HAECKER[11] führt (neben dem gelegentlichen Vorkommen spiraliger Schalen-
bildung bei einigen Arten) an, daß bei einigen von ihm gefundenen Exemplaren von *Auloceros arborescens trigeminus*, einer normalerweise mit drei-
zackig-bilateralsymmetrischen Stacheln versehenen Aulacanthide, ausnahmslos nur je 2 Zacken vorhanden waren, und zwar die mediane und
die Zacke einer Seite, so daß sämtliche Stacheln gleichsinnig asymmetrisch
waren. Er verwendet diesen Befund als Beweis, daß bereits in einem einheitlichen Plasmakörper die Symmetrie oder Asymmetrie einer scheinbar
unwesentlichen Struktur genotypisch „vorgebildet" sein muß. Weiter
beschreibt HAECKER korkzieherförmige Ankerfäden bei verschiedenen
Tripyleen.

d) Zusammenfassung.

Beginn schraubiger Aufrollung (anscheinend razemisch) bei
den Thekamöben. — Foraminiferen: Neben dem Nodosal-
entsteht der bruchsichere Spiraltypus. Hier ist sowohl bei den
ein- wie bei den vielkammerigen Formen die planspirale Schale
Ausgangspunkt, aus ihr entwickelt sich bei den einkammerigen die turbospirale, bei den mehrkammerigen entweder die
turbospirale oder die multiloculine Schale, außerdem polyphyletisch der textularoide Typus. Alle turbospiralen, multiloculinen und mehr als zweireihig-textularoiden Schalen sind
asymmetrisch, die möglichen Rechts- und Linksformen existieren.

Die Windungsrichtung der turbospiralen Gehäuse wurde bisher
nicht berücksichtigt; sicher ist, daß bei vielen Arten Links- und

Rechtsformen existieren. — Multiloculine Arten: gruppenrazemisch; Arten monostroph, selten amphidrom.

Radiolarien: Nur plan- (nicht turbo-) spirale Gehäuse
existieren. Bemerkenswert sind die HAECKERschen anormal gleich-
sinnig-asymmetrischen Stacheln bei *Auloceros*.

§ 8. Protozoa. Sporozoa.

Bei den Sporozoen sind nur wenige Asymmetrien körperlicher Art der
Erwähnung wert. Die Cnidosporidien besitzen Nesselkapseln mit schraubig aufgewundenem Geißelfaden, doch liegen keine Angaben über den Sinn
dieser Aufwindung vor. Vermutlich ist der Faden bald links-, bald rechtsgewunden (razemische Verteilung), doch ist die Möglichkeit, daß sich in

  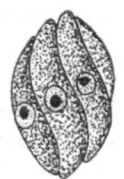

Abb. 30. Spore von Len-
tospora ovalis. (Nach
DAVIS.)

Abb. 31. Eimeria sardinae (Thél-
shan). Oocyste. (Nach DOBELL
aus REICHENOW, vereinfacht.)

Abb. 32. Eimeria falciformis (Eimer). Merozoiten-
bündel. (Nach SCHUBERG
aus REICHENOW.)

einzelnen Fällen individuelle Konstanz herausgebildet hat, nicht ausgeschlossen*. Von Interesse wäre, zu wissen, ob bei den zweikapsligen
Sporen der Myxosporidien (Abb. 30) die Aufwindung eine rein zufällige
ist oder ob der Faden der einen Kapsel Links-, der der anderen Rechtswindung aufweist (Bistrophie), wie solches z. B. an der beigegebenen Abbildung erkennbar ist.

Einige Lagegewohnheiten der Sporozoen besitzen RL-Charakter. So
ist die Eigentümlichkeit mancher wurmförmiger Schizonten, sich gelegentlich spiralig einzukrümmen, bei *Spirocystis* (Gregarinae) zum Artmerkmal
geworden: deren Schizonten rollen sich im Laufe des Wachstums, wobei sie
vielkernig werden, schneckenartig auf. Auch die in die Sporen eingeschlosse-
nen Sporozoiten sind meist spiral oder schraubig gelagert, stets als Folge
des Bestrebens, einen beschränkten Raum möglichst zu erfüllen. In den
seltenen Fällen, wo sich nur je ein Sporozoit in einer Spore befindet, ist
die Aufwindung planspiralig bis schraubig (hierhergehörig auch die den
Sporozoen angegliederte Gattung *Helicosporidium,* bei der sich nur je einer
von den 4 pro Spore enthaltenen Sporozoiten schraubig aufrollt); sind aber,

---

* Vgl. die Befunde bei Coelenteraten.

wie es bei den Coccidien Regel ist, 2 Sporozoite in einer Spore enthalten,
so winden sie sich meist gegenseitig umeinander, was der bestmöglichen
Ausnutzung eines spindelförmigen Raumes durch ein Paar zylindrischer
Körper entspricht (Abb. 31). Ein Vergleich zahlreicher Abbildungen zeigt,
daß der Sinn der Umwindung, ob rechts oder links, auch innerhalb derselben
Oocyte ein willkürlicher ist, also razemischen Charakter besitzt. — Bisweilen, wie bei *Eimeria falciformis* (Abb. 32), sind auch die durch Schizo-
gonie entstandenen 7—9 Merozoiten zu einem schraubig gedrehten Bündel
vereinigt.

Die freibeweglichen Sporozoiten besitzen Flagellatencharakter und
haben mit diesen die schraubige Bewegungsweise gemeinsam.

Anhangsweise seien schließlich die „Elateren" der meist bereits zu den
Pflanzen gerechneten Mycetozoen erwähnt, ziemlich dicke Fasern aus
Zellulose, die in den Sporangien dieser Formen ein Gerüst bilden und deren
Wand durch mehrere hintereinander verlaufende Schraubenfäden ver-
steift ist.

Zusammenfassung: Schraubige Nesselfäden der Cnidosporidien;
razemisch-schraubige Lagerung der Sporozoiten innerhalb der Sporen.

§ 9. Protozoa. Infusoria.

Die Infusorien besitzen, nur wenige und meist ursprüngliche
Formen ausgenommen, asymmetrischen Bau. Vorneweg sei sogleich bemerkt, daß inverse Individuen einer Art niemals beobachtet wurden, mit Ausnahme einer einzigen Population inverser
Urceolaria Korschelti, auf die weiter unten noch eingegangen
werden wird. Zwar finden sich in der Literatur gelegentlich
Abbildungen skizzenhaften Charakters, die „inverse" Individuen
erkennen lassen, jedoch handelt es sich hierbei zweifellos um
Bilder, die die Folge einer durch monokulare mikroskopische
Betrachtung bewirkten Täuschung sind, denn bei dieser Methode
ist es in Anbetracht der ziemlichen Durchsichtigkeit der Infusorien
meist schwer, Oberflächenstrukturen an die richtige, d. h. dem
Beschauer zu- oder abgewandte Körperseite zu lokalisieren. Es
soll hiermit nur behauptet werden, daß inverse Individuen bisher
nicht beobachtet wurden, keineswegs aber, daß ihre Existenz
unwahrscheinlich oder gar unmöglich ist. Denn abgesehen von
den inversen *Urceolarien*, lassen einmal die Peritrichen (s. w. u.)
und außerdem Rückschlüsse von anderen Tierklassen her die
Vermutung zu, daß innerhalb der Ciliaten ebenso wie bei anderen
Gruppen des Tierreichs Inversionen, wenn auch vielleicht nur
in sehr geringer Häufigkeit, vorkommen, und nur der Umstand,
daß, von spärlichen Einzelfällen abgesehen, kein Beobachter

bisher dem Unterschied, ob Links- oder Rechtstorsion, Wert
beigemessen hat in Verbindung mit der schwierigen Beobachtbar-
keit des Torsionssinns, mag vielleicht die Ursache sein, daß inverse Individuen bisher unbeachtet geblieben sind. Bezüglich
der Entstehung inverser Exemplare müßte die gleiche Mutmaßung
wie im Falle der Foraminiferen geäußert werden: daß Rechts-
und Linksformen durch Teilung nur
gleichartige Tiere erzeugen können, daß
eine Inversion des Windungssinns, das
Entstehen eines Rechts- aus einem
Linkstier und umgekehrt, aber nur
durch Zwischenschaltung eines Ge-
schlechtsaktes oder mindestens einer
Enzystierung möglich wäre.

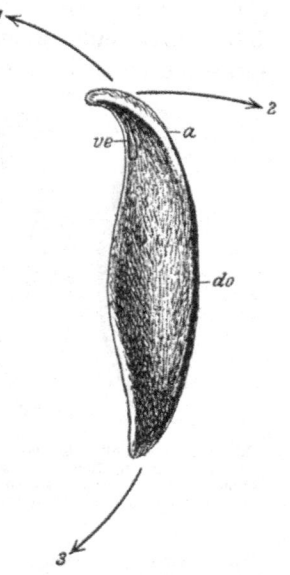

Die RL-Merkmale der Infu-
sorien lassen sich in folgender Weise
gruppieren:

1. Schraubenbewegung.

2. Grobe Asymmetrien der Körpergestalt, die unabhängig von den
sub 3 und 4 genannten Schraubenstrukturen sind: z. B. die schraubige Körperform von *Loxodes* (Abb. 33) und
anderen Arten; viele höhere, abgeleitete
Gattungen von bizarrem Äußeren.

3. Schraubige Oberflächenstrukturen: „Spiralige" Linien-, Fur-
chen- oder Streifensysteme, mit ihnen
parallellaufend die Hauptlinien des
KLEINschen Silberliniensystems. Bei

Abb. 33. Loxodes sp. Linksschraubige Körpertorsion als Folge der
Schraubenbewegung. Die Pfeile
bedeuten die Bewegungsrichtung
bei nichtrotierendem Gleiten
(*1* nach vorn, *3* nach hinten,
2 Abwehrreaktion.)

gehäusebildenden Formen schraubige Strukturen der Gehäuse.

4. „Adorale Wimperspirale", eine oder mehrere schraubig
verlaufende Reihen von Cilien meist auffallender Größe und besonderer Funktion, oft teilweise zu Membranen vereinigt, bisweilen in einer besonderen Körpervertiefung (Peristom, Cyto-
pharynx) gelegen.

5. Schraubige intrazelluläre oder extrazelluläre
Bildungen: z. B. schraubiger Makronukleus oder der Vorticellenstiel.

Eine umfassende Darstellung über die Verbreitung dieser Merkmale innerhalb der Infusorien oder wenigstens innerhalb einer
Untergruppe dieser Tierklasse sowie über deren gegenseitige Ab-
oder Unabhängigkeit, die — sollte sie Wert besitzen — möglichst
viele Arten der betreffenden Gruppe berücksichtigen müßte,
fehlt derzeit noch völlig. Ein vom Verfasser in dieser Richtung
vor einigen Jahren eingeschlagener Versuch scheiterte daran,
daß damals eine einigermaßen sichere Bestimmung bei vielen
Infusorienarten unmöglich war, ein Umstand, der inzwischen

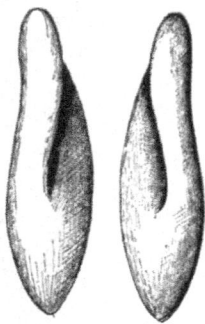 

Abb. 34. *a* Modell des Parameciumkör-
pers. Nach zahlreichen Umrißzeichnungen
rekonstruiert. Rechtsgewundene Peristomfurche. *b* Spiegelbild von *a*.

Abb. 35. Sciadostoma difficile Kahl. Als
Fortsetzung der rechtsgewundenen adoralen Zone zieht ein gleichfalls rechtsgewundenes Schraubenband von Cilien viermal
um den Körper. (Nach KAHL.)

durch das im Erscheinen begriffene Werk von KAHL[42] und dessen
Versuche einer Revision der Ciliatensystematik behoben wird.
Es kann daher im folgenden das wenige, was über die RL-Merkmale bekannt ist, nur in die Form einiger allgemeiner Richtsätze
zusammengefaßt werden.

Zuvor ist es zweckmäßig, die Stammesgeschichte der Infusorien
in Kürze zu überblicken. Aus den primitiven *Holophrya*-ähnlichen Urformen, die eine eiförmig-rotationssymmetrische Gestalt besaßen, gehen
zwei divergierende Äste hervor, die Schlinger und die Strudler. Die
ersten bilden eine körperlich außerordentlich mannigfaltig gebaute Untergruppe der Holotrichen, ausgezeichnet durch einen sehr erweiterungs-
fähigen Mund, der gewöhnlich geschlossen und dann fast unsichtbar ist
und nur zur Nahrungsaufnahme geöffnet wird. Hier kommen in der Mund-
region weder undulierende Membranen noch Schlundbewimperung vor. Der
zweite Ast führt zu den Trichostomata (= strudelnde Holotricha), aus
deren Grundformen die abgeleiteten Zweige der Hetero-, Hypo-, Oligo-
und Peritrichen hervorgingen. All diesen Infusorien ist gemeinsam, daß

der Mund gewöhnlich geöffnet und die Nahrung in ihn hineingestrudelt wird; bestimmte Wimpern, die meist besondere Größe haben und untereinander zu undulierenden Membranen verklebt sein können, sind hier in den Dienst der Nahrungsaufnahme getreten.

Alle RL-Merkmale der Ciliaten, die wohl ausnahmslos den Charakter einer Torsion besitzen, gehen letzten Endes ursächlich auf die schraubige Bewegungsweise zurück. Wie wir weiter unten (§ 38) zeigen werden, wird der Windungssinn der Schraubenbahn, ob links- oder rechtsherum, einzig und allein bestimmt durch die Art des Wimperschlags, die steuernde Wirkung der Körpergestalt des Infusors tritt gegenüber den Wimperkräften fast völlig zurück, und nur insofern kann dem morphologischen Bau ein Einfluß auf die Schraubenbahn zugesprochen werden, als der Körper die Wimpern trägt und die resultierende Gesamtwimperkraft eines Tieres nicht allein durch die Richtung des Schlages der einzelnen Wimpern, sondern auch durch die Anordnung der Wimpern am Körper bestimmt wird. Weiter unterliegt es keinem Zweifel, daß die Schraubenbewegung als die für alle Mikroorganismen natürliche Bewegungsart vor allen konstanten körperlichen Asymmetrien vorhanden war, daß also diese Asymmetrien sich erst in Anpassung an die Schraubenbewegung entwickelten.

Bewegt sich ein Körper durch die Kraft seiner Wimpern in einer Schraubenbahn durchs Wasser, so wird — auch bei den veränderten Widerstandsgesetzen, wie sie für sehr kleine Organismen Geltung haben, für die Wasser eine zäh-klebrige Flüssigkeit bedeutet — diese Bewegungsweise rückwirken auf seine Körpergestalt, der Zellkörper wird „abgeschliffen", deformiert, wodurch wieder infolge der räumlich veränderten Anordnung der Cilien der Charakter der Schraubenbahn um ein geringes verändert wird, und so dauert das Wechselspiel fort, bis die Zelle diejenige Gestalt angenommen hat, die — bei Rücksicht auf die Grenzen des Anpassungsvermögens im Einzelfalle — unter den gegebenen Umständen, d. h. vor allem bei der gegebenen Weite und Windungshöhe der Schraubenbahn — die optimale ist: den geringsten Wasserwiderstand verursacht. Nur durch die Schraubenbewegung kommt ein Anlaß zur Torsion an den Ciliatenkörper heran und daraus muß notwendigerweise gefolgert werden, daß jede an einem Infusorienkörper zutage tretende

linksschraubige Struktur verursacht ist durch eine links-, eine
Rechtsstruktur durch eine rechtsschraubige Bewegungsweise.

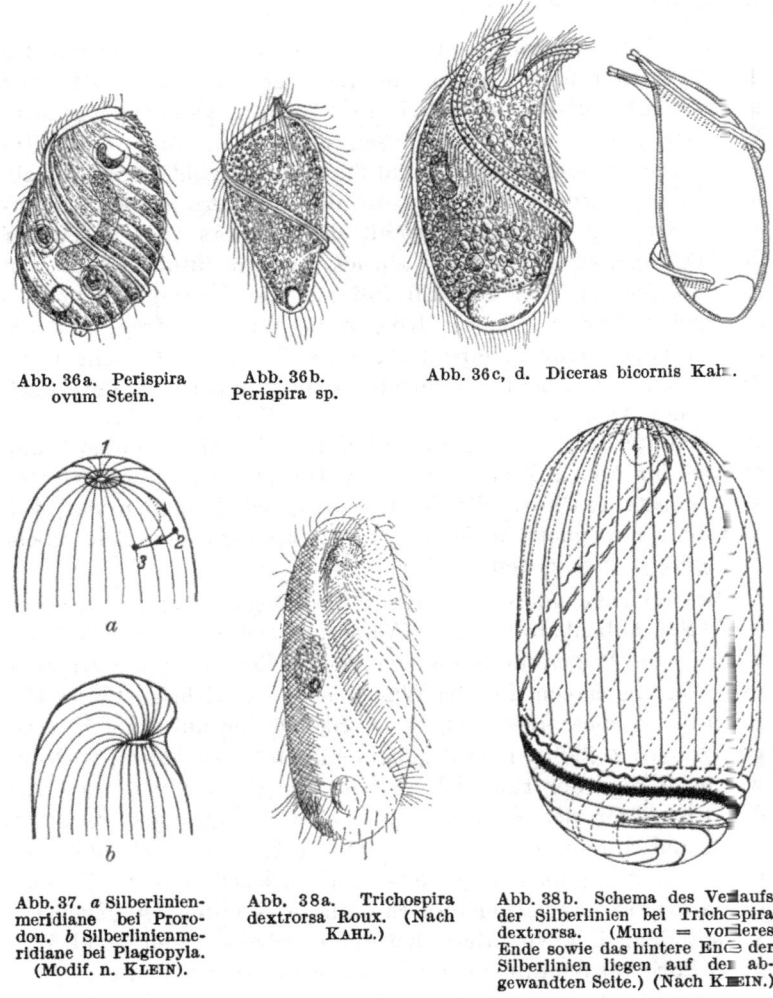

Abb. 36a. Perispira
ovum Stein.

Abb. 36b.
Perispira sp.

Abb. 36c, d. Diceras bicornis Kah.

Abb. 37. a Silberlinien-
meridiane bei Proro-
don. b Silberlinienme-
ridiane bei Plagiopyla.
(Modif. n. KLEIN).

Abb. 38a. Trichospira
dextrorsa Roux. (Nach
KAHL.)

Abb. 38b. Schema des Verlaufs
der Silberlinien bei Trichospira
dextrorsa. (Mund = vorderes
Ende sowie das hintere Ende der
Silberlinien liegen auf den ab-
gewandten Seite.) (Nach KLEIN.)

So könnte man vermuten, daß jedes Tier mit körperlicher Linksstruktur sich auch linksrotierend bewegen muß und umgekehrt,
doch widerspricht dem bereits die Tatsache, daß bei allen Arten

einer „spiraligen" Gattung die körperliche Torsion gleichsinnig
verläuft, daß der Sinn der Schraubenbahn aber keinesfalls bei
allen Arten der gleiche zu sein braucht. Die Schraubenbahn ist
ein von der Natur „technisch" leicht invertierbares Merkmal, und
es werden weiter unten genügend Beweise beigebracht werden,
daß ähnlich wie beim Schneckengehäuse auch hier Inversionen
des Bewegungssinns gar nicht selten sind, ja daß hier wie dort
auch, zeitlich hintereinander, doppelte Inversion vorkommt.
So kann die obige Folgerung weiter dahin präzisiert werden, daß
jede linksschraubige Struktur eines Infusors ursächlich
bedingt sein muß durch eine einstmalige linksschraubige Bewegungsweise, und daß, dreht die betreffende
Art sich derzeit nach rechts, eine Inversion des Bewegungssinns stattgehabt haben muß. In anderen Worten
kann man auch sagen: Hat sich durch ursprünglich linksschrau-
bende Bewegung innerhalb eines Stammbaumastes einmal eine
körperliche Linkstorsion herausgebildet, so behalten alle späteren
Abkömmlinge dieses Astes die Linkstorsion bei, auch wenn sie
längst zur gegensätzlichen Bewegung übergegangen sind, und
Entsprechendes gilt jeweils im umgekehrten Falle.

Über den Windungssinn der Schraubenbahn bei den
Ciliaten sei (§ 38, vgl. den dort gegebenen Stammbaum) vorweggenommen, daß, soweit bisher Beobachtungen vorliegen, bei den
primitivsten Formen, den Holophryiden, Links- und Rechtsschraubung etwa gleichmäßig über die Arten verteilt sind, daß
bei den Schlingern überhaupt jedoch die Linkswindung bedeutend
überwiegt, so daß das RL-Verhältnis der Holophryiden vielleicht
nur zufälligen und vorläufigen Charakter besitzt. Bei den strudelnden Holotrichen ist die Verteilung inkonstant, doch so, daß
innerhalb jedes Seitenzweiges des Systems (Familie oder Familien-
gruppe) Rechts oder Links weitaus überwiegt, und in summa
ist auch hier die Linksdrehung in Majorität. Hetero-, Oligo- und
Hypotrichen (ausgenommen die Aspidiscinen) zeigen fast ausnahmslos Linksbewegung, die Peritrichen und die Aspidiscinen
(eine kleine selbständige Untergruppe der Hypotrichen) fast ausschließlich Rechtswindung.

Eine schraubige Krümmung des gesamten Körpers,
entsprechend Punkt 2 der obigen Übersicht über die RL-Merkmale der Infusorien, findet sich z. B. bei *Lionotus diaphanus* und

Loxodes rostrum (Abb. 33) unter den Schlingern[596], wo im ersten Falle Rechtstorsion des Körpers mit Rechtsschraubung der Schwimmbahn, im zweiten Linkstorsion mit Linksbahn korrespondiert; auch unter der Gattung *Prorodon* finden sich Individuen,

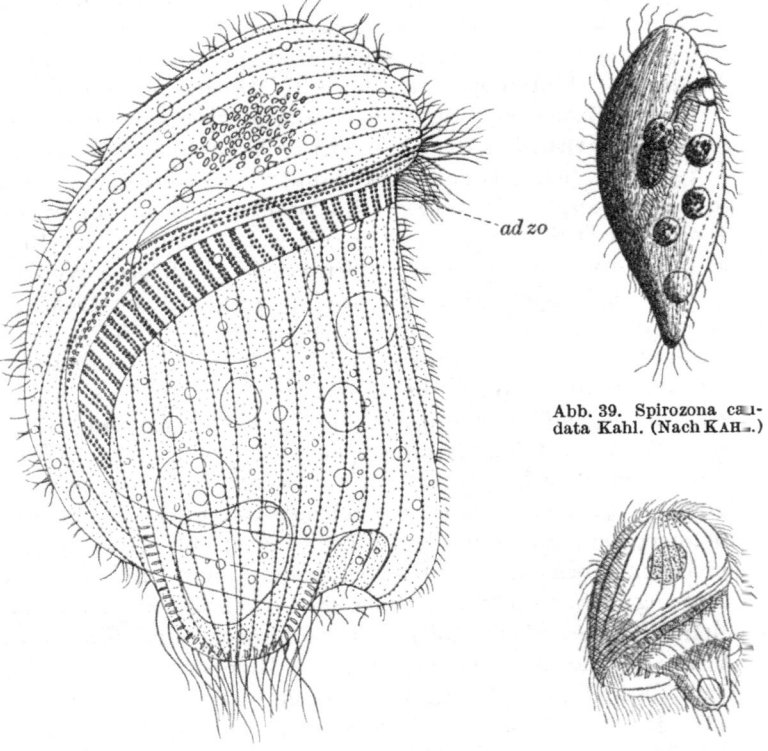

ad zo

Abb. 39. Spirozona caudata Kahl. (Nach KAHL.)

Abb. 40a. Metopus contortus. Rechtsschraubige Verdrehung des Körpers infolge extremer Weiterbildung von Peristom und adoraler Zone (*ad zo*). (Nach WETZEL.)

Abb. 40b. Metopus contortus Lev. (Nach KAHL.)

die gleichsinnig zu ihrer Schwimmbahn verbogen sind. Bei den strudelnden Holotrichen ist die Schwimmbahn insofern auf die allgemeine Körperform von Einfluß gewesen, als die Mundöffnung ausnahmslos auf diejenige Körperseite verlagert wurde, die der Schraubenachse zugewandt ist[596], und wiederum ist dies ein Ergebnis der Wechselwirkung zwischen Schraubenbahn und Körperform: In dem Maße, in dem die Mundöffnung auf die der

Schraubenachse zugekehrte Seite des Tieres rückte, wurde die gegenüberliegende (= Dorsal-) Seite mehr konvex, daher cilienreicher und schlagkräftiger, die Ventralseite hingegen dadurch, daß die Mundcilien nichts mehr zur Lokomotion beitrugen, schlagschwächer, so daß nach rein physikalischen Gesetzen — die schlagstärkere Seite muß außen sein — der Mund der Schraubenachse sich zukehren mußte. — Bei den äußerlich stark tordiert

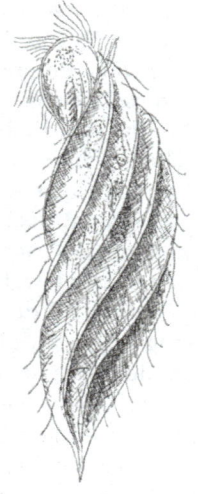
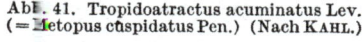
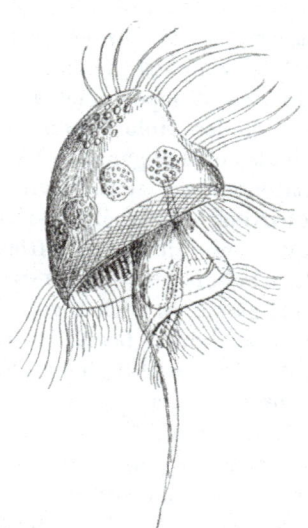

Abb. 41. Tropidoatractus acuminatus Lev.
(= Metopus cuspidatus Pen.) (Nach KAHL.)

Abb. 42. Caenomorpha medusula Perty.
(Nach KAHL.)

erscheinenden Angehörigen der Gattungen *Perispira* (Abb. 36), *Diceras* (Abb. 36) u. a. handelt es sich zweifelsohne um eine exzessive Weiterbildung der weitverbreiteten „spiraligen" Oberflächenskulpturen, bei den *Metopiden* (Abb. 40, 41) und *Caenomorpha* (Abb. 42) hingegen um eine ins Extreme gesteigerte schraubige Peristomfurche.

Die Hetero-, Oligo- und Hypotrichen, allesamt Strudler, besitzen ein zum Munde ziehendes Band schlagstarker Cilien*, die „adorale Wimperspirale", die bei diesen Gruppen ausnahms-

---

* Die zum Teil miteinander zu Membranen usw. verklebt sein können.

los die Form einer rechtsgewundenen* Schraubenlinie zeigt.
Jedoch auch die strudelnden Holotrichen weisen in der Mund-
gegend besonders differenzierte Wimperpartien auf, die ausschließlich der Nahrungsaufnahme dienen; sie sind, bisweilen in eine
als Peristom bezeichnete Furche oder Vertiefung eingesenkt in
zum Munde führenden Reihen angeordnet, erzeugen einen dorthin
zielenden Wasserstrom, oder sie führen, zu Membranen vereinigt,
weiter in den „Ösophagus" hinein. Wie aus Abb. 34 erkennbar
ist, besitzt bei *Paramecium* das Peristom eine deutlich schraubig
rechtsgewundene Form, und nach BULLINGTON[593] soll für die
adoralen Wimperzonen ausnahmslos aller von ihm untersuchten
strudelnden Holotrichen das gleiche gelten; diese Rechtswindung
soll also eine allgemeine Eigenschaft aller Strudler, die Peritrichen
ausgenommen, sein. Wenn nun auch das Endergebnis der BUL-
LINGTONschen Arbeit ein irriges ist[596] und manche seiner Angaben
außerdem von zweifelhaftem Werte sind**, so scheint doch dieses
Teilergebnis der BULLINGTONschen Untersuchungen richtig zu
sein, zumal in vielen vom Verfasser gemachten Stichproben die
Rechtswindung bestätigt werden konnte. Daraus würde folgen,
daß die ursprüngliche Schraubenbewegung der strudelnden
Infusorien eine rechtssinnige war. Und in der Tat kann man
sich an einem Modell[8] von *Paramecium* leicht überzeugen, daß
der Bewegungswiderstand bei der Rechtsrotation geringer ist
als bei der Linksrotation. Wenn ein *Paramecium* sich aber normalerweise nach links dreht, so muß eine Bewegungsinversion
stattgefunden und für diese mit Energieverlust verbundene

---

* Der Richtungsverlauf dieser Wimperzone wurde in der Literatur bisher
meist als linksgewunden bezeichnet, infolge fälschlicher Übertragung der
Nomenklatur über den Richtungssinn von Planspiralen auf Schraubenlinien. Da eine Spirale verschieden gewunden ist, je nachdem, ob man sie
von vorn oder von hinten betrachtet, war es möglich, daß neuerdings unabhängig voneinander REICHENOW[24], KAHL[42] und ZICK[49] die Bezeichnung
rechtsgewunden propagierten, weil es bei einem zum Mund führenden
Organell angemessen erscheine, „das aborale Ende als Anfang zu betrachten".
Weil es sich in Wirklichkeit um eine Schraubenlinie, deren Windungssinn
von der Stellung des Beobachters unabhängig ist, handelt, erscheint diese
Überlegung überflüssig, insofern aber begrüßenswert, als die Bezeichnung
„rechtsgewunden" für die Richtung der adoralen Zone dieser Cilia ren-
gruppen bereits vorbereitet wurde.
** Vor allem ist zu vermuten, daß etliche der von ihm untersuchten
Arten unrichtig bestimmt sind.

Inversion ein zwingender Grund vorgelegen haben. Diesen vermute ich in folgendem: Wir wissen heute, daß *Paramecium* während des Schwimmens nur einen ganz schwachen Nahrungsstrudel erzeugt, der aber insofern für die Orientierung über den Nahrungsgehalt des umgebenden Mediums genügt, als die in den dauernd auf das Peristomfeld auftreffenden Wasserproben enthaltenen Nahrungspartikelchen beim Auftreffen auf dieses „festgehalten" und ihm entlang dem Munde zugeführt werden. Der Nachteil, den die Schraubenform des Peristomfeldes zugleich mit dem Vorteil verminderten Wasserwiderstandes bei der Bewegung mit sich brachte, war der, daß je idealer das Peristomfeld der Schraubenbewegung angepaßt war, um so weniger Partikelchen auf dieses trafen, weil jede Wasserprobe längs des ganzen Peristomfeldes dahinglitt — nutzlos, da sie schon beim ersten Auftreffen etwaigen Nahrungsgehaltes beraubt wurde. Bei einer dem Windungssinn des Peristomfeldes entgegengerichteten Bewegung aber schaufelt sich das *Paramecium* gewissermaßen seinem Nahrungsstrudel entgegen durchs Wasser und kontrolliert bei gleichem Weg viel größere Wassermengen, was gleichfalls im Modellversuch demonstriert werden konnte. Einen diesem gleichartigen Gedankengang hat neuerdings ZICK[49] am Beispiel der *Urceolaria Korschelti* aufgestellt. Und eine weitere Stütze für diese Ansicht ist die, daß *Paramecium* nur in einem Falle zur „naturgemäßen" früheren Bewegung zurückkehrt, wenn man — wie ALVERDES zuerst beobachtete — die Viskosität und damit den Widerstand des umgebenden Mediums ins Extreme steigert. Dann dreht es sich nach rechts und dies wohl nach dem gleichen Prinzip, nach dem man einen Korkbohrer zwar leicht noch invers durch ein Medium von der Konsistenz der Butter, nicht aber durch Holz hindurchdrehen könnte, ein Vergleich, der deswegen nicht sehr absurd ist, weil Wasser für Tiere von Infusoriengröße ein Medium von außerordentlich hoher Viskosität bedeutet[598]. — Diese bei den strudelnden Holotrichen aufgetretene Inversion der Bewegung hat sich bei allen spezialisierten Strudlern: Hetero-, Oligo- und Hypotrichen, erhalten, die alle mit Rechtswindung des Mundfeldes Linkswindung der Schraubenbahn verbinden; sie hat vielleicht hier und da zur Abflachung des Peristomfeldes geführt, und bisweilen, bei isolierten Gattungen oder Arten einzelner solcher Gattungen, hat eine zweite Bewegungsinversion — zurück zur Rechtsdrehung — stattgefunden (*Aspidiscinen*). Merkwürdig aber ist die Stellung der Peritrichen (Urceolaria und Vorticellina), die als völlig Inverse in dem ganzen Komplex der Strudler Links- statt Rechtswindung der adoralen Zone und Rechts- statt Linkswindung der Bewegung aufweisen: hier kann man entweder der ziemlich komplizierten BÜTSCHLIschen Hypothese, die im übrigen noch an gewissen Stellen der Revision bedarf, beipflichten und muß dann als weitere Zusatzhypothese anfügen, daß nach Ausbildung der definitiven Wimperspirale alle Formen nochmals ihre Bewegung invertierten — oder man kann, wenn man sich an die inverse *Urceolaria* ZICKs erinnert, meines Erachtens mit gleicher oder noch größerer Berechtigung die weit einfachere Annahme machen, daß ebenso wie gewisse linksgewundene Schneckenfamilien die Peritrichen von einer inversen Form ihren Ausgang genommen haben. Dabei bleibt BÜTSCHLIs weitere und sicher berechtigte Annahme, daß die Peristomscheibe der ja zweifellos aus hetero-hypotrichen-ähnlichen Urformen hervorgegangenen Peritrichen der Ventralseite dieser Formen entspreche, völlig unberührt.

Die als Streifung, Furchung oder Rippung zutage tretende Oberflächenskulptur des Infusorienkörpers beruht ursächlich nur auf der reihenweisen Anordnung der Wimpern[3]. Bei der Mehrzahl aller Ciliaten sitzen diese in Furchen, dazwischen verlaufen erhabene Leisten, und nur selten ist es umgekehrt, daß die Cilien auf den Leisten inserieren. Diese Hauptliniensysteme ziehen immer, wenn auch bisweilen schwach oder stärker „spiralig" gedreht, vom Vorder- zum Hinterende des Tieres; andere, bei regelmäßiger Wimperanordnung sekundär hinzutretende, diese ersten unter bestimmtem Winkel durchkreuzende Liniensysteme sind für das Folgende ohne Bedeutung. Gleichsinnig mit diesen Wimperstreifen verlaufen auch die im Ektoplasma gelegenen Basalkornfibrillen, die Hauptlinien des KLEINschen Silberliniensystems[43], und ebenso nach WETZEL[48], zumindest bei ursprünglichen Verhältnissen, die Myoneme. Unabhängig von dieser Streifung aber sind die durch die gleichzeitig schlagenden Cilien gebildeten Reihen, die ja auch je nach der Bewegungsart des Tieres verschieden sind. — Diese Oberflächenstreifung ist an fast allen Infusorien bei mikroskopischer Betrachtung wahrnehmbar. Sie verläuft bei den meisten der primitivsten Formen (Abb. 37a) rein meridional, auch viele abgeleitete Arten langgestreckter Gestalt zeigen einen mehr oder weniger geradlinigen Verlauf von hinten nach vorn. Sehr weit verbreitet — jedoch bei den Schlingern vie häufiger als bei den Strudlern — findet sich eine schwächere

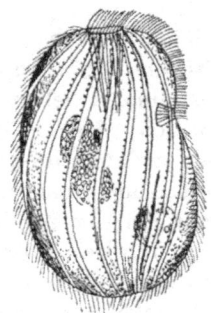

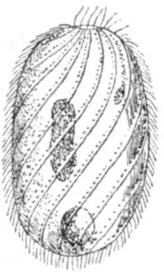

Abb. 43. Lacrymaria vermicularis Müll.-Ehrbg. Kontrahiert und dann stark linksgefurcht. (Nach KAHL.)

Abb. 44a. Placus luciae Kahl, schraubig rechts gestreift. (Nach KAHL.)

Abb. 44b. Placus striatus Cohn, desgl. (Nach KAHL.)

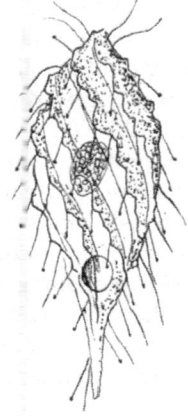

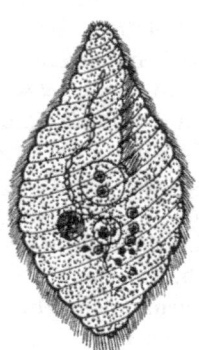

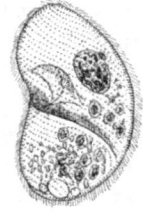

Abb. 45. Dactylochlamys pisciformis Laut., schraubig linksgerippt. (Nach KAHL.)

Abb. 46. Spirostomum ambiguum, kontrahiert. (Nach DOFLEIN.)

Abb. 47. Colpoda reniformis. (Nach KAHL.)

oder stärkere schraubige Drehung des Streifensystems, die auf eine Torsion des ganzen Körpers hinweist (Abb. 38, 43—45). Auch für die Entstehung dieser Torsion muß die schraubige Bewegung als einzige mögliche Ursache angenommen werden, und zwar kann, wie eine theoretische Überlegung ergibt, offenbar auf 3 Wegen eine solche Torsion bewirkt werden:

einmal wird, wenn der Körper selbst sich schraubig verdreht, dies
eine Torsion des Liniensystems mit sich ziehen; zweitens wird —
und dies ist ohne Zweifel sehr oft der Fall — unter dem Einfluß der Schraubenbahn der ursprünglich apikal gelegene Mund
an eine andere, dieser Fortbewegungsart günstigere Stelle verlagert (z. B. an die der Schraubenachse zugekehrte Seite bei den
Strudlern), eventuell tritt eine schraubige Peristomfurche hinzu,
und diese Wanderung des Mundes zieht parallel eine Verlagerung
des Streifensystems mit sich; drittens schließlich könnte bei
solchen Formen, die einen ziemlich drehrunden, spindelförmigen
Körper mit tordiertem Liniensystem aufweisen (Abb. 45), die
schraubige Bewegung den Anreiz zur Torsion gegeben haben,
ohne daß daraus ein wesentlicher Vorteil für das Tier erwuchs,
d. h. dieser dritte Fall wäre der allgemeinbiologischen Erfahrung
zu subsumieren, daß bisweilen eine aus bestimmter Ursache
und zu bestimmtem Zwecke aufgetretene morphologische Tendenz
sich selbständig, über die erstrebte Grenze des Zweckmäßigen
hinaus, oft bis zum Exzessiven und Widersinnigen weiterbildet.
Diese Tendenz muß ja auch für alle jene Fälle verantwortlich
gemacht werden, wo eine Wimperreihe in mehreren engen Windungen den Körper umzieht (*Sciadostoma difficile*, Abb. 35) oder
wo die Schraubungstendenz sich bis zum Bizarren gesteigert hat
(*Perispira, Diceras*, Abb. 36). — Während der erste der drei
genannten Entwicklungswege leicht verständlich ist und am
schraubigen Objekt ohne weiteres nachgeprüft werden kann,
darf der zweite erst durch die KLEINschen Silberuntersuchungen
als bewiesen gelten. Abb. 37a zeigt den Verlauf der Silbermeri-
diane bei einem mit terminalem Mund versehenen *Prorodon:*
Rückt der Mund ohne wesentliche Drehung von der Spitze längs
eines Meridians auf die Seitenfläche des Tieres (*Plagiopyla*), so
folgen ihm die Silberlinien (= Wimperreihen, Abb. 37b). Würde
jetzt der Mund entlang eines Parallelkreises sich nach rechts oder
links verschieben oder sogleich von Anfang an (anstatt von 1
nach 2 und von 2 nach 3) schraubig von 1 nach 3 wandern, so
käme ein schraubiger Verlauf der Silberlinien zustande. Oft wird
eine Verlagerung des vorderen Silberlinienpoles aus morpho-
mechanischen Gründen eine solche des hinteren Poles nach
sich ziehen, so daß am ganzen Körper eine Schraubenstruktur
entsteht.

Der Richtungssinn der Körperstreifung wurde bisher nur von KAHL genügend berücksichtigt, auch hier aber ist er eindeutig nur aus den beigegebenen Abbildungen erkennbar. Folgende Tabelle zeigt, nach den Zeichnungen KAHLS zusammengestellt, den Verlauf der Streifung bei den Prostomata, der niedersten Gruppe der Infusorien, wobei, weil der Streifungssinn bei allen Arten der gleichen Gattung derselbe ist, die Anführung des Genusnamens genügt.

Holophrya, Balanophrya, Urotricha . .	li	—	—
Platyophrya	li	mittelstark	—
Stephanopogon	re	—	—
Placus	re	—	Abb. 44
Chaenia	li	—	—
Lacrymaria	li	—	Abb. 43
Enchelys	li	—	—
Tiarina	li	—	—
Dactylochlamys	li	stark	Abb. 45
Mesodinium	li	—	—
Acropisthium	li	—	—
Spathidium	li	—	—
Perispira	li	stark	Abb. 36
Diceras	li	stark	Abb. 36

Diese Tabelle zeigt, daß außer *Placus* und *Stephanopogon* alle Arten körperliche Linkstorsion aufweisen, was auf ursprünglich linksrotierende Bewegung der prostomen Ciliaten schließen läßt. Und weil gerade die primitivsten Gattungen unter diesen, *Holophrya* und *Prorodon*, und ferner die Mehrzahl der schlingenden Infusorien überhaupt sich noch heute in diesem Sinne bewegen, weil schließlich Linksbewegung und Linkstorsion des Körpers bei den Vorfahren der Ciliaten, den Flagellaten, noch heute allgemein verbreitet ist, muß in dieser Linksstruktur der Prostomier ein primäres, ursprüngliches Merkmal gesehen werden.

Bei den höheren Formen der Holotrichen ist eine solche „spiralige" Streifung weitaus seltener, sie erstreckt sich dort, wo sie vorhanden ist, auch keineswegs immer auf den ganzen Körper; oft macht ein Infusor bei Betrachtung von einer Seite einen stark gedrehten, von der anderen einen völlig untordierten Eindruck. Sogar bei der stark verdrehten *Trichospira dextrorsa* (Abb. 38) verlaufen die Streifen der aboralen Seite rein meridonal, während die der Oralseite stark linkssinnig verbogen sind. — Unter den Trachelinen folgen bei *Lionotus* und *Loxodes* (s. o.) die Streifen mehr oder weniger der zur Bewegung gleichsinnig schraubigen Körperform, der etwa drehrunde *Dileptus* ist, in Übereinstimmung mit dem rechtsschraubigen Schwimmen, auch rechtsgestreift.

Die etwas abseits stehende Familie der Pleuronemiden (*Lembus, Balantiophorus, Cyclidium, Cyrtolophorus*) ist die einzige unter den strudelnden Holotrichen, bei der die Körpertorsion dort, wo sie ausgeprägt ist, sich über den ganzen Körper erstreckt; der Torsionssinn ist hier einheitlich nach links, über die Bewegung der tordierten Arten nichts Hinreichendes bekannt*. Die übrigen strudelnden Holotrichen zeigen die Körperstreifung recht unvollkommen ausgeprägt: zwar verlaufen überall dort, wo ein deutliches, rechtsgewundenes Peristom wahrnehmbar ist, die Streifen bzw. Silberlinien diesem parallel, also gleichfalls rechtsgewunden, am übrigen Körper aber ist von schraubiger Streifung selten etwas zu sehen. Fast gewinnt man den Eindruck, als ob ihre Vorfahren unter den Schlingern entweder, wiewohl linksum rotierend, körperlich ungedreht gewesen waren oder daß als Folge der rechtsdrehenden Periode, die für die Entstehung des Peristoms bzw. der Mundcilien angenommen werden muß, die vorhanden gewesene Linkstorsion des Körpers sich rückbildete. Mit Sicherheit ist anzunehmen, daß bei allen höheren Ciliaten, wo heute eine schraubige Streifung, Bewimperung oder Verdrehung des Körpers wahrnehmbar ist, diese eine spätere Erwerbung darstellt und mit der ursprünglichen Linksstreifung nichts zu tun hat. Bei *Sciadostoma* (Abb. 35), *Spirozona* (Abb. 39), den *Metopiden* (Abb. 40, 41), *Caenomorpha* (Abb. 42) u. a. ist die schraubige Streifung oder Torsion stets im Zusammenhange mit dem bzw. als extreme Weiterbildung des rechtsschraubigen Peristoms entstanden, ebenso ist bei *Spirostomum ambiguum*, besonders an kontrahierten Exemplaren** (Abb. 46), und bei einigen anderen Gattungen eine solche Rechtsstruktur wahrnehmbar. Die isolierte Linksschraubung der *Colpodinen* (Abb. 47), einschließlich der urtümlichen *Bryophrya*, und von *Trichospira* (Abb. 38) aber stellt offenbar eine Neuerwerbung dar, doch liegen über die Mundbewimperung dieser Formen noch keine hinreichenden Angaben vor***. — Bei den Hypotrichen tauchen gleichfalls gelegentlich Gattungen mit linksgewundener Cirrenanordnung am Körper auf (*Stichotricha* und Verwandte).

Zusammenfassend ergibt sich bei allen höheren Ciliaten: schraubige Oberflächenstrukturen selten und, wo vorhanden, meist unvollkommen am Körper ausgeprägt; die wenigen Fälle deutlicher Spiralstreifung entweder in genetischem Zusammenhang mit der Ausbildung der Mund-(Peristom-)Cilien oder eine sonstige Neuerwerbung, jedenfalls unabhängig von der Linksstruktur der ursprünglichen Prostomier; Torsionssinn uneinheitlich.

Die Peritrichen, mit gegenüber den anderen Infusoriengruppen inverser adoraler Zone und inversem Bewegungssinn, nehmen eine gewisse Sonderstellung ein, Oberflächenstrukturen sind bei ihnen kaum ausgeprägt. Der mutmaßlichen Entstehung dieser Ordnung aus inversen Exemplaren „normaler" Vorfahren wurde bereits weiter oben gedacht. Gerade dieser Umstand läßt, zieht man die Befunde an anderen Tiergruppen zum Vergleich heran, eine gewisse Labilität des Windungssinnes erwarten, und deshalb gewinnt die Tatsache, daß gerade hier inverse Individuen, die Urceolarien Zicks, beobachtet wurden, besondere Bedeutung. Es handelte sich

---

* *Lembus* bewegt sich links-, *Cyclidium* rechtsschraubig.

** Bei Bütschli, Taf. 67, ist — offenbar irrtümlich — ein kontrahiertes *Sp.* linksgestreift dargestellt.

*** Evtl. linksgewundenes Peristom?

hier nicht um ein einzelnes inverses Tier, sondern um die (vermutlich) gesamte Population der Epoeken eines *Chiton;* die Tiere zeigten außer der inverssinnigen Bewegung, die zu ihrer Entdeckung führte, auch Inversion des Körpers, so waren die einzelnen asymmetrischen „Glieder", die den Haftring bilden, spiegelbildlich gebaut.

Interessante Befunde zum RL-Problem ergab die stark abgeleitete, meist zu den Peritrichen gestellte Familie der Spirochoniden, die ektoparasitisch auf Krebsen leben und ausgezeichnet sind durch ein wohlentwickeltes, rechtwinklig zur Körperachse gestelltes Peristom, das von einer schraubigen, einen Trichter bildenden Membran umgeben ist. Diese Membran ist bei der bekanntesten Art, *Spirochona gemmipara* des Süßwassers, rechts-

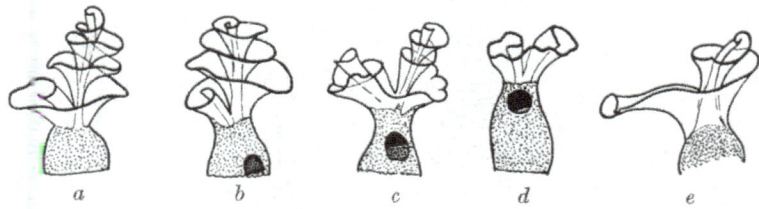

<table>
<tr><td>a</td><td>b</td><td>c</td><td>d</td><td>e</td></tr>
</table>

Abb. 48. *a* Spirochona elegans Sw. Rechtsgewundenes Exemplar. *b* Dieselbe Art. Linksgewundenes Exemplar. *c* Sp. anthus Sw. Peristom stark und rechts mehr als links eingerollt. *d* Dieselbe Art. Peristom schwach und beiderseits gleich stark eingerollt. *e* Sp. elegantula. (Nach SWARCZEWSKY).

gewunden (Abb. 48). Nun beschrieb in jüngster Zeit SWARCZEWSKY[47] neue Arten aus dem Baikalsee, die bezüglich der Aufwindungsweise der Membran fast alle möglichen Verteilungsmodi von Rechts und Links aufweisen:

a) Membran bei allen Individuen rechtsgewunden: *Sp. pusilla.*

b) Membran bei 50% der Individuen rechts-, bei 50% linksgewunden: *Sp. simplex, elegans**.

c) Membran bei der Mehrzahl der Individuen rechts-, bei einigen linksgewunden: *Sp. globulus.*

d) Membran bei allen Individuen linksgewunden: *Sp. patella.*

e) Membran beiderseits, und zwar gegensätzlich eingerollt, entweder einen rechtsgewundenen Trichter und eine Röhre (*Sp. elegantula, tuba*) oder zwei getrennte gegensätzlich gewundene Trichter bildend (*Sp. anthus*).

---

* Diese Art mit einem winzigen Anfang einer gegensinnigen Aufrollung des freien Membranendes (vgl. e).

Da der Verf. die beiderseitige Einrollung der Membran als sekundär betrachtet, hätte man in den Links- bzw. Rechtstieen von b und c totale Inversion des Zellkörpers vor sich.

Viele Peritrichen (z. B. die Vorticellinen) sowie einige andere Infusorien sitzen auf Stielen fest, die sich bei Kontraktion in korkzieherartige Windungen legen. Trotz der guten Erforschung der Struktur dieser Gebilde konnten nirgends Angaben über die Verteilung des Windungssinns gefunden werden; den Abbildungen

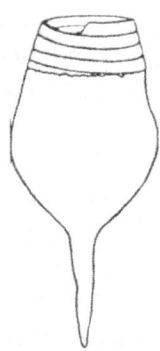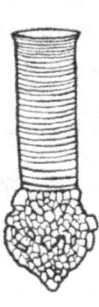

| Abb. 49a. Codonellopsis tesellata (Brandt). Der offenbar abgebrochene Aufsatz läßt die Linkswindung der „Spiralleiste" deutlich erkennen. (Nach BRANDT.) | Abb. 49b. Codonellopsis biedermanni (Brandt). Flache „Spiralleiste" im Aufsatzteil des Gehäuses. (Nach BRANDT.) | Abb. 50a. Xystonellopsis armata (Brandt). Rechtsschraubige Hochfalten am Gehäusehinterende. (Nach BRANDT.) | Abb. 50b. Salpingella acuminata Jörg. Linksschraubige Hochfalten am Gehäusehinterende. (Nach BRANDT.) |

andererseits muß man gerade hier mit besonderem Mißtrauen gegenüberstehen.

Schließlich bietet das peritriche *Zoothamnium arbuscula* in seinem Verzweigungsmodus ein weiteres RL-Merkmal dar: Jede Kolonie bildet einen sehr gesetzmäßig gebauten neunstrahligen Stern, der jedoch infolge der eigenartigen Aufeinanderfolge der Einzelzweige asymmetrisch ist, so daß Links- und Rechtskolonien* unterscheidbar sind. FURSSENKO[36] berichtet, daß in seinem sehr reichhaltigen Material beide Koloniensorten gleich häufig waren.

Eine Sonderstellung unter den Infusorien nehmen die Tintinnodeen ein, eine zu den Oligo- oder Heterotrichen gerechnete sehr artenreiche Familie bzw. Unterordnung, die durch Bildung gallertiger oder pseudochitiniger Gehäuse ausgezeichnet ist und

---

* Links und Rechts sind hier willkürlich definiert.

die meisten Vertreter im Meere besitzt. Als RL-Merkmale dieser Gruppe kommen außer der Bewegungsweise mannigfache Schraubenstrukturen an den Gehäusen in Betracht. Von solchen Strukturen lassen sich nach BRANDT[32] unterscheiden: 1. „echte" oder „unechte Wulstspiralen" (zweckmäßiger vielleicht: Spiralwülste) am Mündungsrand; 2. schraubige Versteifungszüge oder Leisten in der Wand des Gehäuses, bald flach, bald steil verlaufend, am ganzen Gehäuse vertreten (Abb. 51) oder auf dessen Mündungsteil beschränkt (Abb. 49); 3. steilschraubige Hochfalten, die sich über den ganzen Körper erstrecken und diesem ein tordiertes Aussehen verleihen (Abb. 52), und 4. schraubige Hochfalten am Hinterende des Gehäuses, die bald nur wenig ausgeprägt sind, bald aber einen mit einer Schiffsschraube vergleichbaren

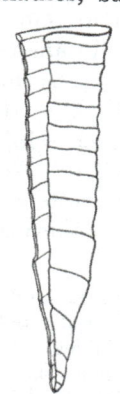

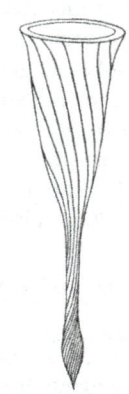

Abb. 51. Coxliella pseudoannulata Brandt. Linksgewundene „Spiralleiste" am ganzen Gehäuse. (Nach BRANDT.)

Abb. 52. Rhabdonella conica Kofoid. Hochfaltensystem, linkstordiert am Hauptteil des Gehäuses, schwach rechtstordiert am Hinterende. (Nach BRANDT.)

Anhang bilden können (Abb. 50). Eine Übersicht über die sehr große Zahl der Arten führt zu dem Ergebnis, daß die ersten drei der genannten Strukturen übereinstimmend linksgewunden sind. Nirgends finden sich Angaben über die Existenz amphidromer Arten oder das Vorkommen inverser Individuen, indessen beschreibt KOFOID in seiner 1929 erschienenen Monographie von der sehr artenreichen Gattung *Rhabdonella* (Abb. 52) zwei rechtsgestreifte neue Arten, *Rh. torta* und *lohmanni*, deren Hauptmerkmal die Rechtsschraubung ist und die sich voneinander fast nur durch die Größe unterscheiden. Dieses übergangslose Auftreten invers gestreifter Formen läßt die Vermutung, daß es sich hierbei um Abkömmlinge einstmaliger inverser Exemplare einer anderen Art handle, berechtigt erscheinen. Da die Tintinnodeen sich ohne Zweifel als Seitenzweig aus den Urformen der Hetero-

bzw. Oligotrichen herausgebildet haben und bereits bei diesen
die Linkswindung der Schraubenbahn ebenso allgemein verbreitet
gewesen sein muß, wie es bei den heute lebenden Angehörigen
dieser Gruppen der Fall ist, so könnte man einen ursächlichen
Zusammenhang zwischen Bewegungs- und dem Schraubungssinn
der morphologischen Strukturen vermuten. Für die Formen von
*Rhabdonella*typus (Abb. 52) mit steilen Schraubenlinien und
tordiertem Aussehen kann ein solcher Zusammenhang auch
als wahrscheinlich gelten, in allen übrigen Fällen jedoch, wo sich
das Gehäuse gewissermaßen aus einem flach ansteigendem Schraubenband zusammensetzt (Abb. 51), wird dieser Bau in erster
Linie darauf zurückzuführen sein, daß das Längenwachstum der
Gehäuse durch ein „spiraliges" Wachstum dieses Bandes vor sich
geht[35], und es muß dahingestellt bleiben, ob die Linkswindung
dieses Zuwachsbandes ursächlich auf die Schraubenbahn zurück-
geht.

Bei der vierten Gruppe der Schraubenstrukturen, den korkzieherartigen
Hochfalten am Hinterende der Gehäuse, scheint der Torsionssinn bedeutend labiler zu sein. So bildet z. B. BRANDT auf Taf. 66, 2—4 3 Individuen von *Tintinnus acuminatus* CLAP. u. LACHM. (= *Salpingella ac.* JÖRG.
nach KOFOID[44]) ab, 2 mit Links- und 1 mit Rechtswindung der Hochfalten,
während die einzige Skizze KOFOIDs gleichfalls Rechtstorsion zeigt. Ebenso
ist BRANDTS *T. undatus* (= *S. undata* [JÖRG.] nach KOFOID) auf Taf. 67, 3,
rechts-, sein *T. u. var. unguiculata* (= *Salpingacantha unguiculata* [BRANDT]
nach KOFOID) linksgewunden. Bei den meisten übrigen Arten stimmt innerhalb der Art der Windungssinn überein, ein Überblick über die Tintinnodeen
mit tordiertem Hinterende aber zeigt, daß Links- neben Rechtswindurg
mit Überwiegen der ersteren (etwa 2 : 1) vertreten ist, und weil die
sehr exakte und plastische bildliche Wiedergabe rechts- und linkstordierter
Arten keinen Zweifel an der Existenz von Rechts- und Linksformen läßt,
erscheint auch das Vorkommen amphidromer Arten als durchaus möglich.
Offenbar handelt es sich bei den „abdominalen" Hochfalten im Gegensatz
zu den übrigen Schraubenstrukturen um Bildungen sekundären, nachträg-
lichen Charakters, entstanden zu einer Zeit, wo der ursprünglich einheitliche Bewegungssinn sich in Links- und Rechtsschraubung aufgespalten
hatte. Dafür spricht auch die Tatsache, daß BRANDT von 2 *Ptychocylis
spiralis* (FOL.)-Exemplaren (= *Rhabdonella conica* n. sp. nach KOFOID) Abbildungen gibt, bei denen der Windungssinn der Gehäusestreifung (links)
von dem der abdominalen Hochfalten (rechts) verschieden ist, obwohl beider
Liniensysteme ineinander übergehen (Abb. 52). — BRANDT, KOFOID und
alle Nachfolger außer JÖRGENSEN[37] sprechen diesen schraubigen Leisten des
Hinterendes eine große Bedeutung für die Lokomotion der Tiere zu. „Die
Spiralleisten werden etwa wie eine Schiffsschraube wirken müssen, sobald
das Tier ... um seine Längsachse rotiert. Sie werden also die geradlinige

Fortbewegung des Tieres in außerordentlichem Grade unterstützen und besch eunigen. Ist die Hülse erst ... in Bewegung versetzt, so wird sie in ährlicher Weise wie ein ... abgeschossener Torpedo sich noch ein langes Stück durch die hinten befindliche Schraube fortbewegen. Für das Tier resultiert daraus eine erhebliche Kraftersparnis" (BRANDT[32]). Diese Aussagen müssen indessen beträchtlich eingeschränkt werden. Denn für kleine Organismen bedeutet infolge veränderter Widerstandsgesetze Wasser ein Medium sehr hoher Zähigkeit; so beträgt z. B. für ein mit Maximalgeschwindigkeit (3 mm/sec) schwimmendes *Paramecium* die „Auslaufstrecke", d. i. die enige Strecke, um die es nach plötzlichem Aufhören der Cilientätigkeit vermöge der seinem Körper innewohnenden kinetischen Energie sich noch weiterbewegt, bis es vollständig zum Stillstande kommt, nur $1\frac{1}{2}\,\mu$ (LUDWIG[598]). Weiter spielt die für Lokomotion verausgabte Energie im Rahmen des Energiehaushaltes der Zelle überhaupt keine Rolle, sie beträgt bei Infusorien im Mittel vielleicht 1% des gesamten Energiekonsums[598]. Unabhängig hiervon aber bleibt diejenige Behauptung BRANDTs zu Recht bestehen, daß der Bewegungswiderstand eines schraubig schwimmenden Tieres bei zweckmäßig tordiertem Hinterende um ein geringes kleiner als bei geradem ist, doch wird es sich bei dieser schraubigen Verdrehung ähnlich wie bei der anderer Infusorien (s. o.) um eine passive Deformation des Gehäuses als Folge der schraubigen Bewegungsweise handeln, wobei in manchen Fällen die schraubige Tendenz sich vielleicht selbständig weiterbildete, beides ungeachtet des winzigen physiologischen Vorteils, den die Schraubung in Form einer Energieersparnis mit sich brachte.

Über die Bewegungsweise der Tintinnodeen ist wenig bekannt. Zu vermuten ist, weil sie zu den Hetero- bzw. Oligotrichen gehören und außerdem vorwiegend körperliche Linkstorsion zeigen, zumindest ursprünglich eine linksschraubige Bewegungsweise; für die Arten mit rechtsgedrehtem Hinterende ist nachträglicher Übergang zur Rechtsschraubung wahrscheinlich. Wenn Beobachter mitteilen, sie hätten Tintinnodeen „vorwärts wie rückwärts als auch nach beiden Seiten drehend sich bewegen" gesehen (MERKLE[46]), manche Tiere nur vor-, andere nur rückwärts usw., so läßt sich aus solchen Angaben kaum ein Schluß ziehen, zumal gerade bei den drehrunden Tintinneen optische Täuschungen sehr leicht möglich sind und sich der Drehungssinn nach beiden Seiten z. B. auch auf die Vor- bzw. Rückwärtsbewegung beziehen kann, da ja bei den bisher darauf untersuchten Ciliaten sich bei Bewegungsumkehr auch der Torsionssinn invertiert.

Eine Zusammenfassung über die RL-Merkmale der Infusorien wird am Ende des nächsten Paragraphen (im Anschluß an diejenigen der Flagellaten) gegeben.

§ 10. Protozoa. Flagellata.

Die Flagellaten, ohne Zweifel die ursprünglichste Gruppe
der Protozoen und des Tierreichs überhaupt, sind hier aus didak-
tischen Gründen erst hinter den Infusorien eingeordnet, weil sie
nur solche RL-Merkmale aufweisen, die auch den Infusorien zukommen, weil aber diese Merkmale bei den Flagellaten weniger
häufig und auch zu weniger vollkommener Ausbildung gelangt
sind als bei jener höherstehenden Tiergruppe.

Da Strudelmechanismen für die Nahrung, die denen der
Ciliaten vergleichbar wären, bei den Flagellaten vollständig
fehlen, handelt es sich hier bei den RL-Merkmalen um: 1. Schraubenbewegung, 2. schraubige Körperform, 3. Körperstreifung und
Silberliniensystem (KLEIN) und 4. intrazelluläre Bildungen, von
denen hier die Chromatophoren am auffälligsten sind.

Über den Schraubungssinn der Schwimmbahn bei den
Flagellaten liegen äußerst wenig Angaben in der Literatur vor.
Eigene Beobachtungen an verschiedenen *Euglena*-Spezies und
einigen anderen Arten zeigten ausnahmslos Linksschraubung, und
damit stimmen auch die vereinzelten Literaturangaben (z. B.
JENNINGS) überein. Für die Dinoflagellaten gibt KOFOID[59] gleichfalls durchgehend Linksschraubung an, und wenn PETERS[68]
neuerdings fand, daß bei gewissen von ihm untersuchten Peridineen
der Richtungssinn der Schraubenbahn dauernd gewechselt wird
(vgl. § 38), so handelt es sich hierbei ohne Zweifel um sekundäre
Zustände, zumal ein solcher Wechsel des Schraubungssinns bei
keiner anderen schraubig schwimmenden Form bisher mit Sicherheit nachgewiesen werden konnte.

Im Einklang mit der Richtung der Schwimmbahn zeigen,
von ganz wenigen und zum Teil recht zweifelhaften Ausnahmen
abgesehen, alle morphologischen RL-Merkmale Linksschraubung, und weil auch (§ 9) bei den ursprünglichsten Holotrichen die Streifensysteme nach links verlaufen und die Mehrzahl dieser Formen noch linksgewundene Schraubenbahn besitzt, darf mit großer Wahrscheinlichkeit vermutet werden, daß die Schwimmbahn
bei allen primitiven Protisten eine linksgewundene
Schraubenlinie war, und daß Rechtsschraubung erst durch
Inversion, und zwar polyphyletisch, mehr oder weniger gleichzeitig
an verschiedenen unabhängigen Stellen des Systems, entstand.

Unter den Euflagellaten besitzen die ursprünglichen Formen der Phytomonadinen Tropfengestalt. Führte eine Abflachungstendenz zu p attgedrückten Zellgestalten, so nahmen diese meist, in Anpassung an die Schwimmbahn, eine leicht schraubig gedrehte Form an; auch bei beschalten Arten (*Pteromonas*) trat solches ein. Gattungen mit ziemlich stark schraub ger Verdrehung des Körpers sind *Spirogonium* (alle Arten nach links, soweit Abbildungen vorliegen) (Abb. 53a), *Spermatopsis* (links) und *Korschikoffia* (links), die bis zu 1¹/₂ Schraubenumgänge zeigt, und bezüglich d eser Formen finden sich vielerorts in der botanischen Literatur Hinweise a¬f einen Kausalzusammenhang zwischen Schraubenbahn und Körpergestalt, so daß man mit Recht vermuten darf, daß überall Schwimmbahn u¬d Körperschraubung gleichsinnig verlaufen, obwohl die Autoren es unterlassen haben, dieses anzuführen. Nur *Scherffelia phacus* soll entgegengesetzt zu ihrer Schwimmbahn gedreht sein und sich daher in einer auffallend gaukelnden Weise durchs Wasser bewegen. Da die Abbildungen anderer *Sch.*-Arten (*ovata*, *dubia*; Abb. 53b) körperliche Rechtsschraubung zeigen, müßte evtl. auf eine linksgewundene Bahn bei *Sch. phacus* geschlossen werden, doch bedürfen alle diese Befunde sicherlich noch genauerer Untersuchung*. Linkstordiert ist auch das Chromatophorenband von *Chlorogenium spirale*. — Asymmetrisch ohne deutlich erkennbare Körperschraubung können Zellen werden, wenn die eine Seite der Zelle sich sehr erweitert (*Chlamydomonas asymmetrica*), durch die Struktur oder Gestalt ihrer Membran oder die Lagerung der Tochterzellen (*Chl. subcaudata* nach HAZEN[065]), schließlich durch exzentrische Insertion der Geißel oder Geißeln, doch ist in keinem dieser Fälle über die Existenz spiegelbildlicher Formes etwas bekannt.

Unter den Protococcales besitzen viele *Ankistrodesmus*-Arten linksschraubige Körpergestalt, die Zellen von *A. spirale* sind außerdem zu (wie d e Abbildungen zeigen) linksschraubigen Bündeln umeinandergeschlungen. Linksstreifung der Pellicula weist *Lagerheimia splendens* auf, *Ankistrodesmus Spirotaenia* aber besitzt einen innerhalb der stabförmigen, radiarsymmetrischen Zelle zu einer Rechtsschraube von 3¹/₂—4 Umgängen aufgewundenen Chromatophor; doch bedeutet dieser „entgegengesetzte" Verlauf keine Inversion, vielmehr ist vermutlich wie bei manchen anderen Formen die Aufwindung des Chromatophors ohne Zusammenhang mit der Schraubenbewegung: Jedes lange Band nimmt innerhalb eines beschränkten drehrunden Raumes bei regelmäßiger Lagerung die Gestalt einer Schraubenlinie an, wobei Links- oder Rechtswindung gleich wahrscheinlich ist.

Unter den Chrysomonadinen zeigen viele Angehörige von *Chromulina* einen schraubigen Chromatophor, der z. B. bei der drehrunden *Chr. nebulosa* (Abb. 53c) rechtsgewunden ist, ein Fall, der dem von *Ankistrodesmus Spirotaenia* gleichwertig an die Seite zu stellen ist. Eine schraubige Leistenstruktur am Gehäuse weisen viele *Dinobryon*-Arten auf, und in Übereinstimmung mit der vermutlich linksdrehenden Bewegungsweise lassen alle Abbildungen Linksstruktur erkennen.

---

* Körperliche Linkstorsion mit rechtsschraubigem Schwimmen wäre für *Sch. phacus* eher zu verstehen.

Besonders unter den Eugleninen sind Schraubenstrukturen oft, vie-
seitig und stark ausgeprägt. Weit verbreitet ist zunächst die „Spiral"-
streifung der Pellicula, die derjenigen der Ciliaten gleichwertig an die Seite
zu stellen ist. Ebenso wie dort gibt es auch unter den Eugleninen noch
solche Arten, bei der die Streifung rein meridional verläuft (einige
Phacus-Spezies), bei der Mehrzahl der Formen jedoch (*Phacus, Dinema,
Lepocinclis, Euglena, Heteronema* usw.) ist durch Torsion des Körpers eine
schraubige Streifung entstanden. Vom zartesten, kaum sichtbaren Liniensystem über schraubige Punkt- und Höckerreihen bis zur kielartigen Streifung (*Urceolus costatus*, Abb. 54a) sind alle Übergänge vorhanden. *Het-
ronema spirale* KLEBS (Abb. 54b) kann als Extrem dieses Schraubungstypus
gelten. — Der Verlauf der Streifung ist bei allen bisher bildlich dargestellten

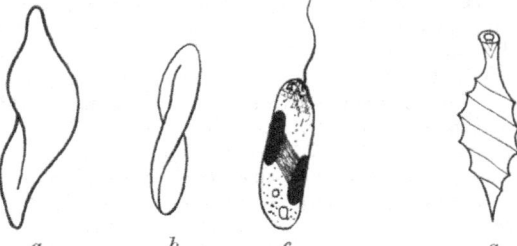

Abb. 53. *a* Spirogonium chlorogonoides. (Nach
PASCHER.) *b* Scherffelia ovata. Ansicht von der
Schmalseite. (Nach PASCHER.) *c* Chromulina
nebulosa. Rechtsschraubiger Chromatophor.
(Nach PASCHER.)

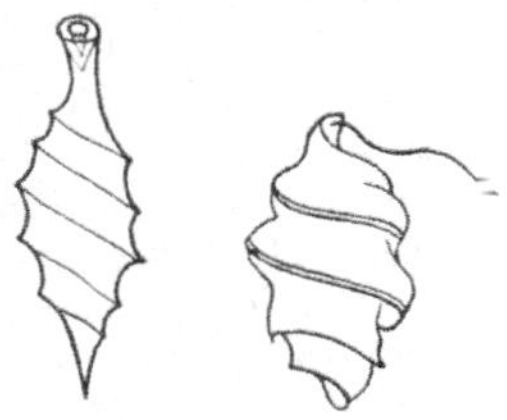

Abb. 54. *a* Urceolus costatus
Lemm. (Nach STEIN.) *b* Heterone-
ma spirale Klebs. (Nach LEMMER-
MANN.)

Formen linksgewunden. Sind bei einzelnen Arten die Chromatophoren-
körner in zu den Pelliculastreifen parallelen Reihen geordnet, so werden
diese bei Torsion der Zelle die Schraubung mitmachen, wie bei *Euglena
minima* und *E. splendens* (beide Male links). — In nicht allzu seltenen Fällen
ist eine Torsion des gesamten Zellkörpers eingetreten, so bei *Euglena
spiroides* (Abb. 55a), *torta, oxyuris* und *tripteris* (Abb. 55b) und bei *Het-
ronema spirale* und *Klebsii*. Merkwürdigerweise zeigen im Gegensatz zu
allen anderen Formen die beiden in der Literatur immer wiederkehrenden
Abbildungen von *E. oxyuris* und *H. Klebsii* Rechtswindung, und die plastische Art, in der diese Rechtstorsion in den Figuren wiedergegeben ist,
läßt kaum einen Zweifel zu, daß es sich um eine Fehlbeobachtung handeln
könne. Soweit über das KLEINsche Silberliniensystem Untersuchungen an
Flagellaten vorliegen, förderten sie immer Linkswindung der Hauptlinien zutage (KLEIN[54], JÍROVEC[52, 53]), sowohl bei freilebenden wie bei end-
parisitischen Formen.

Die Dinoflagellaten sind sämtlich asymmetrisch gebaut,
mit Ausnahme einiger sehr primitiver Formen, die man neuerdings
zu dieser Gruppe rechnet, obwohl sie noch keines der typischen

Ordnungsmerkmale aufweisen. Die Asymmetrie tritt bei vielen Arten äußerlich durch die verschiedenen Fortsätze des Körpers augenfällig zutage, eindeutig charakterisierbar ist sie jedoch durch den Verlauf der Ringgeißelfurche, die in Form einer Schraubenlinie von ³/₄, meist 1 oder mehr als 1 Umgang den Körper umzieht (Abb. 56 ff.). Ist auch für die Längsgeißel eine Furche vorhanden, so ist bei stark tordierten Formen wie *Gyrodinium* oder *Cochlodinium* (Abb. 56) auch diese leicht schraubig, und zwar stets gleichsinnig zur Ringgeißelfurche gewunden.

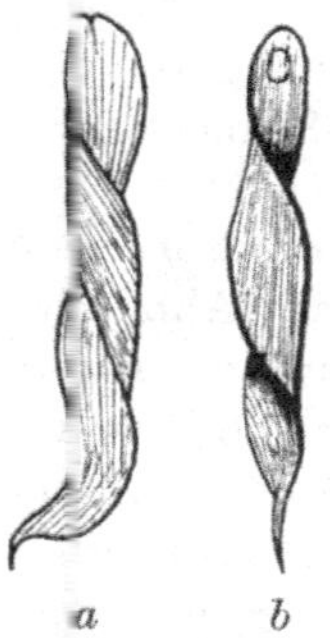

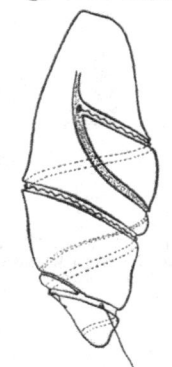

Unter den Gymnodiniden, die nur eine dünne und unkomplizierte Zellulosemembran besitzen, ist die Geißelfurche stets linksgewunden, das gleiche geben Kofoid und Swezy[59] in der Einleitung zu ihrer großen Monographie dieser Tiergruppe an. Indessen finden sich in diesem Werke von einer Art, *Cochlodinium elongatum n. sp.*, die nur an einer einzigen Stelle einmal gefangen wurde, 3 Abbildungen, die möglicherweise das gleiche Tier darstellen, mit stark rechtsschraubigem Verlauf der Geißelfurche, während Hinweise auf diesen entgegengesetzten Windungssinn im Texte fehlen. Bestehen diese Abbildungen zu Recht, so kann es sich nur um inverse Tiere, also Angehörige einer inversen Art oder einer zufällig inversen Population einer normalen Art, wie solche z. B. in Zicks inversen Urceolarien vorlagen, handeln*.

Abb. 55. *a* Euglena spiroides. (Nach Lemmermann.) *b* Euglena tripteris. (Nach Klebs.)

Abb. 56. Cochlodinium atromaculatum. Querfurche und Längsfurche (punktiert) linksschraubig. (Nach Kofoid und Swezy.)

---

* Der Umstand, daß sich in der Kofoid-Swezyschen Monographie diese 3 Abbildungen einer anscheinend invers gewundenen Form finden, ohne daß im Text ein entsprechender Hinweis vorhanden wäre, ist deshalb um so verwunderlicher, weil die beiden Autoren in einer früheren Arbeit[58] ausdrücklich hervorhoben, sie hätten bei Durchsicht vieler Tausender Dinoflagellaten kein einziges inverses Exemplar gefunden und aus diesem Grunde eine Abbildung eines inversen *Ceratium gravidum* bei Daday[058] und eine ebensolche eines *Cochlodinium pulchellum* Lebours[058] als „lapse of drawing" erklärten, weil „in der Beschreibung keine Notiz über diese grundlegende Modifikation des Körperbaues" vorhanden wäre. Zur Veranschaulichung

Von den übrigen, stark gepanzerten Arten der Dinoflagellaten besitzen allein *Diplopsalis saecularis*, einige andere *D.*-Arten sowie die Untergattung *Protoperidinum* (Abb. 58) von *Peridinium* eine rechtsschraubige Quergeißelfurche. Indessen handelt es sich hier (zumindest bei vielen, wahrscheinlich aber) bei allen diesen rechtsdrehenden Arten nicht um Inversion, sondern um Hyperstrophie, eine Erscheinung, die von gewissen Schneckengehäusen her bekannt ist. Bei allen linksdrehenden Querfurchen (Abb. 57a) handelt es sich, wenn man die Geißelspalte als Anfang der Furche betrachtet, um absteigende Schrauben. Eine hypothetische inverse Form, also mit gleichfalls absteigender, aber rechtsgewundener Geißelrinne, würde das in Abb. 57b dargestellte Aussehen haben. Bei allen Rechtsperidineen, für die bisher Angaben vorliegen[69], finden sich indessen rechtsdrehende aufsteigende Schraubenlinien (Abb. 58), deren Entstehung wohl am einfachsten so zu denken ist: Die ursprünglich infolge der linksrotierenden Bewegung bei allen Peridineen entstandene linksschraubige Geißel-

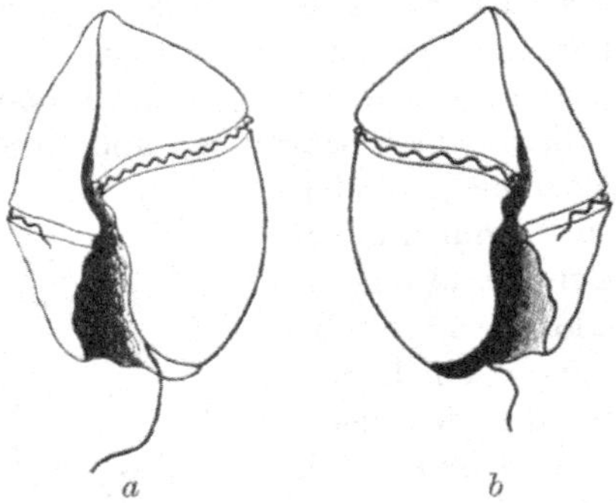

Abb. 57. Steiniella fragilis. *a* Linksdrehende, absteigende Geißel-Querfurche. (Verändert nach SCHÜTT.) *b* Hypothetisches inverses Tier mit rechtsdrehender absteigender Geißel-Querfurche.

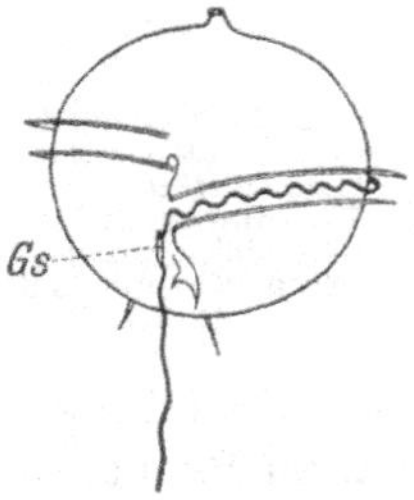

Abb. 58. Peridinium globulus Stein. Rechtsdrehende, aufsteigende Geißel-Querfurche. *Gs* = Geißelspalte. (Nach SCHÜTT.)

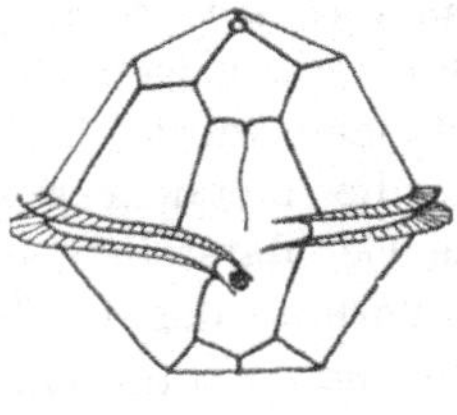

Abb. 59. Goniodoma polyedricum Jörgs. (= acuminatum Stein). (Aufsteigende linksdrehende Geißel-Querfurche.) (Nach STEIN.)

---

bildeten Verff. LEBOURS Abbildung und eine eigene Zeichnung von *C. p* ab, und merkwürdigerweise hat gerade die erstere, irrtümliche Abbildung mit dem Untertitel „*Cochlodinium.* Nach KOFOID und SWEZY" versehen als Typus des Dinoflagellaten bisweilen in zusammenfassende Darstellungen über Asymmetrien (z. B. HAECKER[13]) Eingang gefunden.

furche flachte sich bei einem oder einigen Seitenzweigen des Systems mehr und mehr ab, vielleicht infolge Inversion der Bewegung, infolge Übergangs zur alternierend links-rechts-rotierenden Bewegungsweise (s. o.) oder aus anderen Gründen. Die Ganghöhe der Schraube wurde immer kleiner und schließlich gleich Null, so daß eine kreisförmige Furche entstand, wie sie bei manchen Arten der Untergattung *Euperidinium* von *Peridinium* und bei vereinzelten anderen Arten vorhanden ist. Nahm, wie Analoges von den hyperstrophen Schneckengehäusen her bekannt ist, diese Abflachung noch weiter, „ins Negative hinein", zu, indem das distale Furchenende bei seiner Aufwärtswanderung beharrte, so entstand eine äußerlich rechtsgewundene Geißelfurche, die man nach dem Vorbild der Schnecken als ultralinks bezeichnen mußte, Echte inverse Arten sind also, das vielleicht noch zweifelhafte *Cochlodinium elongatum* ausgenommen, nirgends konstatiert, ebenso wurden intraspezielle Inversionen niemals beobachtet*.

Als Anhang, getrennt von diesen bisherigen Befunden, soll eine Mitteilung MANGINS[62] Berücksichtigung finden, die die Existenz spiegelbildlicher Exemplare derselben Art behauptet und deshalb an dieser Stelle von größter Wichtigkeit wäre, wenn es nicht zweckmäßig sein dürfte, ihr mit einiger Vorsicht zu begegnen. MANGIN legt in Worten und Abbildungen dar, daß er von *Peridinium ovatum, oceanium, depressum, pentagonum, pellucidum, pedunculatum* u. a. (also sowohl von Angehörigen des linksdrehenden Subgenus *Euperidinium* wie des rechtsdrehenden *Protoperidinum*) Links- und Rechtsindividuen beobachtet habe, die sich nicht bloß hinsichtlich der Geißelquerfurche, sondern auch bezüglich der gesamten Plattenanordnung wie Bild und Spiegelbild verhielten, und zwar sollen Links- und Rechtstiere etwa in gleicher Häufigkeit vorhanden sein (L : R = 74 : 79 in einer, = 121 : 104 bei einer anderen *P. ovatum*-Population). Ebenso findet er von *Diplopsalis lenticula* BERGH, die einen fast völlig symmetrischen Panzer und im Einklang damit eine kreisförmige Querfurche besitzt, aberrante Exemplare (wie sie als gelegentliche Ab-

---

* Wenn SCHÜTT, der sich einer von der unserigen abweichenden und auch in der Peridineenliteratur inzwischen aufgegebenen Nomenklatur bediente, auf S. 117 schreibt, er habe allein bei *Goniodoma acuminatum* eine „Rechtsdrehung" gefunden, an die er selbst kaum glauben wollte und bezüglich seiner Angabe eine Revision wünschte, „um zu konstatieren, ob hier Irrtum, Anomalie oder Regel vorliegt", so muß diese „Rechtsdrehung" in aufsteigende linksdrehende Geißelfurche übersetzt werden; eine solche liegt bei dieser Art merkwürdigerweise auch tatsächlich vor (Abb. 59). Es muß dahingestellt bleiben, ob es sich hier um Sonderentwicklung, Verlagerung der Geißelursprungsstelle oder Inversion eines ultralinksgedrehten Tieres handelt (s. w. u.).

normitäten von früheren Autoren bereits beschrieben wurden) in großer Häufigkeit: sie besaßen entweder einseitig, also asymmetrisch, eine akzessorische Apikalplatte, oder sie entsprachen der *D. l. var. minor* PAULSEN, hatten gleichfalls eine solche Platte, differierten von PAULSENS Varietät jedoch hinsichtlich der Anzahl der übrigen Platten. Die erste Gruppe trennt MANGIN als *Peridiniopsis asymmetrica*, die zweite als *Peridinium Paulseni* ab[63]. Von diesen beiden Formen nun fand der Autor gleichfalls spiegelbildliche Individuen, leicht zu erkennen an der Lage der akzessorischen Apikalplatte, bei *P. Paulseni* auch an der Anordnung der übrigen Platten, im ersten Fall mit einem Verhältnis $R : L = 93 : 70$, im zweiten $55 : 15$, wobei hier über 73 Individuen kein Entscheid getroffen werden konnte. — Auf Grund unserer bisherigen Darlegungen wäre die Existenz solcher Individuen, wie M. sie beobachtet zu haben glaubt, durchaus möglich, ihr gelegentliches Auftreten sogar wahrscheinlich. Die inversen Exemplare der normalerweise rechtsdrehenden *P.*-Arten (*ovatum, pellucidum, pedunculatum*) besäßen eine linksdrehende aufsteigende Geißelquerfurche, wie sie bei *Goniodoma acuminatum* existiert (s. o. Fußnote), so daß die Entstehung dieser Art als Nachkommen solcher gelegentlicher inverser Tiere geklärt wäre. Indessen scheint es — einzig und allein — aus dem Grund angebracht, MANGINS Befunden mit gewissem Zweifel zu begegnen, weil keiner der früheren Autoren, die ein weitaus größeres Material als M. durchsichteten und auf den Verlauf der Querfurche aus systematischen Gründen wohl achthatten, nichts über solche inverse Individuen berichten. So besteht die Gefahr, daß M. „sich dadurch geirrt hat, daß er die Plattenmusterung bald von der Außenseite, bald das Spiegelbild von der Innenseite her durch den Zellkörper hindurchsehend, beobachtet und abgebildet hat", wie PETERS[67] schreibt, der als einziger M.s Arbeit bisher kurz berücksichtigt hat.

Erwähnenswert sind schließlich noch mutationsartige Variationen des Plattenmusters, das den Panzer der Peridineen bildet. Bei Betrachtung hinreichend großen Materiales erweist sich dieses Muster als vielseitig variabel, hier sind jedoch vor allem gewisse Verlagerungen der als „2a ' bezeichneten Interkalarplatte von Interesse, die bei den normalen Formen mit symmetrischem Panzer „median" liegt, bisweilen jedoch etwas nach links oder rechts verschoben sein kann („left oblique", „right oblique", so daß eine asymmetrische Täfelung entsteht. Listen von Formen, bei denen solches bekannt ist, geben PETERS[67] und DANGEARD[51]. Wesentlich ist, daß solche Verlagerung bei einigen Arten sehr selten ist, bei anderen relativ häufig, bei wieder anderen findet sie sich bei der Hauptmasse der Individuen, und schließlich gibt es Arten, von denen nur asymmetrische Tiere bekannt sind. Tritt die Verlagerung selten, mehr oder weniger als Abnormität auf, so ist sie bald links-, bald rechtsgerichtet; wo sie häufiger innerhalb einer Art auftritt, ist der Verlagerungssinn konstant. Die Verlagerung besitzt offenbar den Charakter einer fluktuierenden (oszillierenden) Variation, die hier und da erblich werden kann und dann eine asymmetrische Rasse erzeugt.

In anderer Weise asymmetrisch ist die zu den ursprünglichsten Dinoflagellaten gehörige Familie der Prorocentraceae: ihr

Körper ist fast bilateralsymmetrisch, nach Muschelart von einer zweiklappigen Schale umschlossen, doch sind die beiden Klappen einander meist nicht völlig gleich. So trägt z. B. bei *Prorocentrum micans* EHRBG. allein die linke dorsal, neben der Geißelspalte, einen großen Zahn. Von Inversionen ist nichts bekannt. Schraubige intrazelluläre Bildungen, z. B. die „Spiralfäden" in den Nesselkapseln der *Polykrikinen*, die „Linse" von *Pouchetia*[69] usw., sind, da mit der Schraubenbewegung in keinem ursächlichen Zusammenhang stehend, verschieden gewunden; nähere Angaben darüber fehlen.

Auch unter den parasitischen Flagellaten ist die Schraubengestalt weit verbreitet, wenn sie auch oft wegen der Kleinheit der Tiere schwer erkennbar ist. *Trichomonas* z. B. besitzt eine schraubig den Körper umziehende undulierende Membran, der Körper von *Dinenonympha* ist stark linkstordiert, und unter den *Hypermastiginiden*, jener abgeleitetsten Flagellatengruppe, die ausschließlich als Symbionten im Darme holzfressender Termiten leben, sitzen bei den *Holomastigotinen* die Geißeln in rechtsschraubig, bei *Pseudotrichonympha* in linksschraubig den Körper umziehenden Bändern. Über Linkstorsion der Silberlinien s. w. o.

Von den Spirochäten, die meist den Flagellaten anhangsweise angereiht werden, hat NEUMANN[64] in den letzten Jahren eine Reihe kinematographischer Aufnahmen veröffentlicht, die dartun, daß zumindest *Sp. pallida* und einige andere parasitische Spirochäten nicht korkzieherartige Gestalt besitzen, wie in den meisten Lehrbüchern beschrieben wird, sondern daß ihr Körper in einer Ebene hin und her gewellt ist, höchstens mit ganz geringen Abweichungen von der Ebenheit, die mit Schraubung kaum etwas zu tun haben. Überdies erwiesen sich die Spirochäten als stark formveränderlich, die „Windungen" ihres Körpers als nichts Vorgebildetes oder Dauerndes. Unter solchen Umständen verlieren auch viele Angaben früherer Autoren, z. B. daß die limnische *Sp. plicatilis* doppelte Schraubung zeige, indem sich außer den kleinen Schraubenwindungen noch eine superponierte Schraubung zweiter Ordnung finden sollte, und ähnliches, viel an Glaubwürdigkeit.

Zusammenfassung über Flagellaten und Infusorien.

Fast alle Asymmetrien der Flagellaten und Infusorien besitzen den Charakter von Torsionen. Erste Ursache dieser körperlichen

Torsionen ist in allen Fällen die schraubige Bewegungsweise, die vor allen bleibenden Asymmetrien des Körpers entstand.

Der Torsionssinn der Bewegungsbahn war bei allen ursprünglichen Protozoen (Flagellaten und prostomen Ciliaten) linksdrehend, ihm korrespondiert die bei diesen Gruppen durchgehend verbreitete Linkstorsion des Körpers (Oberflächenstreifung und Silberliniensystem bei freilebenden und parasitischen Euflagellaten und den prostomen Ciliaten, die Quergeißelfurche der Dinoflagellaten).

Inversion des Bewegungssinns bei einzelnen Arten oder ganzen Gruppen ist, besonders bei den Infusorien, ein häufiges Vorkommnis.

Der Windungssinn intrazellulärer Bildungen (Chromatophoren, Kerne usw.) ist unabhängig von dem der Schraubenbahn und der durch sie bewirkten körperlichen Torsion, sofern es sich nicht um ursprünglich meridionale, der Körperstreifung parallele Chromatophorenbänder handelt.

Euflagellata: Sinn der Bewegung und körperlichen Torsion links. Inversion des Bewegungssinns anscheinend selten; invers tordierte Arten liegen nur nach Abbildungen vor, außerdem sind von den endoparasitischen Formen die *Holomastigotinen* rechtsschraubig begeißelt.

Dinoflagellata: Bei den ungepanzerten Formen Längs- und Quergeißelfurche stets absteigend linksschraubig (als einzige sehr fragliche Ausnahme laut Abbildung *Cochlodinium elongatum*). Bei den gepanzerten Quergeißelfurche entweder gleichfalls absteigend linksschraubig oder, hieraus nicht durch Inversion, sondern durch Hyperstrophie entstanden, aufsteigend rechtsschraubig; aufsteigend linksschraubig (Inversion von aufsteigend rechtsschraubig?) allein bei *Goniodoma acuminatum*. — Die Existenz der MANGINschen inversen Exemplare ist in Frage zu stellen.

Prostome Infusorien: Urform eiförmig, meridional gestreift, linksrotierend. Bewegungssinn innerhalb der Gruppe verzweigt, überwiegend links. Torsion des Körpers und der Körperstreifung links, ausgenommen die verwandten Gattungen *Phacus* und *Stephanopogon*.

Übrige schlingende Holotricha: Bewegungssinn gruppenverzweigt; bei einigen, besonders bei platten Formen, ist der

Körper sekundär gleichsinnig zur Schraubenbahn verbogen. Schraubige Streifung sehr selten.

Strudelnde Holotricha, Hetero-, Hypo- und Oligotricha: Bei den gemeinsamen Urformen aller Strudler wechselte der Bewegungssinn zur Rechtsschraubung, so entstand aus mechanischen Gründen die ausnahmslose Rechtsschraubung von Peristom und adoraler Wimperzone. Die meisten Strudler kehrten später aus Zweckmäßigkeitsgründen (s. o.) zur linksdrehenden Bewegung zurück. Schraubige Streifung selten, entweder gleichsinnig zum Peristom und mit diesem in genetischem Zusammenhang (dann rechtsgewunden) oder Neuerwerbung (dann unvollkommen und Windungssinn uneinheitlich).

Peritricha: Vermutlich entstanden aus einem total inversen Exemplar unter den primitiven Strudlern. — Adorale Membran der *Spirochoniden* (L- und R-monostrophe, amphidrome, razemische Arten und solche mit bistropher, beiderseits eingerollter Membran). Verzweigungsmodus von *Zoothamnium* (razemisch).

Tintinnodea: Bewegung linksschraubig? Wulstspiralen, Versteifungsleisten und Hochfalten des Körpers übereinstimmend linksgewunden, zwei inverse Arten bekannt. Hochfalten am Hinterende nach Abbildungen amphidrom und gruppeninkonstant.

Inversionen: Inverse Exemplare sind bekannt von Dinoflagellaten (?), *Urceolaria* (Peritricha), *Spirochona*; Kolonie von *Zoothamnium* razemisch. Inverse Arten in fast jeder Gruppe.

§ 11. Porifera und Coelenterata.

a) Porifera.

Von den Schwämmen mit ihrem monaxonen oder sekundär regellosasymmetrischen Körper sind fast keine Merkmale oder Strukturen bekannt, die unter das RL-Problem gehören. Erwähnenswert sind nur einige Arten, z. B. *Euplectella aspergillum* OWEN, deren Kieselnadeln zu schraubig oder wenigstens schraubenähnlich rechts- und linksgewundenen Zügen verflochten sind, die sich durchkreuzen und auf diese Weise ein regelmäßiges Gitterwerk bilden. Die Skeletnadeln selbst sind überall prinzipiell symmetrisch gestaltet und besitzen, wenn sie sekundär verbildet

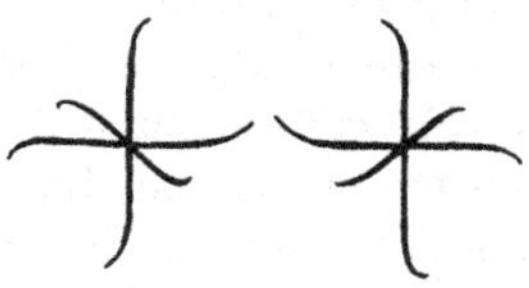

Abb. 60. Zwei spiegelbildliche Sechsstrahler (Oxyhexaktone) von Hyalonema apertum. (Nach F. E. SCHULZE.)

sind, meist mindestens noch eine Symmetrieebene. Fehlt auch diese, so ist die Symmetrielosigkeit stets durch zusätzliche Bildungen bedingt, z. B. wenn an einer monaxonen Nadel Dornen in unregelmäßiger Anordnung auftreten. (Neben solchen finden sich auch Nadeln, an denen die Dornen in regemäßigen Quirlen sitzen, von Nadeln mit schraubiger Dornenverteilung aber, deren Existenz keineswegs unwahrscheinlich ist, besitzen wir keine Kenntnis.) — Bei den Sechsstrahlern (Oxyhexaktinen) gewisser Schwämme pflegen die Nadelspitzen umgebogen zu sein, so daß asymmetrische Gebilde entstehen, die Rechts- und Linksexemplare unterscheiden lassen (Abb. 60. Doch sind stets beide Typen an demselben Individuum nebeneinander vorhanden, so daß diesen Abweichungen vom ursprünglichen regulären Bau mehr der Charakter einer fluktuierenden Asymmetrie und nicht der eines RL-Merkmales zukommt.

b) Coelenterata: Nesselzellen.

Die Coelenteraten besitzen eine Reihe echter asymmetrischer Merkmale, unter denen die an Nesselzellen auftretenden die verbreitetsten sind. In nicht weniger als fünferlei Hinsicht lassen sich an Nesselzellen Asymmetrien nachweisen, und diese fünf Möglichkeiten sind:

α) die schraubige Aufwindung des Nesselfadens in der nicht ausgeschleuderten Kapsel;

β) schraubige Strukturen am Nesselfaden;

γ) schraubige extrakapsuläre Gebilde innerhalb des Plasmas der Nesselzelle;

δ) die Gestalt der Nesselzelle selbst;

ε) akzessorische Asymmetrien, Windung des ausgeschleuderten Fadens, Anordnung der Nesselzellen am Körper.

Die Aufwindungsweise des ruhenden Nesselfadens innerhalb der Kapsel ist bei derselben Zellsorte derselben Art im wesentlichen konstant, bei verschiedenen Sorten derselben oder verschiedener Arten verschieden. Allein die *Hydra*-Spezies besitzen 4 Nesselzellarten, und unter diesen wiederum ist nur bei den großen Penetranten der Endfaden von Anfang bis Ende schraubig aufgerollt: er zieht zunächst vom Entladungspol gegen die Kapselbasis, und der weitaus größere Rest des Fadens ist dann schraubig um das Basalstück, also senkrecht zur Längsrichtung der Zelle, aufgerollt, und zwar so, daß die erste Windung ungefähr in der Zellmitte liegt und die weiteren Windungen gegen die Zellbasis absteigen. Bei den „streptolinen Glutinanten" (Abb. 63) hingegen legt sich der Faden sogleich in (je nach der Spezies) 3 bis 4 (seltener mehr) regelmäßige Schraubentouren, während der Rest im basalen Kapselabschnitt unregelmäßig auf-

geknäuelt ist. In den „stereolinen Glutinanten" (Abb. 63)
ist die Lagerung überhaupt bedeutend regelloser, hier ist bei
H. attenuata PALLAS der Faden in der Längsrichtung der Zelle auf-
geknäuelt, bei anderen Arten quer oder auch schräg zur Zell-
längsachse, und die Volventen (Abb. 63) besitzen überhaupt nur einen kurzen Faden mit
einer einzigen Windung. Nach neueren Untersuchungen zu schließen, ist die Aufwindung in

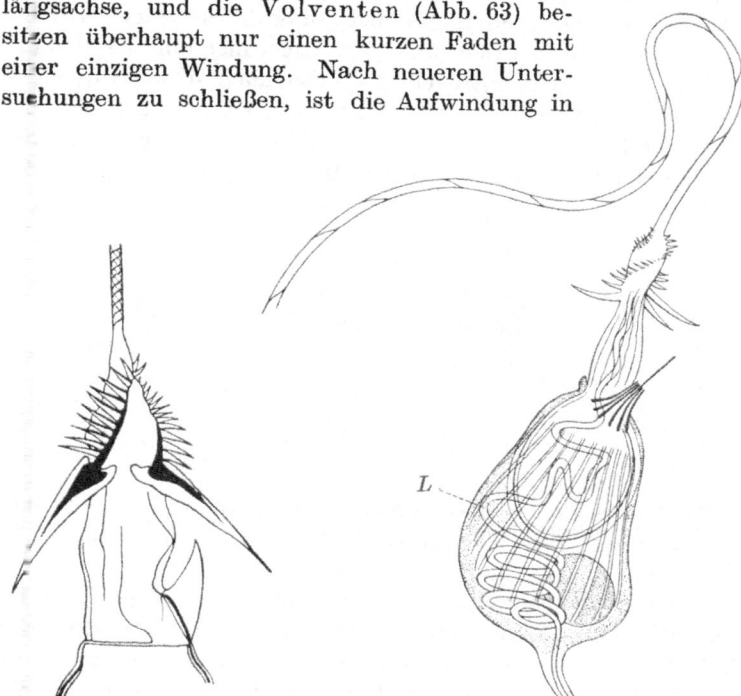

Abb. 61. Halsstück einer Penetrante von Hydra attenuata Pallas. (Nach P. SCHULZE.)

Abb. 62. WILLsches Schema einer Penetrante von
Hydra. *L* = Lasso. (Nach WILL.)

keinem Falle so exakt und regelmäßig, wie die Abbildungen
früherer Autoren glauben ließen, immerhin müßte bei den ersten
beiden der genannten Zellarten der Aufwindungssinn des
Fadens feststellbar sein. Angaben darüber liegen indessen
nirgends vor, vielmehr finden sich in den Zeichnungen jedes
Autors Links- und Rechtswindungen nebeneinander vertreten und
man könnte, da als Grund für die schraubige Lagerung einzig und
allein die zweckmäßige Unterbringung des langen Fadens in der
Kapsel in Betracht kommt, vermuten, daß je nach den in der

Zelle zufällig vorhandenen Bedingungen die Lagerung bald
links-, bald rechtsherum, also individuell-razemisch, erfolgt, wenn
nicht der Nesselfaden schraubige Strukturen und die ganze Nesselzelle Asymmetrien aufwiese, die ohne Zweifel monostropien
Charakter besitzen: So ist es nicht unwahrscheinlich, daß die
Strukturen, Asymmetrien und der Lagerungssinn des Fadens
miteinander zusammenhängen und also auch dieser zumindest
individuell und artlich konstant ist. Möglich ist auch eine zunehmende Stabilisierung der schraubigen Lagerung, z. B. von
den Stereolinen (Abb. 63c) über die Streptolinen von *Hydra*

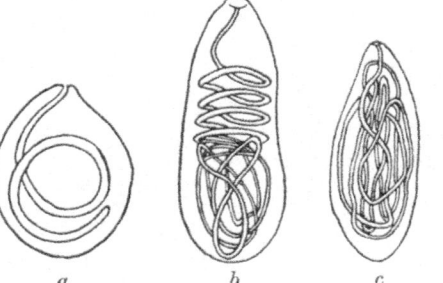 

Abb. 63.   Nesselkapseln von Hydra attenuata Pallas.   Abb. 64.   Ausgeschleuderte
a Volvente.   *b* Streptoline Glutinante.   *c* Stereoline Gluti-   Volvente von Hydra, eine
nante. (Nach P. Schulze.)   Borste umschlingend

vulgaris P. (anfangs drei lockere, nicht sehr regelmäßige Quer- bis
Schrägwindungen, Rest regellos) und die von *H. attenuata* (vier
regelmäßige, auffallende Windungen, Rest zwar unregelmäßig,
aber offenbar einigermaßen konstant gelagert) zu den Penetranten.

    Schraubige Strukturen am Nesselfaden und seinem
Basalstück im besonderen sind zwar nicht bei allen Nesselkapsel-
arten ausgebildet, dort, wo sie sich finden, aber deutlich und
reichhaltig ausgeprägt. Da nur bei 2 Gattungen Angaben über
den Windungssinn dieser Strukturen vorliegen, aus den Abbildungen aber (wegen der bei diesem kleinen Objekt leicht möglichen Vertauschung von Ober- und Unterseite im optischen
Bild) Rückschlüsse nicht zulässig sind, genügt es, als Beispiel die
Schraubenstruktur der am besten untersuchten Penetranten von
Hydra attenuata[86] anzuführen: Am kegelförmigen Basalstück
des Fadens (Abb. 61) finden sich drei Stilette, von denen bei
einseitiger Betrachtung meist nur zwei sichtbar sind; von jedem

geht je eine schraubig rechtsgewundene* Dornenreihe aus, und nach einem kurzen Zwischenstück beginnt der eigentliche Faden, der von einem gleichfalls rechtsschraubigen Liniensystem überzogen ist, das aus drei mit $^1/_3$ Ganghöhenunterschied aufeinanderfolgenden getrennten Schraubenlinien besteht (WILL[89, 90] und P. SCHULZE[86]). Auch für viele andere Hydrarierarten überwiegt beim Schraubenliniensystem des Endfadens in den Abbildungen der Autoren die Rechtswindung, für die von ihm untersuchten gibt EWALD[77] ausdrücklich Rechtswindung an, ebenso wird für die Siphonophore *Agalma* Rechtsstruktur des Fadens ausdrücklich betont[76], und gleichfalls Rechtswindung meint K. C. SCHNEIDER[84], wenn er „von Widerhaken in dreifach linksspiraliger Anordnung" beim Nesselschlauch von *Physophora* spricht. Bezüglich der Dornenreihen am Halsteil des Fadens finden sich in den Abbildungen der übrigen Autoren Links- und Rechtswindung nebeneinander, doch sind ohne Zweifel alle Schraubenstrukturen des Fadens gleichsinnig gewunden, und die neueren Untersuchungen sprechen dafür, daß Rechtswindung überwiegt, daß die schraubigen Strukturen der Nesselkapsel individuell und artlich monostrophen und vielleicht auch gruppenkonstanten Charakter besitzen.

Auch im eigentlichen Plasma der Nesselzelle, außerhalb der Kapsel, treten schraubige Bildungen auf, ja bisweilen ist in der Literatur überhaupt von „spiralig angeordneten Waben des Plasmagefüges" die Rede. Es handelt sich hierbei um korkzieherartig gewundene Fibrillen oder Fasern, die meist von der Außenwand der Kapsel in den Stiel der Nesselzelle ziehen, unter verschiedenem Namen (Lasso, Außenschlauch, Stielfasern usw.) beschrieben wurden, über deren Aufwindungssinn Angaben fehlen; doch spricht der Charakter dieser von der eigentlichen Kapsel sicherlich unabhängigen Gebilde, die in der Literatur vorhandenen bildlichen Wiedergaben und manches andere mit größerer Wahrscheinlichkeit für individuelle Inkonstanz des Windungssinns.

Daß die ganze Nesselzelle ein asymmetrisches Gebilde ist, derart, daß an ihr eine obere, untere, vordere, hintere, linke und rechte Seite unterscheidbar ist, wurde bereits von K. C. SCHNEIDER für *Physophora* behauptet und neuerdings von

---

* SCHULZE[86] schreibt, offenbar in Anwendung einer älteren Nomenklatur, linksgewunden.

P. Schulze für die Penetranten von *Hydra* bestätigt. Einbuchtungen der Wand der kaum je ganz radiärsymmetrischen Kapseln, Differenzierungen des Halsstücks und die Lage und Struktur des Deckelapparates bewirken diese Asymmetrie. Sie besitzt, nach den übereinstimmenden Angaben der Autoren zu schließen, monostrophen Charakter und macht so in Verbindung mit den monostrophen Strukturen der Nesselkapsel selbst auch die Konstanz des. Aufwindungssinns am ruhenden Nesselfaden wahrscheinlich.

Die Art und Weise, wie der ausgeschleuderte Faden einer Volvente ein stabförmiges Gebilde (Borste oder Bein eines Beutetieres) umschlingt, ob in links- oder rechtsgewundener Schraube (Abb. 64) oder unregelmäßig, ist rein vom Zufall bedingt.

Die Anordnung der Nesselzellen am Körper oder an den Tentakeln ist bei verschiedenen Formen verschieden. Wirtel, unregelmäßige Verteilung und Anordnung in Halbkreisen, die leicht ein schraubiges Nesselband vortäuschen können, ist bekannt, Anordnung in wirklichen Schraubenlinien indes bis jetzt noch nicht beschrieben.

c) Coelenterata: Knospungsgesetze und Torsionen des Stammes.

Der pflanzliche Habitus, vor allem der Hydropolypen, kommt vorzugsweise dadurch zustande, daß, ähnlich wie die Blätter oder Blüten der Pflanze, auch die Polypenköpfchen an einem (meist verzweigten) Stamm, dem Hydrocaulus, hervorsprossen. Damit jeder Hydranth bzw. jede durch Knospung entstehende Meduse gleichmäßigen Anteil am Außenmedium gewinne, ist nun schraubige Anordnung oder solche in Wirteln am zweckmäßigsten, doch kommt diese letztere nur so lange in Betracht, als die einzelnen Polypen bzw. Medusen klein sind und sich gegenseitig nicht stören. Eine solche schraubige oder schraubenähnliche Verteilung ist nun zwar an verschiedenen Stellen in der großen Gruppe der Coelenteraten anzutreffen, doch handelt es sich dabei, soweit unsere bisherigen Kenntnisse reichen, fast stets um Einzelfälle von fast ausnahmshaftem Charakter. Bei den Hydroidpolypen überwiegen weitaus solche Wachstumsgesetze, wo alle Polypen in einer Ebene oder die Sprossen alternierend in zwei aufeinander senkrechten Ebenen liegen; daneben kommt es vor,

daß ein Stamm allseitig in mehr oder weniger regelloser Weise
Nebenäste entsendet. In anderen Fällen, wo man früher schraubige Anordnung annahm (Siphonophoren), hat sich diese Ansicht
neuerdings als irrig herausgestellt[79]. Da dort, wo wirklich schraubige Knospungsgesetze statthaben, keine Angaben über den Windungssinn vorliegen, genügt es, einige Beispiele herauszugreifen.
Vorher sei bemerkt, daß eine äußerlich schraubige Verteilung der Knospen am Stamm durch zweierlei Mechanismen bewirkt werden kann: Entweder ist der Stamm
ungedreht, und die Ansatzstellen der Knospen liegen
auf einer wirklichen, ihn
umziehenden Schraubenlinie, oder die Knospen
entstehen uni- oder höchstens biserial hintereinander, und erst durch Torsion des Stammes um seine
Achse kommt eine schraubige Verteilung zustande.
Die Anordnung der Knospen
in Schraubenlinien gilt bereits
für gewisse Spezies der früheren
Gattung *Hydra*. Bei *Pelmato-*

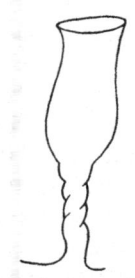

Abb. 65. Theca von
Lafoea fruticosa mit
schraubigem Stiel.
(Nach BROCH.)

Abb. 66. Gonangium
von Campanularia
spiralis. (Nach
NUTTING.)

hydra oligactis bilden sich die Knospen nacheinander und ordnen
sich in einer Schraube an, indem jede jüngere Knospe um etwas
mehr als 120° von ihrer Vorgängerin absteht und gleichzeitig etwas
höher rückt. Bei gut ernährten Tieren mit viel Knospen ist die
Schraube eng, bei schlechter ernährten zieht sie sich auseinander,
in beiden Fällen schreitet die Knospung von der Basis gegen die
Tentakel fort (FRISCHHOLZ[087]). *Sertularia cupressina*[75] L. liefert
ein Beispiel der anderen Möglichkeit, daß, oft in ganzer Ausdehnung, der Stamm tordiert ist, so daß die Hydranthen nach
allen Richtungen des Raumes verteilt werden; Ähnliches gilt für
Hydrallmania falcata H., *Thujaria thuja* L. und einige andere
Arten*. Bei *Lafoea*[75] ist lediglich der Stiel der Hydrotheken

---

* Zum Beispiel *Hydrocladia*[81]. Bei *Obelia commissuralis* sind die Äste
des Caulus in einer Schraube angeordnet[83]. — Die sich zum Boden „rankende" Hydrorhiza legt sich bei vielen *Campanulariden* in schraubige Windungen[83].

schraubig gedreht (Abb. 65), Gleiches findet sich oft bei *Campa-nularia integra* Mc Gill., wo auch die Gonotheken meist mit einer stark hervortretenden Schraubenfurche versehen sind, und *C. spiralis*[83] (Abb. 66) weist bereits in ihrem Namen auf die schraubigen Gonangien hin. Ob ein Zweck mit dieser Schraubengestalt verbunden ist, sei dahingestellt, über die Entstehungsursache aber läßt sich auf Grund vergleichender Betrachtungen (§ 44) feststellen, daß überall ein quergeringelter (annulater) Bautyp das Primäre ist, und daß hier und da sekundär auf mutativem Wege die einzelnen Ringel sich zu einer Schraubenlinie vereinigten, wodurch die Festigkeit des ganzen Gebildes ohne Zweifel erhöht wurde (Zweck?). — Unter den *Margeliden* (Anthomedusae) herrscht bei solchen Formen, die am Manubrium durch Knospung neue Medusen hervorbringen, ein eigentümliches Bildungsgesetz: die einzelnen Knospen entstehen hier nacheinander, zwar nicht in einer Schraubenlinie, sondern in Viererquirlen, doch derart, daß jedes der 4 Tiere eines Wirtels einen bestimmten, seinem Alter entsprechenden Platz einnimmt. So ist die Gesamtanordnung in Anbetracht der Größenunterschiede eine asymmetrische und von ihr ein Links- und ein Rechtstyp möglich. Soviel bis jetzt bekannt ist, ist nur diejenige Alternative verwirklicht, die das folgende Diagramm A wiedergibt:

$$
\begin{array}{ccccc}
1 & & & & 1 \\
5 & & & & 5 \\
9 & & & & 9 \\
3\ 7\ 11 \quad 12\ 8\ 4 & & & 4\ 8\ 12 \quad 11\ 7\ 3 \\
10 & & & & 10 \\
6 & & & & 6 \\
2 & & & & 2 \\
A & & & & B
\end{array}
$$

während B die inverse Möglichkeit bedeutet (die erste Knospen-wirtel liegt oben, jede folgende weiter unten am Manubrium).

Bei einigen zur verwandten Familie der *Codoniden* gehörigen *Sarsia*-Spezies entstehen am Manubrium, das bei voller Ausdehnung die mehrfache Länge der Glockenhöhe erreicht, in echtschraubiger Anordnung junge Medusen, weshalb man diese Formen früher in die Verwandtschaft der Siphonophoren stellte. Ähnliches ist übrigens auch bei einigen, den Sarsien nahestehenden Arten beobachtet.

Für die Siphonophoren mit langgestrecktem Stamm wurde früher, vorwiegend einer Ansicht Chuns folgend, angenommen, daß die zahlreichen Anhänge uniserial auf der „Ventralseite" des Stammes entspringen und

durch „spiralige Drehung" dieses Stammes die äußerlich bi- oder multi-
seriale Anordnung entstünde. Nach neueren Untersuchungen erscheint es
jedoch „kaum zweifelhaft, daß nicht nur bei Calycophoren, sondern auch
bei Physophoren die behauptete Torsion des Stammes eine Täuschung ist
und höchstens, wenn überhaupt, als seltene Ausnahme vorkommt". „Eine
Spiraldrehung des Stammes mit sekundärer Wanderung der einzelnen Organe um diesen herum findet niemals statt, sondern die gegenseitigen Lagebeziehungen und die Opposition der Hauptglocken sind primäre Erscheinungen, der Ausdruck ihrer verschiedenen Genese am Stamm" (MOSER[79]).
Ein junges, auf der D. Südpolarexpedition erbeutetes *Forskalia*-Exemplar
z. B., mit einer großen Zahl junger Glocken aller Größen und vielen Glocken-
knospen versehen, zeigte nicht die Spur einer Torsion des Caulus. Unan-
getastet durch diese neueren Ergebnisse bleibt die Tatsache, daß namentlich
die großen, langgestreckten Formen bei Alteration sich kontrahieren, wobei der Hauptstamm sich nach Art eines Vorticellenstieles in schraubige
Windungen legt, und in der Ruhe sich wieder ausstrecken, so daß z. B. fast
alle fixierten Stammbruchstücke großer Formen schraubig verzerrt sind.
Ebenso vermögen sich die Nesselfäden der Siphonophoren in bald schraubige, bald unregelmäßige Windungen zu legen. Der Windungssinn aller
dieser schraubigen Gestalten ist individuell-konstant, über seine Verteilung
innerhalb der Arten liegen keine Angaben vor.

Auch unter den Anthozoen ist hier und da schraubige Knospung oder
Torsion des Stammes anzutreffen. Bei *Acanella*[78] unter den Gorgonarien
z. B. sitzen die Polypen bald unregelmäßig oder in unregelmäßigen Wirteln,
bald zweireihig, bald auch in „lockeren Spiralen" (*A. sibogae*). Unter den
Chrysogorgiiden hat sich die äußerlich schraubige Anordnung der Zweige
infolge Torsion des Stammes allmählich herausgebildet: Primitive Formen
breiten ihre Äste noch in einer Ebene aus, andere zeigen eine schwach
schraubige Drehung der „Längslinie, in der die Stammäste stehen", und
bei *Chrysogorgia* selbst ist der Drehungswinkel größer geworden, so daß
eine gleichmäßige Verteilung der Äste und Polypen im Raume zustande
kommt. — Auch unter den Antipatharien[85] finden sich Arten mit tordiertem Stamm und genetisch einseitig und einreihig angeordneten Polypen, so daß diese äußerlich in regelmäßigen Schraubenlinien sitzen (*Sticho-
pathes gracilis* [GRAY] var. α), bei anderen Formen kommt die Torsion des
Stammes in der spiraligen Anordnung der Dornen zum Ausdruck.

Darüber, ob die Tentakel am Mundkegel der Hydroidpolypen oder die
Gonophoren am Blastostyl bisweilen eine schraubige Verteilung zeigen,
waren Angaben nicht aufzufinden.

d) Coelenterata: Andere Asymmetrien.

Der radiäre Bau der Coelenteraten bringt es mit sich, daß selbst bei
einseitiger Rückbildung gewisser Organe oder Körperanhänge keine echten
Asymmetrien entstehen. So gibt es unter den Hydromedusen Arten, wie
Euphysa tentaculata, die einen großen, zwei kleine und einen völlig redu-
zierten Tentakel besitzen, bei anderen (*E. aurata, Steenstrupia nutans*,
Gattung *Hybocodon*) ist überhaupt nur mehr ein Tentakel, dieser allerdings

meist sehr voluminös, entwickelt. Trotzdem besitzen diese in zusammen fassenden Darstellungen über Asymmetrien bisweilen aufgeführten Former eine Symmetrieebene: diejenige, in der der Tentakel liegt. — Erwähn seien schließlich die Spiralzooide gewisser Hydropolypenstöcke (*Hy dractinia*), die diesen Namen zum Teil kaum verdienen. Schraubenbewegung der Larven.

e) **Zusammenfassende Tabelle über die wichtigsten RL-Merkmale der Schwämme und Coelenteraten.**

Spongia: spiegelbildliche, sekundär asymmetrische Oxyhexak tine; individuell-razemisch (fluktuierend?).

Aufwindung des Nesselfadens: individuell konstant? Zu nehmende Stabilisierung der Lagerung des Fadens bei den ver schiedenen Sorten von Nesselzellen?

Schraubige Strukturen am Nesselfaden: individuell konstan (rechts), artlich monostroph (rechts), Anzeichen für Gruppen konstanz.

Asymmetrische Gestalt gewisser Nesselzellarten: individuel konstant, artlich monostroph.

Knospungsgesetze: RL-Verteilung? Margeliden: monostroph Schraubige Gonangien und Gonangienstiele (entstanden aus dem annulaten Typ).

§ 12. Vermes Platyhelminthes (Plattwürmer).

a) Turbellaria (Strudelwürmer).

Abgesehen von scharf umgrenzten Stellen drüsigen Epithels. „Drüsenflecken" oder „Drüsentaschen", die bei vereinzelten Arten asymmetrisch über den Körper verteilt sein können, finden sich bei den Turbellarien konstante Abweichungen vom bilateral symmetrischen Bau nur im Bereich des Genitalsystems. Hier und in noch höherem Grade bei den Trematoden führt die Aus bildung des kompliziert zusammengesetzten Geschlechtsapparats, mit seinen teilweise paarigen, teilweise unpaaren in der Mediane gelegenen Bestandteilen, in dem meist stark dorsoventral abge platteten Körper zu Verlagerungen und Rückbildungen der mannigfachsten Art.

Die Hoden sind bei den Turbellarien stets paarig angelegt. In seltenen Fällen jedoch besteht Unpaarigkeit[97], indem der Hoden einer Seite (*Rhino pera*, hier nach dem links gelegenen Samenbehälter vermutlich der rechte rückgebildet) oder alle Hodenfollikel einer Seite (*Prorhynchus*-Arten, rechts reduziert) rückgebildet sind. Bisweilen (*Mesostoma productum* SCHMIDT) sind allerdings die beiden, bilateral angelegten Hoden, mindestens zum größten Teil, miteinander verschmolzen. Für *Gyratrix*, wo gleichfalls nur ein linksgelegener Hoden vorhanden ist, nehmen BRESSLAU[91] und MEIXNER[99] Reduktion des rechten, STEINBÖCK[104] lediglich eine Verlagerung der verschmolzenen Hoden beider Seiten nach links an. Schiene es nach alledem, als ob der unpaare Hoden stets links läge, was auf Reduktion des rechten hinwiese, so hat MEIXNER[99] neuerdings bei der von ihm neubeschriebenen Familie der *Gnathorhynchidae* (*Prognathorhynchus, Gnathorhynchus*) das Gegenteil, einen unpaaren, stets rechts gelegenen Hoden, gefunden. — Bei Tricladen, wo die Hoden meist in mehrere bis viele Follikel zerfallen sind, liegen diese bisweilen alternierend oder regellos asymmetrisch.

Vom weiblichen Apparat[91] sind ähnliche Reduktionen bekannt. Abb. 67 gibt als Grundschema des tetrameren Ovars die weibliche Gonade von *Paravortex* wieder (Typus A): Das vordere Dimer ist zu Keim-, das hintere zu Dotterstöcken differenziert. Umgekehrt verhält es sich bei den meisten marinen Rhabdocoelen: vorn zwei Dotter-, hinten zwei Keimstöcke (Typus B). Von diesen beiden Typen existieren nun eine Reihe von Abweichungen, die so zustande kommen, daß eines oder mehrere (bis 3) Viertel der ursprünglich vierteiligen Geschlechtsdrüse rückgebildet werden.

Geht beim Typus B das linke hintere Dimer verloren, so erhält man eine Gonadenform, die bei *Protoplanella* und bei den meisten Süßwasser- und Landrhabdocoelen verwirklicht ist. Daneben sind in geringer Zahl Arten bekannt, bei denen die Reduktion das rechte hintere Viertel betroffen hat (*Carcharadopharynx arcanus*[103], *Acrochordonoposthia ophiocephala*[103], *Ascophora elegantissima*[92]). Einige Formen variieren hinsichtlich der Keimstocklage: so ist bei *Dalyella styriaca*[101] in 70% das linke, in 30% das rechte Germar entwickelt. Bei der Gattung *Gyratrix*[99] ist gleichfalls nur das linke Ovar vorhanden, das dann mit dem ebenfalls nur links entwickelten Hoden (s. o.) die linke Körperseite einnimmt, doch sind einige Fälle bekannt, wo auch das rechte Ovar — kleiner oder gleich groß wie die linke — ausgebildet war[099]. Die vorn gelegenen Dotterstöcke sind bei *Gyratrix* paarig entwickelt, nur *G. hermaphroditus* besitzt einen einzigen rechts gelegenen Dotterstock, der indes — unwahrscheinlich, aber immerhin möglich — den verschmolzenen und aus Platzmangel (links: Hoden + Ovar) nach rechts gerückten Vitellarien der übrigen Arten entsprechen könnte. Als Grund für diese verschiedenartigen Reduktionen bei Land- und Süßwasserturbellarien wurde von verschiedener Seite der Übergang aus dem Meer- ins nährstoffärmere Süßwasser verantwortlich gemacht. Indes hat MEIXNER[99] kürzlich eine große Zahl neuer primitiver Arten aus der Kieler Bucht, die meisten vorerst nur dem Namen nach, aufgeführt, deren Keimdrüsen gleichfalls größtenteils unpaar sind. Bei den *Gnathorhynchiden* (MEIXNER 1929) sind alle Keimdrüsen, Hoden, Ovar und Dotterstock, infolge Reduktion der Organe einer Seite, unpaar: es liegen bei *Prognathorhynchus* alle drei rechts, bei *Gnathorhynchus conocaudatus* Hoden rechts, Germar und Vitellar links, bei *G. hastatus* Hoden und Vitellar rechts, Germar links neben letzterem. — Außer bei den *Gnathorhynchiden* ist auch bei *Psammorhynchus* und *Rhinepera* ein Dotterstock reduziert.

Über den Typus A (*Paravortex*) mit vorngelegenen Keim- und hint=n-
gelegenen Dotterstöcken ist weitaus weniger bekannt. Verlust des rech⸗en
vorderen Keimstockes führt zur Gonade von *Bresslauilla*[91] (Abb.
67), d⸗ch ist als wesentlich anzumerken, daß REISINGER 2 Exemplare mit reduziert⸗m
linken und ausgebildetem rechten Ovar gefunden hat[103].

Bei den *Prorhynchiden*[91] schließlich ist nur eine weibliche Gonade v⸗r-
handen, ein Keimdotterstock, der aufzufassen ist als das rechte hint⸗re
Viertel der ursprünglichen tetrameren Geschlechtsdrüse.

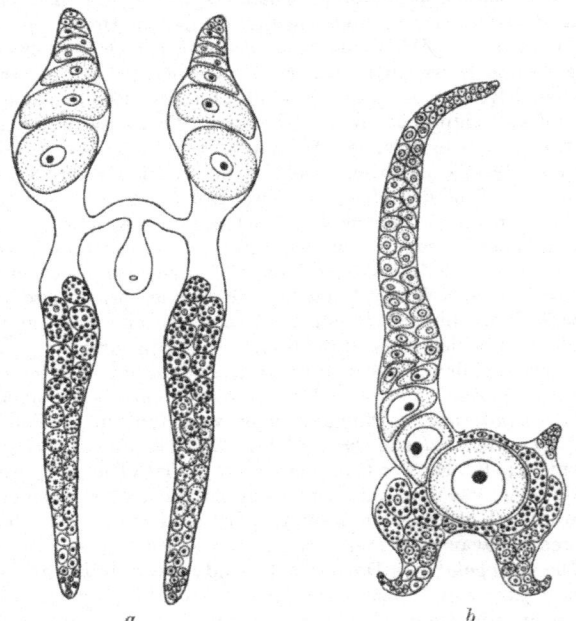

a   b

Abb. 67. *a* Tetramere Gonade von Paravortex. *b* Gonade von Bresslauilla. Re⸗tes
Ovar rückgebildet. (Nach REISINGER.)

Dort, wo beide Gonaden entwickelt sind, brauchen sie keineswegs im⸗ner
gleich groß und symmetrisch gelagert zu sein. Bereits von den Acoe⸗en,
viel häufiger von höheren Strudelwurmgruppen, kennt man Fälle, wo ⸗die
Gonade der einen Seite, artlich konstant, größer als die der anderen ist ⸗er
wo die eine schräg hinter oder direkt hinter der anderen liegt.

Überblickt man abschließend diese verschiedenen Ausbildur⸗gs-
typen des Geschlechtsapparats (Tabelle), so zeigt es sich, ⸗aß
bezüglich der Reduktion eines oder mehrerer Teile der ursprüng⸗ch
tetrameren weiblichen Gonade oder der paarigen Hoden fast ⸗lle
denkbaren Möglichkeiten verwirklicht sind, daß anscheine⸗d

also die Reduktion in regelloser Weise bald die linke, bald die rechte Körperseite betroffen hat*. Indessen zwingen Befunde, wie sie bei den aus den Turbellarien entstandenen Klassen der Saug- und Bandwürmer außerordentlich häufig sind, zu einer etwas anderen Beurteilung. Bei den Saugwürmern bereits ist der Genitalapparat in seiner Gesamtheit im allgemeinen asymmetrisch gelagert und gleichzeitig am Totalpräparat leicht zu überblicken, und daher hat man frühzeitig die

		Hoden		Weibliche Keimdrüse				
				vorn		hinten		
		li	re	li	re	li	re	
1	*Rhinepera, Prorhynchus,*							
	Gyratrix*	H	—					verschieden, siehe Text
2	*Gnathorhynchidae*.	—	H					
3	*Paravortex*	H	H	K	K	D	D	= Typus A
4	Meiste marine Rhabdocoela	H	H	D	D	K	K	= Typus B
5	*Protoplanella* und meiste							
	Land- und Süßwasser-							
	Rhabdocoela	H	H	D	D	—	K	aus B
6	*Carcharodopharynx* usw. .	H	H	D	D	K	—	
7	*Bresslauilla*	H	H	K	—	D	D	aus A
8	Inverse *Bresslauilla* . . .	H	H	—	K	D	D	
9	*Gyratrix*	H*	—	D	D	K	(k)	aus B
10	*Gyratrix hermaphroditus* .	H*	—	—	D*	K	—	
11	*Prorhynchiden*			—	—	—	KD	

H = Hoden, K = Germar, D = Dotterstock. * = evtl. noch fraglich, ob Reduktion oder Verschmelzung + Verlagerung vorliegt.

Entdeckung gemacht, daß ein inverser Situs dieses Apparats keineswegs zu den Seltenheiten gehört, vielmehr finden sich sowohl Formen, bei denen Links- und Rechts,,lage" gleich häufig sind, wie andere, bei denen die erste oder die zweite weitaus oder (vorläufig) absolut überwiegt. Daß solche Inversionen auch bei Turbellarien vorkommen, zeigen die inversen *Bresslauilla*-Individuen REISINGERS sowie *Dalyella styriaca*, bei der in 70% das linke, in 30% das rechte Germar entwickelt ist. Wendet man daher die Überlegungen, die sich bei Saugwürmern wie überhaupt

---

* Dabei ist Voraussetzung, daß eine unpaare, auf einer Seite liegende Gonade den dieser Seite zugehörigen Teil der ursprünglich paarigen Gonade darstellt, eine Voraussetzung, die meist erfüllt, in den übrigen Fällen wahrscheinlich ist.

bei allen Tiergruppen mit Situs inversus eines Organs ergeben
auf die Strudelwürmer an, so gelangt man zu folgenden Feststellungen: Aus dem symmetrischen Typus B (Nr. 4 in der
Tabelle), der den sehr ursprünglichen marinen *Rhabdocoelen* eigen
ist, entwickelte sich beim Übergang → Süßwasser → Land durch
Reduktion des linken Germars der Typus 5; einige Arten neigen
zu Inversionen, indem bei einem kleineren oder größeren Bruchteil der Individuen das rechte Germar statt des linken reduziert

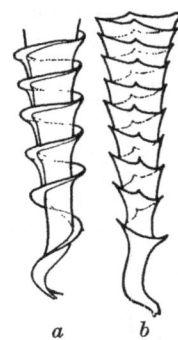

ist (*Dalyella*), bei anderen (6) ist diese Inversion konstant geworden, hier sind Ein- und
Rückschläge zum alten Zustand zu erwarten
und ein solches Beispiel zeigt Gyratrix (9)
wo ausnahmsweise das reduzierte Ovar wieder
auftreten kann. — Aus Mangel an Tatsachenkenntnis lassen sich für den Typus A (*Paravortex*), für die zusätzliche Reduktion eines
Dotterstocks und für die Rückbildung eines
Hodens ähnliche Überlegungen vorerst noch
nicht anstellen, für die Hoden scheint es, als

a   b
Abb. 68. Distales Ende
des Penisrohres von
Astrotorhynchus bifi-
dus. *a* Rechtsgewun-
dene glatte Varietät.
b Linksgewundene ge-
zähnte Varietät. (Nach
GRAFF.)

ob Reduktion des rechten die Regel, des linken
die Inversion darstelle. Zusammenfassung in d

Asymmetrische Ausmündungen der primären
oder zusätzlichen Geschlechtskanäle, wie sie bei der
Trematoden so häufig sind, kommen bei Strudelwürmern nur äußerst vereinzelt vor.

Asymmetrisch sind weiter die oft sehr verwickelt gebauten
männlichen Kopulationsorgane. So weist der Bulbus penis von
Trigonostomum setigerum O. SCHM. drei fixe, in den Abbildungen
linksgewundene Schraubenwindungen auf, der Penis von *Micro-
stomum lineare* soll die Gestalt einer schwach schraubig gedrehten
Chitinsichel besitzen, der interessanteste Befund aber hat sich
bei *Astrotorhynchus bifidus* (M'INT.) ergeben: Hier schließt sich
(Abb. 68) an den Bulbus penis ein voluminöses Chitinrohr an,
dessen Außenseite eine in 6—17 Schraubentouren herumlaufende
Verstärkungsleiste trägt. „Diese liegt im Genitalkanal in dem
Zwischenraum des in das Lumen vorspringenden Spiralmuskels
wie eine Schraube in der Schraubenmutter." Besonders merkwürdig ist nun, daß dieses Gebilde bei einem Teil der Tiere rechtsgewunden ist und dann eine gleichförmig flache Verstärkungsleiste

trägt, während es bei anderen Tieren linksgewunden ist und die Leiste dann mit zierlichen Zähnchen besetzt ist (Abb. 68)[95]. Auch die ausführenden Kanäle (z. B. die Vagina von *Bergendalia*) können sich in artkonstante Windungen legen, von anderen Formen (z. B. *Solenopharynx* sp.) wird eine „Bursa seminalis" mit schraubig verlaufender kutikularer Innenmembran beschrieben. Schließlich ist von *Otoplana intermedia* DU PL. ein Kanal unbekannter Funktion zu erwähnen, der vom männlichen Kopulationsorgan nach der Bauchseite zieht und dort asymmetrisch ausmündet.

Ferner: Spermatozoen. Schraubenbewegung. Spiralfurchung.

b) Trematodes (Saugwürmer).

Im Gegensatz zu den Turbellarien, deren Körper fast stets bilateralsymmetrisch ist, sind von den Trematoden einige Gattungen und Arten mit asymmetrischem Körperbau beschrieben.

Von den Monogena ist bei *Axine*[122] das Hinterende schräg abgestutzt, die Verteilung der Haftapparate daher eine asymmetrische, ebenso sollen bei *Gastrocotyle*[108], *Pleurocotyle*[110] und *Pseudaxine*[114] die Haftorgane nur auf einer Körperseite liegen, während *Vallisia*[125] linkerseits ungefähr in der Körpermitte eine Verdickung besitzt, durch die die hintere Hälfte des Körpers vom geraden Verlauf abgelenkt wird. Unter den Digena ist zwar die Verteilung der meist wenigen Saugnäpfe eine regelmäßige, dafür können die kutikularen Haftapparate regellos asymmetrisch über den Körper verstreut sein. Auch sind Formen mit asymmetrischem Körper beschrieben, z. B. das schraubig gekrümmte *Monostomum spirale* (DIES.)[110], daneben auch solche mit geknickter Hauptachse oder einseitig eingekrümmtem Körper[110].

Asymmetrien von viel wesentlicherer Bedeutung enthält auch hier der Genitalapparat. Der ganze aus Hoden, Ovar, Dotterstöcken, Receptaculum und MEHLISschem Organ („Schalendrüse") bestehende Komplex einschließlich der Verbindungs- und Ausführwege ist meist asymmetrisch gelagert, etwa so, daß die Hoden mehr links und schräg hintereinander, das Ovar rechts usw. gelegen ist. Die ganze gegenseitige Anordnung der Einzelteile des Geschlechtsapparates ist zwar bei jeder Art nicht absolut konstant, „die Erfahrung lehrt, daß Ortswechsel (sogar Formwechsel) der Geschlechtsdrüsen und -gänge in dem weichen Parenchym sowohl embryonal als — wenn auch geringgradiger — bei erwachsenen Trematoden in bestimmten Grenzen möglich ist"[109]. Indessen — abgesehen von diesen individuellen Variationen, die bei manchen Arten häufiger als bei anderen sind — sind die wesentlichen Lagebeziehungen der Einzelteile des Genitalapparats zueinander

doch gesetzmäßige und innerhalb der angegebenen Schwankungs-
breiten konstante — mit Ausnahme der von STILES und HASSAL[125/7]
entdeckten* Tatsache, daß ein totaler Situs inversus des
Geschlechtsapparats, von KOWALEWSKY[119] „Amphitypie"
genannt, eintreten kann. Bei solchen inversen Tieren liegt der
ganze Genitalapparat — unbeschadet der sonstigen individuellen
geringgradigen Lagevariationen — genau spiegelbildlich zu dem
der Normaltiere, also derart, daß sich die homologen Organe
decken, wenn zwei Tiere mit den Bauchseiten aneinanderliegen.
Auch die ausleitenden Kanäle sind, falls sie auf beiden Seiten
ungleich entwickelt oder paarig und asymmetrisch gewunden
sind, bei spiegelbildlichen Tieren vertauscht. Die Inversion der
Geschlechtsorgane ist besonders dort auffällig und deutlich erkennbar, wo eine asymmetrisch (links oder rechts) gelegene
Geschlechtsöffnung (s. u.) vorhanden ist, während sie umgekehrt
in den Fällen, wo sie median mündet und alle Organe mehr oder
weniger paarig symmetrisch bzw. median angeordnet sind,
überhaupt schwer feststellbar bleibt. Fast alle Autoren vor 1900
und viele der späteren Jahre haben die Inversion der Organe
nicht beachtet; in den von ihnen gegebenen Abbildungen ist
Ventral- und Dorsalseite sehr oft vertauscht.

Eine Liste solcher Formen, bei denen Amphitypie beobachtet
oder ausdrücklich hervorgehoben wurde, gibt die folgende Tabelle.

Es zeigt sich, daß in fast allen Fällen das Verhältnis von
Links- zu Rechtstieren ein amphidromes ist. Eine streng
razemische Verteilung ist nur für *Dicrocoelium lanceolatum*
sichergestellt, doch ist es wahrscheinlich, daß auch bei manchen
anderen der in der Tabelle aufgeführten Arten Normal- und
Inverstiere gleich häufig sind. Übereinstimmend hiermit berichtet BARKER[107] (in einer Mitteilung, von der bedauerlicher-
weise nur ein Resümee vorliegt), er habe auf Grund eigener Untersuchung sowie Studiums der Literatur bei 26 Spezies (zu 11
Distomum- und einer *Monostomum*-Gattung gehörig) Amphitypie festgestellt, wobei der Prozentsatz der Inversen, je nach
der betreffenden Art, zwischen 3 und 50% schwankte. Gelegentlich wird auch von anderen Gattungen und Arten über Situs

---

* Gelegentlich finden sich bereits bei früheren Autoren Angaben über
inverse Lagerung einzelner Organe, ohne daß es feststellbar wäre, ob dabei
ein Situs inversus vorlag[0117].

inversus berichtet (z. B. *Pneumonoeces variegatus*[109], *Bunodera rodulosa*[109], *Anaporrhudum albidum*[117], *Anisocoelium capitellatum*[117], *Helicometra mutabilis*[117], *Bilharziella pulverulenta*[124]), doch ergeben solche Einzelbefunde keinen Anhalt über die wirkliche Verteilung von Rechts und Links bei diesen Arten, und offen

Art	Autor	Normal : Invers
Metorchis complexus (St. et H.)	Stiles u. Hassal	6 : 4
„ *crassiusculus* (Rud.)	Kowalewsky	? : 3
„ *crassiusculus* (Rud.)	Jacoby	77 : 7
„ *poturzycensis* (Kow.)	Kowalewsky	? : 1
„ *albidus* (Braun)	Jacoby	52 : 16
„ *truncatus* (Rud.)	„	44 : 6
Opisthorchis felineus (Riv.)	Kowalewsky	? : ?
„ *felineus* (Riv.)	Jacoby	92 : 8
„ *longissimus* var. *corvinus* (St. et H.)	Stiles u. Hassal	2 : 2
„ *lancea* (Dies.)	Weski	398 : 2
Athesmia heterolecithodes (Braun) . . .	Jacoby	7 : 4
Dicrocoelium lanceolatum (St. et H.) . .	„	10 : 5
„ *lanceolatum*	Hollack	333 : 333
„ *concinnum* (Braun)	„	3 : 1
Distomum mutabile Molin	„	6 : 4
Hemistomum spathaceum Dies.	Krause*	4 : 1
„ *excavatum* Dies.	„	3 : 4
„ *confusum* Krause.	„	4 : 1
„ *attenuatum* v. Linst. . . .	„	2 : 3
„ *cochleare* Krause	„	4 : 1
„ *spathula* Dies.	„	4 : 4
„ *ellipticum* Brandes	„	2 : 2
„ *clathratum* Dies.	„	5 : 3
„ *pseudoclathratum* Krause .	„	2 : 1
„ *alatum* Dies.	„	14 : 2
Paragonimus ringeri (Cobbold). . . .	Kubo [0129]	11 : 7
Plesiochorus cymbiformis (*Gorgoderidae*) .	Fuhrmann	Amphitypie häufig

bleibt vor allem die Frage, ob es Formen gibt, bei denen Amphitypie nur sehr selten (wofür *Opisthorchis lancea* als einzige der in der Tabelle aufgeführten Arten zu sprechen scheint) oder vielleicht gar nicht (?) vorkommt. Hervorgehoben zu werden verdient,

---

* Bei *Hemistomum* sind, wegen der ungefähr medianen Lage des Ovars, diejenigen Formen als „normal" bezeichnet, bei denen das Mehlissche Organ rechts liegt; bei einigen dieser Arten liegt dann das Ovar schwach links.

daß nach KOWALEWSKY Individuen derselben Art, die in demselben Wirtstier gefunden wurden, mit einer einzigen Ausnahme stets zur Hälfte Links-, zur Hälfte Rechtstiere waren, doch dürfte es sich hierbei um geringe Anzahlen gehandelt haben. Ebenso berichtet JACOBY[118] von einem Wasserhuhn, das drei normale und ein inverses Tier von *Athesmia heterolecithodes* enthielt.

Die Frage, welcher Situs als der „normale" für die Trematoden, und zwar speziell für die Digena, zu bezeichnen ist, läßt sich nicht mit schematischer Einfachheit beantworten. Es leuchtet zunächst ein, daß bei den razemischen Arten die Bezeichnungen „normal" und „invers" nur einen Sinn behalten, wenn man sie auf eine einheitliche Trematodenorganisation bezieht. Für eine solche scheint nun allerdings zu sprechen, daß das stets unpaare Ovarium die rechte Körperseite bevorzugt und von den beiden relativ zueinander recht verschieden gelegenen Hoden* der größere Teil** auf der linken Körperseite liegt, und auch die Geschlechtsöffnung mündet dort, wo sie die Mediane verlassen hat, meistens in der linken Körperhälfte. Indessen reichen diese Indizien keineswegs aus, bei einer beliebigen Art eindeutig zu bestimmen, was Normal- und was Inverstier ist, und darum erscheint es insbesondere fraglich, ob die in der obigen Tabelle (deshalb, weil sie häufiger sind) als normal bezeichneten Individuen von *Hemistomum* und nicht vielleicht die zugehörigen Inversen den Normaltieren der übrigen Arten homolog sind.

Daß die Geschlechtsöffnung der Digena die Tendenz besitzt, von der Mediane nach der linken Körperhälfte abzuwandern, wurde bereits erwähnt; sie mündet dann links ventral bis links marginal, ja kann sogar über die Randlage auf die Dorsalseite heraufrücken[114]. Die folgende Liste führt die Familien mit links- oder vorwiegend linksständiger Geschlechtsöffnung auf***:

Digena: *Steringophoridae* (schwach li.), *Zoogonidae* (links), *Allocreadiidae* (schwach seitlich), *Opecoelidae* (schwach seitlich), *Lissorchidae* (links marginal), *Stictodoridae* (schwach links), *Prono-*

---

* Wo sich (selten) unpaare Hoden finden, stets durch Verschmelzung entstanden[114].

** d. h. beim einzelnen Tier der größere Teil der Hodenmasse.

*** Angaben in den Klammern nach FUHRMANN[114]; ob „lateral" immer mit „meistens links" gleichbedeutend ist, sei dahingestellt.

cephalidae (meist links), *Rhabdiopoeidae* (seitlich), *Aporocotylidae* (dorsal-lateral), *Spirorchidae* (lateral), *Schisostomidae* (mehr oder weniger links).

Liegt bei diesen Familien die Geschlechtsöffnung links bzw. nur bei inversem Situs rechts, so gibt es einige wenige Familien, wo die Rechtslage des Genitalporus die normale ist:

Stomylotrematidae (rechts).

Cephalogonimidae (über oder rechts neben dem Mundsaugnapf).

Diese Familien sind offenbar, da auch der übrige Genital-apparat nicht dagegen spricht, als inverse Familien, d. h. als Abkömmlinge inverser und diese Inversion vererbender Individuen anzusehen.

Die Dotterstöcke sind nur bei sehr vereinzelten Arten unpaar entwickelt, sie liegen dann meist median und stellen offenbar ein Verschmelzungsprodukt dar. Nur bei *Athesmia heterolecithodes* ist der eine, und zwar der auf der Ovarseite liegende, reduziert, also der rechtsgelegene bei Normal- und der links-gelegene bei inversen Tieren. — Der Laurersche Kanal mündet stets dorsal und bei der überwiegenden Mehrzahl der Arten in der Mediane nach außen. Doch wird für *Opisthotrema cochleare* Fischer, *Gastrodiscos polymastos* Leuck., *Phyllodistomum folium* (v. Olf.) und einigen anderen Arten Ausmündung links neben der Mediane angegeben[110], für *Paragonimus ringeri* (= *D. westermanni*) rechts[114] und für *Cyathocotyle* und *Psilostomum* links oder rechts[114]. Wenn bei anderen Arten der äußere Porus nicht genau in die Symmetrie-ebene fällt, sondern — innerhalb derselben Art — bald links, bald rechts von ihr liegt, wie es z. B. auch bei *Fasciola hepatica* der Fall sein soll, so ist dieses wohl als rein individuelle Variation zu werten.

Einer besonderen Würdigung bedürfen Lage und Mün-dungsverhältnisse der ausleitenden und verbindenden Kanäle bei den Monogena. Hier ist im Gegensatz zu den Digena bei einigen Familien (*Protogyrodactylidae*, U.-Ord. *Poly-opisthocotylinea*) ein Canalis genito-intestinalis vorhanden, d. h. ein Kanal, der zwischen Ovidukt und dem Darmast einer Seite verläuft und neuerdings[114] dem gleichnamigen Gebilde der Turbellarien als homolog erachtet wurde. Er mündet bei allen *Polyopisthocotylinea* mit Ausnahme der *Polystomiden* in den rech-ten, bei diesen (*Polystomum, Sphyranura*) indes in den linken

Darmast*. Individuelle Inversionen sind nicht bekannt, doch ist, da es ja inverse Gattungen gibt, ihre Existenz sehr wahrscheinlich.

Der innere Genitalapparat der Monogena steht durch zwei, seltener durch drei Öffnungen mit der Außenwelt in Verbindung: zur männlichen Geschlechts- und Uterusöffnung, die beide ursprünglich median ausmünden, tritt bei gewissen Monogena ein unpaarer, selten paariger Geschlechtsweg — als Vagina bezeichnet —, der den Digena vollkommen fehlt und der hier durch einen oder (infolge dichotomischer Gabelung im Endteil oder, wenn paarig entwickelt) durch 2 Poren nach außen mündet. Verschiebungen der männlichen und der Uterusöffnung nach links oder rechts sind relativ selten, die Vagina aber mündet bald ventral, bald dorsal, median oder lateral, oder rein marginal, jeweils links oder rechts nach außen. Folgende Kombinationen sind bereits beschrieben[115]:

1. a) Alle 3 Öffnungen links (ventrolat.): *Tristomum, Epibdella.*
   b) „ 3 „ rechts (marginal): *Acanthocotyle.*
   c) „ 3 „ median (ventral): *Microcotyle, Axine, Encotyllabe.*
2. a) Vagina rechts marginal (übrige median): *Tetrancistrum sp., Diplectanum.*
   b) „ „ „ dorsolat. (übrige median): *Dactylogyrus.*
   c) „ „ „ ventrolat. (übrige median): *Dactylocotyle.*
3. a) „ links marginal: vgl. 1a.
   b) „ „ dorsolat.: ?
   c) „ „ ventrolat.: *Monocotyle.*
4. a) „ median dorsal (übrige median): *Hexacotyle.*
   b) „ „ ventral (übrige median): = 1c.

Über inverse Lage der Mündungen bei einzelnen Individuen wie überhaupt über Amphitypie ist bei den Monogenen nichts bekannt. Es liegt dies aber vor allem daran, daß diese Gruppe bisher wesentlich mangelhafter erforscht ist als die Digena.

Für einen Entscheid der Frage, welchen Charakter man dem Situs inversus der Trematoden zuweisen soll, ist es wesentlich, zu erfahren, ob auch noch andere Organe Asymmetrien aufweisen. Abgesehen von einer von HECKERT[116] beschriebenen Asymmetrie des Nervensystems von *Urogonimus macrostomus* (wo der linke

---

* Bei den *Protogyrodactylidae* ist nach den Untersuchungen von T H. JOHNSTON u. O. W. TIEGS [Proc. Linnean Soc. N. S. Wales **47** (1922)] der Ductus genito-intestinalis beiderseits vorhanden.

Hauptnerv vorzugsweise den Bauchsaugnapf innerviert und daher
kürzer ist und einen anderen Verlauf nimmt als der rechte, der
zu den Genitalorganen zieht und die gesamte hintere Körperhälfte versorgt) ist es vor allem der Darm, der dadurch asymmetrisch werden kann, daß seine beiden Schenkel ungleiche Länge
aufweisen. Der geringste Grad solcher Ungleichmäßigkeit, den
man gelegentlich bei allen Trematoden sehen kann, findet sich
regelmäßig bei *Opisthioglyphe rastellus*[109]. *Opisthodiscus* hat
insofern asymmetrische Darmschenkel, als nur einer gestreckt,
der andere in Keimstockhöhe abgeknickt ist. Bei *Anisocoelium
capitellatum, A. phallax* und *Distomum cisticellus* MOL. ist konstant
der eine Schenkel um $^1/_4$ kürzer als der
andere[109, 114]; gewisse Formen zeigen noch
stärkere Rückbildung des einen Schenkels,
und schließlich gibt es Gattungen, bei denen
nur noch ein Darmast entwickelt ist (bei *Diplo-
zoon paradoxum*[109] der rechte, bei *Haplocladus*[114]
[Abb. 69] der linke, ferner *Tetraonchus monen-
teron*[109], *Unicaecum*[114]).

Es ist nun von großem Werte zu erfahren,
daß die Asymmetrie des Darmes mit der
des Geschlechtsapparates gekoppelt
ist: ist das Genitalsystem invers entwickelt, so

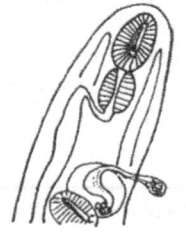

Abb. 69. Haplocladus
typicus Odhner. Lin-
ker Darmschenkel fehlt.
(Nach ODHNER.)

ist auch der inverse Darmschenkel der längere, und umgekehrt.
Offenbar ist also die gemeinsame Anlage des (endodermalen)
Darmes und des (mesodermalen) Geschlechtstraktes invertierbar,
und da fast alle übrigen Organe streng symmetrisch entwickelt
sind, besteht die Möglichkeit, daß das Tier in seiner Gesamtheit
invers, ähnlich wie die inversen Schnecken, aus einem „Ei" (bzw.
Keimballen) mit inversem Mosaik hervorgegangen ist, daß also
in den invertierten Exemplaren totale Corpora inversa vorliegen. Dem widerspricht nicht, daß neben solchen Totalinver-
sionen auch partielle vorkommen: BARKER z. B. berichtet, er
habe — wenn man den Genitaltrakt in 6 Teilbereiche zerlegt —
neben vollständiger Amphitypie auch „Inversionen" eines, zweier
usw. dieser Bereiche beobachtet. Mag es sich auch in einigen
dieser Fälle um bloße Verschiebungen, hervorgerufen durch die
hohe Plastizität des alle Organe umbettenden Parenchyms
handeln, so sind solche Teilinversionen durchaus möglich, sie

sind von anderen Tieren, z. B. auch vom Menschen her, bekannt, wo über Inversion aller inneren Organe, des Darmsystems allein, einzelner innerer Organe usw. Berichte vorliegen
(§ 41).

Es handelt sich demnach bei der Amphitypie der Trematoden
um einen „Situs inversus totalis", bei dem zunächst noch offenbleibt, ob nur die inneren Organe oder der ganze Körper invertiert ist. Die möglichen Ursachen dieser Amphitypie werden
zweckmäßig erst im allgemeinen Teil erörtert, wenn von anderen
Tiergruppen her Vergleichsmaterial beigezogen werden kann, und
nur der Vollständigkeit halber sei erwähnt, daß BARKER vermutet, R- und L-Tiere entstünden durch Zerfall der Keimballen
(innerhalb der Redien), wären also spiegelbildlich-symmetrischen
eineiigen Zwillingen gleichzusetzen (§ 46).

Vgl. die Zusammenfassung am Ende dieses Paragraphen.

Ferner: Schraubenbewegung der Larven.

Übersichtstabelle.

Digena: Geschlechtsöffnung bei vielen Familien links	Amphitypie beobachtet
Geschlechtsöffnung bei 2 Familien rechts	„ „
Dotterstöcke: einseitig reduziert bei *Athesmia*	„ „ *
LAURERscher Kanal bei einigen Arten links	
LAURERscher Kanal bei 1 Art rechts .	
„ „ „ 2 Arten links oder rechts	„ „
Monogena: Canalis genitointestinalis meiste Familien rechts	
Canalis genitointestinalis 1 Familie links	
Vagina links, übrige Öffnungen links oder median	
Vagina rechts, übrige Öffnungen rechts oder median	
Darmsystem der Trematoden:	
Arten mit kürzerem oder fehlendem linken Darmschenkel	„ „ *
Arten mit kürzerem oder fehlendem rechtem Darmschenkel	„ „ *

* Asymmetrie mit der des (übrigen) Genitalsystems gekoppelt.

c) Cestodes (Bandwürmer)[132, 133].

Die Trematoden (und offenbar auch schon die Turbellarien) zeigen einen hohen Grad von Labilität hinsichtlich der „RL-Orientierung" der inneren Organe (Darm- und Geschlechtssystem), die in der großen Häufigkeit totaler Inversionen dieses Organkomplexes zum Ausdruck kommt (Amphitypie). Gleichgültig ob die große Plastizität des Parenchyms, in das alle inneren Organe eingebettet sind, an der Häufigkeit dieser Inversionen mit Schuld trägt oder nicht, wird man schon wegen der nahen Verwandtschaft der Saug- zu den Bandwürmern auch bei diesen eine Amphitypie erwarten können.

So trifft man bei *Amphilina*, jenem primitiven Bandwurm mit nur in der Einzahl vorhandenem Geschlechtsapparat, Amphitypie, wobei Rechts- und Linkssitus, analog wie beim kleinen Leberegel, gleich häufig sind. Bei dieser Form ist die verschiedene Lage des Genitalkomplexes deshalb schon frühzeitig bekannt geworden, weil hier die weibliche Geschlechts- und die Uterusöffnung lateral liegt, weil Vagina und Vas deferens die eine, die Uterusschlingen die andere Körperhälfte einnehmen und weil hier außerdem Ventral- und Dorsalseite leicht zu unterscheiden sind*.

Bei den höheren Formen mit Strobilabildung ist zwar in der Literatur von Amphitypie nicht mehr die Rede, indes tritt sie hier als andere gleichwertige Erscheinung wieder auf: Der Geschlechtsapparat bildet in jeder Proglottide einen asymmetrischen Komplex, und die Asymmetrie dieses Komplexes ist nicht immer in allen Proglottiden desselben Wurmes die gleiche, vielmehr treten oft neben Proglottiden eines Typus solche auf, die zu diesen spiegelbildlich sind, was am auffälligsten dann erkennbar ist, wenn die Geschlechtsgänge lateral ausmünden. Beschränkt man sich zunächst auf solche Fälle, wo der Uterus keine Ausmündung besitzt, wo also in der Regel nur ein Geschlechtsporus existiert, in dem sich Vagina und Vas deferens vereinigen, so sind nach der Lage dieser Öffnung folgende Typen möglich:

Geschlechtsporus flächenständig median;

Geschlechtsporus flächenständig neben der Mediane (z. B. *Trichocephaloides*);

---

* Bei den höheren Formen ist dies im allgemeinen schwierig; ältere Bezeichnungen über ventral, dorsal, rechts und links sind zum Teil mit Vorsicht aufzunehmen.

94 Vermes Platyhelminthes (Plattwürmer).

Geschlechtsporus submarginal (die Verlagerung vom Rande weg i t sekundär);

Geschlechtsporus marginal;

und bei dem letzten Typus (marginal) können nun, wenn man d e ganze Strobila auf einmal betrachtet, die folgenden Möglic‑ keiten unterschieden werden:

1. Unimarginal, d. h. die G.-Ö.* aller Proglottiden auf derselben Körperseite;

    a) nur links (z. B. *Taenia Dujardini, plicata*);
    b) nur rechts (z. B. *T. struthionis*).

2. Regelmäßig alternierend, d. h. G.-Ö. in einem Gliede links, im folgenden rechts usw. (z. B. *T. Studeri, depressa*).

3. Unregelmäßig alternierend:

    a) Entweder erweckt (bei Durchsicht der Strobila von hinten nach vorn) die Lagenfolge der G.-Ö.n den Eindruck rein zufälliger Verteilung, im Durchschnitt gleich oft rechts und links, analog wie bei einer Serie von Würfen einer Münze im Mittel gleich oft Bild und Adler fällt (z. B.: RLRRLRLLR...), oder

    b) es folgt auf eine kurze Serie R-Glieder eine solche von L-Gliedern usf. (z. B.: RRRRLLLLLLRR...).

4. Entweder:

    a) bei Typus 1 oder

    b) bei Typus 2 tritt gelegentlich die Besonderheit auf, daß die Gleichartigkeit (a) oder regelmäßige Alternation (b) durch ein inverses Glied gestört wird, z. B.: ...RRRRLRR... oder ...LRLRLRLR RLRLRLR...

Diese Typen, wie sie hier für den Fall der rein marginalen Ausmündung aufgeführt sind und die alle beobachtet wurden, dürften auch in den Fällen der submarginalen und flächenständig‑ nichtmedianen Ausmündung vorkommen (einige davon sind schon beschrieben), ebenso vielleicht im Falle der rein medianen Ausmündung, nur daß sich hier R- und L-Situs nur in der asym‑ metrischen Form des Geschlechtstraktes äußern würden, worauf allerdings anscheinend noch niemand geachtet hat.

Besitzt schließlich auch der Uterus eine eigene Mündung, so sind im Extrem 3 Öffnungen: c, v und u** zu unterscheiden. Bezüglich ihrer Lage an der Proglottide gibt es dann alle möglichen Typen, von denen nur einige angeführt sein mögen:

---

* G.-Ö. = Geschlechtsöffnung.
** c = männliche, v = weibliche G.-Ö., u = Uterusöffnung.

a) *Schistocephalus.*	b) *Cyathocephalus.*	c) Viele *Bothricocephalus* sp.
c v u	c	c v u flächenständig me-
c v u	v u flächenstän-	dian hintereinander
c v u	dig dorsal	Bei *Diplocotyle* gelegent-
u v c	(ventral)	lich unregelmäßiges Alter-
u v c	unregelmäßig al-	nieren zwischen Ventral-
u v c	ternierend mit	und Dorsalseite wie bei b.
= flächenständig,	c	
unreg. alternierend	u v flächenständig	
(Typ 3b).	ventral (dorsal).	

d) u ventral-flächenständig; c v submarginal.

e) u ventral-flächenständig; c v marginal, konstant li oder re oder regelmäßig oder unregelmäßig alternierend.

f) u ventral-flächenständig; c v dorsal flächenständig-nichtmedian.

Man erkennt in diesen herausgegriffenen Beispielen von Lagebeziehungen die obigen 4 Typen wieder, nur daß durch Hinzukommen der Uterus- oder infolge Aufspaltens der gemeinsamen Geschlechtsöffnung in eine männliche und eine weibliche weitere Komplikationen eingetreten sind. Ein neues Moment, von dem weiter unten noch die Rede sein wird, betrifft allein das merkwürdige Alternieren zwischen Ventral- und Dorsalseite bei *Cyathocephalus* und *Diplocotyle*.

Versucht man, alle die bisher genannten Typen auf die ursprüngliche Amphitypie der Trematoden zurückzuführen, so ergeben sich — bei Verwendung der rein symbolischen Ausdrücke R- und L-Struktur — die folgenden Aussagen:

Beim Typus 1 besitzt die Asymmetrie des Geschlechtskomplexes innerhalb der Strobila monostrophen Charakter. Tritt innerhalb der Strobila gelegentlich eine Inversion auf, d. h. gewinnt in einer Proglottide einmal ausnahmsweise statt der Rechtsdie normalerweise nur latent vorhandene Linksstruktur die Oberhand oder umgekehrt, so resultiert Typus 4a. Offenbar ist also 1 dem 4a zu subsumieren, mit der Voraussetzung, daß die Häufigkeit inverser Proglottiden bei den Strobilae verschiedener Spezies eine verschiedene, z. B. eine außerordentlich seltene ist.

Bei 3a scheint es so zu sein, daß innerhalb jeder Proglottide der Entscheid über Rechts und Links dem Zufall überlassen bleibt, daß also die gleichen Verhältnisse herrschen wie bei *Dicrocoelium lanceolatum* oder bei *Amphilina*, auf mehrgliedrige Bandwürmer übertragen.

Für 2 muß angenommen werden, daß die Rechtsstruktur
einer eben entstandenen Proglottide in der darauf entstehenden
die R-Struktur unterdrückt und der L-Struktur die Oberhand
gewinnen läßt, und umgekehrt. Hierzu gibt es gewisse Analogien
aus anderen Stämmen des Tierreichs, z. B. die Heterochelie der
Krebse oder die Ausbildung von Röhrendeckeln bei gewissen
sedentären Borstenwürmern. Hier ist die eine Schere größer
bzw. der eine Kiemenstrahl zu einem Deckel entwickelt (+-Struk-
tur), wodurch im Partner der anderen Seite die +-Struktur unterdrückt wird (kleinere Schere, rudimentärer Deckel). Schneidet
man den großen Deckel oder die große Schere weg, so wird sofort
im anderen Partner die +-Struktur manifest, der sich regene-
rierende ursprüngliche +-Partner ist unter Einfluß des anderen
fortan zur —-Struktur verurteilt, bis das Experiment wiederholt
wird usf. Und genau so, wie man bei diesen Tieren durch das
Experiment Formen mit 2 +-Deckeln erzeugen kann und in der
Natur auch gelegentlich solche finden wird, und wie es Arten
gibt, bei denen dieser Zustand der normale ist, so tritt auch bei
den Bandwürmern (in einigen Ordnungen nur bei einer oder
wenigen Gattungen, in anderen außerordentlich verbreitet) Verdoppelung des Geschlechtsapparates auf (total verdoppelt,
Uterus gemeinsam oder nur ausleitende Kanäle verdoppelt),
andererseits kommt dies gelegentlich, aber in der Regel viele
Glieder einer Strobila hindurch, als Abnormität auch bei
Formen mit einfachem Geschlechtsapparat vor, und auch das
Umgekehrte ist beobachtet, daß in den Gliedern eines Bereiches
einer normalerweise doppelporigen Strobila nur 1 Genitalapparat
entwickelt ist, wobei in diesem Ausnahmebereich R- und L-Mün-
dung unregelmäßig alternieren. — Wird beim Typus 2 in einer
Proglottide infolge äußerer Ursachen statt der obligaten R- die
L-Struktur manifest, oder umgekehrt, so hat man den Ausnahme-
typus 4b vor sich, der sich zu 2 so verhält wie 4a zu 1.

Typus 3b kann so lange nicht erörtert werden, solange nicht
speziell bei den hierhergehörigen Formen untersucht ist, ob nicht
hier vielleicht die Proglottiden in der Knospungszone des Halses
serienweise entstehen. Wäre dies der Fall, so könnte 3b leicht
auf 2 zurückgeführt werden.

Da es bei 1 (bzw. auch 4a) L- und R-Arten gibt, ist die Existenz
gelegentlicher inverser Strobilae einer Art sehr wahr-

scheinlich. Bekannt darüber ist nichts, weil bei den so schwer orientierbaren Bandwürmern solche inverse Exemplare völlig unauffällig sind und man sich erst der meist mühevollen Arbeit unterziehen müßte, bei einer hinreichenden Zahl von Tieren Ventral- und Dorsalseite exakt festzustellen, um solche gelegentliche Inversionen aufzufinden.

Was die alternierende Mündung der Geschlechtskanäle auf Ventral- und Dorsalseite aufeinanderfolgender Proglottiden anbetrifft, so braucht dieses Phänomen überhaupt nicht in das RL-Problem hereinzugehören. Denn es verhalten sich ja bei *Cyathocephalus* (s. o.) und *Diplocotyle* (s. o.) zwei aufeinanderfolgende Glieder nicht wie Bild und Spiegelbild, vielmehr können sie miteinander zur Deckung gebracht werden; der Bau der Proglottiden ist ein solcher, als ob der in beiden Fällen gleichsinnig asymmetrische Genitalapparat einmal mit der einen und einmal mit der anderen „Breitseite" nach unten ins Parenchym der Proglottide eingebettet worden wäre, wobei dann zugleich mit Links und Rechts auch Oben und Unten vertauscht ist. Man müßte sich dann also vorstellen, daß beim Entstehen einer Proglottide der stets gleichsinnig asymmetrische Anlagekomplex des Geschlechtsapparates sich endgültig relativ zum „Rahmen" des Gliedes so orientiert, daß — wie es der Zufall bestimmt — bald die eine, bald die andere Seite ventral zu liegen kommt. Indessen gibt es ein Moment, das für einen Zusammenhang auch dieser Alternation mit dem RL-Problem spricht. Wenn nämlich, z. B. bei *Cyathocephalus*, der Genitalapparat einer Proglottide mit rechts-dorsal gelegener Uterusmündung zu einer anderen mit u = links-ventral im Verhältnis regulär : invers stünde, dann müßte in dem Gliede mit u = rechts dorsal auch die inverse Möglichkeit latent vorhanden sein, dann allein ist die Möglichkeit gegeben, daß gelegentlich (oder bei einzelnen Arten als Regel) beide Strukturen zugleich manifest würden. In der Tat ist etwas diesem Entsprechendes bekannt: bei der doppelporigen Form *Moniezia* und ebenso bei *Paronia* DIAMARE findet sich die eigentümliche Disposition, daß die Vagina auf der einen Seite unter, auf der anderen über dem Cirrusbeutel liegt und entsprechend unten bzw. oben ins Atrium mündet. Man hat es also bei *Cyathocephalus* und *Diplocotyle* offenbar mit dem ursprünglichen Typus 3 b zu tun, der nur insofern modifiziert ist, als durch zusätzliche

Mutation noch Alternation zwischen ventral und dorsal der
Alternation links — rechts hinzugefügt wurde.

Die große Mannigfaltigkeit im Bau des Geschlechtsapparates
der Bandwürmer ist offenbar nicht das Endresultat sukzessiver
Anpassungen an spezielle Umgebungen (Wirte), sondern die Folge
von gewissen, von der Umgebung unabhängigen Mutationen,
die bei Arten der verschiedenen Systemzweige, unabhängig voneinander, wiederkehren und deren Vielfältigkeit vielleicht durch
die hohe Temperatur des Wirtes bedingt ist (O. FUHRMANN).
Denn eine Statistik zeigt, daß von allen aberranten Typen die
überwiegende Mehrzahl auf Parasiten von Warmblütlern entfällt,
nur ein verschwindender Rest (drei doppelporige Arten und eine
sonst aberrante Form) leben in Kaltblütlern, und es verdient
weiter hierzu angeführt zu werden, daß bei vielen anderen Formen
(Seeigellarven, Ascaris usw.) schädliche Einflüsse, insbesondere
warme (oder sehr kalte) Temperatur, die Zahl inverser Exemplare
stark erhöhen.

Alle abweichenden Organisationseigentümlichkeiten, die sich
bei Arten, Gattungen oder auch Familien als konstante Merkmale
finden, können hier und da auch ausnahmsweise in einem Teil-
bereich der Strobila solcher Formen auftreten, die diese Eigentümlichkeit sonst nicht besitzen. Als einziges Beispiel sei angeführt, daß SOUTHWELL[0133] ein zu den Cyclophyllidea gehöriges
Exemplar beschrieb, das im letzten Drittel der Kette einen vollständig verdoppelten Genitalapparat besaß, wie ihn die Gattung
Diplogynia besitzt, im mittleren Drittel waren nur mehr die Ge-
schlechtsausführgänge verdoppelt, der Apparat jedes Gliedes
hatte ein Aussehen, wie es von Diploposthe her bekannt ist; im
jüngsten Drittel schließlich besaßen die Proglottiden je einen
einzigen, unimarginal mündenden Geschlechtstrakt, sie glichen
hier denen der Art Drepanidotaenia lanceolata.

Die Frage, ob Paarigkeit oder Unpaarigkeit des Geschlechtsapparates in jeder Proglottide das Primäre
ist, soll hier nicht absolut entschieden werden. Zwar zeigt eine
vergleichende Übersicht über die RL-Merkmale im Tierreich, daß
beides möglich ist: anfängliche Einfachheit und sekundäre Ver-
dopplung, oder umgekehrt, doch wird man sich in Anbetracht der
Phylogenie (Turbellarien — Trematoden — primitive Cestoden)
hier zugunsten der ersten Möglichkeit (Geschlechtsapparat ur-

sprünglich in der Einzahl vorhanden) entscheiden müssen. Wichtig ist, daß, wie vergleichende Betrachtungen lehren (§ 46), auch in diesem Falle neben der dominanten (z. B. der Rechts-) Struktur die inverse stets latent vorhanden ist, daß sie gelegentlich statt oder neben jener manifest werden kann, was dann zu inversen oder doppelporigen Gliedern bzw. Formen führt, ebenso wie im Falle ursprünglicher Paarigkeit und sekundärer Reduktion des einen Teiles dessen Anlage latent vorhanden bleibt und gelegentlich in gleicher Weise wieder zum Vorschein kommen kann. Im ersten Falle wäre es weiter möglich, daß bei konstant doppelporig gewordenen Formen der Apparat der einen Seite tertiär wieder zurückgebildet wird; wir müssen solches bei den Bandwurmarten vermuten, die sich in der Verwandtschaft Doppelporiger befinden und bei denen der Genitaltrakt nur auf der einen Seite der Proglottide liegt*, während die andere nur Parenchym enthält.

Außer im Bereiche des Geschlechtstraktes finden sich gelegentlich noch im Exkretionssystem Asymmetrien. In der Regel gibt es jederseits zwei Längsgefäße, die meist gerade verlaufen, doch ist wiederholt auch ein schraubiger Verlauf beschrieben worden[133, 133a] (ob links spiegelbildlich zu rechts gewunden, ist weder angegeben, noch aus den Abbildungen zu ersehen), wobei die Enge der Umgänge wesentlich vom Kontraktionszustand des Tieres abhängen dürfte. Einige Cyclophylliden zeigen die Besonderheit, daß bei ihnen auf der einen Seite das „Ventralgefäß" statt ventral über dem dorsalen liegt, so daß das Verbindungsgefäß beider Ventralkanäle den Querschnitt der Proglottide diagonal durchkreuzt. Bei *Hymenolepis medici* STOSS. (Cyclophyllide) fehlt auf der antiporalen Seite das Ventralgefäß überhaupt. Auch kann die Zahl der Längsgefäße auf jeder Seite in verschiedenem Maße erhöht sein (z. B. *Fimbriaria faciolaris*).

Bei den Tetrarhynchiden sind die 4 Retraktoren des Rüssels im kontrahierten Zustand schraubig aufgewunden, im allgemeinen ist der Windungssinn dieser 4 Muskeln dann nicht der gleiche.

Ferner: Schraubenbewegung freischwimmender Larven.

d) Allgemeines über Plathelminthen.

Alle im vorhergehenden aufgeführten Plathelminthen, die Strudel-, Saug- und Bandwürmer, weisen eine hohe Labilität zwischen Rechts und Links auf, die vor allem in einem sehr häufigen Situs inversus des Genitalapparates zum Ausdruck kommt. Bei den ursprünglichen Strudelwürmern ist der Geschlechtstrakt

---

* Und nicht, wie gewöhnlich, die ganze Proglottide erfüllt.

noch streng symmetrisch gebaut und symmetrisch gelagert, bei
den meisten abgeleiteten Formen aber finden wir Reduktionen
auf einer Seite, rechts oder links, die meist monostrophen, selten
amphidromen Charakter besitzen. Entsprechendes gilt für den
männlichen Apparat, und auch der Fall, daß ab und zu das reduzierte Organ wieder auftaucht und der Genitalapparat wieder
paarig wird, ist beobachtet. Bei den Trematoden liegt ein
Geschlechtsapparat vor, der zwar in vielen Teilen noch paarig
entwickelt, in seiner Gesamtheit aber asymmetrisch gelagert ist
und der durch Verlegung der Geschlechtsöffnung aus der Mediane
heraus (nach links, seltener rechts) noch stärker von der ursprünglichen Symmetrie abweichen kann; häufig kommt noch ein nur
einseitig entwickelter Verbindungskanal zwischen Darm und
Geschlechtsapparat oder ein zusätzlicher, oft asymmetrisch
mündender ausleitender Geschlechtsweg (Vagina) oder beides
hinzu. Schon frühzeitig hat man beobachtet, daß bei zahlreichen
Arten der Geschlechtsapparat bald in der einen, bald in der dazu
spiegelbildlichen Form entwickelt sein kann, wobei die Symmetrieumkehr sich in der Regel auf die Gesamtheit aller symmetrischer
Organe erstreckt: also auch auf die Lage der Geschlechtsöffnung
falls diese abseits der Mediane ausmündet, auf die Lage des
Dotterstocks, wenn derjenige der einen Seite reduziert ist, oder
auf die ungleiche Länge der Darmschenkel (Canalis genito-intestinalis und Vagina daraufhin noch nicht untersucht). Es gibt
bezüglich dieser Amphitypie mit Sicherheit razemische Arten
daneben anscheinend alle Übergänge von razemisch über amphi
drom nach monostroph, und hiervon sind — nach der Lage der
Geschlechtsöffnung zu urteilen — neben der Majorität der Arten
mit Linksmündung auch einige mit Rechtsmündung bekannt
ähnlich gibt es inverse Arten bezüglich der Lage der Vagina oder
des Canalis genito-intestinalis.

   Man muß den Genitalapparat der Trematoden wohl auf der
der Strudelwürmer zurückführen und die Labilität in der Seitig
keit dieses Apparates in beiden Gruppen und auch bei den Band
würmern als einheitliche Erscheinung betrachten, auch wenn man
bedenkt, daß die Turbellarien sich ja direkt aus dem Ei, die
Trematoden infolge einer Art von Generationswechsel aus inneren
Keimballen ihrer Larven entwickeln. Denn diese Keimballen
bestehen ja aus generativen Zellen, d. h. aus Zellen, die in sich

die Fähigkeit besitzen, ganze Tiere, Organe oder Organteile aus sich hervorgehen zu lassen, und Befunde an anderen Tiergruppen zeigen, daß alle generativen Zellen, z. B. auch die Zellen eines regenerationsbefähigten Gewebes, wenn das aus ihnen hervorgehende Gebilde asymmetrisch ist, ebenso wie die befruchtete Eizelle selbst, in sich die Fähigkeit besitzen, je nach den äußeren oder inneren Bedingungen die Rechts- oder die Linksform zu entwickeln.

Bei den Bandwürmern schließlich treffen wir dieselben Inversionserscheinungen, die bei den Strudel- und Saugwürmern innerhalb der Individuen einer Art auftraten, innerhalb der Proglottiden einer Strobila wieder an: monostrophe oder razemische Verteilung zwischen Rechts und Links, wobei im letzteren Falle neben unregelmäßigem auch regelmäßiges Alternieren stattfinden kann, eine Erscheinung, die Analoga bei anderen Tiergruppen besitzt und der wesentlicher Tatsachenwert für das RL-Problem zukommt (vgl. § 46). Daneben ist bei den Bandwürmern noch das eigentümliche zusätzliche Alternieren zwischen Ventral- und Dorsalseite zu erwähnen.

Die Frage, ob das sehr plastische Parenchym der Plattwürmer, in das alle inneren Organe eingebettet sind, an der Häufigkeit dieser Inversionen mit Schuld trägt, muß negativ beantwortet werden. Zwar kann dieses weiche Gewebe Verlagerungen, Gegeneinanderverschiebungen zur Folge haben, eine völlige Symmetrieumkehr zwischen Rechts und Links, ohne daß gleichzeitig auch Oben und Unten oder Vorn und Hinten vertauscht wäre, ist eine grundsätzlich andere und viel tiefer begründete Erscheinung, die mit Verlagerung oder Falschlagerung nichts zu tun hat.

Die Plattwürmer könnten zur Frage, ob alle bei einer Tiergruppe auftretenden und ihrer Entstehung nach voneinander unabhängigen Asymmetrien so aneinander gekoppelt sind, daß bei Inversionen alle zugleich invertiert werden, oder ob Inversion eines einzelnen Merkmals möglich ist, viel Material liefern: so sind z. B. der Genitalapparat, der zusätzlich erworbene Ductus genito-intestinalis, die ebenfalls sekundär erworbene Vagina und die ungleichen Darmschenkel der Trematoden sowie die asymmetrischen Exkretionsgefäße einiger Cestoden in diesem Sinne genetisch unabhängig. Indessen ist nichts darüber bekannt, ob z. B. neben Formen mit Linksmündung der Geschlechtskanäle und linkem Darm-Geschlechtsweg auch solche existieren, wo

allein dieser Darm-Geschlechtsweg auf der rechten Seite liegt us⊏.,
nur über das Darmsystem weiß man, daß seine Asymmetr⊏e
mit der des Geschlechtsapparates gekoppelt ist.

§ 13. Vermes Annelides.

a) Polychaeta.

Wie alle Formen, die an der Wurzel eines großen Stammbaumastes stehen und diesen ursprünglichen Bauplan fast unverände⊏t

bis heute beibehalten haben, zeigen auch die freilebenden Polychäten eine schematisch einfache Organisation: homonome Segmentierung und stren⊏e
bilaterale Symmetrie. Wo diese letztere verlassen
wird, handelt es sich stets um kleine Umbildunge⊐,
Besonderheiten oder Anpassungen nebensächlichen
Charakters, oder um stark abgeleitete Formen
(sedentäre Polychäten). Zur ersten Art asymmetrischer Merkmale gehören z. B. die alternierer d
ineinandergreifenden Kiefer der *Nereiden*, die a⊓s
zwei langen, gekreuzten Chitinstücken bestehende
Stilettschere der *Ichthyotomiden*, oder die dac⊐-
ziegelartig-alternierenden Rückenschilder vcn
Aphrodite und verwandter Formen; die Dorsal-
borsten der sedentären *Euthalenessa* (*Sthenela⊠*)
dendrolepis sind durch eine rechtsschraubig sie un-
ziehende Kante ausgezeichnet (Abb. 70), und vcn
inneren Asymmetrien verdient der Darmkanal⊠2
von *Sternaspis* Erwähnung: hier beschreibt d⊐r

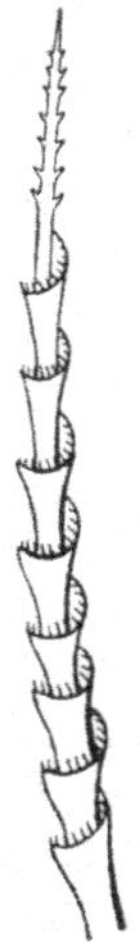

Abb. 70.   Borste
von Euthalenessa.
(Nach MALMGREN
und CLAPARÈDE.)

Ösophagus erst 2—3 Schraubenwindungen im einen, der a⊐-
schließende Magen die gleiche Tourenzahl im umgekehrten Sin⊐,
ein instruktives (und gelegentlich in der Tierreihe [Amphineur⊐]
wiederkehrendes) Beispiel dafür, daß jede schraubige Lagerung d⊐s
ursprünglich geradlinigen Darmrohres durch eine spätere od⊐r
gleichzeitige inverse Drehung ausgeglichen sein muß. Auch d⊏e
Larven zeigen gelegentlich, vielleicht unter Einfluß der schra⊐-
bigen Bewegung entstandene, kleine Asymmetrien; so ist z. ⊐.
das ursprünglich paarige Scheitelsinnesorgan der *Lopadorhynchus*-
Larve nur rechts entwickelt, links rudimentär[141].

Weitaus wesentlicher und für das allgemeine RL-Proble⊐
interessanter sind die Befunde an sedentären Annelide⊐,

insbesondere bei der Unterordnung der *Serpulimorpha*. Diese bewohnen lederartige oder kalkige Röhren, die entweder mehr oder weniger gerade oder unregelmäßig, zum Teil bereits unregelmäßig-schraubig gewunden sind, und nur bei der Gattung *Spirorbis* hat sich eine gesetzmäßig gewundene Schale herausgebildet, die bei den meisten Arten rein oder fast planspiral, bei *Sp. spirillum* (L.) schwach bis stark turbospiral gewunden ist, ja von dieser Art sind sogar Exemplare bekannt, die sich schraubig um Algen-

Abb. 71. Spirorbis. Links die Dexiospira, rechts die Laeospira-Form.

fäden herumschlingen. Die einzelnen Windungen können einander berühren oder ähnlich wie bei gewissen Schnecken durch Zwischenräume getrennt sein; gelegentlich finden sich auch Formen, die nach Art der Abb. 72 umeinander gewunden sind[140]. Da die Tiere im allgemeinen mit einer Breitseite auf der Unterlage festwachsen, lassen sich links- und rechtsgedrehte Formen unterscheiden. Man bezeichnet[134] als linksgedreht solche, bei denen das Wachstum im Sinne des Uhrzeigers, als rechtsgedreht, wenn es entgegen dem Uhrzeigersinne fortschreitet (Abb. 71), vorausgesetzt, daß der Beschauer die freie Seite des Tieres betrachtet.

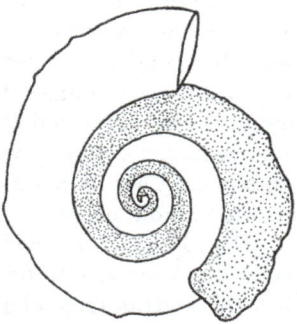

Abb. 72. Zwei miteinander verwachsene Spirorbisindividuen (das eine punktiert). (Nach ZUR LOYE.)

Diese willkürliche und offenbar rein zufällig so gewählte Benennungsweise scheint zwar der Definition des Windungssinns einer Planspirale zu widersprechen, ist aber als richtig beizubehalten; denn wenn ein solches linksgewundenes Gehäuse nicht rein plan gewunden ist, sondern sich zu wenn auch nur schwacher räumlicher Aufwindung erhebt, so ist stets das freie, die Öffnung tragende Ende der am weitesten von der Unterlage entfernte Punkt, und dann stellt jedes in herkömmlicher Weise als links- (bzw. rechts-) gewunden bezeichnete Gehäuse eine links- (bzw. rechts-) gewundene Turbospirale unserer Nomenklatur dar. Der Windungssinn der einzelnen Arten ist konstant (FAUVEL führt 6 R- und 10 L-Arten an), inverse Exemplare einer Art sind bis jetzt noch nicht beobachtet. CAULLERY u. MESNIL[134] haben

die Gattung *Spirorbis* nach folgendem Bestimmungsschlüssel in
4 Subgenera eingeteilt:

Rechts-	⎧	mit 3 borstentragenden Thorakalsegmenten	*Dexiospira*
gewunden	⎩	„ 4 „ „	*Paradexiospira*
Links-	⎰	„ 3 „ „	*Laeospira*
gewunden	⎱	„ 4 „ „	*Paralaeospira*

Dabei ist bemerkenswert, daß diejenigen Besonderheiten, die
die Unterscheidung in -*spira* und *Paraspira* bedingen, sich bei
den Linksern wie Rechtsern in genau gleicher Weise wieder-
finden, daß ferner einzelne Arten sich fast nur durch den Windungssinn unterscheiden, und es ist wohl wahrscheinlicher, daß
sich die *Para*form nicht unabhängig bei Rechtsern und Linksern
entwickelte, sondern daß sich aus den ursprünglich einsinnig
gewundenen Spirorben als Seitenzweig die *Para*formen entwickelten, und daß weiter aus gelegentlich unter den gewöhnlichen
wie *Para*arten aufgetretenen genotypisch inversen Individuen
die inversen -*spira* und *Paraspira*arten entstanden. In diesem Zusammenhang verdient weiter hervorgehoben zu werden, daß in
Südamerika wie im notialen Gebiet überhaupt nur linksgewundene
Arten vorkommen[136].

Die Orientierung von *Spirorbis* ist derartig, daß am Hinterende die Ventralseite dem Spiralenzentrum zu-, am freien Ende
jedoch der Unterlage abgekehrt ist, so daß einem Beobachter, der
in den Kiementrichter hineinsieht und sich das Hinterende festgelegt denkt, der Körper des Tieres um 90° um die Längsachse
tordiert erscheint, im Sinne des Uhrzeigers bei einer Links-, entgegen dem Uhrzeigersinn bei einer Rechtsart, eine Rotation,
deren physiologische Ursache LOYE zu erklären versucht hat.
Die spiralige Eindrehung und die gleichseitige Torsion um die
Körperlängsachse führt zur Asymmetrie fast aller inneren Organe;
dabei sind im allgemeinen, da beim Linkstier in der dem freien
Ende zugekehrten Körperhälfte die rechte, beim Rechtstier die
linke Körperseite konvex, die gegenüberliegende konkav ist,
von den ursprünglich paarig symmetrischen Organen die der
konvexen Seite angehörenden voluminöser entwickelt.

Ein anderes RL-Merkmal stellen die beiden seitlichen, ursprünglich halbkreisförmig eingekrümmten Blätter dar, die die
Mundöffnung der Arten der *Spirographis*-Gruppe umgeben und
die mit sekundären Filamenten besetzt sind. Bei *Sabella* sind

diese Blätter halbkreisförmig und einander gleich (Abb. 73a), bei *Bispira* KRÖYER (und *Protula* mehr oder weniger) (Abb. 73b) beiderseits spiral eingerollt (bistroph: re re — li li), bei *Spirographis* schließlich sind sie asymmetrisch entwickelt (Abb. 73c): bald ist der rechte klein und der linke (linksschraubig) eingerollt, bald ist es umgekehrt. Unter 159 Exemplaren von *Sp.*

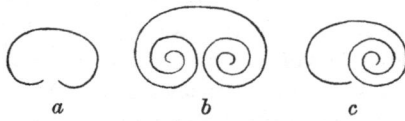

a   b   c

Abb. 73. Diagramme der Tentakelkronen. *a* Sabella. *b* Bispira. *c* Spirographis.

spallanzanii wurden 75 mit längerem rechtem, 84 mit längerem linkem Lappen gezählt, offenbar liegt also razemische Verteilung vor[143].

Ein letztes interessantes RL-Merkmal wird durch den bzw. die Deckel dargestellt, die sich bei verschiedenen Gattungen der Serpulimorphen aus dem ersten (nur bei *Spirorbis* aus dem zweiten)

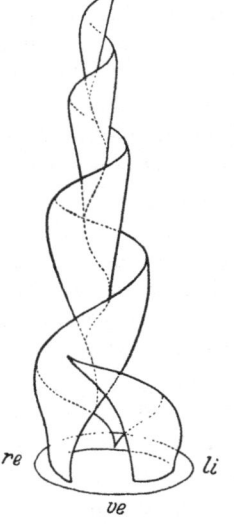

re   li

ve

Abb. 74. Spirographis spallanzanii Viv. Vorderende mit Tentakelkrone. (Aus Règne animal.)

Abb. 75. Die beiden Kiemenlappen von Spirographis, schematisch dargestellt.

Tentakel- (= Kiemenstrahl) Paar entwickelt haben und nach Einziehung der Kiemenkrone dem Verschluß der Wohnröhre dienen. Es gibt Formen, die noch keinen Deckel besitzen (z. B. *Protula*), bei *Filograna* sind 2 Deckel entwickelt, die einander nicht ganz gleich sind und die gemeinsam den Röhren-

eingang verschließen, bei den übrigen Formen (*Serpula, Hydroides,
Placostegus, Vermilia* u. a.) ist nur mehr der Tentakel der einen
Seite als Röhrendeckel entwickelt, der der anderen rudimentär
(z. B. *Hydroides*) oder vollkommen verschwunden (z. B. *Placostegus*). Entfernt man bei einer Form der ersten Art (*Hydroides*)
den Deckel, so entwickelt sich sein bisher rudimentäres Gegenstück zu einem neuen, schneidet man diesen weg, so bildet sich
aus dem Rest des ersten ein neuer Deckel, kurz, dieser alternierende Regenerationsvorgang läßt sich experimentell beliebig
oft auslösen. ZELENY[144], der diese Vorgänge genauer untersuchte, fand, daß wenn man das funktionierende Operculum ab-
schneidet, der Rest seines Stiels sich zunächst zurückbildet, und
daß dann an seinem basalen Stumpf eine neue „Knospe" in Form
eines rudimentären Deckels entsteht, während sein Partner sich
inzwischen zu einem funktionierenden Deckel entwickelt hat.
Schneidet man den rudimentären weg, so regeneriert er sich
wieder, ohne den funktionierenden zu stören. Entfernt man
gleichzeitig beide, so bildet sich in der Regel erst der etwa noch
vorhandene Stielrest des funktionierenden zurück, dann bilden
beide neue Knospen, und es hatte in ZELENYs Versuchen — leider
erstreckten sich seine Beobachtungen hier nur über 6 Tage —
durchaus den Anschein, als ob jetzt der ursprünglich rudimentäre
Deckel zu einem funktionierenden würde, und umgekehrt. Amputiert man schließlich das gesamte Vorderende des Tieres, so
entstehen meistens zwei neue gleiche Opercula von der Gestalt
des funktionierenden, also so, wie es bei *Filograna* normalerweise
der Fall ist. Offenbar besitzt also — ein Gegenstück zu den
Scheren vieler heterocheler Krebse — jeder der beiden Tentakel,
bildlich gesprochen, in sich die „+-" und „— -Struktur"; solange
der eine Strahl zum +-Deckel entwickelt ist, wird im anderen
die +-Struktur unterdrückt, es überwiegt in diesem die —-Struktur
und führt zur Ausbildung des gleichfalls gesetzmäßig gestalteten
Rudiments. Fällt der vom +-Deckel ausgehende hemmende
Einfluß plötzlich weg, so gewinnt im anderen Partner die +-Struk-
tur die Oberhand, und ihr gestaltender Einfluß tritt in Aktion. —
Da dieses Regenerationsvermögen offenbar einem natürlichen
Bedürfnisse dient, muß damit gerechnet werden, daß auch in
der Natur gelegentlich oder vielleicht gar nicht so selten der
Deckel verlorengeht. Angaben darüber, welcher Kiemenstrahl

[re oder li) bei einer bestimmten Art von vornherein als Deckel entwickelt ist, hätten also nur einen Sinn, wenn man sie auf unversehrte Exemplare beziehen könnte, und solche Angaben liegen noch nicht vor; indessen ist, im Einklang mit den Andeutungen verschiedener Autoren (ZELENY zählte bei *H. dianthus* 31 Tiere mit R- und 24 mit L-Deckel), eine razemische Verteilung zu vermuten, und nur für *Spirorbis* wird angegeben, daß bei Linksern stets der linke, bei Rechtsern der rechte Kiemenstrahl zum Deckel entwickelt sein soll, eine Konstanz, die offenbar hier in der konstanten Asymmetrie zwischen rechts und links in der vorderen Körperhälfte ihre Ursache hat. — Ob ein ähnliches alternierendes Regenerationsvermögen auch bei den beiden asymmetrischen Kiemenblättern von *Spirographis* statthat, ist nicht bekannt.

Ferner: Schraubenbewegung der Larven.

b) Oligochaeta.

Auch bei den Oligochäten hat sich der streng bilaterale Bauplan des Körpers erhalten, Asymmetrien sind selten und stets von geringfügigen Ausmaßen.

α) **Exkretionssystem**: Von den Nephridien, die bei allen übrigen Formen paarig angeordnet sind, kann bei gewissen Naiden nur eines pro Segment vorhanden sein. BENHAM[146] fand, daß in den meisten Segmenten von *Nais heterochaeta* das rechtsgelegene, in den übrigen das linksgelegene erhalten war, andere Autoren[147, 150] fanden sie bei anderen Arten gleichfalls unregelmäßig reduziert. Eine Grundlage für die Behauptung vieler zusammenfassender Darstellungen (BEDDARD[145], PERRIER[149]), bei einigen dieser Arten wären alle Nephridien einer Seite rückgebildet, konnte nicht gefunden werden. — Wo sich Protonephridien finden, sind diese entweder symmetrisch oder median unpaar (*Achaeta*) oder in großer Zahl in den beiden Hälften eines Segmentes vorhanden.

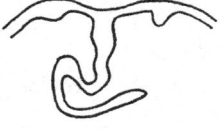

Abb. 76. Im Querschnitt S-förmige Typhlosolis von Andiodrilus biolleyi. (Nach KÜKENTHAL.)

β) **Genitalapparat**: Im Gegensatz zu den land- sind den meisten wasserbewohnenden Oligochäten unpaar-asymmetrische Samen- und Eiersäcke eigentümlich, die, wenn vielleicht auch nicht asymmetrisch angelegt, so doch so, und zwar, wie es scheint, vorzugsweise links gelagert sind. Einige *Rhynchelmis*-Arten besitzen ein im 9. Segment auf der linken Körperseite sich öffnendes rudimentäres Atrium[151] (z. B. *Rh. limosella, tetratheka, Komáreki*).

γ) **Sinnesorgane**: Der Gattung *Bothrioneurum* kommt eine unpaare, median oder einseitig am Kopflappen gelegene Flimmergrube zu[148].

δ) **Darm**: Der Darm zeigt Asymmetrien im Bereiche der Typhlosolis, die bei *Andiodrilus biolleyi* COGN. z. B. eine artkonstante einseitig S-förmige Krümmung besitzt (Abb. 76)[148].

ε) Andere und anormale Asymmetrien: In der Leibeshöhle frei endende Blutgefäße können asymmetrisch verteilt sein. — Asymmetrische Borsten. — Anormale asymmetrische oder „schraubige" Segmentierung. — Spiralfurchung.

c) Übrige Annelliden[166].

Von den übrigen Annelliden sind nur wenig Asymmetrien bekannt.

Echiuroidea. Der Darm von *Bonellia* weist in unregelmäßiger Folge rechts- und linksschraubige Windungen auf (Abb. 77),

deren Anzahlen einander gleich sind, so daß der Darm nicht in sich zurückgedreht zu sein braucht. In der Achse dieser Windungen liegt bei *Bonellia* das einzige Nephridium des ursprünglich (bei *Echiurus*) vorhandenen Paares. Der asymmetrischen Mündung nach zu schließen, ist bei *B. viridis* das linke, bei *B. minor* das rechte erhalten. Nur ein Nephridium besitzen auch die Gattungen *Saccosoma* (das linke, Genitalporus hier schwach links) und *Epithetosoma* (das rechte, Genitalporus schwach rechts).

Hirudinea. Beim medizinischen Blutegel (auch bei anderen?) zieht entweder der vom linken oder der vom rechten Ovar kommende Ovidukt unter dem Nervenstrang hindurch und ist daher länger als der der anderen Seite, eine Asymmetrie, die in der Ontogenese ihre Erklärung findet. Ob eine dieser Lagerungsmöglichkeiten häufiger als die andere ist, bleibt vorerst dahingestellt.

Abb. 77. Windungen des Darms bei Echiuriden (Schema). (Nach DELAGE und HÉROUARD.)

d) Zusammenfassung.

Polychaeta: Planspirale bis schneckenartige Gehäuse von *Spirorbis*; Gattung razemisch, Arten monostroph, inverse Exemplare noch unbekannt, Regionen mit nur Linksarten.

Ungleiche Kiemenlappen bei *Spirographis*, ungleiche Opercula bei anderen Serpulimorphen neben ursprünglichen Arten mit symmetrischen Kiemenlappen- bzw. Deckelpaaren. Verhältnis R : L wahrscheinlich razemisch, nur bei *Spirorbis* sekundär konstant (L-Arten mit L-Deckel und vice versa). Kompensatorisch-alternierendes Regulationsvermögen bei den Formen mit ungleichen Deckeln. Außerdem kleinere andere Asymmetrien, meist alternierenden Charakters.

Oligochaeta: Sporadisch Reduktionen von Organen einer Seite, im Genitalsystem vereinzelt Verlagerungen zugunsten von links.

Übrige Anneliden: Asymmetrien selten. Reduktion des linken oder rechten Nephridiums bei einigen *Echiuriden*.

§ 14. Vermes Nematodes.

Der Bauplan des Nematodenkörpers weist in mehr als einer Hinsicht Eigentümlichkeiten auf. Einmal findet sich an ihm ein merkwürdiges Gemisch bilateraler, radiärer und doppelter (Di-) Symmetrie, was zu der gelegentlich in der Literatur vertretenen Hypothese geführt hat, die Nematoden seien von halbsessilen, mit dem Schwanzende festhaftenden Formen abzuleiten, andererseits ging der starken Spezialisation der Nematoden eine Tendenz zur Zellkonstanz parallel, und diese führte neben der Ausbildung von Riesenzellen (als Folge des mangelnden Bestrebens zu zelliger Gliederung) zu einer bis ins Minuziöse konstanten Feinarchitektur des Körpers. So kommt es, daß bei einem grundsätzlich symmetrischen, im feineren Bau aber asymmetrischen Organsystem diese kleinen Abweichungen von der Symmetrie streng festgelegt sind und sich mit Konstanz bei allen Angehörigen der Art wiederholen, während sie bei anderen Tierstämmen infolge individueller Variationen am Individuum meist überdeckt und unerkennbar sein würden. Vom Standpunkte des allgemeinen RL-Problems kommt den Befunden an Nematoden insofern eine große Bedeutung zu, als durch die Untersuchungen zur Strassens und seines Schülers Dunschen an *Ascaris* die Entwicklungsgeschichte und -mechanik gewisser Inversionen weitgehend klargestellt worden ist.

a) Asymmetrien im Körperbau der Nematoden[163].

Vorausgeschickt zu werden verdient der Hinweis, daß zu allen Asymmetrien, die einer bestimmten Nematodengruppe zukommen, die Existenz von Inversionen entweder festgestellt oder zumindest sehr wahrscheinlich ist, und zwar in allen Fällen nicht allein die Existenz einzelner inverser Individuen, sondern auch das Vorkommen inverser Arten oder Gattungen. Anderer-

seits werden — vielleicht als Folge der nicht leichten Orientier-
barkeit des Nematodenkörpers — in vielen Mitteilungen die beschriebenen asymmetrischen Bildungen als „einseitig lateral",
„nur links oder nur rechts" vorkommend bezeichnet, ohne daß
die bevorzugte Körperseite namentlich erwähnt würde. Gerade
bei der Vielzahl der bei Nematoden auftretenden Asymmetrien
wären, insbesondere in Hinblick auf die Frage der gegenseitigen
Unabhängigkeit der einzelnen Merkmale, genauere dahinzielende
Untersuchungen wünschenswert.

Kutikuladifferenzierungen: Asymmetrische „Halskrausen"
(= rinnenartige, der Kutikula eingelagerte Bildungen) bei *Acuaria uncinata*
(RUD.).

Hypodermis und Hautdrüsen: Bei Arten, deren Hypodermis kein
Zellsynzytium darstellt, sind die einzelnen, meist in sehr geringer Anzahl
vorhandenen Zellen, zumindest im Vorderkörper, gesetzmäßig asymmetrisch gelagert. Die 3 bei vielen Formen am Hinterende auftretenden und
ursprünglich symmetrisch gelegenen Schwanzdrüsenzellen[164] liegen oft
auf derselben Seite (z. B. bei *Phanoderma tuberculatum* EBERTH alle 3 links)
vom Darmrohr, oder 2 links und 1 rechts (*Oncholaimus*), 2 rechts und 1
links usf.; auch dort, wo sich ihre Zahl auf 4 oder mehr vergrößert hat,
können Unterschiede in Lage oder Größe zwischen beiden Seiten bestehen.
— Unter den parasitischen Nematoden besitzen die *Trichuroidea* eigentümliche kutikulare Stäbchenfelder, wahrscheinlich die distalen Teile
darunterliegender Gruppen drüsiger Hypodermiszellen, die bei der Gattung
Trichuris (*Trichocephalus*) nur einseitig entwickelt sind. RAUTHER[162], der
1918 diese Formengruppe endgültig orientierte, fand, daß sich das Stäbchen-
feld bei derselben Art rechts oder links befinden kann, so hatten es 6 Individuen von *Tr. crenatus* rechts, 6 links, 2 von *Tr. affinis* rechts, 2 links —
und da hierbei gleichzeitig die gesamten Lagebeziehungen des das Stäbchen-
feld enthaltenden Körperabschnittes spiegelbildliche sind und weiter sich
die stets neben dem Bauchnerven gelegene Vulva in den einen Fällen rechts,
in den anderen links neben ihm befindet, erscheint es nicht unwahrscheinlich, daß es sich hierbei um normale und total inverse Tiere handelt, deren
Existenz für *Ascaris* (s. w. u.) ja endgültig bewiesen wurde.

Nervensystem: Verlauf und Struktur des Nervensystems ist — abgesehen von den kleinen Formen *Mermis* und *Anthraconema* — nur bei
Ascaris, hier allerdings durch die grundlegenden Untersuchungen GOLD-
SCHMIDTS[157] bis in kleinste Einzelheiten bekannt. Die grundsätzliche
bilaterale bzw. Di-Symmetrie des Nervensystems ist hier von einer großen
Anzahl kleiner artlich streng konstanter Asymmetrien überlagert (Abb. 78
u. 79). So teilt sich der Ventralnerv, der stärkste der 8 Längsnerven, vor
dem medianen Exkretionsporus in 2 sehr ungleiche, nach ihm wieder ver-
schmelzende Äste und zieht weiter an der Vagina ungeteilt rechts vorbei.
Die Kommissuren zwischen Ventral- und Dorsalstrang sind nicht paarig,
sondern links und rechts asymmetrisch verteilt, derart, daß von der Gesamt-

kommissurenzahl die Majorität auf der rechten Körperseite liegt (beim ♂ L : R = ca. 17 : 32, beim ♀ ca. 12 : 30); die erste (rechts) befindet sich bereits vor dem Schlundnervenring, die zweite (links) erst hinter ihm;

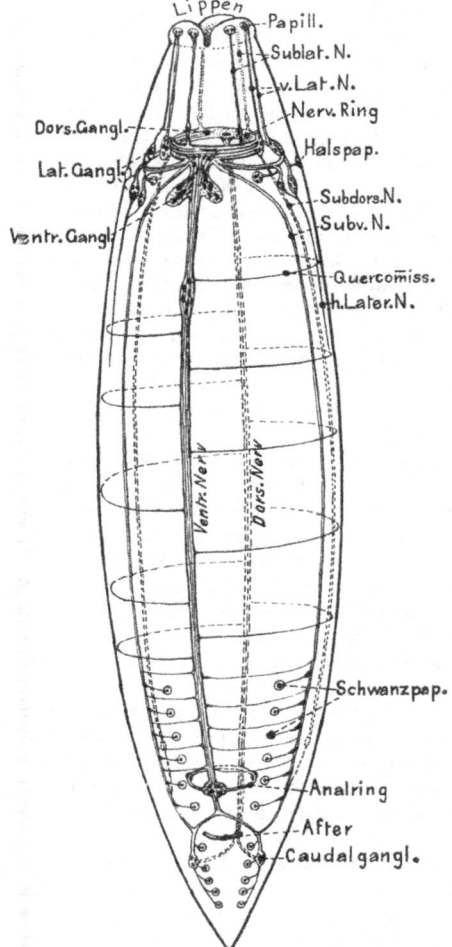

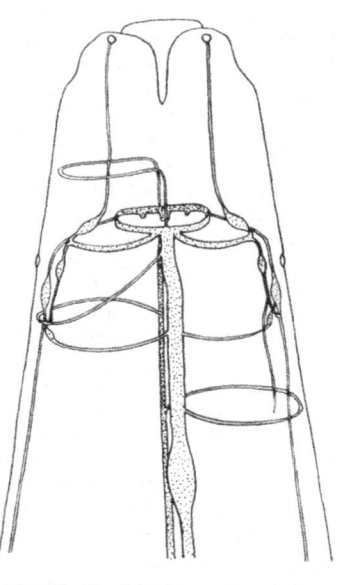

Abb. 79. Vorderende von Ascaris, von der Ventralseite gesehen. Die Abbildung gibt die asymmetrischen Teile des Nervensystems wieder, während die paarig-symmetrisch entwickelten, vom Schlundring ausgehenden Nervenstränge fortgelassen sind. (Verändert nach GOLDSCHMIDT.)

Abb. 78. Schema des Nervensystems von Ascaris ♂, gesehen von der Ventralseite. (Aus HANSTRÖM.)

von den 162 Zellen des Schlundringes enthält die rechte Seite 2 mehr als die linke usf. Das Nervensystem anderer Formen (s. o.) zeigt Asymmetrien ganz ähnlicher Art, und auch die Muskulatur ist nicht streng symmetrisch angeordnet.

Exkretionssystem: Die Seitengefäße besitzen ursprünglich H-förmige Gestalt, indem jederseits ein von vorn und hinten kommender Kanal sich zu einem kurzen Quergang vereinigt und diese beiden Quergänge gemeinsam durch einen medianen Porus nach außen münden. Nur bei einigen *Physo-cephalus*- (*Spiroptera*-) Arten[155] liegt der Porus lateral auf der mittleren der drei (jederseits vorhandenen) flügelförmigen Leisten einer Seite, doch liegen Angaben, ob rechts oder links sowie Angaben über den genauen Verlauf des Exkretionssystems selbst nicht vor, und ebenso lateral bei den gänzlich asymmetrischen *Bunonema*-Arten (s. u.). In den meisten Fällen fehlen die beiden von vorn kommenden Kanäle, wie z. B. bei *Ascaris megalocephala*, und von den beiden hinteren übertrifft sehr oft der eine — und zwar meist der linke — den anderen (rechten) an Länge und Weite, so bei *Ascaris equorum* GOEZE, *A. rotundata* RUDOLPHI u. v. a., bei anderen Ascaridiformes (*Contracaecum*, *Anisakis*, *Porrocaecum*, *Goezia*) ist überhaupt nur der eine (linke) Kanal erhalten, ebenso haben *Tylenchus*, *Heterodera* und *Hydromermis* nur ein Seitengefäß. Nach STEINER ist die „Ventraldrüse", die sich bei Formen mit vollständig fehlendem Exkretionssystem findet und aus einer großen, mit langem Ausführgang versehenen Zelle, seltener aus mehreren Zellen besteht, dem Seitengefäßsystem homolog, und bemerkenswert ist, daß sie bei sehr vielen Formen auf die linke Körperseite verschoben ist, also samt Ausführgang trotz der medianen Ausmündung links vom Darme liegt. — Der Plasmakörper der Seitengefäße entspricht allzumeist nur einer einzigen Zelle, deren Kern asymmetrisch, und zwar meist auf der linken Seite liegt, und diese Tatsache steht offenbar in direktem Zusammenhang bzw. stellt die Ursache dar, warum bei Reduktionen sich fast immer das linke Gefäß allein erhält. — Bei *Ascariden*, die noch paarige Seitengefäße besitzen, liegen diesen im Vorderkörper 4 große „büschelförmige Zellen" an[158, 161], jederseits 2, aber in unregelmäßiger und variierender Verteilung, bei *A. megalocephala* meist alternierend hintereinander; Ascariden mit nur einem Seitengefäß besitzen an diesem zwei solcher Zellen, und auch bei einer Reihe anderer Nematoden sind Zellen ähnlicher Art bekannt. Im Gegensatz zu anderen Asymmetrien ist die Lage der büschelförmigen Organe stark durch individuelle Variation beeinflußt und ein sicherer Entscheid zwischen einer normalen und einer inversen Lagerung nur selten möglich.

Dem Darm kommen nur insofern Asymmetrien zu, als er durch andere Organe, vornehmlich den Geschlechtstrakt, aus seiner medianen Lage verdrängt wird. Ein Darmblindsack (nach links) ist von *Thelastoma appendiculatum* LEIDY bekannt. Bei *Ichthyonema* finden sich als Folge einseitiger Reduktion eines ursprünglich radiärsymmetrischen Komplexes einseitige Schlunddrüsen.

Asymmetrisch ist in den meisten Fällen auch das Genitalsystem[164]. Der weibliche Geschlechtstrakt, dessen unpaarer Endabschnitt sich bei der Mehrzahl der Formen nach innen zu in zwei Genitalröhren teilt, ist zwar scheinbar ein paariges Organ, doch liegt die äußere Mündung nie genau median, sondern rechts oder links (dies öfter) vom Bauchnerven, und mit Wahrscheinlichkeit ist anzunehmen, daß es sich hier sowohl wie bei der meist in der Einzahl vorhandenen Geschlechtsröhre des ♂ um den linken oder (seltener) rechten Teil eines ursprünglich doppelt entwickelten, paarig symmetrischen Organs handelt, dessen eine Hälfte rückgebildet wurde, während die andere zweigeteilte Hälfte beim ♀ einen sekundär bilaterasymmetrischen Habitus angenommen hat, wie ganz Ähnliches in noch ausgeprägterem Maße beim Geschlechtsausführgang der Lungenschnecken eingetreten ist. — Außer diesen prinzipiellen Asymmetrien ist auch die Lagerung der vorhandenen Geschlechtsorgane in vielen Fällen eine konstant asymmetrische: So können, wo beim ♀ von der in der Körpermitte gelegenen Vulva nach vorn und hinten je ein Gonadenast ausgeht, diese beiden Äste auf derselben Seite des Darmes (*Dorylaimus, Plectus*) oder der vordere links, der hintere rechts vom Darmrohr bzw. umgekehrt (*Rhabditis*-Arten) liegen. Bei vorn gelegener Vulva können beide Gonadenäste auf derselben Seite des Darmes liegen oder symmetrisch, aber größenmäßig ungleich entwickelt, oder schließlich der eine völlig reduziert sein, und ähnliche Möglichkeiten sind für den männlichen Apparat bekannt. Außerdem sind im männlichen Geschlecht die beiden Spicula bei vielen Formengruppen (fast alle *Spiruri*- und *Filariiformes* und mehrere *Atractidae*) ungleich entwickelt: Die Größendifferenz kann gering sein, sie kann so weit gehen, daß das eine (linke) fast $^2/_3$ des Körpers durchsetzt, während das andere (rechte) ein kurzes Stäbchen bleibt, es kann das eine vollständig verschwinden und das andere an der ihm entsprechenden Seite verbleiben oder schließlich nur ein einziges, anscheinend medianes Spiculum vorhanden sein, das nur in den seltensten Fällen den verschmolzenen Partnern beider Seiten, meistens vielmehr dem Spiculum einer Seite entspricht. In der weitaus überwiegenden Mehrzahl der Arten ist das linke Spiculum erhalten und das rechte reduziert, doch gibt es auch inverse Arten, und — wenn auch keine dahin gehenden Angaben gefunden werden konnten — so ist doch die Existenz einzelner inverser Individuen normaler Arten sehr wahrscheinlich. Bei einer Form sind zopfartig einander umwindende Spicula beschrieben. — Auch asymmetrische Verlagerung der Bursa des ♂ (*Gongylonema, Haemonchus*), der Genitalpapillen (bei *Oxyspirura cephaloptera* links mehr als rechts, bei anderen Arten fluktuierend asymmetrisch) kommt vor[164], bei gewissen *Eunonema*-Arten schließlich mit ihrer einseitig „rechts" ausgebildeten Warzenreihe ist der ganze Körper (einschließlich Vulva, Exkretporus und After) asymmetrisch, doch ist bei diesen sehr abgeleiteten Formen die Richtigkeit der bisherigen Orientierung bis heute noch zweifelhaft (MICO-LETZKY[159]). — Die ungleiche Ausbildung der Spicula, die Verlagerung der männlichen Geschlechtsöffnung und einige andere gelegentliche Asymmetrien der Genitalregion sind wohl als Folgen einer konstant-asymmetrischen Paarungsstellung aufzufassen (§ 39).

Abb. 80. Sabatiera tenuicaudata. Kopf eines ♀ mit spiraligem Seitenorgan von der Seite. (Nach DE MAN.)

Als Merkwürdigkeit verdient noch angemerkt zu werden, daß einige Familien, so die wasserlebenden *Mermithiden*, am Vorderende jederseits ein „Seitenorgan" (eine nach außen sich öffnende Hauteinsenkung) besitzen, das bei vielen Formen nach Art einer strengen Archimedischen Spirale von oft vielen Windungen (7 und mehr) verläuft (Abb. 80).

b) Die Ontogenese regulärer und inverser Individuen
von *Ascaris megalocephala*.

Durch die eingehenden Untersuchungen BOVERIS[153, 4], zur
STRASSENS[165] und dessen Schülers DUNSCHEN[156] ist die Ontogenese von *Ascaris megalocephala* genau bekannt. Diese Autoren
fanden, daß bereits vom 6-Zellen-Stadium ab die Gestalt des
Keimes eine gesetzmäßig asymmetrische wird, und ZUR STRASSEN
stellte als erster fest, daß von den zwei spiegelbildlichen Furchungs-
möglichkeiten auch normalerweise (d. h. ohne Hinzuziehung
künstlicher Einflüsse) beide auftreten, die eine in etwa 40 mal
größerer Häufigkeit als die andere. Da zwei sich invers zueinander
furchende Keime bis herauf zu den spätesten Entwicklungsstadien exakt spiegelbildlich symmetrisch bleiben, ist der Schluß
gerechtfertigt, daß sich auch fertige Tiere bezüglich ihrer gesamten Organisation wie Bild und Spiegelbild verhalten, und als
hinreichend beweisendes Indizium für diese Annahme wurde
bereits von ZUR STRASSEN angeführt, daß unter 125 untersuchten
Tieren 4 den normalerweise links liegenden Kern des Seiten-
gefäßsystems auf der rechten Körperseite trugen. Die stets in
der Mehrzahl vorhandene Sorte von Tieren und den zugehörigen
Furchungsmodus bezeichnet man als regulär, die spiegelbildliche Tiersorte bzw. Furchungsart als invers, und diese Bezeichnungen sind insbesondere auch deshalb berechtigt, weil bei
einigen anderen entwicklungsgeschichtlich untersuchten Nematoden die ersten Stadien der Furchung nach dem für *Ascaris*
als regulär bezeichneten Modus verlaufen.

Für das RL-Problem besitzen die Befunde über die Entwicklung
von *Ascaris* deshalb große Bedeutung, weil die exakte Verfolgung
der Ontogenese es gestattet, über die Herkunft, d. h. die Entstehungsursache, inverser Embryonen Aussagen zu machen.

Aus der befruchteten Eizelle entstehen durch die erste Teilung
(Abb. 81a) 2 Zellen, von denen die als I bezeichnete etwas größer
als II ist. Hierauf teilen sich I und II längs zweier aufeinander
senkrechter Ebenen, so daß ein T-förmiges 4-Zellen-Stadium
entsteht (Abb. 81b), das sich zusammensetzt aus $I' + I''$ und
$II' (= EMST) + II'' (= P_2)$. Nun macht der Stiel des T eine
Schwenkung, nach der einen oder anderen Seite (Pfeile), so daß
P_2 mit einer der beiden ununterscheidbaren Zellen I' oder I'' in
Berührung kommt und ein rhombisches Gebilde, aus 4 in

einer Ebene liegenden Zellen bestehend, hervorgeht (Abb 81c). Derjenigen der beiden Zellen I' und I'', mit der P_2 Kontakt erhält, gibt man die Bezeichnung B, der anderen die Bezeichnung A. Die Ebene dieses Rhombus entspricht der Medianebene des fertigen Tieres, A und B liegen dorsal, $EMST$ und P_2 ventral, P_2 gibt das hintere und A das vordere Ende an.

Beobachtet man die Schwenkung des T-Stieles, so verläuft sie in 50% der Fälle in der einen und in 50% in der anderen Richtung[165], und sogleich

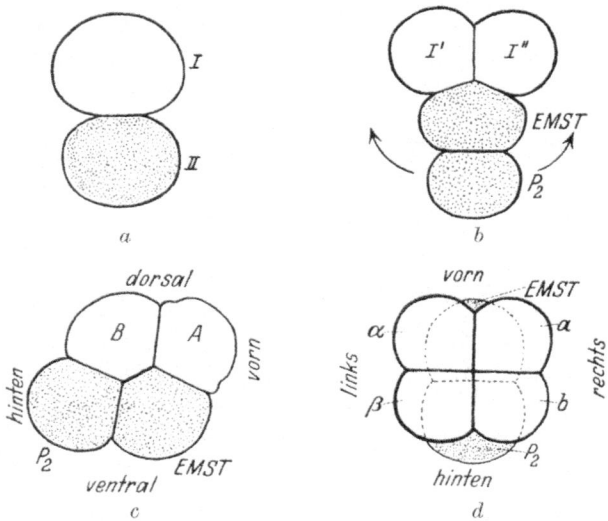

Abb. 81a—d. Entwicklung von Ascaris. (Nach Boveri.)

taucht die durch Beobachtung des normalen Furchungsvorganges allein nicht entscheidbare Frage auf: Sind von vornherein die beiden (ektoderm-liefernden) Zellen I' und I'', wiewohl äußerlich ununterscheidbar, ungleich-wertig, enthält die eine (A) bloß vorderes, die andere (B) bloß hinteres Ektoderm und erfolgt die Schwenkung des T-Stieles aus im Keim fest-liegenden Gründen stets zur Zelle B hin, oder sind die beiden Zellen ur-sprünglich gleichwertig und erst diejenige Zelle, nach der rein zufallsmäßig der T-Stiel sich wendet und mit der P_2 in Berührung kommt, wird hier-durch zur hinteren, die andere zur vorderen Ektodermzelle bestimmt? Im ersten Falle (zur Strassen, Dunschen) wäre die Entwicklung von *Ascaris* — da über den Mosaikcharakter der weiteren Furchung kein Zweifel be-steht — eine reine Mosaikentwicklung (Selbstdifferenzierung), im zweiten Falle (Boveri, Bonfig) würde vorn und hinten epigenetisch bestimmt. In dieser für die Beurteilung der Frage nach dem Charakter der Asymmetrie

8*

zwar nicht ausschlaggebenden, jedoch prinzipiell wichtigen Alternative, auf die in diesem Abschnitt nochmals zurückgekommen wird, erscheint die Ansicht DUNSCHENS, dessen Untersuchungen die neuesten und speziell auf die Einwände BONFIGS gerichtet sind und die die erste Möglichkeit — reine Mosaikentwicklung — bejaht, insofern berechtigter, als sie allen Tatsachen — wenn auch vermittels nicht einfacher Annahmen — Rechnung trägt und zugleich nach Ansicht des Verf. die nach Vergleich mit den Befunden in

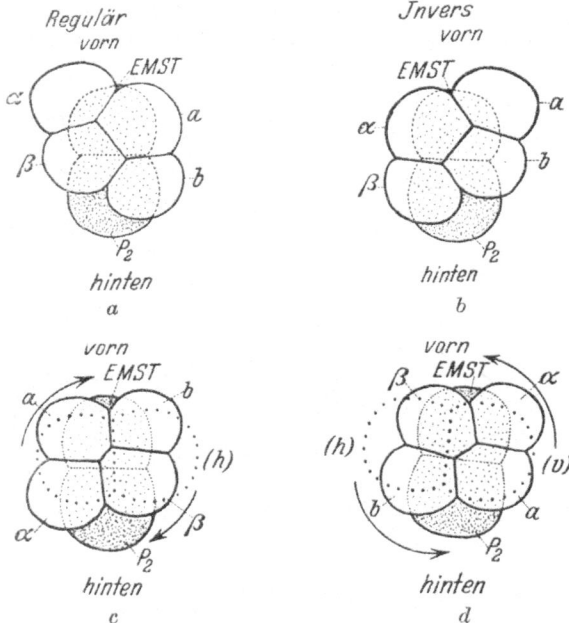

Abb. 82. *a* Regulärer. *b* Inverser 6-Zellner von Ascaris. *c, d* Entstehung phänotypisch inverser 6-Zellner. (Modif. n. DUNSCHEN.)

anderen Tiergruppen plausiblere ist; andererseits kommt die unschwer auf alle Tatsachen ausbaubare Hypothese BONFIGS leichter zum Ziel, wobei ihre Erklärungsweise allerdings eine weniger tiefschürfende ist.

Der nächste Teilungsschritt zerlegt *A* und *B* je in eine linke und rechte Zelle (Abb. 81d: *a, α, b, β*), und hierauf verschiebt sich bei der normalen Entwicklung der rechte Zellbalken *a b* etwas nach hinten (zugleich *a* etwas median-dorsal, *b* etwas abwärts), der linke (*α β*) nach vorn (zugleich *α* etwas ab- und *β* etwas dorsalwärts), und so entsteht das erste deutlich asymmetrische Stadium der Abb. 82a. Bei der inversen Entwicklung tritt das hierzu genau spiegelbildliche Stadium (Abb. 82 b) auf, und diese spiegelbildliche Symmetrie bleibt bei allen späteren Stadien erhalten (Abb. 83 c, d). Die Herkunft dieser inversen 6-Zellner (Abb. 82 b) kann eine zweifache sein:

I. Möglichkeit: Der Furchungsverlauf ist von vornherein genau spiegelbildlich zum normalen, d. h. es entsteht zunächst, vom normalen ununterscheidbar, ein bilateralsymmetrischer 6-Zellner (Abb. 81 d), die anschließende Verschiebung der Zell-

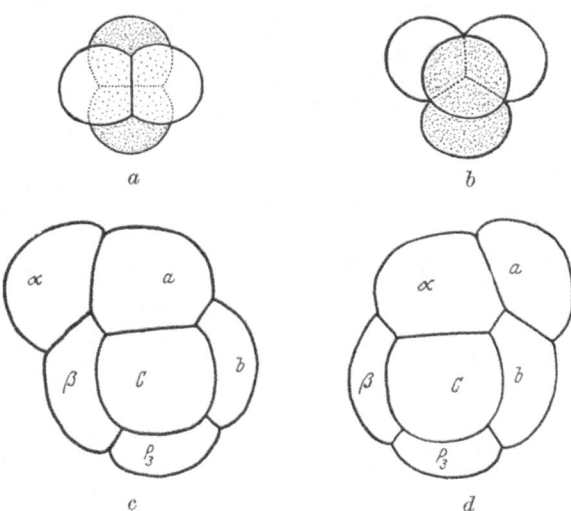

Abb. 83. *a*, *b* „Tetrader" von Ascaris. *c*, *d* Reguläres und inverses vielzelliges Stadium. (Nach DUNSCHEN.)

balken aber ist ins Gegenteil verkehrt, der linke verschiebt sich nach hinten und der rechte nach vorn, und so geht der inverse asymmetrische 6-Zellner hervor.

II. Möglichkeit: Bei unbeeinflußten Eiern sehr selten, häufig bei solchen, die schädigenden Einflüssen (Hitze, Kälte, O_2-Entzug, UV-Strahlen) ausgesetzt waren, verläuft die Furchung atypisch: aus dem 4zelligen T-Stadium entsteht kein Rhombus, sondern infolge modifizierter Wanderung der beiden Zellen des T-Stiels gewinnt P_2 gleichzeitig an A und B Anschluß, und so kommen 4zellige Aggregate der in Abb. 83a und b dargestellten Form zustande, die als „Tetraeder" bezeichnet werden. Das

Entwicklungsstadium	Gesamtzahl N der untersuchten Stadien	Darunter inverse	Reg. : Inv.	Die N Stadien entstammen wieviel Tieren?	Verhältnisse R : J innerhalb der einzelnen Nachkommen der einzelnen Tiere**	Schwankung
1 Fertige Tiere	748	17	43 : 1	—	—	—
2 ,, *	125	4	—	—	—	—
3 Material 1 + 2	873	21	40,5 : 1	—	—	—
4 Ältere Embryonen	3949	65	59,7 : 1	6	45 45 58 64 68 80	groß
5 Jüngere Embryonen	6469	99	64 : 1	6	62 63 64 65 66 66	klein
6 Junge Embryonen derselben Tiere, verglichen	4384	66	65,4 : 1	8	66 60 63 70 68 65 64 66	,,
7 Ältere	3740	56	65,8 : 1	8	66 61 63 70 70 68 66 67	,,
8 Embryonen aus inversen Tieren . .	2362	65	28,4 : 1	7	12½ 17 26 37 30 37 51	groß
9 Aus Rhomben haben sich entwickelt	319	6	52 : 1	—	—	—
10 Aus Tetraedern haben sich entwickelt	169	3	1 : 56	—	bzw. 1 : 58 bei Weglassung der 7 absterbenden Keime; gleichzeitig entstanden 18 Rhomben und 10 Zwillinge	—

* Material zur Strassens.   ** R : J = n : 1; angeführt sind nur die Zahlen n.

weitere Schicksal des Tetraeder kann ein vierfaches sein:

a) In den meisten Fällen verläuft die Entwicklung nach dem inversen Modus und führt zu inversen Individuen.

b) Selten verläuft die Entwicklung regulär und führt zu regulären Tieren.

c) Selten ordnet sich der Tetraeder nachträglich zum Rhombus um und furcht sich regulär weiter.

d) Gehäuft ist pathologische Entwicklung: Absterben, Zwillingsbildungen usf.

In allen diesen Fällen ist die normale oder inverse Asymmetrie wiederum bereits am 6-Zellner wahrnehmbar.

Im Falle I muß die Ursache der Inversion bis auf das Ei zurückgeführt werden, man muß der Eizelle ein von vornherein spiegelbildlich zum Normalen angeordnetes Plasmamosaik zuschreiben. Die Existenz solcher Eizellen kann bei den Schnecken mit fast absoluter Sicherheit bewiesen werden. DUNSCHEN bezeichnet diese Klasse inverser Eier bzw. Ascaris-Individuen als genotypisch invers.

Im Gegensatz hierzu ist bei der Möglichkeit II das Plasmamosaik ein reguläres, die Entwicklungsumkehr wird anscheinend durch die atypische, mehr oder weniger pathologische Anordnung der Vierer-Blastomeren zum Tetraeder hervorgerufen und kann, wie die sekundäre Umordnung zum Rhombus (II c) beweist, wieder rückgängig gemacht werden. Solche inverse Tiere, die aus einer normalen Eizelle hervorgehen und ein Tetraederstadium durchmachen, bezeichnet DUNSCHEN als phänotypisch invers, wobei zunächst unerklärt ist, in welchem kausalen Zusammenhang Symmetrieumkehr und Tetraederbildung miteinander stehen.

Diese vorläufigen Feststellungen und der Inhalt der nach den statistischen Ergebnissen DUNSCHENs zusammengestellten Tabelle (S. 118) führen zu folgenden Feststellungen über die Inversion bei Ascaris: Tetraederbildung ist, sofern nicht Rücklagerung zum Rhombus erfolgt, in jedem Falle gekoppelt mit Symmetrieumkehr, an Stelle regulärer entstehen inverse und an Stelle inverser reguläre Keime, wie die reziproken Verhältnisse R : J der Zeilen 9 und 10 der Tabelle zeigen. Es gilt also folgendes Schema:

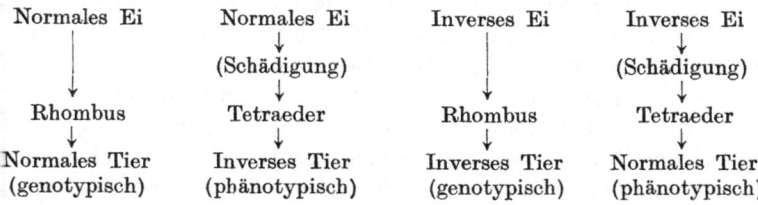

Normales Ei	Normales Ei	Inverses Ei	Inverses Ei
↓	↓	↓	↓
	(Schädigung)		(Schädigung)
	↓		↓
Rhombus	Tetraeder	Rhombus	Tetraeder
↓	↓	↓	↓
Normales Tier	Inverses Tier	Inverses Tier	Normales Tier
(genotypisch)	(phänotypisch)	(genotypisch)	(phänotypisch)

Andere Ursachen bzw. Möglichkeiten für die Entstehung inverser gibt es nicht, wie die Konstanz von R : J bei verschieden alten Embryonen desselben Tieres beweist (Zeile 6 und 7). Inverse Tiere erzeugen im Durchschnitt doppelt soviel inverse Nachkommen wie reguläre Tiere (Zeile 8).

Der Bruchteil genotypisch inverser Individuen unter der Nachkommenschaft eines regulären Tieres schwankt um den Wert $^1/_{60}$, und offenbar zeigen verschiedene Tiere verschiedene Neigung zur Bildung von Eiern mit inversem Mosaik, wie Ähnliches auch bei den Schnecken feststellbar ist. Eine wesentliche

Erhöhung des Prozentsatzes inverser Tiere muß auf schädigende Faktoren (→ Tetraederbildung) zurückgeführt werden, und so kann man bei einem Verhältnis 40—43 : 1 zwischen R und J unter den erwachsenen Tieren die Inversen als zu etwa $^2/_3$ geno- und $^1/_3$ phänotypisch vermuten. Im Verhältnis 1 : 5000 ungefähr ist ein phänotypisch reguläres Tier zu erwarten.

Grundsätzlich wichtig für das allgemeine RL-Problem ist schließlich die bisher zurückgestellte Frage nach der Ursache der Symmetrieumkehr infolge atypischer Furchung (Tetraederbildung). Für eine Analyse dieses Vorganges ist es notwendig, den Verlauf der ersten Furchungen vom „entwicklungsmechanischen" Standpunkt nochmals zu betrachten. Über folgende Tatsachen herrscht zunächst Übereinstimmung: Die erste Teilung (Abb. 81a) ist erbungleich, I liefert die Dorsal-, II die Ventralzellen des späteren 4-Zellners. Ebenso ist die Teilung $II → EMST + P_2$ erbungleich, und zwar bestimmen diese beiden Zellen unter allen Umständen die Richtung vorn — hinten, indem $EMST$ vorn und P_2 hinten anzeigt. Drittens teilen sich A und B in $a \alpha b \beta$ und verschieben sich hernach asymmetrisch gegeneinander so, wie es dem Plasmamosaik entspricht, d. h. in 59 unter 60 Fällen regulär und in einem invers, unbeeinflußt durch die Lage der Ventralzellen, z. B. auch dann, wenn man diese abtötet. Liegen nun anfangs die beiden Ventralzellen so, wie es in Abb. 82c und d die starkpunktierte Linie und die zugehörige Längsachse $(v) — (h)$ anzeigt, so teilen sich A und B bezüglich dieser Achse regulär weiter. Drehen sich die Ventralzellen um 90° nach der einen oder anderen Richtung (Abb. 82c und d), wie solches bei der Tetraederbildung vor sich geht, so beeinflußt dies die Lage der Dorsalzellen nicht, gedreht aber wird um 90° nach der einen oder anderen Richtung die Körperlängsachse (und die Medianebene), und bezüglich dieser neuen Medianebene (vorn — hinten) nehmen die Dorsalzellen in beiden Fällen (Abb. 82 c und d) diejenige Lage an, die äußerlich dem inversen Furchungsmodus entspricht (Abb. 82b), und die Furchung verläuft auch nach diesem Modus weiter. Während bei der genotypisch inversen Entwicklung aber α zum vorderen linken Ektoderm wird, muß dies in Abb. 82c von a und in 82c von β geliefert werden, umgekehrt muß α statt linkes vorderes in 82d rechtes vorderes und in 82c linkes hinteres liefern, und Entsprechendes gilt für die übrigen 3 Zellen. Tatsache ist also, **daß die 4 Dorsalblastomeren im einzelnen etwas anderes liefern als das, wozu sie normalerweise bestimmt sind.** Wie ist dies möglich? Bonfig antwortet: Die Entwicklung von *Ascaris* ist keine absolute Mosaikentwicklung; *A* und *B* teilen sich, und die Teilungsprodukte *a α b β* verlagern sich gegenseitig so, wie es im Eimosaik festgelegt ist, aber jede dieser 4 Zellen vermag beliebiges Ektoderm aus sich hervorgehen zu lassen, ihre prospektive Potenz ist größer als ihre prospektive Bedeutung. Erst im Stadium des asymmetrischen 6-Zellners wird auf Grund der Lage, die jede Zelle im Keimganzen einnimmt, endgültig festgelegt, was aus ihr werden soll, die „links vorn" gelegene Zelle liefert, gleichgültig ob es α, *a* oder β ist, linkes Ektoderm usf. Von hier ab verläuft die Entwicklung nach dem Mosaiktypus

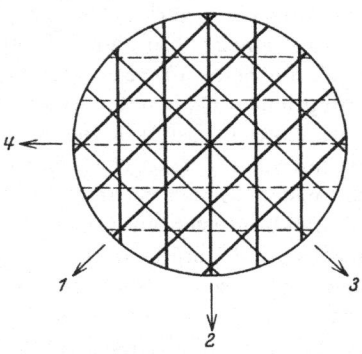

Abb. 84. Schema des Plasmamosaiks im Ascarisei.

weiter. zur Strassen und Dunschen aber halten an der absoluten Mosaikentwicklung fest und sind daher zu folgenden Annahmen gezwungen, die durch Dunschen zumindest sehr wahrscheinlich gemacht worden sind: Das Plasmamosaik ist aufzufassen als ein System sich gegenseitig durchdringender heterogener Plasmaschichtungen, und zwar sind — schematisch ausgedrückt und in Abb. 84 ebenso schematisch dargestellt — im regulären Ei vorhanden: eine Linksstruktur (*1*), die die reguläre Asymmetrie von Ascaris bewirkt, daneben „latent" die spiegelbildliche Rechtsstruktur (*3*), die, sowie beim normalen Ei *1* sich entwickelt, sofort unterdrückt wird; ferner eine stärkere Querstruktur (*2*), welche bewirkt, daß bei der Teilung *I → A + B A* das gesamte vordere und *B* das gesamte hintere Ektoderm erhält, und schließlich die zunächst schwächere Längsstruktur (*4*), welche nach der Querstruktur in Aktion tritt und die Zellen *A* und *B* sich noch je in eine linke und rechte teilen läßt. Beim inversen Ei ist an Stelle

der Links- die Rechtsstruktur stark und erstere nur latent ausgebildet. Durch schädigende Einflüsse werden die beiden normalerweise starken Strukturen (Links- und Quer-) geschwächt
in Aktion treten zunächst Längs- und Rechts- und sie bewirken
daß bei der Teilung $I \rightarrow A + B$ A nur linkes (vorderes + hinteres)
B nur rechtes (vorderes + hinteres) erhält, und die Querteilung
in vorn + hinten erfolgt erst hinterher (Zellteilungsanachronismus), gleichzeitig ist die Rechtsstruktur aktiviert, sie unterdrückt die Linksstruktur vollkommen, und so entsteht, wie es
die Tatsachen verlangen, ein phänotypisch inverser Embryo auf
Grund einer absoluten Mosaikentwicklung, indem P_2 immer
nach der Seite umschwenkt, die der hinteren Hälfte von A und B
entspricht. Diejenigen Tetraeder aber, die sich zum Rhombus
zurückordnen, sind keine echten, auf Zellteilungsanachronismus
basierenden Tetraeder, sondern zufällige Umlagerungen, die ausnahmslos wieder rückgängig gemacht werden.

Beide Ansichten zeigen Unterschiede, jedoch auch Gemeinsames, und gerade dieses Gemeinsame ist für das RL-Problem
das Wesentliche. Nach BONFIG sind die 4 Dorsalblastomeren bezüglich Vorn, Hinten, Links und Rechts omnipotent, die Lage im
Keimganzen (6-Zellner) entscheidet, was aus jeder wird, die
Lagerung zum Tetraeder ist die direkte Folge der schädigenden
Einflüsse. Nach ZUR STRASSEN-DUNSCHEN wirken diese Einflüsse
auf die Eizelle, kehren hier das Verhältnis zwischen starken und
schwachen Potenzen um, die Tetraederbildung ist nicht Ursache,
sondern Anzeichen der bereits erfolgten Symmetrieumkehr. Die
Differenzen beider Ansichten spitzen sich bezüglich des RL-
Problems zu folgender Alternative zu: Entweder sind die 4 Dorsal-
blastomeren bezüglich Rechts und Links omnipotent — in ZUR
STRASSENS Ausdrucksweise könnte man sagen: in ihnen sind
vier latente gleichwertige Strukturen vorhanden —, und die
Lage im Keimganzen aktiviert in jeder Zelle eine dieser vier
Strukturen, oder es ist im Ei eine Rechts- und eine Linksstruktur
vorhanden, die eine ist bereits aktiviert, doch ist „Umaktivierung"
möglich. Gemeinsam ist — und darin liegt die Wichtigkeit der
Befunde an Ascaris für das RL-Problem — die sichere Erkenntnis,
daß durch sekundäre Einflüsse aus einem zu regulärer Entwicklung
bestimmten Ei ein total inverses, mit Recht als phänotypisch-
inverses bezeichnetes Tier hervorgehen kann und umgekehrt aus

einem inversen Ei ein phänotypisch-reguläres Tier. Ein Vergleich dieser Erkenntnisse mit ähnlichen, keineswegs seltenen Befunden über Symmetrieumkehr bei anderen Tiergruppen wird später (§ 46) dazu führen, der zur Strassen-Dunschenschen Ansicht, wenn auch in geringer Modifikation, den Vorzug zu geben.

c) Zusammenfassung.

Eine weitgehende Tendenz zur Zellkonstanz führt zu vielen kleinen artkonstanten Asymmetrien in der Feinarchitektur des Körpers: „Halskrausen", Schwanzdrüsenzellen, Nervensystem, Darmsystem, Exkretionssystem, Genitalsystem. In der Regel sind sowohl individuelle Inversionen wie inverse Exemplare bekannt.

Verschiedene Asymmetrien einer Art sind, soviel bis jetzt bekannt ist, stets miteinander gekoppelt, häufig liegt **totale körperliche Inversion** vor: *Ascaris* (schwach monostroph), *Trichuris* (razemisch).

Exkretionssystem: Linke Seite allgemein bevorzugt (linker Kanal stärker oder nur linker vorhanden, Kern meist links, „Ventraldrüse" oft nach links verschoben). Büschelförmige Zellen in Lage stark variierend.

Genitalsystem: Linke Seite bevorzugt. Der häufig pseudobilaterale Genitaltrakt stellt bei ♂ und ♀ wahrscheinlich nur die eine (meist linke) Hälfte eines ursprünglich doppelt entwickelten (paarigen) Organs dar. Relative Lagerung zum Darm verschieden, aber artkonstant. Spicula oft li $>$ re oder nur links entwickelt (Inversionen bekannt). Verschiedene dieser und anderer kleiner Asymmetrien sind möglicherweise eine Folge konstant-asymmetrischer Paarungsstellungen.

Bei *Ascaris* ist es gelungen (zur Strassen-Dunschen), die Existenz genotypisch und phänotypisch inverser Tiere aufzudecken und durch schädigende Faktoren Symmetrieumkehr experimentell hervorzurufen, d. h. aus genotypisch regulären Eiern phänotypisch inverse Tiere und aus genotypisch inversen Eiern phänotypisch reguläre Tiere zu erzeugen.

§ 15. Übrige Würmer; Vermidea; Molluscoidea; Wirbellose ohne sichere Stellung im System.

a) **Echiuroidea**[166]. Siehe § 13c.

b) **Myzostomida**[167]. Bei *Protomyzostomen* ist die Zahl der Nephridien links und rechts oft verschieden, z. B. re : li = 9 : 3, 7 : 4, 5 : 6, 3 : 2. *Myzo-*

stomum und *Protomyzum* zeigt geringgradige Asymmetrie der männlichen Keimdrüsen, bei *Myzostomum fisheri, pentacrini* u. a. ist der Hoden einer Seite ganz oder teilweise reduziert.

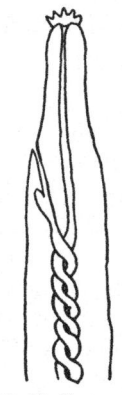

c) Nematomorpha[168]. Bei *Nectonema agile* ist das Vorderende des Körpers um 90° nach links tordiert.

d) Nemertini[169, 170]. Bei einigen Arten zahlreiche, asymmetrisch verteilte Exkretporen. Darmtaschen und Gonaden schwach fluktuierend-asymmetrisch. Bisweilen schraubige Lagerung des Körpers. Spiralfurchung.

e) Acanthocephali. Asymmetrien nicht bekannt.

f) Sipunculoidea[166]. Die Formen dieser Gruppe sind dadurch ausgezeichnet, daß die Darmschleife, die durch Nach-vorn-Lagerung des Afters zustande kommt, als Ganzes zu einer Schraube aufgedreht ist (Abb. 85). Auf diesem einfachen Wege, der sich modifiziert auch bei anderen Tiergruppen (Amphineura) wiederfindet, wird die Ausbildung eines längeren Darmrohres in der beschränkten Leibeshöhle ermöglicht. Je länger relativ zum Körper der Darm ist, um so mehr Windungen sind vorhanden, ihre Zahl variiert je nach den Arten zwischen 2 und 12 (Doppelwindungen). Der Drehungssinn ist bei allen Arten übereinstimmend und derartig, daß eine links-gewundene Schraube zustande kommt.

Abb. 85. Sipunculus nudus L. Vorder-ende des Körpers. (Nach DELAGE und HÉROUARD.)

Bei *Phascolion* ist statt des sonst vorhandenen Paares nur 1 Nephridium ausgebildet, auch die Geschlechtsdrüse einer (welcher?) Seite ist rückgebildet.

Von den *Priapuliden* sind Asymmetrien nicht bekannt.

g) Phoronidea[166]. Der Lophophor (Tentakelkrone) besteht jederseits aus einer planspiral eingerollten Doppelreihe von Tentakeln (bistroph: von oben gesehen li re — re li; Abb. 86). Hauptlängsgefäße (ventral) und Haupt-

Abb. 86.   Diagramm der Tentakelkrone von Phoronis.

nerv sind nach links verschoben. Die Geschlechtsdrüsen der zwittrigen Tiere liegen zu den Seiten des Darmes, links das Ovar und rechts der Hoden oder umgekehrt (genauere Angaben fehlen). Schraubenbewegung der Larve.

h) Bryozoa Ectoprocta[166]. Unter den Moostierchen gibt es in reichlicher Anzahl Formen, lebende und fossile, deren Kolonien die Einzelindividuen ın streng schraubiger Anordnung zeigen, was oft schon im Gattungs- oder Artnamen zum Ausdruck kommt (z. B. *Spiropora, Spiroporina* †, *Archimedes* †, *Helicopora* † usw.). Leider ist — ein Analogon zu den Foraminiferen und Hydroidpolypen — in keiner der bisherigen Untersuchungen (neueste Spezialarbeiten möglicherweise ausgenommen) auf den Windungssinn Bezug genommen. Abbildungen nach zu schließen, dürfte der Windungssinn innerhalb der Gattungen, zum Teil auch der Familien, monostroph sein, doch sind auch Arten mit Rechts- und solche mit Linkswindung des Stockes bildlich wiedergegeben.

Bei Formen mit biserialer Individuenanordnung können als konstante oder gelegentliche Asymmetrie die Tiere der einen von denen der anderen geringe Verschiedenheiten aufweisen, z. B. links Doppelstacheln, rechts einfache, oder Zoözien rechts und links nach der gleichen Seite abgebogen usw. — Schraubenbewegung der Larven.

i) Bracchiopoda[166]. Die Armfüßer sind durch den Besitz zweier tentakelartiger, mit Kiemenfäden besetzter Arme ausgezeichnet, die links und rechts neben der Mundöffnung entspringen und „spirale" Aufrollung zeigen. Ursprünglich sind sie rein planspiral aufgewunden, bei den meisten höheren Formen mit vielen Umgängen wird die Aufwindung aber turbospiral (schneckenartig), und zwar sind dann 2 Fälle möglich: entweder winden sich die Arme lateralwärts auf, so daß die freien Enden beider Arme lateral und voneinander abgekehrt liegen, oder es ist umgekehrt: die Aufrollung geht medialwärts vor sich, die freien Enden der Arme sind einander zugekehrt. Dieser letztere Fall ist seltener, er ist z. B. bei *Magellania* oder *Atrypa* vertreten, und dann ist der linke Arm links-, der rechte rechtsschraubig aufgerollt (gleichsinnig-bistroph: li li — re re). Beim häufigeren ersten Fall (z. B. *Spirifer*) ist es umgekehrt, der Aufwindungssinn ist gekreuzt (li re — re li). Indessen können auch Abweichungen von diesem Schema auftreten, indem die Basalstiele beider Arme sich in entgegengesetztem Sinne von der Mediane wegdrehen, so daß z. B. bei *Crania* die Achsen der beiden Turbospiralen, statt an der Spitze zu konvergieren, parallel stehen, und durch weitere Drehung laterad wird es möglich, daß die Spitzen gleichsinnig eingerollter Arme (li li — re re) sich voneinander abkehren.

Wie bei bistrophen Merkmalen überhaupt, sind auch hier Inversionen nicht möglich. Es existiert eine kontinuierliche Übergangsreihe zwischen steil laterad über flach laterad aufgerollt zu den rein planspiralen Armen und weiter, „ins Negative hinein", zu den medialwärts aufgerollten, wobei beim Überschreiten des ebenen Stadiums laut Definition der Windungssinn eines Armes von rechts nach links umschlägt bzw. umgekehrt.

Andere Asymmetrien sind nur bei der Untergruppe der *Ecar dines* (*Crania, Lingula, Discina*) bekannt. Hier allein mündet der Darm durch ein After nach außen, das bei den beiden letzt genannten Gattungen asymmetrisch auf der rechten Seite gelegen ist. Auch beschreibt bei diesen *Ecardines* der Darm eine einzige rechtsgewundene Schraubentour. Schraubenbewegung der Larven.

i) Kamptozoa (Bryozoa Entoprocta). Asymmetrien nicht bekannt.
k) Chaetognatha. Asymmetrien nicht bekannt.
l) Enteropneusta (einschl. Pterobranchia)[166, 171]. Bei den Eichelwürmern (*Helminthomorpha*, Typ: *Balanoglossus*) ist der vorderste Körperabschnitt, die Eichel, von einem unpaaren Cölomhohlraum erfüllt, der wahrscheinlich dem linken vorderen Mesodermbläschen der Stachelhäuter entspricht, während deren rechtes vorderes Bläschen hier vielleicht zur unpaaren Herzblase geworden ist. Dieses Eichelcölom zieht sich dorsa-wärts in 2 Taschen aus, von denen in der Regel die linke geräumiger ist und allein durch einen Porus eine Verbindung des Cöloms mit der Außerwelt herstellt. Dieser Porus liegt meistens, entsprechend seiner Genese, auf der linken Seite, kann bei einigen Arten jedoch in die Mediane verschoben sein. Daneben werden auch Inversionen beobachtet, und alle Sorten von Abweichungen sind bei der Art *Balanoglossus australiensis* beobachtet:

α) Porus der linken Tasche zugehörig, median mündend,
β) Porus der rechten Tasche zugehörig, median mündend,
γ) Porus mit beiden Taschen verbunden, median mündend,
δ) Porus der rechten Tasche zugehörig, rechts mündend,
ε) jede Tasche mit Porus, symmetrisch mündend,

so daß also allein das Gegenstück zu δ bisher fehlt.

Von anderen Asymmetrien sind bei *Balanoglossus* lediglich neben symmetrischen auch asymmetrische Darmpforten (d. h. Darm und Haut verbindende Kanälchen) beobachtet.

Unter den Pterobranchiern weisen nur die *Rhabdopleuriden* Asymmetrien auf. Sie sind durch eine stärkere Entwicklung der linken Seite ausgezeichnet, die auch eine Verschiebung des Mundes nach links bedingt. Dafür sind die Gonaden samt Ausführungsgang linkerseits verschwunden, die rechten sind rechts gelegen und münden rechts durch einen Porus nach außen. Schraubenbewegung der Larven.

m) Rotatoria[172/6]. Die Asymmetrien der Rotatorien zerfallen in 2 Gruppen: in der einen befinden sich alle diejenigen, die in der schraubigen Schwimmbahn der Rädertiere ihre Ursache haben, die andere enthält gewisse, davon unabhängige Verschiedenheiten zwischen Rechts und Links, denen kein großer morphologischer Wert zukommt. Die natürliche Schwimmbahn aller frei beweg-

lichen Rädertiere ist eine rechtsgewundene Schraubenlinie —
Linksschraubung kommt nur selten vor —, und als Folge dieser
weitgehenden Konstanz weicht bei allen total asymmetrischen
Rädertieren der Körper im gleichen Sinn von der ursprünglichen
Symmetrie ab, indem er, grob gesprochen, die Gestalt eines
Segments einer rechtsgewundenen Schraubenlinie angenommen
hat. Bereits 1903 hat Jennings[173] dies für die *Trichocerciden*
(*Rattuliden*) konstatiert, später wurde Gleiches für *Keratella*
(*Anuraea*) und andere Gattungen gefunden. Allerdings beschrän-
ken sich diese körperlichen Asymmetrien auf die gepanzerten
Formen, da der weiche Körper der übrigen Arten beim Schwimmen
zwar Schraubenform annimmt, in der Ruhe aber zu völliger
Symmetrie zurückkehrt. Die schraubige Verdrehung kommt bei
verschiedenen Arten verschieden zum Ausdruck: bei *Keratella*
aculeata ist sie am Panzer und an der ungleichen Länge der beiden
Hinterdornen zu erkennen, bei den am stärksten asymmetrischen
Trichocerciden sind fast alle, auch innere Organe (Mastax = „Kau-
magen") in Mitleidenschaft gezogen, und Jennings hat hier in
einer eingehenden Studie gezeigt, in welcher Weise im speziellen
alle Asymmetrien (z. B. Stacheln der rechten Kopfpartie, Reduktion einer Zehe usw.) mittel- oder unmittelbar in der Schraubenbahn ihren Grund haben.

Ähnlich wie bei den Flagellaten ist für die Rädertiere die (hier
erstmals kritisch von Hartmann[172] aufgeworfene) Frage, o b
Schraubenbahn oder Körperasymmetrie das Primäre
ist, dahin zu beantworten, daß durch die bei allen Rotatorien
mehr oder weniger übereinstimmende Asymmetrie des Strudelns
ein asymmetrischer Zug auf den Körper ausgeübt wird, der zur
Schraubenbahn führt, wodurch passiv, als Folge des Wasserwiderstandes, der biegsame Körper Schraubenform annimmt.
Dabei modifiziert sich gleichzeitig in geringem Grade auch die
Schraubenbahn (Steilheit und Weite der Windungen), bis ein
optimaler Gleichgewichtszustand eingetreten ist. Die so entstandene Asymmetrie des Körpers ist später erblich geworden
und wird nicht erst bei jedem Tier durch die Bewegung neu erworben, und höchstens in einzelnen Fällen, z. B. bei den End-
dornen von *Keratella*, mag es vorkommen, daß diese erst allmählich erhärtenden Gebilde unter dem Einfluß des Schwimmens
die endgültige, optimale Lage annehmen.

Es dürfen indes nicht alle Asymmetrien auf das Konto der
Schraubenbahn gesetzt werden — speziellere Untersuchungen
über diese Frage fehlen noch —, und umgekehrt kann es vorkommen, daß Merkmale, die in ihrer Form gegen einen Zusammenhang mit der Schraubenbahn sprechen, doch durch sie hervorgerufen sind. Schon bei den Flagellaten und Infusorien zeigte
es sich, daß der Richtungssinn der Schraubenbahn ziemlich leicht
invertierbar ist, daß es schraubig verdrehte Arten gibt, die sich
in entgegengesetztem Sinn rotierend bewegen, als es ihre Körperform vermuten läßt, offenbar weil sie ihre Rotationsrichtung
nachträglich geändert haben. Solches könnte bzw. dürfte auch
bei Rädertieren vorkommen, und weiter besteht noch die Möglichkeit, daß, wenn z. B. Rechtsschraubung der Schwimmbahn
Reduktion der rechten Zehe zur Folge hat, gelegentlich als individuelle oder als erbliche Inversion die linke Zehe reduziert wird,
während die übrigen Asymmetrien, einschließlich des Schraubungssinns beim Schwimmen, keine Inversion zeigen.

Der Kauapparat (Mastax) mit seinen von beiden Seiten ineinandergreifenden Zähnen und Vorsprüngen ist als „irreziprokes" Merkmal (§ 43)
offenbar von vornherein schwach asymmetrisch, und nur stärkere Asymmetrien, die sich zugleich auch in der Mastaxmuskulatur äußern können,
sind auf Rechnung der schraubigen Verdrehung des Körpers zu setzen
(*Trichocercidae*). Vorwiegend eine, allerdings nicht unmittelbare[174] Folge
des Schwimmens scheint die Reduktion einer Zehe zu sein: viele *Bdelloidea*
besitzen statt 4 nur mehr 3 Zehen, bei den übrigen zweizehigen Formen
kann die eine Zehe unwesentlich oder stark kleiner als die andere oder ganz
verschwunden sein, wobei dann die verbleibende meist in die Mediane rückt,
auch verdreht sich das Hinterende meist so, daß die längere Zehe ventral,
die kürzere dorsal liegt (selten umgekehrt). Bei den *Trichocerciden* und vielen
Lepadella-Arten ist die rechte Zehe (dorsal) die längere, allein für *Lepadella
cyrtopus* wird bezüglich der Lage das Gegenteil angegeben; für die *Synchaeten*
konnten Hinweise über rechts und links nicht gefunden werden.

Daß Körperfortsätze (z. B. bei *Keratella*), entsprechend ihrem
steuernden Einfluß, der Schwimmbahn konform verbogen sind, wurde bereits erwähnt (solche Asymmetrien auch bei *Nothalca longispina* und *Fi-
liniiden*), für asymmetrisch gelegene Augenflecke kann Abhängigkeit von
allgemeiner Körperasymmetrie nur mit Vorsicht behauptet werden (*Elosa;*
bei *Proales* ein unpaarer Augenfleck seltener links, meist rechts, bei den
Trichocerciden, wenn asymmetrisch, in der Regel nur links). Schließlich
sind zu erwähnen: Lateraltaster rechts rudimentär und weiter vorn gelegen als der wohlentwickelte linke bei *Synchaeta triophthalma*, umgekehrt
gelegen bei *Diurella stylata* und *Trichocerciden*; asymmetrische Speicheldrüsen, Klebdrüsen des Fußes, kleinere Asymmetrien bei *Eriphanes senta*[175];
auch der Geschlechtsapparat ist beim ♀ oft rechts und links in ungleicher

Größe entwickelt, Hoden und Vas deferens sind meist unpaar, wobei oft der eine die linke, das andere die rechte Körperseite einnimmt und umgekehrt.

Faßt man diese spärlichen Angaben über die Asymmetrien der Rädertiere zusammen, so läßt sich sagen: Bei vielen Arten, im Extrem bei den *Trichocerciden* (*Rattuliden*) ist infolge des Schwimmens in Schraubenbahnen der Körper mit seinen Organen asymmetrisch verdreht. Da die Schwimmbahn ursprünglich sowie auch heute noch bei fast allen Formen rechtsgewunden ist, darf bei allen so tordierten Formen gleichsinnige Asymmetrie erwartet werden. Indes verhalten sich bezüglich einzelner Merkmale einzelne Arten invers (Zehenasymmetrie, Auge rechts statt links, Lage der Lateraltaster). — Bei Asymmetrien, die von der Schraubenbewegung vermutlich unabhängig sind (Genitalapparat, Augenflecke zum Teil, Speicheldrüsen), sind Inversionen innerhalb der Arten bekannt, zum Teil mag ein razemisches Verhältnis vorliegen. Systematische Untersuchungen über Asymmetrien fehlen völlig.

n) **Gastrotricha**[177]. Außer den Haftröhrchen und Rückendrüsen, die erst bei erwachsenen Tieren geringe Abweichungen von der ursprünglichen Symmetrie zeigen, finden sich hier einseitige Reduktionen im Bereich des Genitalsystemes. So ist bei der Familie der (zwittrigen) *Thaumastodermatiden* der Hoden stets unpaar und auf der rechten Körperseite gelegen, so daß der linke als rückgebildet zu betrachten ist, entsprechend ist auch das Vas deferens nur rechts entwickelt*. Die ursprünglich ebenfalls paarigen Ovarien sind bei der gleichen Familie (und bei den *Lepidodasyiden*) nur einseitig entwickelt, doch ist im Gegensatz zum Hoden die Lage des Ovars sehr verschieden. Der Ovidukt biegt bei den *Thaumastodermatiden* von dem stets der Dorsalseite angehörigen Ovar immer linkerseits um den Darm herum. Fällt die weibliche Geschlechtsöffnung nicht mit dem Darm zusammen, so liegt sie vor ihm, bisweilen schwach asymmetrisch nach links verschoben.

Spermien mit schraubigem Mittelstück. Bei marinen Arten Schwimmen in Schraubenbahn.

o) **Kinorhyncha**. Spermien.

p) **Tardigrada**[178]. Bei den Tardigraden sind die Geschlechtsdrüsen unpaar, jedoch wahrscheinlich bei allen Formen durch Verschmelzung paariger Anlagen entstanden. Beim ♂ entspringen aus dem medianen Hoden zwei symmetrische Vasa deferentia, beim ♀ ist ein Ovidukt reduziert, er verläßt bei keiner der bisher untersuchten Arten konstant auf der rechten oder linken Seite, sondern bald auf der einen, bald auf der anderen das Ovar, und mündet auch auf dieser Seite in das Rektum; das Rezeptakulum und

---

* Der hier gleichfalls rechts gelegene „Dotterstock" gehört vielleicht dem männlichen Apparate an.

seine Ausmündung in den Enddarm liegen auf der jeweils oviduktfreier Seite des Körpers. Frühere Angaben über konstante Lage des Ovidukte: in der rechten Hälfte bei gewissen Arten wurden nicht bestätigt.

q) **Pentastomida (Linguatulida)**[179]. Bei einigen Arten (*Kiricephalus Raillietiella spiralis* u. a.) rollen die ursprünglich bilateral-symmetrischen ⸮ nach der Geschlechtsreife ihren Körper, vor allem das Hinterende, schraubig auf. Abbildungen nach zu schließen, ist Rechts- und Linkswindung beobachtet Aus dem Ovar, auch wenn es unpaar ist, entspringen in der Regel zwe Ovidukte. Nur bei *Raillietiella boulengeri* ist meist der rechte, sehr selter der linke reduziert, daneben ist ein Individuum mit 2 funktionierender Eileitern bekannt geworden.

r) **Tabellarische Übersicht der wichtigsten Asymmetrien** Echiuroidea: *Bonellia* (Nephridium li oder re reduziert), *Saccosoma* (Nephridium rechts reduziert, Genitalporus links), *Epithetosoma* (Nephridium links reduziert, Genitalporus rechts).

Myzostomida: Hoden einer Seite bei einigen Arten reduziert.

Sipunculoidea: Linksschraubige Darmschleife. Nephridium und Gonade einer Seite bei *Phascolion* reduziert.

Phoronis: Hauptgefäß und Hauptnerv links. Gonaden Tentakelkrone bistroph (li re — re li).

Bryozoa: Schraubige Anordnung der Individuen einer Kolonie

Brachiopoda: Arme bistroph. Rechtsgewundene Schrau bentour des Darmes bei den *Ecardines*. After bei *Lingula* unc *Discina* rechts.

Balanoglossus: Eichelcölom = linkes vorderes Mesoderm bläschen. Porus meist links.

Rhabdopleura: Mund links, Gonaden nur rechts.

Gastrotricha: Bei *Thaumastodermatiden* Hoden nur rechts Ovarien hier und bei *Lepidodasyiden* nur rechts oder nur links gelegen, Ovidukt bei *Thaumastodermatiden* nur links.

Tardigrada: Ovidukt rechts oder links, Rezeptakulum um gekehrt.

Pentastomida: Bei *Raillietiella* Ovidukt meist rechts redu ziert. Schraubige Formen.

Rotatoria: s. d.

§ 16. Echinodermata.
a) Allgemeines[181, 185].

Alle Echinodermen leiten sich von bilateral-symmetrischen Vorfahren ab — ein Zeugnis dafür liefern die Embryonalentwicklung und die Larvenformen aller Klassen der Stachelhäuter —; sie haber erst sekundär, zugleich mit dem Erwerb einer festsitzenden oder fast festsitzenden Lebensweise radiäre Symmetrie angenommen, und in tertiärer Linie sind unabhängig voneinander und auf ganz verschiedene Weise zwei Untergruppen zur bilateralen Symmetrie zurückgekehrt: die irregulären Seeigel und die Holothurien (Seewalzen). Die Symmetrieverhältnisse der Larvenformen werden erst am Ende dieses Paragraphen erörtert. Über die Hauptmasse der radiärsymmetrischen Typen ist zu sagen, daß in rein gestaltlicher Hinsicht, bei Mitberücksichtigung der inneren Organe, streng genommen keine radiäre, sondern eine bilaterale Symmetrie

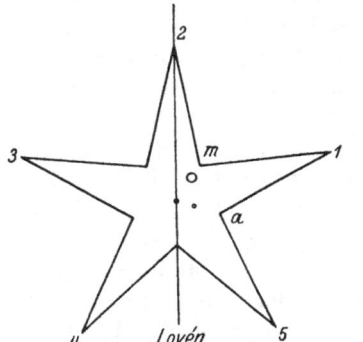 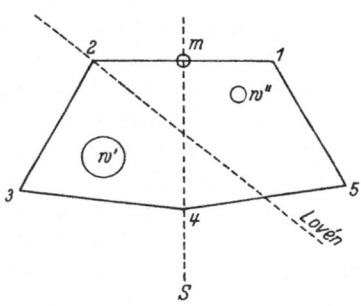

Abb. 87. Symmetrieschema der Echinodermen. *a* = Interradius des Afters. *m* = Interradius der Madreporenplatte.

Abb. 88. Symmetrieschema der Holothurien. Ansicht von aboral. Symmetrieebene *S* mit Madreporenplatte *m*. *w'*, *w''* Wasserlungen.

besteht, weil das Wassergefäßsystem nur in einem Interradius eine Mündung nach außen besitzt (Madreporenplatte, Steinkanal) und auch das Axialsystem im gleichen Sinne exzentrisch liegt. Man könnte so die eine Körperhälfte als die linke, die andere als rechte bezeichnen, dann wäre die Möglichkeit gegeben, Asymmetrien im bisherigen Sinne zu unterscheiden, indem z. B. bei den Seesternen das After konstant auf der einen Seite gelegen ist (s. u.). Indessen besitzen solche Lageabweichungen ja nicht den Charakter von Dissymmetrien, d. h. sekundären Abweichungen von primärer bilateraler Symmetrie, sondern sind so zu deuten, daß bei dem grundsätzlich radiärsymmetrischen Objekt die Madreporenplatte in einen, der After in einen anderen Interradius gerückt ist; es stünde uns also im allgemeinen frei, die Ebene der bilateralen Symmetrie z. B. durch After und Dorsalzentrum oder Madreporen-

platte und Dorsalzentrum zu legen. Indessen hat LOVÉN nachgewiesen, daß diejenige Ebene, die die Symmetrieebene der
bilateralen Seeigel darstellt und bezüglich der auch das Skelet
dieser Formen im wesentlichen symmetrisch angeordnet ist,
auch bei den regulären Seeigeln festgestellt werden kann: sie verläuft in beiden Gruppen durch denjenigen Radius, der — bei
Betrachtung von oben — unmittelbar links neben dem die Madreporenplatte enthaltenden Interradius liegt (Abb. 87). Bezüglich
dieser Ebene sind also auch die Skeletplatten der regulären Seeigel
— unbeschadet des grundsätzlich radiären Bauplanes — in gewissem
Grade symmetrisch angeordnet, allerdings nicht absolut symmetrisch, denn das Skelet weist gewisse konstante Einzelheiten auf,
die mit Symmetrie überhaupt nicht in Einklang zu bringen sind*.

Es gibt also einerseits keine Symmetrieebene, die
auf alle Stachelhäuter anwendbar ist, andererseits
eine Auswahl von mindestens drei Ebenen, die nur
für einzelne Klassen gelten: die LOVÉNsche Ebene (Symmetrieebene der bilateralen Seeigel, gültig für das Skelet aller
Seeigel, vielleicht auch der anderen Gruppen, nicht gültig für den
inneren Bau), die Ebene Rückenzentrum—Madreporenplatte
(gültig für alle Gruppen, identisch mit der Symmetrieebene der
Seewalzen, nicht mit der der bilateralen Seeigel), die Ebene
Rückenzentrum—After der Seesterne usf. Wir wollen in den
folgenden Betrachtungen die einfachsten Fälle wählen: bei den
regulären Formen die Ebene durch die Madreporenplatte, bei den
bilateralen die Symmetrieebene des Körpers. ,,Umrechnungen"
auf andere Ebenen sind dann leicht möglich.

b) Asymmetrien bei den radiärsymmetrischen und den
tertiär-bilateralsymmetrischen Formen.

Die hier aufgeführten Asymmetrien sind entweder schraubige
Gebilde, oder sie stellen konstante Abweichungen bezüglich

---

* So sind z. B. die beiden ersten nebeneinander liegenden Ambulakral-
platten, die sich an das Peristom anschließen, in jedem Radius ungleich
groß, die größere enthält auch mehr Poren als die kleinere, doch ist die Anordnung beider Platten bei den Seeigeln eine konstant irreguläre; es gibt
keine Ebene, bezüglich der alle Platten symmetrisch lägen, auch ist die
Aufeinanderfolge größer-kleiner keine zyklische, vielmehr ist (bei Betrachtung von der Oralseite) in den Radien 5, 1 und 3 die linke, bei 4 und
2 die rechte größer. Ähnliches gilt für gewisse Interambulakralplatten.

einer Symmetrieebene dar, die bei den bilateralen Formen durch die äußere Gestalt gegeben ist, bei den übrigen definitionsgemäß durch Symmetriezentrum und Madreporenplatte gelegt wird. Auch bei den bilateralen Typen sind diese Asymmetrien nicht Neuerwerbungen, sondern dadurch verursacht, daß bei der Umstellung von bilateraler zu radiärer und evtl. weiter zu neuerlicher bilateraler Symmetrie stets Spuren des früheren Bauplanes zurückbleiben, die im neuen als Asymmetrien erscheinen.

Seesterne. Man bezeichnet hier in herkömmlicher Weise* den (von oben gesehen) rechts neben der Madreporenplatte gelegenen Radius mit 1, den nach links anschließenden mit 2 usf., entgegen dem Sinne des Uhrzeigers. Die Symmetrieebene legt man laut Definition durch Symmetriezentrum und Madreporenplatte, diese, flankiert von den Radien 1 und 2, bezeichnet dann „vorn", und damit ist auch links und rechts festgesetzt. Diese Bezeichnungen lassen sich sinngemäß auf die übrigen dauernd radiärsymmetrischen Formen übertragen. — Die Frage, ob beim Seestern eine Art physiologischer Längsachse existiert, ob z. B. beim Kriechen ein bestimmter Arm oder wenigstens mehr oder weniger eine bestimmte Körperseite in der Regel „vorn" liegt, ist noch ungeklärt: die Untersuchungen früherer Autoren sprechen bald dafür, bald dagegen, und auch die neuesten Befunde Justs[184], der im Radius 1 eine Art physiologisches Vorderende erblicken will, sind nicht überzeugend, da trotz allen Bemühens, die Ergebnisse rechnerisch zu festigen, die Gesamtzahl der Versuche für endgültige Angaben zu klein ist. Eine bevorzugte Drehungsrichtung bei den Wendungen der Tiere wurde von Just nicht festgestellt. — Außer asymmetrischen Enddarmdivertikeln ist bei den Seesternen noch anzuführen, daß der After, sofern er nicht fehlt, stets auf der rechten Körperseite, und zwar in dem rechts auf die Madreporenplatte folgenden Interradius, gelegen ist (Abb. 87). Von Inversionen ist nichts bekannt, doch dürfte man lediglich wegen der Kleinheit des Afters darauf nicht achtgegeben haben; aus der nicht geringen Zahl total inverser Larven (s. u.) wird wohl hier und da auch ein fertiges Tier hervorgehen.

Schlangensterne. Asymmetrien nicht bekannt.

---

* Neben der hier gewählten gibt es noch verschiedene andere Zählarten (vgl. Just).

Reguläre Seeigel. Der Darm beschreibt nach seinem Abgang aus dem Mund erst eine volle Kreiswindung im (von ober gesehen) Uhrzeigersinn, dann unmittelbar anschließend eine solche entgegen dem Uhrzeiger und mündet durch den oft schwach exzentrisch* gelegenen After nach außen. Da der Darm gleichzeitig von oral nach aboral aufsteigt, handelt es sich im Prinzip in der oralen Hälfte um eine links-, in der aboralen um eine rechts gewundene Schraubentour von je genau einem Umgang. — Skelet s. o.

Irreguläre Seeigel. Symmetrisch bezüglich der LOVÉNschen Ebene, Madreporenplatte daher stets im ersten rechten Interradius (Abb. 87). Darmverlauf ähnlich dem der regulären Seeigel.

Seewalzen: Symmetrisch bezüglich der Ebene Rückenzentrum—Madreporenplatte (Abb. 88). Darm in Form einer rechtsgewundenen Schraubentour, in sich rückgedreht. Von beiden Wasserlungen die im linken ventralen Interradius gelegene größer (auch verzweigter), die im rechten dorsalen gelegene kleiner. POLIsche Blase, wenn in der Einzahl vorhanden, stets links (ventral oder dorsal) gelegen; nur bei größerer Zahl von Blasen finden sich auch solche auf der rechten Seite. Steinkanal, wenn in der Einzahl vorhanden, meist median, selten schwach exzentrisch (dann meist rechts, seltener links); bisweilen von schraubigem Verlauf. — Ab und zu werden Tiere angetroffen, deren Ankerplättchen in konstanter Weise asymmetrisch verbildet sind (Halbanker[669]).

Haarsterne. Mund und After meist in Richtung der LOVÉNschen Ebene verschoben (Mund in den Radius 2, After dazu entgegengesetzt). Darm in der Regel in Form einer rechtsgewundenen Schraubentour.

c) Asymmetrien der Larven.

Die Larvenformen aller Klassen der Echinodermen sind auf frühen Stadien einander sehr ähnlich: charakteristisch für sie ist, daß links und rechts neben dem medianen Darmkanal im Prinzip je 3 Mesodermbläschen auftreten, je ein vorderes (Axocoel), mittleres (Hydrocoel) und hinteres (Somatocoel).

Bei der Entwicklung entsteht zunächst durch Abschnürung vom Darme jederseits ein Coelombläschen, das sich bald in ein

---

* Genauere Angaben fehlen.

vorderes (Axohydrocoel) und ein hinteres (Somatocoel) teilt. Von diesem hinteren Bläschenpaar gelangt bei der späteren Metamorphose das rechte (die Seewalzen ausgenommen) nach dorsal, das linke nach ventral, so daß das ursprünglich sagittale Mesenterium eine horizontale Lagerung erhält. — Vom vorderen Bläschenpaar (Axohydrocoel) bildet sich in der Regel (Ausnahmen s. u.) das rechte zurück, das linke teilt sich in die beiden oben bereits genannten Bläschen (Axo- und Hydrocoel), die indessen durch einen Kanal (den Steinkanal) miteinander in Verbindung bleiben und von denen das vorderste, das Axocoel, durch einen weiteren Kanal (den Porenkanal) nach außen mündet (Abb. 89). Wird später, beim erwachsenen Tier, das Hydrocoel zum Wassergefäßsystem, so mündet dieses durch den Steinkanal nicht direkt nach außen, sondern, wie bei vielen Formen deutlich nachweisbar ist, in den unmittelbar unter der Madreporenplatte gelegenen Axialsinus, und erst dieser, weil der Porenkanal rückgebildet ist, durch die Madreporenplatte direkt nach außen. Beim rechten Axohydrocoel kommt es fast nie zu einer Durchschnürung in 2 Bläschen (Axo- und Hydrocoel),

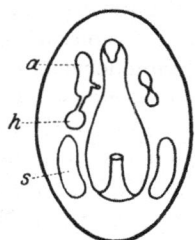

Abb. 89. Echinodermenlarve. (Schema.)
a = linkes Axocoel.
h = linkes Hydrocoel.
s = linkes Somatocoel.

vielmehr bleibt dieser Coelomteil rudimentär und liegt bei den meisten Formen als unpaarer Sack (dorsal sac oder Madreporenblase) in der Umgebung der Madreporenplatte (DAWYDOFF[180] u. a.). Indessen ist anzumerken, daß in vielen Fällen[180], u. a. bei der Entwicklung von *Asterias rubens*, dieser Dorsalsack, als vermutlich caenogenetische Modifikation, einen anderen (und zwar bei verschiedenen Formen einen verschiedenartigen) Ursprung nimmt, so daß GEMMIL[182] bei *Asterias rubens*-Larven, deren rechtes Coelom vollkommen symmetrisch zum linken entwickelt war, außer dem rechten und linken Axo- und Hydrocoel in der Mediane noch den Dorsalsack fand, und ganz Entsprechendes konnte v. UBISCH[195] an doppelcoelomigen Larven von *Strongylocentrotus lividus* beobachten. Da aber an der ursprünglichen Paarigkeit der Coelombläschen kein Zweifel besteht und die Genese des Dorsalsacks aus anderen Keimteilen als dem rechten Axohydrocoel bisher nur bei vereinzelten Arten festgestellt wurde, besteht wohl die noch heute allerseits als wahrscheinlich angenommene Homologie: rechtes Axohydrocoel → Dorsalsack → Herzblase des *Bala-noglossus* zu Recht, einzelne Formen mit caenogenetisch ab-geänderter Entwicklung ausgenommen.

Entsprechend dem Umstand, daß in der Regel das Coelom vollständig nur auf der linken Seite zur Ausbildung gelangt, entsteht die Anlage des späteren radiären Volltieres ebenfalls asymmetrisch auf der linken Seite der Larve.

Inverse Larven und Larven mit beiderseits voll-ständigem Mesoderm. Neben den normalen Larven findet man sowohl in der Natur (Plankton) wie bei künstlicher Aufzucht ausnahmsweise inverse Larven, bei denen statt des rechten das linke Axohydrocoel rudimentär bleibt und dementsprechend der Echinodermenkörper auf der rechten statt auf der linken Seite der Larve entsteht, ferner symmetrische Larven, deren Mesoderm links und rechts voll entwickelt ist, und schließlich — meist nur nach schädigenden Einflüssen — Larven ohne Mesoderm. OHSHI-MA[192] führt einige bekannt gewordene Fälle von Invertlarven an, GEMMIL[182] und NEWTH[193] geben Listen über früher beschriebene Larven mit Doppelhydrocoel (Ophiuriden, Seeigel und Seesterne; bei Holothurien und Crinoiden noch nicht bekannt), und von DAWYDOFF[180] und OHSHIMA[191] wurden diese Zusammenstellungen noch weiter ergänzt. Durch zahlreiche, eigens darauf gerichtete Untersuchungen der letzten Jahre weiß man, daß, zumindest bei vielen Arten, diese Doppel- und Invertlarven weit davon entfernt sind, zu den Seltenheiten zu gehören: von *Asterias rubens* wurden 10% Doppellarven gefunden[0180], für *A. glacialis* gibt MOR-TENSEN[0180] sogar 50% an, NEWMANN[189] erhielt bei seinen Kul-turen von *Patiria miniata* 1—17% Invertlarven. Indessen ist die Häufigkeit dieser anormalen Larven nicht überall gleich groß, die hohen Werte treten fast nur in künstlichen Zuchten auf, wo die Lebensbedingungen ja zwangsläufig von den natürlichen verschieden sind; im Plankton fand GEMMIL Doppellarven von *Asterias rubens* an manchen Orten ziemlich häufig, an anderen seltener oder gar nicht.

Eine Erklärung hierfür liefert der Umstand, daß man den Prozentsatz anormaler Larven erhöhen kann, wenn man die frühen Stadien schädigenden Einflüssen aus-setzt. Bringt man frühe Blastula- bis späte Gastrulastadien von *Patiria miniata* für 1—10 Stunden in eine Temperatur von 2°, so ist der Prozentsatz der Larven mit verkehrter Asymmetrie wesentlich erhöht, er kann bis 35% steigen, gegenüber 17% in den Kontrollen[189]. Erhöht man in Kulturen von *Echinus miliaris*-Larven den Salzgehalt in bestimmtem Maße, so erhält man neben zahlreichen Invertlarven auch solche mit doppeltem und andere ohne jedes Axohydrocoel (MacBride[187]); Ohshima[191], der dessen Versuche fortsetzte, erhielt folgende Resultate (*Echinus miliaris*):

		Totalzahl	Proz. invers	Proz. doppelt	Proz. ohne Axohydroc.	Proz. normal
1a	Kontrolle . . .	450	10,2	0,2	wenige*	der Rest
b	Hypertonisch . .	334	16,2	—	4,8	,, ,,
2a	Kontrolle . . .	30	3,3	26,7	wenige*	,, ,,
b	Hypertonisch . .	450	7,6	1,3	,,	,, ,,
3	Kontrolle . . .	166	13,3	2,4	,,	,, ,,

Also: Sowohl in den Kontrollen wie in den hypertonischen Kulturen traten in beträchtlicher Häufigkeit anormale Larven auf, unter denen wiederum die inversen bei weitem die Majorität besaßen. Nicht der Salzgehalt scheint es demnach hier zu sein, der die anormalen Larven hervorruft, sondern irgendwelche anderen Faktoren, die mit künstlicher Aufzucht untrennbar verknüpft sind. Dies stimmt mit den Ergebnissen Newmanns überein, der wiederholt betont, daß jede Zucht in Gefäßen so viel unnatürliche Faktoren mit sich bringe, daß ein natürlicher Verlauf der Metamorphose im Laboratorium kaum je erreichbar sei. Ohshima speziell glaubt bei seinen Versuchen in der großen Zahl von Mikroorganismen, vor allem den als Nahrung zugesetzten Diatomeen, den Faktor gefunden zu haben, der „auf mechanischem und physiologischem Wege" (wie im einzelnen, bleibt offen**) die „gestörte" Entwicklung verursacht. — Schließlich erzielte Runnström[194] in hypotonischem Medium, von dem man ja aus den Versuchen früherer Autoren weiß, daß es den Zerfall des Zweizellenstadiums in zwei getrennte Zellen begünstigt, am selben Objekt viele anormale Larven, darunter solche mit inversem oder doppeltem Coelom.

Was die Ursache im einzelnen auch sein mag, wesentlich ist, daß durch künstliche — oder wie man auch sagen kann: unnatür-

---

* Nicht gezählt, ca. 5% wie in 1 b.
** Vgl. auch das Nachwort Mac Brides zu[191].

liche, schädigende — Einflüsse der (normalerweise vermutlich
sehr kleine) Prozentsatz inverser und anderweitig anormaler
Larven wesentlich erhöht werden kann, eine Tatsache, die ebenfalls
bei Experimenten an anderen Tieren beobachtet wurde und die
vor allem in der durch Hitzeschädigung bewirkten Asymmetrieumkehr von *Ascaris* ihr direktes Analogon hat, und ganz wie bei
Ascaris wird man die künstlich erzeugten Invertlarven der Echinodermen als phänotypisch invers bezeichnen müssen (s. § 14).

Im allgemeinen Teil (§ 46) werden diese Befunde mit allen
homologen Ergebnissen aus dem übrigen Tierreich zusammenfassend diskutiert werden, es wird sich der überzeugende Schluß
ergeben, daß jedes (äußerlich symmetrische) zellige Gebilde
(z. B. Ei, Larve), das sich zu asymmetrischer, z. B. rechtsasymme-
trischer Gestalt weiterentwickelt, in sich latent auch die Fähigkeit besitzt, die spiegelbildliche Asymmetrie hervorzubringen;
dieser Fall tritt aber nur dann ein, wenn durch anormale Faktoren
die bereits in Entwicklung begriffene Rechtsanlage geschädigt
wird: dann, sobald das „hemmende" Gegengewicht der Rechtsanlage wegfällt, entwickelt sich die Linksanlage, es entsteht im
allgemeinen ein vollkommen normales, nur bezüglich der Asymmetrie spiegelbildliches Tier. Selten kommt es vor, daß sich die
geschädigte Rechtsanlage wieder „erholt", nachdem die linke
sich bereits zu entwickeln begonnen hat, es entsteht ein Doppel-
gebilde, im vorliegenden Falle eine Larve mit links und rechts
vollständigem Axohydrocoel. Wird durch stark schädigende
Faktoren auch die latente Linksanlage mit „zerstört", oder befindet sich das Tier sonst in ungünstigen Verhältnissen, z. B. Er-
nährungsbedingungen, so kann die Entfaltung der Linksanlage
unterbleiben, es entsteht eine Larve ohne jedes Axohydrocoel.

Zu ähnlichen Gedankengängen, die man allein aus den Befunden an anderen Tiergruppen herleiten könnte, ist auf Grund
seiner Versuche auch OHSHIMA gekommen. Im speziellen fand
er, daß (seiner Ansicht nach infolge zu reichlich vorhandener
Nahrung) zunächst der Dorsalporus des linken Coeloms obliteriert,
daß als Folge davon dieses Coelom überhaupt degeneriert, und
daß, sowie diese Degeneration eingesetzt hat, bei günstigen Bedingungen das rechte sich zu entfalten beginnt.

Würde man nur gelegentlich einmal eine Larve mit Doppelcoelom zu Gesicht bekommen, ohne je inverse beobachtet zu

haben, so könnte man wohl zu der Ansicht gelangen, daß dieses Doppelcoelom als Rückschlag (Atavismus) aufzufassen sei, wie dies v. UBISCH tat. Die Kenntnis von Inversionen, hier und bei anderen Tieren, vor allem die Existenz einer Inversionsmöglichkeit auch bei solchen Tieren, deren Asymmetrie nicht auf Reduktion, sondern auf Torsion beruht (Schnecken), wo also Doppelformen, die den doppelcoelomigen Seeigellarven vergleichbar wären, nie existiert haben, und mancher andere Gesichtspunkt (§ 46) zwingen dazu, die Rückschlaghypothese auch hier aufzugeben und den obigen Vorstellungen beizupflichten, die in ähnlicher Form auch von GRAVE, MACBRIDE, NEWTH, OHSHIMA u. a. vertreten werden.

Durchschürt man ein Ei längs der späteren Symmetrieebene, so entwickelt sich stets der linke Zwilling zu einem regulären Tier; in der rechten Hälfte entsteht erst verspätet (oft überhaupt nicht) ein rechtes, d. h. zum linken spiegelbildliches Axohydrocoel, aus ihr geht ein (oft defekter) inverser Zwilling hervor[194]. Diese Befunde zeigen, daß bereits in der Eizelle die spätere Asymmetrie vorgebildet sein muß, sie haben ihr direktes Analogon in den Befunden an Wirbeltieren und werden im allgemeinen Teil (§ 46: Zwillingsbildung) ausführlich gewürdigt werden.

An den inversen Larven ist bei der Weiterentwicklung nichts Pathologisches zu bemerken, die weitere Metamorphose vollzieht sich, von der Spiegelbildlichkeit abgesehen, vollkommen normal, das junge Echinoderm entsteht auf der rechten statt linken Hälfte der Larve, das Resultat ist ein junger Seeigel, der wie jeder andere aussieht, der aber — worauf noch niemand geachtet hat — insofern total inversen Bau besitzen müßte, als die Madreporenplatte auf der falschen Seite der LOVÉNschen Symmetrieebene läge usf. Entsprechendes müßte für die asymmetrische Lage des Afters der Seesterne der Fall sein. — Über die weitere Entwicklung der Larven mit doppelseitigem Coelom liegen wenig Beobachtungen vor. GEMMIL fand, daß auf jeder Seite der Doppellarven von *Asterias* ein junger Seesternkörper entstand, daß beide zu einem Doppelseestern verwachsen, wartete aber das Endresultat der Entwicklung nicht ab. Ob die verschiedenen Doppelbildungen mit zwei (oder mehr) Madreporenplatten, die man gelegentlich gefunden hat, auf solche doppelcoelomige Larven zurückzuführen sind, muß vorläufig dahingestellt bleiben.

Ferner: Schraubenbewegung der Larven.

d) Zusammenfassung.

Die Larven der Echinodermen sind bilateralsymmetrisch gebaut; Volltiere entsprechen im regulären Fall nur der linken Hälfte der Larve und sind sekundär radiär (mit bilateralem Einschlag) gebaut. Der tertiäre Übergang zur bilateralen Symmetrie bei den irregulären Seeigeln und den Seewalzen erfolgte unabhängig voneinander, die Symmetrieebenen beider Gruppen sind weder einander noch der der Larven homolog.

Die Abweichungen von der radiären Symmetrie im Skelet, die exzentrische Lage der Madreporenplatte, des Afters der Seesterne, die Anordnung des Wassergefäßsystems (POLIsche Blase der Seewalzen) sind monostroph bezüglich einer beliebig gewählten Symmetrieebene.

Darm: Bei Seewalzen und vielen Haarsternen eine rechtsgewundene Schraubentour (in sich rückgedreht), bei Seeigeln erst eine links- und dann eine rechtsgewundene Schraubentour.

Larven: Axohydrocoel der rechten Seite rudimentär. Inverse Larven und solche mit beiderseits vollständigem Coelom beobachtet. Asymmetrieumkehr, d. h. die Erzeugung phänotypisch inverser Larven, sowie die Erzeugung von doppelcoelomigen Larven ist gelungen.

§ 17. Mollusca. Amphineura und Scaphopoda.

a) Aplacophora.

Als den Urformen der Mollusken nächststehende Tiergruppe sind die Aplacophoren noch völlig symmetrisch gebaut, weder Nervensystem noch Darmkanal samt Anhängen zeigen irgendeine Abweichung. Die spärlichen Asymmetrien, die gefunden wurden, sind über wenige, ganz distinkte Arten verstreut.

Dondersia[196] besitzt 11 zur Gruppe der „dorsoterminalen" gehörige Sinnesorgane, von denen 5 in der Mittellinie, 5 links und 1 auf der rechten Körperseite liegen. Einige Asymmetrien finden sich am Geschlechtssystem: seitliche, alternierende Einkerbungen an den Gonaden von *Chaetoderma* sp.[204], asymmetrische Gonodukte bei *Amphimenia*[197] und bei verschiedenen Arten gewundene Rezeptakula, die bei regelmäßiger Aufwindung und paariger Anordnung bistrophe Merkmale darstellen. *Metachaetoderma*[199] hat im Vorderende linkerseits stärkere Muskulatur, bei Amphimenia[203] und anderen Formen überkreuzen sich die zur Ventralrinne ziehenden Muskelfasern chiastisch, indem sie jeweils am gegenüberliegenden Rinnenrand ansetzen. Zu erwähnen sind schließlich eine vorübergehende Asymmetrie während der Ontogenese bei *Halomenia*[197] und die bistrophe Radula von *Simrothiella* (re re).

Schraubige Lagerung der langen, bandartigen Formen (Abb. 137).

b) Polyplacophora.

Auch diese Tierklasse ist grundsätzlich symmetrisch gebaut, und nur der Darmtraktus weist im Gegensatz zu den primitiveren Aplacophoren eine Reihe konstanter Asymmetrien auf[198, 201], die sich in Lage, Größe und Form von Magen und Leber sowie im Verlauf des Mitteldarmes äußern. Bei den primitivsten Arten (z. B. *Hanleya*) und ebenso bei den höheren während der Ontogenie münden (Abb. 90) symmetrisch am Ende des median gelegenen Magens die beiden Mitteldarmdrüsen ein. Entweder dadurch, daß die linke Leber allmählich stärker als die rechte zu wachsen begann und so den Anfangsteil des Mitteldarmes auf die rechte Seite drängte, oder daß sich dieser infolge eigenen Wachstums nach rechts verlagerte, wurde der rechten Leber ein Vordringen nach hinten verwehrt, sie verlagerte sich

Abb. 90. Entstehung der Magen-Leber-Asymmetrie der Polyplacophoren. (Schematisiert nach PLATE.)

mehr nach vorn und wuchs infolge des beschränkten Raumes zum Teil in Falten des Magens, den sie gegen links abdrängte, hinein (Abb. 90). Dem Wachstum der linken Leber war nach hinten keine Grenze gesteckt, sie übertraf daher, je weiter die Entwicklung fortschritt, die rechte immer mehr an Größe. Mit diesen Asymmetrien, die man als Folge bevorzugten Wachstums der linken Leber ansehen kann und zu der weder Art- noch individuelle Inversionen bekannt sind, gehen eine Reihe sekundärer Verlagerungen (Lebermündungen usw.) Hand in Hand. Der Magen von *Cryptoplax* weist noch insofern eine Besonderheit auf, als sein hinteres Drittel einen vollen, linksgewundenen Schraubenumgang beschreibt (s. w. u.).

Die Schlingen des an den Magen sich anschließenden Mitteldarmes sind bei den Individuen einer Art stets in einer kon-

stanten, spezifischen Weise gelagert. Als phyletischer Ausgangspunkt kann[201] *Hanleya* betrachtet werden (Abb. 91 a, b), derer
Darm eine in sich rückgedrehte rechtsgewundene
Schraubenlinie mit zwei Umgängen darstellt. Von diesem
leitet PLATE alle übrigen Typen ab:

   ↓ I. *Hanleya*   → sekundär kompliziertere Typen (→ *Cryptoplax*
  ↓ II. *Nuttalochiton* →   „   „   „
  ↓ III. *Chiton*   →   „   „   „

Für die Typen II und III ist charakteristisch, daß sich die
oberste Windung der Darmschraube (bei II mit 1, bei III mit
2 Umgängen) zu einer rücklaufenden Doppelspirale (s. § 4, b

           a   *b*   *c*

Abb. 91. Darmsitus von Polyplacophoren. *a* Grundschema. *b* Hanleya. *c* Nuttalochiton.
(Nach PLATE.)

mit steigender Zahl von Umgängen ausbuchtet (Abb. 93). Die
sekundär abgeleiteten Typen zeigen vielfach systemlose, zum
Teil aber auch gesetzmäßige Weiterbildungen, unter denen die
von *Cryptoplax* (Abb. 92) die interessantesten und verwickeltsten
sind: Die Darmschlingen des *Hanleya*-Typus drehen sich erst
(Abb. 92a) in der vorderen Hälfte um 360° und dann in der hinteren
(Abb. 92 b, c) zweimal um 180° im gleichen Sinn, so daß das
Bild einer rechtsgewundenen Schraubenlinie mit 2 Umgängen
(Abb. 92d) entsteht. Diese Torsion des Darmes um 720° nach
rechts gleicht das Tier dadurch aus, daß (s. o.) der hintere Teil
des Magens um 360° nach links und (nach den Abbildungen
PLATEs zu schließen) der beginnende Mitteldarm um weitere 360°
nach links gedreht ist, so daß hierdurch die eigentümliche Magen-
form von *Cryptoplax* seine Erklärung findet. — Über das Vo-
kommen eines Situs inversus ist nichts bekannt.

Asymmetrien finden sich schließlich noch[193] in Zahl und Lage
der Atrioventrikularöffnungen und der Atrialporen des Herzens,

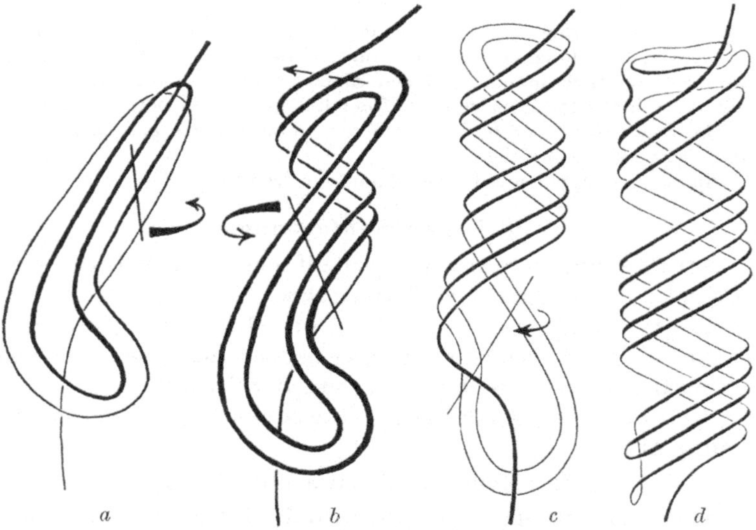

Abb. 92a—d. Schema der Entstehung des Darmsitus von Cryptoplax oculatus. (Modif. n. PLATE.)

jedoch nicht bei allen Individuen einer Art. Bei verschiedenen Arten wurden Links- und Rechtsformen beschrieben.

Spiralfurchung; Schraubenbewegung der Larven; bisweilen schraubiges Laichband.

c) Scaphopoda.

Bei vielen Arten als seltenes Vorkommnis, bei *Dentalium deforme* mit gewisser Regelmäßigkeit, kann die röhrenförmige S c h a l e eine ganz schwache schneckenartige Aufwindung zeigen; CHENU[205] bildet ein linksgewundenes Gehäuse von *D. deforme* ab. Neben dem asymmetrischen Darmsitus, der keine ausgesprochene Schraubung erkennen läßt, hat sich bei dieser Gruppe nur e i n e Asymmetrie entwickelt: als Folge davon, daß die unpaare Gonade das r e c h t e Nephridium als Ausführ-

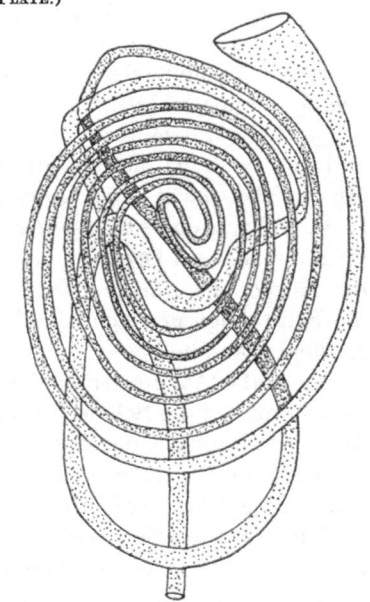

Abb. 93. Acanthopleura brevispinosa. Verlauf des Darmkanals (von oben). (Nach PLATE.)

gang benutzte, erhielt der (immer in der Mediane verbleibende) After eine schiefe Stellung (rechts vorn nach links hinten), aus demselben Grunde vermutlich münden bei den Siphonopoden die vereinigten Ausführgänge der Mitteldarmdrüsen auf der linken Seite in den Magen ein*. — Die Seitenzähne der Radula greifen median alternierend ineinander, eine Zickzacklinie bildend.

Spiralfurchung; Schraubenbewegung der Larven.

d) Zusammenfassung.

Aplacophora: Spärliche artspezifische Asymmetrien, u. a. bistrophe Rezeptakula und Radulazähne.

Polyplacophora: Leber (li > re); Mitteldarm (Ausgangspunkt: eine rückgedrehte rechtsgewundene Schraubenlinie von 2 Umgängen); Herzöffnungen (L- und R-Formen).

Scaphopoda: Schale, Darm, Gonodukt (= rechtes Nephridium), After.

§ 18. Mollusca. Bivalvia (Muscheln).

In der einschlägigen Literatur wird die Tatsache, daß, ähnlich wie bei den Schnecken, auch innerhalb der sehr artenreichen Gruppe der Muscheln kaum eine Spezies existiert, die vollkommen symmetrischen Bau aufweist, viel zu wenig gewürdigt. Die kleineren Asymmetrien sind meist die Folge davon, daß die eine Schalenklappe schloßartig in der anderen gelenkt, der verhältnismäßig hohe Prozentsatz stark asymmetrischer Formen aber ist dadurch bedingt, daß die in ihrer Idealform seitlich kompresse Muschel bei natürlicher Lagerung im Raum basal nur auf einer Kante ruht, so daß schon sehr geringe Verlagerungen oder Asymmetrien der inneren Organe genügen, um das instabile Gleichgewicht des Körpers zu stören und zu bewirken, daß die Muschel sich auf die Seite neigt und schließlich auf die rechte oder linke Klappe zu liegen kommt.

Fast alle Asymmetrien der Muschel sind, falls sie sich nicht überhaupt auf die Schale beschränken, auch in dieser ausgeprägt. Man bestimmt an der Schale das „Oben" durch die Lage von Schloß und Ligament, und weil dieses hinter jenem liegt, ist gleichzeitig Vorn und Hinten, Links und Rechts definiert.

Die Asymmetrien und RL-Merkmale, die die Muschelschale zeigt, zerfallen grundsätzlich in 3 Gruppen, bedingt durch das

---

* Fraglich ist der nur von DISTASO[206] beschriebene linke Renoperikardialkanal.

Schloß, die Wirbel und die ungleiche Form der Schalen-hälften. Hinzukommen gewisse seltene Asymmetrien, wie die Verdrehung der ganzen Schale und solche einzelner innerer Organe.

a) Asymmetrie des Schlosses. Inversionen.

„Das Schloß besteht in seiner Grundzusammensetzung in beiden Klappen aus zahnartigen Vorsprüngen und dazwischen-legenden Vertiefungen, die sich gegenseitig entsprechen"[214], ist also ein typisch irreziprokes Merkmal. Beginnt die L-Klappe von vorn mit einem Zahn, so beginnt die rechte mit einer Vertiefung, und es soll im folgenden* ein solches Schloß als Links-schloß bezeichnet werden. Man pflegt den Schloßbau der Muschel symbolisch durch einen Bruch wiederzugeben, ähnlich der Zahn-formel der Säugetiere; in der einfachsten (teilweise aber unge-rügenden) Schreibweise (STEINMANN), bei der eine 1 einen Zahn, eine 0 die entsprechende Vertiefung bedeutet, stellt sich z. B. ein primitives L-Schloß als $\frac{L\,1001}{R\,0110}$ dar. Vergleicht man die Schloßformeln verschiedener Arten, so findet man linke und rechte in unregelmäßiger Verteilung, so daß das Schloß als gruppeninkonstantes, wahrscheinlich gruppenrazemi-sches Merkmal zu bezeichnen ist.

Die Tatsache, daß innerhalb der Familie der *Chamiden* Arten mit Links- (li 2 Hauptzähne, re 1) neben solchen mit dazu spiegel-bildlichem Schloß vorkommen, bejaht die Möglichkeit einer Inversion auch innerhalb der gleichen Art. In der Tat beschrieb bereits ROSSMAESSLER[225] (1839) ein solches Exemplar von *Unio pictorum* L., DROUET[212] ein anderes von *U. Requieni* MICH., drei weitere Fälle bei *Unioniden* und einen bei *Lampsilis ligamentina* LAM. zitiert PELSENEER[260], und ODHNER[220] fand je ein *Pisidium Scholtzi* CLESS. und *P. Steenbuchi* MÖLL. mit inversem Schloß. Von *Astartiden* kennt man eine rechte Schale mit der linken entsprechendem Schloß bei *A. corrugata* BROWN = *semisulcata* LEACH[215, 227, 218], eine linke Klappe mit inversem Schloß von *A. mutabilis* WOOD[224]; PELSENEER[260] zitiert weitere Inversionen von *A. compressa* L., *A. triangularis* MONTAGU und *A. basteroti* COLBEAU, und DALL[211] führt an, daß diese in der Familie ver-breitete Tendenz zur Inversion des Schlosses so weit gehen kann,

---

* Als rein willkürliche Definition ohne morphologische Bedeutung.

daß vom Subgenus *Goodallia* Turton von *A.* fast jedes dritte
Individuum ein verkehrtes Schloß besitzt. Bei den ungleich
klappigen *Chamiden*, die bald mit der linken, bald mit der rechten
Schale aufgewachsen sind, ist, ausgenommen die Gattung *Chama*
die linke Klappe stets einzähnig, gleichgültig ob sie die freie
Klappe ist oder nicht[226], bei *Chama* hingegen ist Schloß- und
Schaleninversion gekoppelt, alle festgewachsenen Klappen
haben gleiches Schloß. Auf die Bedeutung und Entstehung dieser
Schloßasymmetrie wird im Abschnitt e nochmals eingegangen.

b) Ungleichklappige Schalen.

Unter den lebenden, weit häufiger jedoch unter den fossilen
Muscheln finden sich schwächer (°) bis stark (*) ungleichklappige
Formen; alle Typen mit extremer Asymmetrie (Abb. 94—97)
sind auf Jura und Kreide beschränkt.

Aviculidae.		li meist > re (= flach)
Pernidae	±	
Vulsellidae		
Pectinidae	± °*	*Pleuronectides* †, *Vola* u. a. li flach, *Velopecten* † re flach; *Hinnites* im Alter re festgewachsen
Spondylidae	*	re festgewachsen, li flach
Anomiidae		s. Text
Ostreidae	*	li (selten re) festgewachsen, re (li) flach
Myalinidae †	*	
Mytilidae		*Najadites* †
Unionidae		*Aetheria* li oder re
Megalodontidae †		*M. Loczyi*
Chamidae (einschl. *Monopleuridae*)	*	s. Text
Caprinidae †	*	re aufgewachsen
Rudistae †	*	re aufgewachsen
Praecardiidae †		*Dualina* li (selten re) flach, *Antipleura*
Tellinidae	± °	s. Text
Vlastidae †	*	
Solenomyidae †		*Janeia*°
Pleuromyidae †	± °	
Anatinidae	±	
Myidae	±	*Corbula** (re gewölbt und > li)

Größtenteils extrahiert aus Zittel. † = rein fossile Familie.
± = gleich- und ungleichklappige Arten innerhalb derselben Familie.

Die Ungleichklappigkeit ist innerhalb der Klasse der Muscheln **polyphyletisch** und vermutlich aus verschiedenen Ursachen heraus entstanden. Starke Asymmetrie ist stets einer Familie oder einem ganzen, mehrere Familien umfassenden Stammbaumast gemeinsam, geringgradige bildet sich innerhalb vieler Familien heraus, die dann gleichklappige neben schwach ungleichklappigen und daneben bisweilen eine oder mehrere stärker asymmetrische Arten umfassen. Eine schwache Asymmetrie kann so zutage treten, daß die eine Schalenhälfte gewölbter oder größer als die andere ist und dann bisweilen diese umgreift, auch können Verschiedenheiten in der Skulptur beider Hälften der Ungleichklappigkeit parallel gehen (*Pectinidae*). Anheftung durch Byssus hat nur bei *Anomiiden* zu wesentlicher Asymmetrie geführt, wo dieser die untere (rechte), im Alter sekundär mit der Unterlage verwachsene Schale durchbohrt. Wohl die meisten Fälle von Ungleichklappigkeit haben ihren Grund in der Seitenlage (**Pleurothetismus**) der Tiere, zu der Muscheln infolge ihres bei normaler Stellung stark instabilen Gleichgewichtes (s. o.) leicht neigen. Manche dieser pleurothetischen Formen sind in der Jugend noch gleichklappig, wie die Flußaustern (*Aetheriidae*) und *Hinnites* unter den *Pectiniden*; für sie alle gilt die physiologische Regel, daß die „untere" Klappe bauchiger wird und Tendenz zur

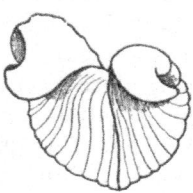

Abb. 94. Diceras arietinum Lmk. Schale von vorn. (Nach STEINMANN-DÖDERLEIN.)

Abb. 95. Requienia ammonia Goldf. Linke Klappe schneckenartig rechtsgewunden, rechte nach Art eines spiraligen Operculum (von außen linksgewunden). (Nach ZITTEL.)

Abb. 96. Caprinula Baylei Gemm. Rechte Klappe verlängert, schwach gewunden, linke als schnekkenförmiger Deckel. (Nach ZITTEL.)

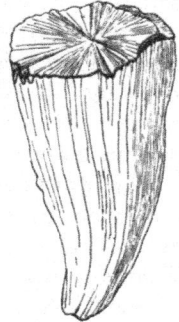

Abb. 97. Biradiolites cornu-pastoris d'Orb. Linke Klappe als Deckel. (Nach ZITTEL.)

Verwachsung mit der Unterlage zeigt, während die „obere" sich mehr und mehr zu einem planen (bis sogar konkaven) Deckel umbildet. Die extremst asymmetrischen Schalen dieser Art besitzt die fast völlig fossile Gruppe der *Chamiden* (Abb. 94, 95), *Capriniden* (Abb. 96) und *Rudisten* (Abb. 97). Die Verteilung des Lagerungssinns (li Klappe unten = L-Form, re unten = R-Form) innerhalb der Muscheln ist inkonstant (verzweigt), doch ist in solchen Familien, die nur asymmetrische Arten enthalten, ein Lagerungssinn vorherrschend. Die verwickeltsten Verhältnisse weist jener Ast des Systems auf, der *Chamiden*, *Capriniden* und *Rudisten* umfaßt; hier werden die links angewachsenen Formen als „normal", die mit linker, freier, deckelförmiger Klappe als „invers" bezeichnet. Die ursprünglichste Gattung *Diceras* (Abb. 94) enthält normale und inverse Arten nebeneinander, doch sind letztere in der Minderzahl, und Gleiches gilt für die jüngste noch lebende Gattung *Chama**. Die übrigen *Chamiden* sind Normaltiere, mit Ausnahme vereinzelter Arten und der Unterfamilie der *Monopleurinen*: diese und die beiden von ihr abstammenden Familien der *Capriniden* und *Rudisten* enthalten ausnahmslos inverse Tiere. Ob innerhalb dieses rein inversen Zweiges, ähnlich den Schnecken, hier und da eine normale Art auftritt, ist mir nicht bekannt.

Der intraspezielle Lagerungssinn ist stark bis extrem monostroph, doch dürften, wenn auch in sehr geringem Prozentsatz, wohl in jeder Art auch Tiere mit entgegengesetzter Lagerung vorhanden bzw. vorhanden gewesen sein. So sind innerhalb der Arten von *Dualina* (Antipleuridae) neben Tieren mit gewölbter rechter und flacher linker Klappe auch spiegelbildliche Exemplare bekannt[216]; Gleiches weiß man von den *Chamiden* *Ch. Lazarus*[227] und *Ch. pulchella*[260], und den deutlichsten Beweis für das Vorkommen intraspezieller Inversion liefern Aggregate von nebeneinander auf gleicher Unterlage oder gegenseitig festgewachsener Individuen, wie sie von *Chama Petiti* RÉCL.[221] (1 li, 1 re) und *Ch. venosa* RVE.[218] (2 li, 1 re) beschrieben wurden. — *Lucina* (*Miltha*) *Childreni* GRAY bildet den seltenen Fall, daß in 50% die linke Klappe gewölbter ist als die rechte, in 50% ist es umgekehrt[210, 222], und Ähnliches gilt für die Flußaustern (*Aetheriiden*)[209]. Auch kommt es vor, daß sich bei solchen Muscheln,

---

* Vgl. hierzu die Ansicht ODHNERS in Abschn. e.

deren eine Klappe normalerweise größer als die andere ist, dieses
Größenverhältnis umkehrt, doch grenzen diese Befunde vielleicht
schon an teratologische heran; so hat man auch bei gewöhnlich
gleichklappigen Muscheln (*Lucina, Venus, Tapes, Tellina*) hier
und da Exemplare gefunden, deren eine Klappe stark gewölbt
ist, während die andere einen Deckel zu dieser bildet[218].

c) Torsion der Wirbel.

Den ältesten Teil der Schale, von dem das Wachstum seinen
Ausgang nimmt, bilden die beiden Wirbel (Umbones). Mit
zunehmender Vergrößerung der Schale rücken die Wirbelspitzen
mehr und mehr auseinander, wobei der
älteste, die Wirbel umfassende Schalen-
teil Tendenz zu schraubiger Einrollung
zeigt. Diese Aufwindung der Wirbelspitzen
ist gewöhnlich nur andeutungsweise, als
ganz schwache Einkrümmung erkennbar,
daneben aber gibt es eine Reihe von Formen, bei denen die Aufwindung immer deutlicher hervortritt, bis sie sich schließlich über
die ganze Schale erstreckt. Kehren sich,
wie bei *Cardium*, die Wirbel genau gegen-

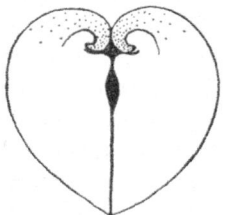

Abb. 98. Congeria subglo-
bosa Partsch. Ansicht von
vorn. (Vereinfacht nach
ZITTEL.)

einander, ist die Aufrollung also eine planspirale, so spricht
man von eingewundenen Wirbeln (Spirogyrie); weitaus häufiger jedoch ist schraubige (schneckenartige) Aufwindung, und
zwar besitzt die Mehrzahl aller Muscheln nach vorn eingerollte
(prosogyre*) Wirbel, d. h. von den bistrophen Wirbeln ist
der rechte links- und der linke rechtsgewunden; weit seltener
ist die Einrollung nach hinten (Opisthogyrie*), also mit
einer Schraubung re re — li li (z. B. *Trigoniidae*). Selten geht
die Aufwindung so weit, daß sich die Apices nach außen
kehren (*Isocardia cor; Congeria†*, Abb. 98). Ergreift sie die ganze
Schale, so entstehen Formen wie die fossile Chamide *Diceras*
(Abb. 94) und bei gleichzeitiger starker Asymmetrie beider
Schalenhälften Tiere, die mit einer normalen Muschel keine Ähnlichkeit mehr besitzen (Abb. 96), bisweilen einer Schnecke mit
Spiraldeckel zum Verwechseln ähnlich sehen (Abb. 95) oder bei

---

* PELSENEER gebraucht neuerdings diese Termini in anderem Sinn.

oberflächlicher Betrachtung den Eindruck erwecken, als sei der eine Wirbel nach vorn, der andere nach hinten eingerollt. Die Einrollung der Wirbel und der Aufwindungssinn sind allein durch das Wachstum der Muschel bedingt: vergrößert sie sich mehr nach vorn, so sind die Wirbel im allgemeinen nach hinten eingerollt, bei Vergrößerung gegen hinten nach vorn, und dazwischen liegt der Fall planspiraler Einkrümmung. Inversionen sind bei diesem bistrophen Merkmal nicht möglich.

d) Torsion und Verbiegung der ganzen Schale.

Waren die bisher genannten Asymmetrien entweder allen Muscheln gemeinsam oder zumindest sehr weit verbreitet, so gibt es daneben noch eine Reihe vereinzelter Abweichungen von der Symmetrie, verursacht durch Verbiegung oder Verdrehung der gesamten, beide Hälften umfassenden Schale, durch Besitz asymmetrischer Anhänge u. a.; Lamy (1930) hat neuerdings alle bekannten Fälle dieser Art zusammengestellt.

Tellina (Arcopagia) plicata Val. z. B. besitzt eine schwach ungleichklappige Schale, deren Hinterteil außerdem nach rechts verbogen ist; hierzu wurden von mehreren Autoren „inverse", d. h. nach links verbogene Exemplare beschrieben (die aber normales Schloß besitzen, so daß kein Schaleninversion vorliegen kann). Ähnliches ist von *T.* (*Tellinella*) *staurella* Lk. bekannt. Bei *T.* (*Moerella*) *semitorta* Sowerby ist das Hinterende der Schale bald nach li, bald nach re gebogen. — Ähnlich verbogene Schalen sind von verschiedenen *Mytiliden*-Spezies bekannt; teilweise handelt es sich hier zweifellos um Abnormitäten, in anderen Arten wieder sind die gedrehten Exemplare so häufig, daß man sie zu Unterarten vereinigen zu müssen glaubte. Von Interesse ist der Fall der Mytilide *Lithodomus aristatus* (Sol.) Dillw., deren Schalenhälften am Hinterrand je einen Fortsatz tragen, bei der einen nach oben, bei der anderen nach unten gebogen. Mörch fand auf den Antillen nur Tiere, deren rechter Appendix nach unten und deren linker nach oben zeigte, am Senegal aber nur Exemplare, bei denen es sich umgekehrt verhielt; Lischke aber fand später am gleichen Ort R- und L-Tiere gleich häufig nebeneinander. Innerhalb der *Arciden* hat sich in steigendem Maße eine Torsion herausgebildet, die bei *Area mytiloides* Br. beginnt und mit *Parallelepipedon tortuosum* endet, eine Torsion, die als eine Linksschraubung um die Schloßachse charakterisierbar ist und immer im gleichen Sinn verläuft, so daß Inversionen nicht bekannt sind. Über die Entstehung dieser Asymmetrie hat sich neuerdings Künnelt[216] geäußert. Ähnliche Torsionen sind bekannt von *Pandora flexuosa* Sow. unter den *Pandoriden* und von vielen *Unioniden*, teils als individuelle Abnormität, teils als monostrophes (*Pseudospatha*-Arten, *Cuneopsis*) oder razemisches (*Nodularia triformis* Heude, *Arconaia*-Arten aus China) Artmerkmal.

e) Über die phylogenetische Entstehung der Schalen-
asymmetrien, ihre gegenseitige Unabhängigkeit
und die Bedeutung der Inversionen.

Daß die Einkrümmung der Wirbel nur eine sekundäre
Folge desjenigen Gesetzes ist, nach dem die Muschelschale sich
vergrößert, wurde bereits bemerkt: eine kontinuierliche Übergangsreihe führt vom proso- über den spiro- zum opisthogyren
Typ. Die Verbiegung oder Verdrehung der ganzen Schale
nach einer Richtung hin ist wohl in vielen Fällen ursächlich
bedingt durch ein schiefes Sicheinsenken des Muschelkörpers in
den Boden, eine Ansicht, die in Form gelegentlicher Bemerkungen
oft in der Literatur wiederkehrt. Diese 2 Typen von Asymmetrie
haben mit den übrigen beiden: der Ungleichklappigkeit und
der Schloßasymmetrie nichts zu tun. Hier aber sind die
folgenden Fragen zu entscheiden: Liegt bei Inversion des Schlosses
einer gleichklappigen Muschel ein totales Corpus inversum oder
nur eine Vertauschung beider Schloßhälften vor? Liegt bei
einem linksaufgewachsenen Exemplar einer normalerweise rechts-
aufgewachsenen Muschelart gleichfalls eine Körperinversion vor,
oder hat das primär symmetrische, nicht inverse Tier sich nur
auf die falsche Klappe gelagert? Die erste Frage beantwortete
ODHNER[220], indem er an dem von ihm gefundenen *Pisidium
Steenbuchi* (s. o.) eine normale innere Organisation feststellte
und zugleich innerhalb der Schale 2 Embryonen mit normalem
Schloß fand: er erachtet deshalb diesen und die übrigen beschriebenen Fälle von Schloßinversion als teratologisch und verursacht durch ein ,,displacement of the hinge elements", also für
eine Vertauschung beider Schloßhälften allein. Zur zweiten
Frage liefert die Familie der *Chamiden* die Antwort: Bei der
ursprünglichen Gattung *Diceras*, die bald links-, bald rechtsauf-
gewachsen ist, ist mit der inversen Art der Lagerung niemals
Schloßinversion verbunden; also hat das normale Individuum
mit normalem Schloß sich lediglich links oder rechts gelagert.
Bei *Chama* jedoch liegen die Verhältnisse anders: Gleichgültig mit
welcher Klappe das Tier festgewachsen ist, alle freien Klappen
einerseits, alle aufgewachsenen andererseits besitzen gleichen
Schloßbau (MUNIER-CHALMAS). Entweder sind also die invers
gelagerten Tiere körperlich vollkommen invers, oder Schloßbau
und Lagerungssinn sind derart gekoppelt, daß — bei normaler

Organisation — Lagerung auf die verkehrte Seite auch inversen
Schloßbau nach sich zieht. Die letzte Ansicht äußerte VEST[227],
der behauptete, der so verschiedene Schloßbau der Muschel sei
nicht ein Produkt des Zufalls, sondern eine Folge und „unterworfen dem Mechanismus der verschiedenen Spannung und
Lostrennung der frisch abgelagerten Kalklamellen an den betreffenden Orten der Schloßplatte", die bei verschiedener Lagerung
der Schale verschieden sein müssen, so daß inverse Lage ein
inverses Schloß nach sich zieht. Neuerdings stellte ODHNER auf
Grund von Untersuchungen an rezenten *Chama*-Arten die Behauptung auf, die inversen Individuen von *Chama* wiesen, was
ihre innere Organisation und Ontogenie anbetrifft*, gewisse
charakteristische Abweichungen gegenüber den regulären auf,
insbesondere sei das Schloß der inversen nicht spiegelbildlich zu
dem der normalen Formen, und vereinigte daher alle rechtsauf-
gewachsenen Individuen zu einer neuen Gattung *Pseudochama*
mit 3 Untergattungen und mehreren Arten, während er nur die
„normalen" Formen im Genus *Chama* beließ. Diese Auffassung
stößt aber zweifellos auf Schwierigkeiten: Die Befunde an *Diceras*,
die von verschiedenen Autoren beschriebenen razemischen *Chama*-
Arten und vor allem die bisweilen gefundenen, nebeneinander angewachsenen Aggregate verschieden gelagerter *Chama*-Individuen
(s. o.) spricht gegen sie. Auf Grund der Erfahrungen an Schnecken
könnte man höchstens folgende Vermutung aus ODHNERs Feststellungen herauslesen: Unter den inversen Exemplaren einer
(monostrophen oder razemischen) *Chama*-Art trat hier und da
ein genotypisch inverses Tier auf, das also diese Inversion
vererbte (was z. B. für die „Urform" des *Monopleurinen-Capri-
niden-Rudisten*-Zweiges angenommen werden muß) und, an isoliertem Ort, eine rein inverse Nachkommenschaft erzeugte, die
sich allmählich (außer der Inversion) in geringfügigen Merkmalen
von den „regulären" Ureltern zu unterscheiden begann. Ge-
langten später diese inversen mit den normalen Nachkommen der
gemeinsamen Urform an die gleiche Lokalität, so wäre es durchaus
möglich, daß beide Nachkommenscharen in kleinen Punkten voneinander differierten, daß also eine „*Pseudochama*"- der ursprünglichen *Chama*-Gruppe gegenüberstände. Neben diesen *Pseudo-*

---

* So sollen alle normalen *Chama* einen Magenblindsack besitzen, den
inversen soll er fehlen.

chama-Arten aber treten, so muß man annehmen, fortdauernd als Ausnahmefall hier und da inverse Tiere auf, auch steht der Annahme echter razemischer Arten nichts im Wege. — Weiter wird von einem Exemplar einer *Pecten*-Art berichtet, die in Lagerungssinn, Schloßbau und innerer Organisation, also vermutlich total invers war[260], und von *Unio* wurde ein Gelege invers sich furchender Eier beobachtet[260]. Endgültig läßt sich nach alledem die Frage nach der Ab- oder Unabhängigkeit von Lagerungssinn und Schloßbau, ebenso die andere, ob bei der inversen Lagerung einer Muschel eine Inversion des ganzen Körpers vorliegt, nicht beantworten. Soviel aber ist sicher, daß 1. Inversion des Schlosses allein vorkommt, daß 2. totale körperliche Inversionen ab und zu beobachtet wurden, daß 3. aber auch Falschlagerung ohne gleichzeitige Inversion des Körpers vorkommt, und vielleicht ist dies für die „inversen" Exemplare der pleurothetischen Muscheln sogar die Regel.

f) Innere Asymmetrien.

Es bedarf keines Hinweises, daß ein vergleichend-anatomisches Studium der inneren Organisation des Muschelkörpers mancherlei Asymmetrien, ähnlich jedoch nicht so zahlreich wie bei den Schnecken, zutage fördern würde (gewundene Kanäle, Darmanhänge usw.). Der Mangel einer hinreichend genauen zusammenfassenden Darstellung auf der einen, die Unmöglichkeit einer Durchsicht der mehr als 7000 Nummern betragenden Literatur auf der anderen Seite läßt es, zugleich in Rücksicht auf den beschränkten Raum, zweckmäßig erscheinen, auch auf die Aufzählung von Einzelfällen zu verzichten; nur 2 Asymmetrien, die von besonderem Interesse sind, seien angeführt. Bei den *Pectiniden*, die durch klappende Bewegung ihrer ungleichen Schalenhälften umherschwimmen, gehen nur von der linken Statocyste bewegungserregende Reflexe aus. Der Kristallstiel, jenes wurstförmige Gallertgebilde, das im Mitteldarm oder einem besonderen Blindsack desselben liegt und mit dem freien Ende in den aboralen Teil des Magens hineinragt, wird durch die Flimmerung der umgebenden Darmwand in dauernder Rotation gehalten[219]: er macht, von vorn betrachtet, bei der Auster 10, bei der Austernlarve 60 Umdrehungen pro Minute, im Sinne des Uhrzeigers, und ebenso verhält es sich bei der Muschel *Modiolus*. Da er gleichzeitig allmählich ins Magenlumen vorgeschoben wird, handelt es sich bei dieser Bewegung in Wirklichkeit um eine Linksschraubung von sehr geringer Ganghöhe.

g) Zusammenfassende Tabelle.

Schloßasymmetrie: Gruppenrazemisch; Arten monostroph (Inversionen bekannt), nur die U.-G. *Goodallia* von *Astarte* amphichrom (1 : 2). Es handelt sich stets um Inversion des Schlosses allein, nicht um totale Inversion des Körpers.

Ungleichklappige Schalen: Eine Folge der Seitenlagerung
Lagerungssinn gruppeninkonstant (verzweigt).

Amphidrome *Chama*-Arten
↑
Chama (li > re)   *Rudisten* (re)
↑   *Capriniden* (re)
↑
Hauptmasse der *Chamiden* (li) ←╲ ╱→ U. F. *Monopleurinen* (re)
│
Diceras (li > re)

Schema der Verteilung des Lagerungssinns im Systemast der *Chamiden.*

Familien meist monostroph (inverse Gattungen bekannt); Gattungen meist monostroph (*Diceras* und *Chama* amphidrom li > re);
Arten meist monostroph (Inversionen bekannt; *Lucina Childreni*
und *Aetheria*-Arten razemisch, einige *Chama*-Arten amphidrom
[razemisch?]).

Wirbel: Bistroph, meist prosogyr (li re — re li), selten spirogyr
(planspiral), weniger häufig opisthogyr (li li — re re).

Verbiegung oder Verdrehung der Schale: Arten mono-
stroph (Inversionen bekannt), selten razemisch. *Lithodomus aristatus*
an einem Orte nur li, an anderem nur re, an drittem razemisch.

Innere Asymmetrien: U. a. Bewegung des Kristallstiels
(Linksschraubung).

Koppelung von Schloßasymmetrie und Ungleichklappigkeit: Bei *Diceras* wird der (konstante) Schloßbau durch
Inversion des Lagerungssinns nicht beeinflußt; bei *Chama* ist mit
Lagerungsinversion Schloßinversion verbunden (totales Corpus
inversum?). Daneben gibt es Fälle von Schloßinversion allein (s. o.)
sowie Anzeichen für die Existenz totaler körperlicher Inversionen
(*Unio, Pecten*).

§ 19. Mollusca. Gastropoda (Schnecken).

Die Klasse der Schnecken ist definiert als eine Gruppe von
Tieren, die ohne Ausnahme grundsätzlich asymmetrisch gebaut
sind und zumindest noch Reste dieser Asymmetrie in ihrem Körper
aufweisen. Die Frage, wie, d. h. durch welche Vorgänge die
typische Schneckenasymmetrie entstanden ist, beantworten alle
Autoren übereinstimmend; die Meinungen differieren jedoch
bezüglich der zeitlichen Aufeinanderfolge dieser Vorgänge und
bezüglich der Gründe, die sie veranlaßt haben.

a) Die phylogenetische Entstehung der Schneckenasymmetrie.

Die Schnecken leiten sich von einem unbekannten hypothetischen Urmollusk ab, dessen ungefähres Aussehen in Abb. 99 wiedergegeben ist: ein Kopffußteil ist durch ein Verbindungsstück mit dem Eingeweidesack verbunden; eine von einer Schale überkleidete Mantelfalte läßt hinten eine Mantelhöhle frei, die die Kiemen enthält und in die Enddarm und Nephridien münden. Von oben betrachtet entspricht der Situs durchaus dem eines Amphineuren (Abb. 100a). Aus diesem Urmollusk ging der „Typus der Schnecke" (Prosobranchier) dadurch hervor, daß erstens Eingeweidesack samt Mantelhöhle sich um das Verbindungsstück um 180° im Sinne

Abb. 99. Urmollusk. Schema. (Nach NAEF.)

des in Abb. 102 gezeichneten Pfeiles drehten (Torsion*), daß zweitens von den nach vorn verlagerten Mantelorganen (Kiemen, Herzvorkammern, Nephridien) die der ursprünglich linken Seite sich rückbildeten (Reduktion der Mantelorgane), und daß drittens der Eingeweidesack samt Schale sich „schneckenförmig" aufwand (Aufwindung) (Abb. 101 d, e, f). Als alleinige Folge der Torsion kommt die charakteristische Chiastoneurie der Prosobranchier zustande, und weil der rechte Nervenstrang über den linken zu liegen kommt, stellt die Torsion in Wirklichkeit eine Rechtsschraubung von geringer Ganghöhe dar.

Die drei Vorgänge: Torsion, Reduktion der Mantelorgane einer Seite und Aufwindung sind insofern

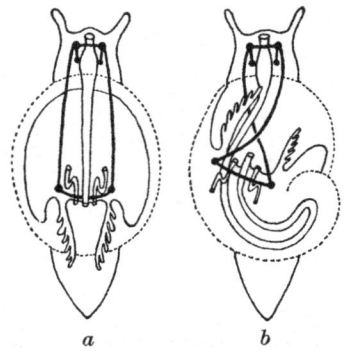

a b

Abb. 100. a Urmollusk. b Ur-Prosobranchier.

voneinander unabhängig, als jeder einzelne ohne die beiden anderen, als zwei beliebige ohne den dritten denkbar sind. Die Frage, in welcher Reihenfolge und in welchem Kausalzusammenhang sie

---

* Ähnlich wie in Abb. 101 a—c, nur wäre die dort gezeichnete Aufwindung der Schale wegzudenken.

abliefen, führt zu dem Problem der ursächlichen Entstehung der Schneckenasymmetrie, das durch viele Hypothesen zu erklären versucht worden ist (Übersicht bei NAEF[257]). Von diesen Meinungen

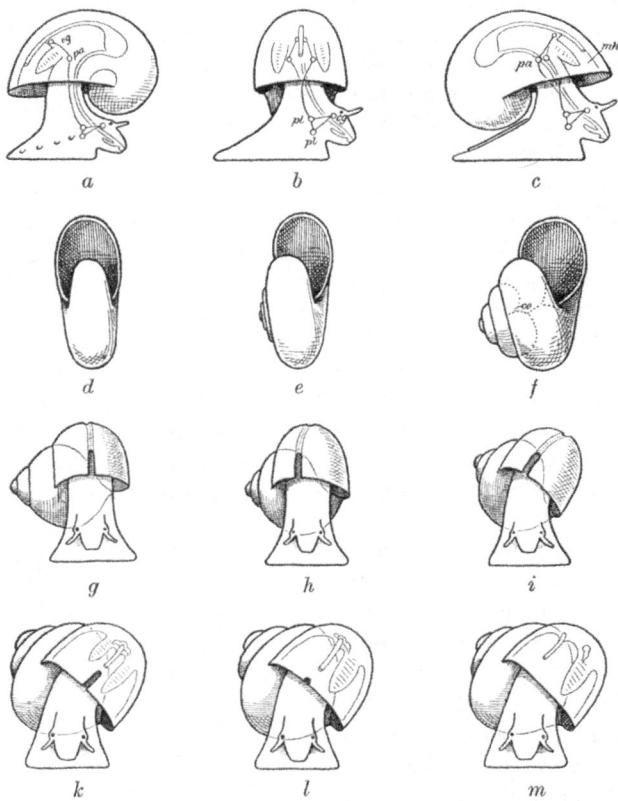

Abb. 101. Phylogenie der Prosobranchier nach NAEF. *a—c*: Torsion als Folge des Übergangs von schwimmender zu kriechender Lebensweise. *d—f*: Übergang von planspiraler zu turbospiraler Aufwindung (allgemeine Tendenz). *g—i*: Übergang zu schiefer Tragart des Gehäuses aus Stabilitätsgründen. *k—m*: Reduktion im Pallialkomplex als Folge der seitlichen Tragart. (Nach NAEF.)

verdienen nur drei angeführt zu werden: die Ansicht der älteren Autoren (vornehmlich LANG[254]), die PLATES[262] und schließlich diejenige NAEFs[257] als neueste.

LANG (1891) versuchte als erster, unter Übernahme einiger Gesichtspunkte früherer Autoren, die ganze Gruppe von Erscheinungen zusammenhängend zu betrachten und phylogenetisch und kausal zu erklären. Er ging bei seinen Überlegungen vom Wachstum der Schale aus und vermutete, daß diese bei den Urmollusken flach-napfartig geformt war, sich allmählich zu kegel-(*dentalium-*) förmiger Gestalt erhob, wobei sie notwendigerweise umkippen mußte. Unter Rücksicht auf Lokomotion und die hinterständige Lage der Mantelorgane ist aber die seitliche Tragart die zweckmäßigste. Klappte die Schale also nach der linken Seite um, so würde auch der Schwerpunkt des Körpers dahin verlagert, dieser aber hätte (Abb. 102) aus physikalischen Gründen (infolge der vorwärts gerichteten Lokomotion) das Bestreben, in die frühere Sagittalebene zurückzugelangen, es käme zu einer Wanderung von Eingeweidesack samt Schale in Richtung des in Abb. 102 gezeichneten Pfeiles 2: zur Torsion*. Der einseitige, durch die Schale ausgeübte Druck würde ferner die linke Hälfte der Mantelhöhle benachteiligen und die Reduktion der linksseitigen Pallialorgane verursachen. Bezüglich der Aufwindung der Schale gab LANG zwar an, durch welche Wachstumsvorgänge eine solche zustande käme, ging jedoch auf die Gründe, die ein solches Wachstum bewirkten, nicht ein.

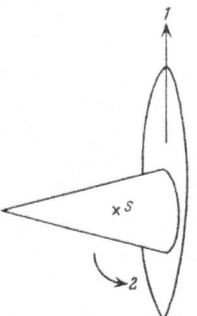

Abb. 102. Bei der (von oben gesehenen) Urschnecke ist der kegelförmige Eingeweidesack nach links umgekippt und daher der Schwerpunkt (*s*) nach links verlagert. Infolge der nach vorn (*1*) gerichteten Kriechbewegung trachtet *s* (und daher der Eingeweidesack), sich längs *2* so lange zu drehen, bis *s* in die Kriechrichtung fällt.

NAEF (1913) hat eine von den früheren völlig abweichende Theorie für die Entstehung der Schneckenasymmetrie aufgestellt, die zwar auf den ersten Blick verwickelt erscheinen mag, die jedoch in allen Punkten und mehr als die übrigen Ansichten durch Tatsachenmaterial gestützt ist und vor allem der logischen Forderung der gegenseitigen Unabhängigkeit von Torsion, Reduktion und Aufwindung als einzige völlig gerecht wird. NAEF geht von einem hypothetischen Urmollusken aus, der symmetrisch gebaut ist; sein Körper setzt sich aus einem Kopffuß (= Schwimm- und Haftapparat) und einem Eingeweidesack (mit retroflexiertem

---

* Es ist unnötig, mit THIELE[269] anzunehmen, die Torsion sei die rein mechanische Folge davon, daß die Schale erst so weit umkippte, bis sie auf dem Boden schleifte.

Enddarm, Schale und „hinterständiger" Mantelhöhle) zusammen
der mit ersterem durch ein halsartiges Mittelstück verbunden ist,
seine Lebensweise ist schwimmend, wofür die Veligerlarven eine
Reminiszenz darstellen. Die ursprünglich symmetrisch-kegel-
förmige Schale ist anfangs gerade, später als Folge asymmetrischen
Wachstums hornartig gebogen und rollt sich schließlich exogastrisch (Abb. 101a), d. h. nach vorn, zu einer ebenen Spirale
ein, alles noch im Bereiche der Urmollusken, bevor die Ur-
schnecken sich aus ihnen differenzierten. Schnecken entstanden in dem Moment, wo die schwimmende Urform
zur kriechenden Lebensweise überging. Die Beibehaltung
der exogastrischen Schalenwindung war dann undenkbar, sie
wurde durch Torsion, durch schraubige Drehung des Mittelstücks,
korrigiert. Diese ältesten Gastropoden waren, von der Verdrehung
des Mittelstücks und, als dessen Folge, der Chiastoneurie abgesehen, noch völlig symmetrisch. Den Anstoß zur Asymmetrie
gab die bei allen Mollusken auftretende Tendenz, die anfänglich
planspirale Schale „schneckenartig" aufzuwinden (Abb. 101d, e, f,
was eine schiefe Tragart der Schale (Abb. 101i) zur Folge hatte,
und diese erst war es, die durch den einseitig stärkeren Druck
die Reduktion der primär linken Mantelorgane bewirkte. So
läßt sich z. B. die noch fast völlige Symmetrie der inneren Organe
von *Pleurotomaria* ungezwungen erklären. Daß sekundär bei den
Pulmonaten durch Konzentration des Nervensystems in den
vorderen Körperabschnitt die Chiastoneurie vollkommen und
bei den Opisthobranchiern durch nachträgliche regulatorische
Detorsion die ursprüngliche Torsion teilweise wieder aufgehoben
wurde, übernimmt NAEF von früheren Autoren.

Beide Theorien lassen einen Punkt völlig außer
acht, die Entstehung des Drehungssinnes. Rechts- und
linksgewundene Schnecken sind offenbar gleich gut möglich, und
die fast völlige Monostrophie der Gastropoden fordert die Frage,
warum die Torsion rechtsherum erfolgte*. Hier bietet, falls man
nicht absolut monophyletische Abstammung oder Aussterben
aller ursprünglichen Linksformen annehmen will, PLATE[262] einen
Fingerzeig, der darauf hinwies, daß in Übereinstimmung mit den

---

* bzw. (frühere Autoren) die Schale nach links umkippte. Bei NAEFs
Ansicht kann die spätere Rechtsaufwindung der Schale als direkte Folge
der anfänglichen Rechtstorsion aufgefaßt werden.

Chitonen die Leber der Schnecken sich immer paarig anlegt, daß aber bei rechtsgewundenen Tieren die linke, bei linksgewundenen die rechte Leber sehr früh rascher wächst und daher die größere wird[242], wenn sich die rechte nicht überhaupt zurückbildet. PLATES Versuch, die gesamte Asymmetrie der Schnecken auf dieses eine Moment zurückzuführen, dürfte kaum wesentliche Zustimmung finden, ein Kausalzusammenhang aber: daß eine ererbte Leberasymmetrie bei Bestehen einer Tendenz zur Torsion den Ausschlag für rechts gab, ist als bestechende Möglichkeit nicht von der Hand zu weisen.

b) Die Form der Schneckenschale.

Die typische gewundene Schneckenschale ist nach dem Prinzip der Schneckenlinie (§ 4) gebaut, einer auf einem Kegelmantel aufgewickelten Kurve, die, auf eine zur Kegelachse senkrechte Ebene projiziert, eine Conchospirale ergibt. Diese hat (s. o.) die Eigenschaft, daß auf einem beliebigen Radiusvektor die Windungsabstände eine geometrische Progression vom Quotienten p bilden. Je nach der Größe von p nehmen die Windungen langsam oder rasch an Weite zu. Die Steil- oder Flachheit der Schneckenschale ist vom Windungsquotienten unabhängig.

In vielen Fällen bleibt p nicht konstant, sondern nimmt plötzlich einen anderen Wert an, der größer oder kleiner als der ursprüngliche sein kann (exosthene bzw. endosthene Schalen). Selten kommt es vor[266], daß p mehrere Werte nacheinander annimmt. Ebenso wie p kann (artkonstant) auch die Windungsachse plötzlich ihre Richtung oder der Windungskegel den Grad seiner Steilheit ändern; solche Schalen hat man mit den auffällig exo- und endosthenen zusammen als alloiostrophe zusammengefaßt.

c) Der Windungssinn der Schneckenschale.

Bei der Schneckenlinie läßt sich der Windungssinn wie bei der gemeinen Schraubenlinie definieren: sie ist rechts- oder linksgewunden, je nachdem beim Blick in Richtung der Schalenachse ein die Linie durchlaufender und dabei vom Beschauer sich entfernender Punkt sich im oder gegen den Sinn des Uhrzeigers zu bewegen scheint. Die Mehrzahl aller Schneckenschalen ist rechtsgewunden; linksgewundene (inverse) Arten sowie linksgewundene Individuen rechtsgewundener Arten, und umgekehrt, sind selten.

In einigen Gruppen (*Turritellidae* und *Pyramidellidae* unter den Prosobranchiern, *Actaeon*, *Tornatina* usw. unter den Opisthobranchiern, *Melampus* unter den Pulmonaten) kommt es vor, daß der jüngste Teil der Schale (die ursprüngliche Embryonalschale) gegensätzlich zur übrigen Schale gewunden ist (Heterostrophie), wofür PLATE[262] eine plausible Erklärung gegeben hat: Auf die anfänglich wenig verkalkte, nachgiebige Embryonalschale wurde von den weiteren, schneller verkalkenden Windungen ein Druck ausgeübt, der jene zunächst aufrichtete und schließlich zum Umklappen brachte, so daß der Windungssinn der jüngeren Umgänge der primäre ist. Hierfür spricht u. a. das Vorkommen von Individuen mit normalem Apex innerhalb der gleichen Art sowie die Tatsache, daß das hypothetische „aufgerichtete" Zwischenstadium bisweilen gefunden wurde.

Alle typischen rechtsgewundenen Schnecken besitzen die in Abb. 100b dargestellte innere Organisation, die linksgewundenen sind auch innerlich spiegelbildlich gebaut. Daneben gibt es eine kleine Gruppe sog. hyperstropher, d. h. falsch rechts- oder links- (ultralinks bzw. -rechts) gewundener Arten, die mit äußerlicher Linkswindung den inneren Bau der Rechtsschnecke verbinden, und umgekehrt. Die Entstehung solcher Formen stellt man sich nach LANG[254] so vor, daß normale rechts- (oder auch links-) gewundene Schnecken in Anpassung an bestimmte Lebensbedingungen (Bewegung zwischen dichtem Pflanzenwuchs, in Spalten, pelagische Lebensweise) zur planspiralen Schale, aus der sie nach NAEF hervorgegangen sind, zurückkehrten (*Planorbiden*, flache *Helices*, *Campylaeen*, viele Heteropoden)*; bei einigen Arten setzte sich diese mit der Abflachung verbundene Wanderung des Apex noch weiter, auf die Gegenseite hinaus, fort**, so daß hyperstrophe Tiere entstanden. An Hand von sieben Ampullarienarten konnte LANG diesen Übergang von der rechtsgewundenen über die planspirale zur falsch linksgewundenen Form illustrieren und für die Richtigkeit seiner Hypothese weiter

---

* Im Gegensatz zu den nach NAEF primär planspiralen Belleromorphen †.

** Entweder (wahrscheinlich) handelt es sich um ein übers Ziel hinausschießendes „Beharrungsvermögen" der ursprünglichen Tendenz zur Abflachung, oder es kehrten aus irgendwelchen Ursachen die Schnecken tertiär von der plan- zur turbospiralen Aufwindung zurück, wobei von den beiden Möglichkeiten rechts oder ultrarechts (bzw. links oder ultralinks) dieser letztere oder (Planorbiden?) bald der eine, bald der andere Weg gewählt wurde.

folgenden Beweis anführen: Wo ein spiraliges Operculum vorkommt, ist, von außen betrachtet, der Windungssinn dieser Spirale dem des Schneckenhauses entgegengesetzt, und in der Tat ist bei hyperstrophen Formen Schale und Deckelspirale gleichgewunden. Solche falsch aufgewundene Formen sind: die *Limaciniden* †, die Untergattung *Lanistes* von *Ampullaria* (Pros.), diejenigen Pteropoden, die im Larven- oder erwachsenen Zustand eine aufgewundene Schale besitzen; unter den *Planorbiden* (Pulm.) schließlich, die innerlich wohl ausnahmslos Linksformen darstellen, gibt es neben der Hauptmasse der planspiralen und einigen linksgewundenen auch solche Arten, die rechts aufgewunden, also hyperstroph sind (*Choanomphalus Maacki, Pompholyx solida*[258]). Von der normalerweise flach spiraligen bis schwach ultrarechts gewundenen *Planorbis corneus* fand GEYER[245] neben einigen abnorm stark rechts- auch ein äußerlich linksgewundenes Exemplar, ohne allerdings anzuführen, ob eine nichthyperstrophe Links-, oder was vielleicht wahrscheinlicher ist, eine hyperstrophe Rechtsform, also eine Inversion des ganzen Tieres, vorlag.

Abb. 103. Cylindrella hystrix Wright. (Schemat. nach COOKE.)

Von prinzipiellem Interesse ist schließlich die doppelt aufgewundene *Cylindrella hystrix* WRIGHT (Abb. 103): die primär hochkegelförmige, aus vielen Umgängen bestehende Schale rollt sich sekundär zu einer weiten, gleichfalls rechtsgewundenen Schneckenlinie ein.

d) Das Operculum der Prosobranchier.

Der Deckel der Prosobranchier zeigt bei vielen*, und zwar vorwiegend bei primitiven Formen spiralige Struktur: Diese Deckelspirale weist nur selten (ursprünglicher Zustand) gleichviel, meistens weniger Umgänge als die Schale auf, ist an der Innenseite des Deckels in der Regel deutlicher erkennbar und stellt z. B. bei *Turbo* (nach MOSELEY) eine fast mathematisch exakte logarithmische Spirale dar. Ihr Windungssinn ist — das Operculum von außen betrachtet — stets dem der Schale entgegengesetzt**.

---

* Liste in BRONN III, 2. S. 222/23.

** KEFERSTEINS Behauptung, *Atlanta* mache eine Ausnahme, wurde bereits von PELSENEER bestritten und ist nach eigenen dahin zielenden Untersuchungen unrichtig.

Weil das Operculum sich bisweilen von der planspiralen zur (nach außen) konischen Aufwindung erhebt und dann die Schnecke äußerlich die Gestalt eines zweiklappigen Tieres mit bistrophen Schalen (re re — li li) annähme, weil ferner einige ungleichklappige Muscheln einer bedeckelten Schnecke zum Verwechseln ähnlich sehen (Abb. 95), und aus einigen anderen Gründen stellte GRAY[248]

die (unhaltbare) Hypothese auf, die Schale der Schnecke sei der einen, der Deckel der anderen Klappe der Muscheln äquivalent, während in Wirklichkeit das Operculum offenbar von akzessorischem Charakter ist.

Die spiralige Struktur des Operculums hat darin ihre Ursache, daß ihr Wachstum, das dem der Schalenöffnung parallel geht, durch einen kontinuierlichen spiraligen Zuwachsstreifen erfolgt (Abb. 104), so daß das freie Ende des äußersten Umganges den jüngsten Teil des Deckels darstellt. Voraussetzung ist hierfür, daß sich der Deckel allmählich um seine Anwachsstelle

Abb. 104. Operculum von Turbo sp. von innen. Es sind einige der zahllosen sichtbaren „Zuwachslinien" eingezeichnet. Diese Linien geben den freien Rand des Deckels in verschiedenen Altersstadien an und lassen erkennen, daß der Deckel beim Wachstum sich selbst stets geometrisch ähnlich bleibt.

am Fuße dreht, und in der Tat soll, damit eine Torsion des Fußes vermieden wird, der am Deckel angewachsene Collumellarmuskel seine Ansatzstelle dauernd im gleichen Sinne verändern (HOUSSAY[250])*.

e) Die Verteilung des Windungssinns.

Die Schnecken und vorzugsweise die Pulmonaten liefern zur Frage der Verteilung eines asymmetrischen Merkmals und seiner Inversion das größte Material an Befunden und Experimenten, und darum hat ein genaues Eingehen auf die vorliegenden Tatsachen ein weit über den Rahmen dieser speziellen Tierklasse hinausgehendes Interesse, und die aus ihm ableitbaren Schlüsse bilden einige der wenigen (wenn auch vielleicht nur vorläufiger) Grundsteine für die Theorie des RL-Problems. In diesem Abschnitt sind die wesentlichsten Tatsachen über die Verteilung des Windungssinnes in systematischer Folge wiedergegeben, an ihre theoretische Deutung wird erst im Abschnitt h herangetreten,

---

* „Le muscle se déplace en tournant sur l'opercule."

nachdem zuvor, als Grundlage, über die Vererbung der Schalenwindung alles Bekannte mitgeteilt worden ist.

1. **Intraspezielle Verteilung:** Es sind extrem monostrophe und
razemische Arten sowie verschiedene Übergänge zwischen diesen
beiden Extremen bekannt.

a) Extrem monostroph: Die Mehrzahl aller Schneckenarten ist extrem monostroph, und es kann als (freilich unbeweis-
bare) Tatsache gelten, daß innerhalb jeder Art einmal ein inverses
Tier gefunden werden wird, sofern nur von jeder eine hinreichend
große Zahl von Individuen der Untersuchung zur Verfügung
steht. Unsere heutige Kenntnis inverser Exemplare erstreckt
sich daher vorzugsweise auf relativ häufige Spezies, und die Liste
der Arten, zu denen inverse Tiere bekannt sind, mehrt sich durch
kasuistische Mitteilungen von Jahr zu Jahr. Die neueste Liste
HOFFMANNS[266] (basierend auf PELSENEER[260], DAUTZENBERG[239]
und SCHLESCH[264]) umfaßt 135 rechtsgewundene Pulmonaten-
arten*, zu denen Linkstiere bekannt sind. Es seien nur zwei
dieser Arten genannt: die meist vergessene *Arion empiricorum* und
Clausilia livida als abnorm rechtsgewundene Art des normal
linksgewundenen Genus *Clausilia*, deren Linksexemplare also in
ihrer Phylogenie eine dreimalige Inversion aufweisen. Zu normalerweise linksgewundenen Arten sind Rechtstiere bekannt von:
Buliminus (Ena) quadridens, Pupa perversa und *P. contraria,
Balea perversa*, 14 *Clausilia*- und 2 *Physa*-Arten. Der Seltenheits-
grad der Inversen ist ein verschiedener[0260]: *Helix pomatia* 1 : 6000
bis 1 : 18000, *Clausilia biplicata*[265] 1 : 150000; BOETTGER[0265] fand
unter mehreren hunderttausend selbstgesammelter *Clausilien* 3 Inverse, von *Littorina littorea* und *Turbinella pirum*[0260] kommt
auf Millionen bekannter Exemplare nur je ein einziges inverses
Tier. Trotz alledem ist die absolute Häufigkeit dieser Inversen
("Schneckenkönige"[261]) nicht allzu gering, wie die Handelskataloge
oder die Berichte einzelner Sammler (vgl. GEYER[245]) beweisen**.

b) Amphidrom-nichtrazemisch bis schwach monostroph: Der eben genannten überwiegenden Mehrzahl der

---

* HOFFMANNS Liste berücksichtigt nur Pulmonaten; PELSENEER berücksichtigt alle Schneckenordnungen.
** Für *Helix* ist verschiedene Häufigkeit der Inversen in verschiedenen
Gegenden wahrscheinlich[251]. — *Clausilia bidentata* soll eine Häufigkeit
der Inversen von 1 : 3000 besitzen[260].

Schneckenarten, bei denen ein Windungssinn außerordentlich prädominiert, steht eine Reihe von Formen gegenüber, die in der Schneckenkunde bisher als „amphidrom" zusammengefaßt wurden. Sie sind entweder razemisch, oder ein Windungssinn herrscht mehr oder weniger vor (genaue Zahlenangaben fehlen leider meist), doch ist zwischen ihnen und den extrem monostrophen Formen ein deutlicher Sprung, der darin zum Ausdruck kommt, daß stark monostrophe Arten unserer Nomenklatur* fehlen. Alle in diesen Abschnitt gehörigen Formen sind weiter dadurch charakterisiert, daß in der näheren Verwandtschaft jeder Art auch inverse, razemische oder Arten mit an verschiedenen Orten verschiedener Verteilung des Windungssinnes auftreten, d. h. daß in dem jeweiligen Verwandtschaftskreis der Windungssinn ein in gewissem Sinne labiler ist. — Amphidromnichtrazemisch sind nach PELSENEER[260]: *Fulgur perversus Tortanellina (Ochroderma) cumingiana* und *Ariophanta (Euhadra) amphidroma* mit Prävalenz der Links-, *Fulgur carica* mit Prävalenz der Rechtsexemplare. Schwach monostroph, vorzugsweise links Viele *Lymnaea*-Spezies (*turgidula, compacta, ambigua*, Hawai Formen) und *Amphidromus contrarius* und *adamsi*, vorzugsweise rechts: Genus *Campeloma***.

c) Razemisch: Von razemischen Arten („franchemen amphidrom" nach PELSENEER) führt dieser nur an: einige Arten von *Ariophanta* und *Orthalicus* und *Lymnaeen* von den Hawai-Inseln.

d) RL-Verhältnis im Gesamtverbreitungsgebiet der Art nicht konstant. Hierher gehören erstens diejenigen nicht allzu seltenen Fälle, wo von einer extrem monostrophen Art an abgelegenen Orten eine Population ausnahmslos invers gewundener Tiere gefunden wurde: eine Kolonie von über 2000 subfossilen inversen *Cepaea nemoralis* in Irland[0265], inverse *C. aspersa* bei La Rochelle[0265] und einigen anderen isolierten Stellen Europas[0260] in relativ großer Häufigkeit, linksgewundene *Zebrinus purus* WEST. in Persien[0265], rechtsgewundene *Jaminia quadridens* im Winschgau[0265] und rechtsgewundene *J. scapus* in Vorderasien[0265] und von Basommatophoren linksgewundene *Radix*

---

* Also mit einer Häufigkeit der inversen Exemplare, die zwischen etwa 1 : 3000 bis 6000 und 1 : 100 liegt.

** Über Unterarten von *Partula oheitana* s. unter d.

peregra an verschiedenen Orten[0265]. FLACH* fand an einem Bergabhang bei Luco (Abruzzen) nur rechtsgewundene, also inverse Exemplare der sonst außerordentlich windungskonstanten *Clausilia leucostigma*, während auf der anderen Seite des Berges nur normale Tiere vorhanden waren, und ordnete die inversen Formen einer neuen Rasse (Unterart) ein, da sie sich durch eine größere Zahl von Umgängen ($10^1/_2$—11) von dem Typus unterscheiden sollten**. Ähnliches schließlich kennt man von monostrophen Arten solcher Gattungen, die neben diesen auch razemische und amphidrom-nichtrazemische Arten enthalten, vor allem von *Lymnaeen* (*L. peregra, stagnalis*)[0260, 0265]: in kleinen Tümpeln hat man oft Jahre hindurch invers gewundene Tiere in hohem Prozentsatz aufgefunden. — Ein zweiter Modus, der von dem erstgenannten nicht wesentlich verschieden zu sein braucht und zumindest in einzelnen Fällen mit ihm identisch ist, liegt dann vor, wenn von einer Art zwei Fundorte bekannt sind, an deren einem sie nur als Rechts-, an deren anderem nur als Linksform auftritt. Beispiele dieser Art sind[0260]: *Pupoides pacificus*, rechts in NO-Australien und den benachbarten Inseln, links auf der nordwestlich Australien vorgelagerten Insel Cassini; *Eulota mercatoria*, links auf der südjapanischen Insel Koumé-Shima, rechts an anderen Fundorten usw. — Drittens können von einer Art an einem Ort nur (oder fast nur) Rechtsformen vorkommen, während an einem zweiten razemische Verteilung statthat und evtl. noch ein dritter mit ausschließlich oder fast ausschließlich Linkstieren existiert[0260]: *Pupoides contrarius* ist in Zentralaustralien razemisch, an der Nordküste nur linksgewunden, Ähnliches ist für *Buliminus*-Arten konstatiert; *Partula oheitana* ist, summarisch betrachtet, im Zentrum ihres Verbreitungsgebietes amphidrom, linksgewunden am einen und rechtsgewunden am anderen Ende desselben, ein Verbreitungsbild, das bei genauerem Zusehen sich auflöst in eine Reihe sich teilweise gegenseitig überdeckender Wohngebiete verschiedener Unterrassen, die ausschließlich links-, überwiegend rechts- oder überwiegend linksgewunden sind, von welch letzteren in manchen Tälern jedoch die Rechtstiere die Majorität behaupten. Von einer anderen

---

* 243; vgl. 248, 264, 265.

** Eine ganz analoge Rassenbildung wurde von *Clausilia straminicollis* beschrieben[0260].

Art, *P. suturalis*, fand GARRET[244] im Jahre 1875 auf Moorea (Gesellschaftsinseln) die ausschließlich rechtsgewundene Unterart *alternata* in dem in Abb. 105 mit I bezeichneten Wohngebiet, die rechts- oder linksgewundene *P. s. vexillum* im Gebiete II; nach CRAMPTONS[237] Berichten aus dem Jahre 1925 hatte *P. s. alternata*

ihr Verbreitungsgebiet beibehalten, *P. s. vexillum* aber inzwischen den gesamten übrigen Teil der Insel bevölkert, doch derart, daß die Links- stets den Rechtstieren vorauseilen.

2. Intragenerelle Verteilung. Die meisten Gattungen der Schnecken enthalten nur rechts-gewundene Arten. Selten (A) ist

Abb. 105. Verbreitung von Partula suturalis vexillum und P. s alternata auf Moorea. (Kombiniert nach CRAMPTON.)

der Fall einer einzigen inversen Art innerhalb einer Gattung, oft (B) zeigen mehrere einander näher verwandte Arten, die man häufig zu einem Subgenus vereinigt, Inversion. Schließlich gibt es Gattungen, die fast (C) oder ausnahmslos (D) nur inverse Arten enthalten. Der hier vertretene und später begründete Standpunkt ist der, daß es sich bei C und D um „inverse" Gattungen handelt, d. h. um Gattungen, deren Urform ein genotypisch inverses Tier war, aus dem divergierend die einzelnen inversen Arten entstanden, daß demnach bei C die wenigen rechtsgewundenen Arten durch neuerliche Inversion aus dem Typ der Gattung hervorgingen, eine Ansicht, für die auch die nahe Verwandtschaft der Arten beim Falle B spricht. Eine Liste von 11 inversen Gattungen (1 Prosobranchier, 10 Pulmonaten) und von 40 Gattungen, die inverse Arten enthalten, bringt PELSENEER[260]; unter diesen 40 sind 7 lebende und 3 fossile Gattungen (jeweils mit vielen ausschließlich inversen Untergattungen) der Prosobranchier, die Art *Actaeonia senestra* unter den Opisthobranchiern und etwa 30 Genera der Pulmonaten. Unter diesen verdienen angeführt zu werden die *Planorbiden* mit zum Teil planspiralen bis ultra-rechten Gehäusen und die *Ancyliden* mit kappenförmiger Schale.

3. Verteilung im System der Schnecken. Die inversen Arten, Gattungen und sogar Familien (*Planorbiden, Clausiliiden*) treten unabhängig voneinander an verschiedenen Zweigen des Systems, in unregelmäßiger Verteilung, auf. Oft sind eine einzelne oder wenige zusammengehörige Arten innerhalb eines weiten Kreises verwandter regulärer Genera vorhanden, manche Sektionen der Prosobranchier sind frei von inversen Arten oder enthalten nur fossile Formen mit inverser Schale, bei denen dann stets der Verdacht auf Hyperstrophie bestehen bleibt, die Opisthobranchier enthalten nur eine einzige inverse Art. Ganz unregelmäßige Verteilung im Stammbaum weisen die Landlungenschnecken auf, und nur die Süßwasserpulmonaten (Sippe: Hygrophila) repräsentieren einen fast vollkommen inversen Zweig: den ursprünglichen rechtsgewundenen *Chilinen* stehen die *Lymnaeen* am nächsten, die bereits eine kleine Untergruppe invers gebauter Tiere enthalten. Diesen stehen einmal die linksgewundenen *Physiden* nahe, andererseits leiten sich von ihnen die Gattung *Isodora* (links) und aus dieser die *Planorbiden* (links) und *Ancyliden* ab, unter denen nur die beiden Gattungen *Ancylus* und *Pseudancylastrum* eine Rechtsorganisation besitzen. Hervorgehoben zu werden verdient, daß die amphidromen und razemischen Arten vorzugsweise innerhalb solcher Gattungen oder Untergruppen auftreten, die auch inverse Arten bzw. Gattungen enthalten.

f) **Tatsachen über Vererbung und Nichtvererbung der Schalenwindung.**

Beobachtungen und Experimente über die Vererbung eines RL-Merkmals sind außerordentlich selten. Wieder sind es auch in diesem Punkte die Schnecken, über die das reichste Material vorliegt, doch ist man von einer endgültigen Klärung der Frage nach der Vererbung der Windungsrichtung noch weit entfernt, zeigen doch die untersuchten Schnecken allzuoft ein scheinbar geradezu gegensätzliches Verhalten. Wenn die Kompliziertheit auch das Gute hat, daß die Aufstellung voreiliger Schlüsse vermieden wurde, so ist andererseits doch zu bedauern, daß häufig vielversprechende Untersuchungsreihen gerade dann abgebrochen wurden, als eben zu vermuten stand, daß nur noch kurze Weiterführung der Experimente oder Zuchtversuche entscheidende Ergebnisse bringen würde.

Was über die Vererbung des Windungssinnes bekannt ist, soll im folgenden kurz und zunächst nur rein beschreibend mit-

geteilt werden; die Auswertung dieser Tatsachen erfolgt im übernächsten Abschnitt (h), nachdem zuvor über die ontogenetischen
Grundlagen und einige entwicklungsmechanische Versuche berichtet wurde.

Die Befunde über Erblichkeit oder Nichterblichkeit des Windungssinnes der Schneckenschale lassen sich in folgende Gruppen
teilen:

1. Der Windungssinn wird nicht vererbt. Bereits CHEMNITZ[232]
stellte 1779 fest, daß linksgewundene Weinbergschnecken (*Helix
pomatia*), miteinander gepaart, nur rechtsgewundene Nachkommen erzeugen; seine Befunde wurden von LANG[253] und
KÜNKEL[251] bestätigt; SANIER[263], GASSIÈS[263] und HELE[263] fanden
Gleiches für *Helix aspersa*. Es handelt sich hier um phänotypisch inverse Exemplare, d. h. um solche Tiere, die miteinander gepaart (oder bei Selbstbefruchtung) eine rein normale,
entgegengesetzt wie die Eltern gewundene Nachkommenschaft
(F_1) erzeugen. Ob die genotypische Konstitution dieser normalen
Nachkommen gegenüber der von solchen Normaltieren, deren
Vorfahren alle Normaltiere waren, irgendwie verändert ist, vermag
zunächst nicht gesagt zu werden, ebenso unentscheidbar ist
vorerst die Frage, ob bei Inzucht dieser Normaltiere irgendwann
einmal, als Folge der Abstammung von phänotypisch inversen
Vorfahren, inverse Tiere in größerer Zahl auftreten*.

2. Der Windungssinn (der gleichgewundenen Eltern) wird auf
die Nachkommenschaft vererbt. Dies ist der Fall bei der überwiegenden Mehrzahl aller Schnecken: bei den rechts- oder linksgewundenen extrem monostrophen und vielleicht auch bei einem
kleinen Teil der übrigen Arten. Sie enthalten alle nur „genotypische" Normaltiere, d. h. solche, die miteinander gepaart
(oder bei Selbstbefruchtung) eine rein elterngleich gewundene
Nachkommenschaft erzeugen. Als Korrektur zum eben Gesagten
ist allerdings anzufügen: Mit sehr geringer Häufigkeit (kleiner als
$1^0/_{00}$) kann in der Nachkommenschaft ein phänotypisch inverses
Tier (= Punkt 1) oder (vermutlich noch viel seltener) ein genotypisch inverses Tier (= Punkt 3) auftreten.

3. In sehr geringer Häufigkeit (weniger als $1^0/_{00}$) finden sich
unter der Nachkommenschaft zweier gleichgewundener geno-

---

* HESSE[247] warnte als erster davor, lediglich aus der F_1-Generation
Schlüsse auf Vererbung oder Nichtvererbung zu ziehen.

typischer Normaltiere (bzw. eines sich selbst befruchtenden genotypischen Normaltieres) genotypisch inverse Individuen. Diese
Behauptung eines gelegentlichen Auftretens inverser Individuen
auf „mutativem Wege" folgt mit zweifelloser Sicherheit aus
dem in e l d angeführten Vorkommen rein inverser Kolonien
normaler Spezies an isolierten Orten, sie folgt weiter aus der
Existenz inverser Rassen (vgl. e l d: *Clausilia leucostigma*), inverser
Arten, Gattungen oder Familien an ganz verschiedenen Stellen
des Systems, für deren Existenz bzw. phyletische Entstehung
diese Annahme die einzig denkbare Grundlage abgibt.

4. Gleichgewundene Elterntiere erzeugen links- und rechtsgewundene Nachkommen nebeneinander, in einem Verhältnis,
daß der weniger häufige Windungssinn bei mindestens 1% der
Nachkommenschaft vertreten ist. Das Vorkommen einer solchen
„Aufspaltung" des Windungssinnes ist (nach den bisherigen
Befunden zu schließen) ausnahmslos auf Arten beschränkt, in
deren unmittelbarer Verwandtschaft sich auch inverse, amphidrome oder razemische oder solche finden, die an verschiedenen
Orten verschiedenen Windungssinn besitzen, bei denen also
die Konstanz des Windungssinnes offenbar eine labile
ist. Gewisse Resultate weisen auf die feste Regelung der phänotypischen Windungsrichtung durch Mendelfaktoren hin, andere
lassen, weil sie zu spärlich oder zu verworren sind, eine solche
Analyse noch nicht zu.

Von den *Partula*-Arten (s. e l d), die an verschiedenen Stellen ihres Wohn-
gebietes ausschließlich oder fast ausschließlich links- oder rechtsgewunden
oder amphidrom sind, könnte man vielleicht vermuten, daß eine genotypische Links- neben einer genotypischen Rechtsrasse existiert, von denen
also jede nur gleichgewundene Nachkommen produziert, zwischen denen
eine Kreuzung unmöglich ist, und die, an verschiedenen Orten in verschiedenem gegenseitigen Verhältnis vorhanden, sich jeweils unabhängig voneinander fortpflanzen und so die verschiedenen Verteilungsverhältnisse
ihre an den verschiedenen Wohnorten hervorrufen. Daß dem nicht so
ist, besagen neuere Befunde CRAMPTONS[236], die dieser im Jahre 1924 ver-
öffentlichte: Die *Partula*-Arten sind lebendgebärend, ihr „Uterus" enthält
gleichzeitig 1—2 (bei *P. oheitana* im Mittel 1,7) junge, schalentragende Tiere,
und unser gesamtes Wissen von der Vererbung der Schalenwindung bei diesen
Arten beruht lediglich auf Untersuchung dieser in der Mutter gefundenen
Embryonen, so daß die Frage nach der Windungsrichtung des Vaters*

---

* Wenn es auch wahrscheinlicher ist, daß nur gleichgewundene Tiere
sich paaren.

bzw. Selbstbefruchtung offenbleibt, ebenso die allerdings unwahrschein-
liche Möglichkeit, daß Tiere nacheinander verschiedengewundene Gelege
produzieren. In den früheren Mitteilungen berichten CRAMPTON[0236] und
MAYER[256], sie hätten bei allen Arten stets nur untereinander gleichgewundene Nachkommen, also entweder nur Linkser oder nur Rechtser, gefunden, doch brauchte die Richtung des Geleges mit der der Mutter keineswegs übereinzustimmen, vielmehr erwiesen sich inverse Gelege als ziemlich
häufig und ihr Prozentsatz örtlich verschieden, wie die folgende Tabelle
über *P. oheitana* nach MAYER zeigt:

Fundort auf Tahiti	Farbvarietät 1			Farbvarietät 2		
	Eltern	Nachkommen R	L	Eltern	Nachkommen R	L
Tipaerui	9 R	12	0	37 R	61	0
Fautana	9 R	10	5	21 R	20	15
Fautana	16 L	20	9	22 L	1	35
Hamuta	22 L	2	31	8 R	10	3
Hamuta	10 R	8	6	21 L	1	37
Pirae	30 L	0	47	10 L	0	15

Von der später genauer untersuchten *P. suturalis* zählte CRAMPTON
1133 Fälle einer der Mutter gleichgewundenen Nachkommenschaft, 184
Fälle, wo die Nachkommenschaft je untereinander gleich, aber entgegengesetzt wie die Mutter gewunden war, weitere 1700 Fälle, wo jenes oder
dieses der Fall war, und diesen ca. 3000 Würfen stehen nur 5 gegenüber, die
je ein Links- und ein Rechtstier enthielten. Diese 5 Elterntiere wurden an der
gleichen Stelle gesammelt; von ihnen waren 4 rechts- und 1 linksgewunden.

Die Würfe der schwach monostrophen, überwiegend rechtsgewundenen *Campeloma*-Arten (*Paludiniden*, s. e 1 b) enthalten[02 0]
in einem für die betreffende Art charakteristischen Prozentsatz,
der im allgemeinen zwischen 1 und $2^1/_2$% variiert, linksgewundene
Exemplare; in einem linksgewundenen Exemplar von *C. decisa*
fanden sich 25 Rechts- und nur 2 Linkstiere.

Am besten untersucht auf Vererbung der Schalenwindung ist
die normalerweise rechtsgewundene *Lymnaea peregra*, von der
(s. o.) gelegentliche linksgewundene Kolonien nicht selten sind.
TRECHMANN[270] erhielt aus gepaarten Linkstieren, die mehrere
Jahre hindurch in einem Tümpel gehäuft auftraten, als Nachkommenschaft Links- und Rechtstiere fast im Verhältnis 1 : 1,
nur mit geringer Überzahl der Linksformen; nach TAYLOR[88]
ergaben zwei Rechtstiere eines Tümpels, in dem Linkstiere häufig
waren, gleichfalls eine Nachkommenschaft R : L = 1 : 1; COLLIN[33]
jedoch erhielt aus linksgewundenen Exemplaren von *L. stagnalis*,
die in Aerschot (Belgien) mehrere Jahre hindurch gehäuft auf-

traten, stets nur linksgewundene Nachkommen. — Nach HARGRE-
AVES[246a] ergaben verschiedene Linkserpärchen von *L. peregra* insgesamt 696 R- und 138 L-Nachkommen, und zwar die Typen (vgl.
die folgende Terminologie): 10 mal α, 3 mal α', 4 mal δ, 3 mal δ'.
Vererbungsversuche, die sich nicht nur auf die F_1-Generation
erstrecken, wurden von BOYCOTT und DIVER und ihren Mitarbeitern
an *L. peregra* ausgeführt[230/1, 241], derart, daß die gemeinsame
Nachkommenschaft eines sich wechselweise befruchtenden Paares
durchgezählt wurde. Bezeichnet man die aus Links- und Rechtstieren sich zusammensetzenden Nachkommenschaften mit:

α : nur R,
α' : nur L,
β : R : L = 1 : 1,
γ : R : L = 3 : 1,
γ' : R : L = 1 : 3,
δ : viele R und einige L,
δ' : viele L und einige R,

so lassen sich die Ergebnisse der Vererbungsexperimente dahin
zusammenfassen:

1. a) R-Tiere ergeben bei Selbstbefruchtung: α oder α' oder δ oder δ'.
1. b) L-Tiere ergeben bei Selbstbefruchtung: α oder α' oder δ oder δ'.
2. a) R $\times$ R ergeben α, α', β, γ, δ oder δ', niemals jedoch, auch nicht
angenähert, γ'.
2. b) L $\times$ L ergeben die gleichen Nachkommentypen wie 2a.
3. In F_2 finden sich α, α', β, γ und γ'; bei ausschließlicher Selbstbefruchtung jedoch nur α, α' und β.

In 1 und 2 kommen δ und δ' nur selten vor, ihr Auftreten
ist nicht auf Rechnung des normalen Erbganges zu
setzen, vielmehr entstehen offenbar bei *L. peregra* ebenso wie
bei den anderen oben genannten Formen „spontan" Links- oder
Rechtstiere in geringer Häufigkeit neben den zu erwartenden.
Ebenso soll der Typus β in 1 und 2 nur dadurch verursacht sein,
daß das eine Tier ausschließlich Links-, das andere ausschließlich
Rechtstiere hervorbringt, was bei gemeinsamer Durchzählung
der gesamten Nachkommenschaft des Elternpaares, wie die Verff.
es taten, ein Verhältnis 1 : 1 vorspiegelt; doch ist dieser Punkt
unwesentlich, da nach 3 auch bei Selbstbefruchtung Typus β
auftreten kann. γ und γ', bei denen das Verhältnis 3 : 1 äußerst
exakt verwirklicht ist, aber sollen echte Nachkommenzahlen
darstellen, nichts wird erwähnt über die Möglichkeit, daß das
eine Elterntier nur R- bzw. nur L-Tiere, das andere R- und L-Tiere

im Verhältnis 1 : 1 produzieren könnte. — Es treten also bei diesen Vererbungsexperimenten alle diejenigen Vererbungsmodi, die man in der Natur bei den *Partuliden*, *Campeloma*- und *Lymnaea*-Arten beobachtet hat, wieder auf, sie liefern die Gewähr, daß diese früheren Beobachtungen richtig waren.

5. Kreuzung zwischen Links- und Rechtsindividuen. Über Experimente solcher Art liegt nur eine einzige Mitteilung BOYCOTT und DIVERS[231] vor. In ihr wird in resümeeartigem Stil über Versuche an *Lymnaea peregra* berichtet, die Ergebnisse sind in folgendes Schema zusammengefaßt:

$$P \quad \ldots \ldots \quad L\,♀ \times R\,♂* \qquad R\,♀ \times L\,♂$$
$$F_1 \quad \ldots \ldots \quad \text{nur L} \qquad\qquad \text{nur R}$$
$$F_2 \quad \ldots \ldots \quad \text{nur R} \qquad\qquad \text{nur R}$$
$$F_3 \quad \ldots \ldots \quad R:L = 3:1 \qquad R:L = 3:1$$

Es wird nicht angegeben, ob die F_2- bzw. F_3-Tiere aus sich selbst oder sich wechselweise befruchtenden Eltern hervorgingen.

Alle diese experimentellen Ergebnisse zu deuten und zugleich das Problem der Vererbung des Windungssinnes, soweit es möglich erscheint, zu analysieren, kann erst im übernächsten Abschnitt unternommen werden, nachdem zuvor über hierfür nötige Tatsachen der Ontogenese berichtet wurde.

g) Ontogenetisches und Versuche über die experimentelle Beeinflussung des Windungssinnes.

Dem Ei der Mollusken muß, wie man aus vergleichenden Untersuchungen weiß, der Charakter eines Mosaikeies zugesprochen werden, wenn auch ein Regulationsvermögen keineswegs fehlt. Viele Tatsachen der Verteilung und Vererbung des Windungssinnes scheinen zu der Forderung zu führen, daß die Windungsrichtung des entstehenden Tieres im Ei bereits „vorgebildet" ist, daß es also Links- und Rechtseier gibt.

Hierbei ist vorerst gleichgültig, ob man sich vorstellt, daß (A) Links- und Rechtsei sich wie Bild und Spiegelbild aus heterogenen Plasmazonen zusammensetzen, und daß die Furchung also zwangsläufig zu spiegelbildlichen Keimen führt, oder ob man annimmt (B), irgendein Faktor (z. B. die erste Teilungsspindel)

---

* Offenbar sind die Worte der Verff.: „a sinistral, fertilized by a dextral, produce . . ." so zu verstehen.

dirigiere den gesamten Furchungsprozeß im einen oder anderen
Sinn, jedes Ei aber sei grundsätzlich befähigt, ein Links- oder
ein Rechtstier aus sich hervorgehen zu lassen. Wesentlich für
die weiteren Betrachtungen ist zunächst die Frage, ob das be-
fruchtende Sperma den Phänotypus des aus dem befruchteten Ei entstehenden Tieres mitbestimmt oder
ob es darauf keinen Einfluß hat (d. h. ob es lediglich den Genotypus zur Hälfte mitbestimmt, so daß sein Einfluß erst in der
weiteren Nachkommenschaft zutage träte).

Ein morphologischer Beweis für die letzte Möglichkeit wäre
gegeben, wenn sich am unbefruchteten Ei Strukturen nachweisen
ließen, die bei später sich gegensätzlich furchenden Eiern spiegelbildliche wären. Die vergleichende Ontogenie hat zunächst festgestellt, daß den rechtsgewundenen Arten dexio-, den linksgewundenen laiotrope Furchung zukommt*. Weiter fand man,
daß die erste Furchungsebene schräg zur späteren Längsachse des
Tieres verläuft und daß sich dadurch und sogar bereits durch
die Stellung der ersten Teilungsspindel die Art des Eies, ob dexio-
oder laiotrop, erkennen läßt. Darüber jedoch, ob, was hier das
Wesentliche ist, bereits im ungefurchten Ei, bevor sich noch
die Befruchtung vollzogen hat, Unterschiede vorhanden sind,
liegen fast keine Beobachtungen vor. Zwar soll die Strahlung
bei der Bildung des ersten Richtungskörpers das entscheidende
Indizium abgeben[0266]: in der Tat ist die Strahlung bei *Limax*
einseitig tordiert, und bei der linksgewundenen *Physa* ist nach
KOSTANECKI und SIEDLECKI diese Torsion entgegengesetzt, wenn
auch weniger deutlich ausgeprägt**. — Weiter würde für eine im
Ei vorgebildete einsinnige Struktur die Tatsache sprechen, daß
bei Kreuzung verschiedener Lymnaeen-Arten die Eier sich unter
Bildung nur eines Richtungskörpers parthenogenetisch entwickeln und dann stets muttergleich gewundene Tiere aus sich
hervorgehen lassen[0260] — wenn man diesen Resultaten nicht mit
einem gewissen Mißtrauen begegnen müßte. — Ein viel größerer

---

* Daß inverse Individuen einer Art, z. B. linksgewundene *Helices*, aus
invers sich furchenden Eiern entstehen, woran nicht zu zweifeln ist, hat
zwar noch niemand exakt bewiesen, doch wurden von Arten, bei denen
Inverse nicht selten sind, einzelne invers sich furchende Eier sowie von
Pterotrachea ein ganzes Gelege solcher Eier gefunden[260].
** WIERZEJSKI[0266] behauptet allerdings, nur eine rein radiäre Strahlung
gesehen zu haben.

Erklärungswert indes, als all diesen morphologischen Befunden
kommt den Ergebnissen der Vererbungsversuche zu, und diese
sowie die analogen Befunde bei anderen Tiergruppen lassen, wie
im nächsten Absohnitt (h) gezeigt werden wird, nur die eine
Möglichkeit, auf die auch die eben genannten morphologischen
Indizien hindeuten, zu: daß nämlich der Windungssinn
des Tieres bereits im unbefruchteten Ei, aus dem es
entsteht, festgelegt ist, und daß das Spermatozoon
darauf keinen Einfluß mehr ausüben kann.

Diese „Festlegung" der Windungsrichtung im Ei bezieht sich
aber lediglich auf den Einfluß des Spermas und auf die Entwicklung unter regulären Umweltfaktoren. Sie bedeutet nicht, daß
es unter allen Umständen unmöglich wäre, durch künstlichabnorme Außenbedingungen eine Umkehr des im Ei
vorgebildeten Windungssinnes zu erzielen. Die bisher in
diesem Sinne angestellten Versuche zeitigten allerdings ein vorwiegend negatives Ergebnis.

KÜNKEL[252] gelang es nicht, durch Druck, Erschütterung der Eier oder
Rotation des die Eier enthaltenden Zuchtgefäßes von rechtsgewundenen
Helices andere als rechtsgewundene Nachkommen zu erhalten. CONKLIN[254]
konnte durch Zentrifugieren von *Lymnaea*- und *Physa*-Eiern zeigen, daß
diese ein beträchtliches Regulationsvermögen besitzen. Wenn infolge des
Schleuderns die drei das Ei zusammensetzenden Schichten (gelber Dotter,
grauer Dotter, weiße Substanz) beliebig durcheinander gebracht wurden,
so entstand, wenn überhaupt Entwicklung einsetzte, stets eine reguläre
Schnecke. Nur die weiße Substanz, die dauernd auf Kosten der beiden
Dotterarten sich vermehrt, verdient den Namen Plasma. Der graue Dotter
ist ohne morphologischen Wert, er kann vollkommen in den zweiten Richtungskörper gelangen und mit diesem abgeschnürt werden, ohne daß die
Entwicklung gestört wird, und Ähnliches ist für den gelben Dotter anzunehmen. Lediglich in zwei Fällen traten Anzeichen auf, als ob durch dexotrope Schleuderbewegung die laiotrope Struktur der Physa-Eier gestört
worden wäre: in einem Falle entstand ein Tier mit einer konischen, nach
rechts gerichteten Schale, im zweiten war der Apex der gleichfalls konischen
Schale deutlich nach rechts tordiert, auch das Herz lag beim einen Tier in
der Mitte, beim anderen links statt rechts. Indessen muß, was auch CONKLIN
tut, diesen Ergebnissen mit großer Vorsicht begegnet werden.

Das Mißlingen dieser bisherigen Versuche* beweist aber noch
nicht die Unmöglichkeit einer Umstimmung, vielmehr muß (vgl.

---

* Zu bedauern ist, daß C. über den Furchungssinn (laio- oder dexiotrop) der Eier, aus denen die Tiere mit Zeichen von Symmetrieumkehr
hervorgingen, keine Angaben macht.

Abschnitt h) auf Grund des Vorkommens inverser Exemplare, auf Grund der Vererbungsbefunde und der Befunde an anderen Tiergruppen eine Umstimmbarkeit angenommen werden, und die positiven Erfolge dieser Art bei anderen Tieren, z. B. Ascaris oder Echinodermenlarven, bieten auch einen Fingerzeig, durch welche Faktoren eine solche Asymmetrieumkehr erzielt werden könnte: man hat sich vorzustellen, daß z. B. in einem Rechtsei zwei miteinander rivalisierende Strukturen vorhanden sind, eine von vornherein „starke" Rechts- und eine von ihr unterdrückte Linksstruktur. Nur solche Faktoren, die die sich evolvierende Rechtsstruktur schädigen, ohne zugleich die noch nicht zur Entfaltung gelangte Linksstruktur zu alterieren, vermögen den hemmenden Einfluß der R- auf die L-Struktur aufzuheben und so die letztere zur Entwicklung zu bringen; solche Faktoren sind starke Hitze, evtl. auch große Kälte, oder bei im Wasser sich entwickelnden Eiern wesentliche Veränderung im Salzgehalt des Mediums, alle diese Faktoren angewandt zu Beginn der Entfaltung der die Oberhand besitzenden Struktur, also in den frühesten Stadien der Ontogenese. Von grober mechanischer Erschütterung oder der etwas naiv anmutenden Rotation der die Eier enthaltenden Zuchtgefäße aber wird man eine unterschiedliche Einwirkung auf die sich abspielenden intraplasmatischen Entwicklungsprozesse kaum erwarten können.

Von großem Interesse und leicht zu beantworten wäre die Frage, ob ebenso wie es Rechts- und Linkseier gibt, auch Rechts- und Linksspermien existieren in dem Sinne, daß die einen das körperliche Spiegelbild der anderen darstellten: denn (§ 40) viele Arten, z. B. auch *Helix*, ja ganze Untergruppen der Schnecken haben schraubige Samenfäden, und der Schraubungssinn ist für alle Spermien der Art bzw. Gruppe die gleiche. Ist nun innerhalb einer solchen Gruppe verwandter, rechtsgewundener Arten, die schraubige Spermatozoen besitzen, eine erblich linksgewundene Art bekannt, die also notwendigerweise nur Linksspermien besäße, so müßten diese invers zu den übrigen gewunden sein, wenn der dem Mosaiktypus der Eier entsprechende Fall vorläge; auch, ob die das R- bzw. L-Gen enthaltenden Spermien der den Windungssinn mendelnd vererbenden Arten morphologisch verschieden sind, was allerdings unwahrscheinlich ist, wäre zu untersuchen.

Anhangsweise sei schließlich erwähnt, daß von verschiedenen Seiten[0266] für Pulmonaten, vor allem von Demoll für *Helix pomatia* ein Geschlechtschromosomenmechanismus behauptet wurde, der auf der Annahme basieren müßte, daß alle (zwittrigen) Pulmonaten ein rein weibliches Soma hätten, in dem aus bisher ungeklärten Gründen eine gemischte Gonade entsteht. Bei *Helix* sollen[240] alle Zellen die Garnitur $(n + 2x)$ besitzen, es soll eine Sorte Eier $\left(\dfrac{n}{2} + x\right)$ und 2 Sorten Spermien $\left(\dfrac{n}{2} + x\right)$ und $\left(\dfrac{n}{2}\right)$, gebildet werden, von denen, falls DEMOLLS Beobachtungen richtig sind, die zweite Sorte zur Befruchtung unfähig ist.

h) Eine Theorie der Vererbung des Windungssinnes.

Der Versuch, die Vererbung oder Nichtvererbung des Windungssinnes der Schneckenschale in all den scheinbar so heterogenen Fällen durch eine einheitliche Theorie zu erklären, wurde bisher noch nicht gemacht. Die wenigen Erklärungsversuche, die es bisher gibt und die weiter unten kurz angeführt werden, betreffen nur den Fall der *Lymnaea peregra*, vermögen jedoch selbst diesen nicht widerspruchsfrei aufzuhellen. Es soll deshalb zunächst, ohne diese bisherigen Deutungsmöglichkeiten zu berücksichtigen, der Versuch gemacht werden, gewissermaßen deduktiv eine allen bisher bekannten Tatsachen genügende Erklärung herzuleiten, wobei es zweckmäßig erscheint, gleichfalls an die Befunde bei *Lymnaea* anzuknüpfen.

1. Die aus den Befunden an *Lymnaea* abzuleitenden Prämissen. Die exakten Zahlenverhältnisse 1 : 1 und 3 : 1 — mögen diese letzteren nun echte oder scheinbare* sein — legen den Schluß nahe, daß ein mendelndes Faktorenpaar im Spiele ist, nicht mehrere, da sonst auch andere Zahlenverhältnisse auftreten müßten. Wir bezeichnen dieses Faktorenpaar als RR, RL, LL**, wobei in Übereinstimmung mit den bisherigen Ergebnissen der Vererbungslehre ein Partner, hier R, als über den anderen (L) dominant angesehen wird, so daß die Genkonstitution RL*** identisch mit LR ist und nicht von ihr verschieden, wie von anderen Autoren zur Erklärung der *Lymnaea*-Befunde angenommen wurde. Dies ist Prämisse 1.

Geht man weiter von der Tatsache aus (s. o.), daß ein Individuum von *Lymnaea*, gleichgültig ob es rechts- oder linksgewunden ist, bei Selbstbefruchtung nur Rechtstiere, nur Linkstiere oder $^1/_2$-Rechts-, $^1/_2$-Linkstiere, also dreierlei verschiedene

---

* Da es sich hierbei (s. o.) um die Doppelnachkommenschaft eines Elternpaares handelt.

** Anstatt RR, Rr, rr.

*** In dem Genotypus RL, LR usf. soll stets der erste Buchstabe das mütterliche, der zweite das väterliche Erbteil bedeuten.

Nachkommenschaften erzeugen kann, so genügt zur Erklärung dieser Befunde das einfache Faktorenpaar RL nicht, auch dann nicht, wenn man RL $\neq$ LR annähme. Denn ein Rechtstier z. B. könnte sich nur darstellen als RR oder RL, in beiden Fällen wäre die Nachkommenschaft eine eindeutige (nur RR bzw. je $^2/_4$ RR, RL, LR, LL), die Entstehung von nur Linkstieren aus einem Rechtselter, ebenso das Umgekehrte, bliebe unerklärbar. Auch Hinzuziehen eines zweiten Genpaares vermöchte hier nicht abzuhelfen, abgesehen davon, daß seine Existenz (s. o.) gänzlich unwahrscheinlich ist. Nun ist das Schneckenei ein Mosaikei, und es gilt das Gesetz, daß, schädigende Einflüsse ausgeschlossen, aus einem Rechtsei (d. h. Ei mit Rechtsmosaik) nur ein Rechts-, aus einem Linksei nur ein Linkstier hervorgehen kann. Beim gewöhnlichen Erbgang, der nur aus dem Mendeln des Faktorenpaares RL bestehen würde, müßte dann diejenige Oozyte, der bei der Reduktionsteilung der Faktor R zufällt, in sich ein Rechtsmosaik ausbilden, wenn sie den Faktor L erhält, ein Linksmosaik, doch muß eine solche Ansicht notwendigerweise zu denselben Widersprüchen mit den Tatsachen führen, die sich bei der Annahme der alleinigen Existenz des Genpaares RL ergaben.

Man ist nun in der Lage, mit einem Schlage alle Tatsachen des Windungssinnes zu erklären, wenn man, außer dem ungestört sich abwickelnden mendelnden Erbgang von RL, noch für das Eimosaik eine Art zusätzlichen Erbganges annimmt, der durch folgende Vorschrift geregelt wird: In jeder Eizelle entwickelt sich das ihrem (bei der Reduktionsteilung festgelegten) Genotyp entsprechende Mosaik[+], außer in den Eiern eines von einer homozygoten Mutter abstammenden heterozygoten Tieres; dieses vermag nur Eier mit Rechtsmosaik auszubilden.

Ohne zunächst auf das Wesentliche dieser fürs erste vielleicht etwas merkwürdig anmutenden Regel einzugehen, sollen die Folgerungen aus ihr gezogen werden. Diese sind in nachstehender Tabelle ausgedrückt:

[+] Das inverse Mosaik bzw. die Anlage dazu ist — unserer bisherigen Ausdrucksweise gemäß — dann stets „latent" in der Zelle vorhanden.

	1	2	3	4	5	6
Großmutter	—	—	(RR)	(LL)	(RL)	(LR)
Mutter	(RR)	(LL)	ℜ (RL)	ℒ (LR)	(RL)*	(LR)*
Eier	ℜ (R)	ℒ (L)	½ ℜ (R), ½ ℜ (L)	½ ℜ (R), ½ ℜ (L)	½ ℜ (R), ½ ℒ (L)	½ ℜ (R), ½ ℒ (L)

Und diese Tabelle läßt sich so interpretieren[+] :

1. 2. Homozygote ♀ (beliebiger Abstammung) erzeugen Eier mit dem ihrem Genbestand entsprechenden Mosaik.

5. 6. Heterozygote, von einer heterozygoten Mutter abstammende ♀ erzeugen zur Hälfte Eier mit dem Gen R, zur Hälfte mit L; erstere bilden das ℜ-, letztere das ℒ-Mosaik in sich aus.

3. 4. Heterozygote, von einer homozygoten Mutter abstammende ♀ erzeugen gleichfalls zur Hälfte R-, zur Hälfte L-Eier, doch erhalten beide ein ℜ-Mosaik (irgendwie als Auswirkung der Dominanz von Rechts). Hier also tauchen Eier mit einem zum Genotyp gegensätzlichen Mosaik auf.

Im weiteren soll zunächst gezeigt werden, wie sich nach Annahme dieser Vererbungsvorschrift für das Mosaik alle Vererbungsbefunde mühelos erklären lassen.

2. Die Befunde an _Lymnaea_ und ihre Erklärung. In der nebenstehenden Tabelle geht (Spalte 2) der Pfeil von demjenigen Tier, das bei der Kreuzung als ♂ fungiert, zu dem, das als ♀ fungiert. Die Fälle 1—4 betreffen die Selbstbefruchtung eines Rechtstieres bzw. die Paarung zweier genotypisch gleicher Rechtser. Man erkennt, daß hierbei in Übereinstimmung mit den experimentellen Befunden Boycott und Divers in der Nachkommenschaft nur die RL-Verhältnisse 0 : 1, 1 : 0 oder 1 : 3 auftreten können, dieser letztere erst von der Generation F_2 ab[++] sofern von homozygoten Tieren ausgegangen wurde.

Fälle 5—8 betreffen die Selbstbefruchtung eines Linkstieres bzw. die Paarung zweier genotypisch gleicher Linkser. Da der

---

[+] Die verwendete Symbolik ist folgende: Die Gene sind durch R und L, die Art des Mosaiks durch ℜ und ℒ bezeichnet. Der Genbestand eines Tieres bzw. das Gen eines Eies sitzt in Klammern. Ein der Klammer vorgesetztes ℜ oder ℒ kennzeichnet das Mosaik des betr. Eies bzw. des Eies aus dem das Tier hervorging, d. h. den sichtbaren (phänotypischen) Windungssinn dieses Tieres. Bei Heterozygoten kennzeichnet ein der Klammer angefügter * Abstammung von einer heterozygoten Mutter.

[++] Auch dieses in Übereinstimmung mit Boycott u. Diver; vgl. f 4, Fall 3.

	„Kreuzung"	Eier	Spermien	Genotype der Nachkommen	Phänotype der Nachkommen	Phänotype der Doppelnachkommenschaft eines Paares
1	ℜ(RR) ↓ ℜ(RR)	ℜ(R)	R	ℜ(RR)	nur ℜ	nur ℜ
2	ℜ(RL) ↓ ℜ(RL)	ℜ(R), ℜ(L)	R, L	je ¼: ℜ(RR), ℜ(RL)*, ℜ(LR)*, ℜ(LL)	nur ℜ	nur ℜ
3	ℜ(RL)* ↓ ℜ(RL)*	ℜ(R), 𝔏(L)	R, L	je ¼: ℜ(RR), ℜ(RL)*, 𝔏(LR)*, 𝔏(LL)	½ℜ, ½𝔏	ℜ:𝔏 = 1:1
4	ℜ(LL) ↓ ℜ(LL)	𝔏(L)	L	𝔏(LL)	nur 𝔏	nur 𝔏
5	𝔏(LL) ↓ 𝔏(LL)	𝔏(L)	L	𝔏(LL)	nur 𝔏	(wie 4)
6	𝔏(RL) ↓ 𝔏(RL)	ℜ(R), 𝔏(L)	R, L	je ¼: ℜ(RR), ℜ(RL)*, ℜ(LR)*, ℜ(LL)	nur ℜ	(wie 2)
7	𝔏(RL)* ↓ 𝔏(RL)*	ℜ(R), 𝔏(L)	R, L	je ¼: ℜ(RR), ℜ(RL)*, 𝔏(LR)*, 𝔏(LL)	½ℜ, ½𝔏	(wie 3)
8	𝔏(RR) ↓ 𝔏(RR)	ℜ(R)	R	ℜ(RR)	nur ℜ	(wie 1)
9	ℜ(RR) ↓ ℜ(RL)	ℜ(R)	R, L	je ½: ℜ(RR), ℜ(RL)	nur ℜ	} nur ℜ
10	ℜ(RR) ↑ ℜ(RL)	ℜ(R), ℜ(L)	R	je ½: ℜ(RR), ℜ(LR)*	nur ℜ	
11	ℜ(RR) ↓ ℜ(RL)*	ℜ(R)	R, L	je ½: ℜ(RR), ℜ(RL)	½ℜ, ½𝔏	ℜ:𝔏 = 3:1
12	ℜ(RR) ↑ ℜ(RL)*	ℜ(R), 𝔏(L)	R	je ½: ℜ(RR), 𝔏(LR)*	nur ℜ	
13	ℜ(RR) ↓ ℜ(LL)	ℜ(R)	L	ℜ(RL)	nur 𝔏	ℜ:𝔏 = 1:1
14	ℜ(RR) ↑ ℜ(LL)	𝔏(L)	R	𝔏(LR)	nur ℜ	
15	ℜ(RL) ↓ ℜ(LL)	𝔏(L)	R, L	je ½: 𝔏(LR), 𝔏(LL)	nur 𝔏	ℜ:𝔏 = 1:1
16	ℜ(LL) ↑ ℜ(RL)	ℜ(R), ℜ(L)	L	je ½: ℜ(RL), ℜ(LL)	nur ℜ	
17	ℜ(LL) ↓ ℜ(RL)*	𝔏(L)	R, L	je ½: 𝔏(LR), 𝔏(LL)	nur 𝔏	ℜ:𝔏 = 1:3
18	ℜ(LL) ↑ ℜ(RL)*	ℜ(R), 𝔏(L)	L	je ½: ℜ(RL)*, 𝔏(LL)	½ℜ, ½𝔏	
19	ℜ(RL) ↓ ℜ(RR)	ℜ(R), ℜ(L)	R, L	je ¼: ℜ(RR), ℜ(RL)*, ℜ(LR)*, ℜ(LL)	nur ℜ	ℜ:𝔏 = 3:1
20	ℜ(RL) ↑ ℜ(RR)	ℜ(R), 𝔏(L)	R, L	je ¼: ℜ(RR), ℜ(RL)*, 𝔏(LR)*, 𝔏(LL)	½ℜ, ½𝔏	
21/22	𝔏(LL) ↓↑ 𝔏(LR)	↓ wie 15, → wie 16				ℜ:𝔏 = 1:1
23/24	𝔏(LL) ↓↑ 𝔏(LR)*	↓ wie 17, → wie 18				ℜ:𝔏 = 1:3
25/26	𝔏(LL) ↓↑ 𝔏(RR)	↓ wie 14, → wie 13				ℜ:𝔏 = 1:1
27/28	𝔏(RR) ↓↑ 𝔏(LR)	↓ wie 9, → wie 10				nur ℜ
29/30	𝔏(RR) ↓↑ 𝔏(RR)	↓ wie 11, → wie 12				ℜ:𝔏 = 3:1
31/32	𝔏(LR) ↓↑ 𝔏(LR)	↓ wie 19, → wie 20				ℜ:𝔏 = 3:1

Genotyp eines Tieres von seinem Phänotyp völlig unabhängig ist und die Nachkommenschaft allein vom Genotyp bestimmt wird, müssen in den Nachkommenschaften wieder dieselben Möglichkeiten wie in den Fällen 1—4 vertreten sein.

Fälle 9—20 betreffen die Kreuzung genotypisch verschiedener Rechtstiere. Die RL-Verhältnisse in der Nachkommenschaft eines einzelnen Tieres sind wiederum 0 : 1, 1 : 0 oder 1 : 1, bei Betrachtung der gemeinsamen Nachkommenschaft eines sich selbst befruchtenden Elternpaares aber trcten 5 Verteilungen: 0 : 1, 1 : 0, 1 : 1, 3 : 1 und 1 : 3 auf. Hierbei ist, was BOYCOTT und DIVER ausdrücklich hervorheben, das Verhältnis 1 : 1 ein scheinbares, indem das eine Tier nur ♀-, das andere nur ♂-Nachkommen erzeugt, und analog sind auch die Verhältnisse 3 : 1 und 1 : 3 nur scheinbare, so entstanden, daß das eine Tier nur Linkser oder nur Rechtser, das andere beide zu gleichen Hälften erzeugt; so erklärt sich auch, weshalb diese Verhältnisse niemals bei einer einzelnen Nachkommenschaft gefunden wurden. Weiter tritt das Verhältnis R : L = 1 : 3 nur relativ selten auf und die beiden Verhältnisse 1 : 3 und 3 : 1 nur von F_2 ab, falls man von homozygoten Tieren den Ausgang nimmt, was allerdings im Experiment von vornherein kaum feststellbar ist.

Fälle 21—32 betreffen die entsprechenden Paarungen zweier genotypisch verschiedener Linkstiere, und aus den (bei 5—8) angeführten Gründen müssen dieselben Nachkommenschaften wie bei den Rechtsern auch hier wieder auftreten. Es ist ja überhaupt auf Grund einer reinen Genotypusformel $(XY) \leftarrow (X'Y')$ die Nachkommenschaft geno- und phänotypisch eindeutig bestimmt, ganz gleich, ob man den Symbolen (XY) bzw. $(X'Y')$ je ein ♂, ein ♀ oder dem einen ein ♂, dem anderen ein ♀ vorsetzt. Dieses letztere entspräche der „Kreuzung" eines Links- mit einem Rechtstier, die Nachkommenschaften sind wiederum dieselben wie in 9—20, und darum ist es unnötig, diese Kreuzungen in der Tabelle gesondert aufzuführen. Nur die beiden sub f 5 aufgeführten, von BOYCOTT experimentell erhaltenen Erbgänge sollen in der folgenden Tabelle kurz analysiert werden.

Daß BOYCOTT für F_3 gerade den Wert 3 : 1 erhielt, ist der zufälligen Auswahl der gepaarten Tiere zuzuschreiben, denn infolge der Aufspaltung der Gene in F_2 müssen bei jedem Erbgang,

	Genotypus	Phäno-typus		Genotypus	Phäno-typus	
P	$\Re$ (RR) $\leftarrow$ $\mathfrak{L}$ (LL)	$\Re \leftarrow \mathfrak{L}$		$\mathfrak{L}$ (LL) $\leftarrow$ $\Re$ (RR)	$\mathfrak{L} \leftarrow \Re$	
F_1	$\Re$ (RL)	nur $\Re$	nach 13	$\mathfrak{L}$ (LR)	nur $\mathfrak{L}$	nach 14
F_2	je $\frac{1}{4}$: $\Re$ (RR), $\Re$ (LR)*,	nur $\Re$	nach 2	genau wie links-	nur $\Re$	
	$\Re$ (RL)*, $\Re$ (LL)			stehend		
F_3	Verschieden, je nachdem			,,		
	welche Elterntiere man paart.					
	Möglich ist: 0 : 1, 1 : 0, 1 : 1,					
	3 : 1 und 1 : 3					

wenn man zwei beliebige F_2-Tiere paart, verschiedene Nach-kommenschaften F_3 auftreten.

3. Die Nichtvererbung bei *Helix* und das gelegentliche Auf-treten phänotypisch Inverser überhaupt. Bei Helix sind alle Individuen $\Re$ (RR). Ab und zu taucht im Ovar eines Tieres ein Ei mit invertiertem Mosaik [$\mathfrak{L}$ (R)], aber normalem Genotypus auf, also ein Ei, in dem (unserer Vorstellung gemäß) infolge zu-fällig abnormer Bedingungen statt der Rechts- die sonst nur latent vorhandene Linksstruktur zur Entfaltung gelangte. Be-fruchtet mit R-Sperma, läßt es ein $\mathfrak{L}$ (RR)-, also ein phänotypisch inverses Tier, aus sich hervorgehen. Dieses kopuliert, da nur Paarung gleichgewundener Tiere möglich ist, mit einem eben-solchen, die Nachkommen müssen reine Rechtser: $\Re$ (RR) sein. Eine Vererbung kann nicht stattfinden.

Dieser Fall ist der normale Typus für alle monostrophen Schnecken: in einem für die betreffende Art charakteristischen Häufigkeitsgrad entstehen genotypisch reguläre Eier mit inver-tiertem Mosaik. Wie diese Inversion im einzelnen zu denken ist, wird erst im allgemeinen Teil (§ 46), beim Vergleich aller analogen Befunde aus dem Tierreich, näher präzisiert werden.

Das außerhalb des normalen Erbganges fallende Auftreten einiger Linkser bzw. Rechtser neben nur $\Re$- bzw. $\mathfrak{L}$-Tieren in BOYCOTTs Experimenten (Modi δ und δ' in f 4) gehört in diese Kategorie.

4. Ausnahmsweises Auftreten genotypisch inverser Tiere und die Entstehung inverser Arten, Gattungen usw. Zur Erklärung der Existenz inverser Kolonien monostropher Arten, inverser Rassen, Arten, Gattungen oder höherer Gruppen muß ange-nommen werden, daß ,,auf mutativem Wege" in sehr geringer, bei verschiedenen Arten außerdem verschiedener Häufigkeit im Ovar einer $\Re$ (RR)-Schnecke ein Ei mit inversem Genotypus (L auftritt, wobei es für das Folgende gleichgültig ist, ob man dazugehörige Eimosaik regulär oder gleichfalls invers sein läßt. Nehmen wir, weil es plausibler scheint, vorerst letzteres an, s■ liefert dieses inverse Ei, mit einem R-Sperma befruchtet, ein $\mathfrak{L}$ (LR)-Tier. Dieses kopuliert, wenn überhaupt, sehr wahrscheinlich mit einem $\mathfrak{L}$ (RR)-Tier[+], die gemeinsame Nachkommenschaf⸗ (F_2) beider Tiere ist rein rechtsgewunden und setzt sich folgendermaßen zusammen:

$$F_1 \mid \mathfrak{L}\,(LR) \leftarrow \mathfrak{L}\,(RR) \quad \mid \quad \mathfrak{L}\,(LR) \rightarrow \mathfrak{L}\,(RR)$$
$$F_2 \mid \tfrac{1}{2}\,\Re\,(RR),\ \tfrac{1}{2}\,\Re\,(LR)^* \mid \tfrac{1}{2}\,\Re\,(RR),\ \tfrac{1}{2}\,\Re\,(RL)$$

Kopuliert nun ein $\Re$ (LR)*-Tier mit einem gleichartigen oder einem $\Re$ (RL)-Tier, so treten in seiner Nachkommenschaft zu 25% echte Linkser, $\mathfrak{L}$(LL) auf, die — untereinander gekreuzt — eine Linkspopulation liefern und an isoliertem Orte zur Entstehung einer Linksrasse, Linksart, -gattung usw. Veranlassung geben können. Die Wahrscheinlichkeit für das tatsächliche Entstehen solcher Linksergruppen — wie sie im System der Schnecken vorhanden sind — ist aber sehr gering, da die folgenden Zufälligkeiten zusammentreffen müssen: a) Entstehung des L-Eies, b) das daraus hervorgehende $\mathfrak{L}$-Tier muß einen Partner zur Copula finden, c) von dessen Nachkommenschaft muß ein (RL)*- mit einem ebensolchen oder einem (RL)-Tier kopulieren, d) mindestens zwei der so entstehenden (LL)-Tiere müssen von den übrigen Artangehörigen vollkommen getrennt werden. Ist durch solche Isolierung irgendwann eine Linkspopulation entstanden, die sich im Laufe der Zeiten zu einer neuen Art modifiziert, so daß Rückkreuzung mit den ursprünglichen Tieren unfruchtbar bleibt, so kann aus ihr ein inverser Systemast hervorgehen, und innerhalb dessen kann sich genau das Umgekehrte: Auftreten vereinzelter R-Eier, Entstehung einer genotypischen R-Rasse usw., abspielen.

5. Die Entstehung amphidromer Arten und die Erscheinung der Labilität des Windungssinns. An 2 Stellen (e 3 und f 4) bei der obigen Darlegung unserer Tatsachenkenntnis wurde hervorgehoben, daß anscheinend im System der Schnecken ge-

---

[+] Da unter allen Linksern diese die weitaus häufigeren sind.

wisse Untergruppen existieren, bei denen der Windungssinn insofern ein labiler ist, als innerhalb dieser Gruppen inverse Gattungen, Familien oder Arten, amphidrome und razemische Arten und aufspaltende Vererbung des Windungssinnes gehäuft vorkommen, während die übrigen Teile des Schneckenreiches fast frei von Inversionstendenzen sind. Nach der hier vorgetragenen Theorie erklärt sich diese Labilität als einfache Folge einer erhöhten Häufigkeit genotypischer Inversionen. Man muß offenbar annehmen, daß genau so wie die Häufigkeit phänotypisch inverser Tiere bei verschiedenen Arten eine verschiedene ist (z. B. 1 : 10000 im Mittel bei *Helix pomatia*, 1 : > 1000000 bei *Littorina*), auch die Tendenz zur Erzeugung genotypisch inverser Eier, also von Eiern, die in symbolischer Darstellung statt R das Gen L enthalten, von Art zu Art an Stärke variiert. Nehmen wir an, bei irgendeiner Art träten seit langem solche inverse Eier in ziemlich großer relativer Häufigkeit, z. B. 1 : 1000, auf: was würde die Folge sein? Einmal wird die außerordentlich winzige Wahrscheinlichkeit für das Auftreten inverser Rassen usw., für deren Entstehung die sub h 4 genannten Zufälligkeiten statthaben müssen, ganz wesentlich erhöht, z. B. um mehr als das Hundertfache, wenn der Prozentsatz inverser Eier auf das Zehnfache steigt. In der näheren Verwandtschaft solcher Arten wird man daher inverse Rassen, Arten usw. viel eher erwarten können als anderswo im System[+]. Auf der anderen Seite wird es bei solchen Formen, die L-Eier in größerer Häufigkeit produzieren und die außerdem viele kleine getrennte Plätze besiedeln, wie z. B. die tümpelbewohnenden *Lymnaeen* oder die in Hochtälern lebenden *Partuliden*, wo also die Vermischungsmöglichkeit zwischen Bewohnern getrennter Fundplätze eine geringe ist, gar nicht selten vorkommen, daß in einem Tümpel einmal eine Linkserkolonie entsteht, d. h. daß in diesem Tümpel Jahre hindurch — „erblich" — auch phänotypische Linkser in relativ größerer Häufigkeit, z. B. zu 1—2% wie bei den *Lymnaeen*, auftreten, ja gelegentlich könnte auch ein neuer Tümpel von einem (LL)-Tier besiedelt werden und eine reine Linkserkolonie entstehen. Wesentlich vergrößert

---

[+] Wenn diese Tendenz zur Erzeugung „inverser" Eier auch von den entstandenen inversen Gattungen usw. beibehalten wird — was der Fall zu sein scheint —, wird man nicht erstaunt sein dürfen, daß man innerhalb des inversen Zweiges wieder normale Arten usw. findet.

wird — hier wie überhaupt — die Häufigkeit invers gewundener
Tiere, wenn die Art zu Selbstbegattung fähig ist (*Lymnaea*), oder
wenn infolge sehr hoher schlanker Gehäuse eine Copula zwischen
rechts- und linksgewundenen Individuen möglich ist: in beiden
Fällen, weil die anfangs seltenen ♀(LR)- oder ♀(LL)-Tiere, wenn
sie keinen ♀-Partner zur Copula finden, mit ♂-Tieren oder mit
sich selbst kopulieren können und so nicht ohne Nachkommenschaft zu sterben brauchen.

Weil weiter der Erbgang des Genpaares RL nach dem gewöhn-
lichen Mendelschema vor sich geht, gilt auch der Satz von der
Klassenkonstanz, d. h.: sind innerhalb der nicht allzu großen
Population eines Wohnortes überhaupt einmal die Genotype
R R, R L und L L vertreten, so beträgt ihr gegenseitiges Verhältnis
$a : 2\sqrt{ab} : b$ und bleibt bei panmiktischer Vermehrung dauernd
so, falls nicht durch das zusätzliche (mutative) Auftreten von
L-Eiern der Prozentsatz der Inversen (b) und daher auch der der
Heterozygoten erhöht wird. Haben wir also z. B. in einer nicht
zu großen Population ein Verhältnis R R : R L : L L $= 1000 : 20$
$\sqrt{10} : 1$, so besagt dieses zwar noch nichts über den Phänotypus,
d. h. über die Schalenwindung der Tiere selbst, wohl aber ist
so viel sicher, daß erstens die Rechtsgewundenen über die Linksgewundenen wesentlich überwiegen, daß ferner unter den Homozygoten die ♂(RR)-Tiere die absolute Majorität besitzen und
daß ♂(LL)- und ♀(LL)-Tiere sehr selten sind. Die Heterozygoten
(RL), gleichgültig ob sie rechts- oder linksgewunden sind, werden
bei panmiktischer Vermehrung vorzugsweise[+] mit Homozygoten
kopulieren und dann (vgl. die Tabelle) zu $^1/_4$ (RL)*-Tiere erzeugen;
von diesen wiederum liefert ungefähr jedes zweite, also in unserem
Falle insgesamt der geringe Bruchteil von $6 \cdot \frac{1}{4} \cdot \frac{1}{2} = 0{,}75\%$ eine
gemischte, zur Hälfte rechts-, zur Hälfte linksgewundene Nach-
kommenschaft.

Bindende Schlüsse für die Wirklichkeit lassen sich indes aus
alledem nicht ziehen. Denn um ein konkretes Beispiel einer
amphidromen Population analysieren zu können, müßte folgendes
festgestellt werden:

1. das Genotypenverhältnis;

[+] Wenn, wie hier angenommen, die Heterozygoten $\dfrac{20\sqrt{10}}{1063}$, d. h. knapp
6% ausmachen, zu 94%.

2. ob Selbstbefruchtung möglich ist bzw. ob Kreuzung $\mathcal{L} \times \mathfrak{R}$ möglich ist;

3. ob, was sehr wahrscheinlich ist und wofür die Modi δ und δ' bei *Lymnaea* zeugen, neben den genotypisch inversen Eiern, die auf mutativem Wege in sehr geringem Prozentsatz vermutlich dauernd neu entstehen, auch phänotypisch inverse Eier, also solche, deren Mosaik durch äußere Einflüsse invertiert ist, gebildet werden, und zwar in einem den der genotypisch inversen wesentlich übersteigenden Prozentsatz.

Ist letzteres der Fall, dann wird man, nach ihrer Häufigkeit, folgende Nachkommenschaften erwarten dürfen[+]:

$$\mathfrak{R} \to \mathfrak{R} \gg \mathcal{L} \to \mathfrak{R} > \mathcal{L} \to \mathcal{L} \text{ bzw. } \mathfrak{R} \to \mathcal{L} \text{ bzw. } \mathfrak{R} \to \mathfrak{R} + \mathcal{L}$$
$$\text{bzw. } \mathcal{L} \to \mathfrak{R} + \mathcal{L},$$

d. h. Mütter, die gleichgewundene Nachkommen erzeugen, in der Majorität; Mütter, die nur inverse Nachkommen erzeugen, selten; Mütter, die beiderlei Nachkommen hervorbringen, sehr selten. Für diesen Fall könnte *Partula suturalis* ein konkretes Beispiel darstellen.

Haben irgendwie, etwa aus zufälligen Gründen (Isolation) oder infolge häufigen Auftretens genotypischer Linkseier, die (LL)- und (RL)-Tiere einmal eine gewisse Häufigkeit erreicht, so ist automatisch auch der Prozentsatz äußerlich linksgewundener Tiere erhöht, und dann gewinnt das Verbot einer Copula $\mathcal{L} \times \mathfrak{R}$ wesentliche Bedeutung. Anfangs, solange das Gen L noch selten war, bedeutete es (s. o.) eine Beschränkung für die Ausbreitung dieses Gens, weil viele $\mathcal{L}$-Tiere, die alle mindestens einmal das Gen L enthalten müssen[++], zum Zölibat verurteilt waren. Erreicht aber die Gesamtheit der $\mathcal{L}$-Tiere einmal den Wert 5%, so daß mit Wahrscheinlichkeit jedes $\mathcal{L}$-Tier nach einigem Suchen wohl einen Kopulationspartner finden wird, so wirkt dieses Verbot akkumulierend auf das L-Gen, und zwar aus folgendem Grund: $\mathcal{L}$ (R)-Eier treten im normalen Erbgang nirgends auf[++], die Kreuzungen

---

[+] Vor dem Pfeil Windungssinn der Mutter, hinter ihm W. der Nachkommen.

[++] Vgl. die Tabelle; linksgewundene (RR)-Tiere kommen nur so zustande, daß ein im Ovar einer homozygoten Rechtsschnecke aufgetretenes phänotypisch inverses Ei $\mathcal{L}$ (R) von einem R-Sperma befruchtet wird (vgl. h 4); der normale Erbgang liefert keine $\mathcal{L}$ (R)-Eier.

$\mathfrak{L}$ (LL) $\times$ $\mathfrak{L}$ (RR) oder $\mathfrak{L}$ (RL) $\times$ $\mathfrak{L}$ (RR) kommen also in Wegfall; wenn linksgewundene Tiere kopulieren, treten nur die Verbindungen (LR) und (LL) je mit sich selbst oder untereinander auf, die Tiere mit L-Genen „bleiben großenteils unter sich", in ihren Nachkommenschaften treten fast nur Tiere auf, die mindestens 1 L-Gen enthalten, daneben ist der Prozentsatz der (LL)-Tiere gegenüber reiner Panmixie ganz wesentlich erhöht, und so wird der Satz von der Klassenkonstanz durchbrochen, und in keineswegs sehr langsamem Tempo wandelt sich eine schwach monostrophe in eine amphidrome und schließlich in eine razemische Art um.

Man kann zusammenfassen: Die merkwürdige, bisher als „Labilität" des Windungssinnes bezeichnete Erscheinung, daß inverse Gattungen, Arten usw. auf der einen, amphidrome und razemische Arten auf der anderen Seite meist nebeneinander an den gleichen Stellen des Systems auftreten, ist die alleinige und notwendige Folge eines erhöhten Auftretens genotypisch inverser Eier. Bei amphidromen Arten sind Individuen, die gleichzeitig rechts- und linksgewundene Nachkommen erzeugen, stets stark in der Minderheit zu erwarten. Die häufige Unmöglichkeit der Copula zwischen rechts- und linksgewundenen Tieren hat bei solchen amphidromen Arten, bei denen die invers gewundenen bereits eine gewisse Häufigkeit erreicht haben (5%), ein dauerndes Ansteigen der Zahl der inversen Tiere zur Folge bis zur razemischen Verteilung zwischen Rechts und Links.

Über die vermutliche Ursache des erhöhten Auftretens genotypisch inverser Eier vgl. § 46.

6. Die bisherigen Ansichten. Die „Polarität" der Eier. Alle Autoren bis 1920 warfen genotypische und phänotypische Inversionen durcheinander, so daß ihre Versuche, Licht in die Vererbung des Windungssinnes zu bringen, fehlschlagen mußten. Erst PELSENEER[260] stellte 1920 die wichtigsten diesbezüglichen Tatsachen bei Schnecken und Muscheln zusammen und kam auf Grund derselben zu Schlüssen, die in unserer Terminologie angepaßten Worten folgendes besagen: Jede Rechtsschnecke erzeugt nur R-Eier; äußere Faktoren sind imstande, den Windungssinn der Eier umzustimmen; wirken die Einflüsse schwach und kurz, so werden nur einzelne Eier, und diese nicht tiefgründig, umgestimmt, so daß zwar inverse Tiere aus ihnen hervorgehen, die aber die Inversion nicht weitervererben. Wirken die Faktoren länger und markanter, so wird zumindest ein Teil der Eier tiefer umgestimmt, diese allein vererben die Inversion, es entstehen amphidrome Arten. Ist schließlich der Einfluß der äußeren Faktoren genügend lang und intensiv, so werden alle Eier von Grund auf umgestimmt, es entstehen inverse Arten. Das Wesentliche an PELSENEERS Auffassung ist, daß er sich alle bekannten Inversionsmöglichkeiten in eine Reihe ordnet und sie als nur quantitativ unterschiedene Stufen desselben Vorganges deutet, daß er also z. B. annehmen muß, die inversen Arten seien durch Umstimmung aller vorhandenen Exemplare einer regulären Art entstanden. Demgegenüber behauptet die hier vertretene Ansicht, die sich auf die vergleichenden Befunde bei allen Tiergruppen aufbaut, die Existenz von 2 verschiedenen Inversionsvorgängen: 1. Inversion des Plasmamosaiks allein (d. h. Schädigung der vorhandenen Hauptstruktur und als Folge Aktivwerden der bis dahin nur latent vorhandenen Inversstruktur), als Folge äußerer oder innerer anormaler Einflüsse, und 2. spontanes Auftreten genotypisch inverser Eier, die statt R das mit R mendelnde Gen L enthalten. (Weiteres s. § 46.)

Für die erst nach Erscheinen von PELSENEERS Artikel bekannt gewordenen Lymnaea-Experimente gab es bisher keine Erklärung, die wenigstens insofern befriedigte, als sie allen Tatsachen gerecht würde. BOYCOTT und DIVER selbst nehmen an, daß bereits vor der Befruchtung der Windungssinn der aus dem Ei hervorgehenden Schnecke festgelegt sein muß, so daß der Einfluß des Spermas sich erst von der nächsten Generation an zeigen könnte. Dieses ist richtig, bedeutet aber keine Erklärung des Erbganges, sondern nur die Feststellung einer dabei besonders auffälligen Tatsache. Bei dem Versuche einer genaueren Analyse gelangen die Autoren zu keiner Klarheit, sehen sich vielmehr zur Annahme gezwungen, ein RL- sei von einem LR-Tier verschieden. STURTEVANT[267] versucht die Vererbung der Windungsrichtung als reinen matroklinen Erbgang darzustellen, wird indes bald von DIVER[241] u. a. korrigiert, die nachweisen, daß dieses zu Widersprüchen mit den Tatsachen führt. CRAMPTON[238] und CRABB[235] schließlich meinen, der matrokline Erbgang werde von zufälligen Einflüssen durchbrochen.

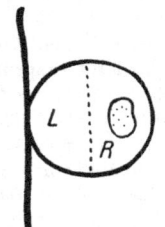

Über die Art und Weise schließlich, wie man sich die „Umkehrung" des Eimosaiks vorzustellen habe, wird im allgemeinen Teil (§ 46) berichtet werden. Hier sei nur einer — in der ursprünglichen Form unhaltbaren — Vorstellung CONKLINS[651] gedacht (Abb. 106): er beobachtete, daß, solange das unbefruchtete Schneckenei im Ovar festsitzt, der Kern stets der freien Seite zugekehrt ist, die später ungefähr zur rechten Hälfte des Keimes wird, während die basale Eihälfte die linke Keimhälfte liefert. CONKLIN hält nun, ohne Anhalt an Tatsachen, ein Zustandekommen der Inversionen so für möglich, daß infolge einer „Schwäche der protoplasmatischen Eihaut in der Gegend des Anheftungs-

Abb. 106. Im Ovar festsitzendes Schneckenei mit Kern. Die mit L (bzw. R) bezeichnete Eihälfte wird später zur linken (bzw. rechten) Keimhälfte. (Nach CONKLIN.)

poles" eine Verschiebung des Kernes nach basal eintreten kann, vielleicht erst beim abgelösten Ei, was dann deshalb zu Inversionen führen müßte, weil kernhaltige Eihälfte mit rechter Keimhälfte homolog wäre. Spiegelbildliche Asymmetrie wäre also die Folge einer Polaritätsumkehr der Eizelle.

i) Innere und von der Schalenwindung unabhängige Asymmetrien[0266].

Der grundsätzlich asymmetrische Bau der Schnecken bedingt die Asymmetrie fast aller inneren Organe: das Nervensystem ist gekreuzt, beim Pallialkomplex (einschließlich Hypobranchialdrüse) ist die rechte*, bei der Leber die linke (s. o.) Hälfte bevorzugt, Hautsinnesorgane sind einseitig über den Körper verteilt, das Peristom paßt sich der schraubigen Schale an; Columellar- (der linke im allgemeinen stärker) und Fühlermuskel entwickeln sich asymmetrisch, ebenso das rückgebogene Darmrohr, das sich meist in unregelmäßige Schlingen legt, und nur bei den *Oncidiiden* kommt es zu einer rücklaufenden Doppelspirale ähnlich der gewisser Amphineuren. Auch die Anhangsorgane des Darmrohres zeigen bisweilen Asymmetrien oder Aufwindung: planspiraler Magenblindsack bei *Trochus* (n. HALLER) und *Haliotis* (n. WEGMANN), rechtsgewundene Drüsenkrause am Darm von *Littorina* (n. KEFERSTEIN), asymmetrische Schlundtaschen bei *Fissurella* (li > re) und *Haliotis* (re > li) (n. AMAUDRUT) und die Bukkaldrüse bei *Titiscania* (n. BERGH), „mit enger Mündung, beim ♂ rechts, beim ♀ links gelegen". After, Lungen-, Nieren-, die männliche und meist auch die mit ihr vereinigte weibliche Geschlechtsöffnung liegen bei rechtsgewundenen Tieren rechts vorn am Körper, und in Anpassung daran tritt als Neuerwerbung der gleichen Stelle ein Penis auf, zu dem das Pendant der linken Seite in seltenen Fällen sich entwickeln kann (Weinbergschnecke nach ASCHWORTH[0266]). Der Genitaltrakt, phylogenetisch offenbar der (morphologisch) linken Körperpartie allein angehörig**, macht sich mehr und mehr von dieser ursprünglichen Asymmetrie frei und nimmt häufig durch Ausbildung paariger Anhangsorgane pseudobilateralen Charakter an (vgl. SIMROTH[266], S. 635/36). Gleichzeitig zeigen er und seine Anhänge Tendenz zu schraubiger Aufwindung, die von der des Schneckenkörpers vollkommen unabhängig ist. So ist*** der Zwittergang der *Oncidiiden* übereinstimmend linksgewunden (*Oncidina australis* n. PLATE, *Oncidium Meriakrii* und *O. fungiforme* nach STANTSCHINSKY); bei höheren Formen wird die schraubige Aufwindung unregelmäßig (linksgewunden bei *Clausilia plicatula* n. STEENBERG und *Caecilioides acicula* n. WÄCHTLER[271]) und geht schließlich in mäandrische Lagerung über (*Helix*). Aufwindung zeigen ferner das Vas deferens von *Oncidium fungiforme* (li nach STANTSCHINSKY) und anderer Arten (*Vaginulidae* usw.), der Ovidukt von *Janella Schauinslandi* (1 Links

---

* Nur bei den ursprünglichsten Schnecken (*Haliotis, Fissurellidae, Docoglossa*) ist die linksgelegene (= morphologisch rechte) Niere kleiner bzw. rückgebildet.

** D. h. aus der morphologisch linken Niere herleitbar.

*** Den Abbildungen nach zu schließen.

spiraltour nach PLATE) und der Spermovidukt von *Cochlostyla pythogastra*
(re nach SEMPER); von Anhangs- und Ausführorganen: Die Spiralfalte im
Inneren der Penisscheide von *Gadinia* (li nach SCHUMANN), der „Appendix"
des Genitalapparates von *Amastra* (li nach PILSBRY), ein Paar gegensätzlich-
gewundener Spermoviduktdrüsen bei *Pythia* (n. PLATE), „spiralige" Anhänge
am Spermovidukt von *Oncidiella celtica* und *Oncidium Meriakrii* und anderen
Formen, der linksgeschraubte Liebespfeil von *Spirotoxon* (SIMROTH), häufig
das Flagellum, und schließlich nehmen gemäß ihrer Entstehung auch die
Spermatophoren gelegentlich schraubige Gestalt an (li bei *Anadeninus* n.
COLLINGE). Von anderen Asymmetrien muß schließlich noch angeführt
werden der einseitig rechts entwickelte Schalenlappen der *Vitrinen* und von
Paraparmarion, das rechts breitere Epipodium von *Janthina*, die Atem-
höhle von *Ampullaria* (links Lunge, rechts Kieme) usf.

Ferner: Spermien. Spiralfurchung. Paarungsgewohnheiten. Schraubenbewegung der Larven. Die Eischnüre des Nudibranchiers *Corambe batava*
sollen immer rechtsschraubig gedreht sein[012].

Bistroph: Radulazähne von *Conus*; Spermoviduktdrüsen (*Pythia*).

k) Zusammenfassung.

Die Asymmetrie der Schnecken setzt sich aus drei Komponenten (Torsion, Reduktion der Mantelorgane einer Seite, turbospirale Schalenaufwindung) zusammen; ihre phyletische Entstehung wird durch die Theorie NAEFs befriedigend erklärt, für
den Entscheid, ob rechts oder links, aber muß eine bereits vorhandene, von den Vorfahren ererbte, körperliche Asymmetrie
verantwortlich gemacht werden (Leber).

Die ursprünglichen Schnecken besitzen eine planspirale, alle
rezenten eine nach dem Prinzip der Schneckenlinie gebaute
Schale. Sekundärer Übergang zur planspiralen und darüber hinaus
zur hyperstrophen Aufwindung kommt vor; doppelte Aufwindung
zeigt *Cylindrella*, ein sekundäres Umkippen der ersten Windungen,
was Wechsel des Windungssinnes vortäuschen kann, die hetero-
strophen Schnecken. Das spirale Operculum vieler Prosobranchier
zeigt, von außen betrachtet, zu dem des Gehäuses inversen Windungssinn.

Die Schnecken sind in der Mehrzahl extrem monostroph
(Inverse in für jede Art charakteristischer Häufigkeit beobachtet),
stark monostrophe Arten fehlen, der Rest ist schwach monostroph,
amphidrom oder razemisch (dies sehr selten); daneben gibt es
einzelne Arten, die an verschiedenen Lokalitäten verschieden
gewunden sind (links — rechts, links — amphidrom — rechts).
Die Verteilung im System der Schnecken ist verzweigt, es gibt

verschiedene inverse Arten, einige inverse Gattungen, zwei inverse
Familien sowie den fast rein inversen Zweig der Süßwasserpulmonaten, innerhalb der inversen Gattungen und Familien hier
und da durch neuerliche Inversion auch sekundär rechtsgewundene
Arten.

Amphidrome und razemische Arten, solche mit an verschiedenen Orten verschiedenem Windungssinn, oder solche, von dener
inverse Kolonien nicht selten sind, treten stets in solchen Ver-
wandtschaftskreisen auf, die auch inverse Arten oder Gattunger
enthalten und die als Gruppen labilen Windungssinnes bezeichnet
werden.

Die scheinbar so heterogenen Tatsachen über die Vererbung
des Windungssinnes können durch eine einheitliche Theorie erklärt werden. Alle ursprünglichen Schnecken sind rechtsgewunden,
man kann ihnen den Genotypus RR und ihren Eiern ein „rechtsgewundenes Plasmamosaik $\Re$ zuschreiben, wobei das inverse, $\mathfrak{L}$,
stets gleichzeitig latent vorhanden ist. Wie bei allen anderen
Asymmetrien kann durch schädigende Einflüsse verschiedener
Art die manifeste $\Re$-Struktur unterdrückt werden, die bisher
latente $\mathfrak{L}$-Struktur gelangt zur Entfaltung, es entstehen (in der
Natur normalerweise in für jede Art spezifischer, geringer Häufigkeit) phänotypisch inverse Tiere mit regulärem Genotypus,
$\mathfrak{L}(RR)$, die miteinander gepaart stets nur reguläre Tiere, $\Re(RR)$,
erzeugen. Daneben entstehen in weit geringerer, wiederum für
jede Art spezifischer Häufigkeit, auf „mutativem Wege" genotypisch inverse Eier, die also statt des Gens R das Gen L enthalten, das mit R in mendelndem Verhältnis steht und gegenüber
R rezessiv ist. Nimmt man an, daß in jeder Eizelle das ihrem Gen
entsprechende Mosaik manifest wird (während das gegensätzliche
latent bleibt), außer in den Eiern eines von einer homozygoten
Mutter abstammenden heterozygoten Tieres, wo $\mathfrak{L}$ stets latent
bleibt, so klären sich alle bisher gefundenen Tatsachen über die
Vererbung des Windungssinnes: Aus einem L-Ei entstehen im
Laufe einiger Generationen linksgewundene (LL-)Tiere, die bei
Isolierung inverse Kolonien, inverse Rassen und im Laufe der
Zeiten inverse Arten, Gattungen . . . aus sich hervorgehen lassen
können, — die, wenn keine Isolierung eintritt, infolge ihrer Selten-
heit (besonders wenn Copula nur zwischen gleichgewundenen Tieren
möglich ist) zugrunde gehen oder beim Zusammenwirken zufälliger

Umstände auch sich erhalten können, insbesondere bei Arten, die kleine getrennte Wohnplätze (Tümpel, Hochtäler) besiedeln. Dann entstehen schwach monostrophe Arten (1—10% Inverse) und sowie die Häufigkeit der Inversen einmal 5% übersteigt, wirkt das Verbot der Copula ungleichgewundener Tiere steigernd auf die Häufigkeit der Inversen, so daß allmählich amphidrome bis schließlich razemische Arten entstehen. Innerhalb solcher Arten herrscht infolge Überlagerung des gewöhnlichen Mendelerbganges RL durch den Modus der Determination des Eimosaiks ein modifizierter, bei *Lymnaea* genau studierter Erbgang, der dadurch charakterisiert ist, daß die Nachkommenschaft jedes Tieres entweder rein muttergleich oder rein invers oder je zur Hälfte rechts- und linksgewunden ist, wobei anfänglich (Inverse stark in der Minderzahl) der letzte Fall nur selten zu erwarten ist. Der oben als Labilität des Windungssinnes bezeichnete Erscheinungskomplex ist die alleinige und notwendige Folge des erhöhten Auftretens genotypisch inverser Eier innerhalb einer Art.

Die innere Organisation der Schnecken enthält einzelne, sekundäre, von der Schalenwindung unabhängige Asymmetrien. Genitaltrakt pseudobilateral.

§ 20. Mollusca. Cephalopoda (Tintenfische).

Bei den Cephalopoden sind drei Sorten von Asymmetrien bemerkenswert: die Aufwindung der Schale, die Umbildung eines Armes einer Seite zum Hectocotylus und Reduktionen im Bereiche des Genitalsystems.

a) Aufwindung der Schale[229].

Die ursprünglichen Cephalopoden, von denen als letzter Vertreter *Nautilus* noch heute am Leben ist, besaßen, entsprechend ihrer freischwimmenden Lebensweise, eine planspiral und exogastrisch (= nach vorn) eingerollte Schale*, wie sie Naef als für die Urmollusken charakteristisch ansieht (Abb. 101a). Die Umgänge der Schale berührten sich in der Regel, zum Teil griffen ähnlich wie bei den Foraminiferen die jüngeren Umgänge weit über die älteren über, und nur selten sind Schalen, wo die Windungen nicht miteinander in Kontakt traten. Unter der außer-

---

* Endogastrische Schalen kommen zwar auch bei einigen Nautiloidea vor, jedoch nie bei typisch spiral eingerollten Arten.

ordentlichen Fülle fossiler Formen gibt es aber einige, bei denen
die Aufwindung sich nicht in einer Ebene vollzog, sondern wo
die Umgänge sich nach links oder rechts daraus erhoben, und
weiter ein paar vereinzelte Gruppen, deren Schalen typisch
schneckenartig gewunden waren. Man hat früher alle Formen,
die die ursprünglich planspirale Aufrollung aufgaben, indem sie
sich teilweise gerade streckten oder zur turbospiralen Windungs-
weise übergingen, als Nebenformen bezeichnet, und für die
turbospiralen muß wohl als sicher angenommen werden, daß es
sich, sofern nicht Monstrositäten vorliegen, um aberrante Formen
handelt, die zu festsitzender oder schneckenartig kriechender
Lebensweise übergegangen waren, denn freies Schwimmen und
asymmetrische Körpergestalt ist bei einigermaßen großen Tieren
unvereinbar.

Man kennt turbospirale Formen aus folgenden Gruppen:
Nautiloidea:

Nautilidae: Trochloceras † (bald li, bald re).

Ammonoidea †:

Ceratitidae: Cochloceras (li).

Lytoceratidae: Turrilites (meist li) einschließlich den *Hetero-
ceras*-Formen (diese meist re)*.

Alle diese Formen gehören zu den Tetrabranchiaten; bei den
Dibranchiaten kommt schraubige Aufrollung nicht mehr vor.

b) Reduktionen im Genitalsystem.

Die Geschlechtsdrüse ist bei allen Cephalopoden unpaar, stellt
aber wahrscheinlich ein Verschmelzungsprodukt paariger Hälften
dar. Echte Unpaarigkeit infolge Reduktion auf einer Seite zeigen
die ausleitenden Kanäle der meisten Formen (Inversionen noch
nicht bekannt):

	♂ Vas deferens	♀ Ovidukt
Tetrabranchiata: *Nautilus* . .	beiderseits, nur re in Funktion	nur re (links rudi- mentär)
Dibranchiata: Oegopsida. . .	nur links	paarig
Myopsida . . .	,, ,,	nur links
Octopoda . . .	,, ,,	paarig exkl. *Cirro- teuthidae* (nur li)

* Der einmal gefundene, anfangs links-, später rechtsgewundene „*Nip-
ponites*" stellt wahrscheinlich einen pathologischen *Turrilites* dar[229].

c) Hectocotylisation.

Darunter versteht man beim geschlechtsreifen ♂ die Umbildung eines Armes oder der beiden Arme eines Paares zu einem Begattungsapparat (Spermatophorenüberträger). Er weicht im allgemeinen in seiner Gestalt von den übrigen Armen wesentlich ab. Indessen ist zu betonen, daß diese als Hectocotylisation bezeichnete Umbildung sich in der Regel nicht auf den einen (bzw. die beiden) Hectocotylus (-i) beschränkt, sondern in geringerem Grade auch den übrigen Tentakelkranz ergreift. Auch bei den ♀ solcher Arten, die nur einen Hectocotylus besitzen, kann der diesem entsprechende Arm gegenüber dem der anderen Seite gewisse Verschiedenheiten aufweisen.

Bei den Individuen einer Art wird, von eventuell gelegentlichen Inversionen abgesehen, stets der gleiche Arm (bzw. das gleiche Armpaar) von der Umbildung betroffen (Monostrophie), als einzige Ausnahme ist die Gattung *Illex* bekannt, mit ihren beiden Arten *illecebrosus* LES. und *coindeti* VÉRANY: hier war seit langem bekannt, daß entweder der rechte oder der linke Ventralarm hectocotylisiert sein kann, nach den Angaben PFEFFERS[279] nahm man weiter an, daß bei den mediterranen Arten der Gattung es regelmäßig der rechte ist, der diese sexuelle Modifikation zeigt, daß hingegen bei den außermediterranen *coindeti*- und den westatlantischen *illecebrosus*-♂ entweder der linke oder der rechte Baucharm hectocotylisiert ist, beide in etwa gleicher Häufigkeit oder scheinbar der linke häufiger als der rechte. Dem widerspricht aber der Bericht NAEFS[278] von 50 in Neapel gefangenen Stücken, von denen 26 den linken, 24 den rechten Ventralarm umgebildet hatten, so daß vermutlich — gewisse lokale Schwankungen zugegeben — beide Arten razemisch sein dürften*.

In vielen Familien verhalten sich bezüglich der Hectocotylisation alle Arten gleich, doch gibt es auch wesentliche Ausnahmen[278], bei den *Sepioliden* z. B. haben die meisten Arten als Geschlechtsarm den linken Dorsalarm, daneben gibt es Gruppen anderer Arten, bei denen entweder beide Dorsalarme oder einer oder beide Ventrolateralarme oder der linke Ventralarm hectocotylisiert ist, außerdem gehören hierzu noch die Gattungen

---

* PFEFFERS Schlüsse beruhten auf nur kleinem Material.

Heteroteuthis und *Stephanoteuthis*; bei ersterem fungieren als Samenüberträger die proximal miteinander verschmolzenen ersten und zweiten Arme der rechten, bei letzterem die gleichen Arme der linken Seite. Im übrigen gibt die folgende Tabelle eine Übersicht, welche Arme von der Hectocotylisation betroffen sein können (nach GRIMPE in den Tabulae biologicae):

	Links	Links oder rechts	Rechts	Beiderseits
Dorsalarm (1. Arm)	Mehrzahl der *Sepiolidae*			*Histioteuthidae Sepiola aurantiaca* u. a.
Ventrolateralarm (3. Arm)	Octopoda part. (*Scaeurgus, Argonauta* u. a.)		Octopoda part. (*Octopus, Eledone, Bathypolypus, Benthoctopus, Ocythoe, Tremoctopus* u. a.)	Einige *Sepiolidae*; (*Eledone* Octopus**)
Ventralarm (4. Arm)	Meiste Decapoda (*Sepia, Loligo* usw.)	*Illex* (Oegopside)	Einige Oegopsida	*Idiosepius, Nagidium, Todaropsis* usw.; *Spirula*; (*Illex**)
s. Text	*Stephanoteuthis*		*Heteroteuthis*	

Inverse Exemplare einzelner Arten sind — von der razemischen Gattung *Illex* abgesehen — noch nicht beschrieben; dagegen kennt man 3 Fälle (*Eledone cirrhosa*[272], *Illex coindeti*[274], *Octopus*[28]), wo an Stelle des Armes einer Seite beide Arme des betreffenden Paares** hectocotylisiert waren, eine Verdoppelung, wie sie von anderen RL-Merkmalen her genugsam bekannt ist.

Im übrigen legen alle bisherigen Befunde an *Illex* den Verdacht nahe, daß bei dieser Gattung die Fähigkeit zu kompensatorischer Regulation vorhanden sein könnte (§ 46).

Nach GRIMPE[274] ist es nicht unwahrscheinlich, daß zwischen der Umbildung eines Armes zum Hectocotylus und den Reduktionen im weiblichen Genitalsystem Beziehungen bestehen. Bei *Illex* z. B., wo, wie bei fast allen Oegopsiden, die weiblichen Geschlechtswege paarig sind, finden sich die Spermatophoren bald an der rechten, bald an der linken weiblichen Geschlechtsöffnung angeheftet (niemals aber beiderseits), und GRIMPE vermutet,

---

* Als Anomalie.

** Das Vas deferens war stets nur einseitig entwickelt. — Die Häufigkeit dieses Vorkommnisses schätzt ROBSON auf 1 : 5000.

daß ersteres der Fall ist, wenn ein links-, letzteres, wenn ein rechtsarmiges ♂ das ♀ begattet hat. Da, sowie die Spermatophorenwand sich aufgelöst hat, die weibliche Mantelhöhle gänzlich mit Spermatozoen erfüllt ist, diese also zu beiden Oviduktöffnungen Zutritt haben, so ist es hier (wie bei allen Formen mit paarigen Eileitern) gleichgültig, wo der Hectocotylus entwickelt ist — daher die große Variabilität in diesen Gruppen. Bei den Formen mit nur linksseitigem Ovidukt hingegen soll die richtige Placierung nach GRIMPE nur durch linksarmige ♂ möglich sein, also müßten hier überall die ♂ links (oder links und rechts) einen Hectocotylus besitzen. Im allgemeinen stimmt dies mit den Tatsachen überein, für viele *Sepioliden* (s. o.) aber würde es bedeuten, daß nicht der von NAEF als solcher bezeichnete, sondern ein anderer (der linke dorsale) Arm — auch wenn er weniger auffallend umgebildet ist — den Hectocotylus-Samenüberträger darstellt, während die übrigen Arme nur Begattungshilfs(Anklammerungs-)organe darstellten. Ist GRIMPES Ansicht richtig, so ist auch nur e i n e bestimmte Begattungsstellung möglich.

d) Andere Asymmetrien.

Viele Octopoda besitzen turbospirale Darmblindsäcke (linksgewunden bei *Octopus*). Auf gewisse Asymmetrien in der Hakenzahl der Arme hat GRIMPE[275] kürzlich hingewiesen. Oft asymmetrische Blutgefäßversorgung des Tintenbeutels. Asymmetrie des Eingeweide-Situs im allgemeinen. Asymmetrisch verteilte Leuchtorgane[280]. — Asymmetrie der Lobenlinien (ABEL). Radula[281a].

Konstant asymmetrische Paarungsstellungen (vgl. c und § 39; diese vielleicht die primäre Ursache der Reduktionen im Genitalsystem und der asymmetrischen Hectocotylisation?).

e) Zusammenfassende Tabelle.

S c h a l e : Planspiral; selten (polyphyletisch) turbospiral (in Anpassung an Kriechen?), dann monostroph bis amphidrom, gruppeninkonstant.

V a s   d e f e r e n s : Rechts reduziert bei Dibranchiaten, nur rechts in Funktion bei *Nautilus*.

O v i d u k t : Paarig oder rechts reduziert bei Dibranchiaten, links rudimentär bei *Nautilus*.

H e c t o c o t y l u s : Ein- oder beidseitig an einem für die betr. Art charakteristischem Armpaar. Wenn einseitig, gruppeninkonstant links oder rechts, Arten monostroph (stark-extrem?), nur *Illex* razemisch. Kompensatorische Regeneration? Beidseitige Hectocotylisation bei regulär einseitigen Formen dreimal beobachtet. Eventuell Zusammenhang zwischen Reduktion der

Geschlechtswege und Hectocotylisation, vielleicht beides verursacht durch konstant-asymmetrische Paarungsstellungen.

Andere Asymmetrien: Vorwiegend bedingt durch den
verwickelten inneren Situs.

§ 21. Crustacea. Krebse.

Die Krebse sind ebenso wie die Tracheaten (Tausendfüßer und
Insekten) ein außerordentlich formenreicher Tierstamm, dessen
einzelne Vertreter sich, in Anpassung an bestimmte Lebensbedingungen, zum Teil aus bisher noch nicht erläuterbaren
Gründen, auch gestaltlich sehr verschieden differenziert haben,
und so wird man vielleicht innerhalb jeder größeren systematischen
Einheit der Krebse Formen mit sekundären Asymmetrien, vor
allem mit Rückbildung eines Organes einer Seite, antreffen.
Daneben gibt es drei Asymmetrien, die ganzen Gruppen gemeinsam sind und die vom Standpunkte des allgemeinen RL-Problems
großes Interesse beanspruchen, wenn sie auch bisher noch weitaus
ungenügend untersucht sind: die asymmetrischen Sexualcharaktere der freilebenden Copepoden, die Heterochelie (Ungleichscherigkeit) der höheren Krebse (Decapoden) und die sekundäre Krümmung des Hinterleibes bei den
Einsiedlerkrebsen (Paguriden). Diese Asymmetrien behandeln
nacheinander die drei folgenden Abschnitte, ein vierter bringt
eine Zusammenstellung der wichtigsten übrigen Asymmetrien,
die bei Krebsen bekanntgeworden sind.

a) Die Asymmetrien der freilebenden Copepoden[284, 290].

Diese Asymmetrien betreffen fast ausschließlich die Genital-
organe und die übrigen Sexualcharaktere des männlichen Geschlechts sowie bisweilen eine Reihe zusätzlicher Merkmale, die,
weil sie auch geschlechtsbegrenzt sind, als tertiäre Sexualcharaktere
gewertet werden müssen.

Die auffallendsten Bildungen der ♂ sind die vorderen Antennen,
die bei einem Teil der Arten zu genikulierenden Umklammerungsorganen geworden sind (Greifantennen). Bei den Calanoida
sind die drei in der folgenden Tabelle angeführten Möglichkeiten
verwirklicht, auf dieser Unterscheidung beruht die Aufteilung
der ganzen Gruppe in die drei genannten Tribus, deren jeder
eine natürliche Einheit darstellt: denn die Gestalt der Antennen

Unterordnung	Tribus	1. Antennen
Calanoida (= Gymnoplea)	Isokerandria	in beiden Geschlechtern gleich
	Amphascandria	♂ ⧧ ♀, die beiden Antennen der ♂ einander gleich, zu Spürorganen umgebildet
	Heterarthrandria	♂ ⧧ ♀, eine A. des ♂ gleich der des ♀, die andere zu Greifantenne umgebildet
Podoplea	Ampharthrandria	♂ ⧧ ♀, beide A. der ♂ einander gleich, zu Greifantennen umgebildet

ist nicht das einzige, sondern nur ein besonders auffälliges von vielen Merkmalen, in denen sich diese drei Tribus voneinander unterscheiden. Als scheinbare Ausnahme ist die Gattung *Bathycalanus* G. O. SARS anzumerken, die den unzweifelhaften Typus einer Amphascandria-Art aufweist, jedoch im männlichen Geschlecht eine Greifantenne vom Heterarthrandria-Bau besitzt. — Außer den heterarthrandrischen Calanoiden gibt es keine Copepoden mit einseitiger Greifantenne mehr, wohl aber besitzen die Ampharthrandria (s. Tabelle), der weitaus artenreichste Tribus der alle übrigen freilebenden Copepoden umfassenden Podopleen, im männlichen Geschlecht beiderseits Antennen, die zu Umklammerungsorganen geworden sind.

Eine zweite Asymmetrie betrifft die männlichen Geschlechtsorgane. Die Hoden sind entweder paarig oder, wenn unpaarig, durch Verschmelzung paariger Hälften entstanden, das Vas deferens indessen ist bei allen Calanoiden und einem Teil der Podopleen nur auf der einen Seite vorhanden, auf der anderen rückgebildet. Da das verbleibende Vas deferens stets an der seiner Lage entsprechenden Körperseite (im Segment des 5. Beinpaares) nach außen mündet, liegt auch die Geschlechtsöffnung in diesen Fällen asymmetrisch, entweder links oder rechts.

Asymmetrisch ist drittens in den Fällen, wo es vorhanden ist, das 5. Beinpaar, das dann in den Dienst der Spermaübertragung getreten ist. Bei den Ampharthrandria-♂, die ihre ♀ bei der Begattung dauernd mit den beiden Greifantennen umklammert halten (s. Tabelle i. d. Zusammenfassung), sowie den Isokerandria-♂, die zum gleichen Zweck die zu Klammerorganen umgebildeten zweiten Maxillipede* benützen, ist das 5. Beinpaar rudimentär.

---

* = Morphologisch 1. Thoracalbeinpaar.

Bei den zwei restlichen Gruppen (Amphascandria und Heter
arthrandria) ist es im Prinzip so, daß das eine Bein des 5. Paares
zum Festhalten des ♀ während der Copula dient, das andere zur
Übertragung und Anheftung der Spermatophore — die Asymmetrie
ist dann stets eine Folge dieser Arbeitsteilung. (Die Amphas
candria-♂, die lediglich Spürantennen besitzen, erhaschen sich
das ♀ mit dem einen Bein des 5. Paares und halten es dami-
fest; die Heterarthrandia-♂ benutzen ihre Greifantenne nur zum
Einfangen der ♀, umklammern sie so lange, bis sie der Copula
keinen Widerstand mehr entgegensetzen, dann tritt die Greifantenne gänzlich außer Funktion und wird durch das Greifbein
des 5. Paares abgelöst.)

Asymmetrien treten schließlich auf als **einseitige Auswüchse des Genitalsegmentes** und können weiter auch auf
andere Teile des Körpers übergreifen, auch auf **Stellen, die
von der Genitalregion weit entfernt liegen.** So ist bei
Diaptomus incongruens, Candacia norvegica, Anomalocera Patersoni
auch das dem Genitalsegment vorangehende Thoraxsegment
asymmetrisch gebaut, bei *Calocalanus plumulosus* und *Heterochaeta* hat die Asymmetrie auch auf die Furca übergegriffen,
Pleuromamma besitzt einen asymmetrischen Pigmentknopf usf.
Unabhängig von den Genitalasymmetrien sind diejenigen einiger
Ascidien bewohnender Podopleen (*Botryllophilus, Bonierilla ar-
cuata*), Formen, die an der Grenze zwischen freilebend und para-
sitisch stehen und bei denen die linken Extremitäten noch den
Schwimmfußtypus zeigen, während die rechten mehr den Charakter von Kratz- und Stemmorganen angenommen haben.

Was die **Verteilung von Rechts und Links** betrifft, so
zeigt sich zunächst, daß — mit gewissen Ausnahmen — alle diese
Asymmetrien miteinander gekoppelt sind, und zwar derartig, daß

	Geschlechts-öffnung	Greif-antenne	Auswüchse am Genital-segment	Greifbein des 5. Paares	Sperma-überträger des 5. Paares	Beispiel
I	L	R	R	R	L	*Diaptomus*
II	R	L	L	L	R	*Temora*

I den regulären und II den inversen Typus darstellt. In der
Mehrzahl der Fälle ist also das linke Vas deferens erhalten, das
dann auch linksseitig ausmündet. Außer *Pleuromamma indica*
(s. Nachtrag) sind alle Arten monostroph; Inversionen sind

zwar bereits beobachtet, aber noch nicht beschrieben, ihre Existenz ist ja wegen des häufigen Vorkommens inverser Arten sowie eines als Inversion anzusprechenden Befundes bei ♀ (s. u.) sehr wahrscheinlich. Die Verteilung von Links und Rechts* innerhalb der Gesamtheit der freilebenden Copepoden ist inkonstant (verzweigt), es gibt L- und R-Arten innerhalb derselben Gattung, es gibt Untergruppen, · die nur R-, nur L-, hauptsächlich L- oder R- und L-Arten etwa gleich häufig nebeneinander enthalten.

Die einseitigen Greifantennen der Heterarthrandria-♂ sind stets an der Seite ausgebildet, die der Geschlechtsöffnung gegenüberliegt („gekreuzte Asymmetrie"); befinden sich Auswüchse am Genitalsegment, so liegen diese gleichfalls an der der Geschlechtsöffnung abgekehrten Seite (*Diaptomus*-Arten, *Anomalocera Patersoni*, *Epischura* u. a., *Pontellinae*). Beim 5. Beinpaar aber liegen die Verhältnisse nicht so einfach. Zwar scheint sich die Mehrzahl der Formen dem obigen Schema (I, II) einzuordnen, jedoch existieren unzweifelhaft Arten, bei denen das inverse Bein Greiforgan ist, z. B. *Lucicutia* (= *Leuckartia* CLAUS) und *Heterochaeta*:

Greifantenne L, Geschlechtsöffnung R, Greifbein (beweglicher Haken) R.

Ob in allen diesen Fällen, wo das rechte statt des linken 5. Beines Greiforgan ist, auch das linke statt des rechten die Spermatophoren überträgt, ist unbekannt, denn Beobachtungen des Copulationsvorganges liegen nur von äußerst wenigen Arten vor, man ist allein auf Rückschlüsse aus morphologischen Befunden angewiesen, hier aber zeigt sich eine reichliche Mannigfaltigkeit: zwar läßt sich meist mit Sicherheit sagen, welches Bein ein Greiforgan darstellen muß, über die Funktion des anderen Beines aber läßt sich nicht selten keine Klarheit gewinnen. Nun ist im Rahmen des allgemeinen RL-Problems eine wichtige Frage, ob, wenn bei einer Art verschiedene Asymmetrien gleichzeitig ausgeprägt sind, diese unabhängig voneinander invertieren können (§ 48). Man hätte hierfür einen Beweis, wenn sowohl dort, wo die Greifantenne rechts und die Geschlechtsöffnung links liegt, wie dort, wo das Umgekehrte der Fall ist, bald das rechte 5. Bein als Greiforgan und das linke als Spermatophoren-

---

* „L-Art" = bei der das linke Vas deferens erhalten ist.

zange ausgebildet wäre, bald umgekehrt und wenn dabei das
Beinpaar der ersten spiegelbildlich zu dem der zweiten Gruppe
wäre. So ist es aber nicht. Bei den verschiedenen Arten mit
rechtem Greifbein ist das 5. Fußpaar nicht stets nach dem gleichen
Schema gebaut, das Greifbein ist bald haken-, bald sichel- oder
zangenförmig, oft scheinen beide Beine des 5. Paares Greif-
funktion zu besitzen und nur selten sind die Fälle, wo zu einer
Art mit linkem sich eine solche mit rechtem Greifbein angeben
läßt, wo zugleich das ganze 5. Bein der einen Art das Spiegelbild
desjenigen der anderen Art darstellt. So kann man auf die Frage
nach der Unabhängigkeit dieser Merkmale nur so viel sagen,
daß das 5. Fußpaar an der absoluten Koppelung der
übrigen Sexualcharaktere nicht teilnimmt, daß es nicht
bloß in Form zweier spiegelbildlichen Typen entwickelt ist,
sondern im Gegensatz zu den anderen Geschlechtsmerkmalen
eine auffallende Variabilität aufweist, die präzise Aussagen vorerst unmöglich macht.

Die restlichen geschlechtsbegrenzten Asymmetrien sind nur
einem geringen Teil der Arten eigen und nehmen, soweit bis jetzt
bekannt, an der Koppelung mit den anderen Sexualcharakteren*
teil. Dieses gilt für die Symmetriestörungen im letzten Thoracal-
segment, für die asymmetrische Furka (linker Ast enorm verlängert, wenn Geschlechtsöffnung rechts) und ebenso für den
Pigmentknopf der *Pleuromamma*-Arten *abdominalis* und *gracilis*,
die zueinander fast absolute Spiegelbilder darstellen[290]:

	abdominalis	gracilis
Greifantenne	R	L
Geschlechtsöffnung	L	R
5. Beinpaar.	zueinander spiegelbildlich	
Pigmentknopf (1. Thorakalsegment). . . .	L	R
Umbildungen der 2. Endopoditen** . . .	L	R

Die eine Form ist also offenbar durch genotypische Totalinversion
aus der anderen hervorgegangen, hinterher erst haben sich die
Artunterschiede eingestellt. Über die amphidrome *P. indica* und
andere *P.*-Arten vergl. Nachtrag (nach § 50).

Von Interesse ist, daß einige der männlichen Sexualcharaktere
bzw. der mit diesen gekoppelten Asymmetrien auch auf die ♀

---

* 5. Fußpaar ausgenommen.   ** In weiblicher Richtung.

übergetreten sind: So besitzen die ♀ der heterarthrandrischen *Arietellidae* ungleich lange Antennen, die *Pleuromamma*-♀ besitzen den Pigmentknopf genau so wie die ♂, und als wesentlich ist anzumerken, daß man unter den *abdominalis*-♀ (selten) solche mit rechtem statt linkem Pigmentknopf gefunden hat. Da die übrigen Asymmetrien den ♀ fehlen, könnte man vermuten, daß die Inversion dieses einzigen Merkmales „leichter möglich" und daher häufiger ist als eine solche des gesamten Asymmetrie-komplexes der ♂. — Für eine *Candacia*-Art wird angegeben, daß im Gegensatz zu den mit rechter Greifantenne versehenen ♂, die daher auch rechts am Genitalsegment einen Auswuchs besitzen, bei den ♀ sich dieser Auswuchs auf der linken Körper-seite befinden soll. Auch die sexuell noch undifferenzierten Larven können bereits Asymmetrien aufweisen, die auf die des fertigen Tieres hindeuten („prospektive Asymmetrie": un-symmetrische Furka der *Pontelliden*-Metanauplien).

Schließlich wäre noch die Frage zu erörtern, welche der männlichen Asymmetrien als die ursprüngliche zu bezeichnen ist, eine Frage, die eng mit der zusammenhängt, ob man die paarigen Greifantennen (Ampharthrandria) oder die einseitigen (Heter-arthrandria) als primär erachtet. Nach allem, was man über EL-Merkmale weiß, ist das letztere als wahrscheinlich anzusehen: offenbar waren anfangs die Antennen der ♂ und ♀ einander gleich; traten dann im Laufe der Phylogenie einseitige Greifantennen auf, so ist ein Verdoppeln leicht vorstellbar (§ 46)*. Bildeten sich aber die beiden Antennen zu Greiforganen um, so ist es zwar leicht zu denken, daß eine von beiden verschwindet, nicht aber, daß sie auf den ursprünglichen ♀-ähnlichen Ausbildungsgrad zurücksinkt. Das Primäre dürfte jedenfalls eine asymme-trische Kopulationsstellung gewesen sein, die, mehr oder weniger parallel miteinander, eine Umbildung des Genital-segmentes, des 5. Fußpaares und der betreffenden Antenne mit

---

* Dies ist nicht so zu verstehen, als ob die Ampharthrandria direkt aus den Heterarthrandrien entstanden sein müßten; vielmehr wird sich inner-halb eines Teiles der Isokerandria-ähnlichen Urformen unter gleichzeitiger Umbildung einer Antenne eine asymmetrische Paarungsstellung heraus-gebildet haben. Diese asymmetrischen Anlagen wurden von den beiden divergierenden Zweigen Ur-Heterarthrandria und Ur-Ampharthrandria übernommen und innerhalb dieser letzten trat Verdoppelung der Greif-antenne ein.

sich brachte und die schließlich die eine Geschlechtsöffnung samt
Vas deferens sich rückbilden ließ. Trat bei solchen Former
dann einmal auf dem von Analogien her bekannten Wege (§ 46
eine Verdoppelung der Greifantennen ein, so entstanden Former
vom Typus der *Harpacticiden* (ampharthrandrisch, nur ein
Samenleiter)*.

b) Die Heterochelie der höheren Krebse.

Die Mehrzahl der höheren Krebse ist durch den Besitz von
Scheren an einem oder mehreren der zur Lokomotion dienenden
Beinpaare des Thorax ausgezeichnet. Sind mehrere scheren-
tragende Beinpaare vorhanden, so ist gewöhnlich das erste mit
besonders großen und differenzierten Scheren versehen, und an
diesem Paare sowie an dem solcher Formen, die nur ein einziges
besitzen, können Unterschiede in Größe und Gestalt zwischen
linker und rechter Schere auftreten. Diese Erscheinung hat
PRZIBRAM[297] als Heterochelie bezeichnet und sie der Homoiochelie (Gleichscherigkeit) gegenübergestellt.

Die Verteilung von Rechts und Links zeigt eine ungewöhnliche
Mannigfaltigkeit, die noch verstärkt wird dadurch, daß Unterschiede zwischen den Geschlechtern auftreten können. Ursprünglich sind offenbar diejenigen Formen, bei denen ♂ und ♀
homoiochel und die Scheren beider Geschlechter einander gleich
sind. Nur selten ist ein anderer Fall von Homoiochelie, wo die
beiden Scheren der ♂ bzw. der ♀ einander gleich, die beider Geschlechter aber voneinander verschieden sind**. Bei der Heterochelie sind drei grundsätzliche Fälle zu unterscheiden:

1. ♀ hom., ♂ het.   2. ♀ und ♂ het.   3. ♀ het., ♂ hom.

Im ersten, ziemlich häufigen Fall stellt die eine Schere des ♂ ein
sekundäres Geschlechtsmerkmal (Kampf-, Winkorgan) dar, die
andere verbleibt auf dem indifferenten, ♀-gleichen Zustand. Im
zweiten, gleichfalls häufigen Fall hat sich dieser Charakter auch
auf die ♀ übertragen, doch ist nicht selten die Heterochelie hier
geringer ausgeprägt als bei den ♂. Der dritte, seltene Fall schließlich stellt nicht eine Umkehr des ersten dar, sondern ist offenbar
aus dem zweiten entstanden, indem auch die kleinere Schere

---

* Siehe vorige Fußnote.
** Analog zu den Verhältnissen bei den Greifantennen der Copepoden.

des ♂ zu einer „Kampfschere" wurde, so daß nur die eine des ♀ auf dem ursprünglichen Zustand verblieb. — Im Falle 1 können gelegentlich als Ausnahme auch heterochele ♀ auftreten.

Was die Ausbildung des ungleichen Scherenpaares anbetrifft, so ist entweder nur ein Größenunterschied vorhanden: die eine Schere ist klein und undifferenziert, die andere zu einer Waffe geworden, und es ist in diesen Fällen leicht vorstellbar, daß aus gewissen Ursachen auch die andere Schere. nachträglich diese besondere Gestalt annehmen kann. In den übrigen Fällen ist zunächst ein Formunterschied vorhanden, man unterscheidet eine zahnarme, kräftige Kampf- oder Knackschere (K-Schere) und eine zierlicher gebaute, muskelärmere Zähnchen-, Zwick- oder Freßschere (Z-Schere), und bei Größenunterschieden ist stets die K-Schere mächtiger als die Z-Schere entwickelt. Man bezeichnet ein Individuum als dexiochir, wenn die rechte Schere größer oder wenn sie eine K-Schere ist, als laeochir in den übrigen Fällen.

Nach der Verteilung von Rechts und Links lassen sich innerhalb der Arten alle Übergänge zwischen stark monostroph, schwach monostroph, amphidrom-nichtrazemisch bis razemisch feststellen, sowohl in den Fällen, wo nur die ♂, wie dort, wo beide Geschlechter heterochel sind. Daneben werden selten Tiere mit 2 kleinen bzw. 2 Z-Scheren, und noch seltener solche mit 2 K-Scheren beobachtet.

Über die RL-Verteilung innerhalb der Gesamtheit der höheren Krebse läßt sich zunächst feststellen, daß die ursprünglichen Formen — wofür auch die phylogenetischen Befunde sprechen[297] — homoiochel sind, ebenso in der Regel die an der Wurzel eines Stammbaumastes stehenden Arten. Die Heterochelie häuft sich bei den höheren Gruppen, und zwar tritt sie zunächst in razemischer und erst in den am weitesten von der Wurzel entfernten Familien vorwiegend in monostropher Form auf. Die folgende, nach Przibram[297] zusammengestellte Tabelle gibt eine Übersicht (S. 204 u. 205).

Über die in der letzten Zeile dieser Tabelle aufgeführten Brachyrhyncha seien folgende Einzelheiten angemerkt:

Brachyrhyncha: Außerordentlich variabel. Homoiochele und heterochele (dexio-, laeochire und amphidrome Untergruppen). Monostrophe und amphidrome Gattungen. Stark und schwach monostrophe, amphidrome und razemische Arten. Heterochelie nur bei ♂ oder bei ♂ und ♀;

Natantia.

Abteilung	Tribus	Familie	Scheren	x	y
1. Penaeidea			hom.		
2. Eucyphidea	6. Palaemonoida	1. *Alpheidae*	hom. oder het. (RL)* oder nur ♀ het. (RL)*	1.	+
		4. *Palaemonidae*	*Pontoniinae*: meist het. (RL)	2.	
			Palaemoninae: hom. oder het.* oder nur ♂ het.	,,	
	7. Crangonoida	3. *Processidae*	(= *Nikidae*): R Schere, L Klaue (subchelat)	1.	+
		Übrige Familien	beiderseits Klauen (subchelat) oder beiderseits Scheren	,,	

Reptantia.

Abteilung	Tribus	Familie	Scheren	x	y
1. Palinura	—		hom.		
2. Astacura		2. *Nephropsidae*	hom.: *Paranephrops* u. a.; het. (KZ, razemisch): Hummer, *Nephrops* u. a., hierbei als seltene Anomalie ZZ; ZZ ist Regel bei *N. japonicus*	1.	+
		3. *Potamobiidae*	hom. mit Ausnahme v. *Astacus leniusculus*-♂ (L > R)	,,	
3. Anomura	1. Thalassinidea	3. *Calianassidae*	hom. oder het. (RL)	,,	
	2. Galatheidea	1. *Agleidae*	het. (R > L)	,,	
		4. *Porcellanidae*	Innerhalb aller wichtigen Gattungen hom., schwach und stark heterochele Arten; nur ♂ od. ♂ u. ♀; RL; Stufenfolge	,,	

				Symm. Abdomen
4. Paguridea	1. Potamochelidae	hom.	,,	
	2. Paguridae	Pagurinae: hom. od. laeochir**; Gattung Pagurus enthält auch einige dexiochire** Arten	+	In Schneckenschale
		Eupagurinae: hom. od. dexiochir.**	,,	In Schneckenschale
	3. Coenobitidae	hom. od. laeochir; Birgus hom.	,,	In Schneckenschale; Birgus nicht
	5. Lithodidae	Meist dexiochir. Asymmetrien an den übrigen Beinpaaren	,,	Abd. asymmetrisch, nicht in Schneckenschalen
4. Brachyura	1. Dromiacea	hom.	,,	
	2. Oxystomata 4. Calappidae	dexiochir (KZ); regenerative Inversionen	,,	
	3. Brachygnatha a) Oxyrhyncha b) Brachyrhyncha 3. Parthenopidae	dexiochir (KZ) 36 : 5 . . . . . . s. S. 203 unten	,, ,,	+

System nach Handbuch der Zoologie. Weggelassene Gruppen sämtlich homoiochel, ausgenommen die nur auszugsweise angeführten Brachyrhyncha. Sofern nichts Gegenteiliges angegeben ist, verhalten sich ♂ und ♀ gleich. K = Knack-, Z = Zähnchenschere. K$_r$ usw. = K-Schere rechts usw. ZZ = beiderseits Z-Scheren, KK = beiderseits K-Scheren, Kk = eine große und eine kleine K-Schere vorhanden. RL = die Arten der betr. Gruppe sind amphidrom bzw. razemisch.

Spalte x: Welches Beinpaar ist heterochel? Spalte y: Sind Regenerationsversuche bekannt?

* Heterochelie der ♀ schwächer oder gleich stark wie bei ♂.
** Inverse (1 Fall ausgenommen) bisher nicht bekannt.

Unterschiede häufiger der Form (KZ) als der Größe nach. Im Durchschnitt rechts weitaus bevorzugt. Beispiele:

Portunidae: *Portunus depurator*: 147 R : 12 L
                Verschiedene *P*.-Arten: 60 K_r : 5 K_l (: 3 k_l : 2 ZZ)
                Scylla serrata FORSK.: 32 K_r : 10 K_l : 3 ZZ
                Carcinus maenas: 109 K_r : 17 K_l
Cancridae: Meist hom.; von *Cancer* ist *C. iocarpus* KLLR. razemisch.
Xanthidae: *Xantho rivulosus*-♂: 52 K_r : 6 K_l : 3 ZZ; ♀ in der Regel hom.
                Cymo-Arten: 22 R : 12 L
                Eriphia spinifrons[287]: ♂ 694 R : 255 L, ♀ 544 R : 206 L
                (beide Male 73% : 27%), ferner einige ZZ und 3⁰/₀₀ kl.
Potamonidae: *Thelphusa fluviatilis*: 53 K_r : 5 K_l : 8 ZZ
                Parathelphusa tridentata: 18 K_r : 35 K_l
Ocypodidae: *Uca* (= *Gelasimus*): ♀ hom., ♂ razemisch het.[305] (*pugilato* -
                ♂ 932 R : 896 L, *pugnax*-♂ 552 R : 578 L)
                Ocypoda: ♀ und ♂ razemisch het.

Die Beurteilung der Heterochelie bei den einzelnen Arten wird dadurch oft wesentlich erschwert, daß alle diese Krebse verlorengegangene Scheren ersetzen können, und dieses Regenerationsvermögen bietet zugleich die Erklärung, wieso man bei der Heterochelie die sonst so seltene amphidrom-nichtrazemische Verteilung so häufig findet. Verliert ein homoiocheles Tier eine Schere, so gewinnt es während der Regenerationsdauer ein hetercheles Aussehen, doch läßt sich ein solcher Fall leicht als regenerativ erkennen. Wesentlich schwieriger aber wird der Entscheid bei den heterochelen Krebsen, die die Fähigkeit der kompensatorischen Regeneration besitzen, d. h. bei denen nach Verlust der größeren Schere die bis dahin kleinere zur größeren wird, während auf der anderen Seite eine kleine Schere regeneriert. Hierbei ist insbesondere die Frage von Wichtigkeit, ob bei den vorwiegend dexiochiren bzw. laeochiren Formen alle Inversen, deren Prozentsatz (s. o.) oft fast 25% ausmacht, auf regenerative Scherenumkehr zurückgeführt werden dürfen oder ob zumindest ein Teil dieser Inversen „von Geburt an" invers war, eine Frage, die mit der nach der Ursache der häufigen amphidrom-nichtrazemischen Verteilung R/L bei diesen Krebsen identisch ist. Um hierauf eine Antwort geben zu können, muß man vorher in die bisherigen Befunde über experimentelle Scherenumkehr Einsicht nehmen.

    Experimentelle Scherenumkehr. Versuche in dieser Richtung wurden insbesondere von PRZIBRAM und T. H. MORGAN

unternommen und haben zu folgenden Ergebnissen geführt:
1. Bei einer Reihe verschiedener heterocheler, sowohl razemischer
(*Alpheus*) wie monostropher (*Carcinus maenas*) Krebsarten, die
eine große und eine kleine Schere besitzen, führt Verlust der
großen auf dem Wege kompensatorischer Regeneration zu einer
Scherenumkehr[298], indem im Laufe der sukzessiven Häutungen
die kleinere die Gestalt der größeren annimmt. Dies gilt sowohl
für lang- wie für kurzschwänzige Krebse, sowohl wenn das erste,
wie wenn das zweite Beinpaar (*Typton*) heterochel ist. 2. Bei
solchen erwachsenen heterochelen Krebsen, deren Heterochelie
im wesentlichen in einer Formverschiedenheit (KZ) beider Scheren
besteht, wird jede Schere direkt regeneriert (Hummer), wohl
deshalb, weil eine nachträgliche Umbildung der Z- in die K-Schere
kaum möglich ist. 3. Aber auch bei diesen Formen ist regenerative
Scherenumkehr möglich, wenn sehr kleine (junge) Tiere verwendet werden (Hummer[288]). Erscheinen diese drei Befunde
durchaus plausibel, so stehen ihnen viertens diejenigen an Einsiedlerkrebsen (*Eupagurus*) und Winkerkrabben (*Uca-Gelasimus*)
gegenüber, wo bei den erwachsenen Tieren gleichfalls jede Schere
direkt regeneriert wird, obwohl eine bedeutende Größendifferenz
beider Scheren vorhanden ist und eine nachträgliche Umwandlung
der kleineren in die Gestalt der größeren durchaus möglich erscheint. Auch hier liefern die Befunde an Jungtieren Aufklärung.
MORGAN[293] fand bei *Uca* neben gleichscherigen jungen ♀ dreierlei
Sorten junger ♂: solche mit zwei kleinen, solche mit einer größeren
und einer kleineren (razemisch) und (selten) solche mit zwei
größeren Scheren. Die heterochelen der zweiten Gruppe regenerieren bereits direkt, bei der ersten Gruppe — und das sind nach
einer weiteren Mitteilung MORGANs[294] die jüngsten aller ♂ —
aber entwickelt sich nach Abschneiden der linken die rechte zur
später größeren Schere, und umgekehrt.

Man darf nun aber nicht annehmen, daß alle erwachsenen
Winker-♂ ihre Heterochelie dem Umstande verdanken, daß sie
einmal eine Schere verloren haben, vielmehr lassen sich diese
anscheinend abweichenden Befunde an *Uca** ungezwungen mit
denen über Scherenumkehr durch eine einheitliche Theorie erklären. Wir nehmen in Analogie zu den Ergebnissen bei Röhrenwürmern, Seeigellarven, Ascaris, Schnecken usw. an, daß — in

---

* Bzw. der Paguriden, wo Versuche an Jungtieren fehlen s. w. u.

unserer vorläufigen Terminologie (Weiteres s. § 46) — bei heterochelen Krebsen jede der beiden Scherenanlagen in sich „Anlagen"
zur +- und —-Schere besitzt, daß aber in der einen die +-,
in der anderen die —-Struktur nur latent vorhanden ist, weil
die aktive +-Struktur in der einen die +-Struktur in der anderen
hemmt, so daß diese zur —-Struktur verurteilt ist. (Welche Seite
von vornherein zur +-Schere bestimmt ist, d. h. die aktive
+-Struktur enthält, ist bei den monostrophen Formen erblich
festgelegt, wird bei den razemischen irgendwann während der
frühesten Entwicklung entschieden). Geht nun die +-Schere oder
die zur +-Schere bestimmte Schere verloren, so fällt deren hemmender Einfluß auf die +-Struktur der anderen Seite weg, in
dieser wird jetzt die +-Struktur aktiv und gibt hier zur Bildung
einer +-Schere Anlaß, noch bevor die andere Seite sich „erholt"
hat. Jetzt wird diese durch die Gegenseite gehemmt und die
Scherenumkehr ist vollzogen. Selten mag es vorkommen, daß
die frühere +-Struktur sich schnell „erholt" oder daß die Umbildung der kleinen in die große Schere sich verzögert; dann — und
ebenso nach Totalexstirpation beider Scheren — werden mehr
oder weniger von vornherein beide Seiten, „gleichstark", miteinander rivalisieren, es werden Tiere mit zwei gleichen Scheren
entstehen — ein Schluß, der wiederum nach analogen Befunden
bei Röhrenwürmern und Stachelhäuterlarven berechtigt erscheint.

Nun hatte bereits PRZIBRAM beobachtet, daß sich bei den
Krebsen, die Scherenumkehr zeigen, diese immer langsamer
bzw. gar nicht mehr vollzieht wenn die Tiere, sehr alt werden.
Bei einem gewissen Lebensalter wären also die Seiten endgültig
determiniert. Dieses Grenzalter wird von einigen Krebsen, z. B.
Alpheus, erst sehr spät, vielleicht überhaupt nicht erreicht, beim
Hummer schon relativ frühzeitig und bei *Uca* fällt es in jenes
jugendliche Stadium, in dem noch Gleichscherigkeit herrscht —
denn alle heterochelen Krebse sind in der frühesten Jugend
homoiochel. Auch diese Determinierung läßt sich mit unserer
Hypothese interpretieren (s. § 46), man hat sich vorzustellen,
daß im Laufe des Wachstums die manifeste Linksstruktur allmählich auf die L-Struktur der Gegen- (wie auf die R-Struktur
der gleichen) Seite einen gleich stark hemmenden Einfluß erlangt,
wie ein solcher in umgekehrter Weise von der manifesten R-Struktur der Gegenseite ausgeht. Man muß solches sogar annehmen,

Ga bei *Carcinus* z. B. nach Wegnahme der Z- die K-Schere der anderen Seite hypertrophiert.

Daß tatsächlich in der Z-Schere latent die Anlage der Gegenschere vorhanden ist, geht auch daraus hervor, daß bei Scherenumkehr alle individuellen Eigentümlichkeiten der verlorenen K-Schere im Regenerat der Gegenseite wieder auftreten. Über die Erscheinung der Bruchdreifachbildung vgl. § 46.

Da es sich bei der Scherigkeit um ein echtes RL-Merkmal handelt, muß man in Hinblick auf die Befunde an anderen Tiergruppen (*Ascaris*, Schnecken, Seeigellarven) annehmen, daß durch schädigende Einflüsse während der ersten Entwicklungsstadien die beiden manifesten Strukturen (z. B. die +-Struktur in der linken und die —-Struktur in der rechten Seite) geschwächt werden, daß dafür die gegenteiligen Strukturen aktiv werden, **so daß phänotypische Inverse entstehen. Man wird also nicht alle Inversen der dexio- bzw. laeochiren Arten als durch regenerative Umkehr entstanden zu denken haben, sondern unter diesen Inversen wird sich ein Teil befinden, der seit frühester Jugend phänotypisch invers war**, ohne jemals eine Schere verloren zu haben. Der hohe Prozentsatz Inverser (bis 25%) bei einigen Arten ist vielleicht als Summe solcher phänotypischer und regenerativer Inverser zu erklären*.

Auf einige Einzelheiten hat Przibram hingewiesen: Nervendurchschneidung hat keinen Einfluß auf die Scherenumkehr als höchstens Verzögerung. Die Z- ist gegenüber der K-Schere aus vielen Gründen als phylogenetisch älter anzusehen (u. a.: die entstehende K-Schere durchläuft stets ein Z-Stadium). So treten bei direkt regenerierenden Krebsen nach Verlust der K-Schere vorübergehend ZZ-Stadien auf. — Die monostrophen Arten entstanden aus homoiochelen, nicht aus razemischen (vgl. § 47).

Die *Paguriden* (Einsiedlerkrebse) sind laeo- oder dexiochir, stets aber stark monostroph. Sie regenerieren direkt; Versuche an jungen Tieren fehlen zwar, doch ist auch hier eine Scherenumkehr unwahrscheinlich, da nur ein einziges Mal berichtet wird, daß ein inverses Tier gefunden wurde (vgl. Abschnitt c). Diese starke Monostrophie dürfte damit zusammenhängen, daß die Scherenasymmetrie nur einen kleinen Teil der Gesamtasymmetrie

---

* Andererseits läßt der bei ♂ und ♀ so auffallend konstante Prozentsatz Inverser bei *Eriphia* auch eine andere Erklärung möglich erscheinen (mendelnde Vererbung?).

des Körpers bildet. Nach Verlust einer Schere tritt, da die übrigen Asymmetrien bestehen bleiben, keine Störung in der Aktivität bzw. Latenz der beiderseitigen Strukturen ein. Zusammenfassung am Ende des Paragraphen.

c) Die Asymmetrie der Einsiedlerkrebse.

Die primitivste Familie unter den Paguridea, die *Potamochelidae*, sind noch völlig symmetrisch und leben frei. Die eigentlichen *Paguriden* (+ *Coenobitiden*) besitzen ein weiches, asymmetrisches, dem Aufenthalt in einem Schneckengehäuse angepaßtes Abdomen, und im Laufe der Phylogenie hat diese Asymmetrie teilweise auch auf den übrigen Körper übergegriffen (Vas deferens oft nur linksseitig usf.).

Die Pleopoden (Abdominalbeine) sind bei einigen *Paguriden* noch beiderseits vorhanden, wenn auch asymmetrisch; bei den höheren sind diejenigen der rechten, der Columella des Schneckenhauses anliegenden Seite verlorengegangen.

Die höchstentwickelten Einsiedlerkrebse, die *Lithodiden*, haben das Bewohnen von Schneckenhäusern aufgegeben, die Asymmetrie der Beine aber beibehalten.

Alle Paguriden sind auf das Bewohnen rechtsgewundener Schneckengehäuse eingestellt. Nur ab und zu wird ein Exemplar in einer linksgewundenen Schale gefunden; über die Gestalt des Abdomens dieser Tiere ist nichts bekannt, doch dürfte sie kaum invers sein, da ja jedes Tier im Laufe des Wachstums mehrmals das Gehäuse wechselt und auch enthäuste Krebse die Asymmetrie beibehalten. Versuche, jungen, erstmals ein Gehäuse suchenden *Paguriden* nur Linksschalen vorzusetzen, fehlen bisher, doch dürfte eine Umstimmung ins Inverse (Beine einseitig!) kaum erzielt werden.

Die *Paguriden* sind entweder homoiochel oder, wenn ungleichscherig, stark monostroph; diese zerfallen in eine weitaus größere Gruppe dexio- und eine kleine laeochirer Arten (s. Tabelle S. 205). Scherigkeit und Abdominalasymmetrie sind ohne Zusammenhang. Beim rechtsscherigen *Eupagurus prideauxi*[285] sind alle Gliedmaßen des Vorderkörpers bis einschließlich des vorletzten Thorakalbeines rechts > links, von dort ab links > rechts bzw. die rechten Beine fehlen überhaupt: die durch die Scherigkeit bedingte Asymmetrie des Vorder- hat mit der des Hinterkörpers nichts zu tun. Nur einmal wurde ein linksscheriges Exemplar des dexiochiren *Pagurus insignis* gefunden, das in einem linksgewundenen Gehäuse saß[0297]. Es sei dahingestellt, ob hier ein Zufall vorliegt.

Interesse beansprucht schließlich der zu den *Pagurinae* gehörige homoiochele *Paguropsis*[283a], der, wiewohl zu den *Pagurinae* gehörig, nicht mehr in einem Schneckengehäuse lebt, sondern eine festgehaltene Aktinie über sein Hinterende stülpt. Er besitzt ein sekundär etwa symmetrisches Abdomen, die Pleopoden aber sitzen nicht, wie sonst, auf der linken, sondern bald auf der linken, bald auf der rechten Seite, die Art ist sekundär razemisch geworden. Da gerade bei diesem Krebs, der nicht mehr in Schneckenhäusern lebt, die Konstanz der Asymmetrie durchbrochen ist, wird man vielleicht annehmen dürfen, daß auch bei den anderen Arten ab und zu Inverse auftreten, die aber, weil sie für das Bewohnen von Schneckenhäusern ungeeignet sind, in frühester Jugend zugrunde gehen.

d) Die übrigen Asymmetrien der Krebse[0286].

Euphyllopoda: Bei *Chirocephalus grubei*-♂ beiderseits nach innen spiral aufgerollte Kopfanhänge (bistroph: von oben re li—li re). Bisweilen Asymmetrien der 2. Antenne.

Ostracoda: 2. Maxille des ♂ meist asymmetrisch (Greiforgan). Schalen oft asymmetrisch infolge Schloßbildung (irreziprok) oder stärker asymmetrisch (Größe; rechts gespornt bei *Cyprideis* usw.). Bei *Halocypriden* nur ein rechtsgelegener Penis, der beide Vasa deferentia aufnimmt (Paarungsstellung!). Schraubige Spermien.

Branchiura: Ovar nur einseitig vorhanden, bei der gleichen Art rechts oder links, und zwar, da von keinem Autor etwas Gegenteiliges angegeben wird, offenbar razemisch. Von den Ovidukten obliteriert der auf der Seite des Ovars liegende.

Copepoda: Asymmetrien der freilebenden s. a. Paarungsstellung. Abdomen von *Tortanus* (Heterarthrandria) um die Längsachse gedreht. Asymmetrischer-Körper vieler parasitischer Copepoden.

Malacostraca allgemein: Mandibeln meist mit Zähnen ineinandergreifend, daher asymmetrisch (irreziprok); bisweilen ist die (bei vielen Gruppen vorhandene) Lacinia mobilis, ein beweglich gegen den Hauptteil abgegliedertes Plättchen, nur an einer Mandibel vorhanden. Bei Isopoden ist die Mandibelasymmetrie monostroph, über die anderen Gruppen nichts bekannt.

Mysidacea: Spiralige Endopoditen an den Pleopoden der *Siriellinen* (bistroph).

Cumacea: Schraubige Windungen des Darms bei *Platycuma holti*.

Amphipoda: Rechtes „MALPIGHIsches Gefäß" obliteriert bei *Goplana*.

Isopoda: Parasitische Assel-♀ (*Bopyriden*) meist asymmetrisch (Körper, Pereiopoden oft nur einseitig, innerer Bau). Diese Tiere schmarotzen in

14*

♂-Antennen	Geschlechtsöffnung ♂	Als Greiforgan fungiert	5. Beinpaar
Isokerandria	= ♀	nur li oder nur re	2. Maxillipede	reduziert
Amphascandria	beiderseits Spürantennen	nur li oder nur re	5. Beinpaar	asymm. Greiforgan
Heterarthrandria	einseitig Greifantennen	nur li oder nur re	erst Greifantenne, dann 5. Beinpaar	asymm. Greiforgan
Podoplea: Ampharthran- dria	beiderseits Greifantenn.	doppelt oder nur li oder nur re	Greifantennen	reduziert

der Kiemenhöhle anderer Krebse, und zwar sind die Parasiten der linken Kiemenhöhle nach rechts, die der rechten nach links gekrümmt. Spiral-falte im Darm von *Phreatoicus*. Ostien oft asym-metrisch.

Euphausiacea: Schraubige Verdickungen der Borsten von *Nematoscelis*.

Decapoda: s. b und c. — Asymmetrisches Kopulationsorgan der *Pernaeopsis*-♂ am 1. Pereio-podenpaar. Die unpaare Arteria descendens ist morphologisch als rechter Ast der (medianen) Aorta posterior aufzufassen, umgreift den Darm rechts oder links, während sie ventralwärts zieht. Schraubige Vasa deferentia (bistroph). Asym-metrische Stridulationsorgane bei einigen hetero-chelen Formen[314c].

Stomatopoda: Von der Aorta cephalica entspringt bald links, bald rechts ein unpaarer Ast zum Frontalstachel.

e) Zusammenfassende Tabelle.

Copepoda: Asymmetrien der männ-lichen Sexualcharaktere (ausnahmsweise auch bei ♀): 1. Einseitige Greifantennen (Heterarthrandria); 2. nur einseitiges Vas deferens und einseitige Geschlechtsöffnung (Calanoida und Harpacticidae unter den Podoplea); 3. asymmetrisches fünftes Bein-paar (Heterarthrandria und Amphascan-dria); 4. asymmetrische Auswüchse am Genitalsegment (Heterarthrandria); 5. son-stige meist geschlechtsbegrenzte Asym-metrien (Heterarthrandria).

Sind mehrere Asymmetrien gleichzeitig ausgebildet (Heterarthrandria), so sind 1 2 4 5 stets gekoppelt, 3 ist variabel. — Arter monostroph (Inversionen beobachtet), eine amphidrome Art. RL-Verteilung des Kom-plexes 1 2 4 5 und der Asymmetrie 2 über die Gruppe inkonstant (verzweigt). — *Pleuromamma abdominale*-♂ zu *gracile*-♂ wie Bild zu Spiegelbild. — Das Primär-ist die asymmetrische Paarungsstellung.

Formen mit beiderseitigen Greifantennen sind vermutlich aus solchen mit einseitiger hervorgegangen.

Heterochelie. Nur bei ♂ oder bei ♂ und ♀, selten nur bei ♀. Arten razemisch, amphidrom-nichtrazemisch, schwach bis extrem monostroph. Wenn monostroph, vorwiegend dexiochir. Verteilung über die Decapoda inkonstant (verzweigt): ursprüngliche Formen homoiochel, von den übrigen die primitiveren heterochel-razemisch, nur die abgeleitetsten Gruppen monostroph.

Arten mit kompensatorischer (Scherenumkehr) oder direkter Regeneration: Wahrscheinlich besitzen (die total asymmetrischen Paguriden ausgenommen) alle Arten bis zu einem gewissen Grenzalter, das bei einigen sehr früh, bei anderen sehr spät (nie?) erreicht wird, die Fähigkeit der Scherenumkehr.

Die Inversen der monostrophen und amphidromen Arten sind vermutlich teils „von Geburt an" phänotypisch invers, teils durch Scherenumkehr entstanden.

Einsiedlerkrebse. Asymmetrie des Abdomens monostroph (Inversionen unbekannt), von der monostrophen Heterochelie (meist dexio-, seltener laeochir, nur eine Inversion bekannt) unabhängig. Regeneration stets direkt. — Paguropsis (homoiochel, nicht mehr in Schneckenschale) sekundär razemisch.

Übrige Asymmetrien. — Paarungsstellungen.

§ 22. Arachnoidea und Myriopoda. Spinnen und Tausendfüßer.

Spinnen. Nur wenig Asymmetrien beschrieben. Das Chitinrohr der als Spermaüberträger benutzten Taster des ♂ ist oft unregelmäßig, häufig aber auch streng schraubig gekrümmt (z. B. 3 Touren bei Segestria[309]; bistroph, re re — li li); dann besitzt auch die weibliche Bursa entsprechende Gestalt. Zur Kopula wird bei vielen Arten in der Regel nur ein Taster benutzt, doch liegen noch zu wenig Beobachtungen vor, um über eine etwaige Bevorzugung einer Seite bei einem Individuum oder einer Art Aussagen machen zu können. — Oft schraubige Rezeptakelgänge.

Diplopoda. Tracheen mit Spiralfaden (s. Insekta). Darm konstant asymmetrisch (N- oder S-förmig) gelagert. Paarungsstellung.

Chilopoda. Bei den Scolopendriden vereinigt sich die paarige Hoden- oder Ovaranlage distal zu einem unpaaren, sich weiter hinten wieder aufspaltenden Gang. Während der späteren Ent-

wicklung verlagert sich der unpaare Teil in beiden Geschlechtern
nach rechts und von den beiden ausleitenden Kanälen bleibt nur
der rechte in Funktion, der linke wird zu einem funktionslosen
Querkanal (arcus genitalis)[310].

§ 23. Insekta.

Von den Insekten mit ihrer außerordentlichen Formenmannig-
faltigkeit sind nur sehr wenige und meist nur nebensächliche
Asymmetrien zu vermerken, die in der Regel nur einer Art oder
einer kleinen systematischen Einheit zukommen. Allgemeiner
verbreitet ist allein die asymmetrische Ruhestellung der Flügel.

a) Asymmetrie der Flügelruhelage. Zirporgane der Flügel.

Viele Insekten legen ihre Flügel in der Ruhe derart übereinander, daß sie sich teilweise oder fast ganz überdecken, so
daß entweder der rechte oder der linke Vorderflügel zu oberst
liegt. Solche Insekten sind außer den Wanzen, wo die Überkreuzung ein Ordnungsmerkmal bedeutet, alle Orthopteren
(Schaben und Schrecken), die Embien und Perliden, einige
Neuropteren, viele Fliegen und Homopteren (Reblaus), einige
Kleinschmetterlinge und Käfer (z. B. *Xantholinini*), die Termiten
und verschiedene Hymenopterenfamilien (z. B. Blattwespen).

Die gegenseitige Ruhelage der Vorderflügel ist entweder
individuell konstant oder nicht, und danach läßt sich folgende
Reihe aufstellen[312]:

1. Die Flügel überdecken sich nur wenig, gleich oft wird im Mittel
beim selben Individuum der rechte über den linken gelegt oder
umgekehrt, oder beide liegen nebeneinander (z. B. viele Musciden).

2. Die Flügel überkreuzen sich stets, doch liegt beim selben
Individuum bald der linke und bald der rechte oben (z. B. ge-
flügelte Ameisen).

3. Ein Teil der Tiere ist rechtsflüglig (d. h. sie legen fast stets
den rechten über den linken), ein anderer links-, der Rest beidflüglig (*Drosophila*).

4. Jedes Tier ist entweder rechts- oder linksflüglig, die Art
ist razemisch. (Noch nicht beobachtet; Feldheuschrecken?)

5. Die Art ist monostroph rechtsflüglig (z. B. Grillen) oder
monostroph linksflüglig (z. B. Laubheuschrecken). Hierbei ist

die Flügligkeit meist nicht eine Eigenschaft einer einzelnen Art, sondern einer ganzen Familie oder Unterordnung.

6. Die Art ist amphidrom-nichtrazemisch. Als einziges Beispiel ist die Feuerwanze (*Pyrrhocoris apterus*) anzuführen, wo das Verhältnis rechts oben : links oben zwischen exakt 3 : 1 bis 6 : 1, je nach den Fundorten, variiert, wo sich die Linksflügler familienweise gehäuft finden und Anzeichen für eine mendelnde Vererbung zwischen Rechts und Links vorhanden sind[312].

In welcher Weise sich die obengenannten Insekten auf diese 6 Typen verteilen, läßt sich nicht sagen, da fast noch niemand dieser Frage sein Augenmerk zugewendet hat. Nur so viel steht fest, daß Konstanz der Flügellage im allgemeinen in solchen Gruppen anzutreffen ist, die nicht mehr fliegen (Wasserwanzen) oder bei denen sich zumindest die Oberflügel nicht mehr aktiv am Fluge beteiligen (Orthopteren)[313].

Innerhalb der monostrophen Arten trifft man in geringer Zahl (zu 2—3% bei *Periplaneta americana*) Individuen mit inverser Lage der Oberflügel; Beobachtungen zeigen, daß nur ein Teil (1%) dieser Tiere wirklich invers ist, d. h. daß diese stets wieder die Flügel in inverser Weise zusammenlegen, während beim Rest die inverse Lage auf einer Zufälligkeit beim letzten Zusammenlegen* beruht und beim nächsten Mal wieder behoben wird[312]. Über inverse Arten s. u. (Heuschrecken).

Sind Hinterflügel vorhanden, so braucht deren gegenseitige Lage nicht geregelt zu sein, auch wenn die der Vorderflügel eine konstante ist. Bei Schaben z. B. finden sich die Lagen**

L R l r   L R r l   L l R r

durcheinander, d. h. von den Hinterflügeln liegt bald der rechte über dem linken, bald umgekehrt, während der linke Vorderflügel stets zu oberst liegt.

Konstanz der Flügellage führt leicht zu morphologischen Asymmetrien, besonders bei solchen Formen, die fast nie oder niemals mehr fliegen. Die leichten Grade von Asymmetrie werden sich erst bei genauerer Untersuchung feststellen lassen. Oft zeigen sich bereits mit bloßem Auge sichtbare konstante Unterschiede im Geäder oder im äußeren Umriß. Leicht ist die Asymmetrie dann zu erkennen, wenn der obenliegende

---

* Bei Fliegen z. B., wenn der „inverse" Flügel zuletzt geputzt wurde.
** Oben → unten. RL Vorder-, lr Hinterflügel.

Flügel anders gefärbt ist als der untere (Orthoptera[015]: Phasmiden und vor allem Schaben[310d]), oft ist auch der obenliegende Flügel derber als der untere (Schaben). Unter den Wanzen[313], deren Flügel sich stets mit dem häutigen rhombusartigen Endteile („Membran") überdecken, fehlt bei *Micronecta* (*Sigara*), vielleicht auch bei ihren Verwandten, diese Membran beim rechten

Abb. 107. Schematischer Querschnitt durch den Locustidenkörper.

(obenliegenden) Flügel, so daß nur eine sehr unvollständige Überkreuzung zustande kommt*. Ein drittes Beispiel stellen schließlich die Flügel der Laubheuschrecken (*Locustidae*) dar, an denen asymmetrische Zirporgane ausgebildet sind. Hier trägt (Abb. 107) der stets obenliegende linke Vorderflügel an seiner Unterseite eine gerillte Schrillader, der rechte medial an seiner Oberseite eine Schrillkante und das Zirpgeräusch entsteht, wenn jene über diese wetzt. Es liegt hier also eine typische irreziproke Asymmetrie vor, das Spiegelbild hierzu (Schrillader rechts, Schrillkante links) ist stets nur rudimentär vorhanden; auch kann hier der rechte (unten liegende) Flügel dünner als der linke sein. Als inverse Art, bei der also der rechte Flügel den linken überdeckt und auch die Zirporgane entsprechend vertauscht sind, wird *Plagioptera cincticornis* angegeben[314a], doch ist vielleicht in Zweifel zu stellen, ob wirklich eine inverse Art vorliegt, oder ob den Untersuchern nur zufällig ein inverses Exemplar in die Hände fiel.

Außer diesem Hauptschrillorgan findet sich (und zwar auch im weiblichen Geschlecht) in verschieden starker Ausprägung ein Nebenschrill-apparat[314a,c], der seiner Entstehung nach vom Hauptapparat unabhängig ist, und sich aus einer Nebenschrillader auf der Oberseite des (unten-liegenden) rechten Flügels und mehreren als Schrilleisten fungierenden vorspringenden Adern auf der Unterseite des linken Flügels zusammensetzt. Dieser Nebenapparat mag vielleicht das Zirpgeräusch des Hauptapparates gelegentlich verstärken, ist sonst aber wohl ohne Bedeutung. Nur bei den *Ephippiger*-Arten besitzen die ♂ einen wohlausgebildeten Haupt-, die gleichfalls zirpfähigen ♀ einen wohlausgebildeten Nebenschrill-apparat, der dem Hauptapparat der ♂ sehr ähnlich ist und sich nur durch die Stellen unterscheidet, an der Schrillader und -kante sitzen:

♂: Schrillader li Flügel unten, Schrillkante re Flügel oben,
♀: Schrillkante li Flügel unten, Schrillader re Flügel oben.

---

* Ähnliche Asymmetrien kennt man von den nur gelegentlich vorhandenen Hinterflügeln der Feuerwanze[315] oder von Laufkäfern[314d].

Es bedarf keiner Erörterung, daß es sich hier nicht — wie man bisweilen
liest — um eine Inversion, sondern um die — von der Lokalisierung
abgesehen — konvergente Ausbildung zweier voneinander unabhängiger
Apparate handelt.

Bei den rechtsflügligen Grillen sind die Zirporgane prinzipiell
genau so gebaut wie bei den Laubheuschrecken, nur trägt in der
Regel sowohl linker wie rechter Flügel eine wohlausgebildete
Schrillader (unten) und Schrillkante (oben). Indessen scheinen
die Maulwurfsgrillen (*Gryllotalpa*) die einzigen zu sein, die beiderseits zu zirpen vermögen, bald mit der linken Schrillader über die
rechte Schrillkante, bald mit der rechten Ader über die linke
Kante[314b], und dazu paßt der Befund, daß diese Formen als
einzige unter den sonst rechtsflügligen Grillen eine razemische
Flügellage besitzen[674]. Die übrigen Grillen, z. B. *Gryllus cam-
pestris*, verwenden nur rechte Schrillader und linke Schrillkante,
wiewohl der Gegenapparat gut ausgebildet ist, sie zirpen also in
der Stellung, die der Flügelruhelage entspricht. Gelangt einmal
durch „Entgleisung" der linke Flügel über den rechten, so vermögen sie, trotz ausgebildeten Schrillapparates, nicht zu zirpen.
Bei *Oecanthus pellucens* beginnt der nicht benutzte Teil des Zirp-
apparates (Schrillkante re, Schrillader li) sich rückzubilden, und
bei *Nemobius silvestris* ist er bis auf ein Rudiment der linken
Schrillader verschwunden[314b, 0679]. So ist hier ein Zirporgan
entstanden, das das genaue Spiegelbild desjenigen der Laubheuschrecken darstellt.

b) Mendelnde Symmetriestörungen.

In künstlichen Insektenzuchten treten ab und zu Tiere auf,
die Abweichungen von der normalen Symmetrie des Körperbaues
zeigen und die diese Asymmetrie vererben. Diese Mutanten
besitzen meist eine herabgesetzte Vitalität, sterben im Normal-
falle bald aus und entgehen so in der Regel der Beobachtung.
Nur dort, wo die vollständigen Nachkommenschaften vieler Tiere
genau durchsucht wurden, ist man hier und da auf solche Exemplare aufmerksam geworden. — BRIDGES und MORGAN[310c] führen
bei *Drosophila* die Mutation rotated-abdomen auf, die sich in
einer Linkstorsion des Abdomens äußert. Sie steht mit der
regulären Gestaltung des Abdomens in mendelndem Verhältnis,
ist rezessiv und im 3. Chromosom zu lokalisieren. Ganz kürzlich
nun beschrieb BELIAJEFF[310a] die genau spiegelbildliche Mutation

rotatum (Rechtsschraubung des Abdomens gleichen Ausmaßes)
die ebenfalls mit der symmetrischen Gestalt mendelt, rezessiv
ist und im 4. Chromosom ihren Sitz hat. Die Larven waren in
beiden Fällen symmetrisch; eine Kreuzung rotatum × rotated-
abdomen war leider nicht möglich, da die Torsion des Abdomens
die Kopula erschwerte und beide Kulturen bald zum Aussterben
brachte. — Ein dritter Fall ist von dem Käfer *Bruchus* bekannt
geworden[310b], der auf jeder Flügeldecke zwei rote Flecke besitzt.
Es wurden Mutanten beobachtet, bei denen auf der einen Flüge-
decke zwei rote, auf der anderen zwei schwarze Punkte vorhanden
waren. Die Mutation erwies sich als autosomal, geschlechtsbegrenzt (nur ♀) und rezessiv gegenüber beiderseits-rot, jedoch
hatten — als wesentlicher Unterschied gegenüber den *Drosophila*-
mutationen — von den homozygot-rezessiven ♀ jeweils die Hälfte
auf der linken, die Hälfte auf der rechten Flügeldecke die schwarzen
Punkte.

Diese Asymmetrien dokumentieren sich dadurch als akzessorisch (fast kann man sagen pathologisch), daß sie mit der
symmetrischen Gestaltung mendeln. Derartiges findet man
ausnahmslos bei ähnlichen anormalen Asymmetrien (z. B. Hyperdaktylie). Wesentlich ist, daß die mendelnde Asymmetrie monostroph (*Drosophila*) oder razemisch (*Bruchus*) sein kann. Weiteres
vgl. § 46.

c) Übrige Asymmetrien[310d, 311].

Körperform: Schildläuse. *Solenella* (Lep.).

Antennen: Bei vielen Collembolen-♂ asymmetrisch (Klammerorgane).
Bei einigen Gruppen (*Lygaeidae*, Het.) als sehr häufige Anomalie.

Mandibeln: Sehr häufig asymmetrisch (Käfer). Unterschiede in Größe,
Gestalt und Lage (li vor re, re vor li), besonders auffällig bei Termitensol-
daten. Bei Käfern ist die Lage individuell konstant, innerhalb der Art
amphidrom (nähere Angaben fehlen). Bei den *Agithium*-♂ (Col.) linke M.
umgestaltet (sek. Geschlechtsmerkmal). — Bei den Thysanopteren bilden
die Mundwerkzeuge einen asymmetrischen Hohlkegel, die rechte Mandibel
ist reduziert.

Sich zusammenlegende Halbröhren: Im Bereich der Mundglied-
maßen und weiblichen Geschlechtsorgane treten oft Röhren (Saugrüssel,
Legestachel) auf, die aus zwei asymmetrischen, durch Scharniere oder
Führungsleisten miteinander verbundenen Hälften bestehen.

Hinterende asymmetrisch: Embien (auch asymmetrische Cerci).
Bei Dermapteren Cerci sich überkreuzend (individuell konstant), bisweilen
stärker asymmetrisch (*Anisolabis*). Bei *Corixidae* (Heteropt.) Hinterende in
zwei spiegelbildlichen Typen abgeschrägt, rechtsseitig bei *Corixa*, *Calli-*

corixa und *Cymatia,* li nksseitig bei *Macrocorixa.* Verschiedene Asymmetrien des Hinterendes bei Schaben und Heuschrecken (Platten, After, Styli).

Flügel: Beiderseits schneckenartig aufgerollt bei der Locustide *Schizodactylus.*

Atmungsorgane: Spiralfaden der Tracheen. Über den Windungssinn nichts bekannt. Bezüglich Entstehung der Schraubenform vgl. § 44. — Asymmetrische thorakale Atemröhren bei den Larven und Puppen von *Ptychoptera* (Dipt.).

Darm: Bei *Pentatoma* von 4 schraubigen Reihen von Ausstülpungen überzogen.

Innerer Genitalapparat: Rechtes Ovar reduziert bei *Actaletes* (Apterygota, *Entomobryidae*); ein Ovar reduziert (überhaupt nur eine Eiröhre vorhanden) bei den Sexuales der *Aphiden.* Ovarien hintereinander dem Ovidukt ansitzend bei den langgestreckten *Phasmiden.* Asymmetrisches Ovar bei der lebendgebärenden Fliege *Theria muscaria* L. Die lange Vagina der *Tachinen* (Dipt.) rollt sich spiralig auf. — Bei Schmetterlingen (*Sphingiden*) schraubige Torsion aller sich zusammenlegenden Hodenfollikel. Bei *Forficula*-♂ vereinigen sich die Vasa deferentia zu einer Blase, die durch zwei akzessorische Kanäle nach außen mündet; von diesen ist bei vielen Arten einer rudimentär.

Kopulationsapparat: Asymmetrische Kopulationszangen (häufig, z. B. viele Schmetterlinge). Schraubiger Penis bei *Lucanus cervus* (Col.). bei *Lygaeus* (Heteropt.), wo bei der Kopula der schraubige Penis in den ebenso schraubigen Rezeptakelgang hineingedreht wird, und im Extrem mit vielen Umgängen bei der Lygaeide *Ischnorrhynchus didymis* Zett. — Asymmetrischer, nach links gekehrter Penis bei *Procrustes coriaceus* (Col.). Penis nach links herausklappend bei der Bettwanze. — Fast stets sind asymmetrische Kopulationsorgane eine Folge asymmetrischer Paarungsstellungen. Hypopygium der Fliegen s. Paarungsgewohnheiten (§ 39).

Paarungsgewohnheiten: Bezüglich Eintagsfliegen, Trichopteren, Wanzen, Plecopteren, Heuschrecken, Fliegen s. § 39.

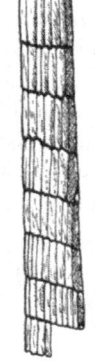

Abb. 108. Larvengehäuse von Phryganea grandis. (Nach Wesenberg-Lund.)

Laich: Planspiral aufgerolltes Band bei *Triaenodes* (Trichopt.).

Bauten, Wohnröhren: Spiralige Blattminen (z. B. Schmetterling *Nepticula atricapitellata*). Schwach turbospirale (schneckenartige) Gehäuse bei *Helicopsyche* (Trichopt.) und *Apterona crenulella* (= *Psyche helix.*; Lep.). Die darin lebenden Tiere selbst sind nicht asymmetrisch, da sie nur den letzten Teil des Gehäuses bewohnen. — Die Larvengehäuse einiger Trichopteren[316] (*Phryganeidae* und die isolierten Gattungen *Erotesis* und *Triaenodes*) sind nach einem streng schraubigen Konstruktionsprinzip (Abb. 108) aus einzelnen Pflanzenstückchen zusammengesetzt, und zwar ist das überall dort der Fall, wo

infolge karnivorer Lebensweise, oder weil die Tiere frei schwimmen, die
Forderung nach einem leichtbeweglichen und dennoch gehörig steifen
Rohre besteht. Die Schraubungsrichtung ist vorwiegend links (Abb. 108),
doch kommen auch rechtsgewundene Gehäuse vor; ob beides innerhalb
derselben Art, ist nicht bekannt. Ein Zusammenhang des Windungssinnes
mit der schwimmenden Lebensweise besteht nicht, es ist überhaupt unrichtig, wie früher behauptet wurde, daß diese Arten in Schraubenbahnen
schwimmen. — Solitäre Bienen polstern die Wände ihrer Gänge häufig in
ähnlich schraubiger Weise mit Blattstückchen aus.

Zirporgane und -gewohnheiten: Zirporgane der Heuschrecken
s. u. a. Auch *Micronecta* (*Sigara*) besitzt ein asymmetrisches abdominales
Zirporgan. Ob die Acridier (Feldheuschrecken), die mit einem Bein über
eine Ader des gleichseitigen Flügels „geigen“, vorwiegend (individuell konstant) ein Bein oder abwechselnd das eine und das andere benutzen, ist
nicht bekannt, doch ist letzteres wahrscheinlicher. Einige Arten zirpen
gelegentlich mit beiden Beinen gleichzeitig. Zirpgewohnheiten der Laubheuschrecken und Grillen vgl. a. Zirporgan von Corixa[310e].

Asymmetrische Gewohnheiten. Auf ein merkwürdiges
asymmetrisches Verhalten von Hymenopteren hat kürzlich
Schmucker[316a] hingewiesen. Hummeln haben die Gewohnheit,
die langspornigen Salbeiblüten, um den Honig zu rauben, seitlich
aufzubrechen. Die Bienen tun dies nicht, werden aber bald auf
das Vorhandensein der Löcher aufmerksam, nutzen sie aus,
indem sie den direkten, mit Bestäubung verbundenen Weg um-
gehen, und fliegen sogar von einer unversehrten Blüte sofort
zu einer anderen weiter. Merkwürdig ist nun, daß die Seite des
Anstichs konstant ist: 1929 ergab eine *Salvia virgata*-Kolonie
Rechtskonstanz, 1930 die gleichen Pflanzen absolute Linkskonstanz, eine 10 m davon entfernte *Salvia Sclarea*-Kolonie dagegen Rechtskonstanz:

S. virgata 1930:
   R : L : nicht : beiderseits durchbrochen = 0 : 185 : 35 : 4
S. Sclarea 1930:
   R : L : nicht : beiderseits durchbrochen = 548 : 0 : 258 : 1

und ebenso fand sich bei einer anderen *S.*-Art des Hamburger
Botanischen Gartens Linkskonstanz. Die Bienen kennen diese
Konstanz und wenden sich sofort der bevorzugten Seite zu
Die Ursache der Konstanz kann nicht an den Pflanzen liegen
da die gleichen Pflanzen 1929 und 1930 verschieden durchbrochen
waren, sie muß also wohl in einem einseitigen Verhalten der
Hummeln begründet sein. Nähme man gegenseitige Nach

ahmung der Hummeln an, nachdem „die erste" einmal zufällig
rechts oder links gewählt hatte, so müßte zumindest eine geringe
Zahl inverser Anstiche zu erwarten sein; da dies nicht der Fall
ist, muß man auf eine asymmetrische Veranlagung schließen,
wofür auch spricht, daß alle Hummeln einer Kolonie zumindest
mütterlicherseits genotypisch identisch sind. Das konstante
Verhalten der Bienen ist durch Erfahrung bedingt. — Absuchen
zylindrischer Blütenstände durch Hummeln vgl. § 38.

d) Zusammenhang der wichtigsten Asymmetrien.

Flügelruhelage: Übergang von individuell-razemisch →
individuell-konstant und artlich razemisch → amphidrom (Feuerwanze) oder monostroph (Schaben und Laubheuschrecken li
über re, Grillen re über li). Unterschiede in Stärke, Aderung und
Färbung zwischen linkem und rechtem Flügel bei monostrophen
Arten. Inverse Exemplare kommen vor; inverse Art bekannt
(? Locustide *Plagioptera cincticornis*).

Zirpapparate der Flügel: Irreziprokes Merkmal, bei Laubheuschrecken und Grillen in Abhängigkeit von der Flügelruhelage. Stufenfolge: Asymmetrische Flügelruhelage → asymmetrische
Zirpgewohnheit → asymmetrische Zirpapparate.

Akzessorische Asymmetrien: Rezessiv, mit der (ursprünglichen) symmetrischen Gestaltung mendelnd (asymmetrische
Färbung des Käfers *Bruchus*, razemisch; tordiertes Abdomen bei
Drosophila, monostroph, links (loc. 3. Chromosom) oder rechts
(loc. 4. Chromosom)).

Von anderen Asymmetrien sind hervorzuheben:
Asymmetrie der Antennen und Mandibeln. Hinterende der
Corixiden (Arten monostroph, Familie amphidrom). Schraubig
konstruierte Bauten vieler Köcherfliegenlarven (monostroph,
meist li). Paarungsgewohnheiten mit konsekutiven Asymmetrien
der Kopulationswerkzeuge (s. a. § 39). Asymmetrisches Anstechen
der Salbeiblüten durch Hummeln (pro Volk monostroph?).
Läufigkeit und Zirkularbewegung s. § 34.

§ 24. Tunicata.

Kleinste Asymmetrien, wie sie bei *Amphioxus* (§ 25) gehäuft
auftreten, finden sich in geringer Zahl auch hier, sowohl rein
larvale wie persistierende.

Der Körper der Appendicularien ist dadurch asymmetrisch, daß der Schwanz an seiner Ansatzstelle um 90° so gedreht ist, daß seine Dorsalseite nach links zeigt. Diese Asymmetrie ist einer Rechtsschraubung äquivalent.

Bei den Ascidien beschreibt der Darm überall eine links gewundene Schraubentour.

Ob es sich bewahrheiten wird, daß bei den Doliolen die Wanderung der geknospeten Tiere vom Ventral- zum Dorsalstolo stets über die rechte Seite des Muttertieres erfolgt, wie die älteren Autoren angeben, sei dahingestellt.

§ 25. Acrania.

Die Acrania (Gattungen *Branchiostoma* [*Amphioxus*] und *Asymmetron*) mit den zahlreichen kleinen, im Aufbau ihres Körpers zutage tretenden Asymmetrien besitzen in dieser und anderer Hinsicht Ähnlichkeit mit den Nematoden, vor allen den *Ascariden*. Hier wie dort begünstigen eine Tendenz zur Zellkonstanz und die damit verbundene Konstanz in der Kleinarchitektur des Körpers das Auftreten von Asymmetrien, und die wichtige Stellung, die diese Gruppe im System der Tiere einnimmt, hat zur genauen Erforschung ihrer Morphologie geführt. Eine Zusammenstellung der bisher bekannten Asymmetrien wurde von FRANZ[318] gegeben.

Die Acranier sind metamer gebaut und hierbei zeigt sich eine erste wichtige Asymmetrie: denn die Gesamtheit der rechten Metamere ist den linken gegenüber um $1/2$ nach hinten verschoben, so daß eine alternierende Anordnung der Segmente zustande kommt, die besonders deutlich in einem dorsalen Frontalschnitt an dem alternierenden Abgang der Myosepten erkennbar ist.

Von den übrigen Asymmetrien seien, in Anlehnung an die Einteilung von FRANZ, nur die wichtigsten angeführt.

a) Die ursprünglich symmetrisch gelegene Neuroporus gelangt nach links und bleibt hier als Rest erhalten.

b) Der Mund, larval links auftretend, wird später äußerlich symmetrisch, behält aber gewisse enge Beziehungen zur linken Körperseite be. So wird z. B. seine Innenseite und das Velum, vielleicht auch der ganze Zirrenkranz, ausschließlich (auch motorisch) von den linken dorsalen Spinalnerven innerviert.

c) Nur links tritt auf das dicht hinter dem Velum in den Darm mündende HATSCHEKsche Nephridium. Sein Antimer auf der rechten Seite, die

„kolbenförmige Drüse", verschwindet noch während der Larvalentwicklung.

d) Von den beiden „Entodermsäckchen" liefert das ursprünglich linke neben der rechten Hälfte des Räderorganes die rechts gelegene Geißelgrube, das ursprünglich rechte hingegen läßt aus sich die später völlig symmetrische medioventrale Rostralhöhle hervorgehen.

e) Der unpaare Leberblindsack, ursprünglich median unpaar, später stets rechts gelegen, zieht geringfügige andere Asymmetrien mit sich.

f) Der After mündet auf der linken Körperfläche aus, weshalb die Schwanzflosse hier nach rechts abbiegt.

g) Auch die Kiemenspaltenreihen entstehen asymmetrisch, und zwar rechts, gegenüber dem links sich ausbildenden Mund, und erlangen erst später symmetrische Anordnung.

h) Andere Asymmetrien: Dorsolaterales Längsbündel des Rückenmarkes (re > li), Infundibularorgan, linke und rechte Wange, Coelom.

i) Gonaden: Bei *Branchiostoma* sind oft rechts mehr Gonaden entwickelt als links, bei *Asymmetron* fehlen die linksseitigen vollständig.

Die Asymmetrien der Acranier sind deshalb von Interesse, weil sie zeigen, daß neben solchen Organen und Gebilden, die symmetrisch angelegt werden und später am Volltier eine asymmetrische Lage erhalten, andere aus asymmetrischen Anlagen zu vollständiger Symmetrie* gelangen. In diesem Sinne ist die folgende Tabelle zusammengestellt:

Asymmetrisch auftretend, asymmetrisch bleibend	Asymmetrisch auftretend, symmetrisch werdend	Symmetrisch auftretend, asymmetrisch werdend
Kolbenförmige Drüse (li → o)	Mund usw. (li)	rechte Wange
li. Entodermsäckchen (li → re)	rechtes Entodermsäckchen	Neuroporus(-rest)
Rückenmarkslängsbündel .	Kiemenspalten (re)	Leberblindsack
HATSCHEKs Nephridium . .	Infundibularorgan	—
After	—	—
Linke Wange	—	—
Coelom zum Teil	—	—
Gonaden	—	—

Man hat versucht, die Asymmetrie des *Amphioxus* durch eine frühere Seitenlage, ähnlich wie bei den pleurothetischen Fischen, erklären zu können, wofür insbesondere der After und die einseitigen Gonaden von *Asymmetron* zu sprechen schienen. Heute zeigt sich von einer Konstanz der Seitenlage nichts mehr, die Tiere liegen am Boden eines Gefäßes bald auf der linken, bald

---

* Wenigstens äußerlich.

auf der rechten Körperseite, und darum wurde neuerdings diese Hypothese von vielen Seiten als unwahrscheinlich abgelehnt. Von Inversionen ist bisher nichts bekannt geworden. Hervorgehoben zu werden verdient schließlich die merkwürdige Tatsache, daß *Amphioxus* (und ebenso seine Larve) beim Schwimmen eine rechtsgewundene Schraubenbahn erzeugt, deren Ursache im einzelnen noch ungeklärt ist, die aber auf einer relativ zum Körper konstant asymmetrischen Kraft beruhen muß. „Nicht ganz selten" wurde nach FRANZ[319] auch Linksschraubung beobachtet. Sollte in früheren Zeitepochen diese Bewegungsweise vorherrschend gewesen sein, so könnte darin vielleicht die Ursache vieler körperlicher Asymmetrien erblickt werden.

§ 26. Vorbemerkungen zu den Wirbeltieren.

Die Wirbeltiere zeigen in ihrer Organisation so viel Übereinstimmung, daß es vielleicht angezeigt erscheinen könnte, hier alle Klassen dieses Stammes gemeinsam zu behandeln. Um indessen die Übersicht zu erleichtern und auch die bisherige Art der Darlegung beizubehalten, werden die Asymmetrien der einzelnen Klassen nacheinander aufgezählt und erst in der gemeinsamen zusammenfassenden Tabelle wird, was nur in sehr geringem Umfange nötig ist, vergleichend-anatomischen Gesichtspunkten Rechnung getragen. In diesem Paragraphen werden einige Asymmetrien, die bei mehreren Wirbeltiergruppen in gleicher Ausbildung wiederkehren, kurz erörtert.

Die Asymmetrien des Menschen werden, entsprechend dem großen Interesse, das man ihnen seit jeher entgegengebracht hat, in gesonderten Paragraphen eingehend behandelt. Dabei erscheint es oftmals nötig, die Primaten in diese Paragraphen herüberzunehmen, denn, sofern über sie etwas bekannt geworden ist, entsprang es dem Wunsche, zu erfahren, ob eine bestimmte Asymmetrie des Menschen erst von ihm erworben wurde oder bereits seinen nächsten Vorfahren bzw. Verwandten eigentümlich war.

Der grobe innere Bau, wie er nach Eröffnung des Körpers im Situs der Eingeweide zum Ausdruck kommt, ist bei allen Wirbeltieren asymmetrisch. Der Hauptgrund hierfür liegt darin, daß der ursprünglich (*Amphioxus*) von vorn nach hinten geradlinig durchziehende Darm bei Vergrößerung des Tierkörpers sich in

Windungen legen mußte, um durch Vergrößerung seiner Oberfläche den erhöhten Anforderungen zu genügen. Die Folge dieser
asymmetrischen Lagerung war eine asymmetrische Ausbildung
der Darmanhänge und der übrigen Organe des Körperinnern, der
versorgenden Blutgefäße und Nerven. Diese Asymmetrie der
inneren Organe ist artlich konstant — auf gelegentliche Inversionen, die bei allen Formen die gleichen Ursachen haben, wird
in einem gesonderten Paragraphen (41) eingegangen —, sie ist
bei verwandten Formen ähnlich und bei der Gesamtheit der
Wirbeltiere grundsätzlich gleichartig. So liegt z. B. die ventral
vom Darm sich ausstülpende Leber stets mehr oder weniger in
der rechten Körperhälfte, so daß dem Magen in der Regel die

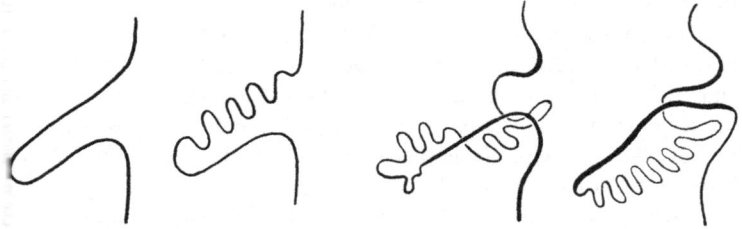

Abb. 109. Schema der Entwicklung des regulären Darmsitus beim Menschen. (Nach Vogt.)

andere Seite zugewiesen wird usf. Auch das Pankreas liegt stets
an der morphologisch homologen Stelle; wie es ursprünglich gestaltet war, d. h. ob es z. B. einer paarig-symmetrischen Darm-
ausstülpung entspricht und ob seine rezente Gestalt beiden oder
nur einem dieser Lappen homolog ist, darüber herrscht noch
völlige Unklarheit, ebenso wie es unmöglich ist, etwa für die
Milz eine „ursprüngliche" Lage relativ zum Darmtraktus anzugeben.

Die „Windungen" des Darmrohres einschließlich Magen und
Oesophagus setzen sich zusammen aus Schraubungen, wobei der
Darm sich gleichzeitig in sich rückdreht, und Fältelungen, in
einer Weise, wie dies z. B. die Abb. 109 für den Menschen dartut.
Bedenkt man, daß diese Erkenntnisse über den Menschen erst
der neuesten Zeit entstammen, so wird es nicht wundernehmen,
daß entsprechende Untersuchungen über die übrigen Wirbeltiergruppen fast völlig fehlen und nur so viel läßt sich auf Grund
von Stichproben sagen, daß zunächst (Fische) der Darm vom

gestreckten Verlauf zu einer N-förmigen Lagerung und weiter
zu einer einfachen Schraubung überging und daß diese Schraubung
anscheinend stets eine linksgewundene ist*. Es scheint die Zahl
von 1, höchstens 2 Umgängen nicht überschritten zu werden,
jede weitere Verlängerung des Darmrohres wird durch Fältelung
oder in seltenen Fällen durch Lagerung in eine Doppelspirale
(Fische, Kaulquappen; Spirale rechtsgewunden, also invers zu
Abb. 93) ausgeglichen.

Bei vielen Formen ist in einem bestimmten Abschnitt des Mitte -
darmes eine ,,Spiralfalte" ausgebildet (Cyclostomen, Selachier,
Ganoiden, Dipnoer, Stegocephalen, Ichthyosaurier; Strauß, Hase ,
die zur Vergrößerung der resorbierenden Oberfläche dient. Sie
entsteht dadurch, daß der betreffende Darmabschnitt sich während
der Ontogenese in schraubige Windungen legt, die durch eine
straffe Peritonealhülle zusammengehalten werden, so daß keine
freien Schlingen entstehen können. Offenbar ist der Spiraldarm
eine Eigentümlichkeit aller primitiven Wirbeltiere gewesen und
nur bei den Knochenfischen verfiel die Falte einer Reduktion
(Rudiment bei *Chirocentrus*). Die wenigen Fälle von Spiralfalten
bei höheren Formen betreffen stets andere Darmabschnitte und
stellen daher wohl Neuerwerbungen dar; für die Stegocephalen
und Ichthyosaurier läßt sich der die Spiralfalte enthaltende
Darmabschnitt nicht mit Sicherheit angeben. Der Windungssinn
bei Cyclostomen, Selachiern, Ganoiden und Dipnoern stimmt
überein (Rechtswindung), beim Strauß findet sich Links-**, beim
Hasen Rechtswindung, gewisse Cyclostomen zeigen zusätzliche
Besonderheiten (§ 27).

Die Asymmetrien des Blutgefäßsystems zerfallen in die
des Herzens, der Aortenbogen und der Gesamtheit der übrigen
Gefäße. Die Asymmetrie des Herzens, insbesondere die Ungleichheit seiner Hälften bei den höheren Formen, ist eine Folge
der verschiedenen Funktion dieser Hälften, die der distalen
Gefäße eine solche der Asymmetrie der zu versorgenden Organe.
Auf asymmetrische Reduktionen innerhalb der Kiemenbogen
wird bei den einzelnen Gruppen hingewiesen. Bezüglich der
Ontogenie des Herzens der höheren Formen vgl. § 32 (Mensch).

---

* Gewisse Selachier (laut Abbildungen [322 d]) ausgenommen.
** Vgl. § 29 c.

Beim Nervensystem ist auf Asymmetrien des Gehirns fast nur bei Fischen und Primaten geachtet worden (§§ 27, 32 u. 36c), die meisten Asymmetrien des peripheren Nervensystems sind durch solche der zu versorgenden Organe bestimmt. Im Chiasma opticum ist bis einschließlich der Vögel die Kreuzung der Fasern eine vollständige, bei den Säugetieren verbleibt ein Teil der Fasern auf der gleichen Seite. Bei den Fischen sind die Fälle

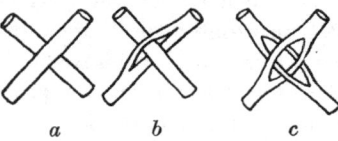

Abb. 110. Chiasma opticum. *a* Viele Fische. *b* Einige Teleostier. *c* Lacerta. (Schem. nach WIEDERSHEIM.)

der Abb. 110a und b bemerkenswert (über die Verteilung von Rechts und Links vgl. § 27), bei den höheren Formen tritt eine immer innigere Durchflechtung der Fasern ein.

Von Interesse sind schließlich jene vier (niemals gleichzeitig mehr vorhandenen) dorsalen Ausstülpungen des Zwischenhirns, die ungefähr in der Mediane hintereinander angeordnet sind und von vorn nach hinten die Bezeichnungen Paraphyse, Dorsalsack, Pinealorgan, Parietalorgan führen[319a]. Nur die letzten beiden dieser Organe sind so weit erforscht, daß über sie Aussagen gemacht werden können, sie werden heute als Rudimente eines zweiten Augenpaares aufgefaßt, das vor unseren heutigen Augen gelegen war. Diese beiden einstmaligen Augen rückten in die Mediane, so daß sie hintereinander zu liegen kamen: das linke stets vorne (Parietalorgan), das rechte dahinter (Pinealorgan). Das Parietalorgan (li) ist bei der Brückenechse *Hatteria* noch als gut ausgebildetes Auge erhalten, etwas rückgebildet bei den Sauriern (Eidechsen), stark reduziert bei *Petromyzon* und *Amia*, als fraglicher Rest vielleicht embryonal noch nachweisbar bei Vögeln, vollständig verschwunden bei *Myxine*, Selachiern, vielen Fischen, Amphibien, Reptilien (außer Hatteria und Sauriern) und Säugetieren. Das Pinealorgan (re) besitzt bei den Petromyzonten noch ausgesprochenen Augencharakter, bei Fischen und Amphibien legt es sich als deutliches gestieltes Bläschen an, das auch beim erwachsenen Tier erhalten und lichtempfindlich sein kann; doch bereits von den Fischen an bildet sich die basale Wurzel des Pinealorgans zu einer endokrinen Drüse um (Epiphyse), und von den Reptilien ab tritt überhaupt nur dieser Basalteil auf. Den Krokodilen, *Myxine* und *Torpedo* fehlt schließlich vom Pineal-

15*

organ jede Spur. — Offenbar war von diesem ursprünglichen, bald der Reduktion verfallenden Augenpaar bald das rechte (*Petromyzon*, Anuren), bald das linke (*Hatteria*, Saurier) bevorzugt, insofern es am längsten Augencharakter bewahrte. Die Petromyzonten sind die einzigen Tiere, wo diese ursprüngliche Funktion noch beiderseits erkennbar ist. Ob später nur der Basalteil des rechten Organs den Funktionswechsel zur endokrinen Drüse durchmachte oder ob ähnliches auch links der Fall war, wofür gewisse Befunde bei *Hatteria* sprechen, sei dahingestellt, jedenfalls wurde links dieser Entwicklungsweg durch vollständige Rückbildung des Organs bald unterbunden. — Die Ganglia habenulae, die wohl als ursprüngliche Zentren für Parietal- und Pinealorgan anzusehen sind, besitzen oft, entsprechend der verschiedenen Ausbildung dieser Organe, verschiedene Größe. Von außen ist diese Asymmetrie bereits bei *Petromyzon* (re > li) zu sehen, bei den Fischen ist es umgekehrt (außer *Clupea*); später übernehmen die Ganglien auch andere Funktionen und die Größenunterschiede treten zurück. — Zusammenfassende Tabelle in § 31.

Die Schnecke des Ohres ist stets gleichsinnig bistroph (li li — re re).

Von den beiden Dottervenen obliteriert bei allen Gruppen in der Regel die rechte. Über die Nabelvenen vgl. § 32.

Schließlich wäre noch der Suprakardialkörper (post- oder ultimobranchiale Körper) zu erwähnen, der allen Wirbeltieren, außer Cyclostomen und Teleostiern, zukommt. Er tritt als laterale, paarige oder meist unpaare und dann nur linksseitige (Rochen, Urodelen, Eidechsen, Vögel) Ausstülpung des Pharynx auf, liegt hinter der letzten Kiemenspalte und wird meist als Rudiment einer weiteren, sonst verschwundenen Kiemenspalte aufgefaßt. Bisweilen liegt er innerhalb der gleichen Art bald beiderseits, bald nur links (*Lacerta*).

§ 27. Pisces (Fische).
a) Mitteldarm (Spiralfalte).

Bei Selachiern, Ganoiden und Dipnoern ist, soweit Berichte vorliegen, die Spiralfalte des Darms übereinstimmend rechtsgewunden; drei (*Amia*) bis sehr viele Umgänge. Abweichender Bau der Spiralklappe bei den Chondropterygiern[327]. Vgl. auch § 26.

Die entsprechenden Verhältnisse bei den Cyclostomen wurden erst kürzlich geklärt (1931)[322 d]. Das Meeresneunauge besitzt, wie die übrigen Fische, eine rechtsgewundene Spiralfalte (bis $3^1/_2$ Umgänge), beim Flußneunauge aber setzt sich eine Rechtsfalte von $2^1/_2$ Windungen kaudal in eine Linksfalte von ungefähr $5_{/4}$ Windungen fort. Das junge Tier (*Ammocoetes*) besitzt allein den Beginn dieser letzteren ($^1/_2$-Linkswindung). Diese nur bei den Neunaugen vorhandenen Linkswindungen sind offenbar von rein sekundärem Charakter. Den *Myxiniden* fehlt ein Spiraldarm.

In seiner Gesamtheit zeigt der Darm der Fische eine Reihe fortschreitender Lagerungstypen: gerade → N-förmig → 1 Linkstour (übereinstimmend mit den übrigen Wirbeltieren) → 1 Linkstour plus rechtsgewundene Doppelspirale (wie Kaulquappen)[322 c]. Bei Selachiern wird eine Darmlagerung in Form einer Rechtswindung abgebildet (einzige Ausnahme unter den Wirbeltieren)[322 d].

b) Schwimmblase und Lunge[327].

Die Schwimmblase ist in der Regel eine dorsal mündende, dorsal gelegene und unpaare, die Lunge eine ventral mündende, ventral gelegene und sich teilende Ausstülpung des Vorderdarmes. Asymmetrie der Gestalt zeigt die paarige „Lunge" von *Polypterus* (rechte Hälfte groß, linke weitaus kleiner). Variationen betreffen auch den Ort, wo Schwimmblase oder Lunge in den Vorderdarm münden. Bei *Ceratodus* ist die ventrale Mündungsstelle schwach nach rechts verschoben angelegt, sie liegt später ungefähr genau ventral, der Gang zur dorsal verschobenen Lunge aber umgreift rechts den Oesophagus. Bei *Protopterus* und *Lepidosiren*, wo die Lungen ventral liegen, mündet sie bei ersterem streng median, bei letzterem schwach nach rechts oder links verschoben. Nach links verschobene Mündungen des Schwimmblasenganges zeigen die Teleostier *Erythrinus* und *Macrodon* (amerikanische *Characinidae*). Überhaupt scheint es, daß die Einmündung der Schwimmblase beim Embryo bald nach links (einige Teleostier), bald nach rechts (*Amia*, *Cyprinidae*) verschoben ist und daß sie erst infolge nachträglicher Torsion des Darmes ihre spätere dorsalmediane Lage erhält. Daraus hat man geschlossen, daß Schwimmblasen wie Lungen lateral und paarig angelegt wären: dann müßten die ventralen „Schwimmblasen-Lungen" (*Protopterus* usw.) Verschmelzungsprodukte sein, *Cera-*

todus müßte die linke Lungenhälfte verloren haben, die dorsalen
Schwimmblasen müßten das Resultat einer dorsalen Verschiebung
der einen (meist linken, bei *Amia* der rechten) Anlage bei gleichzeitiger Reduktion der der Gegenseite sein[327].

Selten sind Kommunikationen der Schwimmblase mit der
Außenwelt (Hering nach links, *Caranx* in die rechte Kiemenhöhle).

c) Kiemengang der Myxiniden. Schlundzähne.

Die *Myxiniden* besitzen hinter dem letzten Kiemensackpaare
auf der linken Seite einen Kanal, der den Darm mit der Außenwelt verbindet. Man faßt diesen Ductus oesophago-cutaneus als
Rest eines weiteren Kiemensackpaares auf, dessen rechte Hälfte
verschwunden ist. Die Analogie zum Supraperikardialkörper
(§ 26) könnte eine Progressivität der linken Körperhälfte in der
Kiemenregion andeuten.

Bei vielen *Cypriniden* greifen die Schlundzähne beider Seiten
schloßartig ineinander. Diese Asymmetrie ist monostroph, Inversionen sind bekannt und sollen nicht selten sein, jedenfalls
weit häufiger als bei der analogen Bildung des Muschelschlosses[325].

d) Genitalapparat.

Die Gonade der *Myxiniden* ist infolge Reduktion der linken
Hälfte, die gelegentlich als Rudiment auftreten kann, unpaar
geworden (bei den übrigen Cyclostomen: Verschmelzung). Auch
bei vielen Selachiern ist nur eine Ovarhälfte (welche?) entwickelt.

Zu merkwürdigen Asymmetrien des Genitalapparates ist es
schließlich bei einigen Vertretern der *Cyprinodonten*, einer südamerikanischen Knochenfischfamilie, gekommen[0679]. Hier ist
im männlichen Geschlecht die Afterflosse zu einem Gonopodium
umgebildet, sie nimmt die ausleitenden Samenwege auf, besitzt
an ihrer linken und rechten Seite je eine weiterführende Rinne
und endigt gewöhnlich mit einem löffel-, haken- oder schrauben-
förmigen Anhang. Das ganze, oft halbkörperlange Gebilde wird
in der Ruhe nach hinten, der Bauchwand angeklappt, getragen;
unmittelbar vor der Kopula wird das Organ seitlich (über links
oder rechts) herumgeschlagen, so daß es ungefähr nach vorne
unten zeigt, und bei dieser Drehung nimmt es in die der betreffenden Seite (li oder re) zugekehrte Samenrinne ein Spermapaket auf.

Jetzt nähert sich das ♂ seitlich von unten dem ♀ und überträgt in einer blitzschnellen Bewegung den Samen. Dabei muß es wohl, wenn das Gonopodium links herumgeschnellt wurde und die linke Samenrinne in Funktion trat, die Annäherung von rechts unten vollziehen und beim Paarungsakt den Samenüberträger schräg nach links richten; bei Annäherung von links vertauschen sich die entsprechenden Bezeichnungen. Es gibt nun Formen, bei denen die Drehung des Gonopodiums vorwiegend in einer Richtung geschieht, bei *Glaridichthys januarius* meist nach links, bei *Gulapinnus decemlineatus* meist nach rechts, und vermutlich nähert sich bei diesen Formen das ♂ dem ♀ in der gleichen einsinnigen Weise (von re bzw. li). Aus dieser Bevorzugung der rechten Samenrinne bei der letztgenannten Art erklärt sich wohl auch der asymmetrische (schraubig rechtsgedrehte) Endanhang am Gonopodium dieser Form.

Bei einigen südamerikanischen Arten (*Zygonectes, Jenynsia, Anableps*)[322a, 325] hat dieses Gonopodium noch eine Weiterbildung erfahren, hier durchbricht der Samenleiter die Analflosse und mündet an ihrem distalen Ende aus, so daß ein richtiges Kopulationsorgan entsteht. Dieses kann bei *Jenynsia* nur in einer Richtung (und zwar ausnahmslos nach rechts) gedreht werden, was auch aus morphologischen Asymmetrien hervorgeht (Samenleitermündung an der Spitze des Gonopodiums nach rechts verschoben). Mit diesen Asymmetrien ist eine weitere verknüpft, daß sich nämlich das ♂ einem ♀ nur von links her nähern kann, daß es in der gleichen Stellung (links neben dem ♀) den (hier länger dauernden) Paarungsakt ausführen muß*. Bei *Anableps* ist die Drehungsrichtung zwar auch individuell, nicht mehr aber innerhalb der Art konstant, es gibt links- und rechtsdrehende ♂, ihnen entsprechen ♀ mit nach rechts bzw. links gerichteter, asymmetrisch von einer Schuppe überdeckter Geschlechtsöffnung; es kann nur ein L-♂ mit einem R-♀ kopulieren, und umgekehrt; im ersten Falle schwimmt das ♂ rechts, im zweiten links neben dem ♀. Die Art ist in beiden Geschlechtern amphidrom, vermutlich razemisch (♂ 15 R : 8 L, ♀ 23 R : 36 L[325]; andererseits sollen sich die korrelativen Gruppen beider Geschlechter genau entsprechen, je 60% R ♂ und L ♀[322a]). Vgl. § 39.

---

* Daher *Zygonectes* = „Paarschwimmer“. Über Z. liegen keine näheren Angaben vor.

e) Das Chiasma opticum.

Bei den meisten Knochenfischen ist das optische Chiasma nach dem einfachsten, in Abb. 110a wiedergegebenen Typus gebaut, die beiden Sehnerven liegen als ganze übereinander. Wir wollen im folgenden eine Überkreuzung als R-Chiasma bezeichnen, wenn der rechte (d. h. der zum rechten Auge ziehende) Sehnerv, als L-Chiasma, wenn der linke dorsal liegt. PARKER[325a] untersuchte von 10 Knochenfischarten (darunter keine Platt-fische) je 100 Individuen und fand im ganzen 514 R- und 486 L Chiasmen; die extremsten Verhältnisse waren:

39 R : 61 L bei *Menidia notata* (M.),
60 R : 40 L bei *Gadus morrhua* L.

Die durchschnittliche Häufigkeit des L-Chiasmas betrug 48,6 ± 1,9%, so daß man aus den PARKERschen Zahlen nur raze-mische Verteilung ablesen darf. Die Geschlechter zeigten keine Unterschiede.

In der Folge wandte sich LARRABEE[324a] diesem Problem zu, sein Material war die Forellenart *Salvelinus fontinalis* M. und *Gadus morrhua* L. Er fand im ganzen:

Salvelinus 4950 = 2749 R + 2201 L; R = 55,6%
Gadus 1052 = 621 R + 431 L; R = 59,0%*

Diese Zahlen setzen sich aus den Nachkommen von Zucht-pärchen und aus einem Wildfang (Co)** zusammen. Einzelheiten gibt die folgende Tabelle. Es resultiert kein Anhalt für mendelnde Vererbung, vielmehr sind die Nachkommenschaften entweder R schwach > L oder etwa R = L, anscheinend unbeeinflußt durch den Genotypus der Eltern. Nur von den 3 LL-Pärchen (Zeile 15) hatte eines 7 R- und 21 L-Nachkommen, also im Ver-hältnis 1 : 3, die beiden anderen zeigten 1 : 1. Bei *Gadus* ergab sich ein stärkeres Überwiegen von Rechts (vgl. auch das obige Resultat PARKERs), jedoch wiederum anscheinend unabhängig vom Genotypus der Eltern. Daß trotzdem das Durchschnitts-verhältnis 56 R : 44 L bei *Salvelinus* (— und entsprechendes gilt für *Gadus* —) irgendwie erblich konstant ist, beweisen die Tat-sachen, daß 1. der Durchschnittswert durch die Zuchtpaare

---

* Die Originaltabellen enthalten Additions- oder Druckfehler.
** = eine Probe der Nachkommen derjenigen Wildtiere, die nicht in Einzelzuchten angesetzt wurden.

	♀ ♂	n	Zahl	R	L	R %	R %
1	R R	1	346	188	158	54,3	45,7
2	R R	1	105	59	46	56,0	44,0
3	R R	1	420	212	208	50,2	49,8
4	R R	1	100	48	52	48,0	52,0
5	R L	1	792	471	321	59,4	40,6
6	R L	1	122	62	60	50,8	49,2
7	R L	1	212	103	109	48,6	51,4
8	R L	1	168	91	77	54,1	45,9
9	R L	1	225	126	99	56,0	44,0
10	? L	1	346	188	158	54,3	45,7
11	? R	1	677	380	297	56,1	43,9
12	Σ	11	3965	2219	1746	55,9	44,1
13	Co		650	365	285	56,1	43,9
14	R R	6	251	129	122	51,0	49,0
15	L L	3	84	36	48	43,0	57,0
16	R R	1*	241	159	82	66,0	34,0
17	R L	1*	168	113	55	67,3	32,7
18	L R	1*	150	82	68	54,7	45,3
19	L L	1*	249	145	104	58,3	41,7
20	R R	1	142	70	72	49,3	50,7
21	R L	1	102	52	50	50,9	49,1

Zeile 1—15 betrifft *Salvelinus*, Zeile 16—21 *Gadus*.

Spalte n gibt die Zahl der Nachkommenschaften an, die in der betreffenden Zeile zusammengefaßt wurden.

Zeile 12 gibt die Summe der Zeilen 1—11 wieder, Zeile 13 enthält den Kontrollwert (s. Text). Zeilen 14 und 15 9 Paare der F_2-Generation.

(Zeile 12) von 55,9% mit dem Kontrollwert (Zeile 13) von 56,1% übereinstimmt, daß 2. die auf Grund eines R-Wertes von 56% berechnete rein zufallsmäßige Verteilung von R und L auf Doppeltiere gut mit den tatsächlichen Befunden übereinstimmt:

	R + R	L + L	R + L
beobachtet	55	25	91
in Prozent	32,2%	14,6%	53,2%
berechnet	31,4%	19,4%	49,2%

Zur Erklärung dieses eigentümlichen — und (§ 46c) keineswegs isolierten — Verteilungsmodus muß man annehmen, daß das ursprünglich und grundsätzlich razemische, nur auf den Zufall allein beruhende Verteilungsverhältnis bei

* Diese 4 Pärchen sind durch wechselseitige Paarung je eines L ♂, L ♀, R ♂, R ♀ gebildet.

gewissen Arten durch einen oder mehrere bisher ur-
bekannte Faktoren schwach zugunsten einer Seife
verschoben wird und daß sich diese Verschiebung bei allen
Nachkommenschaften findet, die unter dem Einflusse dieser
(inneren oder äußeren) Faktoren stehen. Als Analogon hierzu sei
an das Geschlechtsverhältnis des Menschen erinnert. In welcher
Weise diese Verschiebung verstanden werden kann, wird in § 7
diskutiert werden.

Chiasma der Plattfische s. nächster Absatz.

f) Plattfische.

Die Plattfische (Heterosomata) zerfallen in 2 Gruppen,
Pleuronectiformes und Soleiformes, die zwar beide von
ungefähr den gleichen Vorfahren abstammen, aber auf verschiedenen Wegen aus ihnen hervorgegangen sind. Als sekundäre
Grundbewohner haben sie die Gewohnheit angenommen, sich
auf eine Seite zu legen — sie schwimmen auch in dieser Stellung —
und die Lagegewohnheit hat zu vielen körperlichen Asymmetrien
geführt (Skelett vgl. § 2), von denen die schwächere Pigmentierung der „Unterseite" und die Verschiebung eines Auges auf
die gegenüberliegende Seite die auffallendsten sind. Die „obere",
morphologisch linke oder rechte Seite trägt also zwei, die „untere"
keine Augen. Nach derjenigen Seite, die die Augen trägt, unterscheidet man Rechts- und Linksäuger.

Soviel bekannt, machen alle Plattfische ein pelagisches, noch
völlig symmetrisches Jugendstadium durch, für das spätere Umkippen des Körpers nach links oder rechts werden neuerdings
Gleichgewichtsstörungen während der weiteren Entwicklung verantwortlich gemacht: die stets links sich anlegenden Darmwindungen bewirken ein Umkippen des Körpers nach links,
wenn eine Schwimmblase fehlt; wird eine solche angelegt, so
überkompensiert sie das Gewicht der Schlingen und der Körper
neigt sich nach rechts[324, 328]. Doch ist dies nicht so zu verstehen,
als ob in jedem Einzelfalle diese beiden Tendenzen miteinander
konkurrierten, vielmehr wurde das Resultat dieses einstmaligen
Wettstreites schon bald in ein erbliches verwandelt. — Ab und
zu werden erwachsene Plattfische beobachtet, die symmetrisch
geblieben sind[322]. Häufiger als diese seltenen Anomalien sind
beiderseits gleich stark pigmentierte Tiere.

Die Verteilung von rechts und links ist verzweigt, die Familien sind monostroph, rechtsäugige Arten weitaus in der Überzahl. Die folgende Tabelle gibt eine Übersicht (System modifiziert nach KYLE[323]):

Pleuronectiformes:

{ *Hippoglossidae* . rechts*
{ *Pleuronectidae*. . rechts (selten amphidrom)
{ *Rhombidae* . . . links
{ *Bothidae* . . . . links

Soleiformes:

Soleidae . . . . rechts
Cynoglossidae . . links

* Außer der *Paralichthysgruppe* (diese links, selten amphidrom).

Die Arten sind, mit drei Ausnahmen, monostroph, inverse Exemplare sind selten: so wird für die Scholle (*Pl. platessa*) 0,01%, für die Seezunge 0,03% angegeben[10]; von *Hippoglossus hippoglossus* führt PARKER[325a] 12 R- und 1 L-Tier auf. Die drei Ausnahmen sind *Paralichthys californicus* (AYRES), bei dem PLATE[14] razemische Verteilung anmerkt (PARKER 11 L : 15 R), die vermutlich gleichfalls razemische „starry flounder" *Platichthys stellatus* (Pall.) (PARKER 50 : 50) und als deren nahe Verwandte unsere heimische Flunder (*Pleuronectes flesus*). Hier fand:

DUNCKER[321] in der westlichen Ostsee unter jungen Tieren 35,0% L
DUNCKER[321] in der westlichen Ostsee unter erwachsenen
    Tieren . . . . 25,0% L
GIARD[322b] bei Boulogne . . . . 35,5% L
DUNCKER[5] bei Plymouth . . . . 5,4% L
MOHR[0328] in einem Fang in Rumänien . . . . 1,0% L
und allgemein gibt man den Prozentsatz zu $^1/_3$, d. s. 33,0% L an.

Beim Versuche, diese Befunde zu deuten, hilft die Betrachtung des Chiasma opticum weiter. PARKER fand:

Monostrophe Arten.

		Äugigkeit	Chiasma
Soleiformes.	(1) *Soleidae*	rechts	24 L, 25 R
	(2) *Cynoglossidae*	links	13 L, 5 R
Pleuronectiformes.	(3) *Hippoglossidae**	rechts	36 L, —
	(4) *Pleuronectidae*	,,	173 L, —
	(5) *Rhombidae*	links	— , 132 R
	(6) *Bothidae*	,,	
	(7) *Paralichthys-*Gruppe	,,	— , 29 R

* Ausgenommen die (linksäugige) *Paralichthys*-Gruppe (s. Zeile 7).

Amphidrome Arten.

	Linksäugig	Rechtsäugig
Paralichthys californicus (ad 7)	—, 11 R	—, 15 R
Platichthys stellatus (ad 4)	50 L, —	50 L, —
Hippoglossus hippoglossus (ad 3)	1 L, —	12 L, —

Man erkennt zunächst, daß die Soleiformes, trotz der Monostrophie ihrer Seitenlage, bezüglich des Chiasmas amphidrom
bzw. (die *Soleidae* wohl sicher) razemisch sind. Dies repräsentiert
ohne Zweifel den ursprünglichen Typus, zumal eine weitere Reihe
von Beispielen (§ 48) zeigt, daß häufig im Laufe der Phylogenie
eine ursprünglich razemische Asymmetrie (hier das Chiasma) an
eine andere, monostrophe (hier die Seitenlage) gekoppelt und
dadurch gleichfalls monostroph wird. (Es sei nur erinnert an den
Deckel der Röhrenwürmer, ein razemisches Merkmal, das allein
bei *Spirorbis* durch Koppelung an die Seitenlage monostroph
wird.) Bei den monostrophen Arten der Pleuronectiformes ist
Linksäugigkeit mit Rechtschiasma gekoppelt, und umgekehrt;
die wenigen nichtmonostrophen Arten, sowie vermutlich die
seltenen inversen Exemplare der monostrophen Arten aber sind
lediglich bezüglich der Seitenlage (Äugigkeit) invers, behalten
aber den ihren Gruppen zukommenden Chiasmatyp bei. Daraus
geht hervor, daß diese Arten sekundär amphidrom bzw. razemisch
geworden sind.

Über die Phylogenese der Plattfische ließe sich nach
alledem auf Grund der RL-Befunde folgendes Schema aufstellen:
Aus den Ur-Soleiformes (rechtsäugig, raz. Chiasma) entstanden:
1. die rezenten Soleiformes und als inverse Untergruppe
derselben die linksäugigen *Cynoglossiden*;
2. als Seitenzweig die gleichfalls rechtsäugigen Ur-Pleuro-
nectiformes, hier wurde Chiasma und Äugigkeit gekoppelt. Aus
ihnen entwickelten sich divergierend die *Hippoglossiden* und
Pleuronectiden und — durch Inversion — die *Rhombiden* und
Bothiden.

Ob außer dieser einmaligen Inversion in jeder der beiden
Hauptgruppen noch andere vorgekommen sind, die zu isolierten
inversen Gattungen oder Gattungskomplexen geführt haben
ist fraglich. Die *Paralichthys*-Arten könnten eine solche selbständig
invers gewordene Gruppe darstellen, wenn man sie zu den *Hippo*

glossiden stellt, doch gehören sie vielleicht zu den *Rhombiden*; KYLE[323] ordnet sie mit einigen anderen zweifelhaften Formen der provisorischen Familie *Hippoglosso-Rhombidae* ein.

Die wenigen nicht-monostrophen Arten sind (s. o.) sekundär amphidrom oder razemisch' geworden. Bei der Flunder könnte man daran denken, daß (vgl. gewisse Schnecken) die Anlage der Äugigkeit zu mendeln begann; in den einzelnen Schwärmen mit verschiedener Linkserhäufigkeit wäre dann das Genotypen-verhältnis ein verschiedenes. Wahrscheinlicher aber ist, daß — eine gewisse Labilität des Lagerungssinns vorausgesetzt — bestimmte Faktoren innerer oder auch äußerer Art in einem jeweils konstanten Ausmaße einen Bruchteil der Tiere invertieren. In welcher Weise dieser Vorgang und auch der sekundäre Übergang monostroph → razemisch bei *Paralichthys californicus* und *Platichthys stellatus* verstanden werden kann, wird in §§ 47 und 48 diskutiert werden.

g) Andere Asymmetrien.

Kleine Asymmetrien des Gehirns (Ganglia habenulae vgl. § 26; Hinterhirn der Rochen[319a]). — Paarungsstellungen (§ 39).

§ 28. Amphibien und Reptilien.

a) Arciferie der Urodelen und Kröten.

Bei den Urodelen und einer Anurengruppe (Arcifera, z. B. *Bufo, Hyla, Pelobates*) sind die Schultergürtel beider Seiten ventralmedian nicht miteinander verwachsen, sondern es schieben sich die freien Enden der Coracoide ein Stück übereinander. Diese Überkreuzung der Urodelen ist der der Anuren nicht homolog. Über die Frage, welches Coracoid in der Regel ventral liegt, lautet bei Anuren nach FUCHS[331a] die Antwort: in der Regel das rechte*, und auch bei den Urodelen scheint es in der Mehr-zahl das rechte zu sein:

Salamandrinen: 20 rechts ventral, 10 links ventral[331]
Triton cristatus: 52 ,, ,, 36 ,, ,, **

---

* BRAUS[330] fand bei *Bombinator pachypus* 5 mal R ventral, 2 mal L ventral und vermutet als Ursache die Lage der Leber.
** Die 30 *Salamandrinen* bestanden aus: *S. atra* 8 R ve : 4 L ve, *S. maculosa* 4 : 4, *Triton alpestris* 8 : 2. — Das *T. cristatus*-Material entstammt dem Zool. Institut Halle a. d. S.

Der Versuch, dieses Verhältnis bei den Salamandrinen durch die gegenseitige Pressung der Embryonen im Uterus zu erklären[33], wird durch die Befunde an den oviparen Tritonen hinfällig. Wahrscheinlich wird durch irgendwelche innere Asymmetrien das grundsätzlich razemische Verhältnis schwach zugunsten einer Seite verschoben (§ 46 c).

b) Asymmetrien der Anurenlarven.

Die äußeren Kiemen bilden sich bei vielen Formen (*Rana*, *Bufo*, *Hyla*, *Pelobates*) erst rechts, dann links zurück, als Eingang zur Höhle der inneren Kiemen persistiert bei diesen Formen ein Loch auf der linken Körperseite. Die übrigen Formen (z. B. *Alytes*, *Bombinator*) haben es in streng medianer Lage.

Die Kaulquappen sind durch einen langen Darm ausgezeichnet, der in Form einer rücklaufenden Doppelspirale gelagert ist; bei der Metamorphose bildet sich diese unter Verkürzung zurück. Windungssinn entgegengesetzt wie Abb. 93 (rechtsgewunden). — Situs inversus beobachtet[107], das Kiemenloch befindet sich dann in der Regel auf der rechten Seite statt links.

c) Asymmetrien infolge schlangenähnlicher Gestalt

Bei sehr langgestrecktem Körper (Gymnophionen, einige Urodelen; Schlangen, einige Saurierfamilien) tritt nicht selten der Fall ein, daß die beiden Organe eines Paares statt symmetrisch nebeneinander sich hintereinander lagern (Nieren, Gonaden), oder daß das Organ der einen Seite mehr und mehr der Reduktion verfällt, oft bis zum völligen Schwunde (Lunge, Gonaden), bei gleichzeitiger Vergrößerung des Organs der Gegenseite. Die folgende Tabelle gibt eine Übersicht.

Lungen: Asymmetrien bereits bei *Proteus*. Reduktion links bei der Mehrzahl der Gymnophionen (Rest hat zwei mehr oder weniger gleichlange Lungen), Schlangen* und schlangenähnlichen Echsen, außer *Amphisbaenen* und *Scincus*; hier soll die rechte Lunge rückgebildet sein**.

Nieren: Bei Gymnophionen symmetrisch; Schlangen R vor L. Bisweilen Größenunterschiede (*Anguis*).

---

* Die *Boiden* besitzen noch eine ziemlich große linke Lunge.
** Viele Widersprüche in der Literatur.

Gonaden: Bei Gymnophionen symmetrisch, bei Schlangen und schlangenähnlichen Echsen R vor L, Ovarien auch R > L. Geringe Asymmetrien der Ovarien bereits bei Urodelen (*Proteus*).

d) Andere Asymmetrien.

Asymmetrie der Aortenbogen der Reptilien (rechts stärker als links). Asymmetrische Wirbel bei einigen Dinosauriern (z. B. *Diplodocus*)[341]. Spiralfalte im Darm der Stegocephalen und Ichthyosaurier. Schraubiger (bistropher) Verlauf der Samenrinnen auf dem (zweiteiligen) Penis gewisser Echsen[0679]. — Paarungsstellungen (§ 39).

§ 29. Aves (Vögel)[339].

a) Genitalorgane.

Von den Anlagen der beiden Hoden ist in der Regel die rechte größer als die linke. Im Laufe der Entwicklung kehrt sich dieses Verhältnis um, so daß der linke Brunsthoden den rechten an Größe übertrifft und nur selten (*Sterna*; Tauben, hier auch Formasymmetrie) ist es umgekehrt; den Sporenkuckucken (*Centropus*) fehlt der linke Hoden überhaupt. Bisweilen Unterschiede in der Pigmentierung beider Hoden[339a].

Im weiblichen Geschlecht bleiben rechtes Ovar und rechter Ovidukt rudimentär, meist sind sie ganz verschwunden; bleiben Reste erhalten, so liegt häufig das rechte Ovar kaudal vom linken. Als Ursache der Reduktion nimmt man Raummangel im Körper des embryonalen Vogels an und führt im besonderen das Verschwinden des rechten Ovars auf die Anwesenheit der rechtsgelegenen Leber zurück[339]. Doch sind auch andere Asymmetrien dafür verantwortlich gemacht worden (Übersicht[338a] vgl. a. § 39).

Wo im männlichen Geschlecht Kopulationsorgane vorkommen (*Apteryx* und *Tinamus*; *Rhea*, *Dromaeus*, *Casuarius*; *Anseres*, *Crax* und *Penelope*), sind sie schraubig links gedreht. Dieses hat, wo Schwellkörper vorhanden sind, in der stärkeren Entwicklung des linken seinen Grund. Die übereinstimmende Linkswindung bringt man mit der Reduktion des rechten Ovidukts in Zusammenhang. Man vermutet, daß sich — vielleicht über den Weg konstant-asymmetrischer Paarungsstellungen — nur die dem linken Ovidukt korrespondierende Hälfte des Reptilienpenis erhalten hat, von dem ja je nach der Seite der Annäherung

des ♂ an das ♀ nur die eine oder andere Hälfte die Begattung
vollzieht. Der Vogelpenis wäre dann vielleicht nur die eine
(rechte?) Hälfte eines bistrophen Gebildes.

b) Schnabel.

Asymmetrie zeigt der Schnabel des Strandläufers *Anarhynchus
frontalis*, dessen distales Drittel in einem Winkel von 45° nach
rechts abbiegt, und eine ähnliche Abweichung von der Geraden
ist bei einigen verwandten Formen angedeutet.

Bei den Kreuzschnäbeln (*Loxia* und Verwandte) überkreuzen sich Ober- und Unterschnabel; man unterscheidet die
Individuen als „Rechts-" und „Linksschläger" nach der Richtung
des Unterschnabels, doch herrscht bezüglich dieser Terminologie
keine völlige Übereinstimmung. Die in der Literatur oft wieder-
kehrende Ansicht*, daß Linksschnäbler in der Mehrzahl seien,
hält einer Nachprüfung nicht stand, sie mag vielleicht auf
DUERST[335] zurückgehen, der zufällig unter 33 Tieren nur zehn
Rechtsschläger fand. Mein bisheriges Material**, das sich größtenteils auf den Fichtenkreuzschnabel (*L. curvirostra* L.) erstreckt,
umfaßt 146 Links- und 140 Rechtsschläger, was um so mehr auf
razemische Verteilung hindeutet, als DUERSTs Zahlen mit
einbezogen sind. Wenn man in manchen Gegenden Deutschlands
wo im Volksglauben der Kreuzschnabel zu Heilzwecken verwendet
wird (§ 50), bald den Rechts-, bald den Linksschlägern den Vorzug
gibt, so handelt es sich schon deshalb nicht um einen Hinweis au
größere Seltenheit der einen oder anderen Varietät, weil die Be
zeichnungen Rechts- und Linksschläger durcheinandergehen. —
Der aus dem Ei schlüpfende Vogel besitzt einen noch symme
trischen Schnabel — als seltene Anomalie ist dies noch bei er
wachsenen anzutreffen[0335] —, erst mit dem Gebrauch des Schna
bels stellt sich Überkreuzung ein und führt im Laufe der Zei
zu beträchtlichen Asymmetrien auch des Schädels und de
Schädelmuskeln. BÖKER[333] nimmt an, daß zwar die Tendenz zu
Überkreuzung erblich festgelegt ist, über die Richtung, nach de
der Oberschnabel sich wendet, der erstmalige Gebrauch de
Schnabels, also irgendeine Zufälligkeit, entscheidet.

---

* Z. B. HARTERT, Vögel, pal. Fauna I, 116.
** Material aus Berlin, Halle, Hamburg, Leipzig; Material von DUERST,
BREHM, HÉMERY.

c) Darmtraktus.

Speise- und Luftröhre machen im allgemeinen die S-förmige Biegung der Halswirbelsäule nicht mit, sondern ziehen rechts von ihr geradlinig nach hinten (Abb. 111). Daher liegt der Kropf, wo ein solcher entwickelt ist, rechts, auch rechts von der Trachea, und kann sich in gefülltem Zustande bis auf die Dorsalseite verschieben (z. B. Finken). Das Gegenteil, Linkslage der Halseingeweide, wurde neuerdings[334] bei einigen brasilianischen Vögeln (Kuckucke, Tauben) beobachtet; es handelt sich hier nicht um artliche Konstanz, sondern um Ausnahmefälle, und diese sind nicht als Situs inversus, d. h. als von vornherein inverse Anlagen, sondern als durch anormale Verschiebungen während der späteren Embryonalzeit verursacht zu deuten.

Abb. 111. Verlauf der Halseingeweide (Luft- und Speiseröhre rechts neben der Halswirbelsäule) bei einem Finken. (Nach BÖKER.)

Die Duodenalschlinge kann sich zu einer Doppelspirale aufrollen (Störche u. a.). Die Blinddärme besitzen bei *Struthio*, *Chauna* und einigen *Grues* in ihrem Inneren Spiralfalten; bei *Struthio* sind in jedem der beiden Blinddärme etwa 20 sich links-windende* Umgänge vorhanden (also nicht bistroph)[336]. Werden die Blinddärme funktionslos, so wird nicht selten einer von beiden reduziert (*Ardeidae*, *Mergus*, *Porcellaria*).

Die Lagerung des Darmes ist meist außerordentlich ver-wickelt[336].

d) Blutgefäßsystem. Trachea. Syrinx[339].

Nur der rechtsgelegene Aortenbogen persistiert. Andere bemerkenswerte Asymmetrien treten im Bereich der Karotiden auf, wahrscheinlich als Folge der Asymmetrie der Halseingeweide (vgl. c): von den beiden dorsalen (tiefliegenden) Karotiden verschwindet oft eine Wurzel (meist die rechte, nur bei *Eupodotis* die linke), oft verschwinden beide und werden durch oberflächliche Gefäße (ventrale Karotiden) ersetzt; in anderen Fällen bleibt die rechte tiefe erhalten und links tritt die oberflächliche in Funktion,

---

* Da GADOWS Arbeit aus dem Jahre 1879 stammt und eine entsprechende Abbildung fehlt, kann es sich bei seiner Bezeichnung „linksgewunden" möglicherweise um rechtsgewunden unserer Terminologie handeln.

und bei *Orthonyx spinicauda* (Passeres) schließlich ist allein diese
letztere vorhanden. Insbesondere bei den ♂, häufig auch in beiden Geschlechtern,
treten im Verlauf der Trachea (Windungen) oder des Syrinx
Asymmetrien auf, die mit der Erzielung einer hohen Tonstärke
in Verbindung stehen. Über die Rechtslage der Trachea vgl. c.

e) Die Beinigkeit der Papageien.

Wie verschiedene Autoren (E. H. WEBER[0428], OGLE[448], NAE-
GELI[0460], JACKSON[432], ENGELAND[495])* übereinstimmend berichten
und wovon man sich jederzeit überzeugen kann, benutzt jeder
Papagei stets das gleiche Bein, entweder das linke oder das rechte,
um sich die Nahrung zum Schnabel zu führen (Greifbein),
während der Körper auf dem anderen Beine ruht (Standbein).
Beim Schlafen steht das Tier auf dem Standbein; daß es sich
gelegentlich umgekehrt verhält, wie E. H. WEBER (1830) von
einem Papagei berichtet, erscheint unwahrscheinlich. Angemerkt
zu werden verdient, daß eine Umgewöhnung durch Zwang möglich
ist, denn bei allen mit einem Bein durch eine Kette angehängten
Tieren wird das freie Bein als Greifbein verwendet. — Mit Wahrscheinlichkeit ist anzunehmen, daß die Hälfte der Tiere das
linke, die Hälfte das rechte Bein zum Greifen benutzt, daß die
Beinigkeit hier also zwar individuell konstant, artlich aber razemisch ist. Zahlenmäßig liegen folgende Angaben vor:

(E. K. WEBER) . . .	Greifbein	4 R	1 L
(OGLE)	„	23 R	63 L
(NAEGELI)	„	R bevorzugt	
(ENGELAND)	„	etwa 1 : 1.	

Vgl. auch § 34, c.

f) Andere Asymmetrien.

Ohr und Schädel der Eule *Strix tengmalmi* (COLLET[33 a]).
Spiralig aufgerollte Schmuckfedern. Asymmetrische Federn des
Fasanhuhns *Gennaeus lineatus*[012]. Ultimobranchialer Körper
(§ 26). Kreisschwimmen der Löffelenten (Dafila)[0339]. Schraubige
Spermatozoen.

---

* Die Angaben OSAWAS[0410] erwiesen sich zum größten Teil als
falsch.

§ 30. Mammalia (Säugetiere).

a) Geweihe und Gehörne.

Geweihe und Gehörne beanspruchen in zweierlei Hinsicht Interesse: entweder sind linke und rechte Hälfte gestaltlich oder an Größe verschieden, oder jede Hälfte ist schraubig gewunden (Bistrophie). Ersteres trifft vorzugsweise für die Geweihe, letzteres für die Gehörne zu.

Die Geweihe der Cerviden (Hirsche) sind in der Regel in geringem Grade asymmetrisch, sei es hinsichtlich der Gestalt (Verlauf der Sprossen), der Größe (Gewicht) oder weil die eine Hälfte eine Zacke mehr besitzt als die andere. Für die einheimischen Hirsche kann als Regel gelten, daß die linke Geweihhälfte die stärkere ist[348], sie besitzt daher meist die überzählige Zacke, wenn eine solche vorhanden ist. Hiermit in Übereinstimmung ist die konstante Asymmetrie des Rentiergeweihes[350], der rechte Augensproß ist stets klein und horizontal gestellt, der linke ist wesentlich größer, schaufelartig verbreitert und steht vertikal*. Diese Bevorzugung von links hat auch eine biologische Parallele, indem die Kämpfe streitender ♂ vorzugsweise mit der linken Geweihhälfte ausgefochten werden, so daß linksseitige Geweihbrüche und entsprechende Verletzungen des Gegners viel häufiger sind. Für diese eigentümliche Gewohnheit ergibt sich ein neuer Beweis durch die Beobachtungen an Schädeln (männlicher) hinterindischer Wildochsen, an den Spuren von Stoßverletzungen infolge gegenseitiger Kämpfe sich stets einseitig, auf dem rechten Frontale, finden. Die Tiere stoßen, wie beobachtet wurde, vorzugsweise mit den linken Hörnern aufeinander ein[351]. Ob hier ein zweckmäßiges Verhalten vorliegt, indem bei der asymmetrischen Lage des Darmtraktus Verletzungen der einen Körperhälfte weniger gefährlich wären, bleibe dahingestellt, ebenso, ob man aus diesem Befunde zusammen mit anderen (S. 246) auf eine allgemeine Bevorzugung der linken Körperseite bei Säugetieren schließen darf.

Von den Gehörnen[358] sind morphologische Unterschiede zwischen beiden Seiten nicht bekannt, doch sind sie häufig (Antilopen, Ziegen, Schafe) schraubig gedreht. Die Antilopen und

---

* In JACOBIS Monographie (1931)[347a] fehlen Angaben über diese Seitenkonstanz völlig.

Wildziegen haben mehr oder weniger gerade nach oben oder
seitwärts (Schraubenziege) gerichtete Gehörne, die entweder
untordiert oder korkzieherartig und dann stets ungleichsinnig
(li re — re li, „heteronym") eingedreht sind (Abb. 114). Ungleichsinnig sind weiter die Gehörne der Halbschafe (*Pseudois*

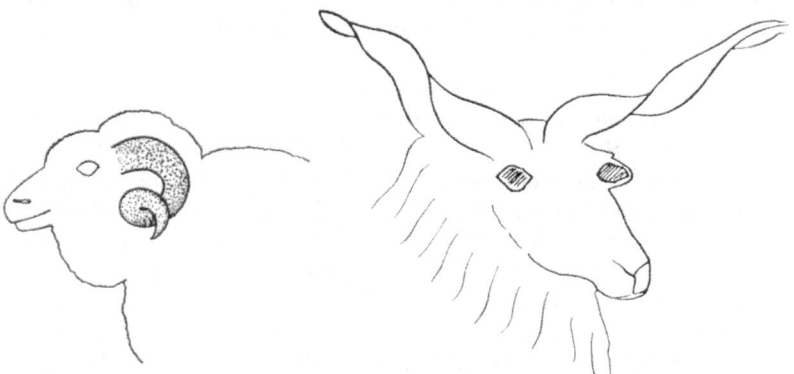

Abb. 112. Merinoschaf.   Abb. 113. Zackelschaf. (In Anlehnung an BREHM.)
(In Anlehnung an BREHM.)

= Nahur) und der *Hemitragus*gruppe, bei den echten Schafen,
den Hausziegen und Rindern (hier geringgradig) aber verhält
es sich umgekehrt, die Hörner sind hier gleichsinnig („homo-
nym") gewunden, sie liegen mehr oder weniger zu den Seiten
des Kopfes, sind um eine horizontale Achse aufgerollt und haben
kaum mehr als einen Umgang
(Abb. 112). Selten kommen
aufgerichtete oder abstehende
Gehörne vor, die dann zu
denen der Antilopen ein Gegenstück darstellen (Abb. 113).
— Die abnormen Korkziehergeweihe[353], wie sie bei den

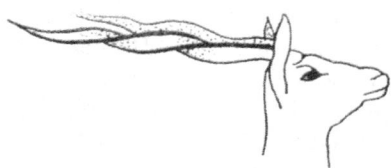

Abb. 114. Hirschziegenantilope. (In Anlehnung an BREHM.)

Hirschen auftreten, sind von Fall zu Fall verschieden gewunden,
bald gleich-, bald ungleichsinnig, bald wechselt die Windungsrichtung innerhalb des Geweihes, doch herrscht stets Symmetrie zwischen linker und rechter Hälfte. — Für die gegensätzlich gewundenen Gehörne der Schafe und Antilopen muß angenommen
werden, daß beide aus einem planspiralen Anfangsstadium, das

nur einen Bruchteil eines Umganges umfaßte, hervorgegangen sind. Bei den Schafen mit seitwärts vom Kopf gelegenem Gehörn kam es dann zu einer Aufrollung nach außen, bei den Antilopen trat das Gegenteil ein. Vielleicht sind auch hier äußere Faktoren (Schwerkraft) mit im Spiele; Literatur über diese Fragen fehlt. Daß durch Inversion aus heteronymen homonyme Gehörne entstehen, wie KOCH[347b] für den Fall Schraubenziege — Hausziege andeutet, ist unmöglich, da bei bistrophen Merkmalen keine Inversionen eintreten können (§ 45).

b) Skelet.

Der Schädel der Zahnwale, in viel schwächerem Grade auch der der Bartenwale, ist asymmetrisch, insofern die Knochen der rechten Seite breiter sind und nach links herüberdrängen, während die der linken dicker sind[349]. Da sich diese Asymmetrie auf die Dorsalpartie des Schädels beschränkt, während die Basis noch symmetrisch ist, bildet die Sagittalachse der Kieferpartie mit der des Hirnschädels einen spitzen, nach links weisenden Winkel. Diese Ungleichseitigkeit nimmt mit aufsteigender Entwicklung zu, die ältesten (fossilen) Zahnwale besitzen noch völlig symmetrische Schädel; bei den hochstehenden *Platanista* und *Inia* aber z. B. ist sogar der Vorderteil der Schnauze schraubig nach links gewunden. Das Spritzloch liegt median oder schwach links, Unterschiede in der Augengröße sind zumindest bei Zahnwalen vorhanden (li < re)*. Beim Narwal-♂ ist der eine (meist linke) Stoßzahn (Eckzahn?) außerordentlich lang und schraubig linksgewunden (entspricht gleichsinniger Bistrophie). — Die Bartenwale zeigen nur geringe Asymmetrien des Schädelskelets, doch sind Ungleichheiten in der Färbung der Kopfhaut und der Barten vorhanden.

Zur Erklärung dieser Asymmetrien hat ABEL[340/1] darauf hingewiesen, daß die Ungleichheit beider Seiten bei den Gattungen am größten ist, deren Nasenlöcher am weitesten nach oben verschoben sind. Bei dieser Verlagerung bilden sich die Nasalia auf beiden Seiten ungleich zurück, was die übrigen Asymmetrien zur Folge hatte. KÜKENTHAL[349] indessen will in der schiefen Stellung der etwas asymmetrischen (re > li) Schwanzflosse in

---

* Bei vielen Walfischfängern bestand die Gewohnheit, den Pottwal von links anzugreifen, in der Meinung, daß er dort blind sei.

	1 Humerus	2 Radius	3 Ulna	4 Femur	5 Tibia	6 Fibula	Σ 1–3	Σ 4–6
Vulpes	5 : 3 : 1	5 : 5 : 0	4 : 1 : 1	5 : 1 : 2	1 : 4 : 3	— : 2 : 2	14 : 9 : 2	6 : 7 : 7
Lupus	5 : 7 : 1	4 : 4 : 4	1 : 8 : 5	9 : 6 : 3	5 : 7 : 6	2 : 2 : 2	10 : 19 : 10	16 : 15 : 11
Kaniden überhaupt	26 : 23 : 19	26 : 21 : 17	11 : 26 : 18	33 : 23 : 15	24 : 21 : 25	12 : 17 : 16	63 : 70 : 54	69 : 61 : 56

a : b : c = Gleicheit : li länger : re länger.

der Ruhe wie beim Schwimmen die Ursache der Schädelasymmetrie erblicken.

Ungleichheiten des Schädels sind weiter bekannt von Pinnipediern und Sirenen[341] (bald nach links, bald nach rechts verzogen), bei den halbhängeohrigen Kaninchen (DARWIN[034]), *Lagothrix*[361], sowie gelegentlich bei verschiedenen Säugetieren infolge einseitiger Kautätigkeit (Zahnerkrankungen)[356].

Über die Asymmetrien der Extremitätenlänge liegen wenig Untersuchungen vor. Bei kleinen Säugetieren lassen sich Unterschiede der Beinlänge nicht finden[344]; bei größeren sind zwar welche vorhanden[345], beim Pferde sogar beträchtliche[347], eine Konstanz zugunsten einer bestimmten Körperseite ergab sich jedoch nirgends, weder bei Paarhufern[357] noch bei Unpaarhufern[347], weder bei wilden noch bei domestizierten Formen*. Nur in der Vorderextremität der wild lebenden Kaniden scheint eine deutliche Bevorzugung der linken Seite (links länger) vorhanden zu sein[354] (Tabelle). Wenn FREUDENBERG[343] ohne Angaben von Maßzahlen oder Quellen ein gleiches auch für die Paarhufer behauptet und weiter schließt, daß bei den Säugetieren die rechte Seite die progressivere wäre, indem bei einer Tendenz zur Verkürzung der Vorderextremität die rechte der linken Seite vorauseilt, so erscheint dieser Schluß sehr gewagt, ebenso, wenn man diese Längenverschiedenheiten mit der stärkeren Entwicklung der linken Geweihhälfte in Beziehung bringen wollte[348]; denn einmal betreffen diese Asymmetrien verschiedene Zweige der Säugetiere, dann aber handelt es sich offenbar beim

* Gegenüber diesen Untersuchungen an reichhaltigem Material (42 Paar-, 163 Unpaarhuferskelete) büßen die älteren Angaben DE LUCAS[349b] (Prävalenz rechts) ihre Beweiskraft ein.

Geweih um ein Plus an Zuwachs auf der linken, beim Kaniden-
bein um ein Plus an Reduktion auf der rechten Seite, falls nicht
überhaupt die Zahlen über Hunde einen Zufallswert darstellen.
— Für die Richtung, in der bei der Zirkularbewegung (§ 34) die
Tiere ihre kreisförmigen Bahnen beschreiben, ist die individuelle
Asymmetrie der Beinlänge von maßgebender Bedeutung. Ob sie
jedoch auch auf den asymmetrischen Gang (z. B. Galopp, vgl. d)
von Einfluß sind, darüber fehlt jeder Anhaltspunkt.

Extremitäten der Primaten vgl. § 32. Einseitig akzessorische
Rippen[015].

c) Andere morphologische Asymmetrien.

Bei wasserlebenden Formen (*Lutra*) verschmelzen zur Festi-
gung der Trachea gegenüber dem Wasserdruck einige Trachealringe zu einem schraubigen Knorpelband, das die Trachea mehrmals umzieht. Rechte Lunge meist drei-, linke zweilappig. Herz
liegt meist median, nur selten mehr oder weniger links (Primaten,
Maulwurf). Rechter Aortenbogen reduziert. Hinter der Teilung
der Trachea liegt der Ösophagus schwach links. Blinddarm von
Lepus mit rechtsgewundener Spiralfalte (20—30 Umgänge)[352].
Exkremente des Iltis (*Putorius putorius*) schraubig gedreht.
Milz meist links gelegen. Bei den Monotremen sind die Eier
des linken Ovars nicht befruchtungsfähig, dieses sowie der linke
Ovidukt also funktionslos geworden. Ovardifferenzen der höheren
Säuger s. § 32.

Schraubige Kräuselung der Haare. Obere Eckzähne des Hirschebers (*Babirussa*) schwach schraubig gebogen (li li — re re),
untere des Ebers ungleichsinnig (li re — re li).
Andeutung schraubiger Windung bei den Stoß-
zähnen der Elefanten und von *Machairodus*,
Stoßzahn des Narwal s. b. Helicoider Typus des
Schwanzes (beim Hund in der Mehrzahl „links-
geschlagen" [Abb. 115], d. h. rechtsschraubig
geringelt*; bei Schweinen zumindest innerhalb
von Familien monostroph). Haarwirbel[658].

Abb. 115. Ringelung
des Hundeschwanzes.

Auch die männlichen Begattungsorgane der Säugetiere
sind oft asymmetrisch[0679]. Die primitivsten Formen (Mono-

---

* LINNÉ stellte (unrichtigerweise) dieses „Linksschlagen" sogar als Artmerkmal des Hundes auf.

248   Mammalia (Säugetiere).

tremen, viele Beutler) besitzen einen gespaltenen Penis, bei
manchen Beuteltieren (Känguruh, *Phalangista*) aber bildet sich
die eine (welche?) Gabelhälfte zurück und der gleiche Vorgang
wiederholt sich bei den *Sciuriden* unter den Nagetieren, wo das
Glied von *Haplodon* noch gabelig-symmetrische Gestalt besitzt.
Einen anderen Asymmetrietypus repräsentiert der in eine linksgewundene Schraube auslaufende Penis der Schweine; diese

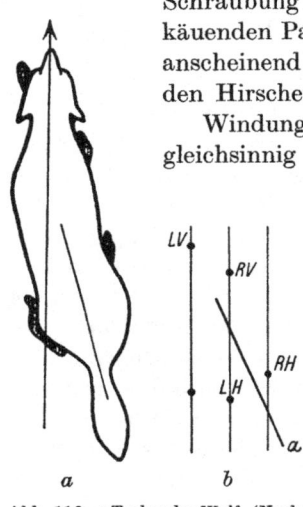

Schraubung verstärkt sich noch bei den wieder-
käuenden Paarhufern (5 Windungen bei Traguliden;
anscheinend stets Links-Windung) und nur bei
den Hirschen geht sie sekundär verloren.

Windungen der Schnecke des Ohres ($1^1/_2$—5)
gleichsinnig (li li — re re). Auge der Zahnwale vgl. b.

Unilateraler Kryptorchismus des Hundes weit häufiger rechts[359]. Spermatozoen.

d) Asymmetrische
Gewohnheiten.

Vor allem kommen die Asymmetrien des Ganges in Frage, die
in den Fährten ihren morphologischen Ausdruck finden, indessen
fehlt es auch hier an eingehenden
Untersuchungen. Man versteht unter

Abb. 116. *a* Trabender Wolf. (Nach
KRUMBIEGEL.) *b* Schema des
Schränkens (3 Fährtenlinien; *a*
= Richtung der Körperlängsachse.)

„Schränken"* die Gewohnheit vieler
Tiere, beim Laufe die Körperachse
schräg zur Fortbewegungsachse ein-
zustellen (Abb. 116a). Von den Beinen werden stets diejenigen
einer Diagonale ungefähr gleichzeitig auf den Boden aufgesetzt,
dabei liegt (Abb. 116b) der Abdruck des Hinterbeines nicht
genau hinter dem des Vorderbeines der gleichen Seite, sondern
etwas seitlich, so daß eine schwach bis stärker asymmetrische
Fährte entsteht. Das Schränken ist eine Eigentümlichkeit aller
domestizierten Hunde, es kommt ferner gelegentlich auch bei
den größeren Haussäugern und den Hirschen vor. Die wilden
Kaniden, Fuchs, Wolf und Schakal, „schnüren" in der Regel

---

* Im Gegensatz zu anderen in der Jagdliteratur öfter gegebenen Definitionen.

d. h. die Abdrücke aller 4 Beine liegen in einer Geraden hintereinander. Doch stellen Schnüren und Schränken nicht zwei
absolute Gegensätze dar, denn gerade beim Wolf z. B. ist die zur
Bewegungsrichtung schiefe Körperhaltung auffällig, andererseits
sind die Fährten des Fuchses außerordentlich variabel und nicht
selten asymmetrisch.

Am besten untersucht ist der Galopp des Pferdes[342]. Wie
aus dem folgenden Schema hervorgeht, ist der Galopp eine drei-
phasige Bewegung*:

$$\frac{\text{LV} \mid \text{RV}}{\text{LH} \mid \text{RH}} \ : \quad \frac{2 \mid 4}{3 \mid 1} \qquad \frac{1 \mid 2}{2 \mid 1} \qquad \frac{3 \mid 2b}{2a \mid 1} \qquad \frac{2b \mid 3}{1 \mid 2a}$$

Schritt Trab Linksgalopp Rechtsgalopp

Beim Rechtsgalopp z. B. kommt nach einem Sprunge zunächst
LH auf den Boden, dann nahezu gleichzeitig RH und LV und
schließlich RV, und in derselben Reihenfolge heben sich die
Beine wieder vom Boden, das Pferd springt also beim Rechtsgalopp letzten Endes mit dem rechten, beim Linksgalopp mit
dem linken Beine ab (Abb. 117) und kommt mit den Hinterbeinen
zuerst wieder auf den Boden. Die Asymmetrie der Beintätigkeit
bringt es mit sich, daß beim Linksgalopp der Kopf des Pferdes
etwas nach links, beim Rechtsgalopp nach rechts gerichtet ist.

Es wird behauptet, daß jedes Pferd, wenn es von selbst zu
galoppieren beginnt, stets in die gleiche Galoppart verfällt, daß
weiter jedes zugerittene Pferd zwar leicht in die eine, nicht aber
in die inverse Galoppart zu bringen ist; oft gelingt dieses letztere
überhaupt nicht. Eine Umfrage bei mehreren Reitschulen ergab,
daß unter den zugerittenen Pferden die Mehrzahl den Rechtsgalopp bevorzugen. Junge, nicht zugerittene Pferde aber sollen
lieber links galoppieren, und das gleiche wird übereinstimmend[355]
von „wilden" Pferden berichtet, z. B. solchen, die frei in der
Puszta aufwachsen. So klingt die Vermutung nicht unwahrscheinlich, daß der in der Regel (§ 34) rechtsbeinige Reiter jedes Pferd
auf Rechtsgalopp dressiert bzw. umdressiert. Unter die selteneren,
von Natur aus rechts galoppierenden und dann später auch rechts
dressierten Pferde könnten dann die gehören, die nicht in Linksgalopp zu bringen sind. Daß weiter die Sitzhaltung beim Reiten

* Die Ziffern bedeuten die Reihenfolge des Auftreffens auf den Boden.

(rechte Schulter und rechtes Bein vorgeschoben) ebenso asymmetrisch ist wie beim Gehen (vgl. Abb. 128a) und eine asymmetrische Belastung des Pferdes bedingt und daß man durch Wechsel der Sitzhaltung (Ruck nach links) Pferde zum Übergang in Linksgalopp bewegen kann, weist gleichfalls in diese Richtung.

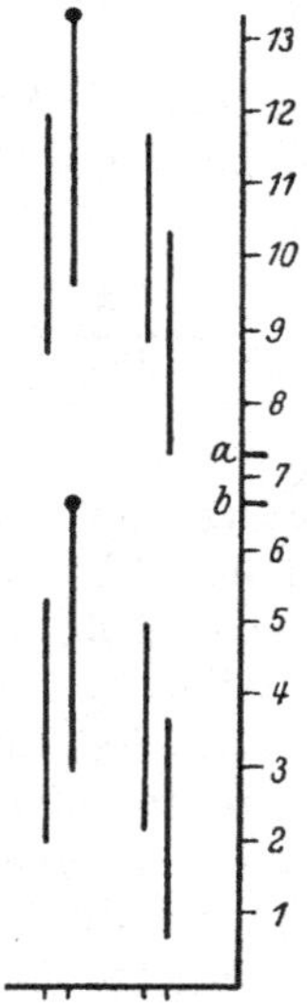

Der „Galopp" der übrigen Tiere ist teils dem des Pferdes ähnlich (z. B. große Hunde, teils eine ganz andere Fortbewegungsart, insofern die Vorderbeine zuerst den Boden berühren.

Unter den Bewegungsarten anderer Tiere seien nur die des Hasen erwähnt; sie setzt sich aus Sprüngen von den Hinter- auf die Vorderbeine zusammen, dabei werden die Hinterfüße ungefähr neben-, die Vorderfüße hintereinander auf den Boden gesetzt (Abb. 118). Auch hier wäre also ein Rechts- und ein Linkstypus zu unterscheiden, doch hat, außer beim Pferdegalopp, noch niemand diese Fragen berücksichtigt.

Abb. 117. Schema des Pferdegalopps (Linksgalopp). Ordinate = Zeit, zwischen *a* und *b* schwebt das Pferd in der Luft (Sprung). Die Striche bedeuten die Zeiten, während derer das betr. Bein den Boden berührt (von links nach rechts: LH, LV; RV, RH). Absprung mit LV durch einen Punkt markiert.

Abb. 118. Spuren des Hasen. *a* „hoppelnd", *b* flüchtig. Große Abdrücke = die der Hinter-, kleine = die der Vorderbeine. (Nach KRUMBIEGEL.)

Ob die Wendigkeit der Pferde (§ 34) mit der Art des Galoppierens, oder ob beide mit körperlichen Asymmetrien in Beziehung stehen, ist eine offene Frage, ebenso ob zwischen der Asymmetrie der Kanidenbeine und der Bewegungsweise ein Wechselverhältnis besteht. Auch über die Bevorzugung eines Beines bei der Gewohnheit vieler Hunde, zeitweise auf drei Beinen zu laufen (ein Hinterbein gehoben), wie über das Heben eines Beines beim Entleeren des Harnes existieren keine Angaben.

Die Mahlbewegung des Unterkiefers beim Wiederkäuen ist kreisförmig, individuellkonstant, artlich monostroph, vermutlich gruppenkonstant. Es verschiebt sich der Unterkiefer nach links und wieder in die Mediane zurück. „Rechtshändigkeit" usw. der Primaten vgl. § 33, der übrigen Säuger § 34. Zirkularbewegung § 34. RL-Läufigkeit § 34.

§ 31. Zusammenfassung über Wirbeltiere.

Asymmetrien der Körpergestalt. Plattfische: In der Jugend symmetrisch; fehlt eine Schwimmblase, so klappt der Körper infolge der links sich anlegenden Darmschlingen nach links, andernfalls nach rechts um. Verteilung gruppenverzweigt, rechtsäugige Arten in der Überzahl; Arten monostroph (Inversionen bekannt), nur *Paralichthys californicus* und *Platichthys stellatus* sekundär razemisch und die Flunder sekundär amphidrom bis monostroph (35% — 1% L). Chiasma opticum bei den Soleiformes razemisch, bei den Pleuronectiformes monostroph, li oder re, mit der Seitenlage gekoppelt. Bei den inversen Exemplaren monostropher Arten und den sekundär nichtmonostrophen Arten bleibt das Chiasma regulär.

Asymmetrien von Körperteilen. Vogelschnabel (*Anarhynchus* monostroph; Kreuzschnäbel razemisch, Entscheidung über rechts oder links erst postembryonal). **Schädel** asymmetrisch bei Eulen, Walen, Robben, Sirenen, *Lagothrix*, gelegentlich auch bei anderen Säugern; in der Regel monostroph. Linker Stoßzahn des Narwals (linksschraubig, entspricht gleichsinniger Bistrophie). **Geweihe** (Cerviden links stärker, beim Rentier formasymmetrisch mit Plus linkerseits). **Gehörne** (bistroph; gleichsinnig bei echten Schafen, Rindern und Hausziegen, ungleichsinnig bei Antilopen, Wildziegen und der *Hemitragus*-Gruppe unter den Schafen). Korkziehergeweihe als Anomalie. **Extremitätenlänge** (keine seitenkonstanten Differenzen; rechte Vorderextremität kürzer als die linke bei wildlebenden Kaniden [?]; Primaten s. § 32). **Helicoider Typus des Schwanzes** (Hund in der Mehrzahl rechtsschraubig; sonst ?).

Skeletasymmetrien. Schädel und Extremitäten s. o. Arciferie der Amphibien (rechtes Coracoid öfter ventral; bei Anuren monostroph [?], Inversionen bekannt; bei Urodelen amphidrom etwa 2 : 1).

Verdauungssystem. Grundsätzlich einheitlich asymmetrischer Darmsitus der Wirbeltiere (eine linksschraubige Windung, nur bei einigen Selachiern möglicherweise Rechtswindung), selten mit rücklaufender Doppelspirale (Fische, Kaulquappen). Spiral - falte im Mitteldarm (rechtsgewunden: Cyclostomen, Selachier, Ganoiden und Dipnoer; Rudimente bei Teleostiern), in Blind - därmen (Hase rechtsgewunden; *Struthio* linksgewunden; einige andere Vögel). Reduktion eines Blinddarmes (ursprünglich paarig) bei verschiedenen Vögeln. Schlundzähne der Cypriniden (irreziprok; monostroph, Inversionen bekannt). Zähne des Hirschebers bistroph (gleichsinnig), des Ebers bistroph (ungleich- sinnig), Stoßzahn des Narwals s. o. Kropf der Vögel rechts ge- legen (Ausnahmen bekannt).

Atmungssystem. Supraperikardialkörper paarig oder nur linksseitig. Kiemenhaut-Gang der Myxiniden nur links- seitig. Schwimmblase und Lunge: Vielleicht paarig und lateral angelegt; dann wäre eine unpaare Lunge oder Schwimm- blase teils ein Verschmelzungsprodukt, teils durch Reduktion der linken, teils der rechten Hälfte entstanden. Größenunterschied beider Hälften bei *Polypterus* (re > li), *Proteus*, Säugetieren (re > li); Reduktion einer Hälfte bei Formen mit schlangen- ähnlicher Gestalt (Amphisbaenen und *Scincus* rechts reduziert, übrige schlangenähnliche Echsen, Schlangen und Gymnophionen links). Mündung oft seitlich verschoben (nach rechts bei *Ceratodus*, rechts oder links bei *Lepidosiren*, links bei zwei Knochenfischen), oder seitlich angelegt und sekundär durch Torsion des Darmes in die Mediane verlagert (Teleostier, *Amia*). Sekundäre Kommuni- kationen der Schwimmblase mit der Außenwelt (links Hering rechts *Caranx*). — Linksseitiges Atemloch vieler Anurenlarven. Rechtslage der Trachea bei Vögeln, Asymmetrien der „Auf- windung" und Gestalt (Syrinx) der zuführenden Luftwege bei Vögeln. Schraubige Tracheaversteifungen bei *Lutra*.

Blutgefäßsystem. Herz (s. § 32). Asymmetrie der Aorten- bogen (Reptilia: re > li, Vögel: nur re, Säugetiere: nur li). Viele Asymmetrien im Halsbereich der Vögel. Rechte Dottervene meist reduziert. Nabelvenen s. § 32.

Nervensystem. Geringe Asymmetrien bei einigen Fischen. Fissura Sylvii beim Schimpansen links meist länger. Chiasma opticum (Fische links über rechts, oder umgekehrt; razemisch oder re/li etwas häufiger als li/re, jedoch keine mendelnde Ver- erbung; Plattfische s. o.).

Sinnesorgane. Cochlea des Ohres (gleichsinnig bistroph). Rudimentäres Parietalaugenpaar:

	Links „Parietalorgan" (meist vorn)	Rechts „Pinealorgan" (meist hinten)
Petromyzon	stark reduziert	rudimentäres Auge
Myxine	verschwunden	verschwunden
Fische	verschwunden außer bei Amia	distaler Rest als stark reduziertes Augenbläschen, basaler Stumpf als
Amphibien	verschwunden	Epiphyse. Bei Torpedo fehlend.
Reptilien	Bei Sphenodon und einigen Sauriern als Parietalauge, sonst verschwunden	Basaler Rest als Epiphyse (endokrine Drüse) erhalten. Bei Krokodilen
Vögel	Letzte Reste embryonal	verschwunden.
Säuger	verschwunden	

Genitalsystem. Reduktion der Gonade einer Seite: *Myxine* (links), viele Selachier (?), Vogel-♀ (rechts), Sporenkuckuck-♂ (li); linkes Ovar der Monotremen nicht funktionsfähig. Größenunterschiede (Vogelhoden embryonal re > li, Brunsthoden li > re, Ausnahmen bekannt; Säugerovar s. § 32). Asymmetrie des Kopulationsapparates der *Cyprinodonten*: Paarungsstellung und entsprechende Drehung des Gonopodiums individuell razemisch, individuell und artlich amphidrom li oder re, individuellkonstant und monostroph (*Jenynsia* re), individuell konstant und razemisch (*Anableps*, hier auch morphologische Asymmetrien der ♀). Penis der Echsen bistroph, der Vögel linksschraubig (= Hälfte des Reptilienpenis in Anpassung an 1 Eileiter?), bei Säugetieren oft asymmetrisch (viele Huftiere linksschraubig).

Folgen schlangenähnlicher Gestalt: Reduktion einzelner Organe (s. Lungen), Hintereinanderlagerung bilateraler Organe (stets rechts vor links; Nieren der Schlangen, Gonaden der Schlangen und schlangenähnlichen Echsen; bei Gymnophionen keine Verlagerung).

Asymmetrische Gewohnheiten: Beinigkeit der Papageien (razemisch); Linkskämpfen der Hirsche und Wildochsen. Gang (Schränken) und Fährten. Galopp des Pferdes (von Natur meist li, infolge Zureitens durch Rechtsbeiner später meist re [?]).

Wiederkäuen (monostroph). Paarungsgewohnheiten (s. Genita-
system und § 39). Weiteres in § 34, d.
Mikroskopische Asymmetrien s. § 40.

§ 32. Die körperlichen Asymmetrien des Menschen und der Primaten.

a) Grundsätzliches und Historisches.

Der menschliche Körper ist, wie der der Wirbeltiere überhaupt,
grundsätzlich bilateral-symmetrisch gebaut. Alle Asymmetrien,
die sich an ihm finden, sind sekundären Charakters und die
wesentlichen von ihnen, die die inneren Organe betreffen, vornehmlich dadurch bedingt, daß das primär geradlinig zu denkende
Darmrohr mit Größerwerden des Körpers seine Oberfläche unverhältnismäßig mehr vergrößern, sich also stark in die Länge
ziehen mußte, was zu asymmetrischer Lagerung führte. Und
diese ersten Asymmetrien, die das Darmsystem und seine Anhangsorgane betreffen, brachten im Laufe der Phylogenie solche
anderer Organsysteme (Zirkulations-, Nervensysteme usw.) mit
sich. Eine zweite Ursache für das Auftreten von Asymmetrien
am menschlichen Körper ist in jenem einheitlichen Erscheinungskomplex begründet, den man durch die Gesamtheit der Ausdrücke Händigkeit, Beinigkeit, Äugigkeit und Hirnigkeit, oder
kurz als Seitigkeit bezeichnet, und der, wie die weiteren Ausführungen ergeben werden, eine Erwerbung der höchsten Säuger-
gruppe bzw. zum Teil des Menschen allein darstellt. Schließlich
gibt es am Menschen und den ihm am nächsten stehenden Tieren
noch eine Reihe von Dissymmetrien (d. h. sekundären kleinen
Abweichungen von der ursprünglichen Symmetrie), die zum Teil
als letzte Auswirkungen der asymmetrischen Lagerung der inneren
Organe, zum Teil als Folge des Händigkeitskomplexes angesehen
werden müssen, während für den Rest die Einsicht in die be-
wirkenden Ursachen noch fehlt. Alle diese Dissymmetrien, d. h.
also überhaupt alle Asymmetrien am Menschen, außer des inversen
Situs der Eingeweide und der Seitigkeit, stellen Kollektivasymmetrien im Sinne des ersten Paragraphen dar. Sie verdanken ihre genaue Erforschung neben der bevorzugten Rolle,
die seit allen Zeiten der Mensch als Untersuchungsobjekt gespielt
hat, vor allem dem Bestreben, alle Auswirkungen des Händigkeits-

komplexes auf den anatomischen Bau des menschlichen Körpers klarzulegen.

Die Kenntnisse über die Asymmetrien des Menschen reichen weit zurück. Die Rechtshändigkeit ist offenbar bereits dem Menschen der prähistorischen Zeit bekannt gewesen; in PLATONS und ARISTOTELES' Werken sind bereits Erörterungen über sie enthalten, und die Kenntnis der asymmetrischen Lagerung der Eingeweide ist vermutlich so alt wie die Sektionen überhaupt. Auf die einseitige Lateralkrümmung der Wirbelsäule machte schon 1777 SABATIER in seinem „Traité complet d'Anatomie" aufmerksam, 3 Jahre später erschien in Leyden die Dissertation M. S. DU PUYS: „De homine dextro et sinistro"*. Grundlegend erscheint in diesem Zusammenhang auch der Aufsatz J. F. MECKELS (1822): „Über die seitliche Asymmetrie am tierischen Körper"**, und schließlich seien an dieser Stelle nur zwei Beispiele alter Literatur über Händigkeit angeführt: Sir TH. BROWN (1672), Pseudodoxia Epidemica 4, Chap. 5 „Of the right and left hand", und R. J. CAMERARIUS, Syllogus Memorabilium Medicinae et Memorabilium Naturae Arcanorum Centuriae XX, S. 136—141 (Tübingen 1683): Mulier non fit ambidextra, cur? Sinistrae manus promtitudo, dextra alacritati nihil cedens, vel et etiam illam superans, unde? Infantes cur proclivius feruntur, ad motum manus sinistrae, quam dextra? Dextra manus promtior et agilior sinistra, cur?

b) Die Massenunterschiede der beiden Körperhälften.

Bereits 1862 vermutete BUCHANAN, wenn auch auf Grund falscher Voraussetzungen, daß der Schwerpunkt des menschlichen Körpers auf der rechten Seite liege und daß dies als Ursache für die Rechtshändigkeit zu gelten habe; ein Jahr später wies STRUTHERS[401] nach, daß dies, hauptsächlich infolge Rechtslagerung der Leber, tatsächlich zutrifft — entgegen der bisherigen Annahme, Leber einer- und Magen + Milz + linke Herzpartie andererseits hielten sich ungefähr die Waage —, und MOORHEAD[388] konnte schließlich zeigen, daß diese Ungleichheit der Körperhälften bereits im 6. Fötalmonat besteht. Aus den folgenden Ausführungen über das Skelett ist zu vermuten, daß dessen rechte

---

* Über das einseitige Auftreten gewisser Erkrankungen.
** In MECKELS Anat.-physiol. Beob. u. Unters. Halle, 1822, S. 147.

Hälfte in der Majorität der Fälle schwerer als die linke ist, und für die Muskulatur stellte E. Weber[407] (an 4 Leichen) ein Verhältnis R : L = 1 : 0,953, also ein Plus der rechten Seite von etwa 5% fest, an dem allerdings die beiden Extremitäten wesentlich mitbeteiligt sind:

Muskulatur von Kopf und Rumpf . . . . . . R : L = 1 : 0,992
„ der unteren Extremitäten . . . . R : L = 1 : 0,936
„ der oberen Extremitäten . . . . . R : L = 1 : 0,929.

Bei Linksbeinigkeit könnte möglicherweise das Übergewicht der rechten Hälfte weniger als 5% betragen, abgesehen davon daß Weber offenbar 4 Rechtshänder vorlagen.

c) Asymmetrien des Schädels und Kopfes (Gesicht).

Der Schädel[361, 369] als Ganzes sowie die meisten seiner Knochen und Höhlen zeigen Kollektivasymmetrie von zum Teil hohem Index. Pfeil- und Stirnbeinnaht verlaufen selten in der Mittellinie, das linke Stirnbein ist gewölbter, sein Höcker größer, ebenso ist am Hinterhauptbein die linke Seite größer als die rechte, umgekehrt ist bei den Scheitelbeinen das linke das kleinere. Auch die linke Schläfenbeinschuppe ist, als letzte Folge des meist linksgelegenen Sprachzentrums, in der Regel mehr vorgebuchtet als die rechte, so daß v. Bardeleben[416/8] behauptete, in den meisten Fällen durch Betasten von außen die Lage des Sprachzentrums und so Rechts- bzw. Linkshändigkeit auf direktem Wege feststellen zu können. Diese Asymmetrie des Schläfenbeines trägt wesentlich zu der des Kopfumrisses bei, die, wie eine Umfrage van Biervliets[421] beweist, den meisten Hutmachern seit langem bekannt ist, weshalb viele den Hut nach dem Kopf des Kunden formen und andererseits Hüte um so weniger passen, je unnachgiebiger sie sind. Auch das linke Jochbein tritt mehr hervor, der Oberkiefer ist links mehr gerundet, rechts mehr längsgezogen, der Unterkiefer links stärker gewölbt**. Überraschend viel Untersuchungen liegen über die nichtmediane Lage des Nasenseptums

---

* Woo[409a] nahm neuerdings (1931; 80 Schädel) 25 Maße und fand von ihnen 14 stark, 7 mäßig und 4 schwach asymmetrisch. 16 von diesen 25 waren rechts größer, im besonderen alle, die auf Stirn- und Scheitelbein Bezug hatten.

** Nach Yamazaki (1931) überwiegen beim Fötus wie beim Erwachsenen die linksseitigen Maße des Unterkiefers im Durchschnitt über die rechtsseitigen[409b].

und die hierdurch bedingte verschiedene (li > re) Größe der beiden Nasenhöhlen vor, wofür die verschiedensten Erklärungen gegeben wurden*. Die Augenhöhlen sind verschieden geformt, die linke besitzt mehr viereckigen, die tieferstehende rechte mehr kreisförmigen Eingang, zugleich liegt der linke Augapfel meist etwa 1 mm weiter vorn als der rechte. Ungleich groß sind die sulci transversi am Hinterhauptbein (in 70% re, in 10% li erheblich weiter, 20% Gleichheit).

Viel untersucht ist auch, vorwiegend im Hinblick auf die Frage nach der morphologischen Ausprägung der Linkshirnigkeit, die Kapazität der beiden Schädelhälften[0361], und es ergaben sich eine Reihe von Indizien, die darauf hin zu deuten scheinen, daß die linke Schädelhälfte die größere sei. So teilt ein durch die Verwachsungslinie der Nasenbeine und Oberkiefer gelegter Schnitt Gesicht und Schädelbasis in eine linke größere und rechte kleinere Hälfte, in der Stirngegend übertrifft die linke die rechte um $^1/_2$ bis 1 cm an Breite und um 3 mm an Höhe, und überhaupt tritt die linke Schädelhälfte mehr hervor, sie erscheint gewissermaßen von hinten nach vorn, die rechte umgekehrt verschoben. Indessen darf man aus solchen Äußerlichkeiten, auch nicht (wegen der verschiedenen Knochendicke) aus äußeren Schädelmaßen überhaupt, Schlüsse auf die Kapazität der Schädelhemisphären ziehen[380]. Heute weiß man (§ 36, c), daß die beiden Hirnhälften gleichschwer und — rein volummäßig betrachtet — auch gleichgroß sind oder höchstens nur ganz geringe Asymmetrien zugunsten einer Seite zeigen, wohl aber sind sie ungleich geformt, und dies kommt vor allem in der dritten Stirnwindung (motorisches Sprachzentrum) und im Occipitallappen (Sehsphäre) zum Ausdruck. An diesen Hirnteilen der Schädelwand wurden denn auch bei der Mehrzahl der Schädel linkerseits tiefere Eindrücke gefunden (§ 36, c), trotzdem besitzt die rechte Hälfte der Schädelhöhle in der Mehrzahl einen etwas größeren Längsdurchmesser (§ 36, c) und daher vielleicht auch einen größeren Rauminhalt als die linke[380]. Die neuen Befunde Woos (s. o. Fußnote) scheinen diese Prävalenz von rechts zu bekräftigen.

Zum genauen Studium der Asymmetrie des Gesichtes gab merkwürdigerweise ein Aufsatz des Tübinger Anatomen HENKE[0369] Anlaß, der darauf hinwies, daß das Gesicht der Venus

* z. B. Schneuzen mit der rechten Hand.

von Melos (ebenso das anderer Statuen) asymmetrisch sei und darum nicht die ihr entgegengebrachte hohe Bewunderung verdiene. Hierdurch angeregt photographierte HASSE[376] die Gesichter der Venus und lebender Menschen hinter einem quadratischen Raster, erkannte die Asymmetrie des Gesichts als allgemeine Erscheinung und erklärte demzufolge die Asymmetrie der Venus als vermutlich „unbewußt" und darum besonderer Bewunderung würdig. In der Folge ging man dazu über[374], die Photographien menschlicher Gesichter in der Mittellinie zu zerschneiden und jede Hälfte mit ihrem Spiegelbild zu einem neuen, symmetrischen („linken" bzw. „rechten") Gesicht zusammenzusetzen. Solche Bilder bieten einen ungewohnten, maskenhaften und der Originalperson bisweilen sehr unähnlichen Anblick. Von unbefangenen Beschauern wurden in der Mehrzahl der Fälle die „rechten" Gesichter als belebter und zugleich ähnlicher erklärt[0460], und man hat namentlich das erstere mit der Linkshirnigkeit in Beziehung gebracht (§ 36, b). Unabhängig von früheren Autoren verarbeitete LIEBREICH[382] ein großes Material rezenter, historischer und prähistorischer Schädel (u. a. von 400 ägyptischen Mumien) und erhielt in 97% aller Fälle den gleichen, von ihm eingehend beschriebenen Typus von Asymmetrie, nur „sehr selten" den genau inversen Typ, und „äußerst selten" eine unregelmäßige Asymmetrie. Seiner Erklärung, die Asymmetrie auf Erblichkeit und die Lage des Kindes im Uterus zurückzuführen stehen Bedenken entgegen.

Der Haarwirbel des Menschen ist in der Regel rechtsgedreht. Die Häufigkeit der Linksdrehung wird mit 18,6% angegeben[404]. Genaueres zeigt folgende Tabelle (nach LAUTERBACH und KNIGHT[381a]):

		Zahl	Einfacher Wirbel		Doppelwirbel				> 2 Wirbel
			+	−	+−	−+	++	−−	
1	Normale	1006	768	185	37	4	8	—	4
2	Idioten	233	159	45	17	7	2	1	2
3	Schwachsinnige . .	278	212	51	8	3	-3	—	1
4	Blödsinnige . . .	340	255	70	10	2	3	—	—
5	Zeile 1 in % . . .	100	76,6	18,5	3,7	0,4	0,8	—	0,4
6	Zeile 1 in % . . .	100	95,1		4,9				0,4
7	Zeile 2 in % . . .	100	68,2	19,2	11,6				0,9
8	Zeile 3 u. 4 in % .	100	75,5	19,6	4,7				0,4

Andere Befunde[362a] stimmen hiermit überein:

117 Frauen	75%	+	19,9% —	5,1%	Doppelwirbel
2502 Knaben	74,2%	+	18,9% —	6,9%	,,

Man erkennt, daß in $^3/_4$ der Fälle der Wirbel rechtsgedreht ist, in 18—20% links, der Rest (5—7%) besitzt Doppel- oder ganz selten ($^1/_2$%) mehr als 2 Wirbel. Unterschiede nach den Geschlechtern ergeben sich nicht, auch ist die Wirbeldrehung von der Händigkeit unabhängig[381a]. Unter den Doppelwirbeln überwiegt die +—-Form weitaus, ——-Wirbel kommen kaum vor. Diese Befunde entsprechen durchaus denen über den Situs der Eingeweide: bei Doppelindividuen besitzt stets der linke Partner regulären, der rechte in der Regel inversen Situs, man wird also hier wie dort eine einheitliche Ursache vermuten (s. § 46, g). — Der Vererbungsmodus des Windungssinns ist noch nicht sicher gestellt. Ein Genpaar mit R dominant ist von vornherein wegen des Verhältnisses + : — = 3 : 1 am wahrscheinlichsten, verschiedene Statistiken (BERNSTEIN[362a], SCHWARZBURG[398a], SNYDER[400a]) weisen auch in diese Richtung, doch wird offenbar, wie im Falle der Seitigkeit (vgl. §§ 36 u. 46) dieser Erbgang äußerlich durch viele phänotypische Inversionen durchbrochen. Die Gene für Händigkeit (Seitigkeit), Augenfarbe und Blutgruppen sind von dem der Wirbeldrehung unabhängig[400a]. Anlage zu Doppelwirbeln scheint in gewissen Fällen erblich zu sein[0658]. Eineiige Zwillinge besitzen häufig gegensätzlich gewundene Wirbel[661a. 667], was nicht gegen, sondern für Erblichkeit spricht (§ 46, g). Auffällig ist die starke Erhöhung der Zahl der Doppelwirbel bei Idioten (s. obige Tabelle).

d) Asymmetrien der Wirbelsäule[369].

Außer einer durch die Aorta bewirkten asymmetrischen Impression und der asymmetrischen Stellung der Dornfortsätze, die gewöhnlich (keinesfalls aber immer) als Folge der stärkeren Inanspruchnahme der rechtsseitigen Muskeln nach rechts abweichen, kommen hier vor allem Seitwärtskrümmungen der Wirbelsäule in Betracht. Hierüber gibt es eine beinahe ungeheure Literatur — deshalb, weil die häufigen pathologischen Rückgratsverkrümmungen (Skoliosen) schon frühzeitig zum Studium der normalen Verhältnisse anregten. Da die letzten 20 Jahre über das Verhalten der gesunden Wirbelsäule wenig neues brachten[395],

17*

kann man im allgemeinen der Darstellung folgen, die GAUPP[369] über diese Frage gegeben hat. Schon SABATIER (1777) fiel es auf, daß bei vielen Menschen der Brustteil der Wirbelsäule nach rechts ausgebogen ist, und alle späteren Autoren bestätigten diesen Befund. HASSE und DEHNER[378] fanden bei ihren 5000 Soldaten in 68% eine nachweisbare Seitenkrümmung (52% nach rechts, 16% nach links), doch dürfte dieser Wert möglicherweise noch zu niedrig sein, da Zahlen bis 93% (PÉRÉ an 100 Leichen) gefunden wurden[392]. Im übrigen kann heute als feststehend gelten, daß jede normale Skoliose des Erwachsenen eine kombinierte ist, bestehend in der Mehrzahl der Fälle aus einer Linksausbiegung im Lumbal- und einer Rechtsausbiegung im Thorakalteil, eventuell mit einer weiteren Linksausbuchtung in der Halswirbelsäule (Abb. 119), beim Rest verhält es sich spiegelbildlich, bei einem Häufigkeitsverhältnis beider von 3 (oder mehr) : 1. Dabei ist wahrscheinlich die Lumbalskoliose das Primäre, da die Lendenwirbelsäule als beweglicher Stiel des Oberkörpers den auf die Wirbelsäule wirkenden Einflüssen leichter unterworfen is-

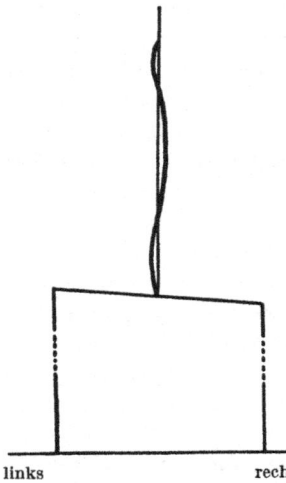

links   rechts
Abb. 119. Schema der Wirbelsäulenkrümmung des Menschen. (Nach HASSE und DEHNER.)

als die starre des Brustkorbes. Andererseits erscheint es nach GAUPP verständlich, „daß die mit hohen Zwischenwirbelscheiben ausgestattete Lendenwirbelsäule irgendwelche Verkrümmungen leichter ausgleichen wird als die Brustwirbelsäule", bei der die Zwischenscheiben niedriger sind und verkrümmende Einflüsse sich daher viel leichter auf die Knochen auswirken, so daß nicht selten die Ausbiegung der Lendenwirbelsäule, wiewohl das primäre, unbedeutender ist als die der Thorakalregion. Fest steht schließlich, daß alle Lateralskoliosen sich erst vom 6. Lebensjahr, also vom Beginn des Schulbesuches ab, herausbilden.

Die Beziehungen zwischen Thorakalskoliose und verschiedener Beinlänge sind noch reichlich unklar, da man theoretisch bei kürzerem rechten Bein eine Lumbalbiegung nach rechts und eine kompensatorische Thorakalbiegung nach links erwarten müßte, während alle Soldaten HASSE und DEHNERS mit rechtskonvexer Thorakalskoliose auch ein kürzeres rechtes Bein hatten (Abb. 119), und andere Autoren, wenn auch nicht alle, ähnliche Befunde verzeichnen. Indessen kommt ROMICH[395] neuerdings zu dem Ergebnis, daß die relativen Beinlängen keineswegs während des ganzen Lebens die gleichen zu sein brauchen, daß vielmehr namentlich um die Pubertätszeit Schwankungen eintreten können, die dazu führen, daß das bisher kürzere linke Bein zum längeren wird, oder umgekehrt. Er fand keine konstanten Beziehungen zwischen Beinlänge und Wirbelsäulenbiegung, vielmehr innerhalb jeder der beiden Hauptgruppen — lumbale Links- und thorakale Rechtsskoliose (78%), und umgekehrt (22%) — verschiedene Untergruppen, je nach Stellung und Drehung des Beckens und der Länge der Beine.

Von den möglichen Ursachen der Skoliosen, angeborene asymmetrische Wachstumstendenz der Wirbelsäule oder asymmetrische Einflüsse im postembryonalen Leben, kommen nach alledem entweder beide oder wahrscheinlicher nur die zweite in Betracht. Es schalten aus die Beinlänge, wie die Gewohnheit des „Standbeines", ebenso die Schlaflage (da der Schlaf ja kaum $1/_3$ des Lebens ausmacht und die asymmetrische Belastung während eines Drittels gegenüber der stark einseitigen Inanspruchnahme während der übrigen Zeit zurücktritt), die Aorten- (Linkslagerung der Aorta) und die Schwerpunkttheorie (Körperschwerpunkt rechts), gegen die man auch — ein nicht ganz stichhaltiges Argument — angeführt hat, daß bei Situs inversus viscerum Links- und Rechtsskoliose etwa gleich oft beobachtet wurde (50 Fälle)[392]. Am wahrscheinlichsten kommt immer noch die Rechtshändigkeit, wenn auch nur als mittelbare Ursache, in Betracht, wobei sich zwischen sie und die Skoliose asymmetrische Gewohnheiten, vor allem die Sitzhaltung des Kindes beim Schreiben, als vermittelnde Glieder einschieben. Möglich ist auch, daß von vornherein vorhandene asymmetrische Wachstumstendenzen (bald nach links, bald nach rechts) meistens durch Einflüsse der Händigkeit entweder verstärkt oder überkorrigiert werden.

Bei Linkshändigkeit hat man häufig Linksskoliose gefunden, doch ist die Korrelation zwischen beiden nicht sehr stark.

e) Asymmetrien der oberen Extremitäten.

„Daß der rechte Arm gewöhnlich dicker ist als der linke", sagt GAUPP[369], „die rechte Hand länger und kräftiger als ihre Partnerin, ist eine alte Weisheit, deren zahlenmäßige Bestätigung durch ausgedehnte Untersuchungen der neueren Zeit in vollem Umfange erbracht wurde." Zwar findet man bei einem Vergleich der verschiedenen Zahlangaben nicht unwesentliche Schwankungen, die auf mannigfache Ursachen zurückgeführt werden müssen: Zufällige Werte infolge des meist geringen Materials, Messung am Lebenden und am Skelet, Verschiedenheiten des Materials, wechselnder Prozentsatz Linkshänder innerhalb desselben und vor allem die individuelle Meßtechnik des Untersuchers, die in der größeren oder geringeren Neigung, Glieder oder Knochen als gleich bzw. ungleich zu bezeichnen, zum Ausdruck kommt. Sieht man von den Angaben über sehr geringes Material (DEBIERRE[0361], HARTING[375], RAYMONDAUD[0361]) und anderen weniger genauen (MOSER[390]*) oder bloßen Schätzungsangaben ab, so ergibt sich (Tabelle), daß im Mittel in ungefähr 75% der Fälle der rechte Arm länger als der linke ist, während in 25% Gleichheit herrscht (dies häufiger) oder der linke Arm prävaliert (ARNOLD, HASSE u. DEHNER, MATIEGKA, GULDBERG, WEVILL), und auch ROSDESTVENSKIJ[296] (161 Leichen, 75 Skelete) fand neuerdings ein hiermit übereinstimmendes Resultat, wobei in allen Fällen die durchschnittliche Differenz etwa 1 cm, maximal etwa 3 cm, beträgt. Neuere Autoren (BARTELMEZ u. EVANS, SCHULTZ) haben weiter gezeigt, daß im Gegensatz zu früheren Meinungen diese Verschiedenheiten bereits auf embryonalem Stadium bestehen, wenn auch der Prozentsatz symmetrischer Fälle hier vielleicht etwas höher ist** und so die Möglichkeit offenbleibt, daß infolge Mehrgebrauch eines Armes im postembryonalen Leben die Verschiedenheiten sich verstärken bzw. bei ursprünglich gleicher Länge sich

---

* Messung an 216 Lebenden; ganzer Arm 40% R > L, 55% R = L, 5% R < L.

** Zwar hatte bereits DEBIERRE[0361] ein geringes Übergewicht der rechten Extremitäten festgestellt, doch liegen bei ihm und den anderen früheren Autoren die Differenzen stets im Bereich der Fehlerbreiten (BISCHOFF[0369], THEILE, MOORHEAD, GAUPP). — MATIEGKA fand an den Skeleten jugendlicher Personen öfter Symmetrie der Arme als an denen Erwachsener.

Autor	Material	Gemessen wurde	Zahl	R>L %	R=L %	R<L %	
ARNOLD [360]	Skelete	Vorderarm	16	75,0	—	7,0	Arm bis zur Spitze des Mittelfingers
HASSE u. DEHNER [378]	Soldaten	Arm	5141	75,0	18,0	7,0	
ROLLET [393]	Skelette	„	50♂	98,0	—	2,0	
„	„	„	50♀	94,0	2,0	4,0	
MATTEGKA [384]	„	„	53	77,0	16,0	7,0	
GULDBERG, G. [345]	„	„	15	78,0	10,0	12,0	
WEVILL [409]	„	„	214	75,0	—	—	
STIER [460]	Rechtshänder	Oberarm	66	62,5	28,8	9,1	
„	„	Unterarm	66	45,8	43,9	10,6	
„	„	O.- u. U.-Arm	66	—	—	4,5	
SCHULTZ [397]	Skelete	Humerus adult	105	54,0	24,0	22,0	
„	„	Humerus foetal	100	52,0	27,0	21,0	
STIER [460]	Linkshänder	Oberarm	200	33,5	31,8	34,7	
„	„	Unterarm	200	18,0	37,7	44,3	
„	„	O.- u. U.-Arm	200	—	—	23,9	
HASSE u. DEHNER	„	Arm	58	1 Person	—	57 Person.	Extreme Linkser, in den 5141 Soldaten (s. o.) mitenthalten

neu herausbilden. Weiter hat sich ergeben, daß meist nicht Ober- und Unterarm gleichmäßig an der Prävalenz eines Armes beteiligt sind, daß vielmehr oft ein längerer Ober- mit einem kürzeren Unterarm gekoppelt ist, und daß darum der Prozentsatz rechts längerer Ober- bzw. Unterarmknochen unter 75% liegt (Tabelle).

Daß mit der im Mittel größeren Länge des rechten Armes auch größere Stärke (Umfang)[0361] und größeres Gewicht der Knochen verbunden ist (BISCHOFF[0369], HARTING[0369], THEILE[402], JOBERT[381], ROSDESTVENSKIJ[396]), wird niemand wundernehmen, auch ist beim Lebenden Armumfang (HARTING, STIER*), das Gewicht der ihm ansitzenden Muskelmasse (E. WEBER, THEILE, FROHSE[366] u. FRÄNKEL) und die Kraft des Armes (GULDBERG[373], JACKSON[432], STIER[460]) meist rechts größer als links. Indes sind von diesen Maßen: Länge und Gewicht der Knochen, Muskelmasse und -kraft, wenn sie auch physiologisch zusammengehören, im Einzelfalle doch nicht immer alle auf derselben Seite größer, auf der anderen kleiner, was allerdings zum Teil auch in Ungenauigkeiten der Meßtechnik begründet sein mag.

Während andererseits bis in die neueste Zeit in vielen Untersuchungen Personen mit links längerem bzw. stärkerem Arm schlechtweg als Linkshänder angesprochen werden, hat STIER erstmalig mit Nachdruck darauf hingewiesen, daß bei Zugrundelegung des üblichen Begriffs der Händigkeit (§ 33) eine solche unbedingte Korrelation nicht besteht. Wohl haben die meisten Rechtshänder rechts längere Arme, doch gilt in etwa 10% für den Ober- und Unterarm und in $4^1/_2$% für beide das Umgekehrte (Tabelle), und in etwa 20% aller Rechtshänder ist der ganze linke Arm länger als der rechte. Wollte man hier vermuten, daß alle diese Personen ursprünglich Linkser und erst durch die Erziehung zu Rechtsern bzw. Ambidextern umgestimmt wurden, so widersprechen dem die STIERschen Befunde an Linkshändern (Tabelle), die ohne Zweifel Linkshänder gewesen sind und bei denen etwa $^1/_4$ sowohl einen längeren Ober- wie Unterarm besaß. Ähnliches gilt für den Umfang der Arme*, und Dynamometer-

---

* STIER unter 239 Linkshändern (R länger : Gleichheit : L länger): Oberarm 34,7 : 31,8 : 33,5; Unterarm 44,3 : 37,7 : 18,0; Ober- und Unterarm 24% L > R; bei 66 Rechtshändern: Oberarm 63 : 29 : 9, Unterarm 46 : 44 : 11, Ober- und Unterarm 4,5% L > R.

versuche zeigten, daß $^1/_3$ der Links- und $^1/_4$ der Rechtshänder auf
dem inversen Arm die stärkere Kraft besitzt*. Auch lieferten
Schätzwerte über den unterschiedlichen Druck beider Hände das
Ergebnis, daß der Prozentsatz der rechts kräftigeren Linkshänder
größer als der der links kräftigeren Rechtshänder ist.

Autor	Personen	Zahl	R>L	R=L	R<L	
G. GULDBERG[344]	Mediziner	21	80,0	10,0	10,0	Dynamometer
G. GULDBERG	Rekruten	190	72,0	8,4	18,4	,,
STIER[460]	Rechtshänder	66	64,7	9,5	22,4	,,
JACKSON[432]	,,	312	78,3	8,0	13,7	,,
STIER	,,	6224	78,4	19,7	1,8	Händedruck
STIER	Linkshänder	200	34,0	9,5	56,5	Dynamometer
JACKSON	,,	40	17,5	30,0	52,5	,,
STIER	,,	10292	11,6	25,9	62,5	,,

Über Naturvölker und über Skelete aus historischer und prähistorischer Zeit liegen außerordentlich spärliche Angaben vor, doch
läßt sich aus ihnen entnehmen, daß auch früher schon der rechte Arm an
Länge und Stärke in der bedeutenden Mehrzahl den linken übertraf. An
8 Australierskeleten[387] betrugen die Humeruslängen** 6 : 2 : 0, die Radius-
längen 4 : 1 : 1, an 8 Weddasskeleten[453] die Humeruslängen 5 : 2 : 1;
WARREN[0453] fand bei 33 männlichen altägyptischen Skeleten 6mal (18,2%)
einen längeren linken Arm, bei den weiblichen Skeleten war der Prozentsatz noch geringer (5,8%). Auch für die ersten Ansiedler des bajuvarischen
Stammes wird als Durchschnittswert*** größere Länge und Dicke von
Radius und Ulna auf der rechten Seite angegeben[0369].
   Daß sich diese Asymmetrie auch auf die Phalangen der Hände erstreckt, beweisen die bereits in § 2 aufgeführten Zahlen über die Längen
der proximalen Glieder von Zeige- bis kleinem Finger (551 ♀): etwa 45%
besaßen pro Finger die entsprechenden Glieder gleich groß, bei etwa eben-
soviel war das Glied der rechten Seite größer, und nur in etwa $9^1/_2$% der
Fälle kleiner. Führt man den hohen Prozentsatz „symmetrischer" Finger
auf die schwierige Meßtechnik dieser kleinen Objekte zurück, so erscheinen
diese Werte in voller Übereinstimmung mit denen über die Armlänge. —
Am Lebenden konnten Unterschiede der Fingerlänge zwischen links und
rechts nicht gefunden werden[371].
   Die zahlenmäßigen Beziehungen zwischen Händigkeit und
größerer Armlänge sind deswegen noch nicht hinreichend geklärt,
weil alle Messungen am Lebenden mit großen Schwankungen
behaftet sind, andererseits bei den Ausmessungen an Skeleten

---

* Gemessen an den Höchstleistungen der Hände, nicht am Durchschnitt, was zu Fehlern führen würde[460].
   ** R länger : Gleichheit : L länger.   *** Einzelwerte nicht angegeben.

und Leichen über Händigkeit in der Regel nichts bekannt war. Indessen kann man bei vorsichtiger Abwägung aller Befunde folgendes Endergebnis aufstellen: Bei je $^3/_4$ aller Menschen ist der rechte Arm länger, größer an Umfang oder stärker an Kraft, in der Regel ist alles drei gleichzeitig der Fall. Rechts- bzw. Linkshändigkeit und größere Länge bzw. Kraft des gleichseitigen Armes ist nicht stets gekoppelt, vielmehr gilt etwa das folgende, allerdings mit gewissen Schwankungen behaftete Schema:

	Gleichseitiger Arm größer	Gleichheit	Ungleichseitiger Arm größer
Rechtshänder . . .	75—80%	10%	10—15%
Linkshänder. . . .	50—60%	10%	30—40%

Für gleiche Armlänge in früherer Zeit liegen keine Anhaltspunkte vor.

f) Asymmetrien der unteren Extremitäten.

Untersuchungen über Asymmetrien der unteren Extremitäten (Länge, Skelet, Muskelmasse, Kraft) sind weitaus seltener als solche über Asymmetrien der Arme, wohl deshalb, weil diese Frage das Problem der Rechtshändigkeit nicht unmittelbar berührt. Abgesehen von Rollet[393], der (89 Skelete) in fast launenhafter Weise bald das linke, bald das rechte Bein länger fand, stimmen die übrigen Autoren (Arnold[360], Garson[367], Matiegka[384], G. Guldberg[344], Hasse und Dehner[378], Godin[3??], Schultz[397], Rosdestvenskij[396]) darin überein*, daß sowohl beim Skelet wie am lebenden Menschen in etwas mehr als der Hälfte der Fälle das linke Bein das längere ist, während der Rest sich auf Gleichheit und größere Länge des rechten Beines verteilt, dies in einer Weise, die offenbar mit der größeren oder geringeren Neigung des Untersuchers, bei geringsten Differenzen Gleichheit oder Ungleichheit zu buchen, zusammenhängt. Hasse und Dehner, deren Material das größte ist, fanden bei ihren 5000 Soldaten:

R > L in 16%, R = L in 32%, R < L in 52%

---

* Und damit stehen auch die Umfragen bei Schneidern[421] und die Angaben in Lehrbüchern der Zuschneidekunst[0460] in Einklang.

und in allen diesen Fällen war die Differenz beider Beine ziemlich klein, etwa 1 cm im Mittel und 2 cm im Maximum. Diese Ungleichheiten können durch Unterschiede der Tibiae oder Femora allein bedingt sein oder beide Knochen in variierenden Anteilen betreffen.

Daß diese Asymmetrien sich in gleichem Sinne auch auf die Füße erstrecken, daß also in der Mehrzahl der linke Fuß größer oder mindestens gleichgroß wie der rechte ist, wird oft behauptet (MATIEGKA, FRÖHLICH[0369]), SCHULTZ führt auch Messungen an:

500 Erwachsene:

R > L in 31%, R = L in 16%, R < L in 53%; mittlere Differenz 1,1%,

doch ist es nicht unwahrscheinlich, daß der rechte Fuß zwar häufig kürzer, aber in der Regel (90%) stärker ist als der linke Fuß[0361], und damit wäre zugleich verschiedenen Angaben Rechnung getragen, die ganz indifferent vom rechten Fuße als dem „größeren" reden.

Messungen über Unterschiede an Gewicht und Umfang der unteren Extremitäten wurden bisher nur an so geringem Material vorgenommen, daß Schlüsse daraus nicht gezogen werden können[0369], die Muskelmasse aber scheint (?) in der Mehrzahl der Fälle links etwas größer als rechts zu sein (? THEILE, GODIN, ROMICH); Versuche, dynamometrisch Kraftunterschiede zwischen beiden Beinen zu ermitteln, haben wegen der Unvollkommenheit der Methoden Resultate von bleibendem Wert nicht erzielt[373].

Über die Beziehungen der Händigkeit zur Längenasymmetrie der Beine sind Untersuchungen nicht angestellt, wohl aber geht bereits aus der Tatsache, daß in mehr als 50% dem linken Bein und in 75% dem rechten Arm größere Länge zukommt, hervor, daß in gewissem Prozentsatz gekreuzte Asymmetrie statthaben muß, und die Angaben der meisten Autoren (FAURE[365], GAUPP[368], HASSE u. DEHNER, ROSDESTVENSKIJ) gehen dahin, daß dies sogar die Regel ist. Man wird also bei längerem rechten Arm mit Wahrscheinlichkeit ein längeres linkes Bein erwarten können, und umgekehrt, und da der Rechtshänder im allgemeinen einen längeren rechten Arm besitzt, hat man ihm im Normalfall ein längeres linkes Bein zugeschrieben. Doch dürfte dieser Normaltypus nur vielleicht in der Hälfte der Fälle zu erwarten sein.

Ebenso wie bezüglich der Arme lauten auch hier die Angaben der älteren Autoren[360, 368] dahin, daß diese Differenzen den Neugeborenen noch fehlen und sich erst im Laufe des Wachstums herausbilden. Demgegenüber wurden neuerdings[362, 397] auch bei Föten Asymmetrien gefunden, die gleichsinnig zu denen der Erwachsenen waren, wenn auch hier der Prozentsatz symmetrischer Individuen (zum Teil als Folge der schwierigeren Meßtechnik) etwas höher sein mag.

Daß mit rechtsseitiger Thorakalskoliose entgegen dem, was man erwarten sollte, das linke Bein das längere ist, wurde bereits unter d erwähnt, ebenso, daß im Laufe des Wachstums, namentlich um die Pubertätszeit, Änderungen der Beinlänge eintreten können, so daß sich sogar das Größenverhältnis beider Seiten vertauschen kann. — Angeführt sei schließlich, daß nach HASSE und DEHNER die Mehrzahl der „schön gebauten Leute" (Husaren, Kürassiere) zur Minorität der Linksskoliotiker mit längerem rechten Bein gehören.

g) Asymmetrien des übrigen Skelets[361, 369].

Die rechte Hälfte des Brustkorbes ist meist größer als die linke, das Volumverhältnis R : L beträgt ebenso wie das der Lungen in der Regel (70%) etwa 10 : 9. Die Rippen sind rechts länger, auch das Brustbein liegt schwach asymmetrisch.

Von den beiden Schultern steht meist die rechte tiefer, die Differenzen betragen 1—2 cm. Inwieweit physiologische Skoliosen hieran mit Schuld tragen, ist noch reichlich unklar. Es wird behauptet, daß die rechte Schulter um so tiefer steht, je intensiver der rechte Arm gebraucht wird.

Asymmetrien in der Stellung der Schlüsselbeine hängen teilweise mit der verschiedenen Schulterhöhe zusammen. Längendifferenzen sollen zu 50% gleichsinnig zu denen der Humeri sein[409].

Vom Becken[377] überwiegt die rechte Hälfte an Masse und Ausdehnung, außerdem haben Asymmetrien der Wirbelsäule und Beinlängen auf seine Gestalt Einfluß. Daß bei Frauen in der Regel die rechte Hüfte stärker ist, ist den Schneidern seit langem bekannt.

h) Innere Asymmetrien und Asymmetrien der Körperoberfläche.

Die rechte Lunge ist in der Regel (> 70%) etwas größer als die linke (Volumverhältnis R : L = 10 : 9), erscheint außerdem infolge eines horizontalen Einschnittes, der links fehlt, stets dreilappig. Die rechte Niere liegt etwas tiefer als die linke, woran wohl der starke rechte Leberlappen Schuld trägt. — Von den beiden Venae spermaticae internae, die beim Manne vom Hoden kommen, pflegt die rechte direkt in die V. cava, die linke in die V. renalis sinistra einzumünden. Da hierdurch der Blutstrom links zweimal eine rechtwinklige Knickung erleidet, herrscht auf dieser Seite eine stärkere Disposition zu venösen Stauungen, die sich namentlich in dem den Samenstrang umgebenden venösen Geflecht äußern. Hiermit steht in Verbindung, daß der linke Hoden in der Regel (31%) tiefer steht, doch kommt in 14% das Gegenteil vor[404a], beim Rest ist kein Unterschied zu erkennen.

Über die Ovarien sind neuerdings Untersuchungen bekannt geworden. Gewichtsmäßig scheint zunächst das linke Ovar zu überwiegen, doch ist die frühzeitig einsetzende senile Degeneration Lnks stärker als rechts, so daß vom 30. Lebensjahr ab das rechte Ovar das linke an Größe übertrifft. Der Cholesteringehalt ist Lnks dauernd höher als rechts. Funktionsmäßig scheinen insofern Differenzen zu bestehen, als das rechte Ovar mehr reife Eier liefert als das linke, gemessen an der Zahl der gelben Körper, doch scheint vom 35. Lebensjahr ab das linke Ovar aktiver zu werden. Weiter sollen die aus dem rechten Ovar stammenden Föten ein größeres Gewicht besitzen[399].

Frau	Ovargewicht[364]		Cholesteringehalt[364] in Proz.	
	R	L	R	L
26—30 Jahre	6,2	7,1	4,5	2,7
31—40 Jahre	5,2	4,1	3,5	3,3
≧ 41 bei erhaltener Menstruation	4,4	3,9	3,7	3,1
Menopause	2,8	1,8	4,9	4,7

	Zahl der corpora lutea[399]	
	R	L
Kuh	128	107
Kaninchen	678	655
Frau	500	432

Angaben, daß sich bei gewissen Tierarten die Mehrzahl der Embryonen im linken oder rechten Uterushorn befände, sind von allzu zweifelhaftem Werte.

Die beiden Ohrmuscheln sind häufig verschieden geformt, die rechte steht, als Folge der Schädelasymmetrie, weiter nach hinten. Auch die Brustwarzen stehen nicht genau symmetrisch, die rechte Mamma soll bei der Frau in der Regel größer sein[0361].

Daß der Haarwuchs am Kopf geringgradig asymmetrisch ist, ist seit langem bekannt. Auch die Nägel der Finger und Zehen wachsen rechts etwas schneller und stärker, auch bei einer Person, die Linkshänder war[40]. Die Zähne der linken Seite sollen eher und mehr verderben; zur Erklärung hat man angeführt, daß infolge der bevorzugten Rechtslage beim Schlafen die rechten mehr vom desinfizierenden Speichel umflossen werden. Die Milchzähne brechen, sofern überhaupt Unterschiede bestehen, beim Rechtshänder rechts, beim Linkshänder links eher durch (BERETTA[0569]).

Der Darm[405] beschreibt vom Duodenumende bis zum After nahezu genau eine linksgewundene Schraubentour (Abb. 109, 135/6a) und diese Torsion wird zum Teil durch Rückdrehung des

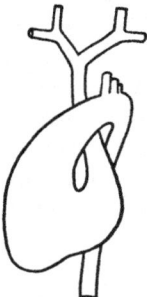

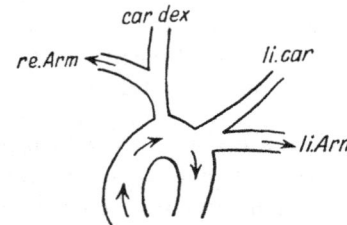

Abb. 120a. Anlage des Säugetierherzens.   Abb. 120b. Aortenbogen des Menschen.
(Normaler Situs.) (Nach LEWIS.)   (Nach STIER.)

Darmes in sich, zum Teil dadurch ausgeglichen, daß das Duodenum einen Teil einer Rechtsschraubenwindung beschreibt. Der Dünndarm stellt lediglich ein in viele alternierende Falten gelegtes Stück der vom Darmrohr beschriebenen linksgewundenen Schleife dar (Abb. 109). — Asymmetrie der Darmanhänge.

Die Lymphgefäße der ganzen kaudalen und der linken kranialen Körperhälfte sammeln sich zu dem links in den linken Angulus venosus mündenden Ductus thoracicus, nur die Gefäße der rechten kranialen Körperhälfte werden zu dem kurzen Ductus lymphaticus dexter vereinigt, der sich in den rechten Venerwinkel ergießt.

Aus der Entwicklung des Herzens sei erwähnt, daß das ursprünglich gerade Endothelrohr, das die Herzanlage darstellt, sich frühzeitig zu krümmen beginnt, so daß es zunächst eine S-Form und dann die Gestalt eines linksgewundenen Schrauben-umganges annimmt, wie dies Abb. 120a in schematischer Weise

wiedergibt. Von diesem Stadium ab setzen die inneren Differen-
zierungsprozesse ein.

Das Gehirn zeigt keine wesentlichen Gewichts- oder Größen-,
wohl aber Formunterschiede beider Hemisphären, die zum Problem
der Seitigkeit des Menschen in enger Beziehung stehen und weiter
unten (§ 36, c) diskutiert werden. Über das vegetative Nervensystem sei aus einem später interessierenden Grunde angeführt,
daß der rechte Vagus etwas stärker und weiter ausgedehnt ist
als der linke und auch Bauchorgane der linken Körperhälfte mit
versorgt, während die Nervengeflechte des Sympathikus, vom
Grenzstrang abgesehen, vorwiegend links liegen[560]. Über verschiedenen Pigmentreichtum beider Seiten des Zentralnervensystems vgl. § 36, c.

Auch in der Stellung der Augäpfel[0361] und der Lage der
Bogengänge[391] sind kleine konstante Asymmetrien vorhanden.

Von den Nabelvenen verkümmert die rechte frühzeitig und
auch die Verschmelzung der Dottervenen kommt durch Reduktion eines Stückes der rechten zustande, doch kommt es gar
nicht so selten vor, daß die Rückbildung die linke Nabel- bzw.
Dottervene betrifft[0636].

Papillarlinienmuster und Augenheterochromie vgl. § 46, k.
Mikroskopische Asymmetrien s. § 40, Spermatozoen § 40.

i) Asymmetrien der Primaten.

Untersuchungen über Längendifferenzen der Extremitäten der Affen sind nur in beschränktem Umfange angestellt
worden, die erhaltenen Unterschiede waren absolut und gegenüber
denen beim Menschen auch relativ klein, sie betrugen 2 mm bzw.
$3/_4$% im Mittel. Bei den niederen Affen hat man niemals eine
Bevorzugung einer Seite gefunden (ROLLET[393], MOLLISON[387]),
über Anthropoiden liegen außer gelegentlichen Femurmessungen
und den älteren im Original nicht erhältlichen Befunden ROLLETS*
nur die Angaben MOLLISONs und v. BARDELEBENs[361] vor (s. Tabelle
S. 272).

Man erkennt zunächst, daß bezüglich der unteren Extremitäten höchstens beim Orang von einer größeren Länge rechts

---

* Untersuchungen an 42 Anthropoiden (13 Gorillas, 2 Orangs, 27 Schimpansen); der Humerus war 5 mal rechts, 27 mal links länger, 10 mal herrschte
Gleichheit.

	MOLLISON.					v. BARDELEBEN.			
	Z	Arm	Bein	Händig	Beinig	Z	Humerus	Z	Femur
Cercopithecus	18—19	10:3:2	7:5:6	=	=				
Hylobates	11—13	1:9:2	6:4:3	R	=	1	1,7% R	1	1,75% R
Schimpanse	3—5	1:1:3	3:2:1	(L)	=	9	0%	8	0,43% L
Gorilla	4—5	2:1:2	1:2:3	(L)	=	4	1,2(0)% L*	3	0,7% L
Orang	7—11	1:7:1	4:4:2	R	(R)	8	0,75% R	6	0,5% R
Mensch	16—35	1:14:1	3:11:15	R	L				

Z = Anzahl der Skelete. a : b : c = Gleichheit : R länger : L länger (zugunsten von R oder L an). — Die Tabelle v. BARDELEBEN gibt die mittleren Differenzen in Prozenten der Länge (zugunsten von R oder L an). — * Siehe Text.

gesprochen werden kann. Was die Differenzen der Armlängen betrifft, so bezeichnet MOLLISON kurzerhand *Hylobates* und Orang als Rechtser, Schimpanse und Gorilla als Linkser. Indessen kann diese Behauptung zunächst für den Schimpansen wohl kaum aufrechterhalten werden (Tabelle). Beim Gorilla hatte eines von BARDELEBENs Tieren einen wesentlich (1,7 mm) längeren linken Radius; zieht man diesen Wert in die Berechnung mit ein, so reduziert sich die von diesem Autor erhaltene Differenz auf Null, und damit scheidet auch die Aussage über den Gorilla vorläufig aus und bestehen bleibt allein die Möglichkeit, daß Orang und *Hylobates* morphologische Rechtser sind. Umgekehrt sprechen ROLLETs* Zahlen, die sich fast nur auf Schimpanse und Gorilla beziehen, für eine Präponderanz des linken Armes, und es könnte so sein, daß von den Menschenaffen die beiden Hangler (Orang und Gibbon) schwache morphologische Rechtser, die Kletterer (Schimpanse und Gorilla) schwache Linkser wären, doch läßt die Kleinheit des bisherigen, sich überdies auf 3 Untersucher verteilenden Materials in Verbindung mit den meist winzigen Differenzen zwischen beiden Seiten irgendwie sichere Schlüsse noch in keiner Weise zu.

Vom Schädel der Anthropoiden werden nur gelegentlich

* Vgl. die Fußnote auf der vorigen Seite.

Asymmetrien berichtet, wobei stets die Möglichkeit sekundärer Verzerrungen infolge einseitiger Kautätigkeit in Betracht gezogen werden muß. Dem Gehirn der Affen fehlen entweder grundsätzliche Verschiedenheiten beider Seiten überhaupt[408] oder die oft beträchtlichen Asymmetrien (Orang und Schimpanse) sind inkonstant und nur der Ausdruck einer größeren Variabilität als beim Menschen[386]. Nur die Fissura lateralis (Sylvii), die beim Menschen in der Regel (nur beim Rechtshänder?) links etwa 1 cm größer als rechts ist, wurde auch beim Schimpansen in der Mehrzahl der Fälle links größer gefunden (12 mal deutlich li > re, 8 mal eben li > re oder Gleichheit, 4 mal re > li)[365a]. Beim Schädel des fossilen Menschen „Brno III" war die linke Hemisphäre um 1 mm kürzer als die rechte[385], was auch beim rezenten Menschen die Regel darstellt[380]. *Pithecanthropus erectus* besaß, nach dem Schädelabdruck zu schließen, bereits ähnliche Formasymmetrien des Gehirns wie der Mensch (Überwiegen der linken Hemisphäre im Gebiete des Stirnlappens[403]) und es ist nicht unwahrscheinlich, daß diese Asymmetrien eine Eigentümlichkeit des ganzen zum Menschen führenden Primatenzweiges sind[400]. Am Gorilla lassen verschiedene Indizien auf beginnende Linkshirnigkeit schließen (vgl. § 36, c).

k) Zusammenfassung.

Rein deskriptive Betrachtungen über die Morphologie des Menschen ergeben ein morphologisches Übergewicht der rechten Körperhälfte. Es drückt sich summarisch in der Rechtslage des Schwerpunktes und im größeren Gewicht von rechter Skelethälfte und Muskelmasse aus und tritt in den Teilen des Skeletes (Wirbel, Rippen, Brustkorb, Becken, Arme, Schädelhälften [?]), einzelnen inneren Organen (Lunge) und selbst in Kleinigkeiten (Ovar, Nägel) wieder auf. Dagegen spricht, von sekundären Einzelheiten abgesehen, allein die größere Beinlänge links bei knapp über 50% der Menschen, doch läßt sich gerade hier vermuten, daß in Anbetracht der verschiedenen Zwecke von Arm und Bein bei diesem größere Kürze in Verbindung mit größerer Kraft eine Bevorzugung darstellt. — Die Hauptmasse der inneren Organe nimmt infolge ihrer grundsätzlich anderen Symmetrieverhältnisse an dieser Prävalenz der rechten Seite keinen Anteil.

Alle diese Asymmetrien, vielleicht ausgenommen die Schädelform, sind Kollektivasymmetrien, Prävalenz rechts herrscht in 70—90%, beim Rest Gleichheit oder Prävalenz links. Mit der Händigkeitsanlage ist nur die Asymmetrie der Arme gekoppelt (§ 36).

Die Frage, ob zwischen der Seitigkeit des Menschen und dieser morphologischen Rechtsbevorzugung ein Zusammenhang besteht, kann erst weiter unten (§ 36) diskutiert werden.

Hodentiefstand vgl. S. 269, Haarwirbel S. 258/9.

Übrige Primaten: Geringgradig größere Armlänge rechts bei den Hanglern Orang und Gibbon, links bei den Kletterern Schimpanse und Gorilla liegt im Bereiche der Möglichkeit.

§ 33. Die Händigkeit des Menschen und der Primaten.
a) Definition der Händigkeit.

Unter Rechts- bzw. Linkshändigkeit beim Menschen ist, in teilweiser Anlehnung an STIER[460], eine angeborene Disposition zu verstehen, feinste koordinierte Bewegungen leichter, schneller und besser mit der rechten bzw. linken Hand auszuführen, eine Disposition, welche zur Folge hat, daß im täglichen Leben die bevorzugte Hand intensiver als die andere benutzt wird und bei allen natürlichen Handlungen, die das Zusammenwirken beider Hände erfordern, den schwierigeren Part übernimmt.

Rechtshändigkeit erweist sich im allgemeinen als weitaus häufiger als Linkshändigkeit und darum gilt Rechtshändigkeit als Regel, Linkshändigkeit als Ausnahme, und in dem Sinne, daß — soweit wir aus historischer Zeit Berichte haben — dieses Überwiegen der Rechtshändigkeit sich überall konstatieren läßt, ist diese Disposition als eine erbliche zu bezeichnen.

b) Sind bei allen Menschenrassen die Rechtshändigen in der Überzahl?

Für die Menschen der Jetztzeit ist diese Frage mit ja zu beantworten. Hier und da treten zwar Berichte über Ambidextrie, d. h. Beidhändigkeit, bei Naturvölkern auf, sie beruhen indes meist nur auf gelegentlichen Beobachtungen von Reisenden und sind daher im allgemeinen mit Vorsicht aufzunehmen[463]. Dabei soll die Möglichkeit, daß bei anderen Völkern (Japaner, Naturvölker) die linke Hand im täglichen Leben aus irgendwelchen

Gründen viel intensiver als etwa bei den Europäern gebraucht wird*, oder daß bei Naturvölkern die Linkshändigkeit prozentual häufiger auftritt, vorerst durchaus nicht in Abrede gestellt werden. Ein Bericht JOHNSTONs[0443], daß die Bewohner des Pendschab zu 70% Linkshänder wären, muß als Beobachtungs- oder Schreibfehler gewertet werden[453], und so verbliebe als einzige ernstzunehmende Angabe, die gegen eine allgemeine Verbreitung der Rechtshändigkeit auf der Erde spricht, die vielzitierte Stelle aus dem Reisewerk[454] der beiden Naturforscher und Weltreisenden F. und P. SARASIN, welche besagt, daß die Mehrzahl der Bewohner der Landschaft Gorontalo auf Celebes Linkser seien und auch das Haumesser beim Holzschlagen mit der Linken führten. Indessen mißt P. SARASIN neuerdings[453] seiner damaligen Behauptung keinen allzu großen Wert mehr bei, mit dem Hinweis, daß er und sein Bruder dazumal von der Tragweite der Beobachtung über das bevorzugte Arbeiten mit der linken Hand bei den Eingeborenen keine Vorstellung hatten, hält aber berechtigterweise die Tatsache für nachprüfenswert. Andererseits muß ein lokal gehäuftes Auftreten von Linkshändigkeit mit Rücksicht auf die erwiesene Vererbbarkeit dieser Eigenschaft als durchaus möglich angesehen werden und würde der allgemeinen Dominanz der Rechtshändigkeit nicht im geringsten widersprechen. Feststellung: Zur Tatsache, daß heute allerorts auf der Erde die Rechtshändigen in der Überzahl sind, ist mit Sicherheit nichts Gegenteiliges bekannt. Dahingestellt bleibt vorerst die Frage, ob bei gewissen Völkern die Häufigkeit der Linkshändigkeit eine größere ist.

c) Die Existenz von Rechts- und Linkshändigkeit beim geschichtlichen und beim prähistorischen Menschen.

Als Beweis, daß auch beim Menschen der geschichtlichen Periode Rechtshändigkeit vorherrschend war, wird meist vor allem eine Angabe der Bibel (Buch der Richter, XX, 16) herangezogen, wo erzählt wird, daß aus dem Stamm Benjamin eine Schar von 700 Mann auserwählt wurde, „die Linkser waren**“ und mit der Schleuder ein Haar treffen konnten, daß sie nicht

---

* Was gelegentlich[435] zu der fälschlichen Behauptung führte, die Japaner seien ein durchaus beidhändiges Volk.

** Wörtlich: „die an ihrer rechten Hand gehemmt waren“.

fehlten". Diese Angabe beweist, daß für die Juden der damaligen
Zeit Linkshändigkeit etwas Besonderes war und gestattet zugleich
eine Schätzung des Prozentsatzes der Linkser. Da der Stamm
Benjamin 26700 Mann zählte, stellten die 700 Linkshänder
2,62% dar, doch entspricht diese Zahl ohne Zweifel nicht dem
wirklichen Prozentsatz, da sicherlich nur die offenkundigsten
permanenten Linkser (vgl. d) ausgewählt wurden. Weiter aber
folgt aus dieser und anderen ähnlichen Stellen[428] der Bibel*,
daß aus einem Schriftverlauf von rechts nach links (Hebräer,
Türken, Malayen, Perser u. a.) nicht auf vorwiegende Linkshändigkeit geschlossen werden darf, und dies erscheint nach
WILSON[463] deshalb begreiflich, weil in diesen Schriften die einzelnen Zeichen unverbunden nebeneinander gemalt werden. —
Auch in der griechischen Literatur gibt es viele Anhaltspunkte, wo Links- oder Beidhändigkeit als etwas Besonderes
hingestellt wurde. So wird Ilias 21, 162ff. erzählt, daß der
beidhändige ($\pi\epsilon\varrho\iota\delta\acute\epsilon\xi\iota\sigma\varsigma$)** Asteropaios durch eine mit der
Linken geschleuderte Lanze den (rechtshändigen) Achilles am
rechten Ellenbogen verwundete, und bei PLATON und ARISTO-
TELES finden sich längere Erörterungen über Rechts- und Beidhändigkeit. Schließlich sind auch auf Plastiken und Skulpturen, die bis ins 3. Jahrtausend v. Chr. zurückreichen, die
Menschen meist rechtshändig handelnd oder arbeitend dargestellt[436].

Neben diesen bis ins graue Altertum zurückreichenden Angaben gibt es viele Indizien, die dafür sprechen, daß bereits in
früher vorgeschichtlicher Zeit Rechtshändigkeit vorherrschend war. Der wichtigste Beweis hierfür liegt in der Sprache
selbst. So bedeuten die beiden eben genannten griechischen
Ausdrücke für beidhändig in wörtlicher Übersetzung „beiderseits
rechts". Der Stamm für fünf ist nach WILSON[463] in vielen Sprachen
der gleiche wie für links, ebenso der gleiche für rechts und zehn,
so z. B. auch im Griechischen ($\delta\acute\epsilon\xi\iota\sigma\varsigma$, $\delta\acute\epsilon\varkappa\alpha$) und Lateinischen

---

* Anhangsweise sei erwähnt, daß nach DUHM (B., Die 12 Propheten.
Tübingen 1910) unter den 120000 Bewohnern von Ninive, „die nicht
zwischen rechts und links zu unterscheiden" wußten (Bibel, Buch Jona)
die kleinen Kinder zu verstehen sind.
** An Stelle des später üblichen $\dot\alpha\mu\varphi\iota\delta\acute\epsilon\xi\iota\sigma\varsigma$, das hier auch nicht in den
Hexameter passen würde.

(dexter, decem)*, was darauf beruht, daß die primitiven Völker zum Zählen bis fünf die linke Hand (d. h. sie zählten mit der Rechten an den Fingern der Linken ab), von 6 bis 10 die rechte benutzten; dies aber setzt Rechtshändigkeit voraus. Zwar folgt daraus nicht, wie gelegentlich[0428] vermutet wurde, daß die Rechtshändigkeit älter als die Sprache ist, sondern nur, daß Rechtshändigkeit bereits vorhanden war, als man bis fünf (bzw. zehn) zu zählen begann und zum Abzählen solch „hoher" Zahlen die Finger zu Hilfe nehmen mußte. Daß dieser Zeitpunkt nicht allzu früh in der Phylogenie des Menschen angesetzt werden darf, folgt neben der Tatsache, daß zehn für primitive Völker bereits einen hohen Zahlwert darstellt, daraus, daß z. B. das griechische Wort für Zählen, πεμπάζειν, wörtlich „fünfern", bedeutet, so daß also offenbar noch an den Fingern gezählt wurde, nachdem sich die griechische Sprache bereits herausdifferenziert hatte[453]. — Weiter weist auf ein hohes Alter der Rechtshändigkeit hin, daß bei vielen Völkern, in vielen Sprachen und Religionen die linke Hand als linkisch und unbeholfen, und in weiterer Übertragung diese Hand und die linke Seite als verächtlich und unehrenhaft galt, während die rechte Hand die stärkere, reine und redliche war und ihr und der rechten Seite der Charakter des Ehrenhaften zugeschrieben wurde (vgl. § 50). Wie im Deutschen rechts und recht, links und linkisch unmittelbar stammverwandt sind, bedeutet δέξιος und dexter zugleich rechts und heilvoll, λαιός, σκαιός und scaevus, sinister zugleich links und unheilvoll. Auch die häufigen, bis in die graue Vorzeit zurückführenden Homologisierungen rechts — männlich, links — weiblich (§ 50) haben Rechtshändigkeit zur Voraussetzung.

Ein letztes Indizium schließlich für ein Überwiegen der Rechtshändigkeit in der Vorzeit liefern die Werkzeuge prähistorischer Menschen, die uns erhalten sind. Auf diesen Tatsachenkomplex muß weiter unten bei Erörterung der wichtigen Frage, ob die Rechtshändigkeit sich erst innerhalb der Gattung *Homo* herausgebildet hat oder bereits bei seinen affenartigen Vorfahren vorhanden war, genauer eingegangen werden; darum genügt hier der Hinweis, daß zumindest die aus der jüngsten

---

* Dieser Etymologie steht man allerdings von gewisser Seite noch skeptisch gegenüber.

prähistorischen Periode, der Metallzeit, stammenden Geräte
eine deutliche Bevorzugung der rechten Hand erkennen lassen
(vgl. h).
Feststellung: Rechtshändigkeit prävalierte bereits
beim historischen und beim prähistorischen Menschen
der Metallzeit. Ununtersucht bleibt vorerst: a) ob in früherer
Zeit die Linkshändigkeit prozentual häufiger war als heute,
b) ob die Rechtshändigkeit sich in noch frühere Epochen als die
Metallzeit zurückverfolgen läßt.

d) Die verschiedenen Arten von Linksern und
Rechtsern und die Möglichkeit echter Ambidexter.

Wiewohl die eingangs gegebene Definition der Linkshändigkeit
— mag sie auch mehr phänomenologisch sein und nur vorläufigen
Charakter besitzen — eindeutig ist, genügt sie nicht, in jedem
Einzelfalle sicher zu entscheiden, ob Links- oder Rechtshändigkeit
vorliegt. Denn viele äußere Umstände, vor allem Erziehung
in Familie und Schule, Selbsterziehung und Nachahmung, Einfluß des Militärs und der Gebrauch vieler für den Rechtshänder
bestimmter Werkzeuge im gewöhnlichen Leben und bei der
beruflichen Arbeit, verschieben äußerlich das Verhältnis
zugunsten der Rechtshänder hin. So wird man gezwungen,
zur sicheren Erkennung der Linkshändigkeit Handlungen und
Verrichtungen zu verwenden, von denen zu vermuten ist, daß
sie möglichst wenig durch einen der genannten Einflüsse been-
trächtigt sind. In Verfolg dieser Überlegung erhält man das
folgende System von Linkshändigen*:

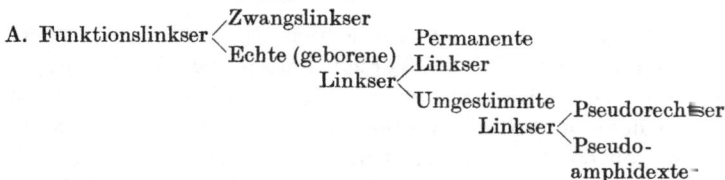

A. Funktionslinkser ⟨ Zwangslinkser
Echte (geborene) Linkser ⟨ Permanente Linkser
Umgestimmte Linkser ⟨ Pseudorechtser
Pseudo-amphidexte-

B. Morphologische Linkser,

wobei vice versa ein gleiches System auch für die Rechtser gilt,
nur daß in diesem die meisten Kategorien außerordentlich selten
vertreten sind.

---

* Die folgenden Termini sind größtenteils neu.

Unter **Funktionslinksern*** versteht man solche, deren Händigkeit sich in einem bevorzugten Gebrauch der linken Hand äußert, wie solches der ursprünglichen Definition zugrunde gelegt wurde.

Morphologische Linkser sind solche, bei denen die linke Vorderextremität die rechte an Länge oder Gewicht der Armknochen oder an Umfang, Gewicht und Kraft der Armmuskulatur übertrifft (Skelet- und Kraftlinkser).

Von den Funktionslinksern sind die **Zwangslinkser** solche, die infolge Verlust, Lähmung oder anderweitiger dauernder (oder zumindest lang anhaltender) Schädigung des rechten Armes oder der rechten Hand zur vorzugsweisen bzw. alleinigen Benutzung des linken gezwungen sind. Die Erfahrung hat gelehrt, daß durch Zusammenwirken von Zwang und Selbsterziehung wohl jeder Mensch imstande ist, in der bisher vernachlässigten Hand alle Fähigkeiten der bevorzugten auszubilden, wobei bei Zwangslinksern höchstens insofern eine gewisse Unbeholfenheit zurückbleibt, als sie durch Benutzung der für Rechtser konstruierten Werkzeuge, durch die Rechtsläufigkeit unserer Schrift usw. bedingt sind. Ursprüngliche Rechtser, deren rechter Arm wesentlich geschädigt wurde, erweisen sich in allen Indizien, die man zur Feststellung von Linksern verwendet, als typisch links, und daß eine Umstellung auf die linke Hand unter Zwang auch bei solchen Rechtsern möglich ist, deren rechte Hand kaum geschädigt ist, beweisen einige nach dem Kriege bekannt gewordene Fälle, wo Konzertgeiger nach Verlust eines einzigen Fingergliedes der linken Hand zum Linksgeigen (Bogenführung mit der Linken) übergingen und innerhalb nicht allzulanger Zeit ihre frühere Fertigkeit wiedererlangt hatten (wobei anzumerken ist, daß beim Violinspiel die Bogentechnik weitaus schwieriger als die Greiftechnik ist).

Auf die **echten Linkser**, deren Veranlagung bereits in frühester Jugend zutage tritt, wirken bald die obengenannten Einflüsse der Umwelt (Erziehung, Schrift, Werkzeuggebrauch) umstimmend zugunsten einer Bevorzugung der rechten Hand ein. Bei einem Teil von ihnen haben aus gewissen Gründen diese Einflüsse wenig Erfolg, diese Menschen können Zeit ihres Lebens die angeborene Linkshändigkeit nicht verleugnen, sie werden zu

---

* Vice versa gilt das Entsprechende für Rechtser.

permanenten Linksern, deren Linkshändigkeit stets leicht erkennbar bleibt. Beim Rest aber übertönen die Fremdeinflüsse die ursprüngliche Veranlagung, diese Menschen werden zu Pseudo-ambidextern, wenn sie alle wichtigen Handlungen mit beiden Händen gleich gut verrichten, mit der einen laut Veranlagung, mit der anderen auf Grund zwangsweisen Erlernens, oder zu Pseudorechtsern, wenn die Fremdeinflüsse die ursprüngliche Anlage fast völlig unterdrücken und nur in einzelnen, neben-sächlichen und fast unbewußten Handlungen Anzeichen von ihr zurückbleiben. Diese umgestimmten Linkser, und unter ihnen vor allem die Pseudorechtser, sind schwer und oft nur mit einem gewissen Grad von Unsicherheit als solche zu erkennen, auf ihrer Existenz beruhen die großen Schwankungen, mit denen die Statistiken über Linkshändigkeit behaftet sind.

Die umgekehrte Möglichkeit, eine Umstimmung echter Rechtser in Ambidexter oder Pseudolinkser, im gleichen Maße wie es bei den Linksern der Fall ist, dürfte kaum vorkommen, wenn man die Zwangslinkser ausgeschaltet hat. Als Fremd-einfluß käme allein die berufliche Arbeit in Frage, und sie wird höchstens zu gleichzeitig überraschend guter Geschicklichkeit der linken Hand (Pianisten) oder bei einigen seltenen Berufen (Glasarbeiter, Kellner) zu größerer Kraftentfaltung der linken Vorderextremität führen.

Diesen Überlegungen lag die allgemein verbreitete Anschauung zugrunde, daß unter der heutigen Menschheit jeder entweder als Rechtser oder als Linkser geboren wird, und daß also scheinbar beidhändige Menschen nur durch sekundäre Einflüsse, und zwar vorzugsweise aus Linksern entstehen. Daneben besteht noch eine andere Möglichkeit, die neuerdings erstmalig von BETHE[42c] vertreten wurde, daß nämlich zwischen den beiden Extremen der geborenen Links- und Rechtshänder ein Übergangsbereich indifferent Veranlagter existiert, die erst durch äußere Einflüsse vornehmlich der Schule, in das Lager der Rechtser hinüber-gezogen werden und sich später als echte Rechtser fühlen. Dieser Zwischenbereich müßte sich bei Fehlen äußerer Einflüsse zu echter Ambidextern entwickeln. Ein direkter Beweis dieser Möglichkeit könnte höchstens durch Untersuchung ganz junger Kinder ge wonnen werden, gleichzeitig müßte unter den habituellen Recht sern einem Teil, den geborenen Rechtsern, eine weitaus größere

Unbeholfenheit der linken Hand eigentümlich sein, ihm müßte auch gegebenenfalls das Sichumgewöhnen zu Zwangslinksern viel schwerer fallen als den übrigen indifferent Veranlagten. Dieser Fragekomplex kann erst weiter unten (k) genauer erörtert werden, fürs erste ist es nur nötig, sich stets zu vergegenwärtigen, daß unter den summarisch als Rechtser bezeichneten Menschen möglicherweise nur ein Teil rechts veranlagt, der Rest aber erst durch äußere Einflüsse zu Rechtsern geworden ist.

Feststellung: Zwangslinkser scheiden bei allen Untersuchungen aus. Geborene Linkser laufen Gefahr, durch Fremdeinflüsse (Familien- und Selbsterziehung, Schule, Schrift, Militär, Werkzeuggebrauch) zu Pseudoambidextern oder Pseudorechtsern umgestimmt zu werden. Die Möglichkeit der Existenz Rechts-, Indifferent- und Linksveranlagter bleibt vorerst dahingestellt.

ε) Äußerungen der Linkshändigkeit in Form einhändiger Verrichtungen des täglichen Lebens, zugleich als Mittel zur Erkennung angeborener Linkshändigkeit.

Die Vermutung, daß alle Verrichtungen, zu denen nur eine Hand notwendig ist, beim Rechtser vorzugsweise mit der rechten, beim Linkser mit der linken Hand ausgeführt würden, bewahrheitet sich nicht. Beim Schneuzen, Zum-Munde-Führen gehenkelter Gläser, Überreichen von Blumen, Stützen des Kopfes, Zuknöpfen des Rockes, Halten der Zigarette, Anziehen mit Ärmeln versehener Kleidungsstücke usf. wird sich zwar bei kollektivstatistischer Betrachtung (über die Gesamtheit von Rechtsern und Linksern) ein Plus zugunsten von Rechts ergeben, im Einzelfall und bei einzelnen Individuen jedoch ist die Wahl der Hand von Zufälligkeit (Körperstellung), Gewohnheiten usw. weitaus abhängig. Wieder andere gewohnheitsmäßige Handlungen, z. B. das Halten der Zügel sowohl beim Anfänger wie beim geübten Reiter, das Tragen der Aktenmappe unter und das Tragen der Kinder auf dem Arm, das Servieren der Speisen usw. geschehen meistens links, doch offenbar deshalb, um die Rechte für gegebenenfalls wichtigere Handlungen frei zu haben (um sich am Sattel festzuhalten beim ungeübten, aus Tradition — um mit der Rechten die Waffe zu führen — beim geübten Reiter; beim Tragen der Mappe usw., um mit der Rechten zu grüßen oder die Tür zu öffnen).

KAMM[434] hat neuerdings (1930) eine Gruppe von 90 Studenten nach der Art der Ausführung einseitig verrichtbarer Handlungen befragt. Darunter befanden sich neben solchen, die auf Händigkeit Bezug hatten (6, 9—11, 14—30) auch andere, die Beinigkeit betrafen (7, 8, 12, 13), mit Händigkeit usw. überhaupt nichts zu tun haben (2, 3, 5) oder sich ganz allgemein auf Seitigkeit beziehen (1, 4). Die folgende Tabelle zeigt einen kontinuierlichen Übergang zwischen Handlungen, die gleich oft rechts wie links ausgeführt wurden, zu solchen stärkster einseitiger Bevorzugung.

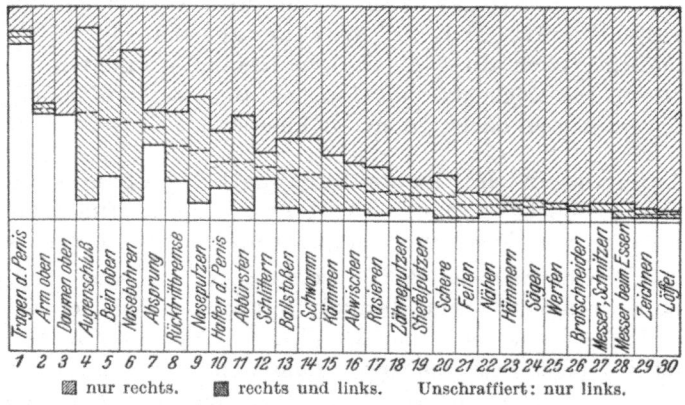

1 2 3 4 5 6 7 8 9 10 11 12 13 14 15 16 17 18 19 20 21 22 23 24 25 26 27 28 29 30

▨ nur rechts.   ▦ rechts und links.   Unschraffiert: nur links.

Es ist selbstverständlich, daß angeborene Veranlagung, hiervon unabhängige Gewohnheitsbildung und beeinflussende Erziehung in einem im einzelnen nicht erkennbaren Grade an der Bevorzugung von links oder rechts bei der Verrichtung dieser Handlungen bzw. bei der Herausbildung dieser Gewohnheiten mit beteiligt sind. Solche Verrichtungen aber, die deshalb als Ausdruck angeborener Linkshändigkeit gelten können, weil die meisten offensichtlichen Linkshänder, oder solche Personen, die es in der Jugend gewesen waren, sie links verrichten, hat erstmalig STIER[460] zusammengestellt. Die nebenstehende Tabelle gibt im Anschluß an STIER eine Übersicht über derartige Verrichtungen, die im weiteren kurz als STIERsche Indizien für Linkshändigkeit zitiert werden sollen.

Indessen verrichten nicht alle Linkshänder alle diese Tätigkeiten links, und die folgenden, den statistischen Angaben STIERs

	Männer und größere Knaben	Frauen und größere Mädchen	Kinder von 4–8 Jahren	Kinder unter 4 Jahren
Nur bei extremer Linkshändigkeit wird mit der linken Hand verrichtet	Suppe essen Flasche entkorken Schreiben	Wie links		
Unwillkürliche und wenig beachtete Handlungen	Handgesten beim Sprechen Zugreifen nach Gegenständen Ausspielen von Karten	Wie links	Reifen treiben Kreisel spielen Sticken, Stricken Suppe essen Erste Schreibversuche	Greifen oder zeigen nach Gegenständen Abwehrbewegungen und schlagen
Willkürliche erlernte einfache Handlungen	Stein werfen Karten mischen Peitschen knallen Zähne putzen Schuhe bürsten	Ball werfen Teppich klopfen Staub wischen Zähne putzen Schuhe bürsten	Bauen mit Bauklötzchen	Ball werfen Suppe essen Erste Schreib- und Malversuche auf Papier
Willkürliche komplizierte oder gefährliche Handlungen	Nähen Nadel einfädeln Kegeln, Fechten, Tennis, Billard Nagel einschlagen Schneiden mit dem Messer, besonders Brotschneiden	Nadel einfädeln Teller trocknen Äpfel, Kartoffeln schälen Schneiden mit dem Messer, besonders Brotschneiden		
Indizien nach Ludwig	Applaudieren Händereiben	Wie links	Applaudieren	

Auch bei mäßiger Linkshändigkeit wird mit der linken Hand verrichtet

entnommenen Werte zeigen, daß der Prozentsatz an Linksern, die irgendeine der STIERschen Verrichtungen mit der Rechten ausführen, zwischen 10 und 25% variiert und beim Essen mit Messer oder Löffel reicht dieser Wert nahe an 50% heran[434].

Personen	Von Linkshändern verrichten rechts (in Proz.)					Von Rechtshändern verrichten rechts (in Proz.)		
	Garde-korps	Solda-ten	Ersatz-rekru-ten	Mehr-jährig-Frei-willige	Ein-jährig-Frei-willige	Solda-ten	Ersatz-rekru-ten	Mehr-jährig-Frei-willige
Anzahl		10292	8564	1491	200	6224		
Schuhe putzen .	—	9,8	8,9	14,1	8,0	99,8	—	—
Brot schneiden .	8,1	12,9	12,0	17,7	10,0	99,8	99,8	99,6
Einfädeln . . .	—	14,2	14,0	17,7	13,5	99,7	—	—
Nähen	12,9	15,3	14,3	19,1	15,5	99,8	—	—
Stein werfen . .	23,6	15,6	15,4	19,5	16,0	99,6	99,6	99,4
Peitschen knallen	14,3	16,0	15,5	20,6	17,0	99,7	99,7	99,5
Karten mischen .	18,7	16,4	15,9	22,9	18,5	99,3	—	—
Karten ausspielen	—	24,5	21,3	28,9	25,0	99,1	—	—

— bedeutet: nicht untersucht.

Zusammenfassend läßt sich sagen, daß einerseits alle Personen, die sich irgendwie als geborene Linkshänder dokumentieren, mit Wahrscheinlichkeit die meisten dieser Handlungen links ausführen, und KAMM hat tatsächlich an 190 Linkshändern gezeigt, daß unter ihnen mehr als 95% mehr als die Hälfte von sieben einhändigen Handlungen links verrichten*; andererseits ist darum auch eine Person, die die meisten dieser Tätigkeiten links verrichtet, mit hoher Wahrscheinlichkeit als geborener Linkshänder anzusprechen.

Keineswegs soll gesagt sein, daß die oben gegebene Liste STIERscher Indizien vollzählig wäre. ENGEL[0440] hat z. B. mit Nachdruck auf das Bleistiftspitzen hingewiesen als eine einhändige Verrichtung, die von fast jedem Linkshänder besser links ausgeführt werden und vor allem der Simulation nicht unterworfen sein soll. Umgekehrt ist es gewiß (und darüber wird weiter unten ausführlich gesprochen werden), daß durch derartige Indizien keinesfalls alle geborenen Linkshänder ermittelt werden können. So habe ich selbst z. B. bei einem Material von bisher 600 Personen** festgestellt, daß — mit einer einzigen Ausnahme — alle, die sich eindeutig als Linkshänder dokumentierten, so applaudieren, daß sie mit

---

* Tabelle 3, wenn man die einfüßigen Tätigkeiten (5, 6) und die ungewöhnten (Essen mit Messer und Löffel) wegläßt.
** Darunter möglichst viele Linkshänder; unpubliziert.

der linken Hand schräg von oben auf die rechte schlagen; unter den Rechtshändern aber gab es einen gewissen Prozentsatz, der gleichfalls links applaudierte. Dieses Händeklatschen könnte vor allem deshalb als ausgezeichnetes Kriterium für Linkshändigkeit angesehen werden, weil es von jeder Erziehung unbeeinflußt und stets eindeutig* ist; fast keine Person ist sich bewußt, daß es überhaupt zwei spiegelbildliche Möglichkeiten des Applaudierens gibt. Es bildet sich ferner bereits im frühesten Kindesalter als feste Gewohnheit heraus, und hier entsteht durchaus der Eindruck, als ob das Kind sich bemühe, mit der einen Hand auf die andere zu schlagen, so daß bei Linkshändigkeit die bevorzugte Linke als von oben her schlagend in Aktion treten müßte. So stellt das Applaudieren gewissermaßen ein Relikt jugendlicher Handlungen dar, und darum ist die fast ausnahmslos linksseitige Ausführung beim Linkshänder begreiflich.

Andererseits hat man keine Berechtigung, Personen lediglich auf Grund des Linksapplaudierens als Linkshänder anzusprechen. Wie die obigen Zahlen STIERS (Tabelle) für rechtshändige Menschen erkennen lassen, macht etwa $1/3$% aller offenbaren Rechtshänder die eine oder andere — immer aber nur eine oder höchstens sehr wenige — der einhändigen Verrichtungen lieber, öfter oder besser links. In einzelnen Fällen zwar mag es sich hier um stark umgestimmte, ursprüngliche Linkser handeln, denn nach KAMM führten etwa 3% der von ihm untersuchten 190 Linkser (die sich selbst als solche bezeichneten) fast alle der geprüften Verrichtungen rechtsseitig aus, in der Majorität der Fälle jedoch ist aus der isolierten Linksausführung einer einhändigen Handlung der Rückschluß auf ursprüngliche Linkshändigkeit nicht erlaubt. Daß z. B. eine (von mir untersuchte, nicht sehr intelligente) Frau allein das von ihr ziemlich spät erlernte Kartenmischen links ausführte, ist vermutlich darauf zurückzuführen, daß sie es, vielleicht infolge spiegelbildlicher Nachahmung, irrtümlich links erlernte, und ähnlich läßt sich in manchen anderen Fällen eine spezielle Ursache der inversen Handlungsweise eruieren. — Eine andere Gewohnheit, deren Ausführungsmodus gleichfalls völlig unbeachtet bleibt, ist das gegenseitige Reiben der Hände (aus Verlegenheit, bei Kälte usw.), wobei scheinbar abwechselnd eine Hand die andere reibt. Dabei wird jedoch bei den meisten Menschen stets nur der linke Daumen (von oben und unten her) gerieben und die reibende rechte Hand ist die aktivere; bei der Mehrzahl der Linkshänder ist es umgekehrt, doch ist dieses Händereiben kein so ausnahmslos auf alle Linkshänder zutreffendes Kriterium wie das Händeklatschen.

Zusammenfassend läßt sich feststellen: Die Links- bzw. Rechtshändigkeit findet ihren Ausdruck in der links- (bzw. rechts-)seitig öfteren, besseren oder lieberen Ausführung der meisten einhändigen oder solchen zweihändigen Verrichtungen, bei denen die linke (rechte) Hand die führende, die andere die assistierende ist Dabei kommen vorzugsweise solche Verrichtungen

---

* Klatschen horizontal gegeneinander kommt fast nicht vor.

in Betracht, die möglichst wenig Fremdeinflüssen (vor
allem Erziehung) unterworfen sind.

Vom Linkshänder werden im Durchschnitt die meisten, aber
nicht alle diese Verrichtungen linksseitig ausgeführt, für jede
Verrichtung ist der Prozentsatz der sie rechtsseitig ausführenden
Linkser ein charakteristischer und schwankt je nach der Verrichtung zwischen etwa 1% (Applaudieren) bis 30 und mehr
Prozent. Da auch offenbare Rechtshänder bisweilen einzelne
dieser Verrichtungen links ausführen, ist mit Sicherheit als
echter Linkshänder nur derjenige anzusprechen, der
entweder die Mehrzahl dieser Handlungen linksseit g
ausführt oder der zumindest einige links ausführt ur d
gleichzeitig angibt, Linkshänder zu sein oder (in der
Jugend) gewesen zu sein. Gleichzeitige Befragung nach
linkshändiger Verwandtschaft vermag viele Feststellungen zu
bekräftigen, doch ist in den seltenen Fällen eines Verdachtes auf
Simulation von Linkshändigkeit (Versicherungsbetrug) diese
Methodik unzureichend. Bei Versuchen, Linkshändigkeit
festzustellen, empfiehlt es sich — unter gleichzeitiger
Befragung nach Jugend und Verwandtschaft — mit
dem Applaudieren zu beginnen, linksapplaudierende
als der Linkshändigkeit verdächtig besonders genau
zu prüfen und weiter „gefährliche" Handlungen (Bleistiftspitzen, Brotschneiden) anzuschließen.

f) Die Häufigkeit der Linkshändigkeit in der Jetztzeit.

1. Grundsätzliches. Methodik und Fehlerquellen. Ursache
der Verschiedenheit der Ergebnisse. Das Ziel jeder Statistik über
Linkshändigkeit müßte sein, die Zahl aller echten (geborenen) Linkser zu
ermitteln. Da aber nur bei einem Bruchteil von ihnen, den permanenten
Linksern, die Linkshändigkeit so zutage tritt, daß sie immer leicht erkennbar bleibt — während der Rest sich unter der Schar der Rechtser verliert —,
erscheint es geboten, sich solcher Methoden zu bedienen, die die klein ten
sicheren Reste angeborener Linkshändigkeit erkennen lassen; und die
unseres Erachtens beste derartige Methode wurde am Ende des vorigen Abschnittes angeführt.

Doch soll sogleich bemerkt werden, daß die Zahl der hiermit „ermittelbaren" Linkshänder keineswegs alle jene Personen umfaßt, die wir später
als Linksseiter (Rechtshirner) bezeichnen werden. Man wird sich vielmehr
zur Ansicht bekehren müssen, daß bei der Mehrzahl linksseitig Veranlagter
von linksseitiger Händigkeit im nachkindlichen Leben keine Spur mehr
bemerkbar ist. Nur einen Teil dieser Linksseiter (Rechtshirner), die alle

Linkshänder sein sollten, stellen also die „ermittelbaren Linkshänder" dar, um die es sich hier handelt, und so verbleibt der Inhalt des Begriffes Linkshänder sowohl im Einklang mit dem gewöhnlichen Sprachgebrauch wie mit der eingangs gegebenen Definition.

Würde man, wie es oft geschehen ist, die von den verschiedenen Autoren erhaltenen Prozentzahlen kritiklos nebeneinander stellen, so erhielte man eine Reihe, die bei 1% beginnt und bei 30% endet. Diese außerordentlichen Schwankungen sind durch verschiedene Ursachen bedingt.

Anzahl untersuchter Personen: Offenbar kommt einer statistischen Untersuchung nur dann Wert zu, wenn sie sich über hinreichend großes Material erstreckt. So beruht z. B. die (vermutlich ohne Einsicht in die Originalarbeit) immer wieder zitierte Angabe van Biervliets[522] über 22% Linkshänder auf einem Material von 100 Personen*, und es bedarf keines Hinweises, daß solche Zahlenangaben nicht mit den Ergebnissen von Massenuntersuchungen in Parallele gestellt werden dürfen.

Unterschiede verschiedener Populationen: Die Prozentsätze ermittelbarer Linkshänder sind, wie noch in diesem Paragraph gezeigt werden wird, verschieden in beiden Geschlechtern, in verschiedenen Lebensaltern und bei den Bewohnern verschiedener Gegenden, möglicherweise sogar bei den Angehörigen verschiedener sozialer Klassen.

Methodik: Wollte man versuchen, die Linkshänder eines bestimmten Personenkreises (z. B. Soldaten) dadurch zu ermitteln, daß man sie auffordert, sich zu melden, so wird man nur eine geringe Prozentzahl erwarten dürfen. Denn höchstens würden sich diejenigen permanenten Linkshänder melden, die sich ihrer Linkshändigkeit überhaupt bewußt sind, und auch von diesen werden infolge Nachlässigkeit und vor allem aus Furcht, sich als „linkisch" bloßzustellen, noch viele der Statistik entgehen. So verliert die auf solchem Wege gewonnene Zahlenangabe Hasse und Dehners[378] (1%) ihren Wert. Die Methode Schäfers[455], an die Eltern von Schulkindern Fragebogen zu versenden mit der Aufforderung, anzugeben, ob sie an ihren Kindern Anzeichen von Linkshändigkeit bemerkten oder in früheren Jahren bemerkt hätten, wird bereits eine der Wahrheit näherkommende Ergebnisse zeitigen. Die von Schäfer erhaltenen Antworten waren in mehr als 99% eindeutig, also brauchbar, — immerhin wird infolge Unachtsamkeit der Eltern oder wegen der eben genannten psychischen Bedenken die Zahl der ermittelten Linkshänder zu klein gewesen sein. Weiter schalten hier alle diejenigen Angaben aus, die sich auf morphologische Linkser beziehen oder diejenigen Griesbachs[429], der — überdies mittels einer nicht einwandfreien Methode — nicht die Zahl der Linkshänder, sondern die der Linksäuger bestimmte. Auch die meisten der immer wieder herbeigezogenen Angaben älterer Lehr- und anderer Bücher (z. B. Hyrtl[0428], Liersch[437]), die aus einer Zeit stammen, in der fast überhaupt noch keine exakten Zählungen vorgenommen wurden und alle Zahlwerte auf Schätzungen beruhten, besitzen heute keinen Wert mehr. Am zuverlässigsten sind ohne Zweifel diejenigen Resultate, die durch persönliche Untersuchung von seiten der

---

* Es existiert von Biervliet noch eine zweite Angabe (Brief an v. Bardeleben[361]) über 22% „Sensibilitätslinkser" unter 300 Personen.

leitenden Personen erhalten wurden, und unter ihnen nehmen die Angaben STIERS den ersten Rang ein. STIER benutzte zur Feststellung der Linkshändigkeit, unter gleichzeitiger Befragung nach Jugend und Verwandtschaft, die nach ihm benannten Indizien, erhielt bei persönlicher Untersuchung an 4784 Soldaten des Gardekorps 4,6%, bei den nach den gleichen Prinzipien unter seiner Leitung von den einzelnen Truppenärzten untersuchten Militärpersonen des übrigen Heeres 3,87 und speziell beim gesamten Gardekorps (17143 Personen) nur 3,37% Linkshänder und führte diese Diskrepanz bei der für das Gardekorps erhaltenen Werte auf die mit jeder Massenstatistik notwendig verbundene geringere Gründlichkeit der Untersuchung zurück.

Daß selbst die nach der einwandfreiesten Methode (persönliche Untersuchung STIERS) gewonnenen Prozentsätze nur Minimalzahlen darstellen, wurde bereits im Eingang dieses Abschnittes erwähnt. Denn niemand vermag zu sagen, ob nicht durch Erziehung in frühester Kindheit oder durch andere Einflüsse die Linksveranlagung so weit unterdrückt wird, daß sie äußerlich unbemerkbar bleibt bzw. daß sie in Form irgendwelcher Bevorzugung einer Hand überhaupt nie deutlich zur Ausprägung gelangt.

2. Ist der Prozentsatz der Linkshändigen nach Geschlecht, Alter, Örtlichkeit usw. verschieden? Unterschiede der Geschlechter: In den Berichten aller Autoren, die Personen beiderlei Geschlechts untersuchten, herrscht Übereinstimmung*, daß die (permanente) Linkshändigkeit im männlichen etwa doppelt so häufig wie im weiblichen Geschlecht ist. Aus der nachstehenden Tabelle, in der die einzelnen Angaben zusammengefaßt sind, geht zugleich hervor, daß dieses Verhältnis sowohl bei Erwachsenen wie bei schulpflichtigen Kindern (SCHÄFER[455], PARSON[449]) gefunden wurde. Diese Feststellung ist deshalb um so merkwürdiger, weil unter den so zahlreichen RL-Merkmalen im Tierreich nur eines bekannt ist**, das einen sicheren Häufigkeitsunterschied zwischen der Geschlechtern aufweist. Indessen muß betont werden, daß es sich bei allen Angaben der Tabelle ausschließlich um Fälle offenkundiger permanenter Linkshändigkeit handelt*** (andere Angaben über ♀ liegen im Gegensatz zu den häufigen Untersuchungen an ♂ überhaupt nicht vor), und dies bekräftigt den Verdacht, daß

---

* Wenn man von den zweideutigen Angaben LOMBROSOS[438] absieht, der zwar bei ♂ weniger Linkshänder, aber mehr Linkshänder + Ambidexte als bei ♀ fand.

** Die nur einem Geschlecht zukommenden RL-Merkmale natürlich ausgenommen.

*** STIER u. PARSON: Befragung. SCHÄFER: Fragebogen. OGLE: 1871.

dieser Geschlechtsunterschied nur ein scheinbarer ist, dadurch bedingt, daß weibliche Personen leichter zu Rechtsern umstimmbar sind als männliche. Zugunsten dieser Hypothese spricht auch, daß v. Bardeleben, der (s. u.) weniger Händigkeit als vielmehr Hirnigkeit und Seitigkeit feststellte*, an einem Material von 3000 Kindern in beiden Geschlechter nungefähr gleichviel Linkser fand, und weiter unten werden noch viele Argumente dieser Art vorgebracht werden können. — Von Skeleten berichtet allein Rosdestven-skij[396] über häufigere Asymmetrie der Arme (re > li) im männlichen Geschlecht, was unserer Annahme nicht widerspricht, da alle wesentlichen Asymmetrien der Arme großenteils paratypisch bedingt sind.

Altersunterschiede: Beim neugeborenen Kinde tritt die Bevorzugung einer Hand frühestens im 7. Lebensmonat auf (v. Meyer[444], Voelckel[462], Baldwin[414], Klähn), bis dahin sind die Kinder beidhändig, was früher gelegentlich zu der Annahme geführt hat, Händigkeit sei allein das Produkt von Erziehung und anderer äußerer Faktoren. Erst von dem ge-

* Ebenso mehr oder weniger Hillemanns (vgl. § 35).

Autor	Material	Zahl	♂ : ♀	Bemerkungen
Ogle	1000 Männer, 1000 Frauen	2000	1 : 0,49	im ganzen 5,7% ♂, 2,8% ♀
Schäfer	Schulkinder (8401 ♂, 8673 ♀)	17074	1 : 0,54	im ganzen 5,15% ♂, 2,98% ♀
Stier	Linkshänd. Verwandte von 304 linksh. Soldaten (Garde)	341	1 : 0,48	Stiers großes Material wiegt das den Wert der Zahlenangaben etwas herabdrückende Moment, daß es sich nur um
„	Linkshänd. Verwandte von linksh. Soldaten (Armee)	4597	1 : 0,65	Befragung nach Verwandten handelt, um so mehr auf, als nach Hinzurech-
„	Linkshänd. Verwandte von 6224 rechtshändigen Soldaten	563	1 : 0,48	nung der befragten Soldaten zur „Verwandtschaft" die Diskrepanz des Ver-
„	Linkshänd. Verwandte von 21 linkshänd. Frauen	19	1 : 0,58	hältnisses noch erhöht würde
Parson	Linkshändige Schüler(innen)	36	1 : 0,50	im Gegensatz: unter 833 Rechtshändern 411 ♂ : 422 ♀.

Ferner Amadei u. Tonnini[0449] (1883), Jobert[381], van Bervliet[0361] und Siemens[456]: ♂ > ♀.

nannten Zeitpunkt ab bildet sich allmählich die Bevorzugung einer
Hand heraus, zugleich nimmt die Rechtshändigkeit prozentual mehr
und mehr zu, setzt allerdings auch bereits der erziehende und
umstimmende Einfluß der Eltern ein („schönes Händchen geben").
Ein Bericht BETHES[420] über Beobachtungen an 42 Kindern
(Handgeben, Essen, Zeigen mit dem Finger, Greifen nach symmetrisch gelegten Bonbons, Aufheben von Gegenständen usf.)
im Alter von $1^3/_4$—4 Jahren zeigt allerdings, wie die folgende
Tabelle wiedergibt, daß nur ein gewisser Bruchteil von ihnen
stets, ein weiterer vorzugsweise die eine Hand gebraucht, während
etwa 20% noch beidhändig sind (und aus dem Umstande, daß
die Verteilung zugunsten von links und rechts eine vollkommen
symmetrische ist, kommt BETHE — wenn auch unter Rücksicht
auf die geringe Fallzahl unter Vorbehalt — zu dem bereits kurz
gestreiften Ergebnis, daß neben gleichviel Links- und Rechts-
veranlagten ein großer Zwischenbereich indifferent Veranlagter
existiere, der lediglich infolge der Erziehung sich unerkennbar
mit den echten Rechtsern vermengt [s. k]).

Zwischen 4. und 6. Lebensjahr tritt jedoch auch nach BETHE
(Tabelle) die Rechtshändigkeit deutlich in den Vordergrund
(75% Rechtser), wobei die Gründe, wodurch dies zustande kommt,
vorerst unerörtert bleiben mögen. Mit dem 6. Lebensjahr, also
zu Beginn der Schulzeit, hat sich die Rechtshändigkeit deutlich

Zahl	Alter	L	L > R	L = R	R > L	R
42	$1^3/_4$—4	16,7	23,8	21,4	21,4	16,7
53	4—6	17,0	1,9	5,7	24,5	51,0
—	$1^3/_4$—4		40,5	21,4	38,1	
—	4—6		18,9	5,7	75,4	

als überwiegend manifestiert, und die sich anschließenden Untersuchungen SCHÄFERS[455] zeigen, daß von der untersten (8.) nach
der obersten (1.) Klasse die Zahl der Linkser deutlich und allmählich abnimmt, was SCHÄFER auf den Einfluß der Schule und
der begleitenden Erziehung durch die Eltern zurückführt.

So findet bis zum Ende der Schulzeit bzw. bis zur Pubertät eine
stetige Abnahme der erkennbaren Linkshändigkeit statt: SCHÄFERS
Mittelwert über Knaben (5,15%), durch Befragung der Eltern
gewonnen und daher eher als zu klein zu erachten, liegt wesentlich

über dem durch die gründlich persönliche Untersuchung STIERs am Gardekorps ermittelten Werte von 4,6% bzw. über den Werten am übrigen Militär. Auch RAMALEY[452] fand unter 610 Eltern 8,1, unter deren 1130 Kindern aber 15,7% Linkser. Ein gleiches berichtet schließlich SIEMENS[456]:   Erwachsene 4,6% ($\male$ 6,5%), Knaben 13,4%, Mädchen 9,9% Linkshänder (zus. 1240 Personen). Ob nach der erlangten Geschlechtsreife noch eine weitere Verschiebung des Verhältnisses R/L statthat, etwa in Form einer allmählichen Angleichung an einen Endzustand, ist schwer zu beantworten. Hier kann man einmal gewisse Befunde STIERs heranziehen, daß sich die Linkshänderzahlen von Ersatzrekruten, Ein- und Mehrjährig-Freiwilligen auffallend unterscheiden:

Personen	Zahl	Davon Linkshänder	In Proz.
Ersatzrekruten	207 762	8564	4,1
Einj.-Freiwillige	13 407	200	1,5
Mehrj.-Freiwillige	46 117	1491	3,2

Hierbei scheiden zunächst die Einjährig-Freiwilligen auf Grund ihrer höheren sozialen Stellung aus: bei ihnen mag die bessere Erziehung zur Unterdrückung der Linkshändigkeit viel beigetragen haben, zugleich dürften sie eher als die übrigen Soldaten bestrebt gewesen sein, sich nicht als Linkshänder kenntlich zu machen. Zwischen Mehrjährig-Freiwilligen und Ersatzrekruten aber besteht nach STIER nur der Unterschied, daß die ersteren im Mittel um 3 Jahre jünger als die letzteren sind, so daß man es mit einem neuerlichen Anstieg der Linkshändigkeit zu tun hätte. Parallel damit gehen die Befunde STIERs, daß mit dem Alterssprung um 3 Jahre viel weniger der ermittelten Linkshänder die rechte Hand benutzen (Tabelle S.284), und daß ebenso der Prozentsatz der Linkshänder, die links die größere Kraft entfalten, von 57,3 auf 63,4 steigt. Umgekehrtes zeigt sich bei den Rechtshändern: hier sinkt die Zahl derer, die zu gewissen Handlungen die Linke gebrauchen (Tabelle), auch entwickelt sich allmählich bei den meisten im rechten Arm die größere Kraft (66,4 → 80,6%). So zeigt sich deutlich, daß nach der Pubertät eine Tendenz zur allmählich ausschließlichen Bevorzugung einer Hand, der rechten beim Rechts- und der linken

beim Linkshänder, existiert, und daß sekundär der öfter ge-
brauchte Arm auch der stärkere wird, eine Tendenz, die durchaus
plausibel ist. Dabei dürfte beim Linkshänder der Wegfall von
Schul- und anderer Erziehung es begünstigen, daß die von Natur
aus bevorzugte Linke wieder mehr in Aktion tritt, und vielleicht
ist der geringere Prozentsatz an Linkshändern bei den jüngeren
Freiwilligen so zu erklären, daß viele von ihnen, als Nachwirkung
von der Schule her, noch viele Tätigkeiten rechts verrichten und
so bei der weniger gründlichen Massenstatistik fälschlich unter
die Rechtshänder eingereiht wurden. Zusammenfassend
könnte man sagen (Abb. 121): Beidhändig bis zum 7. Lebensmonat; Entwicklung der Einhändigkeit, unter

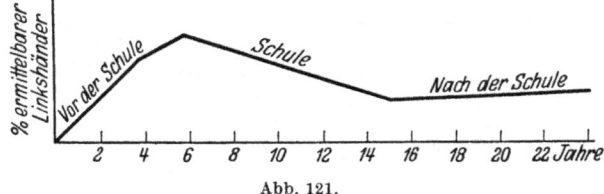

Abb. 121.

Prävalenz von rechts, bis zum 4. bis 6. Lebensjahr; Maximum der Linkshändigkeit (20%?) vor Schulbeginn, stete
Abnahme bis Schulende; nach der Pubertät neuerlicher
Anstieg (Wegfall der Erziehung?), unter gleichzeitiger
Tendenz zur immer ausschließlicheren Benutzung der
rechten bzw. linken Hand beim Rechts- bzw. permanenten Linkshänder.

Unterschiede nach Örtlichkeiten: Der Möglichkeit, daß es solche
Unterschiede gibt, stünde selbst dann nichts im Wege, wenn es sich bei der
Händigkeit um ein einfaches mendelndes Merkmal handeln würde. Denn
nach dem Gesetz von der Klassenkonstanz müßte die Population einer
Gegend, solange sie sich nicht mit fremden Elementen mischt, dauernd
den gleichen Prozentsatz an Linkshändern beibehalten.

Angaben über örtlich verschiedene Häufigkeit der Linkshänder sind
äußerst spärlich. Die wichtigste stammt von STIER, der an seinen Soldaten
fand, daß die Linkshändigkeit vom NO Deutschlands gegen S, SW und W
ständig zunimmt, von etwa 2,3 bis zu 6,5%. Seine weitere Angabe über
13% Linkshänder unter 216 elsässischen Soldaten besitzt vielleicht nur
Zufallscharakter. — Von vornherein ist zu vermuten, daß Natur- oder nur
wenig kultivierte Völker einen höheren Linkshänderprozentsatz aufweisen
müßten, weil bei ihnen ja der größte Teil der Erziehung in Wegfall kommt.

doch fehlen Beobachtungen darüber fast völlig. Nur MATTAUSCHEK[442] fand bei der österreichischen Armee 1% im Durchschnitt, bei den Soldaten aus Bosnien oder der Herzegowina aber 7%. Unter den Papuas und den Ureinwohnern von Bolivia „soll" die Linkshändigkeit häufiger als bei uns sein[0410], auch hatten unter 8 Australierskeletten 2 einen längeren linken Humerus[387], doch fand man unter etwa 100 australischen Bumerangs nur 3 für Linkser gearbeitete[0423]. Unter den Murray-Insulanern soll es „so wenig Linkshänder geben wie bei uns"[0423], und dynamometrisch wurden unter 30 Personen 24 Rechtser, 5 Gleichstarke und 1 Linkser festgestellt. So fehlen für die Annahme größerer Häufigkeit der Linkshänder bei Naturvölkern fast alle Beweise, und wenn man dieser Vermutung doch eine gewisse Wahrscheinlichkeit zuspricht, so liegt diese in der Analogie zu den Befunden am historischen Menschen begründet.

3. Der Prozentsatz Linkshändiger beim rezenten Kulturmenschen. Da über die Naturvölker nur ganz unzureichende Angaben vorliegen, ist es notwendig, bei allgemeinen Aussagen über die Verbreitung der Linkshändigkeit sich auf den Kulturmenschen zu beschränken. Von den hierhergehörigen Angaben der Literatur scheiden die meisten deshalb aus, weil sie auf unzureichender Methode (z. B. Aufforderung an Linkshänder, sich zu melden) oder auf Schätzungen basieren, weil die Methode der Feststellung nicht oder unzureichend angegeben und zugleich der erhaltene Prozentsatz so niedrig ist (z. B. MATTAUSCHEK), daß er auf eine fehlerhafte Methode schließen läßt, weil das statistische Material zu gering ist oder der angegebene Wert durch Kompilation von Zitaten zustande kommt: MATTAUSCHEK[442] (1908) 1% (österreichisches Militär); HYRTL[0428] (1871), DELAUNEY[424] (1874/78), BALDWIN[412] (1890f.), FLECHSIG[0443], LIERSCH[437] (1893) und BALLARD[0449] (1911) zwischen 2 und 3%; BRINTON[422] (1896) und PELMAN[0460] (1909) 2—4%; W. F. JONES[0449] (1917/18) und PAULSEN[0436] (Weltkrieg) ca. 4%; MARCUS[440] (1912) und GOULD[0449] (1904f.) 5%; TEDESCHI[461] und RAVÀ (1900) 6,2% (unter 336 Erwachsenen); MARRO[441] (1887) 6,2%; MALGAIGNE[0443] (1838) 8% und einige Ambidexter (unter 12 ♂); BRANCALEONE-RIBAUDO[0460] (1894) 9%; ROTHSCHILD[560] (1930) 7,3% (261 Knaben) bzw. 9,1% (240 Mädchen); SCHOTT[562] (1930) 11,3% (867 Schüler); IRELAND[0449] (1880f.) 12%; VAN BIERVLIET[522] (1897) 22% (unter 100 ♂ bzw. 22% „Sensibilitätslinkser" unter 300 Personen laut brieflicher Mitteilung an v. BARDELEBEN) und einige andere Angaben desselben Autors (1899).

Die Ergebnisse derjenigen Untersuchungen, denen — bei steter Berücksichtigung der dabei verwendeten Methode — zumindest deshalb ein bleibender Wert zukommt, weil die Zahl der Versuchspersonen eine hinreichende war, sind in der umstehenden Tabelle zusammengefaßt.

Diese Tabelle zeigt eine überraschende Übereinstimmung der Werte von LOMBROSO, OGLE, STIER, SCHÄFER und PARSON, ebenso gelangte QUINAN (1921) zu einer Zahl gleicher Größenordnung.

Autor	Personenmaterial	Geschlecht	Zahl der Personen	Darunter Linkshänder in Proz.	Methode der Feststellung. Bemerkungen
LOMBROSO	Arbeiter	♂	661	4,0	+ Ambidextri. Befragung, Beobachtung, Messung, Untersuchung
OGLE	Männer und Frauen	♂ ♀ ♂+♀	1000 1000 2000	5,7 2,8 4,25	Befragung und Beobachtung
STIER	Soldaten des Gardekorps	♂	4781	4,6	Persönl. Untersuchung nach d. STIERschen Indizien, Befragung, Jugend, Verwandtschaft (Degenerationszeichen)
STIER	Soldaten der Armee	♂	266270	3,87	Befragung durch Truppenärzte nach den STIERschen Indizien, Jugend, Verwandtschaft (Degenerationszeichen)
SCHÄFER	Kinder der Berliner Gemeindeschulen	♂ ♀ ♂+♀	8401 8673 17074	5,2 3,0 4,1	Fragebogen an die Eltern nach Verrichtungen, „Geschickt-sein", vor der Schulzeit, Verwandtsch. + 0,21 Ambidexter
PARSON	Schüler(innen)	♂ ♀ ♂+♀	435 434 877	5,5 2,8 4,1	Befragung über Händigkeit zur Zeit der Befragung
v. BARDELEBEN	Schulkinder	♂+♀	ca. 3000	12 bzw. 20—30	s. Text
RAMALEY[452]	Eltern Kinder	♂+♀ ♂+♀	610 1130	8,1 15,7	echte Linkser
QUINAN[451]	Erwachsene	—	600	4,7	„5 different series of two hundert cases" (200 oder 1000?)
MILLS[511]	Erwachsene	—	200	11,0	
HILLDRDTS[504]	Erw. u. Jugendliche	♂+♀ ♂ ♀	1000 — —	14,6 15,1 12,1	Befragung, auch u. Kindheit, evtl. Suggestivfragen

Ferner: NEURATH[447] (1922): unter 70555 Kindern 3,82% Linkshänder (4,43% ♂, 3,42% ♀).

Dabei ist in Rechnung zu ziehen, daß der einzige ♂-Wert, der unter 4% liegt, sich bei STIERS Massenuntersuchung ergab und aus bereits genannten Gründen als zu niedrig erachtet werden muß. Sieht man weiter von v. BARDELEBENs[416/8] Werten vorerst ab, so finden sich in der Tabelle noch die höheren Zahlenwerte RAMALEYs einer- und diejenigen MILLS' und HILLEMANNS andererseits. Erstere sind allein wegen des Verhältnisses zwischen Linkserhäufigkeit bei Eltern und ihren Kindern hier aufgeführt, die letzten beiden Autoren untersuchten vor allem die Äugigkeit, und da die Feststellung der Äugigkeit meist umständlicher als die der Händigkeit ist und Linksäuger häufiger als Linkshänder sind, besteht die Möglichkeit, daß diese Autoren ihr Material genauer, d. h. individueller, untersuchten, intensiver befragten und so in manchen Fällen noch Spuren ehemaliger Linkshändigkeit zutage förderten, die von weniger genau arbeitenden Untersuchern unbeachtet geblieben wären.

Bezeichnet man die bei allen diesen Feststellungen verwendeten Indizien (das Verrichten der Erziehung wenig unterliegender einhändiger oder asymmetrisch-beidhändiger Handlungen, das Befragen nach Verhalten in der Jugend und nach „Händigkeit" von Verwandten) kurz als „Händigkeitsindizien", so läßt sich aus allen diesen Angaben der Schluß ableiten, daß durch Händigkeitsindizien beim erwachsenen Kulturmenschen mit Sicherheit im Mittel 4—5% männliche und etwa halb soviel weibliche Linkshänder ermittelt werden können, möglicherweise gelegentlich jedoch auch mehr, und daß im Jugendalter (Mittelwert über schulpflichtige Kinder aller Altersstufen) sich diese Werte um ein geringes, mindestens vielleicht um je $^1/_5$, erhöhen.

Indes herrscht bei fast allen neueren Autoren darüber Klarheit, daß allein durch Händigkeitsindizien, vor allem bei Erwachsenen, die Zahl der geborenen Linkser nicht ermittelt werden kann, daß deren Zahl vielmehr den Wert von 4—5% bedeutend übersteigt. Von solchen Überlegungen ging erstmalig v. BARDELEBEN[416/8] aus: zunächst ermittelte er an zwei höheren und zwei Volksschulen (zusammen etwa 3000 Kinder) durch Händigkeitsindizien (einschließlich Beobachtung beim Turnen) allein den überraschend hohen Wert von 10—12% Linkshändern; da sich aber herausstellte, daß oft in Parallelklassen, deren Kinder (je etwa 50) sich nur durch die Anfangsbuchstaben des Namens unterschieden, Differenzen von bis 1 : 9 erhalten wurden, erschien ihm seine bisherige Methode unbefriedigend und ungenügend und er stellte weitere genauere Untersuchungen, vor allem Messungen, an (Umfang des Kopfes und seiner Hälften; Stellung der Nase; Lage des Sprachzentrums, dessen Lage nach v. B. entgegen mehrfachen Einwänden in der Regel durch Betasten des Kopfes feststellbar sein soll; Händedruck, und vor allem Arm- und Beinlänge). Insbesondere auf die Armmaße und die Lage des Sprachzentrums legte er großes Gewicht und ließ die Eltern aller auf diese Weise als Linkser ermittelten Kinder über Linkshändigkeit in der Verwandtschaft befragen, wobei er in 70—90% eine positive Antwort erhielt. Auf solchem Wege gewann er aus einem Material, das auf Grund der Händigkeitsindizien 12%, und zwar in beiden Geschlechtern etwa gleichviel Linkser, ergeben hatte, durch die zusätzliche Untersuchung 20% sichere Linkser und weitere 10% Ambidexter, insgesamt also 30% vermutlich geborene Linkser, wiederum ungefähr gleichviel bei Knaben und Mädchen. So ergibt sich der Hinweis, daß die durch Händigkeitsindizien ermittelbaren Linkser nur einen Bruchteil aller Linksveranlagten darstellen und daß Linksveranlagung („Linksseitigkeit" in einem später noch genauer zu definierenden Sinne) offenbar in beiden Geschlechtern gleich häufig ist.

g) Die Frage nach der Händigkeit der Affen.

Im Abschnitt c wurde gezeigt, daß zumindest beim Menschen der letzten prähistorischen Epochen die Rechtshändigkeit prävalierte, und um zu entscheiden, ob die Händigkeit überhaupt erst eine Erwerbung der Gattung Homo darstellt oder bereits bei seinen Vorfahren vorhanden war, empfiehlt es sich, die Untersuchung von „unten" her, also bei den Affen, zu beginnen. Denn daß sich bei allen niederen Tiergruppen keine Erscheinungen finden, die der Rechtshändigkeit des Menschen direkt vergleichbar, homolog wäre, sei vorweggenommen (§ 34).

Zunächst ist es zweckmäßig, zu betonen, daß es sich hier, im Einklang mit allen bisherigen Darlegungen, darum handeln wird, die Bevorzugung einer Hand beim Affen zu untersuchen und dann die Frage nach der Händigkeit im eigentlichen Sinne des Wortes zu stellen. Fällt die Antwort hierauf negativ aus (und dies ist der Fall), so besteht immer noch die Möglichkeit, daß aus anatomischen Untersuchungen an Gehirn oder Auge oder auf Grund psychophysischer Kriterien der Schluß auf Superiorität einer Hirnhälfte, also auf Hirnigkeit (Seitigkeit), erlaubt wäre, die in einer Händigkeit noch nicht zum Ausdruck käme. Dies zu untersuchen, wird eine spätere Aufgabe sein (§ 36).

Für eine Affenspezies existieren drei Möglichkeiten: entweder alle Tiere sind Ambidexter, oder sie sind einhändig und Rechts- und Linkshändigkeit sind gleichmäßig verteilt, oder die Rechts- bzw. Linkshändigkeit prävaliert innerhalb der ganzen Art.

Zwar berichtet bereits OGLE[448] (1871) über bevorzugte Rechtshändigkeit bei Affen (20 unter 23), doch darf man weder dieser noch den Angaben der übrigen Autoren* vor CUNNINGHAM[423] (1902), die im allgemeinen der Ansicht einer Ambidextrie zuneigten, wesentlichen Wert beimessen, da damals systematische Untersuchungen überhaupt nicht angestellt wurden. Solche nahm erstmalig STIER[460] vor und berichtet summarisch, er habe zwar bei sämtlichen untersuchten Affen, einschließlich *Cebus*, *Cercopithecus*, und zum Teil sogar der Lemuren, beim Greifen und Abnehmen von Leckerbissen ein ,,deutlich feststellbares Verhältnis" von 3 : 1 zwischen Rechts- und Linkshändigkeit wahrnehmen können, desgleichen sei die von ihm beobachtete Schimpansin rechtshändig dressiert gewesen, maß jedoch diesen für die Gefangenschaft charakteristischen Handlungen keine Bedeutung zu, weil sich insbesondere (wie praktische Versuche überzeugten) das Abnehmen von mit der Rechten gereichten Gegenständen durch die rechte Hand des Nehmenden leichter vollziehe. Bei unbeeinflußten Naturhandlungen (Werfen im Affekt) hingegen benutzten die Affen, wie er beobachtete und die Wärter bezeugten, beide Hände gleichmäßig; dasselbe gilt, wie man dauernd beobachten kann, für das sog. Absuchen des Ungeziefers. Auch SARASIN[453] stellte Versuche an *Cebus*, *Cerco-*

---

* Immer wieder nachzitierte Autoren, die Rechtshändigkeit behaupteten, sind: MARTIN[0453] (1820!), DWIGHT[0449] (1891, populär); die sie bestreiten: HOLLIS[0449], BRINTON[0453], HUMPHREY[0460], CUNNINGHAM[423], KLIPPEL[0460], MORSELLI[0460], SELIGMÜLLER[0453]. Die Ausführungen OSAWAS[0410], der u. a. Rechtshändigkeit bei Affen bejaht, sind in Gänze äußerst fragwürdig zu werten (vgl. § 34).

pithecus und *Macacus rhesus* an und fand völlige Ambidextrie,
und diesen Befunden schließen sich Beobachtungen Klähns[436]
an Meerkatzen und Hundsaffen und solche des Verfassers an
verschiedenen Affen einschließlich dreier Schimpansen durchaus
an*. Da auch die morphologischen Untersuchungen sehr geringe
und uneinheitliche Asymmetrien zutage förderten, aus denen
vorläufig Rückschlüsse auf eine Händigkeit nicht gezogen werden
können (§ 32), und bei der kletternden oder hangelnden Lebensweise der rezenten Affen eine solche auch nicht wahrscheinlich ist,
kann man, bei vorsichtiger Ausdrucksweise, die Ergebnisse dahin
zusammenfassen: Unbeschadet der Möglichkeit, daß sich
bei den Affen bereits eine Hirnigkeit (Seitigkeit) herausgebildet hat, die nur in dem Bevorzugen einer Hand
noch nicht zum Ausdruck kommt — sind niedere wie
höhere Affen Ambidexter. Dabei kann sich für spezielle oft ausgeführte Handlungen bei einzelnen
Tieren eine Einhändigkeit herausbilden. Stets ist zu
bedenken, daß Nachahmung, Dressur und andere Umstände die
Prüfung in Gefangenschaft lebender Tiere außerordentlich erschweren.

h) Die Häufigkeit der Linkshändigkeit beim historischen und prähistorischen Menschen und der Zeitpunkt der Entstehung der Händigkeit.

Im Abschnitt c dieses Paragraphen wurde gezeigt, daß das
Überwiegen der Rechtshändigkeit nicht eine Erwerbung des
Kulturmenschen darstellt, sondern sich zumindest bis in die
jüngsten prähistorischen Epochen zurückverfolgen läßt, und da
andererseits der vorige Abschnitt ergeben hatte, daß beim Affen
noch keinerlei Anzeichen für eine konstante Händigkeit vorhanden sind, so folgt, daß sowohl Händigkeit überhaupt wie
insbesondere das Überwiegen der Rechtshändigkeit
charakteristisch menschliche Eigenschaften darstellen,
sofern man unter „Mensch" alle Vertreter desjenigen Stammbaun-
astes versteht, der von den primatenartigen Vorfahren direkt zum
heutigen Menschen führt. Im folgenden gilt es nun, herauszufinden, an welchem Zeitpunkt in der stammesgeschichtlichen
Entwicklung des Menschen erstmalig die Rechtshändigkeit deutlich

---

* Einschließlich des individuell-konstanten Händeklatschens.

in Erscheinung trat, und ob in der zwischen diesem Punkt und der Jetztzeit liegenden Epoche die Linkshändigkeit vielleicht häufiger als heute war, so daß es sich bei ihr möglicherweise um eine allmählich aussterbende Eigenschaft handelte. Doch ist stets zu bedenken, daß der Wegfall vieler erziehender Momente einen gewissen Anstieg des erkennbaren Linkshänderprozentsatzes wahrscheinlich macht.

Geologische Epochen: (Historische Zeit)

Eisenzeit ⎱
Bronzezeit ⎰ Metallzeit

Steinzeit: A. Neolithicum
    B. Palaeolithicum.
        Magdalénien
        Aurignacien
        Moustérien
        Acheuléen
        Chelléen

Tertiär.

Historische Zeit: Die weiter oben bereits angeführte Stelle der Bibel, nach der aus dem Stamme BENJAMIN 700, d. s. 2,62 % Linkser, ausgewählt wurden, die besonders geschickt mit der Schleuder umzugehen wußten, besagt nicht, wie manchmal angegeben wird, daß der Prozentsatz Linkser damals geringer war, sondern läßt vielmehr vermuten, daß es in jener Zeit mehr typische Linkser gab als heute. Jene 700 Leute waren ohne Zweifel ganz extreme und überdies besonders geschickte Linkser, die Zahl derer, aus denen sie ausgewählt wurden, offenbar wesentlich größer als 700. (Zweifellos dürfte man heutzutage aus 26 700 oft Billard spielenden Personen keine 700 tüchtigen Linksspieler eruieren.) Allerdings besteht die Möglichkeit, daß BENJAMIN selbst genotypischer Linkshänder war, worauf bereits STIER hinweist bzw. BENJAMINS Frau, und daß daher unter seinen Nachkommen Linkshändigkeit unverhältnismäßig gehäuft auftrat. — Plastiken, Bilder usw. geben in ihrer Seltenheit kaum einen Anhaltspunkt, auch nicht die ägyptischen Hieroglyphen und Bilder (in denen die Profile bald nach links, bald nach rechts gerichtet sind*, oder die Personen Gegenstände bald mit der Linken, bald mit der Rechten halten), weil sie durch das Bestreben des Zeichners nach exakter Symmetrie zu stark beeinflußt sind[463]. Im Gegensatz zu assyrischen Bildern aus Ninive und den Palenquehieroglyphen aus Zentralamerika, in denen fast nur Rechtshändigkeit zutage tritt, zeigen alte mexikanische Figuren[460] oft auch ein Halten der Waffe mit der linken Hand, ohne daß hier ein Zwang zu Symmetrie vorläge. Daß aus dem Verlauf orientalischer Schriften** nicht auf vorherrschende Linkshändigkeit geschlossen werden darf, wurde bereits erwähnt, doch

---

* Letzteres soll für Linkshändigkeit des Zeichners sprechen.
** Auch im ältesten Griechisch wurde die eine Zeile nach links, die nächste nach rechts geschrieben.

bietet eine Verordnung des Talmud einen positiven Fingerzeig in unserer Frage, nach der die „hebräischen Inschriften der Gebetriemen (Tefillin) und der festen Schriften (Messassot) nur mit der rechten Hand ausgeführt werden dürfen" und daß die alten Kommentatoren sich dahin aussprechen, daß in Ermangelung anderer Gebetriemen auch mit der linken Hand geschriebene noch erlaubt seien[426], — eine Angabe, die zumindest auf einen nicht zu seltenen Gebrauch der linken Hand beim Schreiben hinweist.

Metallzeit. Bei Beurteilung des Verhältnisses zwischen Rechts- und Linkshändigkeit in der Prähistorie ist man fast ausschließlich auf Zeichnungen und auf die Ausdeutung von Werkzeugen angewiesen. In der älteren Metallzeit (Bronzezeit) sind es vor allem die Sicheln, die an ihrem Handgriff sehr deutlich erkennen lassen, ob sie für Rechtser oder Linkser bestimmt waren. Wenn auch gelegentlich Linkssicheln gefunden wurden, so besitzt doch die Mehrzahl einen der rechten Hand angepaßten Griff[453].

Geräte aus der Steinzeit. In den Angaben über die Steinzeit gehen die Ansichten der Forscher auseinander. DE MORTILLET[445] kam 1883 zu dem Schluß, daß im Chelléen und Acheuléen fast alle Faustkeile für Rechtser bestimmt waren, nahm andererseits nach Untersuchung von 354 neolithischen Steingeräten an[446], damals wäre Linkshändigkeit doppelt so häufig als Rechtshändigkeit gewesen (105 R : 197 L : 52 ?), und gelangte schließlich 1898 zur Ansicht, es habe im Neolithicum gleichviel Rechtser und Linkser gegeben[453]. BRINTON[422] nahm auf Grund des Studiums urgeschichtlicher Steinwerkzeuge, Pfeil- und Lanzenspitzen, ein Verhältnis 3 : 1 = R : L an, EVANS[0453] (Steingeräte des Palaeo- und Neolithicums) neigte der Ansicht zu, daß Rechtshändigkeit zwar überwog, Linkshändigkeit aber häufiger war als in der Jetztzeit. SARASIN[453] bestritt die Möglichkeit, sich auf Grund der von all diesen Autoren untersuchten Geräte eine mehr als rein subjektive Meinung zu bilden, untersuchte selbst keilförmige Steinchen („Sphenisken"), Spitzen und Schaber aus dem Moustérien von La Micoque, insgesamt 416 Stück, und kam nach mehrmaliger Prüfung zu dem Ergebnis, daß je ⅓ für Rechtshänder Linkshänder und für den Gebrauch beider Hände bestimmt waren. Ungefähr das gleiche Resultat erhielt er bei asymmetrischen Sphenisken aus dem Chelléen und Acheuléen (geringes Material aus verschiedenen Gegenden), und weiter ergab sich bei neolithischen Geräten, nachdem zum Teil die symmetrischen ausgeschieden worden waren, ein Verhältnis 1 : 1. So kam SARASIN zu dem jetzt nicht mehr überraschenden Schluß, die Differenzierung in Rechts- und Linkshändigkeit habe plötzlich mit der

Metallzeit begonnen. Diesem Resultat gegenüber weist Klähn[436] mit Recht darauf hin, daß Sarasin häufig zur Prüfung allein die asymmetrischen Sphenisken auswählte, daß er zwar die meist asymmetrischen Spitzen und Schaber, nicht aber die symmetrischen Disken und messerartigen Lamellen berücksichtigte. Weil außerdem bei jenem von Sarasin gefundenen Drittel, das keine Indizien zugunsten von rechts oder links abgab, ebensogut vermutet werden kann, daß es mit der rechten anstatt mit beiden Händen gebraucht wurde, weil dieses „beidhändige" Drittel sich überdies nach Einbeziehung der von Sarasin nicht geprüften symmetrischen Geräte noch vergrößern würde, so könnte man aus Sarasins Material ebensogut die Möglichkeit ableiten, daß auch damals die Rechts- die Linkshändigkeit bedeutend überwog. Außerdem wäre es[436] ja unentschieden, ob ein „rechtshändiges" Gerät von einem oder für einen Rechtshänder hergestellt worden wäre, und der weitere Verfolg dieser Überlegung führt gleichfalls zur Unmöglichkeit, einigermaßen sichere Schlüsse auf Händigkeit zu ziehen. Klähn kommt so zu dem Ergebnis, es existierten überhaupt keine zuverlässigen Kennzeichen, ob ein Artefakt rechts oder links hergestellt oder gehandhabt wurde, und die widerspruchsvollen Angaben aller hier genannten Autoren legen es nahe, sich dieser Ansicht anzuschließen.

Bilder aus der Steinzeit. Bei den primitiven Zeichnungen des prähistorischen Menschen gibt die Stellung eines Tieres, ob mit dem Kopf nach rechts oder links gerichtet, kaum mehr einen Hinweis auf die Händigkeit des Zeichners, und so bleiben für einen Entscheid der Frage nach der Händigkeit frühzeitlicher Menschen allein die Wandgemälde mit menschlichen Darstellungen übrig. Für das Magdalénien, also für die jüngste Epoche der älteren Steinzeit, konnte Klähn nachweisen, daß alle von ihm zusammengestellten Bilder (meist Bogenschützen) auf Rechtshändigkeit hinweisen. Im Aurignacien aber erlischt auch diese Quelle und hier geht Klähn zu teils sehr vagen Analogie- und Wahrscheinlichkeitsschlüssen über: die aus dieser Zeit stammenden Skulpturen wären zum Teil so schwierig herzustellen gewesen, daß man eine Differenzierung beider Hände, also Händigkeit, annehmen müßte, und weil der Mensch des Magdalénien Rechtser war, wäre gleiches auch für den des Aurignacien anzunehmen; weiter ständen gewisse heute lebende Volksstämme (Australier

u. a.) auf einer fast tertiären Kulturstufe und wären deutliche Rechtser, und aus alledem folge, daß die Rechtshändigkeit a s etwas durchaus „Menschliches" bereits im Tertiär latent vor- handen gewesen sei und zu Beginn des Diluviums, als infolge der beginnenden Eiszeit der Mensch notwendigerweise von der Pflanzen- zur Tierkost übergehen mußte, sich deutlich mani- festiert habe.

Diesen letzten Schlußfolgerungen KLÄHNs wird man kaum ohne weiteres beipflichten können, und so muß man sich mit der folgenden zusammenfassenden Feststellung begnügen: Recht s- und Linkshändigkeit ist in der Vorgeschichte des Menschen erstmalig in der älteren Steinzeit nachweis- bar, möglicherweise trat sie bereits noch früher auf. Es gibt kein sicheres Anzeichen, daß die Linkshändig- keit in früherer Zeit wesentlich häufiger war als jetzt, ausgenommen ein geringes Plus, das bereits für d e alte historische Zeit wahrscheinlich ist und das durch den Wegfall erziehender Umstimmung völlig erklärt wird.

i) Händigkeit und Asymmetrie der oberen Gliedmaßen.

Im vorhergehenden Paragraphen (32) wurde festgestellt, daß bei ³/₄ aller Rechtshänder der rechte, bei 50—60% der Links- händer der linke Arm stärker und kräftiger ist. Zur Erklärung dieses Verhaltens wird man in erster Linie anführen, daß die größere Länge oder Stärke des bevorzugten Armes eine Folge des häufigeren Gebrauches, also eine funktionelle Hypertrophie, darstelle. Daß dieser Umstand zumindest wesentlich mit im Spiele ist, kann durch verschiedene Argumente belegt werden. So besitzen Rechtshänder, die aus beruflichen Gründen mit dem linken Arm die größere Arbeit leisten, in der Regel einen längeren oder stärkeren linken Arm (Glasarbeiter, Kellner, ein Porzellan- maler[428]), und dasselbe gilt für alle extremen Linkser, die auch im späteren Leben vorwiegend den linken Arm gebrauchen (57 unter 58 bei den Soldaten HASSE und DEHNERs). Wenn andererseits von der Gesamtheit der ermittelbaren Linkser, deren Mehrzahl mehr oder weniger zum Gebrauch der rechten Hand umgestimmt ist, nur 50—60% den gleichseitigen Arm länger ent- wickelt haben gegenüber 75% bei den Rechtsern, so liegt des ohne Zweifel daran, daß sie entgegen ihrer Veranlagung den rechten Arm öfter gebrauchen als die Rechtser den linken und so möglicherweise bisweilen eine Differenz zugunsten des linken Armes im Laufe der Zeit überkompensieren.

Indessen darf man schon aus dem Grunde die Asymmetrie der oberen Extremitäten nicht allein als postembryonale Erwerbung infolge Mehrgebrauchs des einen Armes erklären, weil sie nach neueren Untersuchungen (s. o.) bereits auf dem Embryonalstadium nachweisbar ist. Zwar gibt es hier einen höheren Prozentsatz symmetrischer Individuen, doch mag daran auch die schwierigere Meßtechnik Schuld tragen. Aber bereits zu einer Zeit, wo von solchen Asymmetrien vor der Geburt nichts bekannt war, haben sich einzelne Autoren[428] dahin ausgesprochen, daß neben dem Mehrgebrauch auch eine ererbte ungleiche Wachstumstendenz beider Körperhälften anzunehmen sei, wobei sie als Begründung anführten, daß man auch die übrigen körperlichen Asymmetrien, z. B. die des Gesichts oder Schädels, nicht allein oder überhaupt nicht durch den Mehrgebrauch einer Hälfte erklären könne.

Eine solche Veranlagung zu asymmetrischem Wachstum liegt nun ohne Zweifel vor (§ 32, e), und zu entscheiden ist lediglich die Alternative, ob diese Asymmetrie bei allen Menschen gleichsinnig oder bei den geborenen Rechtsern oder Linksern spiegelbildlich ist.

Die erste Möglichkeit bedeutet, daß bei allen Menschen eine Veranlagung zur stärkeren Ausbildung des rechten Armes besteht; daraus folgt aber nicht, daß auch alle Menschen einen stärkeren rechten Arm besitzen müssen, vielmehr könnte durch zahlreiche Einflüsse — unkontrollierbare oder bekannte (Mehrgebrauch) und auch während des Embryonallebens wirkende — die Asymmetrie verwischt bzw. ins Gegenteil verkehrt werden. Nähmen wir an, unter den 25% Rechsern mit stärkerem linken Arm wären noch 10% verkappte Linkshänder enthalten, so müßten zumindest in 15% irgendwelche unbekannte Faktoren für die Asymmetrieumkehr verantwortlich gemacht werden. Gleiches aber hätte auch für die Linkshänder zu gelten, auch von ihnen müßten infolge dieser unbekannten Faktoren 15% einen längeren linken Arm besitzen, und wenn in Wirklichkeit dieser Prozentsatz 50—60 beträgt, so wäre für diese Differenz funktionelle Hypertrophie infolge bevorzugten Gebrauches des linken Armes anzuführen.

Die zweite Möglichkeit, daß Händigkeit mit dem bevorzugten Wachstum des gleichsinnigen Armes gekoppelt ist, stimmt bezüglich der Rechtshänder mit der ersten überein, für die Linkshänder aber wäre anzunehmen: ebenso wie bei 15% der Rechtshänder unbekannte Ursachen eine Prävalenz des linken Armes zur Folge haben, sind auch bei den Linkshändern auf Grund analoger Faktoren 15% mit stärkerem rechten Arm zu erwarten wenn diese Zahl in Wirklichkeit um 15—25% höher ist, so beruht dies darauf, daß gezwungenermaßen (Werkzeuggebrauch) und vor allem infolge der Erziehung usw. viele Linkshänder* der rechten Arm bevorzugt gebrauchen.

Von diesen beiden Möglichkeiten ist ohne Bedenken der zweiten der Vorzug zu geben, denn in der ersten ist eine Unstimmigkeit enthalten: zwar wird nämlich berücksichtigt, daß der Mehrgebrauch des linken Armes bei Linkshändern in durchschnittlich 40% zu Hypertrophie dieses Armes führt, daß das entsprechende aber in verstärktem Maße für die Rechtshänder gelten müßte, ist in die Überlegung nicht mit einbezogen. Würde dem Rechnung getragen, so müßte sich der Prozentsatz der Rechtshänder mit größerem linken Arm ganz wesentlich, fast bis auf Null, reduzieren, und darum ist diese Möglichkeit fallen zu lassen.

Zusammenfassend läßt sich sagen: Mit angeborener Rechts- bzw. Linkshändigkeit ist die Anlage zu bevorzugtem Wachstum des gleichsinnigen Armes gekoppelt. In etwa 15—25% ist aus vorläufig nicht zu erörternden Gründen (§ 36, d) diese asymmetrische Wachstumstendenz ins Gegenteil verkehrt. Der bevorzugte Gebrauch des rechten Armes bei den Rechts- und des linken bei den extremen Linkshändern führt im Wege der funktionellen Hypertrophie zu einer Verstärkung der morphologischen Differenzen zwischen beiden Armen. Infolge des hohen Prozentsatzes umgestimmter Linkshänder, die auf Grund der Erziehung oder durch das Berufsleben gezwungen, den rechten Arm weitaus intensiver gebrauchen, erhöht sich auf dem Wege kompensatorischer Hypertrophie der Prozentsatz gekreuzter Linkser (= geborener Linkser mit stärkerem rechten Arm) in wesentlichem Maße, während entsprechendes

---

* = „geborene" Linkshänder.

für die Rechtshänder in Wegfall kommt. Dieser so entstandenen Verteilung überlagert sich eine geringgradige fluktuierende Variabilität infolge zufälliger Ursachen.

k) Die Erblichkeit der Linkshändigkeit. Händigkeit bei Zwillingen. Echte Ambidexter (BETHE).

Daß die Linkshändigkeit in vielen Fällen zumindest insofern erblichen Charakter zeigt, als sich unter den Nachkommen, Geschwistern oder sonstigen Blutsverwandten von Linkshändern beträchtlich mehr Linkshänder befinden als unter denen von Rechtshändern, steht unbedingt fest. So gaben von den linkshändigen STIERschen Soldaten (Armee) 34,3% an, linkshändige Verwandte zu haben, von den rechtshändigen nur 7,7%, und wenn alle solche durch Befragen gewonnenen Zahlenwerte zweifellos ungenau sind, so ist dieser Vergleich doch deshalb erlaubt, weil sie bei Rechts- und Linkshändern ungefähr gleichartig eingeschätzt werden müssen. Diese Zahlen stellen ferner mit Sicherheit nur Mindestwerte dar, die gegenüber den tatsächlichen weit zurückbleiben. Wenn es auch gelegentlich vorkommen mag, daß der eine oder andere fälschlicherweise Angaben zugunsten von Linkshändigkeit der Verwandten gemacht hat, so ist doch der reguläre Fall der, daß ihm von der Linkshändigkeit vieler Verwandten, vor allem in derer Jugend, nichts bekannt war, und so kommt es auch, daß $^1/_3$ der angegebenen Verwandten sich auf Vater oder Mutter, mehr als die Hälfte auf Geschwister und nur der kleine Rest auf die übrigen Verwandten verteilt. OGLE und SCHÄFER fanden bei je 62% ihrer Linkshänder Vererbung mit oder ohne Unterbrechung der Deszendenzreihe, und solche Zahlen ließen sich leicht noch vermehren. Besonders überzeugend sind ferner die von vielen Autoren (LITHGOW, WILSON[463], STIER u. a.) gesammelten, zum Teil sich auf viele Generationen erstreckenden Stammbäume von Linkshänderfamilien. Im folgenden seien die Nachkommen einiger linkshändiger Elternpaare (nach STIER) wiedergegeben (♂♀ = linkshändig, ♂♀ = rechtshändig):

♂♀ : ♂♂♂♂♀

♂♀ : ♂♂♂♂♂, hiervon der zweite Sohn: ♂♀

♂♀ : ♀♂♀♂♀♂♀♂♂♂♀♀♂

♂♀ : ♂♀♀♀♂

♂♀ : ♀♂♂♀, hiervon die erste Frau: ♀♂.

Durch alle diese Befunde kann die Erblichkeit der Linkshändigkeit auf statistischem Wege als bewiesen gelten und die
überwiegende Mehrzahl aller Autoren hat auch stets dieser Ansicht
beigepflichtet (OGLE, PYE-SMITH, WILSON, LIERSCH, LUED-
DECKENS, GAUPP, STIER, HURST, STEINER[459], H. E. JORDAN,
RAMALEY, NEURATH und die meisten späteren). Indessen muß
man zumindest auch einem Teil jener Angaben Glauben schenken,
die von einem sporadischen Auftreten typischer Linkshändigkeit
bei einem einzigen Glied einer Rechtshänderfamilie berichten,
und daraus wurde gelegentlich[453] der etwas merkwürdige Schluß
abgeleitet, Linkshändigkeit könne dauernd gewissermaßen neu
„erworben" werden. Zu bedenken ist, daß erstens solche isolierte
Linkshändigkeit im Rahmen eines einfachen mendelnden Erb-
gangs auftreten muß, wenn Linkshänder den Genotypus LL
besitzen und L gegenüber R rezessiv ist ($^1/_4$ der Kinder von
RL·RL müßte linkshändig sein). Zweitens kann ein kleiner
Teil dieser isolierten Linkshändigkeit exogenen Ursprung haben:
denn selbst wenn man alle Zwangslinkser, auch diejenigen, die
es durch eine nur vorübergehende Schädigung eines Armes geworden sind, ausschaltet und die Wahrscheinlichkeit für das
Vorkommen einer erziehenden Umstimmung zum Linkser gleich
Null erachtet, so bleibt immer noch die Möglichkeit, daß durch
unerkannte Schädigung der linken Hemisphäre die rechte die
Oberhand gewann und Linkshändigkeit bewirkte (§ 36, 4).
Andererseits sprechen gegen die absolute Vererbung der Linkshändigkeit anscheinend auch die Befunde an Zwillingen, und
diejenigen neueren Autoren, die eine Erblichkeit überhaupt
leugnen, sind von diesem Argument ausgegangen (SIEMENS[456/7, 58]).
VERSCHUER[404*] fand in Übereinstimmung mit anderen Forschern
(DAHLBERG, SIEMENS, WEITZ) zunächst, daß ebenso wie andere
Inversionen (s. § 46) auch die Linkshändigkeit sowohl bei den
Ein- wie bei den Zweieiern über dem normalen Durchschnitt
steht (etwa 14 bzw. 12% gegen normal hier höchstens 10%),
daß ferner nur in 5% der Ein- und 3% der Zweieier beide Partner
linkshändig waren, während bei etwa 20% der Zwillinge (bei den
Eineiern etwas mehr als 20%) der eine rechts-, der andere links-
händig war und der Rest von etwa 75% aus rechtshändigen
Zwillingen bestand. Gleiches zeigen die Zahlen von SIEMENS[56]:

---

* VERSCHUERs Material betrug damals 50—110 Paare.

Unter 300 Zwillingen (Ein- und Zweieier) . . . 15,3 $\pm$ 2,0% LH,
unter 287 Einlingen (Zwillingsgeschwister) . . . 7,3 $\pm$ 1,5% LH.

Eineier: 3 mal L + L, 21 mal R + R, sonst R + R.
Zweieier: 1 mal L + L, 16 mal R + L, sonst R + R.

Abgesehen von der Möglichkeit, daß sofern die Feststellungen nicht an sehr jugendlichen Personen gewonnen wurden, durch verschieden starke Beeinflussung die vielleicht von vornherein bei beiden Partnern verschieden stark zutage tretende Linksveranlagung in verschiedenem Maße unterdrückt wurde, und daß so beim einen durch die Untersuchung noch Linkshändigkeit festgestellt werden konnte, während dies beim anderen nicht mehr der Fall war, muß aus diesen Zwillingsbefunden auf Nichterblichkeit geschlossen werden, falls man es als Dogma betrachtet, daß jede Asymmetrie entweder rein paratypisch bedingt oder bei den Eineiern eines Paares gleichsinnig ist. Diesen Standpunkt vertritt SIEMENS, und gegen die Resultate der Statistiken kann man dann, soweit es sich um Befragung nach Verwandten handelt, die Ad-hoc-Hypothese anführen, daß linkshändige Personen für Linkshändigkeit in ihrer Verwandtschaft stets größeres Interesse zeigen würden als Rechtshänder und daher gegebenenfalls auch eine größere Zahl solcher Verwandten namhaft machen könnten. Mag nun auch dieser Umstand hier und da eine Rolle spielen, die Tatsache der familiären Gehäuftheit der Linkshändigen, die festgestellt ist (vgl. Stammbäume) und von der man sich jederzeit überzeugen kann, kann weder erklärt noch geleugnet werden.

Indes sind solche Hypothesen auch nicht nötig, denn wie später (§ 46) ausführlich darzulegen sein wird, hat man bei eineiigen Zwillingen entweder gleichsinnige oder spiegelbildliche Asymmetrie eines Merkmals zu erwarten. Im letzteren Falle sind von beiden Partnern beide genotypisch regulär, der eine aber ist bei der Trennung der gemeinsamen Anlage phänotypisch invers geworden, und da Zwillingsbildung in einem Teil der Fälle mit solcher Inversion verknüpft ist, muß auch der totale Prozentsatz Inverser bei den Eineiern gegenüber dem normalen erhöht sein (s. o.).

Solche phänotypische Inversion, wie sie im Tierreich verschiedentlich festgestellt und auch künstlich erzeugt wurde (§ 46), kann indessen infolge irgendwelcher Ursachen auch bei

2*

jedem Nichtzwilling eintreten, sowohl ein genotypisch Linkser kann ein phänotypischer Rechtser sein, wie umgekehrt. So findet die isolierte* Linkshändigkeit ihre Erklärung, auch erscheint es möglich, daß innerhalb reiner Linkserfamilien einmal ein echter, wenn auch nur phänotypischer Rechtser auftritt (§ 36, d).

Auch bei der gelegentlichen Existenz phänotypisch Inverser ist Erblichkeit der genotypischen Veranlagung Voraussetzung. Doch erscheint es, insbesondere im Hinblick auf die beim Menschen vorhandenen Schwierigkeiten (geringe Nachkommenschaft) verfrüht, wenn schon vor vielen Jahren auf Grund reiner statistischer Erhebungen Mendelschemata für die Vererbung der Linkshändigkeit aufgestellt wurden (STEINER[456] 2 Genpaare, RAMALEY[452] 9 RR : 12 Rr : 4 rr, MILLS[511] 3 : 1) oder zumindest eine mendelnde Vererbung behauptet wurde (H. E. JORDAN[433], HURST[431]). Sucht man aber doch in die Art des Erbganges näher einzudringen, so ist allerdings mendelnde Vererbung die wahrscheinlichere. Unsere Kenntnisse von der Vererbung des Windungssinns bei Schnecken zeigen, daß es mendelnde RL-Merkmale gibt, und die ersten Ergebnisse über die Vererbung der Äugigkeit (§ 35), die mit der Händigkeit gekoppelt ist, weisen auf ein Genpaar RL, mit R dominant über L, hin (§§ 35 und 36).

Die Existenz echter Ambidexter hingegen in dem Sinne, wie sie von BETHE[420] vertreten wird, ist wenig wahrscheinlich. Zwar gäbe es auch für sie einfache Erklärungen, indem z. B. bei dem hypothetischen Mendelverhältnis in F_2 RR : 2 Rr : rr die Heterozygoten echte Ambidexter darstellten, indessen liegt unter der außerordentlich großen Anzahl bekannter RL-Merkmale hierzu kein einziges Analogon vor, stets vielmehr ist ein scharfes Entweder-Oder vorhanden. BETHES Ansicht wird allein gestützt durch seine Ergebnisse an 42 $1^3/_4$—4 jährigen Kindern (s. f 2), unter denen sich neben „gleichviel" Links- und Rechtsbevorzugern etwa 21% Indifferente befanden. Nun ist seit langem bekannt daß alle Kinder bis zum 7. Lebensmonat beidhändig sind, und BALDWIN[414] zeigte, daß auch nachher die Händigkeit, z. B. im Greifen nach Gegenständen, erst in Erscheinung tritt, wenn sich diese mindestens in einer Entfernung von 10 Zoll vom Kinde befinden, und so ist es durchaus möglich, daß der Zeitpunkt

---

* nicht aus dem Erbgang folgende.

an dem sich Rechtshändigkeit deutlich durchgesetzt hat, bei
vielen Kindern später liegt. Ferner pflichtet BETHES Schüler
KAMM[434] diesem bei, auf Grund zweier Indizien: das erste bezieht
sich darauf, daß unter 186 Studierenden 8,5% jede von 12 Tätigkeiten* der verschiedensten Art (darunter einhändige, einbeinige,
stark und schwach durch Erziehung beeinflußte*), die unter sich
gar keinen Vergleich gestatten, mit der Rechten ausführten
und 9% wenigstens die Hälfte dieser Tätigkeiten mit der Linken.
Erstere wären die stark rechts, letztere die stark links Betonten,
der Zwischenbereich „Ambidexter". Das zweite Argument bezieht
sich darauf, daß sowohl Rechts- wie Linkshänder** zwei normalerweise beidhändige Tätigkeiten (Schiffchenfalten und Knotenauflösen), zu deren einhändiger Ausführung sie erstmalig gezwungen wurden, mit der rechten und linken Hand etwa gleich
schnell ausführten***. Dem ersten Moment kommt meines Erachtens überhaupt keine, dem zweiten außerordentlich wenig
Beweiskraft zu (s. § 36, b). Schließlich kommt neben SARASIN,
der ab und zu mit der Möglichkeit gleichvieler Rechtser und
Linkser liebäugelt, ohne Beweise für sie zu haben, noch ELZE auf
Grund von Spekulationen über die Beziehung der Rechts-Links-
Blindheit zur Händigkeit zum gleichen Ergebnis. Für eine so
fundamentale Behauptung aber, als welche diejenige BETHES
gewertet werden muß, die wegen ihrer Isoliertheit gegenüber
allen anderen RL-Befunden von vornherein unwahrscheinlich
ist, besitzen alle die erwähnten Argumente viel zuwenig Beweis-
und Überzeugungskraft.

So kann man zusammenfassend feststellen: Die Erblichkeit
der Linkshändigkeit ist statistisch sichergestellt.
Wenn zur Formulierung eines Erbganges auch noch
die Grundlagen fehlen, ist doch ein Mendelmechanis-
mus mit einem Genpaar wahrscheinlich. Fälle echter
isolierter Links- und isolierter Rechtshändigkeit sind

---

* Nämlich 6, 7, 9, 12, 13, 16, 18, 20, 25, 26, 28 und 30 der Tabelle
S. 282.

** Die Linkshänder laut schriftlicher Befragung.

*** Schiffchenfalten: erstmalig mit der Rechten; dann mit der Linken
in 84% schneller oder gleich schnell wie vorher mit der Rechten; dann mit
der Rechten in 55% schneller oder gleich schnell wie vorher mit der Linken.
Knotenauflösen ähnlich. Vorher Übung der beidhändigen Technik. 90 Stu-
dierende unter Aufsicht des Kursleiters, der laut Sekunden zählte.

phänotypische Inversionen (im Sinne von § 36, d u. § 4€), für deren Existenz im Falle der Händigkeit auch d.e Befunde an Zwillingen sprechen. Für die Existenz echter Ambidexter neben gleich viel Linksern urd Rechtsern fehlen die Beweise.

l) „Pathologie" der Linkshändigkeit (Tatsachen).

STIER hat in seinem Buche über Linkshändigkeit (1911) erstmalig mit Nachdruck darauf hingewiesen, daß unter den Sprachgestörten, insbesondere den Stotterern, ein viel höherer Prozentsatz Linkshänder enthalten ist, als man nach dem allgemeinen Durchschnitt erwarten sollte. Er hat weiter an seinen Soldaten gezeigt, daß von Linkshändern verhältnismäßig genau doppelt soviel morphologische Degenerationszeichen aufweisen als Rechtshänder, daß die Linkser überhaupt im Dienst weniger brauchbar sind, daß sie weniger Aussicht haben befördert zu werden, daß in den Festungsgefängnissen eine Anhäufung von Linkshändern festgestellt werden kann, daß schließlich auch physiologische Degenerationszeichen, im besonderen schlechte Begabung, bei den Linkshändern allgemein häufiger als bei den Rechtshändern ist. Diese Angaben haben großes Aufsehen erregt: einmal glaubte man, darin quasi eine wissenschaftliche Bestätigung für den alten Volksglauben gefunden zu haben, der mit dem Wort linkisch den Begriff des Minderwertigen verbindet, auf der anderen Seite aber erhoben sich Stimmen zur „Ehrenrettung" der Linkshänder, die darauf hinwiesen, daß man es bei der Linkshändigkeit nicht mit einem Defekt, einer pathologischen Anomalie, sondern lediglich mit der Spiegelbildlichkeit des Normalen, also etwas durchaus Gleichwertigem, zu tun habe, und daß vernünftigerweise niemand darin etwas Minderwertiges, eine Degenerationserscheinung erblicken könne.

Indessen wurden, zum Teil von STIER selbst, bald aus der früheren Literatur Angaben beigebracht, die gleichfalls die Häufigkeit von Defekten bei Linkshändern bestätigten und bis dahin mehr oder weniger unbeachtet geblieben waren, zum Teil wurden STIERS Angaben nachgeprüft und bestätigt.

Es genügt hier, da niemals schwerwiegende Einwände gegen alle diese Befunde vorgebracht werden konnten, auf die nachstehend genannten Autoren zu verweisen und zusammenfassend zu berichten, daß folgende Anomalien und Defekte bei Linkshändern gehäuft (in einem den normalen um durchschnittlich mehr als das Doppelte übersteigenden Prozentsatz) gefunden wurden:

Stottern und andere Sprachstörungen (einschl. Hörstummheit): STIER[460], GUTZMANN[0460], LUEDDECKENS[439], STEINER[458], BOLK, QUINAN[451], KISTLER[0458], SIEMENS[456] u. a.[0458]

Epilepsie[535]: STEINER[458], LOMBROSO[438], REDLICH[0460], GANTER[427], COGNETTI DE MARTIIS[0460], FÉRÉ[010], HEILIG[430] u. STEINER

Moralische Minderwertigkeit (Verbrecher, Gefängnisinsassen): STIER, LOMBROSO, ELLIS, MARRO[441], WEY

Körperliche Degenerationszeichen: STIER[460], BAUER[419]

Schielen: KRÄMER und SCHÜTZENHUBER[506],

ferner auch Taubstummheit (GÜNTHER[010]), während bei schwacher Begabung, Farbenblindheit und Geisteskrankheiten[564] allgemein keine so ausgesprochene Differenzen zwischen Rechts- und Linkshändern gefunden werden konnten.

Es ist nicht Aufgabe des Abschnittes, diese Befunde zu erklären (darüber s. § 36). Es genügt hier darauf hinzuweisen, daß diese einzelnen Defekte verschieden gewertet werden müssen, daß ferner nur festgestellt ist, daß unter der Gesamtheit der Linkshänder Defekte häufig sind. Es braucht also nicht jeder Linkshänder tatsächlich oder latent minderartig zu sein, sondern es ist möglich, daß lediglich eine gewisse Klasse unter ihnen mit Defekten stark belastet ist, und diese Auffassung wird später auf anderem Wege erhärtet werden.

m) Zusammenfassung.

Definition der Händigkeit in a, Äußerung der Händigkeit und „Händigkeitsindizien" in e. — Rein beschreibend läßt sich über Händigkeit folgendes sagen: Sie ist eine allen Menschen, aber nur dem Menschen und seinen direkten Vorfahren zukommende Erscheinung und fehlt bei den übrigen Primaten (Affen). Durch Händigkeitsindizien sind bei männlichen Erwachsenen 4—5%, bei weiblichen etwa halb soviel Linkshänder ermittelbar, der Prozentsatz geborener Linkser („Linksveranlagter", „Linksseiter", vgl. § 36) aber scheint wesentlich höher zu sein (25%). Diese Verminderung ist eine Folge von Zwang, erziehenden Einflüssen und bisher unerörterten Gründen, und diese umstimmenden

Einflüsse haben zur Folge, daß der Gehalt an ermittelbaren Linkshändern in verschiedenen Altersstufen ein verschiedener ist (Abb. 121), sie sind vermutlich die Ursache der Diskrepanz zwischen beiden Geschlechtern und der Wegfall der Erziehung hat eine Erhöhung der Linkserhäufigkeit beim primitiven und vorzeitlichen Menschen zur Folge. Linkshändigkeit ist erblich — ein mendelnder Modus mit einem Genpaar und R dominant ist wahrscheinlich —, daneben gibt es in geringer Häufigkeit phänotypisch Inverse, für deren Existenz auch die erhöhte Linkshänderhäufigkeit bei eineiigen Zwillingen Zeugnis ablegt. Echte Ambidexter gibt es nicht. Die Linkshändigkeit manifestierte sich bereits in der älteren Steinzeit oder einer noch früheren Epoche. Gewisse Defekte sind bei Linkshändigen gehäuft.

§ 34. Beinigkeit, Wendigkeit und Zirkularbewegung beim Menschen und bei Tieren.

a) Definitionen.

Ganz analog zur Händigkeit läßt sich auch eine Beinigkeit* definieren als angeborene Disposition zur Bevorzugung eines Beines bei allen Tätigkeiten, die einbeinig sind (z. B. Standbein der Vögel) oder bei denen ein Bein eine führende Rolle innehat (z. B. Schlittern). Außer dieser Beinigkeit als solcher gibt es noch eine Reihe Erscheinungen beim Menschen und bei Tieren, die sich auf die Fortbewegung (das Laufen) beziehen und von denen man vermuten könnte, daß sie irgendwie mit der Beinigkeit in einem Zusammenhange stehen: es sind Wendigkeit, Läufigkeit und die Zirkularbewegung. Unter Rechts- (bzw. Links-) Wendigkeit versteht man die Disposition eines Tieres oder des Menschen, lieber oder besser einen Bogen nach rechts (bzw. links) als nach der anderen Seite zu beschreiben, eine Erscheinung, die z. B. beim Zureiten eines Pferdes deutlich fühlbar wird. Ihr nahe verwandt ist die Rechts- (bzw. Links-) Läufigkeit: die Disposition, bei einem dichotomisch und symmetrisch sich teilenden Wege lieber die rechte (bzw. linke) Abzweigung einzuschlagen, wobei entweder unbekannt ist, wohin beide Wege führen und keine bestimmte Richtung eingehalten zu werden

---

* = „Füßigkeit".

braucht, oder bekannt ist, daß sie gleich gut und schnell zum selben Ziele führen. Sie äußert sich weiter in der Benutzung von zwei symmetrischen und gleich gut erreichbaren Eingängen, bei der rechts- oder linksseitigen Umgehung eines medianen Hindernisses und schließlich in der „Seitenstetigkeit" wandläufiger Tiere. Unter Zirkularbewegung versteht man die Eigentümlichkeit tierischer Wesen einschließlich des Menschen, bei planloser Bewegung (z. B. infolge Fehlens jeder Orientierungsmöglichkeit) etwa kreisförmige Bahnen zu beschreiben, eine Erscheinung, die sich auf Laufen, Schwimmen und Fliegen erstreckt, die bereits bei Amöben beobachtbar sein soll und der auch große biologische Bedeutung zugeschrieben wurde. — Bei den folgenden Erörterungen werden Mensch und Tiere in getrennten Abschnitten behandelt.

b) Die Beinigkeit des Menschen.

Ebenso wie im Falle der Händigkeit hat man auch hier die eingehendsten Untersuchungen STIER[460] zu verdanken. Er zeigte vor allem, daß nicht alle Tätigkeiten, bei denen anscheinend ein Bein die Führung besitzt und das andere sich passiv verhält, wirklich „einbeinig" sind, vielmehr besorgt beim Menschen das passive Bein häufig die gleichschwierige Funktion der Erhaltung des Gleichgewichts. Diese und ähnliche Umstände bedingen es, daß nicht alle asymmetrischen Beintätigkeiten als Indizien für Beinigkeit zu gebrauchen sind, vielmehr lassen sie sich auch hier in eine Reihe ordnen, beginnend mit solchen, die von etwa der Hälfte der Menschen links, von der anderen Hälfte rechts oder vom einzelnen gleich oft links wie rechts verrichtet werden, bis zu denen, die infolge stark einseitiger Bevorzugung als gute Kriterien für Beinigkeit verwendbar sind. Erleichtert werden alle diese Untersuchungen im Gegensatz zu denen über Händigkeit insofern, als zumindest eine direkte erzieherische Umstimmung zugunsten eines Beines kaum je vorkommt. Die folgende Tabelle (größtenteils nach STIER*) gibt eine Liste aller Tätigkeiten, bei denen ein Bein irgendwie eine bevorzugte Rolle spielt. Von ihnen scheiden zunächst die aus, die sich zu statistischer Untersuchung kaum oder wenig eignen, der Rest zerfällt in solche, die entweder

---

* Die wenigen Angaben älterer Autoren s. bei STIER.

in Wirklichkeit zweibeinig sind, nur eine extreme Beinigkeit erkennen lassen oder schließlich als Beinigkeitskriterien gut geeignet sind.

Zu statistischer Untersuchung ungeeignet	Aufstoßen mit Bein (Ärger usw.) Abwehrbewegungen (Feuer austreten, gegen Hunde usw.)	Rechtshänder meist re
Beidbeinig oder mit geringer Bevorzugung	Schlittschuh laufen Ballett tanzen	— Nur sehr schwierige Schritte lernt der Rechtshänder besser rechts
	Stuhl besteigen Beine übereinanderschlagen	je $^1/_4$ re, $^1/_4$ li, $^2/_4$ bald re, bald li (KAMM[434])
	In den Sattel steigen	—
	Abspringen beim Hochsprung	Nur 54% der Rechts- und 61% der Linkshänder sprangen mit dem Bein der bevorzugten Seite ab (867 Schüler)[562]
	Fuß auf Spaten beim Graben Hüpfen auf einem Bein Rücktrittbremse	(Gleichgewicht, Ermüdung) s. Tab. S. 282
Zur Erkennung extremer Linksbeinigkeit geeignet	Aufsteigen auf Fahrrad älterer Konstruktion	Der hierzu an allen Rädern links an der Hinterradachse angebrachte Sporn wurde von extremen Linksfüßern rechts anmontiert, weil diesen das Abstoßen vom Boden mit dem linken Bein leichter fällt
	Aufsteigen auf Fahrrad neuer Konstruktion (Rücktrittbremse)	Extreme Linksfüßer (13 unter 20 Linkshändern) steigen rechts auf
	Spinnrad treten	Extreme Linksfüßer montieren das Trittbrett zur Drehung der Kurbel links an
Gute Kriterien für Linksbeinigkeit	Absprung (Vorwerfen welches Beines beim Weitsprung?) Schlittern Ballstoß	} s. folgende Tabelle

		Linkshänder				Rechtshänder			
		Zahl	li > re %	li = re %	li < re %	Zahl	li > re %	li = re %	li < re %
Ab- springen*	STIER	143	73	10	17	304	24	6	71
	„	Armee**	62	10	29	Armee	14	2	83
	KAMM	190	68	8	24	—	—	—	—
Schlit- tern	STIER	Armee	67	6	26	Armee	10	2	89
	„	100	73	7	20	241	27	4	68
	KAMM	190	68	4	26	—	—	—	—
Ball- stoß	STIER	Armee	68	10	22	Armee	2,4	1,9	95
	„	73	75	17	8	200	2,5	2	95,5
	KAMM	190	76	14	10	—	—	—	—

Aus diesen Angaben läßt sich entnehmen, daß fast alle (95%) Rechtshänder auch Rechtsbeiner, und etwa $^3/_4$ der Linkshänder auch Linksbeiner sind. Bei den gekreuzten Rechtshändern mag es sich zum Teil vielleicht um stark umgestimmte Linkshänder handeln, zum Teil mögen unkontrollierbare Einflüsse irgendwelcher Art Ursache der Linksbeinigkeit sein; bei den gekreuzten Linkshändern mag es sich teilweise auch um stark nach rechts umgestimmte Linkser handeln, die von STIER eben noch als solche erkannt werden konnten, bei denen aber gleichzeitig die Erziehung zur Rechtshändigkeit über den Weg einer besseren Ausbildung der linken Hirnhälfte auch ein besseres Koordinationsvermögen der rechten Beinmuskeln zur Folge hatte. Auf diese Weise ist auch für die Beinigkeit eine indirekte Umstimmbarkeit denkbar (vgl. § 36). Wenn nun bei einem geborenen umgestimmten Linkser zwar noch die Linkshändigkeit, wegen der wesentlich primitiveren Prüftechnik nicht mehr aber die Linksbeinigkeit erkennbar ist, würde ein gekreuzter Linkshänder resultieren, daneben kommen für diese Klasse wiederum unkontrollierbare Faktoren als Ursache in Frage.

Über Beinigkeit von Personen aus verschiedenen Gegenden oder verschiedenen Rassen liegen keine Untersuchungen vor, ebenfalls nur ungenügende über die Beinigkeit von Frauen, doch dürfte sich eine so auffallend geringere Häufigkeit der ermittelbaren Linksbeinigkeit, wie sie im Falle der Händigkeit zutage

---

* = Weitsprung (s. vorige Tabelle).
** Etwa 10000 Links-, 6000 Rechtshänder.

trat, hier nicht ergeben. Hingewiesen sei schließlich darauf, daß die Zahl der gekreuzten Linkshänder durchgehend bei den STIER-schen Ersatzrekruten (älter) um 2—4% kleiner als bei den Mehr-jährig-Freiwilligen (jünger) war, eine Erscheinung, die ganz paralle⎯ zu den Befunden über Linkshänder geht. Als Ursache hierfür mag man mit STIER eine zunehmende Ausdifferenzierung beider Körperseiten annehmen, indem mehr und mehr Tätigkeiten aus-schließlich von der bevorzugten Körperseite ausgeführt werden oder — tiefer schürfend — als Grund dieser Ausdifferenzierung den Wegfall des Schulzwanges vermuten, indem auch hier über den Weg der Händigkeit das veranlagte Bein „wieder zu seinem Rechte kommt".

Ebenso wie bei der Händigkeit äußert sich auch die Beinigkeit etwa vom 4. bis 7. Lebensmonat ab in der Gewohnheit der Kinder mit dem einen Bein stärker aufzutreten oder zu stoßen; bei zweijährigen Kindern ist die einbeinige Veranlagung ohne weiteres beobachtbar (STIER[460], GUTZMANN[0460]).

Die weitgehende Bevorzugung des gleichseitigen Beines zu Tätigkeiten, die nicht bloß eine größere Geschicklichkeit, sondern auch größere Kraft des betreffenden Beines erfordern, läßt die Vermutung als berechtigt erscheinen, daß dieses Bein auch das stärkere ist. Da dynamometrische Versuche fehlen (§ 32, f) und von Umfangsmessungen der Beine am Lebenden nur wenige völlig unbefriedigende Angaben vorliegen (§ 32, f), hat man das Schuhsohlensymptom[467] herangezogen. Man versteht dar-unter die Erscheinung, eine Sohle mehr als die andere abzutreten betrachtet dies als Ausdruck ungleichen Gewichts der Körper-hälften und insbesondere verschiedener Kraft der Beine und fand in der Tat, daß, sofern Unterschiede auftreten, in der über-wiegenden Mehrzahl beim Rechtshänder die rechte, beim Links-händer die linke Sohle mehr abgenützt wird.

Schließlich gehört in diese Gruppe asymmetrischen Gebrauches der Beine noch die menschliche Gewohnheit, beim ruhigen Stehen das Körpergewicht vorzugsweise auf einem (demselben) Bein dem Standbein, ruhen zu lassen. Erörterungen hierüber sind schon sehr alt[369], und frühzeitig schon wurde diese Gewohnheit asymmetrischen Stehens auch für Skoliosen verantwortlich gemacht, indessen liegt eine Statistik über die Bevorzugung des linken oder rechten Beines als Standbein bis heute noch nicht vor

Kleine Umfragen und Eigenbeobachtungen sprechen indes für die (ohne Beweis) allgemein verbreitete Ansicht, daß der Rechtshänder in der Regel das rechte, der Linkshänder das linke Bein als Standbein benutzt und hierdurch wäre zugleich eine Erklärung für die auffallende, isoliert aus der sonst gleichsinnigen Asymmetrie des menschlichen Körpers herausfallenden Tatsache gegeben, daß in mehr als 50% beim Rechtshänder das linke Bein das längere ist, und umgekehrt (§ 32, f).

Das „Antreten" der exerzierenden Soldaten mit dem linken Fuß, eine Frage, mit der neben anderen über Beinigkeit sich bereits KANT* beschäftigte, ist vermutlich eine Folge der Belastung der rechten Körperhälfte durch das Gewehr[460].

Zusammenfassend ergibt sich: Viele scheinbar einbeinige Tätigkeiten beanspruchen mehr oder minder auch das andere Bein. Verwendet man solche, wo dies nur in geringem Maße der Fall ist, als Beinigkeitsindizien, so ergibt sich, daß fast alle Rechtshänder rechts- und etwa $^3/_4$ der Linkshänder linksbeinig sind. Eine indirekte Umstimmung geborener Linksbeiner auf dem Wege einer Ertüchtigung der inversen Gehirnhälfte infolge Erziehung zur Rechtshändigkeit erscheint möglich. In vielen Punkten erweisen sich Beinigkeit und Händigkeit analog. Ob das zur Händigkeit gleichsinnige Bein in der Regel kräftiger ist, ist ungewiß. Für die aus den sonst gleichsinnigen Asymmetrien des menschlichen Körpers herausfallende „gekreuzte" Asymmetrie der Längen der Beine wird mit Wahrscheinlichkeit die asymmetrische Gewohnheit des Standbeines verantwortlich gemacht.

c) Beinigkeit bei Tieren.

Ein direktes Analogon zur Beinigkeit gibt es bei Tieren nicht. Wir fassen in diesem Abschnitt alle Sorten asymmetrischen Beingebrauches zusammen, schließen also auch jene etwaigen Fälle mit ein, wo es sich um eine Bevorzugung einer der beiden handartig zum Greifen benutzten Vorderbeine handelt und wo man auch von „Händigkeit" reden kann.

---

* „Von der Macht des Gemütes".

Bei wirbellosen Tieren ist über die Bevorzugung eines Beines nichts bekannt, im besonderen benutzen, wie ich an Fliegen feststellen konnte, die Insekten zum Putzen des Körpers im Mittel gleich oft Beine beider Seiten, auch für Stellen, die von jeder Seite ungefähr gleich gut erreichbar sind. Über Wirbeltiere sind bei STIER eine Reihe von Angaben zusammengestellt, die immer wieder zitiert werden oder zitiert worden sind und für die niemals ein exakter Beweis erbracht wurde; z. B. daß der Löwe seine Beute lieber mit der linken Tatze erschlägt. Die in diesem Sinne reichhaltigen Angaben OSAWAS[0410] müssen, da der größte Teil sich als unwahr herausgestellt hat, wohl samt und sonders ins Reich der Fabel verwiesen werden. Daß Papageien je ein Greif- und ein Standbein besitzen, wurde bereits in § 29 erwähnt; Raub- und andere Vögel indes, die gleichfalls die Beute mit dem einen Beine festhalten, benutzen bald das eine, bald das andere ([0436] und eigene Beobachtungen). Auch konnte ich an Störchen und anderen Vögeln, die gerne stundenlang auf einem Beine stehen, wenigstens soviel feststellen, daß es nicht — wie bei den Papageien — bei jedem Vogel stets das gleiche war. Über Säugetiere liegen nur wenig Untersuchungen vor, man wird im allgemeinen ein ähnliches Ergebnis wie bei den niederen Affen (§ 33, g) zu erwarten haben. Daß z. B. Meerschweinchen zum Niederdrücken eines Hebels neben anderen Teilen ihres Körpers bald die linke, bald die rechte Pfote benutzten, wurde gelegentlich als Vorkontrolle zu Dressurversuchen festgestellt[475].

In jüngster Zeit haben TSAI[486] und MAURER das Problem „Händigkeit" bei der Ratte experimentell in Angriff genommen. Im Zentrum eines runden Käfigs wurde eine Glasflasche mit Weizenkeimlingen geboten, deren Öffnung so eng war, daß ein Tier gleichzeitig nur mit einer Pfote in sie langen konnte. Jedes der 106 Versuchstiere wurde 250 mal geprüft, welche Pfote es verwendete, und zwar an 5 Tagen in je 5 Serien zu zehn aufeinanderfolgenden Griffen. Als rechts- bzw. linkshändig wurde eine Ratte bezeichnet, wenn sie in 75—100% das rechte bzw. linke Bein verwendete, andernfalls als beidhändig. Es ergaben sich die in I aufgeführten Zahlen bzw. wenn man die beidhändigen im Verhältnis der rechts- und linkshändigen aufteilt, die in der letzten Spalte aufgeführten Werte. Wurde den Ratten während der Aufzucht das Vitamin B entzogen, so ergaben sich die Werte

der Tabelle II (54 Tiere). Aus diesen Zahlen wollen die Autoren
schließen, daß die Ratten normalerweise in der Mehrzahl „rechtshändig" sind, daß ferner Vitaminentzug die Linkshändigkeit

	I					II			
	R %	L %	Ambi %	R′ : L′		R %	L %	Ambi %	R′ : L′
59 ♂	59	26	15	69 : 31	27 ♂	48	48	4	50 : 50
47 ♀	43	37	20	54 : 46	27 ♀	33	45	22	43 : 57

begünstigt, „da ja auch beim Menschen Linkshändigkeit ein
Zeichen von Minderwertigkeit wäre". Ohne auf die weiteren
Schlüsse der Verfasser einzugehen, sei gesagt: diese Versuche,
deren genaue Beurteilung infolge Fehlens der Originalwerte unmöglich ist, beweisen zwar, daß in der Mehrzahl die Ratten
„einhändig" sind, und dieses ist bei ihrem seitenstetigen Verhalten (dieser Paragraph, d) auch begreiflich, sie genügen aber
nicht, eine Prävalenz von rechts zu beweisen. Bei den normalen ♀
sind im Rahmen der Fehlerbreiten sicher, bei den II-♂ sowieso
Rechtser und Linkser gleich häufig. Weil nun die Verschiebung
zugunsten der Linkshändigkeit bei II kein Analogon zur menschlichen Linkshändigkeit darstellt — denn bei dieser sind es nur
ganz spezielle Einflüsse, die ein erhöhtes Auftreten verursachen,
ganz abgesehen davon, daß Rechtshändigkeit hier und beim
Menschen ganz verschiedene Dinge sind —, darf man dem Vitaminentzug vorläufig keine große Bedeutung zumessen. Man hätte
dann 4 Reihen, zwei ohne und je eine mit Bevorzugung von
links und rechts, also keine Prävalenz einer Seite*.

Summarisch ergibt sich, daß höchstens bei ein-
zelnen Arten-Gruppen in hochstehenden Klassen des
Tierreiches eine Einbeinigkeit verschieden starken
Grades innerhalb der Vorder- (Ratten) oder Hinterbeine
(Papageien) erwartet werden kann, ohne Bevorzugung
von rechts und links innerhalb derselben Art (raze-

---

* Eine neuerliche Versuchsreihe PETERSONS[475a] an 7 Ratten zeigte
Entsprechendes. Ein Tier war beid-, die übrigen 6 entweder rechts-
oder linkshändig. Nach Zerstörung der linken Hirnpartien bei den
Rechtshändern und umgekehrt benutzten die Tiere fortan die von der
unverletzten Hemisphäre innervierten Pfoten, was nicht überraschend ist.

mische Verteilung). — Auf das asymmetrische Zusammenwirken der Beine beim Gang der Säugetiere (§ 30, d sei gleichzeitig hingewiesen.

d) Wendigkeit und Läufigkeit (Seitenstetigkeit) bei Tieren.

Über die Wendigkeit der Pferde liegen nur durchaus unklare Angaben vor; ihnen ist nicht einmal mit Sicherheit zu entnehmen, ob überhaupt jedem Pferd eine deutliche Neigung, lieber einen Bogen nach einer bestimmten Seite hin einzuschlagen, zukommt. Doch ist es wohl so, daß die Mehrzahl der zugerittenen Pferde, ebenso wie sie rechts galoppieren, auch vorzugsweise rechtswendig sind und vielleicht hängt dieses beides zusammen. Denn das Durchreiten von Rechtskurven ist im Rechtsgalopp leicht, im Linksgalopp sehr schwer. Vermutlich wirkt die Sitzhaltung (s. § 30, d) des meist rechtsbeinigen Reiters und die größere Agilität und Kraft seines rechten Beins dressierend auf Rechtsgalopp und Rechtswendigkeit hin. Pferderennen sind rechtswendig (Uhrzeigersinn) genormt. Im übrigen ist noch bekannt, daß man in Süddeutschland an einen einspännigen Wagen mit einer medianen Deichsel das Pferd links der Deichsel zu spannen pflegt; hierin hat man ein Gegengewicht gegen die Rechtswendigkeit erblicken wollen.

Mit dieser Wendigkeit verwandt ist eine Erscheinung, die man als Seitenstetigkeit bezeichnet und in der man eine Kombination von Wandläufigkeit und Wendigkeit erblicken kann. Wandläufige Tiere scheuen sich, freie Flächen zu überschreiten, sie laufen daher am liebsten an Wänden oder Mauern entlang. In Käfigen führt ihre Bahn, solange Reize fehlen, dauernd entlang der Wand „im Kreise" herum, und in Labyrinthen, die aus einer größeren Anzahl U- oder T-förmiger Stücke zusammengesetzt sind, weichen solche Tiere, bevor sie den Ausgang gelernt haben, bei jeder Gabelung entsprechend der Wand, an der sie laufen, stets nach der gleichen Seite ab, während der Mensch, offenbar vernunftmäßig geleitet, das Alternieren bevorzugt[472]. Man bezeichnet seitenstetige Tiere als rechts- oder linksläufig, je nachdem, welche Seite sie bevorzugen. Die Prüfung auf diese Läufigkeit kann in einfacher Weise mittels des in Abb. 125a dargestellten Labyrinthes erfolgen[489]: Ratten z. B., welche wissen, daß sich in *b* Futter befindet, die ihren Startplatz *a* aber nur in der Richtung des Pfeiles verlassen können, wählen, um zum Futter zu gelangen, bei der Gabelung *c* entweder stets den linken oder stets den rechten oder wahllos beide Wege, vorausgesetzt daß sie gelernt haben, daß beide Wege zum Futter führen; man unterscheidet sie danach als links-, rechts- oder beidläufig. Ebenso wird eine rechtsläufige Maus, die man in die Mitte eines Käfigs setzt, nach Berührung der Wand in der Regel eine Rechtswendung vornehmen und dann auf Grund ihrer Seitenstetigkeit rechtsum den Käfig umlaufen. Kommt andererseits diese Maus etwa durch eine äußere Öffnung in einen runden Käfig hinein, so wird sie in der Regel noch in der Tür eine Rechtswendung vollziehen und dann, zumindest anfangs, entgegen dem Uhrzeigersinn herumlaufen. Nicht darin also drückt sich im allgemeinen die Rechts- oder Linksläufigkeit aus, ob ein Tier im oder gegen den Uhrzeigersinn eine geschlossene Bahn beschreibt, sondern in den bevorzugten Wendungen, die es „zwangsweise" zu einem solchen Umlaufsinn führen.

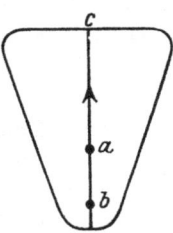

Abb. 122a.
R.-L.-Labyrinth.

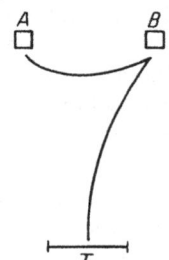

Abb. 122b. Schema des Weges einer rechtsläufigen Maus bei einem „Wahlversuch". (Nach Fischel.)

Die Rechts- und Linksläufigkeit zeigt sich — zugleich als unangenehme Begleiterscheinung bei tierpsychologischen Wahlversuchen — auch darin, daß das Tier stets auf den rechts- oder linksgelegenen von zwei Gegenständen zuläuft, die in gleicher Entfernung symmetrisch zu ihm liegen, falls der gegenseitige Abstand beider eine gewisse Größe (2 cm bei der Maus) überschreitet (Abb. 122b). Es erhellt sofort, daß hier wie überhaupt bei allen Laufversuchen auf engen Wegen Wandläufigkeit nicht Voraussetzung für eine solche Bevorzugung einer bestimmten Seite zu sein braucht, daß es sich vielmehr sehr wohl um eine reine Wendigkeit handeln könnte. Vielleicht führt die Wandläufigkeit, die ja irgendwie mit einer positiven Thigmotaxis der Körperseiten verbunden sein muß, oft zu einer „Vorliebe" für Berührungsreize auf der rechten oder linken Körperseite und so mittelbar zur Rechtsoder Linksläufigkeit.

Wandläufig sind viele Tiere, freilebende mehr als domestizierte, Seitenstetigkeit aber hat man bisher nur bei Mäusen[477, 470, 491], Ratten[489], einem Nasenbär[470], einem Affen[465] und bei Grünlingen[484] gefunden, an größerem Material nur bei Mäusen und Ratten. Von letzteren waren bei YOSHIOKA[489] etwa nur $1/4$ seitenstetig, zur Hälfte rechts-, zur Hälfte linksläufig, in der Summe über alle Versuche ergab sich ein schwaches Plus zugunsten von rechts; von den Mäusen waren bei ROTH 2 R, 4 L, bei FISCHEL je eine L, eine R, links war auch eine Ährenmaus, rechts der Affe und der Nasenbär; MENNER[491] unterteilt seine Mäuse in 96, die links, und in 79, die rechts bevorzugten, 5 waren nicht seitenkonstant.

YOSHIOKA[489] untersuchte seine konstantläufigen Ratten auch morphologisch und fand zwischen der Richtung der Läufigkeit und dem Winkel, den die Medialnaht der Nasalia mit einer durch die seitlichen Ecken der Supra-orbitalia gezogenen Linie bildete, eine wenn auch nur schwache Korrelation. Es würden also, grob gesprochen, die Ratten denjenigen Weg wählen, nach dem ihre Nasenspitze zeigt, und wenn diese genau nach vorn weist, bald den rechten, bald den linken. Es läßt sich aber nicht erkennen, ob diese morphologische Asymmetrie die Ursache oder eine Folge der Seitenstetigkeit ist.

Interessant ist, daß man bereits bei Wirbellosen Wendigkeit bzw. Läufigkeit beobachtet hat, ohne dieser Tatsache besondere Beachtung zu schenken. Im Zweilichterversuch lief (stets mehrere Tiere derselben Art) die Schnecke *Littorina* immer zum rechten Licht, was durch zwei Untersucher unabhängig voneinander festgestellt wurde[465a, 467a], ebenso die Schnecke *Buccinum* nach rechts; von *Oerstedia* (Nemert.), *Eupagurus* (Decap.), *Laphria* (Dipt.) und einer Raupenart ein Teil der Tiere stets links, ein Teil rechts (z. B. ein Tier 20mal hintereinander nach rechts), wiewohl die beiden Lichter dauernd vertauscht wurden[467a].

Eine bestimmte, auf alle Fälle zutreffende Ursache der Wendigkeit anzugeben, gestatten die bisherigen Befunde noch nicht. Ebensogut könnten Asymmetrien der Gliedmaßen, wie solche des Schädels oder (bei den wandläufigen Tieren) eine Art einseitig stärkerer positiver Thigmotaxis in Frage kommen oder, wie bei den Schnecken, die Asymmetrie des ganzen Körpers.

Zusammenfassend läßt sich sagen: Bei verschiedenen Tiergruppen tritt Wendigkeit (Definition in a) auf, insbesondere bei wandläufigen Tieren, wo sie dann als Seitenstetigkeit (bzw. Rechts- und Linksläufigkeit) bezeichnet wird. Die Wendigkeit scheint in der Regel ein razemisches Merkmal zu sein, daneben kann in jeder Art ein großer Bruchteil beidläufiger Tiere existieren. Nur das Pferd scheint (vielleicht als Folge des Zureitens durch in der Regel rechtsbeinige Reiter) meist rechtswendig zu sein. Die Ursachen der Wendigkeit sind unklar.

e) Die Wendigkeit (Läufigkeit) des Menschen.

Vom Menschen läßt sich sagen, daß er im Sinne des vorigen Abschnittes als in der Regel rechtswendig zu bezeichnen ist. Diese Aussage fußt auf folgenden Tatsachen:

Es wurde beobachtet[464], daß ein völlig indifferentes und nicht eingewöhntes Publikum von zwei breiten und genau symmetrischen Treppenaufgängen den rechten weitaus bevorzugte, nur bei Andrang wurde auch die linke Treppe öfter benutzt. Oberflächliche, aber bei den Rechts- und Linksgängern gleichartige Prüfungen auf Händigkeit lieferten bei den Linksgängern einen weitaus höheren Prozentsatz an Linkshändern zutage. Beim Verlassen des Gebäudes wurden beide Treppen etwa gleich oft benutzt, und es trat bei vielen Personen bald Gewöhnung ein.

Ferner wurde darauf hingewiesen[473], daß im Nebel der an der Spitze einer angeseilten Kette gehende Führer von Bergsteigern von der eingeschlagenen Richtung dauernd nach rechts abzuweichen trachtet, was ihm auch bekannt ist und worin er stetig von dem den Schluß der Kette bildenden Führer korrigiert wird.

Schließlich hat PINTNER[476] anläßlich der Häufigkeit, in der die Wiener „Gehordnung" (Linksausweichen) überschritten wurde, darauf hingewiesen, daß der Mensch die Neigung besitze, nach rechts abzuweichen und vor allem medianen Hindernissen rechts aus dem Wege zu gehen; dies käme daher, daß er — ähnlich dem Hunde (Abb. 116) — einen leicht schränkenden Gang besitze (Arm und Schulter rechts weiter vorgeschoben), und ermögliche ihm gleichzeitig, gegebenenfalls mit der rechten Hand Bahn zu schaffen.

Aus alledem kann man wenigstens so viel schließen, daß in der Mehrzahl der Mensch oder mindestens der Rechtshänder eine Neigung besitzt, beim Gehen nach rechts abzuweichen und bei Wahl lieber einen rechtswendigen Bogen zu beschreiben. Diese Wendigkeit steht zur Zirkularbewegung (f) in enger Beziehung.

f) Zirkularbewegung.

Unter Zirkularbewegung versteht man die Erscheinung, daß viele Tiere und auch der Mensch bei Mangel an Orientierung sich in kreisförmigen oder zumindest irgendwie kreisähnlichen Bahnen bewegen. Der Begriff Zirkularbewegung war ursprünglich nur für auf fester Unterlage sich bewegende, also gehende oder laufende Tiere gedacht, er läßt sich jedoch sinngemäß auch auf das Schwimmen, Rudern, Fliegen und Fahren in selbstgelenkten Fahrzeugen übertragen, falls die Bewegungsbahn wenigstens ungefähr in einer Ebene liegt.

F. O. GULDBERG[471], der diese Erscheinung zuerst eingehend studierte, nannte diese Art der Zirkularbewegung physiologisch, zum Unterschiede von der pathologischen, die von in bestimmter Weise geschädigten Tieren zwangsweise beschrieben wird. Entfernt man einem Tier mit paarigen statischen Apparaten den der einen Seite oder eine ganze Hemisphäre oder verletzt man an ihr bestimmte Partien, so ist das Tier nurmehr imstande, Reitbahn- (= Manege), Uhrzeiger- (Hinterende bleibt fix) oder Rollbewegungen zu beschreiben. Ebenso läuft ein Tier zwangsweise im Kreise, wenn es einseitig verletzt, wenn z. B. Hochwild einseitig angeschossen wird, oder falls die Augen eine bevorzugte Rolle spielen, wenn man es einseitig blendet. Der Richtungssinn der Bewegung, ob rechts- oder linksherum, steht in eindeutiger Beziehung zur verletzten Seite (diese nach innen; bei Hochwild Anschußseite nach innen).

In die Verwandtschaft der pathologischen Zirkularbewegung muß auch die Bewegungsweise der japanischen Tanzmäuse[4-8] und der Tanzenten[474] gerechnet werden, die auf einer partiellen Degeneration des Gehirns und des Labyrinths beruht, so daß Schwindelfreiheit zustande kommt. Die Bewegung dieser Tanzmäuse ist normalerweise ein Wackelgang in Zickzackbahn, beim eigentlichen Tanzen jedoch rasende Bewegung, zu zweien oder mehreren, um ein sicht- oder unsichtbares Zentrum. Hierbei tanzen manche Mäuse fast nur rechts-, andere bald rechts-, bald linksherum[342]; eine Erblichkeit der Bevorzugung eines Drehungssinnes ließ sich bisher nicht nachweisen[487]. Die Tanzenten besitzen die Tendenz zur Manegebewegung nach beiden Richtungen.

Die physiologische Zirkularbewegung findet sich in der Natur bei Mensch und Tieren, denen aus bestimmten Gründen Orientierung nicht möglich ist, so daß eine zielstrebige Bewegung nicht zustande kommen kann. Solche Fälle treten ein beim Irrelaufen des Menschen in dichtem Wald oder bei Dunkelheit in urbekannter Gegend, bei Bewegung von Mensch und Tier im Nebel, auf freien Flächen ohne Anhaltspunkte (schneebedeckte Prärie), oder schließlich bei vor dem Verfolger fliehenden Tieren aus Mangel an Zeit, die Umstände zu beurteilen, oder weil ein Ziel überhaupt fehlt.

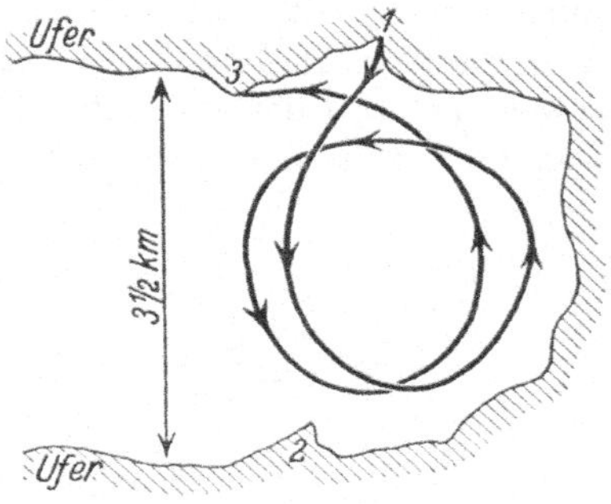

In der Literatur fast aller Völker gibt es Erzählungen über solche Ringwanderungen von Mensch und Tier[471, 482]; GULDBERG war der erste, der eine Reihe exakter Beobachtungen zusammenstellte. Ein Pferdeschlitten fahrender Geistlicher fuhr im Schneesturm, wiewohl er dauernd die Empfindung hatte, nach links zu lenken, rechts im Kreise herum; ein sich selbst überlassenes Pferd zog im Nebel einen Schlitten in der in Abb. 123 dargestellten Bahn; weiter liegen Berichte über kreisförmige Rudertouren, sowohl rechtswie linksherum, vor, ein Beispiel mehrmaliger Ringwanderung ist schließlich in Abb. 124 wiedergegeben. Hasen-jagden zeigten, daß Hasen stets rechtssinnige Bahnen beschrieben, und auch von Automobiljagden auf Antilopen wird Ähnliches berichtet. GULDBERG stellte auch Versuchsreihen an Hunden,

Abb. 123. Auf dem vereisten See zog bei nächtlichem Schneegestöber ein sich selbst überlassenes Pferd einen Schlitten statt von *1* nach *2* längs der gezeichneten Kreisbahn nach *3*. (Nach GULDBERG.)

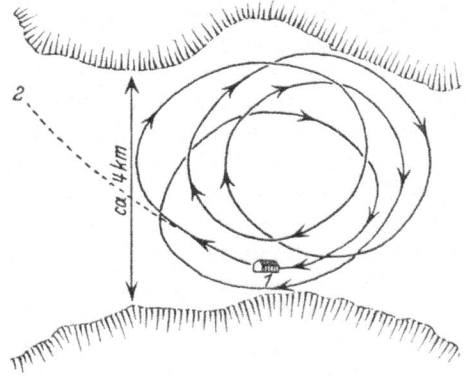

Abb. 124. Drei Leute wanderten auf dem gezeichneten, beiderseits von Hügelketten umsäumten Gelände tagsüber bei dichtem Nebel von der Scheune *1* aus statt nach *2* viermal im Kreise und kamen jedesmal zum Ausgangsort zurück. (Nach GULDBERG.)

Katzen, Mäusen, Enten, Tauben, Schwalben und Fischen, bei
denen Gesicht, Gehör und Geruch ausgeschaltet wurde, an, sowie
Gehversuche in Blindenschulen und an Menschen mit verbundenen
Augen und erhielt in allen Fällen (beim Menschen mit verbundenen
Augen in 93%) das Ergebnis, daß der Richtungssinn der Zirkularbewegung für jedes Individuum ein konstanter ist. Auch wenn
man die natürliche Bewegungsart mit einer anderen vertauscht
(schwimmende Hunde, Kanin-
chen), zeigt sich dieses konstante Abweichen nach einer
Seite.

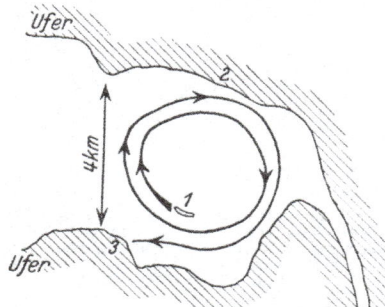

Abb. 125. Bei Frostnebel ruderten 2 Fischer
von der Insel *1* statt nach *2* 2mal im Kreise,
kamen beide Male direkt an ihren Ausgangspunkt zurück, gaben das weitere Rudern auf
und landeten bei *3*. Die Größe der Kreise
ergibt sich aus der Dauer des Ruderns. (Nach
GULDBERG.)

Als Ursache einer solchen
Zirkularbewegung mit kon-
stantem Richtungssinn wird
man von vornherein körperliche Asymmetrien vermuten:
solche der Extremitätenlängen
oder der Muskelmassen, derart,
daß die bevorzugte Seite dem
Zentrum der Kreisbahnen abgekehrt ist. Und in der Tat
konnte GULDBERG und sein
Bruder durch messende Unter-
suchungen an Tieren, bei denen eine Tendenz zu einsinniger Zirkularbewegung konstatiert worden war, zeigen, daß auf der zu erwartenden Seite ein Übergewicht an Muskulatur vorhanden war,
zum Teil lag auch eine Asymmetrie der Extremitätenlängen vor.
Demnach wäre — und dies ist auch zur herrschenden Ansicht
geworden — die überwiegende Muskelkraft einer Körperseite oder
die größere Länge der Extremitäten dieser Seite als Ursache der
physiologischen Zirkularbewegung anzusehen, und GULDBERG
mißt dieser Bewegung eine große biologische Bedeutung bei, „für
die Erhaltung des tierischen Lebens", indem auf diese Weise die
Tiere, vornehmlich die jungen, zwangsweise an den „Trennungs-
ort" zurückgelangten. In den Kreisbahnen von Küken oder von
Ren- und Elenkälbern, deren Mutter weggeschossen worden war,
glaubte er hierfür einen direkten Beweis zu erblicken, ebenso in
Beobachtungen, daß Tiergesellschaften oder -familien sich trotz
häufiger Lokalunkenntnis stets wieder zusammenfinden.

In neuester Zeit hat A. A. SCHAEFFER das Problem unter einem anderen Gesichtspunkt aufgegriffen und ist zu wesentlich differenzierteren Resultaten gekommen. Seine Versuche[482] erstreckten sich auf Gehen (ebenes Feld oder Eisfläche, Augen verbunden und Kopf verhüllt), Lenken eines Automobils (auf dem „spiegelglatten" flat country in Kansas; Coupé, 13 km/h, Augen verbunden, Motor vom Lenker oder einem Beifahrer bedient), Schwimmen und Rudern (Gummikappe). Es ergab sich, daß in der Regel keine zirkularen, sondern zykloide Bahnen beschrieben wurden (Abb. 126c, d), also solche, die aus den zirkularen durch eine einseitige „drift" hervorgehen; ferner war der Radius der beschriebenen „Kreise" über alles Erwarten klein, er betrug 1,8—3 m beim Gehen und Schwimmen, 50—6 m bei den Automobil-

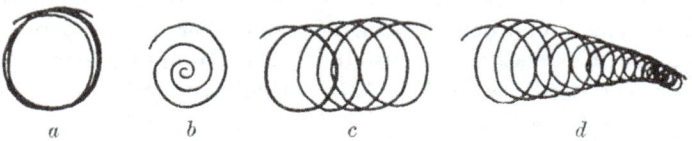

Abb. 126. Bewegungsbahnen. *a* zirkular, *b* spiral, *c* zykloid, *d* sich-verjüngend-zykloid.

versuchen. Sieht man von Zufälligkeiten ab, so war, wie aus den Protokollen hervorgeht, innerhalb jedes Gehversuchs der Richtungssinn ein konstanter, wohl aber kam es — doch auch dieses selten genug — vor, daß dasselbe Individuum bei einem weiteren Versuche die umgekehrte Richtung einhielt. Ebenso war es beim Schwimmen und Rudern, und nur bei den Automobilversuchen kam plötzliche Änderung des Richtungssinns (Abb.127b) in einiger Häufigkeit vor. Der anfängliche (und in der Regel beibehaltene) Richtungssinn war in 57% rechts-, in 43% linkswendig (Mittel über alle Versuche).

Bei Beurteilung dieser Befunde ist SCHAEFFER stark von von früheren Vorstellungen beeinflußt; er geht von Beobachtungen aus, daß auch Amöben beim Kriechen häufig wellenförmige[479], „spirale" oder zykloide[480/1] Bahnen beschreiben, wirft diese und die bei vielen wasserlebenden Kleintieren verbreitete Schraubenbewegung (§ 38) zusammen und leitet daraus die radikale Folgerung ab, die zykloide Bewegung — wie wir sie hier nennen wollen — der auf einer Unterlage sich bewegenden Organismen sei der Schraubenbewegung der schwimmenden direkt homolog, die Zykloiden seien die Projektionen von Schraubenlinien auf eine Ebene, beide seien Ausfluß desselben fundamentalen Mechanismus, der dem lebenden Plasma von vornherein eigentümlich sei, den er als Spiralmechanismus bezeichnet und der im speziellen beim Menschen irgendwo im Zentralnervensystem seinen Sitz habe. Von irgendwelchen körperlichen Asymmetrien sei die Zirkularbewegung demnach völlig unabhängig.

Diese schwerwiegenden Behauptungen versucht er an Hand seines Materials in folgender Weise zu bekräftigen: Körperliche Asymmetrien seien etwas Dauerndes, es dürfe dann nicht vorkommen, daß dieselbe Person gelegentlich nach der inversen Seite abweicht; wieso bei den Automobilversuchen überhaupt zykloide Bahnen resultierten, sei ohne „Spiralmechanismus" nicht einzusehen; zwischen Händigkeit und körperlichen Asymmetrien einer- und den Ergebnissen seiner Versuche andererseits sei keine Korrelation festzustellen. Das Hauptargument aber bilden Versuche des in Abb. 127 c wiedergegebenen Typs: Läßt man einen Menschen mit verbundenen Augen erst eine gewisse Anzahl Schritte vorwärts, dann nach einer halben Drehung gleichviel Schritte rückwärts gehen usf., so erhält man in der Mehrzahl der Fälle eine im ganzen einsinnige Bahn.

Es erübrigt sich wohl, auf die weiteren, zum Teil fast absurden* Folgerungen SCHAEFFERs einzugehen. Unvoreingenommen wird man aus seinen Ergebnissen folgendes schließen können: Die direkte Analogie der räumlichen Schraubenbewegung ist in der Ebene die reine Kreisbewegung (§ 38); beide sind bewirkt durch eine konstante Asymmetrie der die Bewegung erzeugenden Organe. Die in SCHAEFFERs zykloiden Bahnen auftretende Drift kommt so zustande, daß von den sukzessiv aufeinanderfolgenden Richtungen der Kreisbahn eine bestimmte länger als die übrigen beibehalten wird, dies aber kann nur entweder eine Folge exogener Einflüsse sein, z. B. Senkung des Bodens in Richtung der Drift, einseitiger Wind, trotz verbundener Augen wahrgenommener Lichtschein der schrägstehenden Sonne usf., wie sie SCHAEFFER für extreme Fälle sogar zugibt, oder die Auswirkung eines bestimmten

---

* Z. B. die Existenz zweier „Einheiten von molekularer Dimension" „links-" und „rechtsdrehend", die bei Amöben z. B. einige Stunden „stabil" wären, von denen die erstere weniger lichtbeständig wäre, weil die Amöben im Lichte vorwiegend nach rechts kröchen[483].

„instinktiven" Richtungssinnes*. Der spirale Einschlag vieler Bahnen (das Kleinerwerden der Umgänge) muß durch zunehmende Verstärkung der Asymmetrie bedingt sein, vielleicht weil das bevorzugte Bein (bzw. Arm) weniger leicht ermüdet; dafür spricht auch, daß sich bei den Automobilversuchen kaum „Spiralbahnen" ergaben. Was den Richtungssinn betrifft, so dürfen Gehen, Schwimmen und Autolenken nicht durcheinandergeworfen werden. Bei diesem letzteren handelt es sich offenbar überhaupt nur darum, ob das Lenkrad anfänglich „gerade" stand und ob der Fahrer es konstant hielt; ein geringer Ruck nach links hat Linkskreise zur Folge, ein plötzlicher kleiner Ruck nach rechts Rechts-

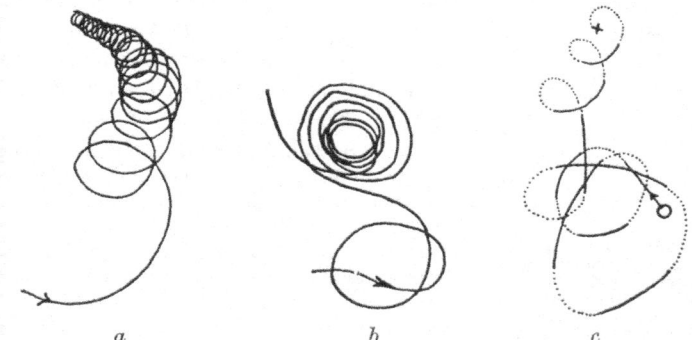

a   *b*   *c*

Abb. 127. Bewegungsbahnen nach Versuchen A. A. SCHÄFFERS. *a* Schwimm-, *b* Automobilversuch. *c* Vor- und rückwärts (punktiert) gehen.

kreise, und so ist ein plötzlicher Richtungswechsel begreiflich (Abb. 127b). Beim Schwimmen wirken vermutlich Asymmetrien der Kräfte und Bewegungsweisen von Armen und Beinen sowie die Körperhaltung zusammen, für das Gehen kommen Körperhaltung, Beinkraft und Beinlänge in Frage. Über das Vorherrschen eines Richtungssinnes läßt sich aus SCHAEFFERs Versuchen infolge zu geringer Zahl keine Aussage gewinnen — gewöhnliche Gehversuche sind z. B. nur von 3 Personen mitgeteilt, Bedeutung aber kommt seinen Versuchen über abwechselndes Vor- und Rückwärtsgehen (Abb. 127c) zu. Deren Ergebnisse weisen auf eine Erklärung hin, die sich vielleicht bereits bei PINTNER[476]

---

* Auch bei der Zwangsbewegung (z. B. bei einseitiger Blendung) ergeben sich in der Regel nicht zirkulare, sondern zykloide Bahnen.

angedeutet findet und zugunsten der sich später (§ 35) ein weiteres Moment ergibt: daß der (rechtswendige) Mensch als Folge eines gewissen „Schränkens" (§ 30, d) bei jedem Rechtsschritt eine kleine Rechtswendung beschreibt, wie es das Schema der Abb. 123a übertrieben wiedergibt. Dann wäre auch die rechte Schulter vorgeschoben (PINTNER), der Blick nach rechts gerichtet (Äugigkeit, § 35), beim Rückwärtsschreiten ergäbe sich eine nach links

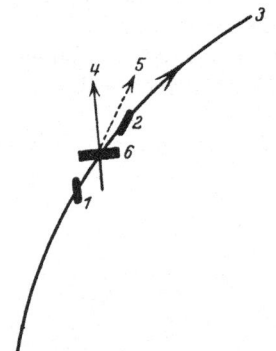

abweichende Bahn, und Wendigkeit, Läufigkeit und Zirkularbewegung wären beim Menschen drei Äußerungen der gleichen Erscheinung. Was das Schränken verursacht, ist allerdings vorläufig noch nicht entscheidbar, wahrscheinlich ist, daß der Grund in dem schwach nach rechts abweichenden Blick des Rechtsäugers zu suchen ist.

Abb. 128a. Schema der Bewegung eines rechtswendigen Menschen. 1 linkes, 2 rechtes Bein, 3 Bewegungsbahn, 4 Sagittalebene, 5 Blickrichtung (rechtsäugig), 6 Körperquerschnitt.

Das Kriechen der Amöben in wellenförmiger oder, wenn die Unterfläche geeignet gewölbt war, in spiraler Bahn (bald links-, bald rechtsum, im Dunkeln in der Mehrzahl nach links, im Lichte meist nach rechts) hat mit dieser Wendigkeit und Zirkularbewegung des Menschen und der höheren Tiere nichts zu tun, es ist höchstens eine Folge einer zeitweiligen Formkonstanz des Plasmakörpers. Wohl aber wurden mit Mäusen (25 Peromyscus)[468], die man mit verdeckten Augen in die Mitte eines mit Wasser gefüllten Tanks setzte und schwimmen ließ, ähnliche Spiralbahnen wie beim Menschen erhalten. Insgesamt ergaben sich 1236 R- und 1276 L-Kreise, also keine Prävalenz einer Richtung, wohl aber bevorzugten einzelne Tiere rechts oder links weitaus (0 : 34, 1 : 50 usw.), also ein Ergebnis, das dem über Wendigkeit bei Ratten nicht bloß analog, sondern wahrscheinlich auch homolog ist.

g) Zusammenfassung.

Von Beinigkeit, Wendigkeit, Läufigkeit und Zirkularbewegung sind die drei letztgenannten vermutlich nur verschiedene Äußerungen der gleichen Erscheinung und von der Beinigkeit zu trennen.

Beim Menschen ist Beinigkeit (die Bevorzugung eines Beines bei einigen Tätigkeiten) in der Regel mit Händigkeit gekoppelt, die Mehrzahl der Menschen also rechtsbeinig. Ob ein Kraftunterschied beider Beine existiert, ist ungewiß, wohl aber macht

man die Beinigkeit auf dem Wege des „Standbeines" für die
kürzere Länge des bevorzugten Beines verantwortlich.

Unter den Tieren tritt höchstens innerhalb hochstehender
Vogel- und Säugerarten bei einem Teil der Individuen Einbeinigkeit auf, Links- und Rechtsbeinigkeit gleich oft innerhalb
der Art.

Die Wendigkeitserscheinungen von Mensch und Tier sind
wenigstens vorläufig voneinander zu trennen, da die Bewegung
des Menschen mit der der Tiere nicht direkt vergleichbar ist.

Der Mensch ist in der Regel rechtswendig, was sich auch in
Rechtsläufigkeit und rechtssinniger physiologischer Zirkularbewegung äußert; experimentell (verbundene Augen) kann diese,
hochgradig verstärkt, reproduziert werden. Die derzeit wahr-
scheinlichste Ursache ist ein schränkender Gang infolge einseitig
abweichender Blickrichtung (Äugigkeit). Da Äugigkeit mit
„geborener" Händigkeit gekoppelt ist, wäre bei Linksveranlagten
in der Regel Linkswendigkeit zu erwarten. — Kreisbahnen beim
Rudern und Schwimmen sind die Folge körperlicher Asymmetrien
(Kräfte), die Drift zykloider Bahnen eine solche exogener Einflüsse.

In verschiedenen, besonders in wandläufigen Tiergruppen
besitzt innerhalb der Art ein Teil der Individuen konstante
Wendigkeit, rechts und links in razemischer Verteilung (nur das
Pferd scheint vorwiegend rechtswendig zu sein). Als Ursache
sind Asymmetrien des Bewegungsapparates anzunehmen, doch
kommen möglicherweise für verschiedene Tier- oder Bewegungsarten verschiedene Ursachen in Frage (Extremitätenlängen,
Kräfte, Schränken, Augenstellung, allgemeine Körperasymmetrie).

SCHAEFERs Hypothese des „Spiralmechanismus" ist abzu-
lehnen.

§ 35. Äugigkeit.

Fixiert man binokular irgendein Objekt, so müßte man von
jedem Objekt, das vor oder hinter diesem liegt, Doppelbilder
wahrnehmen. Dies ist aber in der Regel nicht der Fall und man
redet von Rechtsäugigkeit, wenn das dem linken, von Linksäugigkeit, wenn das dem rechten Auge entsprechende Doppelbild „unterdrückt" wird. Beim Rechtsäuger ist also das rechte,
beim Linksäuger das linke Auge das „führende", und da 98—99%
aller Menschen entweder rechts- oder linksäugig sind, kann man

sagen, daß das Sehen des Menschen ein vorwiegend monokulares ist, auch wenn beide Augen geöffnet sind.

Von dieser seit fast 30 Jahren bekannten Tatsache, die merkwürdigerweise in die Lehrbücher der Physiologie noch nicht Eingang gefunden hat, kann man sich durch folgende Versuche leicht überzeugen, die zugleich Prüfungen auf Äugigkeit darstellen*:

a) Modifizierter HERINGscher Versuch. Man fixiert bei geschlossenem linken Auge durch eine etwa 15 cm vom Kopf entfernte Fensterscheibe einen entfernten Gegenstand und macht mit Tinte auf die Scheibe einen Fleck, so daß dieser den fixierten Gegenstand verdeckt. Öffnet man dann — ohne Kopf- und Augenstellung zu verändern — auch das linke Auge, so verdeckt der Fleck noch immer den Gegenstand, schließt man jetzt aber das rechte Auge, so ist der Fleck „verschwunden", er verdeckt jetzt einen viel weiter rechts gelegenen Gegenstand des Sehfeldes.

b) Nach LUDWIG[578] und LINEBACK[507]. An der Wand eines Zimmers befindet sich eine deutlich sichtbare lotrechte Linie oder Kante; etwa 1 m vor der mehrere Meter von der Wand entfernten Versuchsperson hängt lotrecht von der Decke eine gespannte Schnur. Der Versuchsperson wird aufgetragen, „die Kante an der Wand mit beiden Augen so zu fixieren, daß sie von der Schnur überdeckt wird", was in 98% (Rest = Beidäuger) gelingt. Schließt man jetzt das linke Auge, so bleibt das Bild unverändert, schließt man das rechte, so sind Schnur und Kante weit auseinandergerückt.

c) Grober Versuch (ROSENBACH[512]). Man fixiere einen Gegenstand an der Wand mit beiden Augen und bringe dann den senkrecht gestellten Zeigefinger einer Hand so „zwischen Gegenstand und Augen, daß Gegenstand und Finger sich decken". Weiter nach b. (Bei diesem Versuch ist das unterdrückte Doppelbild des einen Auges um so leichter zu sehen, je heller der Finger relativ zum fixierten Gegenstand ist.)

d) PARSONS Manuskop[449]. Dieses besitzt die Gestalt eines beiderseits offenen Kegelstumpfes, der mit der breiten Fläche vor die Augen gesetzt wird und dessen andere Öffnung so klein ist, daß ein bestimmter, in gewisser Entfernung befindlicher Gegenstand nicht mit beiden Augen gleichzeitig wahrgenommen werden kann. (Wesentlich ist, daß der basale Rand des Manuskopes so auf die menschliche Gesichtsform zugeschnitten ist, daß es stets bezüglich beider Augen symmetrisch angesetzt wird.) Der Rechtsäuger blickt stets mit dem rechten, der Linksäuger mit dem linken Auge, was der Prüfer entweder an der Haltung des Manuskopes ohne weiteres sieht oder der Geprüfte ihm durch abwechselnden Lidschluß bestätigt**.

---

* Die folgenden Versuche gelten für Rechtsäuger; bei Linksäugern umgekehrt.

** Als Schnellversuch ist die ENGELANDsche Spiegelprobe[495] zu empfehlen: Auf der Mitte eines Taschenspiegels befindet sich ein Tintenpunkt. Die Versuchsperson soll bei offenen Augen das Spiegelbild ihrer Nasenspitze mit dem Punkt zur Deckung bringen, dann abwechselnd die Augen schließen (Spiegel mit beiden Händen halten, Entfernung 20 bis 30 cm).

Von diesen Prüfungsmöglichkeiten wird man c bereits deshalb ausschalten, weil durch Benutzung des Fingers einer Hand die Händigkeit auf das Ergebnis Einfluß haben könnte. Von den übrigen gestattet b gleichzeitig eine Angabe über die Differenz, um die nach Schluß des führenden Auges beide Bilder auseinander liegen und deckt Beidäugigkeit beim ersten Versuche auf; sie lieferte in über 600 Versuchen stets ein eindeutiges Ergebnis[578]; nur wer sich (nach vorheriger Aufklärung) bewußt ist, ein Bild zu unterdrücken, wird dieses schwächer („schattenhaft") gleichzeitig wahrnehmen.

Die ersten Andeutungen der Dominanz eines Auges findet man in den 1861 erschienenen Vorlesungen G. M. HUMPHREYS „The human hand and the human foot" und in einer kurzen Notiz CALLANS[0449] aus dem Jahre 1851. WRAY[516] (März 1903) und ROSENBACH[512] (Juli 1903) aber gebührt das Verdienst, die Äugigkeit in dem oben definierten Sinne als allgemeine Erscheinung erkannt zu haben, letzterer auf Grund der nach ihm benannten (c), ersterer nach einer ähnlichen Methode. In der Folgezeit nahm man an, alle Rechtshänder seien Rechtsäuger, alle Linkshänder Linksäuger, bis man vom Gegenteil überzeugt wurde. Eingehende Untersuchungen über Äugigkeit wurden erst nach dem Kriege vorgenommen.

Über die Verteilung der Rechts- und Linksäugigkeit auf die Menschen überhaupt und auf die Rechts- und Linkshänder im besonderen stimmen die verschiedenen Beobachter zunächst soweit überein, daß die Mehrzahl aller Menschen und auch die Mehrzahl aller Rechtshänder rechtsäugig ist, daß ferner unter den Linkshändern Linksäugigkeit stark gehäuft auftritt. Die einzelnen Zahlwerte zeigen zwar, wenn man sie ohne Rücksicht auf die Methoden aneinanderreiht, beträchtliche Schwankungen (64—95% Rechtsäuger). Schaltet man indes die nach einer unzulänglichen Methode gewonnenen Werte in der ersten Mitteilung QUINANS[451] (93,5% RA), die nur vorläufig mitgeteilte Zahl LINEBACKS[507] (90%) und die Angaben ESSERS[497] (nur 19 Personen) aus, so verbleiben die Werte:

Autor	Jahr	Methode	Zahl	RA	BA	LA
PARSON	1924	d	877	69,3	1,4	29,3
MILLS	1925	d und and.	200*	77,8	(—)	22,3
HELLEMANNS . . .	1927	c verfeinert	500	76,0	:	24,0
MILES	1930	d		64,0	2	34,0
QUINAN	1930	verschiedene	1000	74,0	(3,5)	22,5
LUDWIG	1927/8	b	300	68,0	2	30,0

* Oder 1000? Vgl. Tabelle auf S. 294.

Durchschnittlich sind also $^3/_4$ der Menschen Rechts-, $^1/_4$ Links-
und 2% Beidäuger.

Bei der Frage nach den Beziehungen zwischen Händigkeit und Äugigkeit sind von vornherein große Schwankungen zu erwarten, je nach der Gründlichkeit, mit der auf
Linkshändigkeit untersucht wurde. Doch ergab sich im
Durchschnitt, daß etwa 80% der RH auch RA sind, daß
die extremen LH fast sämtlich (90—100%) und von den un-
gestimmten LH etwa die Hälfte LA sind; LA, die angeben
RH zu sein, sind stets der Linkshändigkeit verdächtig; un er
257 LA Parsons waren sich nur 32 bewußt, LH zu sen,
weitere 44 waren auf Grund grober Indizien als umgestimmte
LH zu erkennen, und eine genaue Untersuchung dürfte noch
mehr dieser Kategorie zutage gefördert haben. Von den LA
gehört die Mehrheit unter die LH und in die Verwandtschaft
der LA.

Bevor wir die Frage diskutieren, ob vielleicht alle LA auch
geborene LH sind, ist festzustellen, ob es auch bei der Äugigkeit
eine Umstimmung wie im Falle der Händigkeit gibt. Darauf ist
zunächst zu antworten, daß auch bei der Äugigkeit Zwangslinker
und Zwangsrechtser vorkommen, nämlich dann, wenn das führende
Auge verloren wurde, wenn es irgendwie so „geschwächt" ist, daß
es für ein binokulares Sehen nicht mehr in Betracht kommt, oder
wenn seine Sehschärfe so gering ist, daß der von ihm übermittelte
Bildeindruck gegenüber dem des anderen Auges keine Rolle
spielt. Handelt es sich aber um solche (wenn auch sehr beträchtt-
liche) Visusunterschiede, daß das schwächere Auge nicht völlig
ausgeschaltet wird, oder etwa um stärkere Kurzsichtigkeit des
einen Auges, so ist trotzdem beim RH in der Regel das rechte,
beim LH das linke das führende, auch wenn es das schwächere
ist[504] [578]. Eine direkte Beeinflussung durch Erziehung kommt
kaum in Frage, wohl aber ist es möglich, daß wie im Falle der
Beinigkeit, indirekt auf dem Wege der Erziehung zur Rechtshändigkeit alle „Linksanlagen", so auch die Äugigkeit, ins Gegenteil verkehrt würden.

Wichtig ist, daß Häufigkeitsunterschiede nach den Geschlechtern, wie sie bei der Händigkeit auftraten, hier nicht vorhanden
sind. Ebenso aber wie dort zeigt sich auch bei der Linksäugigkeit familiäre Häufigkeit, die Vererbung wahrscheinlich macht;

LITINSKIJ[509] schloß aus seinem Material direkt auf gewöhnliches Mendeln mit Links rezessiv:

4 Elternpaare:	R × R;	Kinder:	6 R,	2 L
17 ,,	♂ L × ♀ R;	,,	23 R,	22 L
2 ,,	L × L;	,,	5 L.	

Aus den Tatsachen nun, daß einerseits bei der Äugigkeit eine Umstimmung viel weniger in Betracht kommt als bei der Händigkeit, Häufigkeitsunterschiede nach den Geschlechtern fehlen, eine deutliche Vererbung vorliegt und das Verhältnis R : L ungefähr 3 : 1 beträgt, daß andererseits die Mehrzahl der Rechts- bzw. Linkshänder auch Rechts- bzw. Linksäuger ist, daß rechtsäugige Linkshänder selten sind, unter den linksäugigen Rechtshändern aber mit zunehmender Gründlichkeit der Untersuchung mehr und mehr sich als ursprüngliche Linkshänder erweisen, kann man den Schluß ziehen, daß Händigkeit und Äugigkeit grundsätzlich miteinander gekoppelt sind. So hat man zwar schon kurz nach der Entdeckung der Äugigkeit geschlossen, PARSON hat 1924 das gleiche ausgesprochen, doch darf man wohl erst auf Grund des seitdem bekanntgewordenen Materials dieser These eine wesentliche Wahrscheinlichkeit zusprechen.

Man wird indessen nicht, wie man bei solcher Einstellung bisher geschlossen hat, annehmen dürfen, daß nun tatsächlich jeder Linksäuger seinem Wesen nach auch Linkshänder ist, sondern es sind die Möglichkeit phänotypischer Inversion (§ 36, d) und die Umstimmbarkeit in Rechnung zu ziehen und wir erhalten ein Schema der auf S. 336 wiedergegebenen Art.

In dieser Tabelle trägt 2a der Beobachtung Rechnung, daß z. B. bei jugendlichen Personen infolge zeitweisen „Verlusts" des rechten Auges das linke Auge zum führenden wird, wobei die Person gleichzeitig zu ausgesprochener Linkshändigkeit übergeht[497]; 2b der Tatsache, daß Verlust des führenden Auges im späteren Leben meist nicht mit Händigkeitswechsel verbunden ist. 3 bezieht sich auf die phänotypische Inversion, von der bekannt ist (§§ 36d, 46), daß sowohl die Gesamtanlage wie einzelne Teile gesondert invertieren können, 4a schließlich darauf, daß analog zu 2a durch energische Erziehung eine indirekte Umstimmung auch bei der Äugigkeit möglich ist.

Die Äugigkeit, die wir als das Unterdrücken des dem nichtführenden Auge entsprechenden Bildes aller nicht fixierten Objekte definiert haben, äußert sich auch in der asymmetrischen Stellung der Augachsen beim binokularen Fixieren eines

	R H R A	R H L A	L H R A	L H L A
1 Genotypisch gibt es (Prozente) H = Häufigkeit.	75	—	—	25
2a Zwangslinksäugigkeit führt zu phä- notyp. Linkshändigkeit und v. v.; H. 1%	— 0,75 + 0,25	— —	— —	+ 0,75 — 0,25
2b Zwangslinksäugigkeit ohne Beein- flussung der Händigkeit; H. 1% . .	— 0,75	+ 0,75	+ 0,25	— 0,25
3a Händigkeit und Äugigkeit phäno- typisch invertiert; H. 5%	— 3,75 + 1,25	— —	— —	+ 3,75 — 1,25
3b Nur Äugigkeit invertiert; H. $2^1/_2$% .	— 1,875	+ 1,875	+ 0,625	— 0,625
3c Nur Händigkeit invertiert; H. $2^1/_2$%.	— 1,875	+ 0,625	+ 1,875	— 0,625
Ohne „Erziehung" wären also zu erwarten	67,5	3,25	2,75	26,5,
4a Frühzeitige intensive Erziehung stimmt 30% der LHLA in RHRA um	+ 7,5	—	—	— 7,5
Resultat I	75%	3,25	2,75	19
4b $^3/_4$ dieser LH sind infolge Erziehung usw. durch Händigkeitsindizien nicht mehr als solche zu erkennen	+ 2,1	+ 14,25	— 2,1	— 14,25
Resultat II.	77,1	17,5	0,65	4,75

d. h. man fände 5,4% LH und 22,3% LA.

Objektes: beim monokularen Fixieren liegt offenbar Fovea.
Drehpunkt des Auges und fixierter Gegenstand in einer Geraden
und zwar liegt diese genau sagittal. Ist dieses Auge das führende
so ändert sich seine Stellung beim Übergang zum binokularen
Sehakt nicht, also muß das von beiden Sehlinien und der Verbindungslinie der beiden Augendrehpunkte gebildete Dreieck
ein rechtwinkliges (und kein gleichschenkliges) sein, mit den
rechten Winkel im Drehpunkt des führenden Auges (Abb. 128b)
Dann dürften aber die beiden Foveae nicht genau symmetrisch
zueinander liegen, und in der Tat hat LINEBACK[507] nachgewiesen
daß die Entfernung blinder Fleck-Fovea in 19 Paaren mensch
licher Augen rechts 3,3, links 3,9—4,0 mm betrug. Gleiches fanc
er aber auch an Affenaugen (8mal links, 1mal rechts größer), und

dies würde — falls es sich bestätigt — bedeuten, daß sich auch
bei den Affen eine Art Äugigkeit herausgebildet hat.

Der ungleichen Funktion beider Augen beim binokularen Sehen sind
sich nur wenige bewußt. Man kann aber beobachten, daß in Anfänger-
kursen etwa $^3/_4$ der erstmals mikroskopierenden mit dem rechten Auge
ins Mikroskop sehen, also jeder wohl mit dem führenden Auge — was ich
durch gelegentliche Stichproben und Umfragen auch feststellte — und nur
durch Erziehung und Zwang zum Zeichnen zur
Benutzung des linken Auges übergehen. Indessen
tut ein wesentlicher Bruchteil auch solcher, die
dauernd mikroskopieren, dies nicht; ihnen fällt es
später, besonders wenn sie eine Brille tragen, schwer,
überhaupt das nichtführende Auge richtig über das
Okular zu bringen*, das mikroskopische Bild erscheint ihnen heller, greller und fremdartig, die
Deutung z. B. eines histologischen Befundes ist
wesentlich verzögert[513]. Diese Helligkeitsunterschiede
zwischen dem vom führenden und vom nichtführenden Auge perzipierten Bildes wird häufig beim Gebrauch des Binokularmikroskopes als störend empfunden, und mancher hat wegen dieses Helligkeits-
unterschiedes schon den Arzt befragt[578].

Die asymmetrische Stellung der Augachsen
hat zur Folge, daß der Blick des Rechtsäugers
stets schwach nach rechts, der des Linksäugers
nach links abweicht. Schon ROSENBACH hat
darin die Ursache erblicken wollen, weswegen
der Mensch bei planlosem Gehen meist nach
rechts abweicht, und spätere Befunde be-
kräftigten diese Vermutung. Extremen Rechts-
äugern ist es unangenehm, an der rechten Seite

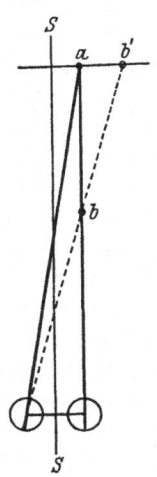

Abb. 128b. Äugigkeits-
schema (Rechtsäuger).
Punkt *a* wird fixiert;
b scheint *a* zu verdecken;
da das vom linken Auge
nach *b'* lokalisierte Bild
von *b* unterdrückt wird.
(*SS* Sagitalebene.)

eines Begleiters zu gehen; wer je in einem Hause mit stets ver-
schlossener Tür, an derem linken bzw. rechten Pfosten sich die
Klingelknöpfe zu den linken bzw. rechten Wohnungen befinden,
die rechte Erdgeschoßwohnung innegehabt hat, wird erfahren
haben, daß die Mehrzahl aller sich an alle Inwohner wendenden
Besucher bei ihm geläutet hat, wiewohl der Türknauf sich links
befindet; Schilder sind in der Regel rechts der Türe angebracht,
und STEVENS und DUCASSE[515] haben gezeigt, daß man in der
Regel die rechte Hälfte des Gesichtsfeldes mehr beachtet, alles

---

* Beim in der Hand gehaltenen monokularen Fernrohr spielt die Händigkeit mit.

Ludwig, Rechts-Links-Problem.   22 dort befindliche überschätzt. Auf einer Photographie z. B. wird ein rechts im Vordergrund befindlicher massiver Gegenstand als störend empfunden, in einer spiegelbildlichen Kopie aber wirkt er als wohltuende Abschirmung nach links[517], und viele gute Zeichnungen, Bilder und Aufnahmen enthalten dieses Prinzip. Alle diese Erscheinungen und Gewohnheiten, deren Zahl sich noch vermehren ließe, weisen auf einen nach rechts abweichenden Blick bei der Mehrzahl der Menschen hin, und der Schluß, daß Rechtsäugigkeit und Rechtswendigkeit verwandt sind, daß diese eine Folge der ersteren ist, liegt nahe. Ob aber auch gewisse morphologische Asymmetrien des menschlichen Kopfes, daß die linke Schädelhälfte gegen vorn verschoben erscheint, daß der linke Bulbus in der Regel etwas weiter nach vorn liegt — Asymmetrien, die mit der Rechtsäugigkeit gut vereinbar wären —, mit ihr zusammenhängen, sei dahingestellt; möglich ist es, da ja auch zwischen Kopfasymmetrie und Wendigkeit bei Ratten eine Korrelation behauptet wurde. — Über einen möglichen Kausalzusammenhang zwischen Händigkeit und Äugigkeit s. § 36 (PARSON).

Pathologie. Untersuchungen an Schielenden (Strabismus concomitans) haben gezeigt, daß beim Rechtshänder in der Regel das linke, beim Linkshänder das rechte Auge das Schielende ist, daß also „stets" das nichtführende Auge in Strabismus verfällt"[506]; überhaupt soll das nichtführende Auge auch des Normalsichtigen dasjenige sein, das leichte Grade von Hyper- oder Exophorie aufweist, falls solche vorhanden sind[508]. Weiter hat man gefunden, daß bei den Linkshändern im Vergleich zu den Rechtshändern das Schielen stark überwiegt[506, 508, 451] und daß Schielen häufig nicht nur mit Linkshändigkeit, sondern auch mit Stottern und anderen Sprachstörungen gepaart ist[451, 503, 502, 505]; so fand QUINAN[451] 37,5% Sprachgestörte unter reinen Linksern (LH LA) gegenüber nur 5% bei reinen Rechtsern. Die Ursache dieser Korrelation sind in § 36 dargelegt. — Erbliche Schieldefekte sind bei Eineiern sowohl gleichsinnig wie asymmetrisch gefunden worden.

Zusammenfassung. Das Wesen der Äugigkeit besteht im Unterdrücken des dem nichtführenden Auge zugehörigen Doppelbildes. Die Äugigkeit hat zur Folge, daß die Stellung der Augachsen beim sog. symmetrischen Konvergieren (Fixieren) eine asymmetrische ist, sie ermöglicht ein binokulares Visieren und bringt ein Abweichen des Blickes nach der Seite des führenden Auges mit sich; auch anatomisch scheint die Äugigkeit im Auge ausgeprägt zu sein. Die Äugigkeit ist mit der Händigkeit grundsätzlich gekoppelt und wird wie diese vererbt. Etwa $^3/_4$ aller Menschen sind Rechts-, $^1/_4$ Linksäuger. Die Existenz gesonderter phänotypischer Inversionen der Händigkeit und Äugigkeit sowie die Umstimmung zur Rechtshändigkeit durch Erziehung bringen es mit sich, daß die Bereiche Linkshänder und Linksäuger, Rechtshänder und Rechtsäuger sich überschneiden. — Bei Schielern ist in der Regel das gesunde Auge das führende, Linkshänder sind unter den Schielern gehäuft, auch ist Schielen, Stottern und Linkshändigkeit stark korreliert.

§ 36. Händigkeit, Beinigkeit und Äugigkeit als Teilerscheinungen einer Seitigkeit.

Daß die Händigkeit nicht in morphologischen Eigenschaften der bevorzugten Hand, sondern in einem funktionellen Überwiegen des Zentrums dieser Hand begründet ist, bedarf keiner Erörterung, und entsprechendes hat für Beinigkeit und Äugigkeit zu gelten. Zumindest beim reinen Rechtser (Rechtshänder, -beiner und -äuger) und reinen Linkser wäre also die linke bzw. rechte Hemisphäre des Gehirns insofern die überwertige, als einzelne ihrer Zentren über die der anderen Hälfte „dominieren" und man kommt von diesem Punkt zur Theorie einer allgemeinen Hirnigkeit bzw. Seitigkeit, wenn man annimmt, daß beim Rechtser die linke, beim Linkser die rechte Hirnhälfte in ihren Auswirkungen der der anderen Seite überlegen ist. Die Mehrzahl der Menschen wären Rechtsseiter oder zentral projiziert: Linkshirner, der Rest Linksseiter = Rechtshirner.

Diese Hirnigkeitslehre hat ein festes Fundament erhalten durch die Entdeckung, daß sowohl das motorische (BROCA) wie das sensorische (WERNICKE) Sprachzentrum beim Rechtshänder in der linken, beim Linkshänder in der rechten Hirnhälfte liegt, während die Zentren der Gegenseite gewissermaßen nur rudimentär vorhanden sind.

a) Sprachzentrum und Händigkeit.

Die Regel, daß das Sprachzentrum beim Rechtshänder in der linken, beim Linkshänder in der rechten Hemisphäre seinen Sitz hat, ist so oft erhärtet worden, daß es unnötig erscheint, hier einzelne Beweise aufzuführen. Sie beruhen darauf, daß nach Läsionen der betreffenden linken Hirnpartien infolge äußerer oder innerer Ursachen beim Rechtshänder Aphasie eintritt, beim Linkshänder nicht, und umgekehrt. Wesentlich mehr interessiert hier, daß von dieser Regel auch Ausnahmen bekannt sind, und zwar kommt Wert nur den sog. positiven Fällen zu, wo sich nämlich bei Rechtshändern infolge nachgewiesener Läsionen der rechtsseitigen Sprachzentren und bei Intaktheit der entsprechenden linken Hirnpartien Aphasie einstellte, sowie die umgekehrten, wegen ihrer Seltenheit noch kaum beschriebenen Fälle bei Links-händern[518, 530]. Zwar besteht hier ab und zu noch die Möglichkeit, daß die Läsion gleichzeitig auch das Sprachzentrum der anderen Seite mit betroffen hat, möglich ist gleichfalls eine unvollständige Kreuzung der Nervenbahnen; man kann ferner annehmen, diese Fälle beträfen stets umgestimmte und nicht mehr „ermittelbare" Linkshänder — was für einen Teil der Fälle durch die höhere morphologische Differenzierung der rechten Hemisphäre außer-ordentlich wahrscheinlich gemacht ist —, doch braucht man nicht immer zu solchen Hypothesen seine Zuflucht nehmen, denn sowohl bei der Händigkeit wie bei der Äugigkeit sahen wir uns gezwungen, die im Tierreich experimentell erwiesenen phäno-typischen Inversionen auch für den Menschen anzunehmen. Zwar ist jeder Mensch entweder genotypisch reiner Linkser und hat dann sein Sprachzentrum rechts, oder umgekehrt, doch ist infolge gewisser Einflüsse bereits (und zwar vorwiegend) auf frühem Embryonalstadium eine Inversion möglich, indem entweder die Anlagen der rechten Hirnhälfte statt denen der linken dominant werden, oder indem diese phäno-typische (nicht erbliche) Inversion nur eine Teilanlage betrifft (Hand, Bein, Auge, Sprache).

b) Indizien für und wider die Seitigkeit.

Wenn beim Rechtshänder die linken Hirnzentren für Arm, Bein, Auge und Sprache über die rechtsseitigen dominieren, so liegt der Schluß nahe auf eine Superiorität der gesamten linken Hirnhälfte, die eine Superiorität der rechten Körper-hälfte nach sich zöge. Es gibt verschiedene Befunde, die für sie sprechen.

van Biervliet[522]* behauptete nach Untersuchungen an 100 Personen, daß bei den Rechtsern ausnahmslos Seh-, Hör- und Tastschärfe auf der rechten Seite um $^1/_{10}$ größer war als links, bei den Linkshändern und Ambidextern[523] umgekehrt, geprüft an der Entfernung zweier eben noch sichtbarer Zeichen, an der Tonstärke zweier gleich laut erscheinender Töne bzw. an der Minimaldifferenz zweier eben noch als getrennt wahrgenommener Punkte beider Körperseiten (Ästhesiometer). Neuerdings knüpften Woo und Pearson[576] an diese Feststellungen an und fanden an einem Material von 4—7000 Personen, daß die Sehschärfe eine völlig symmetrische Verteilung aufweist:

$$R > L : 22,8 \pm 0,4 \quad R = L : 54,8 \pm 0,5 \quad R < L : 22,4 \pm 0,4\%$$

und daß zwischen ihr und der größeren Kraft eines Armes absolute Beziehungslosigkeit besteht, da in jeder der drei Gruppen links stärker, rechts stärker und gleichstark die Sehschärfe ebenso symmetrisch verteilt ist**. Hierdurch sind offenbar auch die übrigen Biervlietschen Resultate wesentlich in ihrem Werte beeinträchtigt. Zwar wurde die Ansicht, daß die Seite der geschickteren Hand im allgemeinen für Tast- und Schmerzreize empfindlicher ist, gelegentlich bestätigt[460], neuerdings aber ist das Gegenteil behauptet worden[537], auch soll in der Majorität die linke Seite für elektrische Reize empfindlicher sein[537]. Doch spricht umgekehrt für eine größere Sensibilität der bevorzugten Seite, daß bei Versuchspersonen, die ihre Arme erst sagittal vorstrecken und dann bei verbundenen Augen jeden gleich weit von der Mitte entfernen sollten, sich in der Regel der Fühlraum der rechten Hand kleiner erwies, und zwar, wie anzunehmen ist, als Folge der höheren Zahl perzipierter Eindrücke dieses Armes[0569].

Bewahrheitet aber hat sich der Biervlietsche Befund, daß beim Rechtshänder die Gewichtsempfindlichkeit links größer ist, d. h. daß ihm dann zwei in je einer Hand gehaltene Gewichte gleich schwerer erscheinen, wenn das linke um etwa 10% leichter ist ([537], Bauer[419]). Es ist unnötig, deswegen eine Lokalisation des Schweregefühls im Kleinhirn, dessen Fasern sich ja nicht überkreuzen, anzunehmen[0569], vielmehr dürfte die größere Kraft des

---

* Ebenso einige andere (ältere) Autoren auf Grund weniger exakter Untersuchungen.
** Ähnliches stellte bereits Stevens (1908/9)[0449] fest.

rechten Armes und dessen stärkere Inanspruchnahme für seine
geringere Empfindlichkeit gegen Belastungen verantwortlich sein.
Für die übrigen Sinnesorgane aber sind drei Faktoren zu berücksichtigen: 1. eine höhere Empfindlichkeit der prävalierenden
Hirnhälfte bzw. Körperseite, 2. eine ,,Abstumpfung" dieser Seite
an solchen Stellen (z. B. beim Tastgefühl), die Reizen stark ausgesetzt sind, und 3., daß bei komplizierten Sinnesorganen (Auge)
seine Konstruktion den Ausschlag gibt, die auf beiden Seiten
gleich gut ist. Ist, was auch von der Methodik abhängt, in
einem Einzelversuch 1, 2 oder 3 maßgebend, so wird man beim
Rechtshänder größere Empfindlichkeit rechts bzw. links bzw.
Gleichheit konstatieren, und das Umgekehrte beim Linkshänder.
STIER[460] u. a. haben weiter gezeigt, daß das Vermögen zu besserer
motorischer Koordination einer Seite nicht bloß für die Muskeln
von Arm und Bein, sondern auch für diejenigen anderer Körperstellen gilt: so gelingt dem Rechtser einseitiger Lidschluß, das Verziehen des Mundes, Bewegung des Ohres rechts besser als links, die
Ausdrucksbewegungen seines Gesichtes sind rechts intensiver als
links, und so wird seine rechte Gesichtshälfte die individuellere,
für den Mitmenschen eindrucksvollere. Deshalb werden die ,,rechten Gesichter" (§ 32, c) der Rechtser bzw. die ,,linken" der Linkser sowohl als ausdrucksvoller wie dem Original ähnlicher erkannt.
Von weiteren Unterschieden, die auf eine Bevorzugung der
superioren Hirn- bzw. Körperhälfte hinauslaufen, werden angeführt: höherer Blutdruck auf der superioren Seite[538], Unterschiede im Aktionsstromverlauf nach symmetrischen Bewegungen
beider Seiten[0569], ein früheres Durchbrechen der Milchzähne
rechts beim Rechts-, links beim Linkshänder, sofern Unterschiede
überhaupt bestehen[0569], und der höhere Gehalt der bevorzugten
Seite an partiellen Hypertrophien[460]. Die Bevorzugung einer
Seite für geistige Tätigkeit geht schließlich aus Versuchen GRIESBACHS[534] hervor, der fand, daß nach anstrengender geistiger
Arbeit (z. B. Rechnen) beim Rechtshänder die rechtsseitigen
Raumschwellen größer als vorher sind, was auf eine höhere Inanspruchnahme der linken Hirnhälfte hindeutet. Bei Linkshändern ist es umgekehrt*.

---

* Wenn nach körperlicher Arbeit (Exerzieren) bei R- und L-Händern
die linksseitigen Raumschwellen größer waren, so liegt das wohl an der
Art des Exerzierens.

Wichtig ist schließlich die Feststellung LIEPMANNs[0460], daß häufig nach linksseitigen Hirnläsionen beim Rechtshänder nicht nur die rechte Körperseite gelähmt, sondern auch die Fähigkeiten der linken Hand erheblich beeinträchtigt werden, ein Befund, der in der umgekehrten Form auch für Linkshänder zutrifft (ROTHMANN) und der beweist, daß die prävalierende Hirnhälfte auch über die von der anderen Hemisphäre versorgte Körperhälfte eine gewisse Kontrolle ausübt.

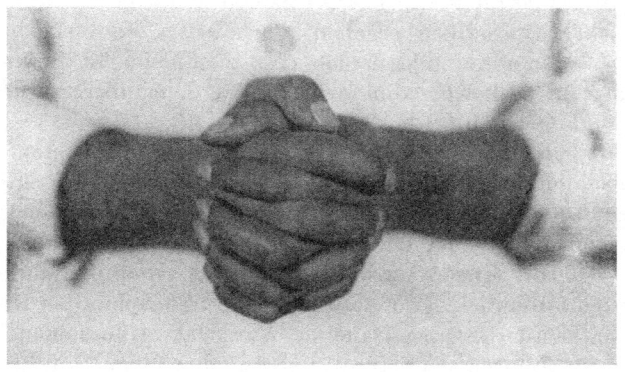

Abb. 129. Händefalten (rechter Daumen oben). (Nach ROTHSCHILD.)

Unabhängig von der Seitigkeit sind, trotzdem in wissenschaftlichen wie populären Abhandlungen häufig das Gegenteil wiederkehrt, die Gewohnheit des Händefaltens (Abb. 129), das Überkreuzen der Arme, Umfassen der Hände und Übereinanderlegen der Beine:

Autor	Zahl der Personen	Händefalten	Arme	Handumfassen	Beine übereinander
KAMM[434]	90	50%	48%	—	50%
LUTZ[547]	1023	60%	—	—	—
LUDWIG[578] . . .	304	50%	ca. 50%	ca. 70%	—
ROTHSCHILD[560]* .	150—216	48%	ca. 45%	ca. 57%	—
ROTHSCHILD** . .	300—500	43%	41%	—	—
Prozentsatz d. Unbestimmt.	fast Null	ca. 20%	ca. 12%	ca. 50%

Die Zahlen geben die Prozente „rechter Daumen oben" unter den Personen mit festen Gewohnheiten an; die Häufigkeit variabler Gewohnheit s letzte Zeile. — * Erwachsene. ** Kinder.

Nur beim Umfassen der Hand ist beim Rechtshänder etwas öfter als zu erwarten der rechte, beim Linkshänder der linke Daumen oben. Geschlechtsunterschiede sind nicht vorhanden, irgendwelche Vererbung dieser Gewohnheiten ist unwahrscheinlich und auch die Befunde Lutzs:

Eltern . . .	♂ R. Daumen oben × ♀ R. o.	R × L	L × R	L × L
Kinder R. o.	ca. 75%	ca. 50%	ca. 50%	ca. 50%

haben in Anbetracht der beträchtlichen Schwankungen, die sich bei solchen Statistiken ergeben, noch keine Beweiskraft. Alle diese Gewohnheiten bilden sich erst ziemlich spät heraus, das Händefalten vielleicht vom dritten, das Armeüberkreuzen vom sechsten Lebensjahre ab.

Ganz oder fast unabhängig von der Seitigkeit sind weiter gewisse einhändige Tätigkeiten, die weniger an die Geschicklichkeit der Hände als vielmehr an das „Denken" Ansprüche stellen, z. B. in Form richtiger Aufeinanderfolge ganz leicht auszuführender Handgriffe. Hierher gehört das oben (§ 33, k) erwähnte einhändige Schiffchenfalten und Knotenauflösen; so findet man bei Kindern, die man (bei für die ganze Dauer des Versuchs verbundenen Augen) eingeritzte Figuren nachfahren und mit derselben Hand sogleich zeichnerisch wiedergeben läßt, gleich viel Fehlleistungen der rechten und linken Hand[524]. Sowie aber die feinere Koordination der Handbewegungen den Ausschlag gibt, z. B. bei Prüfung auf Führungssicherheit oder bei einhändigem Balancieren, tritt sofort die Seitigkeit in Erscheinung, wenn auch nicht so ausgeprägt wie beim Kraftunterschied (grip) der Arme (nach Woo[575]):

	L>R %	L=R %	L<R %
grip	15,7	5,7	78,7
steadiness	21,1	13,7	65,1
balancing	30,0	10,2	51,9

Dabei ist anzumerken, daß auch hier die einzelnen Bereiche der Rechtsbevorzuger sich überschneiden, daß also z. B. nicht jeder rechts stärkere auch rechts besser balanciert usf. Verwandt mit diesen Geschicklichkeitsproben ist eine andere, die Versuchspersonen mit beiden Armen gleichsinnige (◠◠) Rotationsbewegungen ausführen zu lassen; steigert man die Geschwindigkeit, so verfällt plötzlich die Hand der inferioren Seite in zur anderen Hand spiegelbildlichen Drehungssinn (BRÜNING[527], KÄPPEL[0440]), ein Indizium, das — allerdings nicht unwidersprochen[531] — Linkshändigkeit anzeigen soll und das man sogar zur Erkennung der Händigkeit bei Simulationsverdacht vorgeschlagen hat[440].

Drehbewegungen[578] (Umrühren mit dem Löffel, Teig rühren, Zeichnen eines großen Kreises an der Wandtafel) zeigen bezüglich des Drehungssinns zwischen Rechts- und Linkshändern keine Unterschiede, sofern beide die rechte Hand verwenden. Extreme Linkser benutzen aber die Linke und drehen dann genau spiegelbildlich zu rechts.

Auch die Schlaflage wurde verschiedentlich mit der Händigkeit oder Seitigkeit in Beziehung gebracht, z. B. aus der Überlegung heraus, die Rechtshänder schliefen vorzugsweise auf der rechten Seite, weil ihre linke tagsüber mehr beanspruchte Hirnhälfte sich infolge größerer Blutleere dann besser erholen könne. Wirkliche Beobachtungen liegen nur an Kindern vor[536]; wurde jedes 20mal auf seine Lage geprüft, so ergab sich, daß noch nicht 5% eine bestimmte Lage bevorzugten, als sie sie mindestens 15mal (= 75%) innehatten, außerdem waren unter der Gesamtheit der Beobachtungen Rechts- und Linkslage gleich häufig und Unterschiede nach Händigkeit nicht feststellbar. Abgesehen, daß man diese Ergebnisse an Kindern auf Erwachsene vielleicht nicht übertragen darf, könnte man darin eine Bestätigung der neueren Ansicht erblicken, der Mensch wechsle zweckmäßigerweise mehrmals während des Schlafes seine Lage, so daß alle Teile des Körpers gleichmäßig entspannt würden. Umfragen über Schlaflage, d. h. wohl fast immer über die bevorzugte Lage beim Einschlafen, ergaben nur in etwa 50% Seitenlage bei einem Verhältnis R : L wie 3 : 2 (R. GÜNTHER[0536], NOSOWITSCH[0536], LUDWIG[578], SCHÄFER[455]); nach SCHÄFER soll bei Linkshändern Linkslage ein wenig überwiegen. Es erübrigt sich, die verschiedenen Faktoren, die für die bevorzugte Rechtslage geltend gemacht wurden, aufzuzählen, wahrscheinlich halten gewisse subjektiv-unangenehme Empfindungen, die in inneren Asymmetrien des Körpers ihren Grund haben, z. B. die bei Linkslage lauter empfundenen eigenen Herztöne, viele Menschen von der Linkslage beim Einschlafen ab.

Das Problem der Spiegelschrift, über das ein außerordentlich umfangreiches Schrifttum existiert, interessiert hier vor allem deswegen, weil der Linkshänder zum Schreiben mit der rechten Hand gezwungen wird. Er hat Sprach- (und Lese-) zentrum ohne Zweifel rechts, zu entscheiden aber ist, ob die Gesamtheit der Engramme für das Hervorbringen der zum Schreiben nötigen feinsten koordinierten Bewegungen der rechten Hand, die wir kurz als Schreibzentrum bezeichnen wollen, sich in der linken oder rechten Hirnhälfte befinden. Sitz links ist wahrscheinlich, würde aber bedeuten, daß Schreib- und Sprach- plus Lesezentrum sich in verschiedenen Hirnhälften befinden, Sitz rechts hätte die Annahme zur Folge, daß die Impulse für die rechte Hand aus der rechten Hemisphäre über den Balken nach der linken und von dort in die Hand weitergeleitet werden. In der Tat gibt es Befunde[460], die dafür sprechen, daß zumindest hier und da diese Möglichkeit eingetreten ist, und das ist deshalb nicht verwunderlich, weil (s. o.) die superiore Hirnhälfte überhaupt vieles, was die andere lei et, zumindest kontrolliert, wenn nicht mitbestimmt. Auf der anderen Seite kann der durchschnittlich intelligente Rechtshänder jederzeit immerhin eben noch leserlich mit der Rechten Spiegelschrift wie mit der Linken links- oder rechtsläufige Schrift schreiben, d. h. es wird unbewußt erstens von der rechten Hand zu jeder Schreibbewegung auch die spiegelbildliche Bewegung und zweitens von der linken Hand alle Bewegungen der rechten „mitgeübt". Wird nun beim linkshändigen Kind in der Schule die linke Hemisphäre im Schreiben geübt, so wird erstens seine superiore Hemisphäre die dazu spiegelbildliche Bewegung viel leichter „mitüben", als das entsprechende beim Rechtshänder der Fall wäre. Dem linkshändigen Kinde wird daher Spiegelschrift mit der Linken leichter fallen, es wird überhaupt eine Neigung dazu besitzen. Ebenso wird ein plötzlich rechtsseitig gelähmter Rechtshänder zunächst die Tendenz besitzen, genau spiegelbildlich wie bisher, also mit der Linken linksläufig zu schreiben. Schließlich wird der Linkshänder auch viel leichter rechtsläufige Schrift mit der Linken ausführen können als der Rechtser, weil ja seine rechte Hirnhälfte die superiore ist, und da ihm hierbei stets das optische Erinnerungsbild der gewöhnlichen Schrift vorschwebt, werden viele erwachsene Linkshänder erstaunt sein, wie gut sie mit der Linken gewöhnliche Schrift schreiben können, ja der erwachsene Linkser wird, zum Schreiben mit der Linken aufgefordert, deswegen von vornherein rechtsläufig schreiben. Alles dies ist durch Beobachtungen vielfach erhärtet[460, 551]. Beim linkshändigen Kinde wird sich also wohl zuerst links das Schreibzentrum für rechtsläufige Schrift mit der rechten Hand ausbilden, gleichzeitig wird sich das Gegenzentrum für linksläufige Schrift mit der Linken mitüben; weiter entsteht in jedem Sprachzentrum auch die Fähigkeit zu gegenläufiger Schrift, also auch im rechten zu rechtsläufiger Schrift, und wenn nicht inzwischen als Folge der Erziehung eine „Inver ion durch Umstimmung" (dieser Paragraph, d) eingetreten ist, ist es auf solche Weise möglich, daß die superiore Hemisphäre des Linkshänders allmählich für das Schreiben von immer wesentlicher Bedeutung wird und sich das ursprüngliche linke Sprachzentrum „unterjocht".

Zusammenfassung: Die Superiorität einer Hemisphäre äußert sich nur in ganz beschränkten Fällen in einer Überlegenheit der Sinnesorgane der bevorzugten Seite (nicht selten ist das genaue Gegenteil der Fall), wohl aber in der Fähigkeit, Muskeln dieser Seite isoliert zu bewegen, ferner bei allen Tätigkeiten, die Geschicklichkeit (d. h. schnell und exakt koordinierte Bewegungen) einer Hand verlangen, und schließlich — wie es scheint — in einer Bevorzugung dieser Hemisphäre bei geistiger Arbeit. Unabhängig von ihr sind reziproke Gewohnheiten (Händefalten usw.), die Lage beim Schlafen und die Fähigkeit zur erstmaligen Ausführung manuell leichter, aber ungewohnter Verrichtungen.

c) Morphologisch-anatomische Verschiedenheiten der Hirnhälften.

Die möglichen Asymmetrien des Gehirns lassen sich in Maßunterschiede, Formunterschiede und Unterschiede der Feinarchitektonik einteilen.

Obwohl bereits mehrere Tausende von Schädeln und Gehirnen auf Differenzen des Inhalts oder Gewichts untersucht wurden, hat man keine übereinstimmenden Resultate erhalten. Bald war die linke, bald die rechte Hemisphäre schwerer, bald waren beide gleich schwer, und die Differenzen, die sich überhaupt ergaben, waren sehr gering: vielleicht 1—2 g im Mittel, bestenfalls etwa 5 g, höhere Unterschiede als seltene Ausnahmen. So taucht der Verdacht auf, daß die Meßtechnik für das Resultat stark mitbestimmend ist, und in der Tat konnte gezeigt werden, daß wenn man von konservierten, aus der Flüssigkeit herausgenommenen Gehirnen erst die linke und dann die rechte Hemisphäre wiegt, die linke in der Regel schwerer erscheint, weil die rechte inzwischen durch Verdunstung Flüssigkeit abgibt[380]. Überhaupt bedeutet eine Differenz von 2 g auf ein Gehirn von im Mittel 1000 g, daß der sagittale Schnitt nur um $1/_5$% schief verlaufen zu sein braucht, und es erscheint fraglich, ob man Gehirne überhaupt einigermaßen fehlerfrei sagittal durchschneiden kann. Schließlich ist es leicht möglich, daß, falls nicht zu lange nach dem Tode eine Leiche auf der Seite liegt, eine Flüssigkeitsabwanderung nach dieser Seite hin eintreten kann, und so ließen sich noch mehrere Bedenken angeben, die den Wert von Wägeresultaten sehr in Frage stellen, zumindest dort, wo nur Durchschnittswerte angegeben sind oder auch Gehirne Geisteskranker mit gewogen wurden; ebenso ist fast stets weder über die Händigkeit etwas bekannt gewesen, noch sind etwaige Formasymmetrien angegeben. Solange Untersuchungen fehlen, in denen alle diese Momente berücksichtigt sind, läßt sich nur sagen, daß weder beim Menschen überhaupt noch innerhalb der Rechtsund Linkshänder getrennt ein sicherer Gewichtsunterschied zugunsten einer Hemisphäre gefunden wurde, ebenso kein Unterschied einzelner Hirnteile (Lappen)[525/6], kein Unterschied im Massenverhältnis zwischen grauer und weißer Substanz[542] oder im spezifischen Gewicht beider Hälften[52]. Die Autoren, die sich mit solchen Messungen beschäftigt haben, sind: BASTIAN (1866), BRAUNE (1891)[0428], BROCA (1875), BOYD (1861), BROWN-SÉQUARD[0449] (1871/90), CUNNINGHAM (1902), ECKER[0428] (1868), GRATIOLET[0449] (1839/57), HULLGREN[0540], INGLESSIS (1924), KAPPERS (1928), KLIPPEL[0460], LIEPMANN[046], LUYS[0460], OGLE[0449] (1867), RADOLSKY (1925), REICHARDT[05] (1906), RÜBEL (1908), THURNAM[0380] (1866), VOIGT[0361], WAGNER[0361] (1862), WILDE (1926).

Volummessungen beider Hemisphären wurden noch nicht versucht, wohl aber hat INGLESSIS[541] an 54 Schädeln die Kapazität beider Hälften bestimmt und in 63% links, in 31% rechts einen größeren Wert erhalten (6% Gleichheit); doch liegen die Unterschiede knapp über 1% (10—20 ccm), und bei der Unsicherheit, die mit solchen Messungen notwendig verbunden sein muß, erscheint das Plus von etwa 8 Schädeln, das den Ausschlag zugunsten von links gab, nicht sehr überzeugend; außerdem darf man hieraus keine unbedingten Rückschlüsse auf das Gehirn ziehen, wiewohl der gleiche Autor — allerdings meist nur auf Grund eines Vergleiches von Gehirnen und Schädelkalotten — volle Übereinstimmung zwischen Hirn und Schädel behauptete[54C]. Viel größere Exaktheit kommt den Messungen HOADLEYs[380] zu, der unter 729 ägyptischen Schädeln nach proportionaler Aufteilung der 11% symmetrischen in genau $^3/_4$ der Fälle rechts und in $^1/_4$ links eine größere „Länge" der Hemisphäre fand, bei einer mittleren Differenz von 1,5—2 mm, ein Resultat, das sich gut mit der übrigen Präponderanz der rechten Körperhälfte vereinigte.

Wesentlich zuverlässiger sind die Angaben über Formasymmetrie des Gehirns. Sie sprechen dafür, daß in der Regel beim Linkshirner die linke, beim Rechtshirner die rechte Hemisphäre einen komplizierteren Furchenverlauf besitzt, daß bestimmte Partien der superioren Hälfte mehr vorgebuchtet sind usf.* Grundlage für solche Behauptungen liefert die von KARPLUS[0460] gefundene Tatsache, daß überhaupt Eigentümlichkeiten des Furchenverlaufes erblich sein können, weiter hat man neben der Mehrzahl der Gehirne mit links verwickelterer Form[0557] bei offenkundigen Linksern das Gegenteil gefunden: am Gehirn des Malers MENZEL[0460] und an den Gehirnen dreier weiterer Personen[557], deren Sprachzentrum nachgewiesenermaßen rechts gelegen hat. Auch fand INGLESSIS[540] an Frontalschnitten durch 200 Gehirne in $^2/_3$ der Fälle in der hinteren Hälfte ein Überwiegen zugunsten von links, ebenso springt die linke Hemisphäre in der Mehrzahl stärker nach hinten vor[545] — das Gegenteil ist nur von typischen Linksern bekannt —, was man in der Regel auch am Schädel von innen (tieferer Eindruck) wie von außen (Vorbuchtung) konstatieren kann[409]. Gleiches hat man bereits bei Schädeln vorgeschichtlicher Menschen einschließlich des Pithecanthropus[400] (s. a. [403]) gefunden, ebenso beim Gorilla[539], und daraus gelegentlich weittragende Schlüsse gezogen.

Ebenso glaubte v. BARDELEBEN[417], daß in der Mehrzahl der Fälle bereits durch Betasten am Lebenden die Lage des Sprachzentrums an einer Vorbuchtung feststellen zu können — beim männlichen Geschlecht leichter als beim weiblichen —, und schließlich hat man die hervortretende linke Schädelhälfte prominenter Rechtshänder (CÄSAR, AUGUSTUS, NAPOLEON, GOETHE) zugunsten dieser Ansicht angeführt.

Stehen die fluktuierenden Asymmetrien des Hirngewichts mit der Überwertigkeit einer Hemisphäre offenbar überhaupt nicht in Zusammenhang, sind die Formasymmetrien vielleicht nur ein Ausdruck einer physiologischen Verschiedenheit beider Hemisphären, so könnten morphologische Dokumente der Überwertigkeit einer Hirnhälfte in der Feinarchitektur gefunden werden, und die Untersuchungen KAKESHITAS[0557] haben in dieser Hinsicht einen vielversprechenden Anfang mit positivem Ergebnis gemacht. Weiter hat MÜHLMANN[548] beim Rechtshänder in der rechten Hälfte des Großhirns und in der linken des übrigen

---

* Die Fissura Sylvii ist in der bevorzugten Hemisphäre meist länger[0365a]; dies bereits beim Schimpansen[365a].

Zentralnervensystems einen größeren Reichtum an granulösem
Pigment gefunden; seine Erklärung geht dahin, daß alle die
rechte Körperhälfte innervierenden Partien überwertig sind,
besser ernährt werden, also weniger degenerieren und daher auch
weniger Pigment ausscheiden.

Zusammenfassung: Bis jetzt keine eindeutigen
Maßunterschiede beider Hemisphären, wohl aber mit
der Seitigkeit gekoppelte Formunterschiede, ein in
der Regel verwickelter Furchenverlauf und kompliziertere Feinarchitektur der bevorzugten Hirnhälfte.

d) Seitigkeit und ihre Erscheinungsform beim einzelnen Menschen.

Wir hatten gesehen: die meisten Menschen sind Rechtshänder,
$^3/_4$ der Menschen sind Rechtsäuger, etwa gleich viel sind Rechtsbeiner, haben einen längeren rechten Arm und im rechten Arm
die größere Kraft, die Mehrzahl der Menschen ist rechtswendig,
auch ist die Mehrzahl sowohl morphologisch (Gestalt) wie physiologisch (Sprachzentrum) linkshirnig und als Auswirkung davon
auch rechtsseitig im Sinne der sub b genannten Indizien; schließlich ist in der Regel die rechte Körperhälfte in allen Teilen, die
von der Asymmetrie der inneren Organe nur wenig beeinflußt
werden, morphologisch bevorzugt. Nun ist es bereits wegen der
verschiedenen Prozentsätze der Linkshänder, Linksbeiner usw.
unmöglich, daß sämtliche Rechtshänder auch Rechtsbeiner,
Rechtsäuger usw. sind, aber auch das direkte Gegenteil ist nicht
der Fall, daß all diese verschiedenen Eigenschaften: Händigkeit,
Beinigkeit, Äugigkeit voneinander unabhängig invertieren. Wäre
dies der Fall, so müßten, wenn $^1/_4$ aller Menschen Linksäuger sind
und $^1/_{10}$ aller Menschen Linkshänder wären, sowohl $^1/_{10}$ der Linksäuger wie $^1/_{10}$ der Rechtsäuger linkshändig sein und so fort durch
Kombination über alle Merkmale, in Wirklichkeit aber ist die
Mehrzahl aller Rechtshänder auch Rechtsäuger, Rechtsbeiner, Rechtsseiter ... und die Mehrzahl aller Linkshänder
auch Linksbeiner, Linksäuger, Linksseiter ... Da nun an
der Erblichkeit dieser RL-Merkmale kein Zweifel besteht, kann
diese Korrelation nur so erklärt werden, daß jeder Mensch auf
Grund der von seinen Eltern ererbten Anlagen (Gene) entweder
Rechtsseiter oder Linksseiter ist („genotypischer R- oder

L-Seiter"), und daß die Überschneidungen, die die einzelnen Rechts- oder Linksbereiche untereinander zeigen, durch selbständige nichterbliche Inversion der Teilmerkmale der Seitigkeit zustande kommen ("phänotypische Linkshänder, Rechtsäuger ..."). Zugunsten dieser Ansicht, die keineswegs ein Novum darstellt, sondern die für das Seitigkeitsproblem bereits von RIESE[557] angedeutet wurde und zu der man sich bei der Betrachtung der meisten RL-Merkmale gezwungen sieht, lassen sich viele Indizien beibringen. Hierzu ist es nötig, die Möglichkeiten nichterblicher Inversionen zu betrachten.

Man kann unter ihnen 4 Arten unterscheiden:
1. Zwangsinversion;
2. pathologische Inversion;
3. phänotypische Inversion im speziellen Sinn, und
4. Inversion durch Umstimmung,

von denen 1, 2 und 4 im wesentlichen nur beim Menschen eine Rolle spielen.

Die Zwangsinversion versteht sich von selbst, wenn man in ihr nichts anderes sieht, als daß nach Verlust oder infolge dauernder oder wenigstens anhaltender Gebrauchsunfähigkeit des bisher prävalierenden Armes, Auges usw. fortan das Organ der anderen Seite gebraucht wird. Jedoch zeigt sich, daß häufig diese Zwangsinversion eines Merkmals auch Inversionen anderer Merkmale mit sich bringt: so sei erinnert an den Fall eines Kindes, das mehrmals mit der Äugigkeit auch die Händigkeit wechselte[497], daß bei rechtsamputierten Rechtshändern das bisher latente rechte Sprachzentrum "erwacht" und als Folge des Wettstreites beider Zentren (§ 36, f) zu Stottern führt[513], daß bei Zwangslinkshändern mit der Zeit auch Lidschluß, Ausdrucksbewegungen usw. links besser werden[549]. Offenbar wird, z. B. nach Verlust des rechten Armes bei einem Rechtshänder, zunächst das bisher inferiore Zentrum des linken Armes durch "Übung" gereizt, diese Zwangsinversion wirkt als Stimulans auf die übrigen Zentren der bisher inferioren Hemisphäre, das eine gewinnt allmählich die Oberhand (Lidschluß), das "Erwachen" des anderen kann unterdrückt werden (Sprache). Hierher gehören wahrscheinlich auch die Befunde über das Schielen: daß stets das nichtführende Auge in Schielen verfällt und daß unter den einseitig Schielenden unverhältnismäßig viele Linkshänder sind. Verfällt z. B. bei einem

Kinde das anlagegemäß führende rechte Auge, etwa als Folge hochgradiger Amblyopie, in Strabismus, so schaltet es für das Sehen größtenteils aus, das bisher inferiore linke wird zum „Hauptauge" und wieder wird diese Zwangsinversion ein „Erwachen" der bisher inferioren Hirnhälfte zur Folge haben, einen — wenn auch nicht immer — Übergang zu sekundärer Linkshändigkeit und ein Erwachen des Sprachzentrums: Stottern. Bei einem Überblick über die Literatur des Schielens ergibt sich, daß Rechts- und Linksschieler etwa gleich häufig, daß unter ihnen aber Linkshänder bedeutend gehäuft sind. Nehmen wir an, daß linkes und rechtes, führendes wie nichtführendes Auge gleich oft von Schielen betroffen wird, daß, im Falle das führende Auge zu schielen beginnt, bei Rechts- wie Linkshändern gleich oft Inversion zu sekundärer Andershändigkeit eintritt, so müßten wir unter der Gesamtheit der Schieler gleich viel Rechts- und Linkshänder antreffen, bzw. wenn man die erziehende Umstimmung in Rechnung zieht, etwa gleich viel, mit einem schwachen Plus der Rechtshänder. Da dies tatsächlich der Fall ist und eine andere befriedigende Erklärung für den Zusammenhang zwischen Schielen, Stottern und Linkshändigkeit nicht gegeben werden konnte, kommt dieser hier vertretenen Ansicht große Wahrscheinlichkeit zu; sie würde sich der Gewißheit nähern, wenn sich eine weitere zwangsläufige Folgerung dieser Ansicht bestätigte: daß unter den rechtsschielenden Linkshändern mehr Stotterer sind als unter den linksschielenden Rechtshändern, weil unter den Rechtsschielern ein höherer Prozentsatz sekundärer Linkshänder sein müßte als umgekehrt.

Die pathologische Inversion ist mit der Zwangsinversion nahe verwandt, man könnte die von ihr betroffenen auch als Zwangshirner bezeichnen; sie tritt ein, wenn Läsionen oder krankhafte Herde der anlagegemäß führenden Hemisphäre die andere zur Dominanz bringen[556].

Die phänotypische Inversion im speziellen bedeutet, daß das, was bei der Zwangs- oder pathologischen Inversion durch grobe Faktoren bewirkt wird, auf frühestem Embryonalstadium auch durch schädigende Einflüsse viel geringerer Intensität hervorgerufen werden kann. Man hat für die Existenz dieser Inversionsart beim Menschen keinen Beweis, wenn man aber, z. B. bei *Ascaris*, durch erhöhte Temperatur, oder bei

Seeigellarven, durch veränderten Salzgehalt des Mediums, künstlich Inversionen erzeugen kann und bei vielen tierischen RL-Merkmalen ebenfalls phänotypische Inversionen gefunden hat, wird man ihre Existenzmöglichkeit beim Menschen nicht abstreiten dürfen. In Analogie zu anderen RL-Merkmalen zu schließen, kann sowohl die Gesamtanlage der Seitigkeit wie einzelne Teile, z. B. die Händigkeit allein, invertiert werden.

Die letzte Art, Inversion durch Umstimmung, ist quasi eine stark gemilderte Abart der Zwangsinversion: der Zwang ist die Erziehung des Kindes zur Rechtshändigkeit. Diese Umstimmung betrifft zunächst nur die Händigkeit, doch kann das Dominantwerden des linken Armzentrums auch das linke Beinzentrum — was wir bei der Beinigkeit als indirekte Umstimmung bezeichneten — oder das linke Sprachzentrum mitergreifen, was dann zu Sprachstörungen führt (§ 36, f), und ebenso ist es möglich, daß ab und zu auch die Äugigkeit invertiert wird. In der Regel wird wegen der im Vergleich zu anderen Einflüssen nur geringen Intensität des Erziehungszwanges allein eine Inversion der Händigkeit, vielleicht auch der Beinigkeit eintreten, doch ist in solchen Fällen, wo z. B. ein infolge des Rechtszwanges sprachgestörtes und geistig zurückgebliebenes Kind plötzlich zur Rechtshändigkeit übergeht und dann alle Anomalien verliert, eine Inversion der gesamten Seitigkeit anzunehmen. Weiter wird man schließen müssen, daß das weibliche Geschlecht dem erziehenden Einfluß eher unterliegt als das männliche, woraus sich die geringere Zahl weiblicher Linkshänder (§ 33) erklärt.

Von diesen Inversionsarten sind die beiden ersten ziemlich selten, die vierte hat vor allem Händigkeitsinversion und erst sekundär die Umkehr anderer Anlagen zur Folge, „3" aber ist für alle Anlagen gleich häufig anzunehmen, sei es daß alle zugleich oder jede gesondert gleich oft invertiert wird. Alle Inversionen außer der letzten sind reziprok, d. h. bei Rechtsern und Linksern relativ gleich häufig. Beträgt die Häufigkeit einer Inversion 10% und sind $^3/_4$ aller Menschen genotypisch Rechtser und $^1/_4$ Linkser, so beträgt die Zahl der phänotypischen Rechtser $75 + 25 \cdot 0,10 - 75 \cdot 0,10 = 70\%$, die Zahl der phänotypischen Linkser $25 + 75 \cdot 0,10 - 25 \cdot 0,10 = 30\%$, d. h. der Häufigkeitsunterschied zwischen Rechtsern und Linksern schwächt sich ab. Ihnen gegenüber steht allein der einseitige, „asymmetrische"

Einfluß der Umstimmung, der vor allem bei der Händigkeit das Verhältnis R : L stark zugunsten von R verschiebt. So wirken die einzelnen Inversionsarten in einer Weise zusammen, wie das die bei der Äugigkeit (S. 336) gegebene Tabelle wiedergibt.

Für Äugigkeit, Sprache, Händigkeit, Beinigkeit und motorische Prävalenz der Gesichtsmuskeln muß man gesondert invertierbare Zentren annehmen; wie aber steht es mit den übrigen Erscheinungen der Seitigkeit, der größeren Länge und Kraft des rechten Armes, der Wendigkeit und schließlich mit der morphologischen Prävalenz der rechten Körperhälfte überhaupt? Im morphologischen Überwiegen eines Armes nach Größe und Kraft sahen wir uns gezwungen, ein mit der Händigkeit gekoppeltes Merkmal zu erblicken, müssen ihm also eine gesondert invertierbare Teilanlage der Seitigkeit zuschreiben (§ 33); die Wendigkeit ist in ihren Ursachen noch nicht geklärt und möglicherweise eine sekundäre Folge der Äugigkeit und über die morphologische Dominanz der rechten Körperhälfte ist eine Aussage derzeit noch nicht möglich; nur die Formasymmetrie des Gehirns ist wohl irgendwie mit der Seitigkeit gekoppelt. Nicht zu vergessen ist schließlich, daß funktionelle Hypertrophie (Arm) und Dressur (Hand, Bein) eine nicht unwesentliche Rolle spielen und manchmal die äußere Erscheinung der Seitigkeit in einzelnen Punkten verdecken können.

Unter den Menschen nach dem Grade ihrer Seitigkeit, Händigkeit usw. verschiedene Typen zu unterscheiden[532] [559], ist ein ebenso unsicheres wie unnötiges Beginnen.

e) Die Entstehung der Seitigkeit bei der Menschheit.

Bei dieser so oft gestellten und so verschiedenartig beantworteten Frage hat man es eigentlich mit drei, zwei Haupt- und einer Zusatzfrage, zu tun: 1. warum hat sich überhaupt eine Einseitigkeit entwickelt, 2. warum ist gerade Rechts- und nicht Linksseitigkeit dominant, und 3. ist die Seitigkeit von innen heraus entstanden oder von außen induziert, d. h. ist Hirnigkeit das Primäre und Seitigkeit ihre Auswirkung, oder hat umgekehrt das Bevorzugen eines Organes (Hand, Auge) die Prävalenz einer Hirnhälfte veranlaßt und sind erst sekundär, als Folge dieser Hirnigkeit, die übrigen rechtsseitigen Organe bevorzugt worden?

Wenn wir beginnen, die erste Frage zu diskutieren, müssen wir uns vor Augen halten, daß wahrscheinlich eine individuelle Einseitigkeit, rechts und links gleichmäßig verteilt, das Primäre war. Solche individuelle Einseitigkeit, die sich keineswegs auf alle Individuen einer Art zu erstrecken braucht, kennt man von der „Händigkeit" der Ratten, der Beinigkeit der Papageien, der Läufigkeit vieler Tiere, von Fliegenarten, deren Angehörige rechts-, links- oder noch beidflüglig sind usf. Monostrophie dieser Asymmetrien ist entweder unbekannt oder kommt — wie bei der Flügligkeit — erst sekundär bei abgeleiteten Gruppen vor. Daneben kennt man im Tierreich auch Fälle artkonstanter Einseitigkeit: das Schränken der Caniden und, mit ihr vielleicht im Zusammenhang, deren konstante Längenasymmetrie der Vorderbeine, das Linkskämpfen der Wildochsen und Hirsche, das einseitige Anstechen der Blüten durch Hummeln. In diesen Fällen ist zwar eine razemische Vorstufe nicht bekannt, beim Menschen aber spricht das Genotypenverhältnis 3 : 1 zugunsten eines solchen (§ 47).

Stets handelt es sich bei diesen Seitigkeiten um verwickelte einseitige Verrichtungen, die aus streng koordinierten Einzelbewegungen bestehen und nur einseitig ausgeführt zu werden brauchen, wo es also unnötig wäre, beide Hirnhälften mit diesen verwickelten Koordinations-Engrammen zu belasten. In dem Erwerb einer solchen Verrichtung muß man nun auch die Ursache der Seitigkeit beim Menschen sehen, und dabei kommen in Frage Verrichtungen der Hand, des Auges und die Sprache. Für die Sprache wäre es vor allem sowohl überflüssig wie unzweckmäßig (Stottern!), wenn zu jedem Wort in jeder Hirnhälfte ein Engramm entstünde, und so ist es durchaus möglich, daß ihre Entstehung den Anlaß zu einer funktionellen Asymmetrie des Gehirns gegeben hat; treten später Anlässe zur Bevorzugung einer Hand oder eines Auges ein, so wird dasjenige Organ das Übergewicht erhalten, dessen Zentrum in der gleichen Hemisphäre liegt wie das der Sprache. Umgekehrt kann man den ersten Anlaß zu einer Differenzierung des Gehirns auch in dem Zwange zur Bereitung und Verwendung von Werkzeugen und Waffen erblicken, so daß Händigkeit → Hirnigkeit das Primäre wäre, oder schließlich ebensogut mit PARSON annehmen, daß für der Urmenschen vor allem die sichere Orientierung wichtig war,

und da die Äugigkeit nichts anderes ist als ein leichter und zuverlässiger Visiermechanismus, könnte sie das Primäre gewesen
und die Bevorzugung der gleichseitigen Hand erst sekundär entstanden sein, einmal weil ihr Zentrum in der bereits superioren
Hemisphäre lag, und zweitens, weil infolge der asymmetrischen
Blickrichtung die gleichseitige Hand die „nähere" war. Diese
letztere Erklärung hätte sogar vieles vor den anderen voraus,
wenn es sich bewahrheitete (s. § 35), daß bereits bei Affen ein
Beginn der Äugigkeit vorliegt.

Bei der zweiten Frage, warum rechts und nicht links, wird
man die Ursache in irgendwelchen inneren Asymmetrien
des Körpers zu suchen haben, d. h. letzten Endes nicht er-
gründen können (— die wenigen Versuche, äußere Faktoren als
Ursache heranzuziehen, sind völlig unbefriedigend geblieben —),
denn bei keinem der vielen RL-Merkmale läßt sich heute angeben,
warum bei der Gabelung rechts—links gerade der eine Weg gewählt wurde, und im Falle der Rechtsseitigkeit gelangt man
höchstens zu einer ähnlichen Antwort wie bei der Frage nach
der Ursache der Schneckenasymmetrie: hier weiß man zwar
mit Wahrscheinlichkeit, warum und auf welchem Wege die
Schnecken asymmetrisch wurden; warum aber die Drehung
gerade nach rechts geschah, bleibt entweder unentschieden oder
man macht die von den Vorfahren ererbte Leberasymmetrie
dafür verantwortlich. Weshalb aber hier gerade die linke Leber
die größere war — d. h. die letzte Ursache der Rechtsdrehung —,
bleibt unerklärt (weiter vgl. §§ 47 u. 48).

Die dritte Frage hat man so zu beantworten, daß, als erstmals an ein paariges Organ die Anforderung nach verwickelter
Tätigkeit herantrat, das Organ einer Seite bevorzugt wurde,
indem die ihm entsprechenden Zentren des Gehirns die ver-
langten Koordinationen ausbildeten. Die Hirnhälfte, in der jene
Zentren lagen, wurde zur dominierenden, indem fortan für jedes
Organpaar, das eine Differenzierung verlangte, das Zentrum der
bevorzugten Hälfte das superiore wurde.

Überblickt man die bisherigen „Erklärungen" oder „Theorien" so
handelt es sich z. T. überhaupt um keine Erklärungen (z. B. Rechtshändigkeit infolge von Vererbung, als Folge einer Hirnigkeit), oder es wird in der
Regel nur die Frage in Betracht gezogen, warum, wenn überhaupt eine
Verschiedenheit beider Seiten eintrat, gerade rechts bevorzugt wurde. Zu-

nächst schalten viele alte Ansichten aus, z. B. Nachahmung oder Lage des Kindes im Uterus (COMTE 1828), weil sie die Erblichkeit nicht respektieren, das Tragen des Kindes auf dem rechten Arm, weil es überhaupt nicht der Wahrheit entspricht. Die wenigen weiteren Versuche, äußere Faktoren für die Rechtsseitigkeit verantwortlich zu machen, besitzen keine Überzeugungskraft: Rechtsseitigkeit als Folge einer allgemeinen Rechtsschraubungstendenz im Kosmos (GÜNTHER) und die Sonnentheorie (v. MEYER[444], SARASIN[453], PAULSEN[0436]; für den* sich nach Osten wendenden Menschen sei infolge der täglichen Bahn der Sonne rechts die Seite des Lichtes, links die Seite der Finsternis, und so habe der Mensch mit Willen die rechte bevorzugt). Die einzige Erklärung, die auf alle drei Fragen eine Antwort gibt, ist die PYE-SMITH-WEBERsche[0460] Kampftheorie, der sich auch STIER anschloß und die später von ASTWATZATUROFF[519] und anderen verschiedentlich modifiziert wurde. Sie lautet in moderner Fassung und mit kurzen Worten so: Als der Mensch mit dem Gebrauche von Werkzeugen und Waffen begann, führte ihn die Linkslage seines Herzens dazu, dieses zu schützen und den Gegner ebendort zu verwunden, er trug links den Schild und warf rechts den Speer, die rechte Hand wurde die geschicktere, übernahm bei allen Handlungen den schwierigeren Part und induzierte so die Linkshirnigkeit. Im Sinne der Einleitung dieses Abschnittes erkennt man: verwickelte Anforderungen an die Hände führt zur Einhändigkeit (Frage 1), eine innere Asymmetrie (Herz) gab den Ausschlag für rechts (Frage 2), Händigkeit induzierte die Hirnigkeit (Frage 3). Die verschiedenen Blutgefäßtheorien beantworten allein die Frage nach links oder rechts: erst** nahm man an, die rechte Subclavia versorge den rechten Arm besser mit Blut, weil sie näher dem Herzen entspringt und der Blutdruck in ihr höher ist (HYRTL 1860); später meinte man umgekehrt, durch die linke Karotis werde das linke Gehirn besser ernährt, weil dieses Gefäß weiter sei (CAHALL 1863), was durch CUNNINGHAM sehr in Frage gestellt wurde, oder weil die plötzliche Knickung des Blutstromes, wie es rechts der Fall sei, wegfalle (DE FLEURY 1865, OGLE 1867); doch hat bereits STIER viele Indizien, die zugunsten dieser Ansicht zu sprechen schienen (größere Zahl linksseitiger Hirnembolien) widerlegt, SCHÄFER[455] machte darauf aufmerksam, daß der Circulus arteriosus Willisii im Gehirn des Erwachsenen jede etwa vorher vorhandene Blutdruckdifferenz ausgleiche und verlegt daher die Karotidentheorie auf ein embryonales Stadium. Schließlich hat man die Rückbildung der rechten Nabelvene, die Drehung des Embryos auf die linke Seite (DARESTE 1885) sowie die Rechtslage des Schwerpunktes (BUCHANAN 1862) für die Rechtshändigkeit verantwortlich gemacht. Wenn PARSON in der Äugigkeit, KLÄHN in der Händigkeit (erstmaliger Werkzeuggebrauch, als der Mensch unter dem Zwange der Natur von der Pflanzen- zur Tierkost überging) das Primäre sieht, so wird hierdurch nur Frage 1 beantwortet, wenn v. BARDELEBEN[361] annimmt, Rechtshändigkeit sei bereits von tierischen Vorfahren des Menschen ererbt, so werden alle Fragen nur auf einen früheren Zeitpunkt zurückverschoben.

---

* Beim Beten. ** Vgl. Abb. 120b.

f) Das Problem der Minderwertigkeit der Linksseiter.

Es handelt sich hier darum, zu erklären, wieso Sprachstörungen und Schielen, Epilepsie, moralische Minderwertigkeit und körperliche Degenerationszeichen, vielleicht auch Taubstummheit, Farbenblindheit und Geisteskrankheiten bei Linkshändern prozentual weitaus häufiger sind als bei Rechtshändern — Tatsachen, die nicht mehr in Zweifel gezogen werden können (§§ 33, 35).

Ohne Zusammenhang mit dieser ist eine andere Frage, die man häufig mit dieser verquickt findet: ob die „inferiore" Seite, d. h. die linke des Rechtsseiters und umgekehrt, eher oder öfter von Krankheiten befallen wird. Aus den sehr verschiedenwertigen hierzu beigebrachten Zahlen geht nur hervor, daß gewisse Krankheiten die linke, andere die rechte Körperhälfte bevorzugen, vermutlich als Folge von Asymmetrien des Körperinnern und ohne allen Bezug auf Händigkeit. Auch Defektbildungen sind nicht immer auf der inferioren Seite häufiger[562] (unter 5761 einseitigen Leistenbrüchen 3671 rechts; unter 165 Hasenscharten 113 links; unter 407 Linsentrübungen 184 zuerst rechts).

Für die Häufung der Defekte bei Linksseitern kommen vier wirkliche Ursachen: die Benachteiligung der Linkser im praktischen Leben (weil sie zur Benutzung der für den Rechtser gearbeiteten Werkzeuge usw. gezwungen sind), die Erziehung zum Schreiben mit der rechten Hand, die Existenz pathologischer Inversionen (dieser Paragraph, d) und der Umstand, daß auch gewöhnliche phänotypische Inversion häufig von Anomalien begleitet ist, — und eine scheinbare in Frage: daß in minderwertigen, sozial schlechtgestellten oder moralisch verderbten Familien die Erziehung der Kinder vernachlässigt wird, so daß hier Linksveranlagung sich ungehemmt entwickeln kann.

Diese fünf Momente kommen nicht in gleichem Maße für alle Defekte in Frage. Beim Stottern hat man vor allem den Zwang zum Rechtsschreiben verantwortlich gemacht. Es entsteht ein Wettstreit zwischen der durch das Schreiben angeregten linken und der beim Linksseiter superioren rechten Hemisphäre, daher auch ein Wettstreit beider Sprachzentren, der sich entweder nie behebt und zu bleibenden Sprachstörungen führt, allmählich behebt, indem doch, wie man vermutet, das linke Sprachzentrum sich durchsetzt (vgl. b, Spiegelschrift) oder plötzlich verschwindet, wo man dann Inversion durch Umstimmung annehmen muß. Für diese Wettstreittheorie lassen sich viele Beweise e-bringen, z. B. daß die Sprachstörungen bei Kindern nach-lassen, wenn man mit der Erziehung zur Rechtshändigkeit aus-setzt; besonders überzeugend aber ist die bereits in d erwähnte Tatsache, daß auch bei erwachsenen Rechtshändern nach Verlust des rechten Armes vorübergehend Sprachstörungen beobachtet wurden. — Die Hauptursache für die Sprachstörungen der Linkser, die Erziehung des linkshändigen Kindes zur Rechts-händigkeit, betrifft genotypische wie von Geburt an phäno-typische Linkser gleichmäßig. Weiter tragen Zwangsinversionen bei Rechtsern (d) in geringem Maße zur Häufung des Stotterns innerhalb der Gesamtheit der Linkser bei.

Für die Korrelation zwischen Schielen und Linkshändigkeit wurde S. 352 eine Erklärung gegeben, sie erblickt in der Anhäufung von Linksern unter den Schielenden eine sekundäre Folge des Schielens. Schielen hat also mit der Minderwertigkeit der Linkser nichts zu tun.

Bei der moralischen Minderwertigkeit wird man in Abwägung der beiden Tatsachen, daß zwar der Prozentsatz der infolge Erziehung nicht mehr ermittelbaren Linkshänder ein beträchtlicher ist, daß andererseits das hauptsächlich umstim-mende Moment das Schreiben mit der Rechten ist, vermuten dürfen, daß der fünften Ursache, dem Wegfall häuslicher Er-ziehung, zwar eine nicht unwesentliche, nicht aber die Hauptrolle zugeschrieben werden darf. Man wird vielmehr hier ebenso wie bei der Epilepsie, den körperlichen Degenerations-zeichen und Geisteskrankheiten in Betracht ziehen müssen, daß der Vorgang der phänotypischen Inversion (insbesondere beim Menschen die in d genannten Fälle der speziellen phäno-typischen und pathologischen Inversion) Anomalien und Defekte im Gefolge haben können, da es sich ja um eine durch anormale Faktoren bewirkte Umkehr des genotypisch Regulären handelt. Fallen nun genotypische Rechtser und Linkser relativ gleich oft der phänotypischen Inversion anheim, so zeigt die einfache, auf S. 353 angeführte Überlegung, daß unter der Gesamtheit der als Linkser erscheinenden relativ viel mehr nurphänotypische Linkser sind als unter der Gesamtheit der Rechtser nurphänotypische Rechtser, bei den Werten der dortigen Überlegung $\frac{70}{2,5} : \frac{30}{7,5} = 7\,\text{mal}$ mehr. Bringen nun die Inversionen R → L und L → R gleich oft

Anomalien mit sich, was anzunehmen ist, so muß es unter Gesam--
heit der Linkser prozentual 7 mal mehr Anomale geben als unter
der Gesamtheit der Rechtser. Daran ändert auch die nachträgliche erziehende Umstimmung zum Rechtshänder nichts, da sie
geno- und phänotypische Linkser gleichmäßig betrifft.
Die genotypischen Linkser sind also nicht minderwertig, potentiell minderwertig aber sind sowohl die phänotypischen Linkser (= genotypische Rechtser) und die phänotypischen Rechtser (= genotypische Linkser), und wenn die
Inversionen R $\rightarrow$ L und L $\rightarrow$ R relativ gleich häufig sind, ergibt
sich aus der Tatsache, daß die genotypischen Linkser in der
Minderheit sind, die Erscheinung, daß die Gesamtheit der Linkser
relativ mehr Anomale enthält als die Gesamtheit der Rechtser.
Ein zweites Moment, daß die Linkser mit Defekten (vornehmlich
Stottern) belastet, ist der bewußte Versuch zu phänotypischer
Inversion infolge Erziehung zur Rechtshändigkeit (Schreiben) in
Schule und Elternhaus, und auch dieses ist eine Folge, daß für
ein einheitliches Tun die Majorität den Ausschlag gibt. Die
Minderwertigkeit der Linkser ist kein diesen primär
zukommendes Merkmal, sondern eine sekundäre notwendige Folgeerscheinung des Umstandes, daß die
genotypischen Linkser gegenüber den genotypischen
Rechtsern in der Minderzahl sind.
    Von diesen beiden Momenten kann man das zweite, die Er-
ziehung zur Rechtshändigkeit, ausschalten. Unterdrückte man
wenigstens im Kindesalter jede Art von Linkskultur und Zwei-
handbewegung, wäre es möglich, die linkshändigen Kinder in
besonderen Klassen durch linkshändige Lehrer im Schreiben mit
der Linken zu unterrichten, so müßte sich die Zahl der Minderwertigen unter ihnen verringern, Defekte würden dann nur noch
die von Geburt an phänotypischen Linkser aufweisen. Die
geringen Nachteile, die diesen unbeeinflußten Linksern im späteren
Leben aus dem Gebrauch für den Rechtser konstruierter Werkzeuge (Schreibmaschine, Musikinstrumente) erwachsen, dürften
weitaus aufgewogen werden.

g) Zusammenfassung.

Händigkeit, Beinigkeit, Äugigkeit, motorische Prävalenz der Gesichtsmuskeln, einseitige Lokalisation

des Sprachzentrums und stärkere Entwicklung des bevorzugten Armes sind miteinander gekoppelte Teile einer asymmetrischen Gesamtanlage, der Seitigkeit. Sie ist der Ausdruck einer funktionellen Asymmetrie beider Hirnhälften. Die superiore Hälfte enthält nicht nur die motorischen Zentren der bevorzugten Seite sowie das Sprachzentrum, sondern scheint auch über alle Funktionen der anderen Hemisphäre eine Oberkontrolle zu üben und an geistiger Arbeit vorwiegend beteiligt zu sein und ist morphologisch von der inferioren Hälfte geringgradig unterschieden. Als Folge anormaler Einflüsse sind phänotypisch Inverse möglich, wobei sowohl jede Teilanlage gesondert als alle miteinander invertieren können. Diese Inversionen sind als ein Aktivwerden der bisher latenten bzw. inferioren Zentren der Gegenhälfte aufzufassen. — Ursache jeder funktionellen Ungleichwertigkeit eines Organpaares sind Anforderungen an dasselbe, die verwickelte Koordinationsengramme bedingen und nur einseitig ausgeführt zu werden brauchen, so daß es überflüssig und unzweckmäßig wäre, beide Hemisphären mit ihnen zu belasten. Ob die Notwendigkeit exakten Visierens (Auge), erstmaliger Werkzeuggebrauch (Hand) oder der Erwerb der Sprache den ersten Anlaß zur funktionellen Asymmetrie der Hirnhälften gab, sei dahingestellt. Der Grund, weshalb gerade die linke Hirnhälfte die superiore wurde, muß in einer (vorläufig nicht näher bestimmbaren) Asymmetrie des Körperinneren gesucht werden. Die Minderwertigkeit der Linksseiter ist keine grundsätzliche, sondern eine sekundäre, letzten Endes bedingt durch den Umstand, daß die genotypischen Linkser in der Minorität sind. Nur durch phänotypische Inversion oder durch den Versuch einer solchen (Erziehung) wird zu Defekten Anlaß gegeben.

§ 37. Rechts-Links-Blindheit und Dressierbarkeit auf rechts und links.

Einer der einfachsten Versuche der modernen Tierpsychologie ist der des T-förmigen Labyrinths. Das zu prüfende Tier wird am freien Ende des T-Stiels in das Labyrinth gesetzt, es findet am Ende des rechten T-Balkens eine Belohnung, erhält nach Betreten des linken eine Strafe und gewöhnt sich so bald daran, in allen ähnlichen T-Labyrinthen nurmehr den rechten Schenkel zu betreten, auch wenn Strafreiz und Belohnung fehlen. Wesentlch an dieser Dressur auf rechts (oder links) ist, daß sie schon bei sehr niedrigstehenden Tieren gelingt, z. B. beim Regenwurm[590] oder bei einer Landschnecke[586], ja nicht nur intakte Regenwürmer, sondern auch solche ohne Gehirn, ja sogar ohne die in den ersten 6 Segmenten enthaltenen Teile des Nervensystems sind zu einer solchen Dressur fähig[587]. Vorbedingung hierfür ist: 1. ein gewisses „Gedächtnis", und 2. eine Art „Seitigkeit", die vermutlich nur bilateralen Tieren zukommt. Denn bei einem in Schrauben-linien schwimmenden Infusor dürfte eine solche Dressur auf rechts oder links kaum gelingen, obwohl die technischen Vor-bedingungen hierzu vorhanden wären, und zu untersuchen bliebe allein, ob bereits die niedersten bilateralen Tiere (Strudelwürmer) diese Fähigkeit besitzen.

Ohne diese Dressierbarkeit vorerst „psychologisch" weiter zu analysieren, sei auf ein gewissermaßen negatives Gegenstück zu ihr beim Menschen hingewiesen, auf die Rechts-Links-Blind-heit bzw. -Schwachheit (Elze). Die allermeisten Menschen haben ein vollkommen klares und sicheres RL-Empfinden, sie sind sich niemals, „mag die Frage noch so unerwartet an sie herantreten, auch nur einen Augenblick im Zweifel, wo an ihrem Körper oder im Raume rechts und wo links ist". Das andere Extrem sind die RL-Blinden, die „überhaupt nicht verstehen, daß man einen Unterschied zwischen rechts und links machen kann"; zwischen beiden liegt die abgestufte Schar der RL-Schwachen, von denen jeder ein besonderes Merkmal, eine besondere Hilfs-gleichung sich zugelegt hat, auf die er sich dressiert hat und vermittels der er der rechten und linken Seite die richtige Vokabel zuordnet. Ist bei plötzlichen Fragen nicht Zeit zu dieser Hilfs-überlegung, so wird die RL-Schwachheit, die für gewöhnlich verborgen ist, offenbar. Solche Hilfsgleichungen sind z. B.: „rechte Hand = diejenige, die schreibt", „rechte Hand = Hand des Traurings", oft aber wird nicht so Naheliegendes verwendet, sondern irgendwelche einstmaligen Erlebnisse werden stets wieder herangezogen, z. B. „rechts = diejenige Seite, an der einmal in einer Kindergesellschaft eine Tante der betreffenden Person neben ihr am Tische saß" usf. Stark RL-Schwache ver-wenden für verschiedene Teile ihres Körpers (Arme, Beine usw.) verschiedene solche Hilfsmerkmale, trotzdem sind sie nicht imstande, aus einem Paar Schuhe den rechten herauszufinden, wenn sie sich nicht auch hierfür ein besonderes zurechtgelegt haben.

RL-blind sind alle jungen Kinder, doch wird im allgemeinen bis zum 6. Lebensjahr zwischen rechts und links unterscheiden gelernt, von jetzt ab beginnen sich die RL-Schwachen abzusondern. Die Gesamtheit der RL-Anormalen schätzt man auf 15—20% (unter Akademikern[584]). Von der sonstigen Begabung ist RL-Blind- oder -Schwachheit unabhängig (HELMHOLTZ z. B. war extrem RL-schwach), ebenso von der Orientierungsfähigkeit im Raume und von der Händigkeit. ELZE erblickt in ihr den Mangel einer besonderen Gehirnfunktion, des RL-Empfindens, das wahrscheinlich — aus klinischen Befunden zu schließen, die mit plötzlicher RL-Blindheit verknüpft sind — in der Gegend des Gyrus angularis zu lokalisieren ist, möglicherweise nur in dem der superioren Hälfte, da beim Rechtshänder ein ausschließlich linksseitiger Herd RL-Blindheit hervorrufen kann[579]. Nach ELZE kann RL-Schwachheit erblich sein.

Versucht man die RL-Blindheit näher zu analysieren, so handelt es sich bei ihr offenbar nicht um eine Art lokaler Gedächtnisschwäche, vergleichbar dem häufigen Mangel an Zahlengedächtnis, dem die betroffenen Personen auf mnemotechnischen Wege abhelfen, vielmehr liegt ein tieferer Defekt vor, ein Fehlen der Einsicht, daß rechts und links überhaupt etwas Verschiedenes ist, so daß sie es unverständlich finden, wieso für „dasselbe" nach bestimmten Regeln zwei Namen existieren. Sie schicken sich zwar in den bei ihren Mitmenschen üblichen Sprachgebrauch, bezeichnen mit rechts diejenige Hand, an der der Trauring sitzt, weil sie gelernt haben, daß die übrigen Menschen diese als rechts bezeichnen; was ihnen abgeht ist die Fähigkeit, einzusehen, daß zwischen links und rechts spiegelbildliche Symmetrie herrscht: das ELZEsche „Rechts-Links-Empfinden" ist die Einsicht in die Existenz zweier spiegelbildlicher Typen desselben räumlichen asymmetrischen Gebildes.

Zugunsten dieser Erklärung spricht, daß auch den gut auf rechts und links dressierbaren Tieren eine solche Einsicht fehlt. Läßt man Ratten den Ausweg aus einem Labyrinth erlernen, dessen den richtigen Weg bildenden Gänge so angeordnet sind, daß die Tiere nacheinander die Wendungen rechts—links—rechts …

beschreiben müssen, so bereitet es den Tieren die gleichen Schwierigkeiten wie beim Erlernen dieses ersten Labyrinths, wenn man sie
in ein zu ihm spiegelbildliches setzt, wobei sie — als einziger
Unterscheid — jetzt links statt rechts beginnen müssen[589, 59].
Ebenso müssen Ratten, die gelernt hatten einen winkelförmigen
Weg durch Benutzung der dritten Dreieckseite abzukürzen
(Abb. 130), alles von neuem lernen, wenn die Anordnung eine
spiegelbildliche ist[581]. Durch lange Übung lernen Ratten allerdings auch dieses Umlernen[580]. Schließlich deutet auch noch der

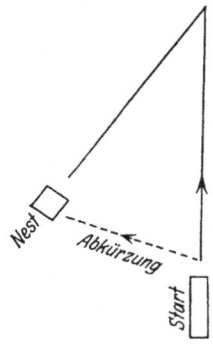

Abb. 130. Asymmetrische
Umwegdressur.   (Nach
BUYTENDIJK u. FISCHEL).

Umstand auf einen geringen Grad von RL-
Schwachheit bei der Mehrzahl der Menschen
hin, daß in der Literatur über viele RL-
Merkmale trotz der oft minutiösen morphologischen Beschreibung jede Angabe über die
Häufigkeit von rechts oder links bzw. über
das Fehlen einer dieser Möglichkeiten fehlt,
daß oft derselbe Autor von konstant gewundenen schraubigen Gebilden nebeneinander
Zeichnungen mit Rechts- und Linkswindung
gibt, oft sogar dann, wenn im Texte die ausnahmslose Konstanz eines Windungssinns
ausdrücklich betont wurde.

Handelt es sich bei diesem RL-Empfin-
den also um eine Erwerbung der höchsten
Intelligenz, so liegt bei der Dressierbarkeit etwas weitaus Primi-
tiveres vor, das man bisher in den Sammelbegriff „assoziatives
Gedächtnis" eingeordnet hat[588]. Es liegt hier im Sinne von
FISCHEL[585] eine handlungsregelnde (nicht handlungsbildende)
Gedächtniswirkung vor, das dressierte Tier folgt an allen Stellen,
die ihm den Eindruck „gefährlich übermitteln", einer rein durch
Kinästhetik gebildeten Gewohnheit, die deshalb möglich ist, weil
sowohl die Bewegungsmuskulatur wie die versorgenden Zentren
bilateral angeordnet sind; irgendwelches Seitigkeitsempfinden aber
muß diesen niederen Tieren abgesprochen werden.

Dressierbarkeit auf rechts und links ist eine auf
der bilateralen Anordnung von Nerven und Muskeln
beruhende, durch Kinästhetik gebildete handlungsregelnde Gedächtnisleistung, RL-Empfinden die (nur
einem Teil der Menschen zukommende) Einsicht in die

Existenz zweier spiegelbildlicher Typen eines räumlichen asymmetrischen Gebildes, RL-Blindheit das
Fehlen dieser Einsicht.

§ 38. Schraubenbewegung.

Die Schraubenbewegung ist die natürliche Fortbewegungsart
vieler wasserlebender Mikroorganismen und der Mehrzahl männlicher Keimzellen. Der Mechanismus dieser Bewegungsweise
wurde von LUDWIG[596] eingehend analysiert. Schraubenbewegung
kommt — vorausgesetzt, daß die Bewegung in einem dreidimensionalen Medium erfolgt — immer dann zustande, wenn 1. der
Motor mit dem zu bewegenden Körper fix verbunden ist, wenn
2. der durch den Motor ausgeübte Zug in jedem Moment relativ
zum Körper der gleiche ist, und wenn 3. dieser Zug asymmetrisch
am Körper angreift. Bedingung „1" ist sowieso stets erfüllt,
„2" gleichfalls, solange äußere Reize fehlen, solange also überhaupt
eine gleichförmige Bahn zustande kommt, und Bedingung „3"
ist das Natürliche, Wahrscheinliche; unglaublicher Zufall wäre es
zu nennen, wenn die resultierende Gesamtkraft, ohne irgendein
Drehmoment zu erzeugen, genau im Schwerpunkt des Körpers
angreifen würde.

Man kann jede Schraubenbewegung gedanklich in zwei Komponenten zerlegen (§ 4): in das Umschwimmen eines Kreises (Krümmungskreis), wobei, wie bei jeder Ruderbewegung, die stärker
rudernde Seite (bzw. die Seite, der genähert die Kraftresultierende
ansetzt) außen liegt, und in eine gleichzeitige Rotation des (im
einfachsten Falle stabförmig gedachten) Körpers um seine Längsachse*, wobei dieser den Krümmungskreis stets mit sich führt.
Daraus ergibt sich zwangsläufig eine Schraubenbahn (Abb. 9, 10),
bei der ebenso wie bei der Kreisbewegung die stärker rudernde
Seite außen liegt, bei der der Körper der Schraubenachse also
stets die gleiche Seite zuwendet.

Es ist hier nicht Aufgabe, den Mechanismus der Schrauben-
bewegung näher zu analysieren. Nur soviel sei erwähnt, daß
Weite und Steilheit der Schraubenbahn zur Arbeitsweise des
Motors (Geißeln oder Wimperkleid) in eindeutige Beziehung ge-
bracht werden konnten und daß keineswegs weite flachwindige
Schraubenbahnen etwas Unzweckmäßiges sind; vielmehr gibt es

---

* = die in der Tangente des Krümmungskreises liegende Achse.

für jedes Tier mit bestimmter Verteilung seiner Wimpern oder
Geißeln eine „zweckmäßigste" Schraubenbahn, mittels der es
bei gegebenem Kraftaufwande eine gegebene Entfernung am
schnellsten überbrückt, und für alle annähernd rotationssymme-
trischen Infusorien mit etwa transversal gestellter adoraler
„Wimperspirale" sind diese zweckmäßigsten Bahnen flach und
weit[596].

Die Schraubenbewegung hat sich aus der völlig ungeordneten
Bewegung als nächst allgemeinere Bewegungsart herausgebildet,
sie entstand, als erstmals die Wimpern oder Geißeln nicht mehr
regellos und wechselnd, sondern dauernd relativ zum Körper
gleichartig schlugen, jetzt entstand erstmals ein Vordererde,
da vorher eine „Längsrichtung" überhaupt nicht existierte.
Die Schraubenbewegung ist sowohl die erste wie überhaupt die allgemeinste Art einer zielstrebigen Bewegung, sie ist daher der ihr in gewissem Sinne verwandten
Zirkularbewegung weitaus überlegen: bei der Bewegung auf einer
Unterlage führt eine konstant asymmetrische lokomotorische
Kraft zu einem dauernden Im-Kreise-Laufen, bei der Bewegung
im dreidimensionalen Medium zu einer Schraubenbahn und daher
zu einer zielstrebigen Bewegung in Richtung der Schraubenachse.
Daraus erhellt zugleich, daß die JENNINGSsche Annahme, die
Schraubenbewegung sei entstanden, indem zur geradlinigen die
Rotation hinzutrat, und zwar aus Zweckmäßigkeitsgründen, um
das Im-Kreise-Schwimmen zu verhindern, irrig ist.

Gestalt und Richtungssinn der Schraubenbahn werden
allein bestimmt durch die Art des Schlages der Geißeln oder
Wimpern, eine steuernde Wirkung des Körpers kommt höchstens
bei Rädertieren in Frage, deren ganzer Körper wie ein großes
Steuer wirkt. Im übrigen hat die Körperform nur mittelbar
Einfluß auf die Schraubenbahn, indem die Wimpern auf Körpern
verschiedener Form verschieden verteilt sind und so insbesondere
dann, wenn sie an verschiedenen Stellen verschieden schlagen,
die resultierende Kraft eine verschiedene ist.

Der Richtungssinn der Schraubenbahn ist ein von der Natur
„leicht" invertierbares Merkmal. Wenn unter zehn unzweifelhaft
zur Gattung *Paramecium* gehörigen Arten neun sich links- und
eine sich rechtsum dreht[597], wenn vom rechtsdrehenden *Colpidium
colpoda* eine linksdrehende Kultur gefunden wurde[596] und bei

den BULLINGTONschen vorläufigen „Arten" mit inversem Drehungssinn wahrscheinlich wenigstens hier und da Ähnliches vorlag[593], wenn unter den im folgenden Stammbaum aufgeführten Heterotrichen 19 Arten sich links und nur eine sich rechts dreht, so hat man genügende Beweise für das Vorkommen genotypischer Inversionen des Windungssinnes. Da nun in der auf S. 45 beschriebenen Weise alle schraubigen morphologischen Strukturen bei schraubig schwimmenden Gebilden nur gleichzeitig bzw. als Folge einer gleichsinnigen Schraubenbewegung entstanden sein können, da später zwar leicht der Richtungssinn der Schwimmbahn, nicht aber die morphologische Struktur ins Gegenteil verkehrt werden kann, hat man bei allen Diskrepanzen zwischen Richtungssinn der Strukturen und der Bewegung den Hinweis, daß der Bewegungssinn hintennach invertiert wurde.

Der Bewegungssinn ist bei der Mehrzahl aller Arten individuell konstant sowie innerhalb der Art monostroph.

Als Folge stark veränderter Bedingungen kann zwar, wie der Fall des Paramecium (S. 51) lehrt, der Schraubungssinn aus leicht einzusehenden Gründen vorübergehend gewechselt werden, ebenso wird berichtet, daß bei plötzlichen Reizen verschiedene Formen ein kleines Segment einer invers gewundenen Schraubenlinie beschreiben. Als normal wird ständiger Richtungswechsel der Schraubung (einige Umdrehungen rechts, dann einige links) neuerdings für einige abgeleitete Dinoflagellaten (*Peridinium, Ceratium*) angegeben[600], ähnliches schreibt KAHL[41] in Form einer gelegentlichen Bemerkung einer *Spathidium*-Art zu, doch liegt hier die Möglichkeit einer Täuschung durch monokulare Beobachtung sehr nahe. — Auf invers drehende Individuen innerhalb einer Art hat man fast noch nicht geachtet; immerhin beweist eine nach einigem Suchen von mir gefundene, linksdrehende *Anuraea aculeata* (Rotatoria) sowie der offenbar aus einem einzigen Individuum hervorgegangene Stamm von *Colpidium* (s. o.) die Existenz solcher Inversionen.

Wo man bisher Schraubenbewegung beobachtet hat, zeigt umstehende Tabelle.

Hierzu ist im einzelnen zu bemerken: Die Flagellaten drehten sich, wofür in erster Linie ihre Strukturen sprechen, ursprünglich nach links, und wohl noch heute dürfte dies in der Regel der Fall sein. Auch für die ursprünglichen Infusorien ist Linksschraubung anzunehmen. Bei den Schlingern kam es infolge getrennter Inversion einzelner Gruppen zu einer inkonstanten Verteilung, die Strudler gingen sämtlich aus einem invers (rechts) drehenden Aste hervor, was ihre rechtsgewundene adorale Zone anzeigt

Primitive Einzeller	wahrsch. links	*Spirochaeta stenospira* links[482]
Flagellata	ursprünglich links	*Euglena* sp. links nach JENNINGS u. LUDWIG; Dinoflagellaten links, einige alternierend (s. o.); Strukturen fast ausnahmslos linksdrehend*
Infusoria	ursprünglich links, später verzweigt	s. Stammbaum; Strukturen der primitiven I. linksdrehend
Rotatoria	vorwiegend rechts	92 Arten rechts, 10 links nach COCHRONE[0482]
Gastrotricha	?	
Einige Turbellaria u. Nematodes	?	Turbellaria bis 1 mm; *Anguillula*
Amphioxus	rechts	Ebenso die ältere Larve
Larven der Spongien	links	Nach WILDMANN[604]
,, Coelenteraten	links	Nach WILDMANN
,, Scoleciden	?	
,, Anneliden	links	Nach WILDMANN; Palolo-Larve links nach SCHAEFFER[482]
,, Mollusken	links	Nach WILDMANN (rechtsgew. Schnecken, Muscheln); Chiton links[595]
,, Echinodermen	links	Nach WILDMANN
,, Bryozoen	links	Bei Phyllaktolämen nach BRAEM[0599]
Schwärmsporen, Isogameten	?	Wie primitive Flagellaten?
Spermatozoen	?	Vielleicht gleichsinnig zur morphologischen Struktur

* Die Angabe der Miss OLD bei SCHAEFFER[482] über ausnahmslose Rechtswindung beruht vielleicht auf einem Definitionsfehler.

(§ 9), doch kehrten aus den in § 9 wahrscheinlich gemachten Gründen die Mehrzahl zur Linksschraubung zurück. Tertiär invertierten die Aspidiscina sowie gewisse einzelne Arten nochmals, die Peritricha gingen vermutlich aus einer total inversen Form hervor. Eine solche mehrmalige Hintereinanderfolge von Inversionen ist durchaus nichts Ungewöhnliches; so sei z. B. erinnert an die rechtsgewundenen Schnecken, von denen sich durch Inversion die linksgewundenen Clausilien abspalteten; von den sehr zahlreichen Arten dieser Familie sind 14 durch abermalige Inversion zur Rechtswindung zurückgekehrt und innerhalb der so sekundär rechtsgewundenen Art *livida* hat man wieder (allerdings nur phänotypische) Linksindividuen gefunden. — Die wenigen Angaben, die über den Bewegungssinn der Larven vorliegen, scheinen fast für eine Kontinuität der Linkswin-

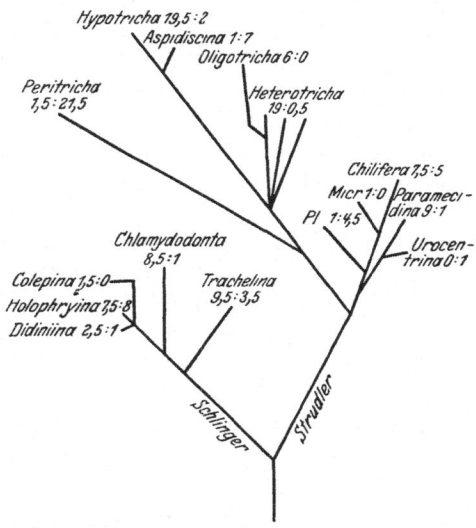

Verteilung von Links- zur Rechtsschraubung beim Schwimmen. (Jede Art ist als *1*, die neuen BULLINGTONschen [593] „Arten" bloß als $^1/_2$ gewertet. *Pl.* = Pleuronemina, *Micr.* = Microthoracina. Nach LUDWIG [8].)

dung längs des Hauptstammes des tierischen Stammbaumes zu sprechen. Über den Schraubungssinn der Spermienbewegung fehlen Angaben, doch hat man beobachtet [592, 605], daß die Spermien verschiedener Gruppen (Echinodermen, Insekten, Mollusken), wenn sie an die Oberfläche eines Wassertropfens gerieten, dort — durch die Oberflächenspannung festgehalten — Kreisbahnen (linksum beim Blick von außen) beschrieben. Bemerkt sei schließlich, daß in an Schneckenlarven reichem Plankton hier und da auch Larven inverser Tiere gefunden wurden, die spiegelbildlich gestaltet waren und daher auch inversen Drehungssinn besaßen.

Daß man gelegentlich behauptet hat[603], die Infusorien der nördlichen Halbkugel drehten sich vorwiegend rechts-, die der südlichen linksum, und hieraus über den Weg positiver Phototaxis die Verteilung von rechts und links erklären wollte, sei der Kuriosität halber erwähnt.

Aus gänzlich anderen Ursachen, durch instinktiv gewollte Bewegungen können schraubige Bahnen auch bei höheren Formen auftreten: beim Segelflug der Vögel oder bei Hummeln, die traubige oder ährige Blütenstände in einer von unten beginnenden Schraubenlinie absuchen[602], was der zweckmäßigsten Lösung entspricht*. Ob Spechte, wie in der populären Literatur öfter behauptet wird, beim Absuchen der Baumstämme sich ähnlich verhalten, sei dahingestellt.

Zusammenfassung: Schraubenbewegung ist die allgemeinste Art zielstrebiger Bewegung im dreidimensionalen Medium. Sie tritt immer ein, wenn bei Fehlen jeder regulatorischen Mechanismen (Gleichgewichtsapparate) der konstant arbeitende Motor auf den Körper eine Gesamtkraft ausübt, die asymmetrisch an diesem angreift. Der Schraubungssinn ist in der Regel individuell konstant, artlich monostroph, seine Verteilung im Tierreich inkonstant; Linkswindung überwiegt.

§ 39. Paarungsgewohnheiten.

Bei vielen Tieren, auch innerhalb ganzer Tiergruppen, haben sich im Laufe der Phylogenie asymmetrische Paarungsgewohnheiten herausgebildet, die häufig auch zu morphologischen Asymmetrien der äußeren Geschlechtswerkzeuge geführt haben. Die mannigfaltigsten und zugleich instruktivsten Beispiele findet man bei den Insekten.

a) Bei Insekten.

Die ursprünglichen Verhältnisse sind hier die, daß der Darm in beiden Geschlechtern dorsal verläuft; unter ihm ziehen beim ♂ Samenleiter und Ductus ejaculatorius, beim ♀ die sich hinten vereinigenden Ovidukte entlang und daher liegen Penis wie weib-

---

* Über Schraubungssinn ist nichts bekannt; Konstanz wäre wegen anderer monostropher Gewohnheiten der Hummeln (§ 23) nicht ausgeschlossen.

liche Geschlechtsöffnung unterhalb des Afters. Der einfachste Paarungsmodus ist nun der, daß das ♂ den Rücken des ♀ besteigt und auch nach Einführen des Penis in dieser Stellung (St. I) verharrt. Dabei muß das ♂ sein Abdominalende stark nach abwärts krümmen, so daß die letzten Tergite fast ventral zu liegen kommen (Käfer, Fliege *Machimus* Abb. 131 a). Bei vielen Formen, wo eine solch plötzliche Einkrümmung der Genitalsegmente nicht möglich ist, läßt das ♂ seinen Hinterleib rechts oder links neben den des ♀ abwärts gleiten und nähert ihn dann, S-förmig gekrümmt, bald mehr von oben, bald von unten her den sich entgegen-

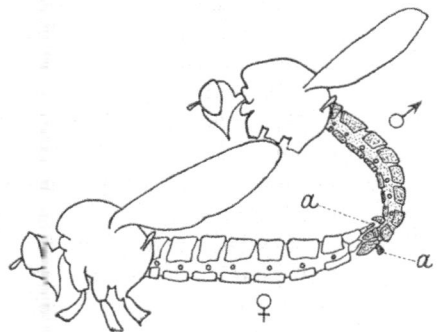

Abb. 131a. *Machimus atricapillus* in Copula. *a* = After. (Nach REICHARDT.)

Abb. 131b. *Neoitamus cyanurus* in Copula. (Genitalsegmente punktiert.) (Nach MELIN.)

krümmenden weiblichen Geschlechtssegmenten (St. I b). So ist es bei vielen Heuschrecken und Fliegen (Abb. 131 b), und bei den Perliden sitzt überhaupt das ♂ neben dem ♀. Über die Bevorzugung von rechts oder links liegen nur wenig Angaben vor: Eintagsfliege *Palingenia longicauda*[606] und Feldheuschrecke *Pedestris*[624] meist rechts, gewisse *Asiliden*[619] und *Perliden*[606] bald rechts, bald links.

Viele Formen, die ihre Copula mit Stellung I beginnen, geben sie nach Einführung des Penis auf und gehen zur antagonistischen Stellung (II) über. Hierbei würde das ♂, wenn es hintenüber fällt, auf den Rücken zu liegen kommen, wie dies aus Abb. 131 a verständlich und z. B. beim Maikäfer auch der Fall ist. Will aber das ♂ auf die Beine zu stehen kommen, so muß es sein letztes (im ♀ verankertes) Abdominalsegment um 180° gegen das vorletzte drehen, und solches findet sich in der Tat bei gewissen

24*

Fliegen[622] (*Asilus*)*, es kommt für die Dauer der antagonistischen Stellung zu einem temporären Hypopygium inversum**. Vorher sitzt das ♂ entweder auf (I) oder halb neben (I b) dem ♀, bei Fliegen bald links, bald rechts, bei der Köcherfliege *Hydropsyche*[606] meist rechts. — Ein Gegenstück hierzu findet sich bei gewissen Wanzen (*Pyrrhocoris, Lygaeus*)[617], wo infolge der besonderen Konstruktion des männlichen Apparates bei I bzw. I b eine Rollung des letzten männlichen Genitalsegmentes um 180° stattfindet, die sich beim Übergang zu II wieder ausgleicht. Jedes Tier ist zur Annäherung von rechts und links befähigt; wenn sie bei *Lygaeus* unter 24 Fällen 17 mal von rechts geschah, mag dies vielleicht Zufall sein. Nähert sich das ♂ von rechts, so wird das Genitalsegment nach links gerollt, und umgekehrt.

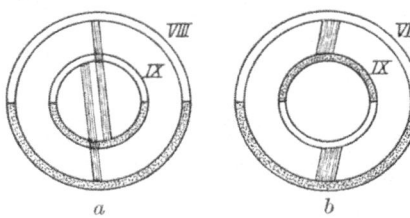

Abb. 132. Torsionsschema für das Hypopygium von Psychoda. *a* vor, *b* nach dem Schlüpfen. Sternite punktiert.

Trat bei den letztgenannten Dipteren die Inversion des Hypopygiums nur temporär während der antagonistischen Kopulationsphase auf, so ist sie bei anderen Fliegen zu einer dauernden geworden. Das Hypopygium ist gegenüber dem Körper der Imago um 180° gedreht — die vorangehenden Segmente können diese Drehung teilweise mitmachen —, Samenleiter und Darm sind gekreuzt. Ein solches dauerndes H. inversum wurde bisher gefunden bei: Nematocera (*Culicidae*[608/9, 618], *Psychodidae*[609, 611.2], *Dixidae*[609], *Tipulidae*[609], *Chironomidae*[620], *Mycetophilidae*[616] [*Diadocidia*]), Orthorapha (*Asilidae*[622] [*Laphria*]; vielleicht: *Bombyliidae, Therevidae, Dolichopodidae*). Die Drehung geht entweder allmählich als Wachstumsvorgang während der Puppenruhe vor sich (*Diadocidia*) oder erst nach dem Ausschlüpfen durch die Kontraktion zweier Muskeln (Abb. 132), die während des weiteren Lebens dauernd in diesem Zustande verharren (*Psychoda*). Notwendige Folge für alle Formen mit fixem H. inversum ist, daß die Copula mit der antagonistischen Stellung begonnen wird (*Laphria, Psychoda*); bei *Psychoda* stellt sich das ♂ erst neben

---

* und Trichopteren?

** Hypopygium = männliches Genitalsegment der Fliegen.

das ♀, schlägt sein Abdomen seitlich herum und geht hierauf in die antagonistische Lage über; die Begattung erfolgt von demselben Tier bald von links, bald von rechts her. — Daß innerhalb der gleichen Familie nicht alle Arten ein gedrehtes Hypopygium aufzuweisen brauchen, wurde verschiedentlich festgestellt (*Asilidae*, *Tipulidae*, *Chironomidae*). Die Richtung der Torsion wird am eindeutigsten so beschrieben, daß man angibt, welcher Windungssinn dem gedrehten Abdomen zukommt. Leider haben nur wenige Autoren bisher auf den Drehungssinn geachtet: *Culicidae*[609] und *Laphria*[622] rechts, *Psychoda*[611/12] links, *Clunio*[620] (*Chironomidae*) 30—40 links, 4 rechts, *Eristalis*[613] 90° rechts (oder 270° links?), also eine meist monostrophe, gruppeninkonstante Verteilung.

Bei einer letzten Abteilung der Dipteren ist die Drehung der Abdominalsegmente noch um weitere 180° fortgeschritten, aus dem H. inversum ist ein H. circumversum geworden. Äußerlich ist von einer Torsion kaum etwas zu bemerken, entdeckt wurde es daran, daß das Vas deferens eine volle Schraubenwindung um den Enddarm beschreibt[607]. Es entsteht, wie bei *Diadocidia*, durch einen Wachstumsvorgang bei der Puppenruhe, ist temporär nicht weiter tordierbar und hat zur Folge, daß die Copula gänzlich in Stellung I vollzogen wird. Es findet sich vermutlich bei sämtlichen Cyclorhaphen (die sich alle in Stellung I paaren), vielleicht auch bei einigen Orthorhaphen. Festgestellt wurde es bisher nur bei *Calliphora*, für die Tachiniden ist seine Existenz sehr wahrscheinlich[621]. Der Drehungssinn ist links bei *Calliphora*, ebenso wahrscheinlich bei *Ernestia* (*Tachinidae*).

Die Herausbildung eines H. circumversum, das funktionell dem ungedrehten Abdomen gleichwertig ist, ist nur historisch zu verstehen: da der schmale Hinterleib den langbeinigen Nematoceren bei Stellung I wenig Halt bot, gingen sie unter ständiger Vervollkommnung der genitalen Haftapparate zu Stellung II über; die ständige Verkürzung und Verbreiterung des Abdomens im Laufe der weiteren Stammesgeschichte ließ aber bald für die inzwischen mit vollkommeneren Halteapparaten versehenen Tiere eine Rückkehr von der, was die Annäherung betrifft, höchst unbequemen Stellung II zu I zweckmäßig erscheinen, wobei, vielleicht über den Weg eines temporären H. circumversum, eine weitere Drehung um 180° zustande kam. Allerdings ist der Fall nicht ausgeschlossen, daß bei gewissen Formen die neue Drehung entgegengesetzt zur alten verlief, doch liegen hierüber keine Untersuchungen vor. Asymmetrien des männlichen Abdomens, die eine asymmetrische Paarungsstellung zur Folge haben und offenbar durch sie entstanden sind, findet man weiter bei verschiedenen Wanzen (Bettwanze monostroph, *Corixa* mit R- und L-Arten, s. § 23).

b) Bei anderen Tiergruppen[0679].

Ähnlich asymmetrische Paarungsgewohnheiten wie bei Insekten gibt es auch bei anderen Gliedertieren, vor allem bei Krebsen (z. B. *Apus* und *Estheria* (Euphyllopoda), *Halocypriden*; extrem bei Copepoden, deren Genitalsegmente häufig asymmetrisch sind, s. § 21, a). In der Regel herrscht hierbei Monostrophie. Asymmetrisch sind auch die Kopulastellungen vieler Tintenfische; auf wahrscheinliche Konstanz bei gewissen von ihnen hat GRIMPE hingewiesen (§ 20, b) und die verschiedenen Reduktionen im Genitalsystem sowie die einseitige Hectocotylisation damit in Beziehung gebracht. Vermerkt sei weiter die Möglichkeit, daß Spinnen vorzugsweise einen Taster gebrauchen oder jede Paarung vorzugsweise mit dem einen von beiden beginnen. Von Wirbeltieren seien erwähnt: verschiedene Haifische, unter den Knochenfischen vor allem die Paarschwimmer (§ 27: razemisch-amphidromonostroph mit körperlichen Asymmetrien bei ♂ und ♀ im Gefolge), Eidechsen und Schlangen (wo von dem doppelten bzw. zweiteiligen Penis stets nur die eine, und zwar die der Annäherungsseite des ♂ entgegengesetzte Hälfte verwendet wird), viele Vögel (wo man vermuten könnte, daß als Folge der Konstanz der Paarungsstellung die ungebrauchte Penishälfte rückgebildet wurde, was vielleicht weiter Reduktion des rechten Eileiters und schließlich des rechten Ovars verursachte).

Viele niedere Tiere, namentlich Zwitter, zeigen die eigentümliche Erscheinung, sich bei der Paarung schraubig zu umschlingen. Nach Abbildungen zu schließen, kommt derartiges bereits bei der Konjugation einiger Protozoen vor (*Difflugia elegans*; *Loxodes*, *Loxophyllum*), weiter bei Trematoden (*Polystomum*: BRONN, Tf. XIV, 6), bei Nematoden, Diplopoden (♂ umschlingt ♀,) dem Neunauge, einigen Fischen (*Siphistoma*), Schlangen und in typischster Weise bei Nacktschnecken (*Arion, Limax*): diese Tiere pressen die rechten Seiten ihrer Vorderkörper aneinander und umschlingen sich dann linksschraubig. Bei *Arion* werden die Atria aufeinander gepreßt und die Spermatophoren ausgewechselt, bei *Limax*[625] (Abb. 133) umschlingen sich zu dem gleichen Zweck auch die großen Penes beider Partner in Form einer linksgewundenen Doppelschraube. Auch bei den *Heliciden* kann man die Copulastellung als schwache Linksschraubung bezeichnen. Die Prävalenz der Linksschraubung ist eine Folge der rechts gelegenen Genitalöffnung.

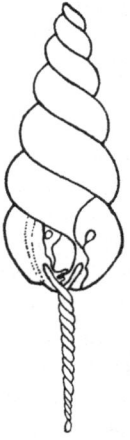

Abb. 133. Limax maximus in Copula (halbschematisch). (Nach WERLICH aus BRONN.)

c) Zusammenfassung.

Viele Insekten gingen von der ursprünglichen Paarungsstellung I („a posteriori") zu Stellung I b (Tiere nebeneinander) oder II (antagonistisch) über. Im letzten Falle kommt es zu temporärer oder dauernder (Fliegen) Rollung der männlichen Genitalsegmente um 180° (Hypopygium inversum); Rückkehr zu I bei Fliegen führt zu dauernder Rollung der Genitalpartie um 360° (H. circumversum). Stellung I b ist individuell razemisch oder individuell und artlich monostroph; das H. inversum ist bei temporärer Rollung individuell razemisch, bei dauernder individuell und artlich monostroph (Inversionen bekannt) und gruppeninkonstant. Das H. circumversum ist monostroph.

Bei verschiedenen anderen Tiergruppen treten in Korrelation mit monostrophen Asymmetrien der äußeren Geschlechtsorgane asymmetrische Paarungsstellungen auf. Sie sind entweder eine Folge dieser aus anderen Gründen entstandenen Asymmetrien (Schnecken) oder (bilaterale Tiere) aus „technischen" Gründen das Primäre und haben die morphologischen Asymmetrien erst sekundär hervorgerufen: Nematoden (Spicula-Asymmetrie), Cephalopopoden, Copepoden, Insekten, Paarschwimmer, Vögel (?).

§ 10. Schraubige Spermatozoen. Spiralfurchung. Asymmetrien mikroskopischer Strukturen.

a) Spermatozoen.

In vielen Gruppen des Tierreiches finden sich an den Spermatozoen schraubige Strukturen: es kann der ganze Körper oder

nur der Kopf des Samenfadens schraubig gestaltet sein oder die
Schraubung nur innere Strukturen betreffen, während die äußere
Form etwa zylindrisch ist. Man wird die erste Ursache dieser
Strukturen in der Schraubenbewegung der Spermien erblicken und
vermuten müssen, daß aus gewissen Gründen diese Strukturen
bald gesteigert (erleichtertes Eindringen ins Ei), bald geschwächt
wurden.

Daß der Schraubungssinn für alle Spermien einer Art der
gleiche ist, ist anzunehmen, auch wird es von gründlichen Untersuchern bestätigt[627]. Für die weitere Vermutung, daß auch
innerhalb größerer Gruppen, z. B. der Schnecken oder Vögel,
der Schraubungssinn konstant ist, findet man nur in den Abbildungen der Autoren[626] Anhaltspunkte, doch ist die Regel,
daß im Texte über den Windungssinn nichts gesagt wird, daß
trotz Prävalenz eines Windungssinnes in den Abbildungen, sich
häufig genug links- und rechtsgewundene Zeichnungen von
Spermien der gleichen Art nebeneinander finden, und so gewinnt
man den Eindruck, daß oft mehr die Neigung, eine links- oder
eine rechtsgewundene Schraubenlinie zu zeichnen, als die Beobachtung des tatsächlichen Windungssinnes für die bildliche Darstellung maßgebend gewesen ist. Für die Spermien der Weinbergschnecke z. B. gibt LEE mehrmals ausdrücklich Rechtswindung
an, womit alle seine Figuren übereinstimmen; bei RETZIUS überwiegt innerhalb der Abbildungen von Pulmonatenspermien die
Rechtswindung weitaus, auch die Samenfäden von *Limax* werden
von ihm rechtsgewunden wiedergegeben, demgegenüber sind die
Spermienbilder der Weinbergschnecke bei KOLTZOFF und von
Limax bei KÜNKEL[252] linksgewunden, die von *Paludina vivipara*
sind bald links-, bald rechtsgewunden, und so ließen sich diese
Beispiele ins Ungezählte vermehren. Es werden im folgenden
die Gruppen, bei denen sich schraubige Spermien* finden, aufgezählt; überwiegt in den vorhandenen Abbildungen ein Windungssinn weitaus, so ist er in Klammern angegeben:

Einige Turbellarien, einige Anneliden; Schnecken (Pulmonata
rechts), Muscheln, einige Cephalopoden; Gastrotrichen, Kinorhynchen, Tardigraden; einige Insekten, verschiedene Krebse
(Ostracodalinks); Fische, viele Amphibien, Vögel (links?) und
Säugetiere; Mensch; Spermiozeugmen[628] (*Janthina* links).

---

* Einschließlich Spermien, die nur schraubige Innenstrukturen besitzen.

Die offenbare Konstanz des Windungssinnes bei Spermien ganzer Gruppen ließe leicht entscheiden, ob bei totaler genotypischer Inversion (z. B. inverse Schneckenarten) auch die Spermien invers sind, in welcher Häufigkeit inverse Spermien bei den regulären Arten vorkommen und welchen Einfluß das Sperma auf die Vererbung des Windungssinnes besitzt. Untersuchungen dieser Art liegen nicht vor.

b) Spiralfurchung[629].

Beim spiralen Furchungstypus liegt die Teilungsspindel nicht parallel einer der Hauptrichtungen des Eies, sondern in gesetzmäßiger Weise schief zu ihr. Er zeigt sich am instruktivsten auf dem 8-Zellenstadium, wo das Mikromeren-quartett nicht genau über dem der Makro-meren liegt, sondern nach rechts oder links gedreht erscheint (Abb. 134). Man bezeichnet die dritte Furchungsteilung, die zu diesem 8-Zellenstadium führt, als dexio- oder laeo-trop, je nachdem ob beim Blick auf den animalen Pol die Drehung des Mikromeren-quartetts im oder gegen den Uhrzeigersinn

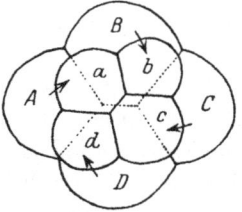

Abb. 134.   Spiralfurchung.

erfolgt. Da die Erfahrung lehrt, daß die einzelnen Teilungs-schritte abwechselnd dexio- und laeotrop sind, ist im Falle der Dexio- bzw. Laeotropie auch die 3., 5., 7. usw., aber auch die 1. Teilung dexio- bzw. laeotrop, man bezeichnet daher die ganze Furchung als dexio- bzw. laeotrop.

Spiralfurchung hat man bisher gefunden bei Turbellarien, Anneliden, Mollusken außer Cephalopoden, Nemertinen, Sipunculoiden und Rotatorien. Überall, linksgewundene Schnecken ausgenommen, verläuft die Furchung dexiotrop.

c) Asymmetrien mikroskopischer Strukturen.

Schraubige Strukturen treten schließlich — in der Vielzahl an einem Individuum — in einzelnen Bestandteilen der Zellen und Gewebe auf. Wie der ausführlich besprochene Fall der Nessel-zellen (§ 11, b) zeigt, können diese Asymmetrien individuell und auch innerhalb der Art konstant sein, umgekehrt ist aber denkbar, daß Rechts- und Linkswindung am selben Objekt gleich oft vor-

kommen. Solche Strukturen, wie sie in der Anordnung der
Fibrillen in Sehnen, in der „Spiralstruktur" der Chromosomen,
als schraubige Gebilde in den Endgliedern der Stäbchen und
Zapfen[630], in der Schraubung einzelner Fibrillen usw. beschrieben
sind, kann man wohl teilweise als Folge der Fixierung betrachten,
da sie häufig erst im fixierten und gefärbten Zustande bemerkbar
sind. Mag dies auch zutreffen, so muß doch im lebenden Gewebe
ein gewisser Spannungszustand vorhanden sein, der die nachträgliche Aufrollung in Schraubenform bedingt. — Über den
Schraubungssinn fehlen alle Angaben. Bisweilen wechselt er
plötzlich innerhalb desselben Gebildes, wie beim Schraubenband
in den Endgliedern der Sehelemente[630], und da hat man wohl
vor allem an eine nachträgliche Entstehung dieser Strukturen
durch die Fixierung zu denken.

§ 41. Situs inversus bei Wirbeltieren (Tatsachen).

Mit Situs inversus viscerum bezeichneten die alten Anatomen
die Erscheinung, daß nach Öffnung einer Leiche das Lagerungs-
bild der Eingeweide ein gegenüber dem normalen inverses war.
Indessen handelt es sich hier fast niemals um eine bloße Verlagerung derart, daß man durch Verschiebung der Eingeweide
den regulären Situs wiederherstellen könnte, vielmehr um einen
inversen Bau der gesamten Eingeweide, die sich ihrer Gestalt
nach zu den normalen verhalten wie Bild zu Spiegelbild. Man
hat aber den in diesem Sinne nicht ganz zutreffenden Namen
„Situs" beibehalten und bezeichnet als natürlichen Situs
inversus denjenigen, der ab und zu als Anomalie in der Natur
auftritt, im Gegensatz zum künstlichen, der auf experimentellem Wege erzeugt werden kann.

Die Spiegelbildlichkeit erstreckt sich entweder auf die gesamten Eingeweide: Darmtraktus samt Magen und Anhangs-
organen, Herz und Blutgefäße, man redet dann vom totalen
Situs inversus, oder es ist nur ein Teil dieser Organe spiegelbildlich gebaut, z. B. nur das Darmsystem allein oder nur ein
einzelner Teil des Darmsystems, dann spricht man von partiellem Situs inversus*.

---

* Es ist zweckmäßig, nur dann von totalem Situs inversus zu reden,
wenn Darmsystem und Herz invertiert sind.

a) Natürlicher Situs inversus bei Wirbeltieren.

Natürlicher Situs inversus totalis kommt als ziemlich seltene Abnormität wohl bei allen Wirbeltieren vor, beobachtet ist er nur bei solchen, die sehr häufig auf ihre Anatomie untersucht werden: beim Menschen, bei Haus- und Laboratoriumssäugern und schließlich bei Molchen und Kaulquappen[107]. Über die Häufigkeit des totalen inversen Situs liegen nur beim Menschen und bei Molchen Angaben vor:

Triton taeniatus	1 unter	58	(228 Tiere)[632]
„ *alpestris*	1 „	48	(610 „)[632]
„ *cristatus*	1 „	150	(151 „)[631]

und für den Menschen berechnete GÜNTHER[10] nach einem Material von fast 150000 Protokollen die Häufigkeit des totalen Situs inversus einschließlich Inversion des Darmtraktus allein mit ziemlicher Genauigkeit auf 0,014%, wobei die Häufigkeit möglicherweise örtlich verschieden sein kann. Partieller Situs inversus (ausgenommen die alleinige Inversion des Darmsystems) scheint wesentlich seltener zu sein. — Bei den Keimen allantoider Wirbeltiere, die dem Dotter normalerweise ihre linke Seite zukehren, zeigt Rechtslage in der Regel Situs inversus an (beim künstlich erbrüteten Hühnchenkeim in 1—2% beobachtet[0325 a]).

Wichtig wäre es zu wissen, ob wirkliche totale Inversionen in dem Sinne, wie sie bei Schnecken z. B. auftreten, auch bei Wirbeltieren vorkommen, d. h. ob es z. B. zwei menschliche Körper gibt, die einander absolut wie Bild und Spiegelbild entsprechen. Es ist kaum möglich, diese Frage zu entscheiden, denn man kann kaum feststellen, ob bei einem Menschen mit Situs inversus auch bei dem (nach Abzug aller Asymmetrien verbleibenden) bilateralen Restkörper beide Hälften vertauscht sind oder nicht. Wenn ein Mensch mit Inversion des gesamten inneren Situs auch Tiefstand des rechten Hodens zeigt, einen invers gedrehten Haarwirbel besitzt und als einziges Mitglied seiner Verwandtschaft Linkshänder ist, liegt zwar ein derartiger Verdacht nahe, beweisbar aber ist die Totalität der Inversion hier ebensowenig wie im Falle der Trematoden (§ 12). Soviel aber steht für den Menschen fest, daß keineswegs alle, vielmehr höchstens ein geringer Bruchteil der Personen mit Situs inversus total-invers sein kann, denn Linkshändigkeit ist bei den inversen Personen keineswegs in der Majorität — es wurden 8 Linkshänder

unter 31 inversen ♂ gezählt[010]. Der rechte Hoden stand in 28 von
36 Fällen tiefer[010], während normalerweise das Gegenteil der
Fall ist; über die Richtung des Haarwirbels konnten keine Angaben gefunden werden.

Über den partiellen Situs inversus hat PERNKOPF[636] eine
ausführliche Studie veröffentlicht, die zugleich eine kritische
Sichtung der früheren
Literatur enthält. Er be-
stätigt zunächst die bis-
herigen Befunde, daß von
den einzelnen Komplexen:
Magen—Duodenum,
Dünndarm—Dickdarm,
Herz, Leber usw., einer
oder einige invers, die
übrigen regulär sein kön-
nen, daß also jeder Teil
zu selbständiger Inversion
befähigt ist, wenn auch
z. B. die isolierte Dextro-
kardie nur außerorden-
lich selten vorkommt.
Weiter stellte PERNKOPF
fest, daß in allen Fällen
von sog. partiellem Situs
inversus auch tatsächlich
eine wirkliche Inversion,
d. h. ein Heranwachsen

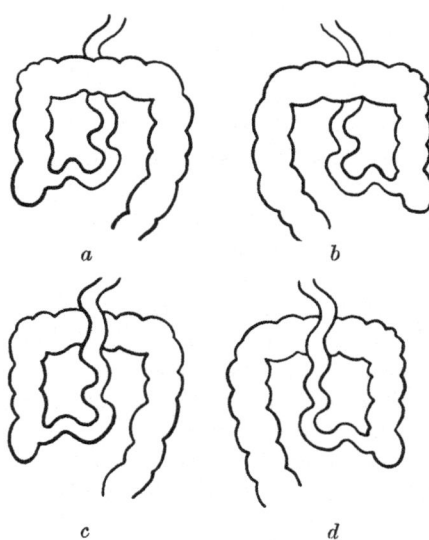

Abb. 135/136. Dickdarm-Dünndarmschlinge. *a* Regulärer Situs. *b* Inverser Situs. *c* Retroposition
des Colon (sehr selten). *d* Vereinigung von *b* mit *c*
(noch nicht beobachtet). (Nach LEWIS.)

des betreffenden Teiles zu spiegelbildlicher Gestalt vorliegt und
nicht etwa bloß eine Verlagerung oder eine Deformation, daß
aber fast immer zu dieser ursprünglichen Wachstumsinversion
Deformationen, Verlagerungen und Hemmungsbildungen hinzukommen, von denen zumindest die ersten beiden ohne weiteres
verständlich sind, wenn man bedenkt, daß der inverse Teil sich
wie ein verkehrter Stein dem sonst regulären Mosaik ein-
ordnen muß.

Bei Doppelbildungen (verwachsenen Zwillingen) besitzt beim
Menschen wie bei anderen Wirbeltieren (Fische[661]) der linke
Partner stets regulären, der rechte in der Regel inversen Situs

(vg. b). Über die analogen Befunde bei Echinodermen und bei Haardoppelwirbeln vgl. § 46g.

Eine Erblichkeit des Situs inversus ist in Anbetracht seiner Seltenheit — vor allem beim Menschen — kaum anzunehmen, vielmehr wird man vermuten, daß ihm wohl in allen Fällen der Charakter einer phänotypischen Inversion zukommt (vgl. § 46). Immerhin ist es beachtlich, daß einige Familien bekanntgeworden sind, in denen er gehäuft auftrat[10*]:

$$\male \cdot \female \quad : \cdots \male' \cdots \female'; \quad \male': \male \male \male$$
$$\male' R \cdot \female R : \female\, R, \quad \male' R, \quad \male' L, \quad \male' R, \quad \female' L, \quad \male'$$
$$\male' L R \cdot \female L : \male' R, \quad \male' R$$
$$\male \cdot \female \quad : \male \male \female' \male' \male'$$
$$\male \cdot \female \quad : \female' \female \female' \female$$

Daß mit Umkehrung des Eingeweidesitus auch verschiedene Erscheinungen ins Gegenteil verkehrt sind, die kausal auf ihn zurückgehen, wie Elektrokardiogramm, Potentialdifferenz zwischen Mund und rechtem bzw. linkem Arm usw., ist begreiflich[010]. Merkwürdig aber ist, daß der an sich ganz harmlose total inverse Situs der Eingeweide sehr häufig mit anderen, unbedeutenden oder hochgradigen Anomalien verbunden ist; so wurden gefunden Spina bifida, rektale Atresie, Megakolon, Zahnanomalien. Daß beim partiellen Situs inversus Mißbildungen noch häufiger sind, wird man begreiflich finden (37% unter 49 Fällen; u. a. doppelte Hasenscharten, Hexadactylie, Darmatresien, 15mal Defekt-bildungen des Herzens[10]; vgl. § 49).

b) Künstlicher Situs inversus bei Wirbeltieren.

Wie bei Wirbellosen — erinnert sei an *Ascaris* und die Echinodermenlarven — hat man auch bei Wirbeltieren versucht, Situs inversus experimentell hervorzurufen. Die ältesten Versuche dieser Art stammen von Warynski und Fol[642], die — allerdings in Anlehnung an noch frühere Vorversuche Darestes — Hühncherembryonen dadurch invertierten, daß sie die linken Seiten der Keime erhöhter Temperatur aussetzten. Im Jahre 1906 berichtete Spemann[638] über Versuche an *Triton*-Keimen, die später durch Pressler[637] und Meyer[633] weiter ausgearbeitet und auch für andere Arten (Frosch, Kröten) bestätigt wurden.

---

* $\male \female$ regulär, $\male' \female'$ invers; RL Rechts- bzw. Linkshänder.

Schneidet man aus dem Keim im Stadium der Medullarplatte ein viereckiges, zur Sagittalebene symmetrisches Stückchen Rückendecke heraus, das Ekto- und Mesoderm und endodermales Darmdach umfaßt*, und pflanzt es umgekehrt (vorn und hinten vertauscht) wieder ein, so entsteht inverser Situs der Eingeweide einschließlich des Herzens, wiewohl dessen Anlage durch die Operation überhaupt nicht berührt wurde. Die Inversion des Herzens ist also erst sekundär durch die Inversion der anderen Eingeweide bedingt. Eine weitere Methode beschrieben SPEMANN und FALKENBERG[640] im Jahre 1919: Schnürt man *Triton*-Keime zu Beginn der Gastrulation oder in noch früheren Stadien längs der Mediane durch, so kann sich jede Hälfte zu einem vollkommenen Embryo entwickeln; viele dieser künstlichen Zwillinge wurden bis zur Metamorphose am Leben erhalten. Man kann im allgemeinen linken und rechten Zwilling leicht voneinander unterscheiden, weil die Organe der Durchschnürungsseite meist in geringem Maße verkümmert sind. Es zeigte sich nun der sehr merkwürdige Befund, daß die linken Zwillinge stets regulären Situs der Eingeweide aufwiesen, während bei den rechten in der Hälfte der Fälle Inversion eingetreten war. Die genauen Zahlen sind:

25 linke Z.:   24 regulär, 1 ? (Herz invers)

30 rechte Z.:   15 regulär, 12 sicher + 2 sehr wahrscheinlich invers, 1 ?.

Damit stimmt überein, daß bei menschlichen und tierischen** Zwillingen — wobei man sich auf die partiellen Doppelbildungen beschränken muß, da später rechter und linker Partner nicht mehr unterscheidbar sind — die viszerale Inversion, wenn sie überhaupt eintritt, sich auf den rechten Partner beschränkt. Darum ist auch die bisweilen vertretene Ansicht nicht sehr absurd, daß alle Personen mit viszeraler Inversion Zwillinge seien, deren Partner frühzeitig zugrunde gingen. Eine letzte wichtige Erkenntnis brachte schließlich WILHELMI[644], der es dadurch gelang, bei *Triton* Situs inversus hervorzurufen, daß sie aus der linken Seite der Gastrula ein Stückchen Dorsalwand entfernte.

c) Vorläufige Erklärung.

Wir hatten bisher die Gewohnheit gepflogen, jede Asymmetrie sogleich zu diskutieren und ihre Entstehung zu deuten bzw. so

---

* Ektoderm allein erzeugt keine Inversion[639].   ** Vgl. a.

weit zu erklären, daß wir sie auf das Wechselspiel zweier Strukturen, einer R- und einer L-Struktur zurückführten, deren endgültige Deutung erst weiter unten (§ 46) erfolgen wird. Tun wir dies auch mit dem Situs inversus, so entspricht die Möglichkeit, ihn künstlich zu erzeugen, sowie sein seltenes Auftreten in der Natur dafür, daß es sich wenigstens in der überwiegenden Mehrzahl der Fälle um phänotypische Inversionen handelt. In der „Anlage" der Eingeweide wären beide Strukturen, reguläre und inverse, vorhanden, von denen die reguläre manifest ist und die inverse hemmt, d. h. zur Latenz verurteilt — wobei das Manifestsein gerade der einen (regulären) Struktur erblich festgelegt ist. Treten jetzt während der frühesten Entwicklung schädigende Einflüsse auf, die die reguläre Struktur schwächen (bzw. vorübergehend schwächen), so gewinnt inzwischen die nun nicht mehr gehemmte inverse Struktur die Oberhand und es entsteht Situs inversus. Es ist weiter verständlich — und dafür werden später noch Beweise erbracht werden —, daß diese schädigenden Einflüsse nur einen Teil der Eingeweideanlagen treffen können, etwa dann, wenn ein gewisser Teil schon soweit entwickelt ist, daß eine Umkehr zur inversen Form nicht mehr möglich ist; so sind verschiedene Fälle von partiellem Situs inversus zu erklären, wie auch MANGOLDS Befunde, der eine mehr oder weniger kontinuierliche Übergangsreihe von vollständig regulär zu total invers erhielt. Auch die Pathologie der viszeralen Inversion, jene Erscheinung, daß mit der Asymmetrieumkehr häufig Defektbildungen verknüpft sind, spricht sehr für phänotypische Inversion (vgl. § 49).

Im übrigen aber ist das Problem des Situs inversus mit einem anderen, dem der Zwillingsbildung, eng verknüpft, und darum ist es, um Wiederholungen zu vermeiden, in diesem einen Fall notwendig, die weitere Diskussion dieses Problems bis in den allgemeinen Teil (§ 46, g) zu verschieben.

III. Allgemeiner Teil.

§ 42. RL-Merkmale im Anorganischen.

RL-Merkmale sind nicht auf das Tier- und Pflanzenreich beschränkt, sondern treten schon in der anorganischen Natur auf. Drehung der Polarisationsebene nach links oder rechts, und enantiomorphe (spiegelbildliche) Kristalle sind die bekanntesten unter ihnen. Man hat in diesen Asymmetrien der anorganischen Materie nicht sozusagen eine Vorstufe der Asymmetrien in der belebten Natur vor sich, sondern hier wie dort liegt eine Folge der elementaren Tatsache vor, daß von jedem asymmetrischen dreidimensionalen Gebilde im dreidimensionalen Raum zwei spiegelbildlich kongruente Formen existieren. Trotzdem haben diese anorganischen Asymmetrien auch für das biologische RL-Problem Interesse.

Es gibt chemische Substanzen, die nicht nur in kristallisierter Form, sondern auch in gelöstem oder geschmolzenem Zustande die Polarisationsebene drehen. Diese Substanzen kristallisieren nach der bisher stets bestätigten Regel von PASTEUR nur in enantiomorphen Kristallen aus (sie müssen also den 11 von 32 Kristallklassen, in denen es enantiomorphe Kristalle gibt, angehören), und man macht bei ihnen eine Asymmetrie des Moleküls für die Drehung der Polarisationsebene und für die Kristallform verantwortlich: ein linksdrehender, linksasymmetrischer Kristall besteht nur aus Linksmolekülen, aus einer linksdrehenden Lösung kristallisieren nur Linkskristalle aus, und umgekehrt[*]. Daneben gibt es, weniger zahlreich, Substanzen, z. B. $NaClO_3$, Quarz, Bittersalz, die nach In-Lösung-Gehen oder durch Übergang in den geschmolzenen Zustand ihr Drehungsvermögen verlieren; läßt man die Lösung wieder auskristallisieren bzw. die Schmelze erstarren, so entstehen zur Hälfte Links-, zur Hälfte Rechtskristalle, auch dann, wenn nur Links- bzw. nur Rechtskristalle gelöst bzw. geschmolzen wurden. In diesen Fällen muß man entweder annehmen, daß die Molekülform sich beim Übergang zum kristallisierten Zustand ändert oder, was wahrscheinlicher ist, daß die Drehung durch eine asymmetrische Anordnung symmetrisch gebauter Moleküle im Kristall zustande kommt. Versucht man mit den Methoden der synthetischen Chemie aus und bei ausschließlicher Verwendung von optisch inaktiven Substanzen optisch aktive herzustellen, so erhält man stets zu gleichen Teilen Links- und Rechtskristalle bzw. Links- und Rechtsmoleküle, was verständlich ist, da weder Links- noch Rechtsform irgendwie bevorzugt ist. Dagegen gelingt dies, wenn man eine aktive Substanz (und zwar nur die Links- oder nur die

[*] Definition von L und R zweckmäßig gewählt.

Rechtsform) verwendet, und ebenso ist es auf dem gleichen Wege
möglich, aus einem Gemisch von Links- und Rechtsmolekülen
die der einen Sorte auszuscheiden. Daß man, von der Rechtsform einer Substanz ausgehend, auf dem Umweg über andere
Verbindungen die Linksform des Ausgangsstoffes herstellen kann
(WALDENsche Umkehrung), ist ein Spezialfall der eben genannten
allgemeinen Tatsache.

Bei den in der Natur vorkommenden enantiomorph kristalli-
sierenden Mineralien handelt es sich fast stets um Substanzen mit
symmetrischen Molekülen, man findet in der Regel, doch nicht
immer, Rechts- und Linkskristalle nebeneinander. Bei der
riesigen Schar optisch aktiver Kohlenstoffverbindungen aber
tritt in der Natur stets nur die eine der beiden möglichen Substanzen, entweder die Rechts- oder die Linksform, auf. Wendet
man die phylogenetische Betrachtungsweise auch auf das Entstehen dieser Verbindungen an, so reduziert sich das in diesen
Tatsachen versteckte Problem auf die einfache Frage: wieso
entstand erstmals von einer optisch aktiven Substanz nur die
eine, bzw. warum gerade diese und nicht die andere Form. Existiert aber einmal von einer beliebigen Substanz nur die eine der
beiden Formen, so wird von jeder Substanz, die sich aus ihr ab-
leitet, stets wieder nur die Links- oder Rechtsform auftreten,
höchstens — falls man den Mechanismus der WALDENschen Umkehrung auch in der Natur verwirklicht annimmt, hier die Links-
und dort die Rechtsform, nie aber beide zugleich nebeneinander.

Unter den Grundsubstanzen, aus denen die lebenden Organismen bestehen, Zucker, Aminosäuren usw., sind regellos links-
und rechtsdrehende sowie nach homologem Molekülbau regellos
Links- und Rechtsformen vorhanden, und wenn anscheinend alle
Eiweißkörper* links drehen, wiewohl sie sich aus verschieden
drehenden Aminosäuren zusammensetzen, so ist dies entweder
Zufall oder es liegt eine gleichsinnige Art schraubiger Lagerung
der außerordentlich langen Molekülketten vor und die hierdurch
bewirkte Drehung überwiegt den Einfluß der Eigendrehung der
Komponenten.

Kehren wir nach diesen Überlegungen zu den inversen biologischen Objekten zurück, so wäre die Ansicht denkbar, daß ein

---

* = Proteine. Die komplizierten Proteide sind z. T. rechtsdrehend
(z. B. Hämoglobin).

total inverser Organismus, z. B. eine linksgewundene Schnecke oder zumindest das Ei, aus dem sie entsteht, aus lauter inversen Molekülen besteht, daß die spiegelbildliche Symmetrie zwischen regulär und invers also eine ebenso absolute wäre wie zwischen einem Links- und Rechtskristall. Indes ist diese Ansicht auch dann unmöglich, wenn man sich nur auf die genotypischen Inversionen beschränkt. Wir wissen, daß nur das natürliche l-Acrenalin auf den tierischen Körper Wirkungen ausübt, nicht aber die künstlich hergestellte d-Form, und ebenso sind alle übrigen Hilfssubstanzen des lebenden Organismus, z. B. seine Fermente, stets nur in einer der beiden möglichen Formen vertreten. Setzt man gewissen Bakterien ein razemisches Gemisch von Molekülen einer Substanz vor, so sind sie nur imstande, die eine Sorte zu assimilieren. Wären die inversen Schnecken also absolut invers, wären alle ihre Moleküle spiegelbildlich zum Regulären, so wären ihre spiegelbildlichen Fermente ungeeignet, die reguläre Nahrung anzugreifen, das Tier wäre unfähig zu existieren.

Die totale Inversion eines biologischen Objektes ist also von der regulären Form nur durch die Anordnung der in beiden Fällen gleichsinnig gebauten Grundstoffe unterschieden. Die Asymmetrie der Grundstoffe hat auf das Auftreten von Rechts- oder Linksasymmetrien in der Form der Organismen keinen Bezug. Die Möglichkeit aber besteht, daß im Falle des Entstehens einer regulären bzw. n-versen Form spiegelbildlich wirkende Kräfte („Agentia") am Werke sind, daß diese Agentia substantiellen Charakter haben („formbildende Fermente"?) und daß von diesen vielleicht zwei enantiomorphe Sorten existieren (vgl. § 46).

§ 43. Die Typen der RL-Merkmale (Übersicht).

Um über die große Zahl tierischer Asymmetrien einen leichten Überblick zu erhalten, faßt man analoge Asymmetrien zusammen. Analog sind z. B. alle Reduktionen einer Gonade bei bilateralem Genitalsystem, analog ist die schneckenartige Gestalt bei Foraminiferen, Schnecken, Cephalopoden, *Spirorbis*, Insektengehäusen. Verschiedene solcher analoger Asymmetrien lassen sich wieder zu einer höheren Einheit, dem Typus, vereinigen. Reduktion eines Partners eines bilateralen Merkmals stellt z. B. einen Typus dar. Auf solche Weise erhält man die folgende Einteilung, die keine exakt disjunktive ist und sein kann, die nur Zweckmäßigkeit und Übersichtlichkeit anstrebt, deren einzelne Untergruppen sich daher hier und da überschneiden. Wir unterscheiden*:

I. Dissymmetrien, d. h. sekundäre Asymmetrien an primär bilateralsymmetrischen Körpern infolge Ungleichwerdens primär spiegelbildlich gleicher Teile (ungleichmäßiges Merkmalpaar) oder infolge seitlicher Verlagerung primär medianer Teile.

A. *Ungleichwertiges Merkmalpaar:*

α) Reduktion eines Partners. Genitalsystem. Reduktion einer Gonade samt Ausführgang: bei Turbellarien (+, ×, *Dalyella* amphidrom), Nematoden (li red., +, ×), *Myzostomum-♂*, *Phascolion* (Sipunc.), gewissen Gastrotrichen (Hoden li red.; Ovar einseitig red., raz. gelegen, Ovidukt re red.), *Rhabdopleuriden* (Enteropn., li red.), Branchiura-♀ (raz.), *Actaletes*-♀ (Apteryg., re red.), Sexuales-♀ der Aphiden, *Asymmetron* (li red.), *Myxine* (li red.), viele Selachier, Vogel-♀ (re red.), Sporenkuckuck-♂ (li red.); Dotterstock von *Athesmia* (Trem., +). Größenunterschiede der Gonaden: *Amphioxus* (re > li), einige Reptilia, Vogel-♂ (embryonal re > li, zur Brunstzeit li > re, ×), Säugetiere. Gonade einer Seite funktionslos: Monotremata-♀ (links). Reduktion eines Ausführganges (Gonaden meist verschmolzen): Gewisse Gastrotrichen-♀ (re red.), Tardigrada-♀ (raz.), *Raillietiella* (Pentast., re red., +), viele Copepoda-♂ (re red., +, ×), viele Dermaptera-♂, viele dibranchiate Cephalopoden (re red.). Ausführgang einer Seite funktionslos (Gonaden meist verschmolzen): Tetrabranchiate Cephalopoden (li), Chilopoda (li, Gonaden rechts gelegen). Außerdem: Spicula der Nematoden-♂ (oft li > re oder re red., + ?, ×), Canalis genitointestinalis der Trematoden einseitig (×), Penis der *Halocypriden* (nur re), Genitaltrakt der Schnecken ursprünglich der linken Seite allein angehörig. Penis der Vögel (eine Hälfte red ?), Penis gewisser Säugetiere (ein Gabelast red.). — Exkretionssystem. Reduktionen: *Hymenolepis* (Cest., 1 Kanal fehlt), Nematoden (oft li > re oder re red., Kern li, +, × ?), Oligochaeta (Red. von Nephridien), Echiuridea (1 Nephridium red., ×), *Phascolion* (Sipunc., 1 Nephridium fehlt), *Gyplana* (Amphip., re. Malpigh. Gefäß red.). Funktionswechsel: Scaphopoda (re. Niere = Gonodukt), Schnecken (li. Niere → Gonodukt). — Endodermale Organe. Reduktionen: Trematoden (Darmschenkel, +, ×), Schnecken (Leber re red., +, ×), Supracardialkörper d. Wirbeltiere (nur li), *Myxiniden* (Kiemenhautgang nur li), Schwimmblase und Lunge primitiver Wirbeltiere (eine Hälfte fehlt, ×), Reduktion einer Lunge bei Amphibien und Reptilien schlangenähnlicher Gestalt (li red., ×). Größenunterschiede:

---

* mo. = monostroph, raz. = razemisch, amph. = amphidrom; + bedeutet: es sind inverse Exemplare bekannt; × bedeutet: es sind inverse Arten, Gattungen bekannt oder die Verteilung ist verzweigt. — Wo eine Angabe des Verteilungssinnes fehlt, ist „monostroph" oder „wahrscheinlich monostroph" zu ergänzen.

Trematoda (Darmschenkel, $+$, $\times$), Amphineura (Leber, li $>$ re), Lunge verschiedener Wirbeltiere (Größenunterschiede, $\times$). — Reduktionen anderer Organe: *Lopadorhynchus*-Larve (Annel., li. Scheitelorgan red.), *Spirographis* (Kiemenlappen, raz.), sedentäre Polychaeten (Deckel raz., bei *Spirorbis* mo., $\times$), Echinodermenlarven (re. Axohydrocoel red., $+$), Enteropneusten (Eichelcoelom = li. Mesodermbläschen; Mündungen mo., —, $\times$), Decapoda (art. descendens = re. Ast der a. posterior, Lage raz.), Thysanoptera (re. Mandibel red.), Aortenbogen der Wirbeltiere (Reptilia re $>$ li, Vögel li red., Säuger re red.), Narval-♂ (Zahn, re red.). Stärkere Reduktion eines der beiden Parietalaugen der Wirbeltiere ($\times$). Lymphgefäßsystem des Menschen ($+$). Größenunterschiede im Geweih der Hirsche (li $>$ re), den Vorderextremitätenlängen der wildlebenden Caniden (?) und der Primaten.

β) **Bevorzugte Gestaltung eines Partners.** Sporn oder Zahn an der einen Schale zweiklappiger Dinoflagellaten und Ostracoden (mo.), Heterochelie der höheren Krebse (raz. bis mo., $+$, $\times$; *Paguriden* mo., $+$, $\times$), Greifantennen der Copepoden (mo., $+$, $\times$) und Collembolen, Hectocotylus der Cephalopoden (mo., $\times$; *Illex* raz.).

γ) **Physiologische Bevorzugung eines Partners**, evtl. verbunden mit Kollektivasymmetren geringen Ausmaßes: s. III, Verrichtungen.

B. *Verlagerung primär medianer Teile.*

Geschlechtsöffnungen der Monogena (Trem., mo., $\times$), LAURERscher Kanal (mo., $\times$, oder amph.), Geschlechtsöffnungen der Digena (Trem., mo., $+$, $>$), Geschlechtsöffnungen der Cestoden (mo., $+$, $\times$), Eiersäcke und Atrien verschiedener Oligochaeten (meist nach li), seitlich abgebogene Typhlosolis bei Anneliden, Hauptnerv und -gefäß von *Phoronis* (nach li), Ecardines (Bracch., After → re), *Rhabdopleuriden* (Enteropn., Mund → li), Chilopoda (Gonaden → re), *Cyprinodonten* (Geschlechtsöffnung; *Anableps* seitl., raz.), Atemloch vieler Anurenlarven (→ li, $+$), Halseingeweide der Vögel (→ re, $\times$).

II. Asymmetrien im besonderen: gestaltliche Abweichungen von symmetrischer Gestalt, die keine Dissymmetrien sind.

A. *Torsionen:*

α) **Des ganzen Körpers.** Thekamöben mit schraubigem Gehäuse (*Lecquereusia*, raz.), Foraminiferen mit turbospiralen Gehäusen (mo., —, $\times$ oder amphidrom), Foraminiferen mit mehr-als-zweireihig-textularoiden Gehäusen (mo., $+$?, $\times$), schraubige Schizonten (z. B. *Spirocystis*), tordierte Flagellaten und Infusorien (mo., $+$, $\times$; *Spirochona* mo., $\times$ oder amphidrom oder raz.), Knospungsgesetze bei Hydrozoen, Bryozoen und Graptolithen, Körper von *Nectonema*-♀ (Nematomorpha, litordiert), *Spirorbis* (mo., $\times$), gepanzerte Rädertiere (rechtstordierter Körper, mo., $+$, $\times$, als Folge davon: Zehenasymmetrie $\times$, asymmetrische Augenflecke $+ \times$, Lateraltaster $\times$), Schnecken (mo., $+$, $\times$ oder amph. oder raz.; Operculum der Prosobranchier), Muscheln mit tordierter Schale (mo. $+ \times$, selten raz. oder mit örtlich verschiedener Verteilung), Schale von *Dentalium* sp., Cephalopoden mit turbospiraler Schale (mo. $+$, $\times$ oder amph.), *Tortanus* (Copep., tordiertes Abdomen), Einsiedlerkrebse (mo., *Paguropsis* raz.), turbospirale Gehäuse bei Köcherfliegen und *Psyche* (Lepid.), schraubig konstruierte Gehäuse bei Köcherfliegen (li mo., +, × ?), Körper der Appendicularien (re, mo.); Spermien (×), Spiralfurchung (+), schraubiges Laichband von *Corambe* (Opisthobr., re, mo.).

ß) Einzelner am Körper in der Ein- oder Vielzahl vorhandener Teile. Schraubige Pseudopodien bei *Amoeba flagellipodia* (li); Chromatophorenbänder, Kerne, Gehäuse usw. von Protozoen; Nesselkapselfäden bei Protozoen; Windung des ruhenden Nesselfadens, Struktur des Nesselfadens der Penetranten bei Coelenteraten (ind. mo., mo. bei *Hydra*, re, gruppenkonstant?), Torsion der Theken oder Thekenstiele bei Hydrozoen, Penis bei Turbellarien (mo. ×, bei *Astrotorhynchus* amph.), Retraktoren der *Tetrarhynchiden* (Cest.), Borsten von *Euthalenessa* (Polych., mo.); Genitaltrakt, schraubige Spermatophoren und Liebespfeile bei Schnecken; Tracheen-Spiralfaden bei Diplopoden und Insekten, Penes und Receptacula bei Insekten; spiralige Vagina der Tachinen, Torsion der Hodenfollikel bei *Sphingidea*; Penis der Vögel (li, mo.), Trachealringe bei *Lutra* (Mamm.), helicoider Schwanz bei Säugern (Hund re amph.), Penis vieler Huftiere (li, mo. , Haarwirbel des Menschen (75% re, 18,5% li). — Lagerung des Darmes: *Sternaspis* (Annel., 2—3 mal re, dann 2—3 mal li), *Bonellia* (re—li—re—li ...), Sipunculoidea (Doppelschraube, li), Ecardines (Bracch., 1 re), Seewalzen und Haarsterne (1 re), Seeigel (1 li plus 1 re), Amphineura (ursprünglich 2 mal re, hierzu kommt eine rücklaufende Doppelspirale z. B. bei Chiton oder eine Torsion der gesamten Schlingen rechtssinnig um 720°, die durch eine antagonistische Drehung des Magens und ersten Darmabschnittes um 720° ausgeglichen wird), Schnecken (verschieden; rücklaufende Doppelspirale bei *Oncidiiden*), Krebse (Windungen bei einem Cumaceen, Spiralfalte bei gewissen Isopoden), Diplopoden (N → S-förmig), Insekten (verschieden), Ascidien (1 li), Wirbeltiere (grundsätzlich 1 li, × ?; Kaulquappen und gewisse Fische mit rücklaufender Doppelspirale). Genetisch auf Darmwindungen geht die Spiralfalte des Darmes der Wirbeltiere zurück (niedere W. li, höhere ×). Plan oder turbospirale Anhänge des Darmes bei verschiedenen Gruppen (z. B. *Octopus*). — Verschiedene Asymmetrien mikroskopischer Strukturen.

B. *Asymmetrien, die keinen Torsionscharakter besitzen.*

α) Des ganzen Körpers. Kolonien von *Zoothamnium* (raz.), zweireihig-textularoide Foraminiferengehäuse (×), multiloculine Foraminiferengehäuse (mo. +, ×, 3 amph. Arten); Amphitypie der Turbellarien (?), Trematoden und Cestoden (raz., amph., mo. +, ×); asymmetrische Gestalt einiger Trematoden; Asymmetrie von *Ascaris* (mo., +) und *Trichuris* (raz); Asymmetrie der Echinodermen; Körperform der *Bopyriden* (Isop., raz. , Schildläuse-♀, von *Solenella* (Lep.), Hinterende der Embien und *Corixiden* (Heteropt., mo., ×); Asymmetrie der Copepoden (mo., +, ×, 1 amphidr. Art; oft ♂ mo., ♀ amph.); *Amphioxus*. — Körperbau unter Berücksichtigung der Gesamtheit innerer Organe (viele höhere Tiergruppen).

ß) Einzelner am Körper in der Ein- oder Vielzahl vorhandener-Teile. Konstant asymmetrische Stacheln bei Radiolarien, gewisse asymmetrische Schwammnadeln (ind. raz.), Gestalt der Nesselzellen (mo.), Herzöffnungen bei *Chiton* (+, ×), Verteilung der Sinnesorgane bei *Dondersia* (Amphineura), Kopulationsorgane bei Insekten, Zirporgan bei *Micronecta*, Schnabel von *Anarhynchus*, Situs der Eingeweide vieler Tiere, kleinere Asymmetrien bei verschiedenen Tiergruppen, einseitiger Hodentiefstand beim Menschen (14% Inverse).

III. Physiologische Asymmetrien (und durch sie bedingte körperliche Asymmetrien). Bewegungen: Schraubenbewegung (mo., +, ×, selten individuell inkonstant) bei verschiedenen Tiergruppen, Larven, Keimzellen. Bewegung des Kristallstieles der Schnecken (Linksschraubung); asymmetrische Beinstellung beim Laufen (verschiedene Säugetiere; Fährten); Schränken verschiedener Säugetiere und des Menschen; Galopp des Pferdes (amph.). Gelegentliches Laufen von Hunden auf 3 Beinen. Absuchen zylindrischer Blütenstände durch Hummeln. Bewegung der Tanzmäuse und Tanzenten. Zirkularbewegung. — Verrichtungen, Gewohnheiten, physiologische Bevorzugung der Organe einer Seite: Tastergebrauch bei Spinnen; Anstechen der Salbeiblüten durch Hummeln (mo., ×), Aufsuchen der angestochenen Blüten durch Bienen; Händigkeit, Beinigkeit, Wendigkeit, Äugigkeit, Seitigkeit des Menschen; Wendigkeit und Läufigkeit verschiedener Tiere; Anfänge einer Beinigkeit bei Tieren (Papageien ind. konstant); Heben eines Beines beim Harnen (Hunde). Als Folgen viele Kollektivasymmetrien (vor allem beim Menschen). — Lagegewohnheiten: Ungleichklappige Muscheln (polyphyletisch, mo. + ×, einige raz. Arten); Plattfische (mo. + ×, 2 raz. und 1 amph. Art); *Spirorbis* (mo. ×); Schlaflage des Menschen und der Tiere. Schraubige Lagerung langgestreckter Körper (vgl. Abb. 137, Abb. 64, schraubige Umschlingung der Sporozoiten innerhalb der Spore Abb. 31, schraubige Aufrollung der *Pentastomiden-♀*). — Paarungsstellungen: viele Insekten (ind. raz. oder ind. konstant mo. × ; Fliegen: temporäres hypopygium inversum ind. raz., konstantes h. i. mo. + ×, h. circumversum mo.), *Apus*, *Estheria*, *Halocypriden*, *Copepoden*, *Corixa*, Bettwanze, *Cephalopoden*, *Cyprinodonten* (raz., amph., mo.), Nematoden, Fische, Reptilien, Vögel (?), meist mit (physiologischen oder morphologischen) Asymmetrien der Begattungsorgane verbunden; schraubige Umschlingung bei der Kopula (§39).

Abb. 137. Rhopalomenia [Amphineura], um eine Gorgonie gewunden. (Nach SIMROTH.)

IV. Irreziproke Merkmale: Die beiden ursprünglich gleichwertigen Partner eines Merkmalpaares weichen sekundär nach Lage oder Gestalt voneinander ab, ohne daß einer von beiden bevorzugt ist; sie bilden meist zusammen ein „Organ", das notwendigerweise aus zwei morphologisch verschiedenen Hälften bestehen muß (Schraube—Schraubenmutter). Ineinandergreifende Hälften: Schloß der Muscheln (mo. + ×, bei *Joodallia* amph.), Schloß der Ostracoden, Kiefer von *Nereis*, Mandibeln der Malacostracen, Mastax der Rotatorien, ineinandergreifende Radulazähne bei Scaphopoden, 5. Beinpaar vieler Copepoden, Halbröhrenorgane der Insekten

(Stechrüssel, Legestachel), Schlundzähne der *Cypriniden* (mo. +). — Über-kreuzungen: Rückenschilder von *Aphrodite*, Mandibeln der Insekten (*Cara-biden* amph.; bei Termiten starke Asymmetrie), Cerci der Dermapteren, Flügellage der Insekten (ind. raz., raz., amph., mo. + ×), Zirporgane (mo., + ×), Arciferie der Amphibien (amph.), Kreuzschnabel (raz.), Chiasma opticum (Fische amph., Plattfische mo. ×). — Hintereinander-liegende Partner: Ovarien der stabförmigen *Phasmiden*, Nieren und Gonaden der Schlangen und schlangenähnlichen Echsen (re vor li). — Abwechselnde Lage links — rechts: *Phoronis* (Hoden-Ovar), Ro-tatoria (Hoden—vas deferns), Tardigraden (Ovar—Receptaculum). — Ab-wechselnde Lage oben—unten: Exkretionskanäle gewisser Band-würmer, Geschlechtsöffnungen gewisser Bandwürmer. — Verschiebung beider Körperhälften gegeneinander: *Amphioxus* (re vor li). — Irreziproke Gewohnheiten (Zirpen; selten raz., meist mo. + ×).

V. Bistrophe Merkmale: paarige, spiegelbildlich gewundene Merk-male*. Membran bistropher *Spirochona*-Arten, Arme der Bracchiopoden (gl., pl., meist ungl.), Receptacula und Radulazähne bei gewissen Aplaco-phoren (?; gl.); Radulazähne bei Schnecken (*Conus*), Wirbel der Muscheln (gl., pl., meist ungl.), Kopfanhänge von *Chirocephalus* (ungl.), Vas deferens höherer Krebse, Kopulationsorgane der Spinnen ♂ und ♀ (*Segestria*: gl.), Flügel der Locustide *Schizodactylus*, Penis der Reptilien, Gehörne (gl., pl.?, ungl.), Zähne (Hirscheber gl., Eber ungl.), Zahn des Narwal (gl.), Cochlea der Wirbeltiere (gl.); Seitenorgane der Nematoden (pl.), Tentakel-krone von *Phoronis* (pl.).

Ferner Akzessorische Asymmetrien (gelegentlich auftretend, ohne artbildenden Wert, ± pathologisch): Tordiertes Abdomen von *Droso-phila*, asymm. Färbung der Flügeldecken bei Insekten, halbhängeohrige Kaninchen, Heterochromie der Augen, einseitige Hyperdaktylie, Mutter-mäler usw.

§ 44. Die Ursachen der Asymmetrien. Dissymmetrie- und Spiraltendenz.

Die Übersicht des vorigen Paragraphen läßt zweierlei er-kennen. Einmal ist die Zahl der aufgeführten Asymmetrien reichlich groß, zumindest wohl größer als man gemeinhin annehmen würde, und dies, wiewohl die Aufzählung eine weitaus unvoll-ständige ist. Denn es fehlen in ihr viele kleine und kleinste Asym-metrien, die nicht aufgenommen wurden, weil sie für das RL-Problem nur Ballast bedeuten; es fehlen andere, die vielleicht in der Literatur an verstecktem Orte beschrieben, die noch un-publiziert oder noch unbekannt sind. Das zweite, was aus der Übersicht hervorgeht, ist, daß einmal die Torsionen und

---

* gl. = gleichsinnig (re re — li li), ungl. = ungleichsinnig, pl. = beider-seits planspiral. Vgl. § 45.

zweitens die Dissymmetrien die weitaus größte Menge aller
aufgeführten Asymmetrien ausmachen. Zum Teil mag diese
Prävalenz von Torsion und Dissymmetrie nur eine scheinbare
sein, bedingt dadurch, daß beide Sorten von Asymmetrien besonders auffällig und auch leicht beschreibbar sind, was in anderen
Fällen, z. B. beim Blutgefäßsystem des Menschen, nicht ohne
weiteres möglich ist. Andererseits sind aber gerade viele dieser
kleinen, schwer beschreibbaren Asymmetrien solche sekundärer
Art, die durch eine primäre Symmetrie wesentlichen Ausmaßes
hervorgerufen sind (beim Blutgefäßsystem z. B. durch die Reduktion eines Aortenbogens und durch die Schraubung des
Darmkanals und die damit verbundene Verlagerung vieler inneren
Organe), und darum bleibt als Tatsache bestehen, daß gerade
unter den wesentlichen und auffälligen Asymmetrien
Schraubung und Dissymmetrie stark überwiegen.

Solche Überlegungen waren es, die GOETHE[645] zur Aufstellung
des Begriffes der Spiraltendenz, die andere Autoren, vor allem
HAECKER[13], zum Begriffe einer Asymmetrietendenz führten.
HAECKER formuliert:

„Aus der innersten Natur der organischen Materie heraus sucht die
Tendenz zur Asymmetrie und Schraubung überall zur Geltung zu kommen,
sie wird aber, wenigstens bei frei beweglichen Tieren, im Interesse der geradlinigen und überhaupt der regelmäßigen Lokomotion fast immer unterdrückt. Überall jedoch, wo besondere Lebensbedingungen eine asymmetrische oder schraubige Organisation erfordern — man denke an die auf der
einen Körperseite liegenden Plattfische oder an die Schalen der Foraminiferen, Schnecken und Tintenfische — kommt die uralte spiralige Entwick-
lungstendenz wieder zum Durchbruch."

Selbst in solchen Fällen (Asymmetrien des *Amphioxus*), wo
„die geradlinige Wachstumstendenz das ursprüngliche und die
Asymmetrie und Schraubung das sekundäre Verhältnis" darzustellen scheinen, kommt HAECKER zu dem Ergebnis,

„daß diese Anpassungserscheinungen doch nur deshalb zur Entwicklung
kommen konnten, weil eben die Tendenz zum spiraligen Wachstum als
uralte Entwicklungspotenz der Wirbeltiere tatsächlich schon vorhanden
war."

HAECKER will also eine Antwort auf die Frage geben,
warum Asymmetrien überhaupt häufig sind; der Begriff Spiraltendenz aber hat auf die relative Häufigkeit der Schraubung unter den Asymmetrien Bezug

und wir müßten, um vollständig zu sein, ihr eine Tendenz zur Dissymmetrie gleichwertig zur Seite stellen,
wobei wir unter Dissymmetrien jene beiden im vorigenParagraphen
aufgeführten Sorten von Abweichungen von der bilateralen
Symmetrie verstehen.

Die Diskussion dieser Probleme soll hier nur kurzen Raum
einnehmen und darf es auch, da sie im Rahmen des RL-Problems
eine untergeordnete Bedeutung besitzen. Wenden wir uns der
allgemeinen Asymmetrietendenz zu und fragen: Hat es den Anschein, als ob bei jeder manifesten Asymmetrie eine ursprüngliche,
schon vor Erwerb der bilateralen Asymmetrie vorhandene Tendenz zum Durchbruch kommt, so glaube ich darauf mit einem
Nein antworten zu müssen. Man gewinnt vielmehr den Eindruck, als ob in den meisten Fällen von Asymmetrien ein besonderer Anlaß für die sekundäre Abweichung von der bilateralen
Asymmetrie vorhanden war, so daß Asymmetrien zustande
kommen, die mit primären, vor Erwerb der bilateralen Symmetrie
vorhandenen Asymmetrien nicht verglichen werden dürfen und
mit ihnen nichts zu tun haben. Es genügt, wenige Beispiele
anzuführen. Die Reduktion der Ovarien einer Seite ist nicht
immer, aber häufig durch Platzmangel bedingt (Vögel?, schlangenähnliche Formen, Sexuales der *Aphiden* u. a.); der schwierige
Mechanismus der Spermatophorenübertragung führt bei vielen
Copepoden zu einer seitlichen, asymmetrischen Paarungsstellung,
sie wurde unter gleichzeitiger Umbildung des 5. Beinpaares zu
einem irreziproken Übertragungsapparat monostroph und so
wurde das Vas deferens einer Seite funktionslos und bildete sich
zurück. Der Übergang von der schwimmenden zur kriechenden
Lebensweise ist nach NAEF Ursache der Torsion der Schnecken,
die Schwierigkeit einer Copula a posteriori die Ursache gedrehter
Hypopygia bei den Fliegen, die Rationalisierung des Blutkreis-
laufs Ursache der Rückbildung eines Aortenbogens bei den
höheren Wirbeltieren; turbospirale Gehäuse gehen stets aus
planspiralen hervor, der Grund ist entweder die Erzielung höherer
Bruchfestigkeit — wir haben dafür bei den Foraminiferen einen
Beweis, wo zum gleichen Zweck die beiden gleichwertigen Wege,
turbospirale und multiloculine Lagerung der Kammern, eingeschlagen wurden — oder die Unzweckmäßigkeit sagittal ge-
tragener planspiral-scheibenförmiger Gehäuse von vielen Um-

gängen. Indessen darf nicht verkannt werden, daß es daneben auch Fälle gibt, wo ein notwendiger Grund zur Asymmetrie nicht vorlag: Suprakardialkörper, linksseitiger Kiemengang der *Myxiniden*, linksseitiges Kiemenloch der Anurenlarven, Fehlen eines Darmschenkels bei Trematoden, Asymmetrien von *Ascaris* usf. Hier wird, besonders bei Reduktionen, der Erhalt gelegentlicher Defektmutationen in Frage kommen, vor allem bei den dauernd in warmem Milieu lebenden Warmblütlerparasiten. Sei es aber wie es möge, wo liegt die Brücke, wo liegt die Beziehung, die von diesen Asymmetrien zu den „ursprünglichen" führt? Fast alle Asymmetrien sind einem bilateralen Bauplan eingeordnet, schon von den Turbellarien an sind alle Tiere, die Echinodermen einbezogen, grundsätzlich und ursprünglich bilateral gebaut, die Coelenteraten sind radiär oder, vielleicht besser gesagt, ebenso wie die Schwämme ursprünglich monaxon (zylindrisch) gebaut: der Ausdruck einer primären Asymmetrie, die bei den bilateralen Formen wieder zum Durchbruch kommen soll, findet sich also höchstens bei den Einzellern. Die Protozoen sind nun entweder formlos oder im übrigen fast immer schraubig gestaltet, und zwar als Folge der schraubigen Bewegung, diese aber ist, wie aus dem folgenden hervorgeht, zwar eine primäre, gleichfalls aber nur eine spezielle Asymmetrie dieser und ähnlicher Kleinorganismen.

Gehen wir sogleich zur zweiten Frage über, nach der Existenz einer Spiral- und einer Dissymmetrietendenz, so hat der Begriff Spiraltendenz im GOETHEschen Sinne sehr wohl eine Bedeutung. GOETHE schreibt den Pflanzen zwei Tendenzen, eine Vertikal- und eine Spiraltendenz, zu, er bringt damit zum Ausdruck, daß zwei Bauprinzipien, das linear-vertikale und das schraubige, den Bauplan der Pflanze beherrschen. Was ist aber der Grund, weshalb die Schraubenlinie so oft im Bauplan der Lebewesen wiederkehrt? Erinnern wir uns daran, daß jede Kurve durch Krümmung und Torsion eindeutig bestimmt ist (§ 4); die einfachsten Kurven, die es gibt, sind also:

$$
\begin{array}{llll}
\text{Krümmung} = 0, & \text{Torsion} = 0: & \text{Gerade} \\
\quad\text{,,} \quad = \text{konst.}, & \quad\text{,,} \quad = 0: & \text{Kreis} \\
\quad\text{,,} \quad = 0, & \quad\text{,,} \quad = \text{konst.}: & \text{Gerade]} \\
\quad\text{,,} \quad = \text{konst}, & \quad\text{,,} \quad = \text{konst.}: & \text{Schraubenlinie,}
\end{array}
$$

sind also Gerade, Kreis und Schraubenlinie, die einfachste räumlich gekrümmte Kurve überhaupt ist die Schraubenlinie. Was wir zu erwarten haben, ist, daß Gerade, Kreis und Schraubenlinie die Gestaltung der lebenden Organismen beherrschen. Solche Gestalten sind entweder die Körperform und der Prozeß, der zu ihr führt, ist das Wachstum, — oder die Bewegungsbahn, sie entsteht durch die Bewegung. Ist die bewegende Kraft oder der Wachstumsvorgang ungeregelt und wechselnd, so entsteht ein formloser Körper oder eine unregelmäßige Bahn. Ist aber der Bewegungsantrieb in jedem Moment relativ zum Körper derselbe, so entsteht im Raume eine Kurve konstanter Krümmung und Torsion, also im allgemeinen eine Schraubenlinie, und in seltenen Fällen, wenn die Torsion Null ist, ein Kreis, und wenn Krümmung und Torsion Null sind, eine Gerade, und ebenso entsteht durch dauernd relativ zum bereits gebildeten Teil konstantes Wachstum eines Sprosses eine schraubige und in den beiden seltenen Spezialfällen eine kreisförmige bzw. lineare Gestalt. Bei Bewegung in zwei Dimensionen (laufende Tiere) — Wachstum in einer Ebene kommt kaum vor — ist der allgemeine Fall ein Kreis und der spezielle eine Gerade. — Hier ist der einzige Punkt, an dem die Theorie einer allgemeinen Schraubungstendenz einhaken könnte, in der Tatsache, daß die Schraubenlinie allgemeineren Charakter besitzt als die Gerade; aber der einzige Fall, wo diese primäre Schraubungsasymmetrie verwirklicht ist, ist die schraubige Bewegung der Protozoen und Larven (§ 39), sie wird hier beibehalten, weil sie eine für die Bedürfnisse dieser Formen genügende zielstrebige Bewegung ermöglicht. Bei allen größeren Formen aber, bei denen notwendigerweise die relative* Fortbewegungsgeschwindigkeit eine kleinere ist, wird sie durch die geradlinige Bewegung verdrängt, wobei durch Regulationsorgane — Augen und statische Apparate — die dauernden Abweichungen von der Geraden erkannt und durch Vermittlung des Bewegungsapparates korrigiert werden. Fällt, wie bei der Zirkularbewegung (§ 34), die Möglichkeit der Regulation fort, so tritt die konstante Asymmetrie der Bewegungsapparates in Erscheinung, denn nur in Ausnahmefällen wird dieser genau symmetrisch wirken; ein gleichmäßig rudernder Fisch würde — seiner Sinnesorgane einschließlich des statischen Apparates beraubt — eine Schraubenlinie beschreiben**. — Wo aber bei höheren Formen die Schrauben-

---

* Relativ zur Körperlänge.
** Eine mögliche Wirksamkeit der Schwimmblase ausgenommen.

linie auftritt, hat dies andere Ursachen, Ursachen zwar, die mit
dem einfachen Charakter dieser Kurve zusammenhängen. Ebenso
wie man (eine Schnur oder) einen Gummischlauch derart auf
kleinsten Raum zusammenlegt, daß man ihn um eine zylindrische
Achse aufrollt, rollen sich auch langgestreckte Körper (s. Lage-
rungsgewohnheiten § 43, schraubige Chromatophorenbänder in
der Zelle) schraubig zusammen. Nähert man die beiden Enden
eines geraden Gummischlauches einander, so wird er sich in die
Form einer rückgedrehten Schraubenlinie legen, und das gleiche
ist der Fall beim Darm und ähnlichen langgestreckten Organen;
wir finden hier die folgenden Möglichkeiten vertreten (§ 43,
II A β): Schraubung unter gleichzeitiger Rückdrehung, Schraubung
abwechselnd links- und rechtsum, Doppelschraube, rückgedrehte
Schraubung + Doppelspirale, + Fältelung (Vertebrata), + sekundäre rückgedrehte Schraubung der Darmschlingen. Geht
aus einem planspiralen Gehäuse allmählich im Laufe der Phylogenie ein schraubiges hervor, so ist dieses beim Einzeltier vermöge
der Einfachheit des schraubigen Prinzipes leicht zu erzeugen.
Wächst der Zahn des Hirschebers oder das Gehörn eines Schafes
überhaupt konstant asymmetrisch, so nimmt es bei der geringsten
Abweichung von der Ebene schraubige Gestalt an. Schließlich
geht häufig die Schraubung sekundär aus einem geringelten
Typus hervor (flachwindige Tintinnen-Gehäuse, Stiel von Hydro-
zoentheken und diese selbst, Tracheenfaden, Trachealringe von
Lutra), was einerseits größere Festigkeit bedingt und andererseits, weil es sich um schraubiges Wachstum handelt, leicht
„erzeugt" werden kann. Wo also außer bei der Schraubenbewegung der Protozoen Asymmetrien auftreten, die
bei Konstanz zu einer Schraubung führen würden,
werden sie regulatorisch korrigiert, und nur in Einzelfällen und aus besonderen Gründen, zu besonderen
Zwecken und dann meist in verstärktem Ausmaße
tritt schraubiges Wachstum auf, es kann auftreten,
weil die Erzeugung einer Schraubenlinie ebenso einfach oder noch einfacher ist als die einer Geraden
oder eines Kreises. In dieser Einfachheit liegt die
Möglichkeit, jederzeit Schraubenlinien zu erzeugen,
liegt die Ursache ihrer Häufigkeit, liegt das Wesen
dessen, was man Spiraltendenz genannt hat.

Für die Dissymmetrien gilt das gleiche nicht, der Begriff Dissymmetrie hat nur einen Sinn, wenn zuvor bilaterale Symmetrie vorhanden war, „primäre" Dissymmetrien gibt es also nicht. Die Häufigkeit der Dissymmetrien kann nur daran liegen, daß es auf mutativem Wege „leicht" ist, von den beiden Partnern eines Paares einen verschwinden zu lassen oder (seltener) einen zu bevorzugen. Nur in solchem Sinne könnte man das Wort Dissymmetrie-Tendenz verstehen.

Von einer allgemeinen Tendenz der belebten Natur überhaupt zu asymmetrischer Gestaltung aber kann nicht die Rede sein, eher wäre von einer Tendenz zu bilateraler Symmetrie zu reden, die ja allen höheren Tieren eigen ist und nur selten sekundär aufgegeben wird. Es spricht weiter für eine solche Tendenz, daß nach Reduktion eines Partners eines bilateralen Organs der verbleibende sich oft median anordnet (Gonade von *Myxine*, bei Selachiern), daß in manchen Fällen der verbleibende Partner pseudobilateralen Habitus annimmt, indem er paarige Anhangsorgane ausbildet (Genitaltrakt der Schnecken und Nematoden)*. Was die Ursache dieses Bestrebens nach bilateraler Symmetrie ist, soll nicht untersucht werden. Vielleicht ist es die Forderung nach exakt zielstrebiger Bewegung, vielleicht wurde sie dadurch ermöglicht, daß die Entwicklung jedes Metazoons den Weg über ein symmetrisches Zweizellenstadium nimmt.

§ 45. Bistrophe Merkmale.

Die Einreihung der bistrophen Merkmale unter die Asymmetrien ist ungerechtfertigt. Bistrophe Merkmale sind ebenso exakt spiegelbildlich symmetrisch wie rechte und linke Hand, wie rechte und linke Körperhälfte eines Anneliden (als Typus eines streng bilateralen Tieres), und so ist es verständlich, daß es bei ihnen keine Inversionen geben kann. Man führt die bistrophen Merkmale unter den Asymmetrien auf, weil sie schraubige Struktur zeigen und weil die Asymmetrieart des einzelnen Partners deshalb mit einem Worte beschreibbar ist. — An den bistrophen Merkmalen interessiert vornehmlich die Frage, ob sie gleichsinnig (rechts rechtsschraubig — links linksschraubig) oder ungleichsinnig (re li — li re) gewunden sind. Zwischen beiden ist ein kontinuierlicher Übergang möglich; der „Nullpunkt" —

---

* Für das Pflanzenreich vgl. Lewis[647].

und das ist häufig der ursprüngliche Windungsmodus — wird durch jederseits planspirale Aufrollung repräsentiert. Das Gehörn z. B. entsteht vermutlich als gerades, später sich leicht nach hinten planspiral einkrümmendes Paar von Fortsätzen; weicht dann jede Hälfte schwach lateral- oder medianwärts ab, so entsteht gleich- bzw. ungleichsinnig bistrophe Schraubung. Wie der Weg im einzelnen geht, hängt von den Umständen ab.

A priori kann die gleichsinnige Windung (re re — li li) schon deshalb nicht vor der ungleichsinnigen bevorzugt sein — wie trotzdem verschiedentlich angenommen wird[9] —, weil die Definition von rechts bei der Schraubung und bei der bilateralen Symmetrie beide Male willkürlich ist und weil beide Definitionen voneinander unabhängig sind. Darum wäre es höchstens Zufall, wenn unter der geringen Zahl bisher untersuchter bistropher Merkmale (vgl. § 43, V) die gleichsinnige Windung überwöge, doch scheint dies überdies nicht einmal der Fall zu sein, die Verteilung von gleich- und ungleichsinniger Bistrophie ist ebenso zufällig und inkonstant wie bei den echten Asymmetrien.

§ 46. Herkunft und Bedeutung der Inversionen.

Alle die zahlreichen bisher mitgeteilten Tatsachen über RL-Merkmale fordern zu einigen Fragen heraus, die grundsätzliche Bedeutung besitzen und die wir als die Hauptfragen des RL-Problems bezeichnen müssen. Sie lassen sich formulieren: wieso ist es möglich, daß von einer Asymmetrie, die wir im allgemeinen nur in der einen der beiden möglichen Formen, z. B. in der Rechtsform, kennen, plötzlich (als Anomalie gewissermaßen) die zu ihr spiegelbildliche, die Linksform, entsteht?, und zweitens: warum ist überhaupt in der Mehrzahl der Fälle nur die eine der beiden Formen vorhanden (während die andere nur den Charakter der seltenen Inversion besitzt), warum existieren nicht von vornherein beide Formen in gleicher Häufigkeit nebeneinander? Diese beiden Fragen umschließen das Problem der Bedeutung und der Herkunft der Inversionen: warum gibt es von den (meist) monostrophen Asymmetrien eine reguläre und eine inverse Form, und wie und wodurch kommt die Asymmetrieumkehr im Einzelfalle zustande? Wir wollen diese Fragen in einzelnen Schritten diskutieren.

a) Die Existenz genotypischer Inversionen bei monostrophen Arten.

Wir gehen aus von der häufigsten Sorte der RL-Merkmale, von den monostrophen Asymmetrien, wo höchstens ab und zu inverse Exemplare bekannt sind. Bei vielen von ihnen — in der Übersicht des § 43 durch ein × gekennzeichnet — finden wir neben der Majorität der hinsichtlich des betrachteten Merkmals regulären Arten auch eine oder mehrere inverse Arten oder inverse Einheiten höherer Ordnung. Nur an wenige Beispiele sei erinnert. Zu dem Copepoden *Pleuromamma gracilis* mit linksseitiger Greifantenne, rechtsgelegener Geschlechtsöffnung, rechtsseitigem Pigmentknopf, irreziproken 5. Beinpaar und Umbildung des zweiten rechten Endopoditen gibt es eine hinsichtlich aller genannten Merkmale genau spiegelbildliche Art *P. abdominalis*. Von der Gattung *Spirorbis* haben wir in jeder der beiden Untergattungen (— *spira* und — *paraspira*) Rechts- und Linksarten zu unterscheiden, die zueinander jeweils fast genau spiegelbildlich sind. Innerhalb der Wanzenfamilie der *Corixiden* gibt es die Gattung *Corixa* mit rechts-asymmetrischem Abdomen und Kopulationsapparat und die hierzu spiegelbildliche Gattung *Macrocorixa*. Von Plattfischen kennen wir in jeder der beiden Hauptuntergruppen Links- und Rechtsarten, und die instruktivsten Beispiele liefern die Schnecken. Hier gibt es von verschiedenen Arten Kolonien rein inverser Formen, von *Clausilia leucostigma* wurde eine inverse Rasse gefunden, die sich außer der Inversion noch durch die vermehrte Zahl von Umgängen von der Stammform unterschied, wir kennen zu der artenreichen Gattung *Buliminus* die inverse Art *B. (Ena) quadridens*, die im Laufe der Zeiten noch einen vierten Mündungszahn entwickelte, ebenso gibt es zu vielen, durch charakteristische Merkmale ausgezeichnete Schneckengattungen inverse Arten; schließlich existieren die inversen Zweige der *Clausiliiden* und der Süßwasserpulmonaten und auch von einer asymmetrischen Muschel hat man an einem Fundort nur Links-, an einem anderen nur Rechtsexemplare beobachtet (*Lithodomus*). In allen diesen Fällen ist nur die eine Möglichkeit denkbar, daß ein oder mehrere auf mutativem Wege entstandene genotypisch inverse Individuen nach Isolierung von der Schar der Regulärtiere eine inverse Kolonie und im Laufe der Zeiten eine inverse Rasse, Art, Gattung oder einen ganzen inversen

Zweig erzeugten. Im Falle der Schnecken wurde wahrscheinlich gemacht, daß ein einziges (von einem regulären befruchtetes) inverses Tier zur Erzeugung einer solchen inversen Gruppe ausreicht. — Eine andere Möglichkeit für das Auftreten inverser Gruppen, daß etwa unter den Copepoden von vornherein (vom ursprünglichen Gabelpunkt R/L an) neben der regulären eine inverse Gruppe vorhanden war, von denen die eine zu *P. abdominalis*, die andere zu *P. gracilis* führte, ist außerordentlich unwahrscheinlich, die überwiegende Mehrzahl aller asymmetrischen Copepoden ist nach dem Schema der *P. abdominalis* gebaut, die Vorfahren der *P. gracilis* müßten fast alle verschwunden sein, außerdem müßten die sehr speziellen Umbildungen (2. Endopodit, Pigmentfleck usw.), die nur *Pleuromamma* eigentümlich sind, in beiden Gruppen — die Spiegelbildlichkeit ausgenommen — genau konform entstanden sein, was beides kaum denkbar ist. Die Existenz genotypischer Inversionen kann also als bewiesen gelten, soweit man biologische Tatsachen überhaupt beweisen kann.

Wenn es weiter unter der außerordentlich artenreichen und trotzdem gestaltlich sehr einheitlichen Gruppe der Clausilien, die einen inversen Zweig darstellen, rechtsgewundene Arten gibt, so wäre es möglich, daß diese direkte Nachkommen der ursprünglichen Formen sind, aus denen durch einmalige genotypische Inversion die Clausilien entstanden. Wenn man aber sieht, daß die wenigen rechtsgewundenen Clausilien einander nicht nahestehen, sondern an ganz verschiedene Stellen des Clausiliensystems gehören, wenn es zu fast jeder rechtsgewundenen Art auch eine linksgewundene gibt, von der sie sich fast nur durch den Windungssinn unterscheidet, so wird man zu der Ansicht kommen, daß die Rechtsclausilien durch neuerliche genotypische Inversionen aus den Linksclausilien entstanden sind. Eine solche zweitmalige genotypische Inversion gibt es ferner mit der gleichen Wahrscheinlichkeit innerhalb anderer inverser Schneckengruppen und auch beim Windungssinn der Schraubenbahn der Infusorien. Hier kommt auch eine drittmalige Inversion vor, denn der Windungssinn der Schraubenbahn stellt ein leicht invertierbares Merkmal dar.

b) Die Existenz phänotypischer Inversionen bei monostrophen Arten.

Die Existenz phänotypischer Inversionen, d. h. inverser Formen mit regulärem Genotypus, ist leichter zu beweisen. Wenn man imstande ist, jederzeit durch künstliche (schwach schädigende) Faktoren Inversionen zu erzeugen bzw. die Zahl der Inversen wesentlich zu erhöhen, wie es im Falle *Ascaris* und der Seeigellarven eingehend dargelegt wurde, so folgt daraus, daß Eier bzw. Keime sich invers entwickelt haben, die mit regulärem Genotypus ausgestattet waren und im natürlichen Falle auch die reguläre Entwicklung eingeschlagen hätten. Da man nicht annehmen kann, daß die schädigenden Umweltfaktoren den Genotypus ins inverse verkehren, so sind diese Formen nur äußerlich, nur phänotypisch invers, man muß unter sie die Hauptmasse jener inversen Individuen rechnen, die bei sehr vielen Arten mit asymmetrischen Merkmalen gelegentlich beobachtet wurden und die wohl, wenn man mehr als bisher dem Rechts- und Linkssinn sein Augenmerk zuwendet, sich zu jeder Asymmetrie finden werden. Zu ihnen sind insbesondere auch jene relativ häufig gefundenen linksgewundenen Exemplare rechtsgewundener Schnecken zu rechnen, bei denen durch Zuchtversuche eine Nichtvererbung des Windungssinnes festgestellt wurde, Exemplare, wie sie z. B. im streng gesetzmäßigen Erbgang von *Lymnaea* ab und zu wider alle Regel auftreten (Modi δ und δ' in § 19, f 4). Überhaupt übertreffen die phänotypischen Inversionen die genotypischen weitaus an Häufigkeit.

c) Unechte Inversionen.

Nicht alle Arten einer Gruppe, die ein Merkmal aufweisen, das zu dem der übrigen Arten spiegelbildlich ist, sind inverse im eigentlichen Sinne, d. h. haben dieses spiegelbildliche Merkmal durch Inversion, durch plötzlichen Übergang zur Spiegelbildlichkeit erworben. Hierher gehören z. B. die Fälle, daß rechtsgewundene Schnecken im Laufe der Phylogenie ihr Gehäuse immer mehr abflachen, bis sie planspiral werden, daß sie diese Abflachung noch darüber hinaus, „ins Negative", fortsetzen, so daß äußerlich linksgewundene Gehäuse entstehen. Bei diesen hyperstrophen Schnecken ist dann an der inneren Organisation der reguläre Bau ohne weiteres zu erkennen. Ganz analoge Ver-

hältnisse liegen bei den Dinoflagellaten mit aufsteigend-
rechtsschraubiger Geißelquerfurche vor, die aus Formen mit ab-
steigend-linksschraubiger Furche durch Hyperstrophie entstanden.
Eine andere Sorte unechter Inversionen ist z. B. die Linkslage
der Halseingeweide bei einigen Vögeln — hier liegt sekundäre
Verlagerung vor —, hierher gehören ferner viele razemische
Merkmale (s. § 47), bei denen der Entscheid über links und rechts
durch eine zufällige Konstellation von Außenbedingungen im
postembryonalen Leben gegeben wird, denn auch in diesem Falle
entsprechen R- und L-Form nicht dem, was wir unter dem Verhältnis regulär-invers im eigentlichen Sinne verstanden haben.
Schließlich ist noch der Fall denkbar, daß bei einem grund-ätz-
lich razemischen Merkmal infolge einer anderen körperlichen
Asymmetrie das RL-Verhältnis zugunsten einer Seite verschoben
wird, etwa analog wie durch unbekannte Faktoren bei vielen
Tieren das Geschlechtsverhältnis schwach asymmetrisch ist.
Hierher gehören vielleicht die Arciferie der Amphibien (§ 28),
gewisse Befunde von Rechtsbevorzugung bei der Flügellage [674],
das Chiasma opticum der Fische (§ 27), die Faltigkeit der Gerste
(s. Anhang), möglicherweise auch das Händeumfassen des Menschen
(§ 36b), falls wirklich der Daumen der bevorzugten Hand in
etwas mehr als 50% oben liegt, schließlich vielleicht auch die
Seitenlage der Flunder (s. § 27). Nur die Arciferie der Anuren
könnte möglicherweise ursprünglich monostroph und aus rein
mechanischen Gründen sekundär amphidrom geworden sein

d) Die Bipotentialität des Plasmas und die phänotypischen Inversionen.

Aus der Existenz phänotypischer Inversionen leitet sich die
Forderung ab, daß alle generativen Zellen, die die Anlage
eines asymmetrischen Merkmals enthalten, grundsätzlich befähigt sind, die beiden spiegelbildlichen Formen dieses Merkmals, und zwar entweder die eine oder
die andere, hervorzubringen, mit der Einschränkung, daß
bei ungestörtem Verlauf der Entwicklung in der Regel (d. h. bei
den monostrophen Merkmalen) stets nur eine der beiden Formen
entsteht, wobei der Entscheid, ob rechts oder links, erblich festgelegt ist. Unter generativen Zellen sind hierbei nicht nur die
Keimzellen (und zwar im besonderen die Eizellen) zu verstehen,

sowie jedes zur Regeneration eines asymmetrischen Merkmals befähigte Gewebe, sondern auch die „Anlage" eines asymmetrischen Merkmals, d. h. diejenigen embryonalen Zellen eines wachsenden Organismus, die das asymmetrische Merkmal, zu dessen Bildung sie bestimmt sind, hervorzubringen im Begriffe sind. Diese Bipotentialität des Plasmas findet man, teils versteckt, teils angedeutet oder bereits mehr oder minder klar ausgesprochen, bei fast allen Forschern, die sich mit der Asymmetrieumkehr beschäftigt haben: bei den Erzeugern inverser Seeigellarven (MACBRIDE, NEWMANN), bei PRZIBRAM auf Grund seiner Untersuchungen über Scherenumkehr, angedeutet bei PERNKOPF anläßlich eingehender Studien über den Situs inversus des Menschen, erörtert von SPEMANN bei Gelegenheit ähnlicher Befunde an Molchen, und schließlich unter Weiterführung einer Gedankenreihe zur STRASSENs erstmals klar ausgesprochen für den verwickelten Fall des *Ascaris* von DUNSCHEN. Betrachten wir zunächst den Fall der Entwicklung eines Mosaikeies, wozu wir das Schneckenei und unter Berufung auf zur STRASSEN und DUNSCHEN das *Ascaris*ei rechnen können. Wir haben uns vorzustellen, daß im Eimosaik eine „rechtssinnige" Struktur vorhanden ist, die bei Abwesenheit von Störungen eine rechtssinnige Entwicklung veranlaßt und zu einem regulären Ascariskeim bzw. zu einer rechtsgewundenen Schnecke führt. Daneben aber wäre im Mosaikei noch die genau gegensätzliche, die „linkssinnige" Struktur anzunehmen, mit dem Unterschied, daß jene aktiv, diese aber nur latent vorhanden ist, und zwar deshalb nur latent, weil sie in ihrer Entfaltung durch die aktive Rechtsstruktur gehemmt wird. (Wiederum ist das Aktivsein gerade der Rechtsstruktur erblich festgelegt zu denken.) Treten nun aber schädliche Einflüsse auf, so kann die sich entfaltende aktive R-Struktur geschädigt, geschwächt werden, sofort fällt der bisher von ihr auf die L-Struktur ausgeübte hemmende Einfluß weg, die L-Struktur beginnt sich zu entfalten, und gelingt es ihr soweit manifest zu werden, daß sie die vielleicht allmählich sich „erholende" R-Struktur an Aktivität übertrifft, so wird jetzt diese gehemmt und es entsteht ein phänotypisch inverses Tier. Dabei wollen wir die Ausdrücke R- und L-Struktur zunächst nur rein symbolisch verstehen und ihre Realisation in der Zelle erst weiter unten (i) diskutieren. — In seltenen Fällen, wo die geschwächte R-Struktur sich so schnell

„erholt", daß sie im Grade ihrer Wirksamkeit mit der inzwischen
erwachten L-Struktur zu rivalisieren beginnt, können R- und
L-Struktur gleichzeitig manifest werden, es entsteht bei Ascaris
Zwillingsbildung, bei den Seeigellarven solche mit beiderseitigem
Coelom, die zu Doppelindividuen führen; bei den Schnecken
wären gleichfalls Doppel- oder Monsterbildungen zu erwarten.

e) Die Bipotentialität des Plasmas und die kompensatorische Regeneration.

Fälle kompensatorischer Regeneration kennt man bei vielen
heterochelen Krebsen und bei sedentären Polychäten mit Röhrendeckeln (z. B. *Hydroides*), wahrscheinlich aber ist diese Fähigkeit
weiter verbreitet, kommt vielleicht auch bei den Kiemenlappen
von *Spirographis* und bei anderen RL-Merkmalen vor. Gehen wir
von einem erwachsenen Tier, z. B. einem *Alpheus* mit rechts
großer Schere oder einer *Hydroides*, deren rechter Kiemenstrahl
zum Deckel geworden ist, aus, so müssen wir in Weiterführung
unserer bisherigen Ausdrucksweise annehmen, daß auf der rechten
Seite eine +-Struktur manifest ist, die die +-Struktur auf der
linken Seite (d. h. die Weiterbildung des linken Partners zur
großen Schere bzw. zum Kiemendeckel) unterdrückt; daß dieser
hemmende Einfluß wegfällt, sowie man den rechten Deckel bzw.
die rechte Schere amputiert —; daß sich jetzt auf der linken
Seite die +-Struktur entfaltet, d. h. ein Deckel oder eine große
Schere ausbildet, daß diese +-Struktur der linken Seite jetzt
hemmend auf die rechte Seite wirkt und diese zur —-Struktur
(kleine Schere, rudimentäres Operculum) verurteilt. Schneiden
wir hingegen das linke Organ weg, so wird es sich, weil der von
der rechts vorhandenen +-Struktur ausgeübte hemmende Einfluß
ungestört erhalten bleibt, zu seiner ursprünglichen Gestalt regenerieren. Schneidet man beide Partner weg, so mag es vom
Zufall abhängen, auf welcher Seite die +-Struktur die Oberhand gewinnt; es ist durchaus möglich, daß links oder rechts
ein Deckel bzw. eine große Schere, wie daß zwei kleine oder zwei
große Scheren entstehen, oder wie im Falle *Hydroides* beiderseits
ein Deckel, Verhältnisse, die den doppelcoelomigen bzw. coelom-
losen Seeigellarven durchaus äquivalent sind.

Um die Ausdrücke „+- und —-Struktur der rechten bzw.
linken Seite" auf die durchsichtigere Alternative der beiden

Symbole „Rechtsstruktur ←→ Linksstruktur", wie sie bei *Ascaris* und den Schnecken aufgestellt wurden, zurückzuführen, braucht man bloß zu übersetzen:

Rechtsstruktur = rechts große und links kleine Schere
(re + und li —)
Linksstruktur = links große und rechts kleine Schere
(li + und re —).

Eine Struktur ist stets manifest und aktiv, die andere unterdrückt und daher latent, der hemmende Einfluß auf die latente Struktur geht stets von der größeren Schere oder dem vollentwickelten Deckel aus.

Zwischen den Fällen *Hydroides* und Heterochelie aber besteht noch ein bemerkenswerter Unterschied. Links- und rechtsseitiges Operculum sind einander ungefähr kongruent, wir können die Beziehung, daß ein rechtsseitig ausgebildetes Operculum die Entwicklung des linksseitigen hemmt, ausdrücken durch das Schema

$$o\,(O) \leftarrow O\,(o),$$

indem wir durch den Pfeil die hemmende Wirkung symbolisieren und latente Strukturen in Klammern setzen. Bei der regenerativen Scherenumkehr haben wir den Typus einer größeren Schere S und einer kleineren s, aber die Scheren beider Seiten sind, abgesehen vom Größenunterschied, spiegelbildlich geformt. Haben wir rechts die Schere S, so links ƨ, entfernen wir rechts S, so entsteht links nicht S, sondern Ƨ, kurz: die Seitenrichtigkeit bleibt bei der Scherenumkehr gewahrt, wir erhalten das Schema

$$ƨ\,(Ƨ) \leftarrow s\,(S).$$

So ist bei allen heterochelen Krebsen — die Einsiedlerkrebse aus bestimmten Gründen ausgenommen (§ 48) — zumindest in der Jugend eine Scherenumkehr möglich. Eine Komplikation, die es bei keinem der bisherigen Fälle gab, tritt bei einigen Krebsen, z. B. beim Hummer oder der Winkerkrabbe, ein, und zwar bei erwachsenen Tieren. Sie besteht darin, daß mit zunehmendem Alter die Tiere die Fähigkeit zur Scherenumkehr verlieren, wo sie dann direkt regenerieren; es gibt also einen Zeitpunkt, von dem ab die Schere jeder Seite endgültig determiniert ist, einen Zeitpunkt, der beim Hummer ziemlich spät liegt bei der Winkerkrabbe sehr früh, und der von den meisten

Krebsen, die die Fähigkeit zur Scherenumkehr während ihres
ganzen Lebens behalten, überhaupt nicht erreicht wird. Es ist
ja eine allgemeine Erscheinung, daß die prospektive Potenz eines
Körperteiles oder einer Anlage mit zunehmendem Alter abnimmt,
und bei den Krebsen vom Typus des Hummers ist diese allgemeine Determinierung deshalb begreiflich, weil hier die Scheren
in der Hauptsache nicht größen-, sondern form- und funktions-
ungleich sind, sie besitzen eine gröbere K- und eine zierlichere
Z-Schere (§ 21), und eine direkte Umwandlung einer ausgebildeten
Z- in eine K-Schere ist überhaupt schwer möglich. Wir haben
bei diesen Formen in der Jugend wie bisher die Beziehung

$$z\,(Z)\,\leftarrow\,S\,(s)\,,$$

wobei von S der Großteil des hemmenden Einflusses oder vielleicht
dieser in Gänze ausgeht. Bildet sich aber allmählich der Formunterschied $Z - K$ heraus, wird S zu K und z zu $\sum$, so haben wir
die Beziehung $\sum (X) \leftarrow K\,(Z)\,,$

wobei wiederum die eingeklammerten Symbole die latente Struktur
bedeuten und wiederum der Großteil des hemmenden Einflusses
von K ausgeht. Wird aber die (linke) $\sum$ allmählich der (rechten) K
an Größe gleich, so daß nurmehr ein Formunterschied besteht,
so kann man sehr wohl annehmen, daß beide Partner der manifesten Struktur, $\sum$ und K, in gleichwertiger Weise auf die latente
Struktur (X und Z) hemmend wirken, der Wegfall eines Partners,
$\sum$ oder K allein, genügt jetzt noch nicht, den hemmenden Einfluß
auf die latente Struktur zu beseitigen, es tritt keine Scherenumkehr mehr ein. In diesem Sinne erschiene die Quantität
des hemmenden Einflusses irgendwie proportional zur
„Quantität" der manifesten Struktur, von der er ausgeht (vgl. i).

   f) Die Bipotentialität des Plasmas, Bruchdoppel-
und Bruchdreifachbildung und heteropleurale
Transplantation.

   Bruchdreifachbildung ist eine im Tierreich ziemlich häufige
Erscheinung, auf die Bateson[648] zuerst hingewiesen und der
später Przibram[664] eine monographische Studie gewidmet hat.
Sie besteht darin, daß infolge Verletzungen bestimmter Art ein
Körperteil durch regenerative Vorgänge das monströse Bild einer

Dreifachbildung annimmt. Dabei sind zwei nicht sehr wesensverschiedene Möglichkeiten vorhanden, die am schematisierten Beispiel des Eidechsenschwanzes demonstriert seien (Abb. 138). Durch die Schnittwunde x (in Abb. 138a) wird das distale Schwanzende D vom basalen Teil nur so weit abgetrennt, daß es an diesem noch haften bleibt und auch später nicht abgeworfen wird. An der Schnittfläche entstehen die beiden Superregenerate S_1 und S_2, S_1 an der proximalen (distal gerichteten), S_2 an der distalen (proximal gerichteten) Wundfläche. Schließlich sind also drei Schwanzenden S_1, S_2 und D vorhanden. Im zweiten Falle (Abb. 138b) wird D vollständig abgetrennt, es entstehen

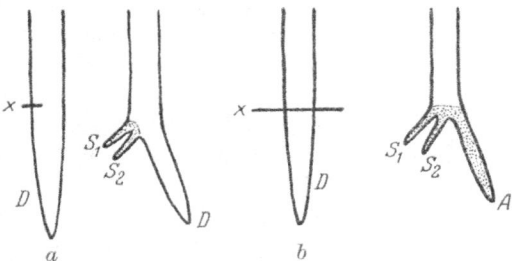

Abb. 138a, b. Bruchdreifachbildung am Eidechsenschwanz (Schema). Regenerierte Teile punktiert.

aus besonderen Gründen, die in der Gestalt der Wundfläche liegen, drei Bildungen, von denen eine deutlich als Ersatz des verlorenen Schwanzendes zu erkennen ist ($A =$ Amputationsregenerat nach GRÄPER), die beiden anderen meist kleinere Superregenerate darstellen. Beziehungen zum RL-Problem ergeben sich, sobald wir den Regenerationsversuch an einer Extremität vornehmen, also an einem Gebilde, das, für sich allein betrachtet, asymmetrische Gestalt besitzt (scherentragendes Krebsbein, Wirbeltierbein). Das Ergebnis eines solchen Versuches ist in Abb. 139 dargestellt, in b mit medial, in c mit lateral gelegener Wundfläche. Dabei ist zu erwähnen, daß derartige Experimente zwar noch nicht angestellt wurden, daß solche Verletzungen aber in der Natur gar nicht selten sind, so daß PRZIBEAM ein überreiches Material solcher Dreifachbildungen sammeln konnte. Wir haben also auf der Regeneratseite 3 Scheren, eine laterale, eine mittlere und eine proximale, sie liegen alle drei in der gleichen Ebene (bzw. die drei Ebenen, in denen sie liegen,

sind einander parallel), und weiter ist stets, wie BATESON zuerst
feststellte und PRZIBRAM ausnahmslos bestätigt fand, die laterale und proximale seitenrichtig, die mittlere seiten-
verkehrt (Abb. 139). Es schließt sich sofort die Frage an:
handelt es sich bei dieser mittleren spiegelbildlichen Schere um
eine seitenverkehrte Manifestierung einer Anlage dieser Seite

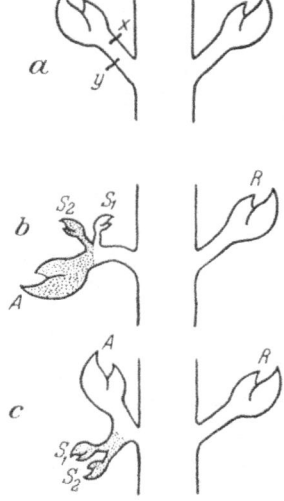

oder um eine seitenrichtige Manifestierung
einer latentvorhandenen Anlage der
Gegenseite? Diese Frage läßt sich bei
Formen vom Typus des Hummers entscheiden: im ersten Falle müßte, wenn
die Verletzung die Z-Seite betraf, die
mittlere (seitenverkehrte) Schere Z-, im
zweiten Falle K-Charakter besitzen, und
PRZIBRAM konnte an seinem umfangreichen Material zeigen, daß von den
8 Kombinationen* KKK, KKZ, KZK,
KZZ, ZKK, ZKZ, ZZK, ZZZ überhaupt nur drei auftraten: KKK, ZZZ
und Kzz. Dieser letztere Typ ist aber
nur ein scheinbarer, er ist KKK zu subsumieren, weil eine kleine in Bildung begriffene K-Schere vorübergehend ein
Z-ähnliches Stadium durchläuft. Alle
drei Scheren der Regeneratseite
sind also vom gleichen Typus.
Daraus folgt in Verbindungen mit den
Tatsachen der Scherenumkehr, daß jede

Abb. 139a—c. Bruchdreifach-
bildung am Krebsbein(Schema).
Regenerierte Teile punktiert.
Wunde *x* in a führt zu b,
Wunde *y* zu c.

Seite imstande ist, folgende vier Bildungen aus sich hervorgehen
zu lassen: K, Z, И, Ƨ, von denen aber im allgemeinen nur eine
manifest ist. Die Symmetrieumkehr der mittleren Schere bei der
Dreifachbildung aber kann man so erklären: beim Typus der
Abb. 139b wird S_1 funktionell zum Gegenstück der unversehrten
rechten Schere R, der in Abb. 139b punktierte Teil entspricht gewissermaßen einem abgegliederten Teile des Körpers, in dem
sich wiederum die „Bilateralitätstendenz" (s. u.) auswirkt. Entsprechendes gilt für Abb. 139c.

---

* An erster Stelle steht die ursprüngliche Schere bzw. das Amputationsregenerat.

Kehren wir nun zu unseren symbolischen Ausdrücken K, Z, Ж und Ʃ zurück, so ist zwar das Gewebe des Basalteiles jeder Extremität befähigt, K, Z, Ж oder Ʃ hervorzubringen, aber es entscheidet über Seitenrichtigkeit oder Seitenverkehrtheit allein die Lage am Körper, über den K- und Z-Charakter allein das Widerspiel zwischen den Scheren beider Seiten. Die Bruchdreifachbildung hat also mit dem RL-Problem nichts zu tun, sie kann sich höchstens den RL-Erscheinungen überlagern. Gehen wir von einem jungen Hummer aus, bei dem die Rechtsstruktur (s. o.) manifest ist, für den also gilt

$$\Sigma\,(\text{Ж}) \leftarrow \text{K}\,(\text{Z}) \qquad\qquad (\alpha)$$

und erzeugen auf der linken Seite eine zur Dreifachbildung führende Wunde, so entsteht

$$\Sigma\,(\text{Ж})\ \text{Z}\,(\text{K})\ \Sigma\,(\text{Ж}) \leftarrow \text{K}\,(\text{Z})\,,$$

und ebenso würde, wenn es eine Bruchfünffachbildung gäbe, entstehen

$$\Sigma\,(\text{Ж})\ \text{Z}\,(\text{K})\ \Sigma\,(\text{Ж})\ \text{Z}\,(\text{K})\ \Sigma\,(\text{Ж}) \leftarrow \text{K}\,(\text{Z})\,,$$

die Linksstruktur tritt bei alledem niemals in Aktion. Schneiden wir andererseits dem Hummer (α) die rechte Schere weg, so entsteht durch Scherenumkehr der Typus

$$\text{Ж}\,(\Sigma) \rightarrow \text{Z}\,(\text{K})\,, \qquad\qquad (\beta)$$

und erzeugen wir jetzt links die zur Dreifachbildung führende Verletzung, so erhalten wir

$$\text{Ж}\,(\Sigma)\ \text{K}\,(\text{Z})\ \text{Ж}\,(\Sigma) \rightarrow \text{Z}\,(\text{K})\,, \qquad\qquad (\gamma)$$

wieder berührt der Vorgang der Bruchdreifachbildung (γ) die Beziehung „rechts latent — links manifest" in keiner Weise, und wenn wir schließlich dem Hummer (α) die rechte Schere derart abschneiden, daß jetzt nach dem Vorgang der Abb. 138b sogleich eine Bruchdreifachbildung entsteht, so würden die „Reaktionen" (β) und (γ) gleichzeitig ablaufen und zu dem Ergebnis (γ) führen.

Die spiegelbildliche Gestalt der mittleren Regeneratschere hat also mit dem RL-Problem nichts zu tun, sie ist einem anderen Komplex zu subsumieren, den wir oben in vorläufiger Benennung mit „Bilateralitätstendenz" bezeichnet haben und der durch die

heteropleuralen Transplantationen GRÄPERS[670]* aufgehellt
wurde. GRÄPER vertauschte im einfachsten Falle die beiden
Anlagen (Knospen) der Hinterextremitäten von Anuren miteinander, d. h. er schnitt die Anlage des rechten Beines und die
des linken Beines ab und setzte das rechte mit der Wundfläche
an diejenige Körperschnittfläche, an der die Knospe des linken
Beines gesessen hatte, und umgekehrt. Man könnte erwarten,
daß das ursprünglich linke Bein auch auf der falschen Seite zur
Gestalt eines linken Beines auswächst, und umgekehrt, daß also
ein Tier mit zwar „ursprungsseitenrichtigen", aber „wirtsseiten-
verkehrten" Beinen entstünde. So ist es auch, wenn man relativ
weit entwickelte Extremitätenknospen transplantiert. Macht
man das gleiche aber mit jungen Knospen, so entsteht ein äußerlich
reguläres Tier, die ursprünglich zu einem linken Bein bestimmte
Knospe läßt ein gestaltlich rechtes aus sich hervorgehen, das Bein
wird „ursprungsseitenverkehrt, wirtsseitenrichtig". Daraus folgt,
daß die Beinknospe zunächst nur zum Charakter „Bein" determiniert war, ohne Seitenqualität, daß diese erst durch die
Lage am Körper bestimmt wird, daß aber, solange diese Determination noch nicht endgültig ist, noch eine Umkehr zur
spiegelbildlichen Seitenqualität erfolgen kann. Es ist das Ganze
ein typischer Fall von abhängiger Differenzierung, über die
Seitenqualität entscheidet allein die Lage am Körper,
völlig davon anabhängig ist und bleibt, ob gerade die
Rechts- oder Linksstruktur aktiv ist oder nicht.

Daß andererseits in einer Z- oder K-Schere stets die gegen-
teilige Struktur latent vorhanden ist, geht aus der bereits früher
(§ 21) erwähnten Tatsache hervor, daß individuelle Eigentümich-
keiten einer K-Schere nach Scherenumkehr an der K-Schere der
Gegenseite, die aus der Z-Schere entstand (in spiegelbildlicher
Form), wieder auftreten, und das gleiche gilt für Scheren vom
Z-Charakter. Demnach ergibt sich, daß das, was wir R- und
L-Struktur nannten,. bei einem ungleichwertigen
Merkmalpaar nur den Charakter der Asymmetrie bestimmt, z. B. reduziert — nichtreduziert, Greifantenne — gewöhnliche Antenne, K-Typus — Z-Typus; daß aber, wenn z. B.
die Linksstruktur manifest ist und demnach links eine K-Schere

---

* In Fortsetzung von Versuchen HARRISONS.

entstehen muß, diese Schere auch linksseitige Gestalt annimmt: diese Seitenqualität bestimmt allein die Lage am Körper.

Die viel selteneren Fälle von Doppelbildungen, die man als Bruchdoppelbildung auffassen und deren Entstehung man so erklären kann, daß nach Verlust einer Schere die Regenerationsknospe aus bestimmten Gründen in zwei Teile gespalten wurde, zeigen Verhältnisse, die der Bruchdreifachbildung ganz analog sind: stets sind beide Scheren vom gleichen Typus und stets sind sie spiegelbildlich zueinander (ᚼK oder Zᚽ)*.

g) **Die Bipotentialität des Plasmas, Zwillingsbildung**
   und Situs inversus der Eingeweide.

Für Angelegenheiten der Vererbung haben vorwiegend die eineiigen Zwillinge Interesse. Deren Entstehung stellt man sich so vor, daß das zwei- oder ein mehrzelliges Stadium eines Keimes in zwei Hälften zerfällt, von denen jede sich zu einem ganzen Embryo entwickelt. Unter der Annahme, daß bezüglich der Erbmasse die Furchungsteilungen erbgleich sind, wären eineiige Zwillinge genotypisch identisch. Zur Diagnose der Eineiigkeit gegenüber der Zweieiigkeit verwendet man heute nicht mehr die Nachgeburtsdiagnose, d. h. die Feststellung, daß die Zwillinge von einer Eihaut umschlossen waren, nachdem durch die umfangreichen Untersuchungen VERSCHUERS[667a] sichergestellt ist, daß auch Eineier dichorisch sein können, sondern die bereits früher (POLE 1914, SIEMENS 1924 u. a.) ausgebaute Ähnlichkeitsdiagnose: ,,ihr Prinzip ist die notwendige Übereinstimmung in denjenigen Merkmalen, deren Erbbedingtheit durch Familienuntersuchung sichergestellt ist". Zweieiige Zwillinge dagegen besitzen im Vergleich zu den Eineiern kaum mehr als den Wert normaler Geschwister, wie z. B. aus folgender Tabelle GRÜNEBERGS[655] hervorgeht:

Es stimmen bezüglich der Mustertypen der Papillarlinien überein bei

Eineiern	80,0 ± 2,0%	der Finger	
Zweieiigen Zwillingen	63,4 ± 2,7%	,,	,,
Normalen Geschwistern	61,7 ± 2,0%	,,	,,
Nicht verwandten Personen . . .	49,6 ± 1,7%	,,	,,

---

* Beispiele auch bei Insekten [z. B. Zwillingsflügelbildung: HERING, Z Morph. Tiere **23** (1931)].

Beschränken wir uns zunächst auf solche Merkmale, die keine RL-Merkmale sind, so müßten in ihnen die beiden Partner eines Eineierpaares übereinstimmen, und wenn sich Differenzen ergeben, so können sie nur paratypisch, d. h. durch verschiedene Umwelteinflüsse bedingt sein, unter die auch alle auf den Keim wirkenden Faktoren zu rechnen sind. Und so hat man die Eineier vor allem zum Entscheid der Frage herangezogen, wieviel am Phänotypus eines Menschen idio- und wieviel paratypisch verursacht ist. Betrachten wir aber RL-Merkmale, so wäre von vornherein eine der beiden Möglichkeiten zu erwarten: entweder es sind beide Partner zueinander gleichsinnig oder spiegelbildlich symmetrisch. Früher hat man wohl, ohne Belege, eine Zeitlang angenommen, daß dieses letztere der Fall wäre, doch ergibt bereits eine kurze Überlegung über den Situs inversus die Unmöglichkeit dieser Annahme. Zwillingsgeburten treten in einer Häufigkeit von 1 : 70 bis 1 : 80, also in einer Mindesthäufigkeit von 1,25% auf, darunter sind im Durchschnitt $^1/_4-^1/_5$, also mindestens 0,20%, Eineier, und wenn von jedem Paar jeweils der eine Partner invers wäre, hätten wir (allein durch Zwillingsbildung bedingt) eine Mindesthäufigkeit des inversen Situs von 0,125% zu erwarten, also einen fast zehnmal höheren Wert, als man in Wirklichkeit gefunden hat. Andererseits aber sind, wie die Untersuchung der Händigkeit, des Hodentiefstands, des Drehungssinnes der Haarwirbel und der Papillarlinien beweisen, keineswegs alle Eineier-Partner zueinander gleichsinnig symmetrisch.

Betrachten wir jetzt den oben erwähnten (§ 41) SPEMANNschen Versuch, der nach sagittaler Durchschnürung von Tritonkeimen im linken Partner stets regulären, im rechten zu 50% inversen Situs ergab. Dieses Ergebnis beinhaltet zwei wichtige Tatsachen: einmal, daß der halbe Keim imstande ist, ein ganzes Tier aus sich hervorgehen zu lassen — eine Fähigkeit, die zumindest den Eiern oder Keimen gewisser Tiergruppen fehlt —, und zweitens, daß im rechten Partner inverser Situs entstehen kann. Zu einer Deutung dieses letzten Befundes kommen wir am schnellsten, wenn wir in Gedanken ein ähnliches Experiment an einem heterochelen Krebse vornehmen. Wir denken uns (Abb. 140) ein Individuum einer heterochelen Krebsart, die monostroph rechtshändig ist, deren Angehörige also auf der rechten Seite die größere bzw. eine

K-Schere besitzen; denken uns dieses Tier in jugendlichem Stadium (wo es aber schon beide Scheren besitzt) längs der Sagittalebene durchschnitten und nehmen in Gedanken an, jede Hälfte besitze, ähnlich wie bei den Tritonkeimen, die Fähigkeit, sich im Laufe des Wachstums zu einem vollen Tier zu ergänzen. Wir hatten oben zwei Strukturen angenommen, eine Rechtsstruktur, welche ɜ S (also rechts die große, links die kleine Schere) bewirkt, und eine von dieser gehemmte Linksstruktur (Ƨ) (s), die zu einer großen linken Schere führen würde, und hatten weiter Indizien erhalten, die uns zwangen, die Hauptmasse der Rechtsstruktur in der großen rechten Schere lokalisiert zu denken. (Schneiden wir diese ab, so gewinnt die Linksstruktur die Oberhand und es tritt Scherenumkehr ein.) Wäre nun die rechte Hälfte in Abb. 140 („der rechte Zwilling") imstande eine linke Hälfte zu ergänzen, so würde in dieser sicher eine kleine Schere entstehen, da die die Hauptmasse der R-Struktur enthaltende rechte Schere unverletzt ist, es entstünde ein regulärer Zwilling. In der linken Hälfte aber ist — genau wie bei der Scherenumkehr (e) — durch Wegfall der rechten Schere die L-Struktur in der Oberhand, es entstünde

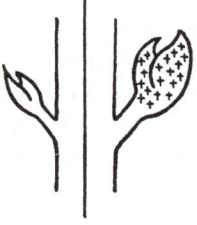

Abb. 140.

ihr zufolge links eine große und rechts eine kleine Schere, also ein inverser Zwilling. Wären wir umgekehrt von einer laeochiren Krebsart (große Schere links) ausgegangen, so wäre analog zu SPEMANNs Experimenten der linke Zwilling regulär, der rechte invers geworden.

Man darf sich bei diesem Beispiel des Krebses nicht daran stoßen, daß im Moment der Durchtrennung die linke Hälfte bereits eine kleine Schere besitzt, man könnte ähnliche Versuche in Gedanken auch mit einem Röhrenwurm (*Hydroides*) anstellen, der links ein Operculum besitzt, während dessen Partner auf der rechten Seite rudimentär und kaum wahrnehmbar ist; auch hier würde — die Fähigkeit zur regenerativen Ergänzung vorausgesetzt — ein regulärer linker und ein inverser rechter Zwilling entstehen und schließlich wird in den Fällen, wo die Asymmetrie nicht ein Merkmalpaar sondern ein unpaares Gebilde betrifft, das gleiche der Fall sein. Wenn in SPEMANNs Versuchen der linke Zwilling stets der reguläre wird, haben wir, analog zum Krebs

und zum Röhrenwurm, die aktive („dominante") Struktur vorwiegend links lokalisiert anzunehmen. Durchschneidet man etzt
das Ei bzw. den Keim, so wird wie bisher der linke Zwilling
regulär, der rechte invers werden. Es ist aber nicht nötig, den
Keim zu halbieren, man kann auch auf anderem Wege die „dominante" Struktur ausschalten, z. B. indem man sie nach dem
Beispiel von *Ascaris* durch erhöhte Temperatur schwächt, und
so kommen wir zur Erklärung der Befunde von WARYNSKI und
FOL: Erwärmung der linken Embryohälfte schädigt die vorwiegend
dort lokalisierte reguläre Struktur, ihr hemmender Einfluß auf
die von ihr bisher unterdrückte inverse Struktur fällt weg, diese
aktiviert sich noch, bevor jene sich „erholen" könnte, es entsteht
eine Inversion. Man kann schließlich noch einen dritten Weg
einschlagen, der gehemmten Struktur zum Übergewicht zu ver-
helfen: indem man von der manifesten einen Teil wegnimmt,
und so kommt man zu den Experimenten WILHELMIS (§ 41),
die durch Entfernung eines Stückchens der linken Gastrulahälfte
viszerale Inversion erzielte. Dabei ist es auch möglich, daß nicht
nur der Verlust einer Portion Rechtsstruktur die gegenteilige
die Oberhand gewinnen läßt, sondern daß überhaupt durch den
ziemlich groben Eingriff die ganze Rechtsstruktur geschädigt
wird.

Ähnliches wie für den Eingeweidesitus gilt offenbar auch für
den Haarwirbel. Menschen mit Doppelwirbel sind etwa als
Zwillinge bezüglich des Wirbels aufzufassen. Die Tabelle auf
S. 258 zeigt, daß + −, also links regulär — rechts invers, die drei
übrigen Kombinationen zusammen an Häufigkeit weitaus übertrifft. − +, der Effekt der Zwillingsbildung bei Menschen mit
− -Wirbel, die ja eine (genotypische?) Häufigkeit von 20% besitzen, sind entsprechend seltener. + + ist selten, − − kam
überhaupt nicht vor. — Ganz entsprechendes zeigen B. funde an
Seeigellarven[194], wo ja nur ein linkes Axohydrocoel entsteht (§ 16).
Durchschnürung längs der Mediane läßt den linken Zwilling regulär werden, im rechten entsteht erst verspätet (oft mit Defekten
oder überhaupt nicht) ein inverses Axohydrocoel.

Gelang es so, alle diese Befunde über Situs inversus auf bekannte Vorstellungen zurückzuführen, so ist dies nicht mit Eindeutigkeit der Fall
beim ersten SPEMANNschen Versuch der Umkehrung eines Stückchen
Rückendaches, nicht etwa deshalb, weil keine, sondern weil mehrere Erklärungen möglich sind. Es ist zunächst die Möglichkeit A vorhanden daß

in dem Stück isolierten und verkehrt wieder eingesetzten Rückendaches die reguläre Struktur geschädigt wird, während — wie dies ganz allgemein (*Ascaris*, Seeigellarven) die Erfahrung lehrt — die gegenteilige Struktur von dieser Schwächung nicht betroffen wird. Es wäre dann also gleichgültig, ob man das Stück Rückendach überhaupt wieder einsetzt, der SPEMANNsche Versuch wäre dem WILHELMIS grundsätzlich gleichwertig, die Umkehrung lediglich eine unwesentliche methodische Begleiterscheinung. Bei dieser Erklärung wäre also wie bisher Schwächung der regulären und Aktivwerden der inversen Struktur Ursache der Inversion. Es gibt aber noch eine andere Möglichkeit (B), und um diese zu erläutern, ist es zweckmäßig, einige erst im übernächsten Abschnitt (i) eingeführte Vorstellungen vorwegzunehmen. Wir ersetzen dort die Symbole „R- und L-Struktur" durch die Vorstellung, daß es zwei formbestimmende Agentia gibt, von denen das eine die Entstehung der Rechts- und das andere die der Linksasymmetrie bewirkt; von beiden ist dasjenige aktiv, das quantitativ dem anderen überlegen ist; beide stoßen einander in gewissem Sinne derart ab, daß die Hauptmasse des „L-Agens" in der linken, die des „R-Agens" in der rechten Hälfte des Keimes sitzt, daß die Konzentration des L-Agens von links nach rechts und die des R-Agens in umgekehrter Richtung stetig abnimmt (Abb. 141, 142). Wenn nun diese Agentia in den Gewebsteilen, in denen sie sich befinden, mehr oder weniger fixiert wären, wenn eine rasche „Diffusion" unmöglich wäre, so könnte durch den SPEMANNschen Umkehrversuch der Fall eintreten, daß jetzt links die Majorität des Rechts- und rechts die Majorität des Links-Agens säße, während die Proportion der Absolutquanten R-Agens : L-Agens > 1 unverändert bliebe, und es wäre möglich, daß auch hierdurch ein Situs inversus zustande käme (B), eine Annahme allerdings, die nicht aus unseren Voraussetzungen folgt, sondern neu hinzukäme und in der man höchstens eine gewisse Analogie zu den Ergebnissen der GRÄPERschen heteropleuralen Transplantationen erblicken könnte. Denn normalerweise wäre bei den Wirbeltieren das reguläre Agens in der größeren Quantität vorhanden, die Seite, auf der es sich ansammelt, wird zur linken, und es entsteht regulärer Stus. Wäre umgekehrt einmal das inverse, rechtsgelegene Agens in der Übermacht, so entstünde ein Situs inversus, und in jenen seltenen, in der Natur kaum je vorkommenden Fällen, wo einmal die Hauptmasse des (im ganzen quantitativ unterlegenen) inversen Agens nach der linken Seite verschoben würde, träte gleichfalls viszerale Inversion ein. Die Notwendigkeit, bei dieser Möglichkeit B eine Ad-hoc-Hypothese einzuführen, läßt A bevorzugt erscheinen, ein Entscheid ist nur auf experimentellem Wege möglich.

Kehren wir nun nochmals zu den SPEMANNschen Umkehrversuchen zurück, so wurde dort bei der Hälfte der rechten Embryonen viszerale Inversion erzielt, die andere Hälfte entwickelte sich regulär, und auch sonst ist es bei den eineiigen Zwillingen nicht Gesetz, daß der eine Partner innerlich invers ist. Worin liegt nun die Besonderheit jener Hälfte der Durchschnürungsversuche, bei denen Situs inversus entstand? Wir haben uns vorzustellen, daß, sobald die spätere Sagittalebene einmal bestimmt ist, die beiden Agentia sich bezüglich ihr polar orientieren, die Hauptmasse des einen sammelt sich rechts, die des anderen links. Erfolgt nun die erste Teilung längs der Mediane

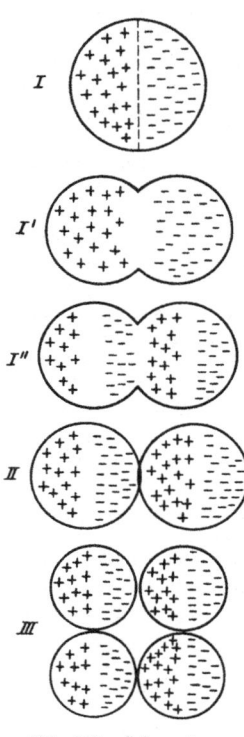

— was nicht Voraussetzung für das folgende ist, sondern was wir nur der Einfachheit halber annehmen — und ist das Ei ein Regulationsei, so daß auch jede $1/2$- oder $1/4$-Blastomere aus sich einen vollen Embryo zu bilden vermag, so muß in jeder $1/2$- oder $1/4$-Blastomere R- und L-Agens wieder gleichartig wie in der Eizelle verteilt sein (Abb. 141); es muß also im Laufe der ersten Teilung R- und L-Agens von der Verteilung I über I', I'' nach II übergehen, wobei wir uns vorerst nicht überlegen wollen, auf welchem Wege diese Umgruppierung zustande kommt. Durchschnürung im Stadium I oder I' liefert dann ein anderes Ergebnis als bei I'' oder II. Im letzten Falle entstehen zwei reguläre Zwillinge, im ersten ist zwar so viel sicher, daß der linke Zwilling regulär wird (weil in ihm das reguläre Agens sicher im Übergewicht ist), ob aber der rechte Zwilling so viel reguläres Agens abbekommt, daß es auch dort überwiegt, oder ob, was eher zu vermuten ist, nur so wenig, daß das inverse die Oberhand erlangt, hängt von der Art der Durchschnürung (streng median oder nicht) und vor allem von der

Abb. 141. Schemata zum Keimzerfall (Zwillingsbildung).

ursprünglichen Verteilung der beiden Agentia ab: in Abb. 141, I'' sind beide, in I' nur der linke regulär. In diesem letzteren Falle wäre es auch möglich, daß einmal infolge abnormaler Verschiebung der Agentia bei der Durchtrennung der linke invers werden könnte (vgl. §41). Bei der natürlichen Bildung eineiiger Zwillinge hat man vor allem an einen Zerfall im Stadium II (Abb. 141) oder einem analogen mehrzelligen Stadium zu denken, beide Partner wären in der Regel als regulär zu erwaren; Doppelbildungen aber sind wohl mehr auf Trennungen des Typus I' zurückzuführen, und gerade bei ihnen hat man ja häufig den rechten Partner invers gefunden*.

Wir sprachen bisher fast nur von der Asymmetrie der Eingeweide-Daneben gibt es beim Menschen noch andere Asymmetrien, so den Komplex der Seitigkeit, den Haarwirbel, einseitigen Hodentiefstand, die Papillarlinien, und wir wissen, daß alle diese untereinander offenbar nicht gekoppelt sind, denn Linkshändigkeit und inverser Haarwirbel kommt vor, ohne mit Situs inversus verbunden zu sein, und zwischen Händigkeit und Fingerlinien[572] einer- und zwischen Händigkeit und Haarwirbeldrehung[381a] andererseits hat man keine Korrelationen gefunden. Alle diese Asymmetrien zeigen einen im Durchschnitt konstanten Prozentsatz Inversionen:

Genotypische Linksseiter . . . . . . ca. 20—25,0% (vgl. § 36)
Ermittelbare Linkshänder . . . . . . ca.   5,0% (vgl. § 33)
Linksgedrehter Haarwirbel. . . . . .   18,1% (nach [381a])
Rechtsseitiger Hodentiefstand . . . .   14,0% (s. S. 269)

Hierbei ist es für das folgende zunächst gleichgültig, ob wir annehmen, alle diese Inversionen wären rein genotypisch oder rein phänotypisch, oder teils geno-, teils phänotypisch verursacht. Für die eineiigen Zwillinge aber kommen drei Momente der Entstehung von Inversionen in Frage, indem zu den beiden für alle Individuen gültigen Möglichkeiten:

$\varkappa$) die Inversionen sind genotypisch.

β) die Inversionen sind phänotypisch, verursacht durch schädigende Außenfaktoren;

noch eine dritte hinzukommt:

γ) die Inversionen sind phänotypisch, betreffen nur die rechten Partner und sind eine Folge des Keimzerfalls.

Nehmen wir nun eine beliebige Asymmetrie an, bei der im Mittel die Häufigkeit der Inversen 8% beträgt. Wären alle diese Inversionen genotypisch bedingt, so müßten die beiden Partner eines Eineierpaares stets gleichsinnig (parallel) asymmetrisch

---

* Vgl. die Bemerkung VERSCHUERS[404]: ,,Der Grad der Asymmetrie bei Zwillingen scheint ganz allgemein von dem Zeitpunkt der Trennung der Embryonalanlagen . . . . abhängig zu sein."

sein, und da solches nie der Fall ist, scheidet diese Möglichkeit
(α allein) aus.

Wären alle Inversionen rein phänotypisch, durch schädigende
Faktoren (ausgenommen den Keimzerfall γ) bedingt, so brauchten
die beiden eineiigen Partner nicht parallel-asymmetrisch zu sein,
der schädigende Faktor kann beide oder aber nur den einen
treffen. Nehmen wir an, bei den Nichtzwillingen wäre jeder
achte invers, infolge Zusammenwirkens von Umständen, die teils
im Embryo, teils in dessen Umgebung liegen, so wird bei Zwillingen
gleichfalls jeder achte als invers zu erwarten sein; weiter aber ist
zu bedenken, daß offenbar beim Menschen die Zwillingsbildung
selbst, die Anwesenheit zweier Embryonen in einer Mutter, etwas
wesentlich von der Norm Abweichendes darstellt. Durch diesen
Umstand können weitere Faktoren schädigender Art (Druck,
halbierte Nahrung, verzögertes Wachstum) geschaffen werden
und so besteht die Möglichkeit, daß die Inversionshäufigkeit
unter den Zwillingen — Eineiern wie Zweieiern — gegenüber
den Nichtzwillingen erhöht erscheint, z. B. von 8 auf 10%*.
(Eine entsprechende Erhöhung würde auch dann eintreten,
wenn die ursprünglichen 8% nicht rein phäno-, sondern teils
geno-, teils phänotypisch invers wären.)

Lassen wir schließlich auch die Möglichkeit γ zu, die sich
nur auf Eineier erstreckt, und nehmen an, daß bei Keimzerfall
in 90% beide Partner regulär, in 10% der rechte phänotypisch
invers wird, so erhalten wir nach Einbeziehung der 10% gewöhn-
licher phänotypischer Inversionen:

durch Keimzerfall: 90,0% reg. reg. Paare   10,0% reg. inv. Paare,
d. s.   95,0% reg. Individuen   5,0% inverse Individ.
10%gewöhnl. ph. Inversion: — 9,5%   + 9,5%
                          _____
                          85,5% reg. Individ.   14,5% inverse Individ.

Unser Beispiel ergäbe also das Verhältnis:

Inv. Nicht-Zw. : Inv. Zwei-E. : Inv. Ein.-E. = 8 : 10 : 14,5

und allgemein wäre die Beziehung zu erwarten:

Inv. Ein-E. > Inv. Zw.-E. ≧ Inv. Nicht-Zw.,

d. h. bei Eineiern mehr Inverse als bei Zweieiern, und
hier gleich viel oder mehr Inverse als bei Nichtzwillingen.

---

* Vgl. Siemens[456].

Finden wir in Wirklichkeit eine solche steigende Progression, so spricht dies um so mehr dafür, daß gewöhnlich-phänotypisch Inverse und Inverse infolge Keimzerfalls unter den Eineiern vorhanden sind, weil diese Erklärung keine Ad-hoc-, sondern eine aus Analogien hergeleitete Erklärung ist. Beobachtete Zahlen[404] sind (%):

	Linkshändigkeit	Hodentiefstand rechts	Haarwirbel links gedreht
Durchschnitt* . . .	5—10	14	18,1
Zweieier	12	21	17,3
Eineier	14	25	20,3

Ferner[456]:

unter Zwillingen   (Ein- und Zweieier) $15,3 \pm 2,0\%$ Linkshänder
unter Nichtzwillingen (Zwillingsgeschwister) $7,3 \pm 1,5\%$ „

Aus alledem ergeben sich bez. der Zwillingspaare weitere Folgerungen. Nehmen wir an, es gäbe nur genotypische Individuen, so wären alle Eineierpaare gleichsinnig symmetrisch. Gäbe es nur die Möglichkeit γ (Keimzerfall), so wären alle Eineierpaare entweder rein regulär oder gemischt, rein inverse Paare fehlten völlig; lassen wir nur β zu, so ist die Verteilung rein zufallsmäßig zu erwarten. Bei unserem Beispiel von insgesamt 15% Inversen unter den Eineiern würde sich ergeben:

	Paare (%)		
	reg reg	reg inv	inv inv
Nur genotypisch Inverse (α)	85	—	15
Nur schädigende Faktoren (β)	$72^1/_4$	$25^1/_2$	$2^1/_4$	= rein zufallsmäßig
Nur Keimzerfall (γ)	70	30	—
$\alpha + \beta$		$<25^1/_2$	$>2^1/_4$
$\beta + \gamma$		$>25^1/_2$	$<2^1/_4$
$\alpha + \beta + \gamma$		versch.	versch.
$\beta + \gamma$: unser obiges Beispiel	72—73	26—27	1

und die letzte Zeile zeigt, daß bei unserem Beispiel, das unter die Rubrik $\beta + \gamma$ fallen muß, die Zahl der gemischten Paare um ein geringes gegenüber den Zufallswerten erhöht ist.

Beobachtete Werte sind nach einer graphischen Darstellung VERSCHUERs[404]:

---

* Die Durchschnittswerte sind der Literatur entnommen (Haarwirbel nach [658]).

	Zweieier				Eineier			
	reg reg	reg inv	inv inv	J	reg reg	reg inv	inv inv	J
Haarwirbel. . .	67	30	3	18%	60	30	10	25%
Zufall	66,6	30	3,3	—	66,6	30	3,3	—
Händigkeit. . .	79$\frac{1}{2}$	18	2$\frac{1}{2}$	11$\frac{1}{2}$%	65	20	5	15%
Zufall	81	18	1	—	78,8	20	1,2	—

I = Gesamtzahl der Inversen. „Zufall" = theoretische Werte.

Sie zeigen, daß (in Anbetracht der geringen Paar-Zahlen)
bei den Zweieiern die Verteilung nur unwesentlich von
der zufallsmäßigen abweicht; die Eineier aber weisen
eine Erhöhung des Prozentsatzes rein inverser Paare
auf, weil bei ihnen (die hier* unter die Rubrik $\alpha + \beta + \gamma$
fallen) die genotypische Veranlagung (der Faktor α)
wesentlich in Erscheinung tritt und die Wirkung des
Faktors γ (Keimzerfall: Bildung gemischter Paare) überkompensiert.

Durch alles dies ist der Einwand, eine Asymmetrie
könne nur dann erblich sein, wenn alle Eineierpaare
bezüglich ihr gleichsinnig asymmetrisch wären, widerlegt, und damit fällt die These, die der Seitigkeit des
Menschen den erblichen Charakter absprechen will, in
sich zusammen.

Es ist verständlich, daß man die Hypothese der Bildung inverser Embryonen durch Keimzerfall auch auf andere Tiergruppen übertragen hat,
bei denen Inverse nicht selten sind (z. B. die aus den Keimballen der Sporozysten entstehenden Trematoden), doch kommt allen diesen Überlegungen
kaum mehr als der Wert von Vermutungen zu. Die doppelporigen Bandwürmer mit alternierenden Atrien z. B. erschweren die Zerfallshypothese
der Saugwürmer ganz wesentlich.

---

* Haarwirbel! — Situs inversus ist zu selten, um für eine Statistik
auszureichen. Die Papillarlinien der vier Hände eines Eineierpaares
stimmen wechselweise so gut überein (Korr. 0,92)[654, 661b], daß man für
solche Betrachtungen größeres Material abwarten muß. Naevi (Muttermäler)[660] zeigten gleichfalls zwischen li und re bei Eineiern wie Zweieiern wie zwischen homologen Seiten der Eineierpaare die gleiche Korrelation von ca. 0,66. Beim Hodentiefstand[404a] müßten Sektionen (regulärer oder inverser Blutgefäßverlauf) abgewartet werden; die scheinbare
Korrelation Linkshänder — re Hoden tiefer ist vielleicht durch bez.
beider Merkmale phänotypisch Inverse bewirkt.

h) Die Bipotentialität des Plasmas und Verdoppelungen.

Ein letzter Beweis für die Bipotentialität des Plasmas wird dadurch geliefert, daß ab und zu R- und L-Struktur gleichzeitig manifest werden. Handelt es sich bei der Asymmetrie um ein ungleichwertiges Merkmalpaar, dessen einer Partner reduziert ist, so kann hin und wieder dieser neben dem anderen auftauchen, so z. B. das normalerweise reduzierte Ovar des Strudelwurms *Gyretrix*. Ist umgekehrt der eine Partner bevorzugt, so kann die Bevorzugung beide Teile ergreifen; es sei erinnert an jene drei bekannten Fälle von Cephalopoden, wo die Hectocotylisation beide Arme des betreffenden Paares ergriffen hat, oder an Krebse mit zwei K-Scheren. Schädigen wir Seeigellarven, so daß die reguläre Struktur geschwächt wird und die inverse die Oberhand bekommt, so ereignet es sich nicht selten, daß weil die inverse Struktur sich zu schnell „erholt", beide Strukturen nebeneinander manifest werden, es bilden sich doppelcoelomige Larven und aus ihnen geht, da normalerweise nur die linke Larvenhälfte Volltiere erzeugt, Doppelindividuen hervor. Ebenso ist es zu erklären, daß bei der kompensatorischen Regeneration ab und zu Formen mit zwei K- bzw. zwei großen Scheren oder *Hydroides*-Individuen mit zwei gleichwertigen Deckeln entstehen. Handelt es sich hierbei nur um gelegentliche Abnormitäten, so kann auf mutativem Wege eine solche Verdoppelung auch erblich werden, es kommt sozusagen zu einem Übergang Asymmetrie → Symmetrie des Volltieres. So wird man vermuten, daß bei den Copepoden erst eine einseitige Greifantenne entstand und daß die Ampharthrandria durch Verdoppelung dieses Merkmals aus den gemeinsamen Urformen hervorgingen; man wird weiter vermuten, daß bei jenen heterochelen Krebsen, wo die ♂ homo- und die ♀ heterochel sind, wo erstere zwei große aufgeblasene, letztere nur eine derartige Schere tragen, die Verdoppelung das sekundäre ist, daß ebenso bei den Bandwürmern die Doppelporigkeit (der Besitz zweier spiegelbildlicher Geschlechtsapparate pro Proglottide) sekundärer Natur ist (§ 12). In diesem letzten Falle sind es verschiedene Momente, die auf die Ursprünglichkeit des einporigen Apparates hinweisen: das Verhalten der primitiven Bandwürmer, das Vorkommen von Doppelporigkeit fast nur bei den abgeleiteten Warmblütlerparasiten, das durch die Alternation der Öffnungen

bewiesene Vorhandensein einer R- und einer L-Struktur, und
schließlich der Umstand, daß bei Einporigkeit der Genitalapparat
die ganze Proglottide erfüllt, während in jenen seltenen Fällen,
wo in tertiärer Linie wirklich ein nochmaliger Übergang von der
Doppel- zur Einporigkeit statthatte, die rechte bzw. linke Hälfte
der Proglottide, in der der verschwundene Genitalapparat gelegen hatte, von reinem Parenchym erfüllt ist.

Ein letztes Glied in der Kette dieser Indizien, welches allen
Zweifel darüber beseitigt, daß tatsächlich mit dem Entstehen
eines von vornherein monostroph-asymmetrischen, in der Einzahl
vorhandenen Gebildes auch die inverse Struktur mitentsteht,
liefert ein Befund an *Helix*, wo zum (rechtsgelegenen) Penis auch
der Partner der Gegenseite entstanden war. Hier ist man sicher,
daß der Penis von vornherein auf der rechten Seite entstanden
ist, in Anpassung an die dort infolge der Torsion mündenden
Geschlechtswege*.

Ist es bei einem solchen RL-Merkmal, das unter die Rubrik
„ungleichwertiges Merkmalpaar" fällt, ohne weiteres möglich, daß
beide Partner in gleicher Ausbildung beim selben Individuum
auftreten, so führt derselbe Vorgang, das gleichzeitige Manifest-
werden von R- und L-Struktur, bei den übrigen Merkmalen
(z. B. Darmtraktus, Haarwirbel) zu einer Verdoppelung des ganzen
Individuums oder zu einer partiellen Verdoppelung in der Gegend
des betreffenden Merkmals, führt also über zu den Erscheinungen
der Zwillingsbildung (vgl. g).

i) Das Wesen der R- und L-Struktur.

In den Abschnitten d bis h wurde dargelegt, daß die Anlage
jeder Asymmetrie bipotentiell ist bezüglich der Erzeugung von
R- und L-Form, daß aber in der Regel nur die eine von beiden
entsteht, weil die eine Struktur aktiv und die andere latent ist
(und zwar wird die Entfaltung der latenten durch die aktive
gehemmt), und wir hatten zur einfachen Beschreibung dieser
Befunde die symbolischen Ausdrücke R- und L-Struktur
eingeführt, die in Anlehnung an ZUR STRASSEN-DUNSCHEN gewählt wurden. ZUR STRASSEN und DUNSCHEN stellten sich für
den Fall des Ascaris-Eies, das nach Ansicht dieser Autoren ein

---

* Ebenso die Verdoppelung von Pigmentknopf usw. bei einem *Pleuromamma*-Individuum (vgl. Nachtrag, nach § 50).

absolutes Mosaikei ist, die beiden Strukturen als einander durch-
dringende heterogene Plasmaschichten vor (Abb. 84), von denen
die einen (regulären) „stark" und die anderen „schwach" sind.
Für den Fall der reinen Selbstdifferenzierung (Mosaiktypus)
ist eine solche Vorstellung genügend, sie reicht aber nicht zur
Erklärung anderer RL-Befunde aus, z. B. falls beim Froschei
die Medianebene erst im Moment der Befruchtung durch das
eindringende Spermatozoon bestimmt würde*. Wir hatten weiter
gesehen, daß das, was wir als R- oder L-Struktur bezeichneten,
irgendwelche Quanten sein müssen, und daß diejenige Struktur
das Übergewicht besitzt, die in der größeren Quantität vorhanden
ist, und waren schließlich zur Vorstellung gelangt, daß wenigstens
für den Fall eines ungleichwertigen Merkmalpaares, im R-Gebilde
die Hauptmasse der R-Struktur, im L-Gebilde die Hauptmasse
der L-Struktur angehäuft sein muß und daß in bilateralen Körpern
sich die Hauptquantitäten beider Strukturen offenbar auf verschiedenen Seiten der Medianebene befinden. Alle diese Gedankengänge machen es notwendig, den Ausdruck „Struktur",
der für den Typus des Mosaikeies geprägt war, durch einen anderen
ersetzen, wir wollen das indifferente Wort „Agens" wählen und
sagen: Es gibt zwei formbestimmende Agentia, von
denen das eine die Entfaltung der Anlage eines asymmetrischen Gebildes zur Rechts-, das andere zur
Linksform dirigiert. Im bilateralen Tier befindet sich dann
die Hauptmasse des einen Agens in der einen, die des anderen
in der anderen Körperhälfte, und diese polare Anordnung
tritt offenbar in dem Moment ein, in dem die spätere Sagittalebene festgelegt wird, ist also beim Mosaiktypus bereits im
unbefruchteten Ei vorhanden, wird anderswo im Moment der
Befruchtung veranlaßt. Weiter muß man, wenn z. B. das L-Agens
vorwiegend links und das R-Agens vorwiegend rechts sitzt, zwei
„Konzentrationsgefälle" annehmen (Abb. 142): die Quantität
des L-Agens nimmt gegen rechts, die des R-Agens gegen links ab,
es entsteht eine Verteilung, die den Eindruck erwecken könnte,
als ob beide Agentia sich abstießen, doch ist es unnötig, eine
solche Annahme zu machen. Auf diese Weise kommt eine Polarität des Eies senkrecht zur Sagittalebene zustande

---

* Vgl. neuerdings WINTREBERT [C. r. Acad. Sci. Paris **192**, 891 (1931)].

(Abb. 142); kommt durch Schädigung des prävalierenden das bisher inferiore Agens zum Überwiegen (Abb. 142 ×), so tritt eine Umkehr der Asymmetrie ein, und auf diese Weise kommt die alte CONKLINsche Ansicht (1903) von der Polaritäts-

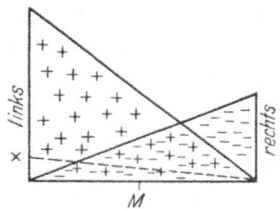

umkehr als Ursache inverser Asymmetrie — allerdings in gänzlich anderer Fassung — wieder zur Geltung.

Abb. 142. Schema der Agens-verteilung auf einem Körperquer-schnitt. (Die Höhe der Ordinate ist ein Maß der Konzentration des Agens; +-Agens ist im Über-gewicht; nach Schädigung sinkt die +-Menge bis x, jetzt ist das — -Agens im Übergewicht. M = Sagittalebene.)

Bei monostrophen Arten ist erblich festgelegt, welches der beiden Agentia in der Übermacht ist. Für ein Merk-mal, das allen Individuen einer Art zukommt, pflegt man im allgemeinen nicht ausdrücklich Gene anzunehmen; etwa, um ein Beispiel anzuführen, hat man noch kein Gen AA dafür auf-gestellt, daß eine Drosophila sechs voll-ständige Beine besitzt. Würde aber einmal durch Mutation ein Drosophila-Individuum gefunden, dessen beide Vorderbeine rudimentär sind und das diese Eigen-tümlichkeit (rezessiv, wie wir annehmen wollen) vererbte, so wird man der 6-Beinigkeit das Gen A und der 4-Beinigkeit das Gen a zuschreiben, und über kurz oder lang wird auch die Lokalisation dieses Genpaares in einem Chromosom möglich sein. Ebenso

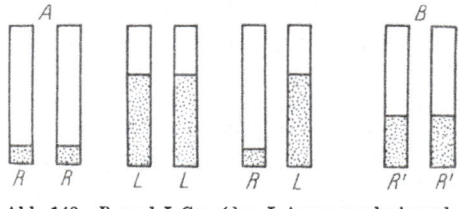

steht es mit der Ver-erbung der Asymme-trien. Wir können jedem Individuum einer monostroph rechtsgewundenen Schneckenart die Gene RR zuschrei-ben, welche bedin-gen, daß das R-Agens in der überwiegenden Quantität

Abb. 143. R- und L-Gen (der L-Agens produzierende Anteil punktiert).

produziert wird; doch entsteht nicht ausschließlich R-, sondern daneben in geringer Quantität auch das inverse, das L-Agens. Symbolisch können wir sagen: Das R-Gen (Abb. 143) verursacht die Bildung einer über-wiegenden Quantität R- und einer kleineren Quantität L-Agens, es enthält also — allerdings in verschiedenen Mengen — sowohl den zur Bildung von R- wie von L-Agens nötigen Faktor. Tritt einmal ein genotypisch inverses Tier oder wenigstens eine genotypisch inverse Eizelle auf, so muß diese das Gen L enthalten, welches umgekehrt die Bildung einer größeren Menge L- und einer kleineren R-Agens bewirkt. So läßt sich, wie der nächste Paragraph zeigen wird, die Art und Weise der Entstehung der einzelnen Verteilungsmodi durch ein einheitliches Bild erklären. Wir sind so auf gesondertem Wege zu der bereits von vielen Autoren vertretenen Ansicht gekommen, daß die Gene bestimmte Substanzen enthalten, und zwar in unserem Falle entweder (in verschiedenen Quantitäten) je ein mit der Eigenschaft der Autokatalyse ausgestattetes R- und L-Agens, oder (wieder in verschiedener Menge) zwei Katalysatoren, die die außerhalb des Gens in geringer (und vielleicht gleicher) Menge vorhandenen Agentia (proportional ihrer Menge) vermehren. Daß diese Agentia etwas Substantielles sind, vermutlich irgendwelche labilen chemischen Verbindungen (und zwar vielleicht die d- und l-Form einer solchen), wird durch die Tatsache wahrscheinlich gemacht, daß gerade solche Faktoren, die labile Verbindungen zum Zerfall bringen, wie starke Hitze, Kälte und UV-Strahlen, auch die Agentia zu zerstören vermögen.

Wir hätten uns nach alledem vorzustellen, daß spätestens in dem Moment, wo die Sagittalebene festgelegt wird, die Agentia in Aktion treten; sie ordnen sich dann (Abb. 142) zu beiden Seiten dieser Ebene an, und dasjenige von ihnen, das laut Vererbung im größeren Quantum vorhanden ist, behält regulärerweise dieses Übergewicht während des ganzen Lebens*. Treten schädigende Einflüsse ein, so wird nur das in der größeren Quantität vorhandene, bereits in seiner formdifferenzierenden Wirkung begriffene Agens zerstört, nicht aber das latente —, dieses gewinnt jetzt die Oberhand, während das bisher superiore allmählich vom Gen her nachgebildet wird, allerdings fortan das inferiore bleiben muß. Für diesen letzten Punkt eine Erklärung zu geben, scheint ein verfrühtes Beginnen; Analoge aus der organischen Natur aber sind vorhanden.

---

* D. h. in der GOLDSCHMIDTschen Ausdrucksweise: von beiden Reaktionen (R- und L-Reaktion) hat eine die Oberhand, sie determiniert die Anlagen der betr. RL-Merkmale, die alternierende Reaktionsnorm besitzen, zur R- oder L-Form.

Ist ein RL-Merkmal in mehrfacher Zahl an einem Individuum
vertreten (Nesselzellen, Pseudopodien, *Begonia*-Blätter, *Genneeus*-
Federn usw.), so besitzt offenbar die Anlage jedes einzelnen alternative Reaktionsnorm und reagiert bei Dominanz der R- oder L-
Reaktion im einen oder anderen Sinn.

k) Symmetriestörungen (Akzessorische Asymmetrien).

Darunter versteht man Asymmetrien, die nur einem Teil der Individuen
einer Art zukommen, die kaum artbildenden Wert besitzen, vielmehr meist
den Charakter des Akzessorischen bis Pathologischen tragen[12] (tordertes
Abdomen von *Drosophila* S. 217, asymmetrische Färbung des Käfers *Bruchus*
S. 218, Halbanker bei Holothurien[669], Hyperdaktylie, Heterochromie der
Augen[662], Superbildungen an Körperteilen, asymmetrische Radiolarien-
stacheln S. 40 usw.). Die beiden Fälle bei Insekten bewiesen, daß eine solche
akzessorische Asymmetrie mit der ursprünglichen Symmetrie mendeln kann,
was bei einem echten RL-Merkmal nie vorkommt. In einem Fall (*Drosophila*) war die Asymmetrie monostroph, der eine Stamm zeigte nur R-,
der andere nur L-Asymmetrie, beider Gene saßen in verschiedenen Chromosomen. Im Falle *Bruchus* mendelte die (rezessive) Asymmetrie als solche,
je $^1/_2$ der Homozygotrezessiven war links- bzw. rechtsasymmetrisch. — Andere derartige Asymmetrien (Heterochromie der Augen, Hyperdaktylie,
Superbildungen) sind bald durch mehrere Generationen streng seiterkon-
stant, bald ist das Gegenteil der Fall, die Asymmetrie tritt bald links, bald
rechts, bald beiderseits, evtl. auch gar nicht auf (Entsprechendes bei der
Heterochromie der Augen[662]). Für diese Befunde gibt es zwei Erklärungs-
möglichkeiten. Entweder (A) ist die akzessorische Asymmetrie hervorgerufen durch irgendein nicht in den normalen Entwicklungsgang gehöriges
Plus; dieses kommt dann bei der Ontogenese bald auf die linke, bald auf
die rechte Seite, bald (Spaltung?) manifestiert es sich beiderseits. Mendelt
diese akzessorische Asymmetrie überdies mit der regulären Symmetrie, so
treten diese Möglichkeiten zufälliger Verteilung eben nur bei einem Teil
der Individuen ein (bei ss, wenn die Asymmetrie rezessiv, bei Ss und SS,
wenn sie dominant ist). — Die zweite Erklärung (B) nimmt an, daß grundsätzlich (genotypisch) eine Asymmetrie überhaupt nicht vorliegt. Es handle
sich (zumindest bei Hyperdaktylie, Heterochromie und den Superbildungen)
um Anlagen von akzessorischen Merkmalen beider Körperseiten (beiderseits
eine Zehe mehr, beiderseits eine bestimmte Augenfarbe), infolge gewisser
anormaler innerer Bedingungen aber werde in der einen Körperhälfte das
betreffende Gen an seiner Manifestation gehemmt, es tritt nur phänotypisch Asymmetrie ein. Bald erfolgt diese Hemmung links, bald rechts, bald
beiderseits, bald überhaupt nicht, sie ereignet sich deshalb relativ häufig,
weil es sich eben um Anlagen für akzessorische Merkmale handelt, die sich
mit der regulären Organisation der Tiere nicht ohne weiteres vertragen*.

---

* Augenheterochromie ausgenommen; diese ist sehr selten, keine der beiden Augenfarben ist „akzessorisch"; es würde nur in einem Auge die betr.
Farbe an der Manifestation gehemmt und an ihrer Stelle eine andere auftreten.

ASTAUROFF[680] hat kürzlich einige Fälle solcher unvollständiger Manifestierungen akzessorischer Merkmale zusammengestellt: sie können sich manifestieren nur bei einem Teil der Individuen, nur in gewissen Segmenten eines metameren Objekts (Annelid), nur in einer Körperhälfte. Allein dieser letzte Fall führt zu dem, was wir Asymmetrie nennen.

Der folgende Abschnitt wird zeigen, daß vieles zugunsten der Erklärung B spricht, vor allem im Falle der Superbildungen (einschl. Hyperdaktylie) und der verschiedenen Augenfärbung. Es wäre dann anzunehmen, daß in bestimmten Familien der Manifestation einer akzessorischen Eigenschaft viel, keine oder nur einseitig Hemmnisse entgegengesetzt werden. Doch zeigen die Fälle *Drosophila* und vor allem *Bruchus*, daß es offenbar auch akzessorische Merkmale gibt, die genotypisch asymmetrisch sind.

I. Beziehungen zur Vererbungslehre, im besonderen zur Vererbung des Geschlechts.

Wir sind im Laufe dieser allein auf RL-Befunden basierenden Überlegungen zu Vorstellungen gelangt, die denen GOLDSCHMIDTs über die Vererbung des Geschlechts außerordentlich ähnlich sind*, eine Ähnlichkeit, die so weit geht, daß man ganze Sätze GOLDSCHMIDTs dadurch in die Sprache des RL-Problems übertragen kann, daß man die Symbole F und M in entsprechender Weise durch R und L ersetzt. Im Körper eines getrenntgeschlechtlichen Tieres ist in der Regel ein Geschlecht latent, das andere manifest, ganz entsprechendes hat für die beiden Formen einer Asymmetrie statt; der Entscheid über ♂ oder ♀ bzw. über rechts oder links wird geliefert durch die Quantitätsunterschiede F — M bzw. R — L innerhalb des betreffenden Genpaares. Allerdings darf man nicht vergessen, daß es sich mindestens bei der Vererbung des Geschlechts, vielleicht auch bei der der Asymmetrien um einen Spezialfall handelt. Getrenntgeschlechtlichkeit hat im allgemeinen nur einen Sinn, wenn beide Geschlechter in ungefähr gleicher Häufigkeit vorhanden sind, sie hat also einen speziellen Vererbungsmechanismus zur Voraussetzung, daneben können auch beide Geschlechter gleichzeitig manifest sein. Von den Asymmetrien aber darf nur eine manifest sein — das Gegenteil führt zu Symmetrie oder Doppelbildung —, doch kann das Verhältnis der R- zu den L-Individuen ein beliebiges sein. Dieser Unterschied bedingt einen Unterschied des Vererbungsmechanismus. Im ersten Falle (Geschlecht) wird (bei den höheren Tieren und Pflanzen) das eine Agens (F) an anderem Orte als das zweite

---

* Vgl. einen derartigen Hinweis bereits bei DUNSCHEN[156].

(M) vererbt, F im Plasma oder in den Autosomen, M im Heterochromosom bzw. umgekehrt, im Falle Asymmetrie aber enthält jedes Gen, ob R oder L, beide Faktoren, doch so abgestimmt, daß das R-Gen eine überwiegende Quantität R-, das L-Gen eine überwiegende Menge L-Agens erzeugt. Das folgende Schema illustriert diesen Verhalt:

Geschlecht:	F = 80, M = 60.	F (80) > M (60) → ♀
		F (80) < 2 M (120) → ♂
Asymmetrie:	R = 80 r + 20 l,	RR = 160 r + 40 l → rechts
	L = 30 r + 70 l.	LL = 60 r + 140 l → links
		RL = 110 r + 90 l → rechts, „R
		dominiert über L".

Es wäre zu überlegen, ob nicht der Modus der Asymmetrievererbung der allgemeinere wäre, der auf die meisten oder mindestens auf viele Gene Anwendung finden könnte. Es ist ja zu vermuten, daß bei einem beliebigen Genpaar Aa A eine andere Substanz beinhaltet als a, und nicht, wie im Spezialfall gewisser multipler Allele, A nur eine höhere Quantität derselben Substanz bedeutet als a. Dann würde unsere Vorstellung besagen, daß nicht A ausschließlich aus der einen und a ausschließlich aus der anderen Substanz besteht, sondern daß A neben der Hauptmenge der einen (wir wollen sie 𝔄 nennen) auch etwas von der anderen (α) enthält und entsprechend a neben α auch etwas 𝔄, jedoch in solchen intragenalen Verhältnissen, daß in Aa die Gesamtmenge von 𝔄 größer ist als von α. In einer sich entwickelnden Zygote AA liefen dann die beiden Reaktionen 𝔄 und α nebeneinander ab, aber die erste hat während der gesamten Ontogenie weitaus die Oberhand. Treten aber irgendwelche schädigenden Faktoren ein, so könnte auch hier die Reaktion 𝔄 geschwächt werden und α die Oberhand erhalten, es käme zu einer Inversion: trotz des Genotypus AA träte phänotypisch die rezessive Eigenschaft a auf*. Auch das umgekehrte, Auftreten von A trotz Genotypus aa, wäre möglich. Im allgemeinen werden solche Fälle selten sein, und man hat wohl noch nie darauf geachtet, gewisse Befunde aber sprechen für die Existenz dieser Möglichkeit. So ist es sicher, daß die Augenfarbe blau gegen meliert und braun, und meliert gegen braun rezessiv ist. Ein blauäugiges Elternpaar dürfte also nur blauäugige

---

* Vgl. DAHLBERGS[652] Begriff „Umschlagphänomen".

Kinder haben, und doch ereignet es sich in knapp 1%*, daß blauäugige Eltern ein blauäugiges Kind erzeugen. In diesen Fällen nahm bereits JAPHA[681] an, daß einer der Eltern genotypisch braun war, daß aber bei ihm die Manifestation dieses Gens gehemmt wurde und so phänotypisch blau statt braun erschien; er führt weiter (s. o.) die von ihm beobachteten Fälle von Heterochromie (20 unter 8000) auf eine derartige unilaterale Manifestationshemmung zurück. Ähnliches ist der Fall in jenen seltenen Fällen, wo zwei rothaarige Eltern ein nichtrothaariges Kind besaßen[682] (Rothaarigkeit sehr wahrscheinlich rezessiv) oder bei der Vererbung der Blutgruppen[683]. Hier treten die „nach allen Theorien verbotenen" Möglichkeiten auf: aus O.O in 0,7% A; aus O.A in 0,4% B; aus O. A in 0,3% A B; aus O. B in 0,4% A; aus O. B in 0,1% A B. Auch bei der Vererbung des Geschlechtes könnten phänotypische Inverse im bisherigen Sinne existieren, es könnte dann sogar der Fall eintreten, daß von zwei eineiigen Zwillingen der eine phänotypisch das gegensätzliche Geschlecht des anderen besäße. Wäre schließlich die Anlage des „Geschlechts" ein Anlagenkomplex wie der der Seitigkeit des Menschen, der aus vielen Einzelkomplexen besteht, wäre da nicht die Vorstellung möglich, daß Homosexualität letzten Endes nichts anderes wäre als eine partielle phänotypische Inversion, vergleichbar einem genotypischen Linksseiter, der äußerlich rechtshändiger Linksäuger ist? Ab und zu würden auch andere Teilanlagen mitinvertiert, so könnten die anormalen Hodenbefunde bei einigen Homosexuellen erklärt werden. Schließlich wäre es nicht möglich, daß bei den weiblichen Vögeln die Alternative Rechts-Links (rechts große und links kleine Gonade — links große und rechts kleine Gonade, vgl. S. 405) mit der Alternative männlich-weiblich (beiderseits männlich — beiderseits weiblich) gekoppelt ist, ähnlich der Koppelung Rechts-Links mit Ventral-Dorsal bei einigen Bandwürmern (S. 97) oder der Koppelung Rechts-Links mit Quer-Längs (S. 121) bei Ascaris? Dann wäre beim genotypischen ♀ (F > M) L und F manifest (also links großes und rechts kleines Ovar); Entfernung des linken aber bewirkte auf dem Wege kompensatorischer Regeneration (S. 404) eine phänotypische Inversion, jetzt gelangte R und mit ihm M zur Prävalenz (rechts großer — links kleiner Hoden). Es wäre diese „Geschlechtsumkehr bei Vögeln" etwas

---

* „Eheirrtümer" ausgeschlossen.

Zusätzliches, allein bei den Vögeln Auftretendes, verursacht durch die Reduktion einer Gonade im weiblichen Geschlecht. Schließlich könnte auf diesem Wege auch die Phylogenie der Geschlechtsbestimmung verstanden werden. Beim erstmaligen Auftreten der Agentia F—M (entsprechend dem erstmaligen Auftreten von R—L, s. § 47) wäre vielleicht ein intragenales Verhältnis 1 : 1 zu erwarten, die Geschlechtsbestimmung wäre phänotypisch (bald erlangt die M-, bald die L-Reaktion die Oberhand), auch bei einem Genpaar sowohl in der Haplo- wie in der Diplophase (HARTMANN). Verschiebt sich dann im einen Gen der Diplophase das intragenale Agensverhältnis zugunsten von F und im anderen von M, so wäre die Diplophase zwittrig, die Haplophasen männlich oder weiblich. Ist hierbei die intragenale Proportion stark zugunsten eines Agens verschoben (Typ A in Abb. 143), so sind die Gameten scharf sexuell differenziert, alle vom selben haploiden Elter abstammenden Gameten sind gleichgeschlechtlich. Überwiegt aber intragenal das eine Agens nur schwach über das andere, so könnten einige Gameten phänotypisch invertiert werden, sie reagierten jetzt männlich statt weiblich, es käme zur Erscheinung der HARTMANNschen relativen Sexualität. Bei den höheren Tieren und Pflanzen waren wohl erst mehr, später 2 Geschlechts-Genpaare vorhanden, jedes Gen enthielt F und M. Dann verschob sich unter Herausbildung des zweckmäßigen XY-Mechanismus im einen Genpaar (X) die intragenale Proportion zugunsten von F, im anderen von M oder umgekehrt (bei Fischen bald so, bald so), wie im einzelnen hier nicht gezeigt zu werden braucht (vgl. KOSSWIG[684]). — Die Erscheinung der Dominanz bleibt nach unseren Vorstellungen verständlich, ebenso daß zwei „rezessive" über ein „dominantes" Gen dominieren können (vgl. das obige Schema: LLR = 140 r + 160 l = links). — Vielleicht ist schließlich die von HAECKER betonte Erscheinung, daß viele komplex verursachten Merkmale unklare Spaltungsverhältnisse zeigen, auf eine größere Häufigkeit phänotypischer Inversionen zurückzuführen.

Es scheint nach alledem, als ob der Modus der Asymmetrie-Vererbung der allgemeinere wäre, der auf die meisten Gene Anwendung finden könnte, und daß dem Begriff der phänotypischen Inversion eine über den Rahmen des RL-Problems hinausgehende Bedeutung zukommen könnte.

§ 47. Die Phylogemie der Verteilungsmodi.

Es gibt RL-Merkmale, die innerhalb einer Tiergruppe in allen drei der von uns unterschiedenen Verteilungsmodi, dem monostrophen, razemischen und amphidrom-nichtrazemischen, andere die nur in zweien auftreten, und schließlich solche, die stets den gleichen Verteilungsmodus aufweisen. Hier soll die Frage diskutiert werden, ob, wenn bei verschiedenen Arten mehrere Verteilungsmodi des gleichen Merkmals vorhanden sind, einer aus dem anderen sich entwickelt hat und welches der primäre war.

a) Liste der wichtigsten razemischen und amphidromen Merkmale:

Razemisch:	Amphidrom:
*Kolonien von *Zoothamnium* (Prot.)	Einige turbospirale und einige multiloculine Foraminiferenarten
Spirochona sp. (Inf.)	Keimstocklage bei *Dalyella* (Turb.)
* *Lecquereusia* (Rhiz.)	*Spirochona* sp.
Amphitypie vieler Plattwürmer	Amphitypie einiger Trematoden
Spirographis (Kiemen)	Schloß von *Goodallia* (Muschel)
Deckel der Röhrenwürmer außer	*Chama*
Spirorbis	Einige Schnecken
Trichuris (Nem.)	Einige fossile Cephalopoden
Gewisse pleurothetische Muscheln	*Pleuromamma indica; P.-♀* verschie-
Gewisse Muscheln mit tordierter	dener Arten
Schale	Einige heterochele Krebse
Einige Schnecken	Flügellage der Feuerwanze
Ilex (Hectocotylus)	Überkreuzung der Mandibeln der
Viele heterochele Krebse	*Carabiden*
*Lage der a. descendens bei Deca-	Chiasma gewisser Fische
poden	Flunder
Einsiedlerkrebs *Paguropsis*	Arciferie der Urodelen (u. Anuren?)
*Asymmetrie der *Bopyriden* (Isop.)	Haarwirbel, Hodentiefstand
*Flügellage vieler Insekten	Seitigkeit
Anableps (Paarschwimmer) (Amphi-	Gewohnheiten
drom?)	Galopp des Pferdes (?)
Paralichthys californicus u. *Platich-	Paarungsstellungen
thys stellatus (Plattfische)	Faltigkeit der Gerste
*Kreuzschnabel	
*Lage des Ovars bei gewissen Gastro-	
trichen	
*Gonadenlage der Branchiura	
*Oviduktlage der Tardigraden	
*Rechts-Links-Lage bei Ovar-Hoden	
(*Phoronis*), Hoden-Vas deferens	
(Rotatoria), Ovar-Receptaculum	
(Tardigrada)	

Razemisch:	Amphidrom:
*Beinigkeit der Papageien Wendigkeit der Ratten u. Mäuse *Verschiedene Gewohnheiten (Läu- figkeit; Händefalten usw.) *Grundschraube der Pflanzen *[Käfer *Bruchus*]	

b) Charakteristik des monostrophen Typus.

Hier enthalten — wenn wir den Fall einer Rechtsasymmetrie annehmen — alle befruchteten Eier das R-Agens im Überschuß. Man kann dann im Sinne des Früheren (§ 46, i) sagen, alle Tiere enthalten den Genotypus RR und jedes Gen R hat die Bildung einer überwiegenden Menge R- und einer kleineren L-Agens zur Folge. Die wenigen Inversionen sind größtenteils phänotypisch, d. h. dadurch entstanden, daß irgendwann im Laufe der Entwicklung infolge vorübergehender Zerstörung des R- das L-Agens die Oberhand gewann, und nur selten genotypisch: hier ist statt des R- das L-Gen aufgetaucht, das eine Majorität von L-Agens entstehen läßt. Ist das R-Gen vom Typus B (Abb. 143), so sind phänotypische Inversionen relativ häufig zu erwarten, entspricht es A, so sind sie selten (vgl. die Schnecken); es ist weiter denkbar, daß im ersten Falle auch genotypische Inversionen viel häufiger sind als im zweiten, und die bei den Schnecken als Labilität des Windungssinns charakterisierte Erscheinung könnte durch Gene des Typus B verursacht gedacht werden. Ist R vom Typus A und L vom Typus B, so dominiert R über L und vice versa; sind die Proportionen L- : R-Agens innerhalb der Gene R und L genau reziprok, so enthält ein heterozygoter Keim RL etwa gleichviel R- und L-Agens, es wären dann amphidrome oder razemische Verteilung (siehe c und d) zu erwarten.

c) Charakteristik des razemischen Typus.

Razemische Verteilung tritt erstens (I) ein, wenn die Form der Asymmetrie überhaupt nicht festgelegt ist, sondern dem Zufall überlassen bleibt, wenn also nach unseren Vorstellungen noch keine Agentia existieren. Legt z. B. eine Fliege bald den linken Flügel über den rechten, bald umgekehrt, so entscheidet der Zufall über links oder rechts, ebenso dann, wenn hinterher eine Art der Flügellage zur Gewohnheit wird; und ähnliches ist für alle in der obigen

Liste mit * bezeichneten Merkmale zu vermuten. — Razemische Verteilung könnte zweitens (II) eintreten, wenn eine Vererbung nach dem Schema der Rückkreuzung vorläge (RL = rechts, LL = links), doch ist ein solcher Fall weder bekannt noch wahrscheinlich. Eine dritte Möglichkeit für das Auftreten razemischer Verteilung wäre schließlich dadurch gegeben, daß (IIIa) sich bei einer monostrophen Art (RR) die Proportion R- : L-Agens innerhalb des Gens gegen 1 : 1 verschiebt, so daß mehr oder weniger der Zufall entscheidet, welches Agens die Oberhand gewinnt, oder daß (IIIb) in einer aus R- und L-Tieren zusammengesetzten Population die Proportionen innerhalb des R- und L-Gens zueinander reziprok sind; dann hätte für die Heterozygoten RL der Fall IIIa statt und es träte razemische Verteilung ein, wenn das Genotypenverhältnis RR : RL : LL genau 1 : 2 : 1 betrüge. Für Fälle isolierter razemischer Verteilung innerhalb monostropher Gruppen kann man den Typ IIIa als vielleicht verwirklicht ansehen (*Illex* Hectocotylisation; razemische Plattfische?; Einsiedlerkrebs *Paguropsis; Pleuromamma indica* des indischen Ozeans; razemische pleurothetische Muscheln?). Weiter besteht die Möglichkeit (IV), daß in einer mendelnden Population das Genotypenverhältnis gerade ein solches ist, daß phänotypisch R- und L-Tiere sich eben die Waage halten; dabei kann ein Kopulaverbot zwischen rechts und links (Schnecken) bestehen oder nicht. Dieser Modus IV ist nichts anderes als ein Spezialfall des Modus IV der amphidrom-nichtrazemischen Verteilung und da der letztere verwirklicht ist, wird auch ersterer ab und zu vorkommen (Schnecken). Als letzte Möglichkeit (V) kommt schließlich in Frage, daß bei absolutem Paarungsverbot R × L zwei gleich starke Scharen RR- und LL-Tiere nebeneinander existieren. Hier gilt das gleiche, was für den entsprechenden amphidromen Modus (V) gesagt wird.

d) Charakteristik des amphidrom-nichtrazemischen Typus.

Dieser kann erstens (I) bei einer genotypisch-monostrophen Art eintreten, bei der phänotypische Inversionen sehr häufig sind, wie dies z. B. für viele heterochele Krebse zu vermuten ist, bei denen zu den gewöhnlichen phänotypischen Inversionen noch die durch regenerative Scherenumkehr hinzukommen. Es ist weiter möglich, daß bei einer monostrophen Art (IIa) oder bei einer razemischen (IIb) infolge „unechter Inversionen" eine Verschiebung nach rechts oder links hin eintritt (vgl. § 46c und die dortigen Beispiele). Ferner ist der Fall (IIIa) denkbar, daß die Proportion der Agentia innerhalb der Gene fast 1 : 1 beträgt, so daß in einem Teil der Fälle das Überwiegen des Stärkeren, beim Rest der Zufall zwischen beiden entscheidet (entsprechend raz. IIa; *Pleuromamma indica, P.-♀*, Flunder?). Weiter ist (IIIb) das Gegenstück zu raz. IIIb) möglich (Gene reziprok, bei beliebigem Genotypenverhältnis in der Population). Schließlich (IV) führt eine aus den Genotypen RR, RL, LL bestehende mendelnde Population im allgemeinen zum amphidromen Typus (*Lymnaea*; Seitigkeit des Menschen). Die letzte Möglichkeit (V) ist die, daß bei absolutem Kreuzungsverbot zwischen rechts und links eine Schar RR- neben einer Schar LL-Tiere existiert. An diesem Fall hat man vor allem bei Protozoen zu denken, wo Teilung die vorherrschende Vermehrungsart ist (S. 38), weiter bei Schnecken, falls eine zufällig entstandene Linkserkolonie an Individuenzahl zunimmt und sich hinterher mit der ursprünglichen Population wieder vermischt.

e) Übersicht der Typen.

Monostroph.

Razemisch	Amphidrom
I: Zufall. Keine Agentia.	I: Monostroph + viele phänotypische Inversionen.
(II: Rückkreuzungsschema.)	II: Raz. oder Mon. + unechte Inversionen.
IIIa: Agentia 1 : 1.	IIIa: Agentia fast 1 : 1.
IIIb: Spezialfall von Amph. IIIb.	IIIb: Mendelnde Population, Gen R reziprok zu L.
IV: Spezialfall von Amph. IV.	IV: Mendelnde Population (über 10% LL).
V: Spezialfall von Amph. V.	V: RR- und LL-Tiere nebeneinander bei absolutem Kreuzungsverbot.

f) Phylogenie der Typen.

Als ursprünglich wird man nur den razemischen und den monostrophen Typus ansehen können, und so sind folgende phylogenetische Reihen möglich (R = raz., M = monostroph, A = amphidrom—nichtraz.):

R	R	M	M	R	M
M	A	R	A	M	R
A	M	A	R	R	M

Der Übergang R → M ist nur denkbar zwischen R I und M, d. h. verursacht durch Erblichwerden der Asymmetrie, durch erstmaliges Auftreten der Agentia. In der Flügligkeit der Insekten haben wir ein sicheres Beispiel dieser Art.

Der Übergang R → A ist denkbar, wenn es sich um R I → A II handelt (Arciferie der Urodelen) — hier wären bei A noch keine Agentia vorhanden — oder um R I → A IV. In diesem letzten Falle hätte man sich vorzustellen, daß die Agentia erstmalig nicht in einem Tier (monophyletisch), sondern in vielen Tieren entstehen, und zwar würde in der Hälfte der Fälle das R-, in der Hälfte das L-Agens die Oberhand gewinnen; so entstünde im Laufe der Zeiten, bis in allen Tieren die Asymmetrie zum erblichen Charakter geworden ist, eine Population mit dem Genotypenverhältnis RR : 2 RL : LL, das bei Dominanz von R zu einem phänotypischen Verhältnis re : li = 3 : 1 führt. Dieses Verhältnis würde sich beim Fehlen von Selektion dauernd erhalten, panmiktische Vermehrung vorausgesetzt. Ein solcher Fall des Übergangs R → A wäre für die Seitigkeit (vielleicht auch für den Haarwirbel) des Menschen denkbar. Schließlich wäre es möglich, daß aus R I über R III a → A III a M hervorgeht, nämlich wenn die Agentia erst innerhalb jedes Gens zu gleichen Teilen entstehen und allmählich erst das eine die Oberhand bekommt.

Der Übergang M → R ist in der Form M → R III a möglich (vgl. die sub c für R III a angeführten Beispiele).

Der Übergang M → A ist in der Form M → A I (heterochele Krebse), M → A II (Flügellage? Arciferie der Anuren?), M → A III (*Pleuromamma indica*, *P.-♀*, Flunder?), M → A IV (Schnecken mit relativ viel genotypischen Inversionen, vgl. § 19) und A V (Schnecken?) möglich.

Von den obigen dreigliedrigen phylogenetischen Folgen läßt sich sagen: M R M (d. h. M → R → M) kommt kaum vor. M R A und M A R sind fast identisch; denn wenn das intragenale Agensverhältnis sich gegen 1 : 1 verschiebt, treten A und R fast gleichzeitig auf (*Pleuromamma*). In R M R ist das erste R vom Typus I, das zweite von einem anderen Typus; dieser Folge verwandt ist R M A. Die Möglichkeit R A M würde als R I → R III a → A III a → M bereits gestreift.

Wir haben also das Ergebnis, daß die Bezeichnungen amphidrom, razemisch und amphidrom-nichtrazemisch nur rein phänotypische Charakterisierungen darstellen, daß sie über den Genotypus nichts auszusagen vermögen. Wir haben ferner keinerlei Anzeichen dafür, daß jede Asymmetrie ursprünglich razemische Verteilung aufgewiesen hätte. Ab und zu (Flügligkeit) scheint zwar der monostrophe Typus aus dem razemischen hervorgegangen zu sein, häufig aber (Schnecken) entstand er direkt und in beiden Fällen entstanden mit ihm die Agentia. Der amphidrome Typus aber ist wohl stets sekundär und meist aus dem monostrophen hervorgegangen. Nur im Falle R I → A IV wäre er aus dem razemischen entstanden, mit seiner Herausbildung wäre das Auftauchen der Agentia verknüpft gewesen.

§ 48. Die Koppelung der RL-Merkmale und die Frage nach der Bevorzugung von rechts oder links.

Hier handelt es sich um die Frage, inwieweit verschiedene an einem Individuum vorhandene RL-Merkmale miteinander gekoppelt sind, ob bei phäno- oder genotypischer Inversion nur alle miteinander ins Inverse umschlagen können oder ob eine Inversion eines einzelnen Merkmals möglich ist. Es sind erst von wenigen Tieren Daten bekannt, die auf diese Frage Bezug haben; aus diesem Wenigen aber lassen sich die folgenden Feststellungen ableiten:

1. Eine neu auftretende monostrophe Asymmetrie wesentlichen Ausmaßes hat die Tendenz, bisher vorhandene razemische Asymmetrien an sich zu koppeln und so gleichfalls monostroph zu machen. Bei der sedentären Röhrenwürmern mit einem Röhrendeckel ist die Verteilung, welcher Kiemenstrahl zum Deckel wird, razemisch — monostroph allein bei der Gattung *Spirorbis*, wo bei den linksschraubigen Arten der linke, bei den rechtsschraubigen der rechte zum Operculum umgebildet ist. Die heterochelen Krebse sind teils razemisch, teils amphidrom oder schwach monostroph, Inverse — oft auch durch regenerative Scherenumkehr entstanden — sind stets in reichlicher Zahl bekannt, ausgenommen die Einsiedlerkrebse, deren Hinterleib ja stark asymmetrisch ist; hier kennt man trotz sehr umfangreichen untersuchten Materials

nur ein einziges inverses Tier, das — Zufall oder nicht — auch ein linksgewundenes Gehäuse bewohnte. Das optische Chiasma der Fische ist razemisch oder schwach amphidrom, nur bei den Plattfischen monostroph und mit der Seitenlage gekoppelt. Weitere Befunde dieser Art, die aber noch nicht hinreichend geklärt sind, scheinen bei der Flügligkeit der Insekten vorzuliegen.

2. Mehrere nacheinander auftauchende monostrophe Asymmetrien, die zusammen in gewissem Sinne eine Einheit bilden, sind in der Regel aneinander gekoppelt. Hier sei daran erinnert, daß beim Menschen Inversion der Eingeweide in der Regel Inversion des Herzens nach sich zieht, daß bei den Plattwürmern etwaige Asymmetrien der Darmschenkel an die des Genitalapparates gekoppelt sind (Amphitypie), daß bei den beiden *Pleuromamma*-Arten die fünf offenbar nacheinander entstandenen Asymmetrien des ♂ zusammen invertieren, und daß bei den Geschlechtsasymmetrien der übrigen Copepoden (das 5. Beinpaar teilweise ausgenommen) Ähnliches der Fall ist, an die Koppelung zwischen Schloß- und Schalenasymmetrie bei einigen Muscheln, an die verschiedenen zur Seitigkeit des Menschen zusammengefaßten Komponenten (Händigkeit, Beinigkeit, Äugigkeit, Lage des Sprachzentrums, stärkere Entwicklung des Armes der bevorzugten Seite) und schließlich an die körperliche Totalinversion (Protozoen, Nematoden, einzelne Muscheln, Schnecken; Wirbeltiere, Trematoden), die ja eine Koppelung aller vorhandenen Asymmetrien darstellt.

3. Durch phänotypische Inversion kann die Gesamtheit aller aneinandergekoppelten Asymmetrien oder nur eine einzelne Asymmetrie invertiert werden; es wäre vorzustellen, daß die „Struktur" derjenigen Organanlagen invertiert wird, die von dem schädlichen Einfluß betroffen werden oder daß verschiedene Asymmetrien verschieden „schwer" invertierbar sind (Gewohnheiten am leichtesten: Mensch, Schraubenbewegung). Beispiele liefern die Seitigkeit des Menschen (isolierter Linksseiter; rechtsäugiger Linkshänder), der Situs inversus (total, total bei regulärem Herz, partiell), Inverse monostropher Plattfischarten (Situs und Chiasma regulär, Lagerung invers), das Analagon hierzu bei einigen pleurothetischen Muscheln (S. 151 f.), die erhöhte Zahl von Inversionen der einzelnen Asymmetrien bei eineiigen Zwillingen, vermutlich auch die Flügellage der Insekten.

4. Durch genotypische Inversion scheint in der Regel die Gesamtheit aller aneinandergekoppelten Asymmetrien invertiert zu werden (vgl. Punkt 2), doch ist auch der Fall möglich, daß nur eine Teilanlage erblich invers wird. Beispiele für diese letztere Möglichkeit sind noch sehr selten, vielleicht deswegen, weil gerade jene Gruppen, die Material hierzu liefern könnten (Trematoden, Copepoden, Muscheln), zu wenig untersucht sind. Bekannt ist allein, daß sowohl die (bezüglich des Abdominalendes) links- wie die rechtsasymmetrischen Gattungen der *Corixiden* monostroph rechtsflüglig sind[674]; weiter haben sowohl die monostroph links- wie rechtsäugigen Plattfische regulären Situs und hierzu ließe sich wiederum ein Analogon bei den pleurothetischen Muscheln anführen (S. 151 f.). — Daß razemische Asymmetrien (z. B. Gewohnheiten) von monostrophen unabhängig sein können (z. B. Händefalten usw. des Menschen), bedarf kaum der Erwähnung. Doch scheint es auch, daß folgende Asymmetrien des Menschen voneinander unabhängig sind: Eingeweidesitus, Seitigkeit, Haarwirbeldrehung, Hodentiefstand, und schließlich scheinen nicht nur etwaige Asymmetrien der Papillarlinien selbständig zu sein, sondern sogar für jedes Fingerpaar eine getrennte Anlage zu existieren (GRÜNEBERG kontra BONNEVIE).

Bisweilen kann eine RL-Asymmetrie sekundär auch mit einer anderen Alternative gekoppelt werden, so liegt z. B. bei einigen Bandwürmern mit alternierenden Geschlechtsporen in den Gliedern mit linksasymmetrischem Genitalapparat das Atrium links ventral, in den rechtsasymmetrischen Gliedern rechts dorsal, und bei Ascaris ist die phänotypische Inversion mit einem Zelteilungsanachronismus verbunden (§ 14).

Alles in allem zeigt sich die Tendenz, eine neuentstehende monostrophe Asymmetrie an bereits vorhandene zu koppeln. Ob man in solchen Fällen für alle Asymmetrien dieselben Agentia annehmen soll, bleibe dahingestellt.

Die Koppelung der Asymmetrien gewinnt Bedeutung, wenn man sich der Frage zuwendet, ob im Tierreich rechts oder links bevorzugt ist. Dabei ist vorerst darauf hinzuweisen, daß „rechts" und „links" verschiedener Tierarten nur mit großer Vorsicht homologisierbar sind (§ 3), daß für alle Fälle „rechts" bei der Schraubung und „rechts" bei der bilateralen Symmetrie zwei willkürlich und voneinander unabhängig definierte Begriffe darstellen, und daß schließlich innerhalb einer Tiergruppe eine Bevorzugung von rechts oder links nicht durch einfache Abzählung der R- und L-Arten festgestellt werden kann. Denn für den Entscheid über eine etwaige Bevorzugung kommen allein jene „Gabelpunkte" in Betracht, an denen eine Asymmetrie erstmals entstand und an denen für Entstehung der R- und L-Form dieser Asymmetrie die gleichen Chancen bestanden; an einem solchen Gabelpunkt wurde dann entweder der Weg zur R- oder zur L-Asymmetrie oder zu beiden eingeschlagen und eine Bevorzugung einer Seite liegt vor, wenn im Durchschnitt rechts oder links überwiegt.

Nach den Überlegungen des vorigen Paragraphen ist es wahrscheinlich, daß in der Regel der monostrophe, selten der razemische, niemals aber der amphidrom-nichtrazemische Typus ursprünglich ist. Betrachten wir nun eine Tiergruppe, der ein asymmetrisches Merkmal zukommt, so leiten sich nicht alle L-Arten von einer ursprünglichen L-Form und alle R-Arten von einer ursprünglichen R-Form ab, die beide an demselben Gabelpunkt entstanden wären, vielmehr ist es für die meisten Asymmetrien so gut wie sicher, daß — sofern es sich um monostrophe Asymmetrien handelt — an diesem Gabelpunkt entweder der Weg nach rechts oder nach links eingeschlagen wurde, und daß, wenn etwa der Entscheid zugunsten von rechts fiel, die Linksarten an verschiedenen Stellen des Systems der Rechtser durch genotypische Inversion entstanden. Ab und zu kann dann der Fall eintreten, daß aus einer solchen sekundären Linksart sich ein größerer inverser Systemzweig entwickelt (Clausiliiden, Süßwasserpulmonaten) oder sogar ein Systemzweig, der dem regulären an Art- und Individuenreichtum fast gleichkommt (fossile pleurothetische Muscheln) oder ihn übertrifft (Schraubenbahn der Infusorien), es kann innerhalb dieser inversen Zweige zu neuerlichen Inversionen, also zu einer Rückkehr zum Regulären, kommen usf.

Warum an einem solchen Gabelpunkte gerade der eine Weg eingeschlagen wurde, warum also gerade das eine Agens in überwiegender und das andere in geringerer Quantität entstand, ist in manchen Fällen vielleicht Zufall, ist meistens aber wohl eine Folge davon, daß bereits eine andere Asymmetrie im Körper vorhanden war, welche jede neu entstehende sogleich in eine der beiden möglichen Richtungen dirigierte. So hatten wir gesehen, daß alle Hypothesen zur Erklärung der Frage, warum gerade die Rechts- und nicht die Linksseitigkeit beim Menschen über- wiegt, als Grund eine bereits früher vorhandene Asymmetrie (z. B. Linkslage des Herzens) in Anspruch nehmen (§ 36e); wir konnten zwar bei den Schnecken für das Entstehen aller Asymme- trien Gründe angeben, warum die Torsion aber gerade rechts- herum erfolgte, dafür konnte höchstens eine bereits vorhandene Asymmetrie (z. B. die Ungleichheit der Leberlappen) verant- wortlich gemacht werden. — Handelt es sich um eine Asymmetrie, die in razemischer Form entsteht, bei der man also noch keine Agentia annehmen kann (§ 47), so liegt der Gabelpunkt erst dort, wo die Asymmetrie erblich wird, wo erstmals die Agentia auf- tauchen und wo der razemische Modus in den monostrophen oder amphidromen übergeht.

Wenn wir für den Entscheid der Frage nach einer Bevorzugung von rechts oder links nur jene Gabelpunkte zulassen, an denen erstens eine Asymmetrie erstmals entstand, und an denen zweitens für rechts und links die gleichen Chancen bestanden, so scheiden offenbar diejenigen Gabelpunkte aus, an denen eine bereits bestehende Asymmetrie eine neu hinzukommende in bestimmte Richtung (links oder rechts) dirigierte, weil hier die zweite Be- dingung nicht erfüllt ist. Nun wissen wir sehr wenig über die Zeitpunkte, an denen die einzelnen Asymmetrien entstanden, noch viel weniger darüber, an welchen Gabelpunkten bereits vorhandene Asymmetrien auf neu entstehende Einfluß gehabt haben könnten, und dies alles in Verbindung mit der Schwierig- keit, links und rechts verschiedener Asymmetrien miteinander zu homologisieren, sowie die Unsicherheit der Benennung über- haupt (Rechtsseitigkeit oder Linkshirnigkeit? linksgewundene Schraubenbahn der Larven rechtsgewundener Schnecken), macht es unmöglich, über eine Bevorzugung heute etwas auszu- sagen. Diese Einstellung läßt alle bisherigen Versuche, durch Abzählung der bekanntesten im Sprachgebrauch mit rechts oder links bezeichneten Asymmetrien ein Übergewicht festzustellen, hinfällig, und die Versuche, dieses Ergebnis zu erklären (aus der Rechtsschraubung unseres Sonnensystems, aus der Erddrehung, aus der chemischen Konstitution usw.) als verfrüht erscheinen. Vielleicht hat,

wenn wir an die Möglichkeit denken, daß aus einer rechtsasymmetrischen Urform ein inverser Zweig entstehen kann, der den
regulären an Art- und Individuenzahl übertrifft, die Frage nach
einer Bevorzugung von rechts oder links überhaupt keinen
exakten Sinn. Am wahrscheinlichsten ist es, daß in jedem
Einzelfalle (Gabelpunkt, Entstehung inverser Zweige)
zahlreiche, schwer erforschbare Ursachen zusammen-
wirkten, daß mit anderen Worten für die Verteilung
von rechts und links im Tierreich das verantwortlich
und maßgebend ist, was wir gemeinhin als Zufall bezeichnen[8].

§ 49. Die „Minderwertigkeit" der Inversen.

Die Vorstellung einer „Minderwertigkeit" der Inversen hat
man vom Menschen übernommen, wo sich der — in § 36f ausführlich diskutierte — merkwürdige Befund ergab, daß anscheinend
die Linksseiter wesentlich mehr mit Defekten belastet sind als
die Rechtsseiter; daneben wurden auch bei Tieren mit Situs
inversus andere körperliche Anomalien häufiger als bei Regulär-
tieren gefunden*. Da anderweitiges Tatsachenmaterial zu dieser
Frage nicht vorliegt, ist es unnötig, dieses Teilproblem hier nochmals aufzurollen. Es genügt, auf § 36f zu verweisen und die
folgenden verallgemeinerten Aussagen aufzustellen:

1. Alle Inversen, ob phäno- oder genotypisch, können im
Leben benachteiligt sein, weil sie in der Minderzahl sind. Eine
inverse Schnecke findet (da im allgemeinen sich nur gleichgewundene Tiere paaren können), selten einen Partner zur Kopula;
ähnlich ginge es einem isolierten L- oder R-Tier unter den Paar-
schwimmern (Teleostier), ein inverser Einsiedlerkrebs würde
lange nach einem passenden Schneckengehäuse suchen müssen,
die Linkshänder müssen mit der inferioren Rechten oder, wenn
mit der Linken, zumindest in rechtsläufiger Schrift schreiben,
sie sind zur Benutzung der für die Rechtser konstruierten Werkzeuge (Schreibmaschine, Musikinstrumente usw.) gezwungen.
In alledem liegt eine Benachteiligung, aber keine
Minderwertigkeit.

2. Die genotypisch Inversen sind nicht minderwertig.

---

* Ebenso bei künstlich invertierten Tieren (Seeigellarven, Ascaris).

3. Minderwertig, d. h. mit geistigen oder körperlichen Defekten belastet, können nur sein die durch phänotypische Inversion invers gewordenen genotypisch Regulären und die durch phänotypische Inversion regulär gewordenen genotypisch Inversen, weil die phänotypischen Inversionen durch schädigende oder zumindest anormale Faktoren bedingt sind, die auch andere Defekte zur Folge haben können. **Werden genotypisch Reguläre und Inverse in relativ gleicher Häufigkeit von phänotypischer Inversion betroffen, so erscheint als rein mathematische Konsequenz die Gesamtheit der äußerlich Inversen prozentual mehr belaste- als die Gesamtheit der äußerlich Regulären, weil die genotypisch Inversen gegenüber den genotypisch Regulären in der Minderzahl sind.**

§ 50. Mythen, Mystik, Volks- und Aberglauben, Metaphysisches.

Die grundlegende Tatsache, daß zu einem Rechts auch ein Links gehören muß, daß, um es präziser zu fassen, von jedem dreidimensionalen Gebilde ohne Symmetrieebene zwei (und zwar genau zwei) kongruente, aber nur spiegelbildlich kongruente und darum nicht miteinander zur Deckung zu bringende Formen gibt, kann zu fruchtbarem und zu unfruchtbarem, spielerischem Denken Anlaß geben. Für den ersten Fall sei daran erinnert, daß KANTs philosophische Betrachtungen[678] von diesem Unterschiede Rechts-Links ihren Ausgang nahmen, daß er von hier aus zu seiner Auffassung des Raumes gelangte, daß er die gleiche Anschauungsform auf die Zeit übertrug und auf diese Weise die Fundamente seiner Philosophie schuf.

Andererseits reizte die strenge Alternative Rechts-Links seit altersher zu Parallelisierungen mit anderen Alternativen: Himmel-Erde, Tag-Nacht, Sonne-Mond, Feuer-Wasser, gut-böse, männlich-weiblich, heraus, und in dem Überwiegen der Rechtshändigkeit beim Menschen ist der Grund zu sehen, weshalb stets und oft unabhängig voneinander rechts dem Guten, Stärkeren, links dem Bösen, Schwachen an die Seite gestellt wurde*. Diese Höherbewertung des rechts, vor allem seine Gleichstellung mit gerecht

---

* Über den umgekehrten Schluß: die Rechtshändigkeit sei durch bewußte Bevorzugung entstanden, weil dem beim Beten nach Osten Gewandten die rechte Seite als Seite des Lichtes erschien, vgl. § 36.

und gut, geht, wie man aus der Sprache, aus alten Gebräuchen und Kulturdokumenten schließen kann, weit in die prähistorische Zeit zurück, sie hat Eingang gefunden in den Ritus vieler Religionen (Juden, Mohammedaner) und in die Gebräuche der Völker (Schwurhand, Ehrung, Servieren von rechts), wie umgekehrt Links in der Sprache wie im Glauben des Volkes zum Symbol des Bösen und Minderen wurde (mancino [ital.] = Linkshänder = [vulgär] „Dieb"; der Teufel fidelt mit der Linken; von links kommende Vögel künden Unheil; Aufstehen mit dem linken Bein). Das schließt nicht aus, daß gelegentlich aus besonderen (wenn auch nicht immer schon erkannten) Gründen auch die linke Seite bevorzugt wurde; so soll im alten China die Linke die Hand der Ehre gewesen sein[511], und auch im Mittelalter, in jener Epoche des Matriarchats und der Überbewertung alles Weiblichen, erfuhr infolge der Zuordnung des Links zum empfangenden, duldenden, weiblichen Prinzip die linke Seite die höhere Einschätzung[675/6].

Handelt es sich bei diesen Parallelen rechts-gut, links-böse um die Naturwissenschaft kaum berührende Betrachtungen, so ist die andere Zuordnung rechts — ♂, links — ♀ geeignet, unbewiesene und unrichtige Lehren von einer den Laien bestechenden Einfachheit ins Leben zu rufen. Hierher gehört die immer wieder auftauchende Theorie des Küsters HENCKE[0679]*, daß (wenigstens bei den Säugetieren) die rechte Gonade männchen-, die linke weibchenbestimmende Keime liefern soll, hierher der in gewissen Gegenden (Erzgebirge) dahin modifizierte Glaube von der Heilkraft der Kreuzschnäbel, daß Rechtsschläger vorwiegend auf das männliche, Linksschläger auf das weibliche Geschlecht wirken sollen, hierher vor allem die in wissenschaftlichem Gewande erscheinende FLIESSsche Theorie[677], derzufolge die rechte Körperhälfte eines Menschen die charakteristischen psychischen Eigenschaften desjenigen Geschlechts zum Ausdruck bringt, dem dieser Mensch angehört, während die linke Seite das heterosexuelle Prinzip vertritt. Starke Betonung der linken Gesichts- oder

---

* Nach HENCKES 1786 erschienener Schrift so benannt. Der Gedanke ist aber schon viel älter, findet sich klar ausgesprochen bereits bei ANAXAGORAS (— 5. Jhdt.), in Form von Volksglauben bereits bei den alten Indern (vgl. [679] II, S. 3). Historische Übersicht dieser Zuordnungen (einschließlich der vielen zu ihrer Widerlegung dienenden wissenschaftlichen Versuche) bei MEISENHEIMER ([679] II, S. 23ff.).

Schädelhälfte in Größe und Ausdruck sei Zeugnis dafür, daß einem solchen Menschen neben den Fähigkeiten und Geisteseigenschaften seines auch die des anderen Geschlechts in begrenztem Maße zukämen; solche Menschen erschienen darum weniger einseitig als die Rechtsbetonten, sie seien diesen überlegen und so sei es zu erklären, daß gerade besonders begabte (Beispiele: GOETHE, BEETHOVEN, BISMARCK) linksbetont gewesen sind. So wäre man nach dieser Lehre in der Lage, aus dem Vergleich linker und rechter Gesichts- und Körperhälfte, wie aus gewissen Gewohnheiten (Händigkeit, Händefalten, Armeüberkreuzen, Übereinanderschlagen der Beine) Geistesfähigkeiten, Begabungen und Charaktereigenschaften zu erschließen. In neuerer Zeit hat sich die FLIESSsche Lehre auch der Erkenntnis der grundsätzlichen Bisexualität jedes Organismus zu ihren Gunsten bemächtigt, an den oft erschreckenden Verzerrungen ins Niedrig-Populäre (,,Charakterdeutung aus Links und Rechts"), wie man sie heutigentags in den unterhaltenden Zeitschriften so häufig findet, aber trägt FLIESS zweifellos keine Schuld. In neuester Zeit sind auch von wissenschaftlicher (psychiatrischer) Seite Ansichten ausgesprochen worden, die den FLIESSschen bedenklich ähnlich sind, von ROTHSCHILD[560] in seiner im Archiv für die gesamte Neurologie veröffentlichten ,,erscheinungswissenschaftlichen Studie" ,,Über rechts und links". ROTHSCHILD verknüpft wenige heterogene Tatsachen (Linkslage des Herzens, aller vornehmlich Nahrung und CO_2 führenden Blut- und Lymphgefäße, vorwiegende Linkslage der sympathischen Verzweigungen gegenüber stärkerer Entwicklung des rechten Vagus, Rückbildung einer Nabel- und einer Dottervene, eines Aortenbogens, Härchefalten, -umfassen und Armeüberschrägen, niedrigere Tastreizschwellen sympathisch-denervierter Hautstellen) durch Gedankengänge intuitiven Charakters und kommt nach Methoden, die zumindest in der Naturwissenschaft nicht üblich sind, zu Schlüssen und Behauptungen, die auch für Vertreter der ,,weniger exakten" Wissenschaften völlig indiskutabel sind, denen man manchmal sogar die Eigenschaft des Sinnvollen absprechen zu müssen glaubt. Nicht zum Beweis, nur zur Illustration des eben Gesagten seien zwei im Original gesperrte zusammenfassende Behauptungen angeführt:

,,Der sympathische Anteil hat die Funktion, die Einwirkung der Fremdwesen auf den gesamten Organismus zu übertragen, er vertritt das passive, aufnehmende — symbolisch gesprochen — weibliche Prinzip, der Parasympathikus dagegen vermittelt die aktiven Beziehungen des Individuums zu diesen aufgenommenen Wesen, er vertritt — symbolisch gesprochen — das männliche Prinzip."

„Bei Rechtshändern bedeutet das Obensein des rechten Daumens beim Falten der Hände, daß ihre Ahnengestalt aus Trieben, das Obensein des linken, daß sie vorwiegend aus den erlebten Urbildern herausgewachsen ist."

Noch in einer zweiten Weise hat sich der Volksglaube mit dem RL-Problem beschäftigt: wenn er seltene Inversionen, besonders von Schnecken, Eigenschaften und Bedeutungen besonderer Art zuschrieb. Solche Mythen finden sich vor allem in den indischen Religionen; es sei daran erinnert, daß Wischnu in einer seiner vier Hände, dessen Inkarnation Krischna in der linken Hand stets eine linksgewundene Schnecke trug; daß linksgewundene Turbinella-Schalen in hohem Werte standen (bis 1000 Goldfranken), weil sich an sie besondere Mythen knüpften. Als Geldeinheit aber haben, soviel bekannt, stets nur rechtsgewundene Schalen Verwendung gefunden.

Nachtrag zu § 21 a.

Herr Professor Steuer (Rovigno) teilte mir in liebenswürdiger Weise einige RL-Befunde an Copepoden (Material der Valdivia-Expedition; noch unpubliziert) mit, die für das allgemeine Problem von Interesse sind und hier in Kürze nachgetragen seien (im allgemeinen Teil konnten sie noch Berücksichtigung finden). 1. Von *Pleuromamma* ist die Art *indica* amphidrom mit an verschiedenen Orten verschiedener RL-Verteilung (nimmt man den Pigmentknopf als Index, so zeigt sich: fast nur R im Agulhasstrom, 8 R : 1 L im Atlantik, ca. 1 : 1 im Indik, fast nur L in Aden); die verschiedenen Geschlechtscharaktere waren ausnahmslos gekoppelt. 2. Es wurde ein *P. gracilis*-Exemplar mit linker Greifantenne gefunden, dessen übrige Geschlechtscharaktere „beiderseitig" waren (2 Vasa def., 2 G.-ö., 2 Knöpfe, 2 „rechte" 5. Beine, d. h. li und re ein Spermaüberträger). 3. Der (jeweils der Greifantenne gegenüberliegende) Pigmentknopf liegt bei den ♂ von *P. xiphias* und *abdominalis* li, bei *robusta*, *quadrungulata*, *gracilis*, *borealis* re, bei *indica* (s. o.) li oder re. 4. Bei den ♀ zeigt die Lage des Knopfes höhere Labilität (vgl. § 21 a); er liegt bei den ♀ von *robusta*, *quadrungulata*, *gracilis* und *borealis* „vorschriftsmäßig" nur re, bei *indica* re oder li (Agulhas nur R, Atlantik 15 R : 1 L, Indik 1,4 R : 1 L, Aden fast nur L); die *xiphias*- und *abdominalis*-♀ aber zeigen amphidrome Verteilung (*xiphias* 1,6 R : 1 L bis 1 : 1, *abdominalis f. typica* 1 : 1 bis 1 : 1,5, *a. f. edentata* 1 : 1 bis 1,6 : 1). — Die Deutung dieses letzten Befundes ist meines Erachtens folgende: *Xiphias* und *abdominalis*, die sich wie die meisten übrigen Centropagiden verhalten (Greifantenne re), sind reguläre; *robusta, quadrungulata, gracilis* und *borealis* inverse Arten. Bei den ursprünglichen *Centropagiden* (Greifantenne re) läge der Knopf, wenn er schon entwickelt wäre, links, wir wollen ihnen (G.-ö. li, Greifantenne re usw.) eine manifeste „L-Struktur" (intragenales Agensverhältnis L > R) zuschreiben. Aus ihnen differenzierte sich das Genus *Pleuromamma* (Erwerb des Knopfes), bei dem gleichzeitig die Seitenkonstanz labil wurde (d. h., das Agensverhältnis verschob sich von L > R gegen 1 : 1). Aus diesen Urformen entstand 1. die ursprünglichste Art *indica* (mit L : R-Agens noch etwa 1 : 1), 2. die inversen Arten *robusta* usw., bei denen intragenal das R-Agens weitaus die Oberhand gewann (genotypische Inversion) und bei denen also neuerlich inverse Exemplare (Knopf links) nur selten zu erwarten sind, und 3. die regulären Arten *xiphias* und *abdominalis*, bei denen das L-Agens noch knapp in der Oberhand blieb. Aber auch hier besitzen die ♀ bereits labile RL-Verteilung (Agensverhältnis um 1 : 1); gerade die ♀ vielleicht deshalb, weil sie nur eine Asymmetrie (den Knopf) besitzen und die Erfahrung zeigt, daß eine Asymmetrie leichter invertierbar ist als der Komplex mehrerer zusammengekoppelter Asymmetrien. Im folgenden Schema bedeuten R und L die Agensquantitäten.

$$\text{Centropagiden } L > R$$
$$\downarrow$$
$$\text{Ur-Pleuromamma } L \text{ etwa} = R, \text{ d. h.}$$

bald noch L > R	bald L = R	bald R > L
↓	↓	↓
xiphias, abdominalis	indica	robusta usw.

Anhang.

Über RL-Merkmale bei Pflanzen.

Die Asymmetrien der Pflanzen in auch nur annähernd gleicher Ausführlichkeit wie die des Tierreiches zu erörtern, ist für den Zoologen unmöglich. Es könnte daher geraten erscheinen, auch diesen kurzen Abschnitt in Wegfall zu bringen. Wenn dies nicht geschieht, wenn auf ganz wenigen Seiten einige Beispiele pflanzlicher Asymmetrien hier besprochen werden, so geschieht dies, um darzutun, daß die gleichen Erscheinungen, die wir im Tierreich unter den Gesamtkomplex des RL-Problems vereinigten, im Pflanzenreiche wiederkehren, daß hier wie dort offenbar die gleichen prinzipiellen Gesetzmäßigkeiten herrschen.

In der bisherigen Literatur haben die RL-Merkmale der Pflanzen, unter dem Gesichtspunkt des RL-Problems, eine ebenso geringe, ja vielleicht noch spärlichere Berücksichtigung erfahren als die des Tierreiches. Es sind fast nur die Schlingpflanzen, wo man den Windungssinn beachtet hat, doch selbst hier herrscht keine einheitliche Nomenklatur.

Die folgenden Beispiele sollen nicht gewertet werden als Proben, die vom Nicht Botaniker aus zusammenfassenden Darstellungen leicht exzerpiert werden konnten, sondern als Vertreter der wichtigsten Typen von RL-Merkmalen, wie sie im Hauptteile unterschieden wurden. Darum sind sie auch stets mit analogen Merkmalen des Tierreichs in Parallele gesetzt.

Die Schlingpflanzen sind keine einheitliche Pflanzengruppe. Das Winden des Sprosses ist offenbar polyphyletisch entstanden, man könnte es in diesem Punkt mit dem Bau turbospiraler Gehäuse im Tierreich vergleichen, die ihre Herausbildung ja auch stets dem gleichen Zwecke verdanken. Die Windepflanzen sind bezüglich des Windungssinns monostroph, doch sind in einigen Arten einzelne (phänotypisch?) inverse Exemplare bekanntgeworden (z. B. von *Solanum dulcamara* oder *Polygonum sp.*)[9], ja selbst einzelne Sprosse eines Individuums können gegensinnig gewunden sein. Von amphidromen Arten oder einer inversen Art oder Gattung wird nichts berichtet. Die Mehrzahl aller Schlingpflanzen ist (nach unserer Nomenklatur) rechtsgewunden, z. B. die Bohne, die Winde, der Pfeifenstrauch (*Aristolochia*), bisweilen sind alle Pflanzen einer Familie gleichgewunden (*Convovvulaceae*); linksgewunden sind beispielsweise der Hopfen und das Geisblatt (*Lonicera*). Etwa ein Dutzend Gattungen sind bekannt, in denen Arten vorkommen, deren Individuen abwechselnd rechts und links winden[693] (je ein paar Windungen rechts, dann links usw.; z. B. *Bowiea volubilis* oder *Loasa lateritia*). Unter der Gesamtzahl der schlingenden Arten aus allen Familien überwiegen die Rechtswinder weitaus, es ergibt sich zwischen R und L etwa ein Verhältnis von 70 : 20, doch besagt, wie im Hauptteil mehrfach betont wurde (§ 48), eine solche Proportion nichts über eine Bevorzugung der Rechtswindung. Dafür wäre allein maßgebend, in wieviel Fällen selbständiger Herausbildung des Windens Rechts- und in wieviel Fällen Linkswindung entstanden ist. — Das Umschlingen des Fremdkörpers ist eine Folge einer Kreisbewegung des freien Sproßendes (im oder gegen den Sinn des Uhrzeigers), diese Rotation wiederum wird dadurch bewirkt, daß — irgendwie unter dem Einfluß der Schwerkraft — eine Flanke des überhängenden Sproßendes im Wachstum gefördert wird.

Ein zweites, weit allgemeiner durch das Pflanzenreich verbreitetes RL-Merkmal ist die schraubige Stellung der Blätter am Sproß. Sofern nicht wirtelige Blattstellung vorliegt, setzen die Blätter einzeln am Sproß an, jedes Blatt gegenüber dem nächstunteren um einen bestimmten Winkel gedreht. Die Verbindungslinie der Ansatzstellen der Blätter in der Reihenfolge ihres Alters liefert dann eine Schraubenlinie, die Grundschraube, wobei — für das RL-Problem unwesentlich — auf eine bestimmte Zahl m von Umgängen eine bestimmte n-Zahl von Blättern entfällt (m/n = Divergenz). Auch bei der gekreuzten Blattstellung (je ein Paar „gegenständiger" Blätter, das nächsthöhere Paar gegenüber diesem um 90° gedreht) läßt sich eine schraubige Anordnung erkennen, weil meist von den beiden Blättern eines Paares das eine um ein geringes höher steht als das andere; so lassen sich zwei gleichsinnig den Sproß umwandernde Schraubenlinien konstruieren. Ebenso wie die Blätter des Sprosses sind auch die der Blüte einschließlich der Sporophylle meist, mit untereinander gleicher oder verschiedener Divergenz, schraubig angeordnet. Über den Windungssinn der Grundschraube konnten in keiner der zusammenfassenden Darstellungen Angaben gefunden werden. Nur IMAI[657] berichtet, daß die von ihm untersuchten Arten von *Pharbitis, Quercus, Helianthus, Ipomoea* und anderer Gattungen razemisch waren, daß entsprechendes vermutlich für alle Pflanzen mit wechselständigen Blättern gilt. Er stellte auch Kreuzungsversuche zwischen *Pharbitis*-Individuen mit gleich- und gegensinnig gewundenen Grundschrauben an und erhielt (bis zur F_3-Generation) in jedem Falle, unabhängig von den Grundschrauben der Eltern, razemische Verteilung. Offenbar wird also, unabhängig von jeglicher Vererbung, der Windungssinn der Grundschraube rein zufallsmäßig festgelegt. Dahin, wo vielleicht diese zufallsmäßigen Faktoren zu suchen sind, gibt eine Notiz MACKLOSKIES[692] einen Fingerzeig, der angibt, beim Mais (und ebenso bei vielen Gräsern) gingen aus Samen, die in benachbarten Reihen eines Fruchtstandes entstünden, antidrome (d. h. growing up in opposite curves) Pflanzen hervor, eine Gesetzmäßigkeit, die für die Gerste allerdings nicht bestätigt werden konnte.

Den dritten Verteilungstypus, amphidrom-nichtrazemisch, fand COMPTON[685] in einer Eigenschaft der Gerste, die

er als right- und lefthandedness bezeichnet und die wir Links-
und Rechtsfaltigkeit nennen wollen. Der Samen der Gerste
bildet bei der Keimung eine röhrenförmige Scheide, aus der das
tütenförmig eingerollte erste Blatt herausbricht. Bei diesem
Blatte überdeckt der eine Seitenrand den anderen, der linke den
rechten (rechtsfaltig) oder der rechte den linken (linksfaltig).
Ist das erste Blatt rechtsgefaltet, so ist das zweite, das entsteht,
links-, das dritte wieder rechtsgefaltet usf. (und umgekehrt),
doch kommen hie und da Unregelmäßigkeiten vor. COMPTON
untersuchte zunächst 12401 Keimlinge und fand ein Verhältnis
von 58,4 : 41,6 zwischen links und rechts, und dieses Überwiegen
der linksgefalteten Individuen zeigte sich bei allen der acht
untersuchten Gerstenrassen:

	Zahl	R : L	% L
1:	4012	1,50	60,02
2:	1273	1,51	60,09
3:	1405	1,39	58,29
4:	1276	1,34	57,21
5:	704	1,35	57,53
6:	1071	1,31	56,77
7:	1327	1,26	55,77
8:	1333	1,34	57,16
$\sum$	12401	1,40	58,36 $\pm$ 0,60

Dieses amphidrome Verhältnis zeigte sich auch in den folgenden
Generationen, ebenso war es unabhängig von mendelnder Vererbung; denn Nachkommen von R $\times$ R wie von L $\times$ L zeigten
Verhältnisse der gleichen Größe, schwankend zwischen 1,4 und 1,5.
Auch ergaben sich keine Beziehungen zwischen Faltigkeit des
Samens und der Stelle, wo er in der mütterlichen Ähre entstanden
war. Es liegt hier offenbar einer jener im Tierreich mehrfach
gefundener Fälle nichtrazemischer Verteilung vor (§ 46, c: Chiasma
opticum, Arciferie der Amphibien, Flügligkeit usw.), bei denen
vermutet wurde, daß bestimmte innere Faktoren asymmetrischer
Art ein grundsätzlich razemisches Verhältnis zugunsten einer
Seite verschieben. Dafür spricht in diesem Falle auch, daß
COMPTON später anscheinend andere Gramineenarten fand, bei
denen die Faltigkeit razemisch war*.

Als Beispiel eines pflanzlichen Gebildes, an dem mehrere Asymmetrien
vereinigt sein können, sei die Blüte genannt. Asymmetrisch im Sinne

---

* Vgl. [687]; diese Arbeit war nur im Referat zugänglich.

des RL-Problems sind nicht nur die in der Botanik schlechthin als asymmetrisch bezeichneten Blüten (z. B. *Marantaceae* : *Canna*), sondern auch viele andere. So ist bezüglich der Stellung der Blüte am Sproß bei allen transversal- und schrägzygomorphen Blüten eine Links- und eine Rechtsstellung möglich, weiter ist bei solchen Blüten (z. B. *Orchideen*), deren Stiel um 180° tordiert ist, der Torsionssinn von Interesse. Innerhalb der Blüte kann man[688] Rechtsdrehung unterscheiden, wenn von den Kronen-(oder Kelch-)Blättern jeweils (zyklisch) der rechte Rand eines Blattes den linken des nächsten (rechts anschließenden) überdeckt, Linksdrehung, wenn zyklisch das Inverse der Fall ist; weiter können, z. B. bei fünfstrahligen Blüten, vier sich zyklisch (rechts- oder linksum) überdecken und das fünfte ganz außen liegen („cochlear") und so fort. In all diesen Fällen sind zwei spiegelbildliche Typen möglich und auch in der Natur vertreten. Nur wenige Beispiele seien angeführt:

Convolvulaceae: Kronenblätter konstant rechtsgedreht;

Polemoniaceae: Kronenblätter konstant rechtsgedreht, Kelchblätter verschieden.

Hydrophyllaceae: *Hydrophyllum* und *Nemophila* konstant links, *Ellisia* konstant rechts, andere Arten cochlear.

Solanaceae: *Datura* konstant rechts.

Billbergia: Krone rechts-, Kelch linksgedreht.

Weiter können auch bei völlig radiärsymmetrischen Blüten R und L-Formen unterschieden werden, wenn man die Stellung des oder der beiden Vorblätter mit in Rechnung zieht, und schließlich sind in der Regel die Blütenblätter ebenso wie die Blätter der übrigen Sprosse schraubig angeordnet. Der Windungssinn der Grundschraube (s. o.) ist offenbar auch hier razemisch verteilt. So entstehen bezüglich der Gesamtanordnung der Blütenblätter (einschließlich Sporophylle) Links- und Rechtsblüten, die oft mit bloßem Auge unterscheidbar sind (*Saxifraga*)[695]. Auch durch Reduktionen der verschiedensten Art können Asymmetrien zustande kommen (Reduktion von Blütenblättern, Sporophyllen; eines Sporns samt nachträglicher Torsion der Blüte um 90° bei den ursprünglich zweispornigen Blüten von *Fumaria* und *Corydalis*[689]). — Im übrigen gibt es Pflanzenfamilien, deren Blüten stets streng nach dem grundsätzlichen Bauplan reproduziert werden (z. B. *Primulaceae, Ericaceae, Rosaceae*), sowie andere, die oft erhebliche Variabilität in ihren Blüten zeigen (z. B. *Umbelliflorae, Cruciferae, Compositae*). Tritt bisweilen durch Reduktion innerhalb einer radiärsymmetrischen Blüte Asymmetrie des Bauplanes ein, so kann er im Laufe der folgenden Generationen auf (sekundär-) bilaterales Äußere umgestellt werden, und auch das Umgekehrte, Übergang bilateral → sekundär radiär, kommt vor[647]. In dieser Erscheinung, daß ein irgendwie eingetretener asymmetrischer Zustand zumindest äußerlich bald beseitigt wird, hat man das Wirken einer „Tendenz zur Symmetrie" erblickt (vgl. § 44).

Asymmetrisch sind auch verschiedene Verzweigungstypen, vor allem gewisse Blütenstände. Von Schraubel und Wickel müssen L- und R-Formen existieren, daneben auch von Dichasien[688], deren Zweige konstant ungleichwertig sind (die vier auch verwirklichten Möglichkeiten: α-gefördert und homodrom, α-gefördert und antidrom, β-gefördert und homodrom,

β-gefördert und antidrom entsprechen zwar nicht strengen Alternativen im Sinne des RL-Problems, weil α- und β-Vorblatt nicht genau gegenständig sind, müssen aber hier ebenso Berücksichtigung finden wie die Alternation zwischen Ventral- und Dorsalseite bei den Bandwürmern; α- und β-Förderung sind familienmonostroph, verwandte Familien aber verhalten sich oft gegensätzlich, z. B. *Convolvulaceae* β, *Polemoniaceae* α, *Hydrophyllaceae* β). Von anderen Asymmetrien seien noch erwähnt: schraubige Spermatozoiden (z. B. bei Gymnospermen); schraubige intrazelluläre Bildungen (z. B. Chromatophorenbänder bei Flagellaten und Algen [*Spirogyra*], s. a. § 10); die von Hüllzellen schraubig berindeten Eizellen der *Characeen*, schraubige Wandversteifungen in vielen Gefäßen (analog dem Tracheenfaden der Insekten, offenbar hier wie dort entstanden aus dem annulaten Typ, vgl. § 44); viele Früchte oder Teilfrüchte (*Erodium, Stipa, Avena sterilis*) zeigen Torsionen (*Eridium* monostroph) beim Wechsel des Wassergehalts; Asymmetrien vieler Blätter (*Begonia*, Ulme; gefiedert oder ungefiedert, vergleichbar den konstant-asymmetrischen Federn gewisser Vögel); invers-dorsiventrale Blätter (um den Blattstiel um 90° oder 180° [*Astroemeria*] tordiert, so daß die Blattspreite senkrecht steht oder die Unterseite nach oben kommt); Ranken (Windungssinn individuell-razemisch?); Schwingbewegungen vieler Blätter (in Ellipsen, links- oder rechtsum); bei den Monocotylen ist ein Keimblatt des ursprünglichen Paares reduziert[694]; asymmetrische Fruchtstände, Samenanlagen-Fächer (*Aesculus* razemisch). Zu erinnern wäre schließlich an die Ansichten, die HEIDENHAIN[690] im Rahmen seiner „synthetisch-morphologischen" Betrachtungsweise über die Spaltungsgesetze der Blätter entwickelt hat (RL-Regel).

Literaturverzeichnis.

Die Nummern 1, 17, 18, 72, 255, 276, 330, 372 fehlen. Mit einem * bezeichnete Arbeiten enthalten ausführliche Literatur des betreffenden Gebietes.

§ 2.

2. DUNCKER, G.: Die Methode der Variationsstatistik. Roux' Arch. 8 (1899).
3. DUNCKER, G.: Variation und Asymmetrie bei Pleuronectes flesus L., statistisch untersucht. Wiss. Meeresunters. (Helgoland) N. F. 3, H. 2 (1900).
4. DUNCKER, G.: Über Asymmetrie bei Gelasimus pugilator Latr. Biometrika (Lond.) 2 III (1903).
5. *DUNCKER, G.: Symmetrie und Asymmetrie bei bilateralen Tieren. Roux' Arch. 17 (1904).

§ 4.

6. BURFIELD, S. T.: The Spiral in Nature. Proc. and Trans. Liverpool Soc. 41 (1927).
7. SIMROTH, H.: Gastropoda prosobranchia. In: Bronns Kl. u. Ordn. d. Tier-Reichs 3 II, 34ff., 188ff (1896—1897) — Ferner: BÜTSCHLI (33), S. 41ff.; RHUMBLER (28), S. 180ff.; LUDWIG (596), S. 735ff., 742f.

§ 5.

8. LUDWIG, W.: Über die Bevorzugung von rechts und links in der Tierreihe. Verh. dtsch. zool. Ges. 1929.

§ 6.

9. GÜNTHER, H.: Das Schraubungsprinzip in der Natur. Biol. Zbl. 39 (1919).
10. GÜNTHER, H.: Die biologische Bedeutung der Inversionen. Biol. Zbl. 43 (1923).
11. HAECKER, V.: Entwicklungsgeschichtliche Eigenschaftsanalyse (Phaenogenetik). 4. Kap.: Asymmetrie. Jena 1918.
12. HAECKER, V.: Aufgaben und Ergebnisse der Phaenogenetik. 2. Kap.: Schraubung und Asymmetrie. Bibliogr. Genet. 1 (1925).
13. HAECKER, V.: Goethes morphologische Arbeiten und die neuere Forschung. 8. Kap.: Die Spiraltendenz der Vegetation. Jena 1927.
14. PLATE, L.: Allgemeine Zoologie und Abstammungslehre. 1. Teil. 4. Kap., S. 136ff.: Asymmetrie. Jena 1922.
15. REH, L.: Über Asymmetrie und Symmetrie im Tierreiche. Biol. Zbl. 19 (1899).
16. WERNER, F.: Asymmetrie im Tierreich. Naturwiss. Wschr. N. F. 14 (1915).

§ 7.

19. BRADY, H. B.: Report on the Foraminifera dredged by H. M. S. CHALLENGER during the years 1873—76. R. V. Challenger. Zool. V. 9 (1884).
20. CUSHMAN, J. A.: Bull. 71, U. S. A. Nat. Mus., T. 1—6. 1910—1916.
21. CUSHMAN, J. A.: Bull. 104, U. S. A. Nat. Mus., T. 1—5. 1918—1924.
22. CUSHMAN, J. A.: Foraminifera, their Classification and Economic Use. Sharon, Mass. 1928.
23. CUSHMAN, J. A., und Y. OZAWA: A Monograph of the Foraminiferal Family Polymorphinidae Recent and Fossil. Proc. U. S. A. Nat. Mus. 77, Nr 2829 (1930).
24. DOFLEIN-REICHENOW: Lehrbuch der Protozoenkunde. 5. Aufl. (Neubearb. v. E. REICHENOW). I. II. Jena 1927/29.
25. KÜHN, A.: Morphologie der Tiere in Bildern. 2. Heft: Protozoen; 2. T.: Rhizipoden. Berlin 1926. (Hier Literatur über Radiolarien.)
26. LANG, A.: Handbuch der Morphologie der wirbellosen Tiere. I. Protozoa. 2. bzw. 3. Aufl. Jena 1913—21.
27. MÖLLER, V. VON: Die spiralgewundenen Foraminiferen des russischen Kohlenkalks. Mém. Acad. imp. St. Pétersbourg (7) 25 (1878).
28. RHUMBLER, L.: Die Foraminiferen (Thalamophoren) der Planktonexpedition usw. Erg. d. Plankt.-Exp. 3 (1911—1913). (S. 1—476, unvollendet.)
29. HAECKER, V.: Tiefseeradiolarien. Wiss. Erg. d. Dt. Tiefsee-Exp. „Valdivia", 14, 214, 270, 367, 406, 588, 597, 653 (1908).
30. HERTWIG, R.: Der Organismus der Radiolarien. Jenaische Denkschr. 2 (1879). — Ferner: HAECKER (13), S. 46f.

§ 8.

31. DAVIS, H. S.: Studies on sporulation and development of the cysts in a new species of Myxosporidia, Leutospora ovalis. J. Morph. a. Physiol. 37 (1923).

§ 9.

32. BRANDT, K.: Die Tintinnen der Grönlandexpedition usw. Bibliotheca zool. 20. Stuttgart 1896.
33. BÜTSCHLI, O.: Protozoa. In: Bronns Klass. u. Ordn. d. Tier-Reichs. Leipzig 1887/89.
34. DADAY, E. V.: Monographie der Familie der Tintinnodeen. Mitt. zool. Stat. Neapel 7 (1886/7).
35. ENTZ JUN., G.: Studien über Organisation und Biologie der Tintinniden. Arch. Protistenkde 15 (1909).
36. FURSSENKO, A.: Lebenszyklus und Morphologie von Zoothamnium arbuscula Ehrenberg. Arch. Protistenkde 67 (1929).
37. JÖRGENSEN, E.: Über die Tintinnodeen der norwegischen Westküste. Bergens Museum Aarbog 1899.
38. KAHL, A.: Neue und wenig bekannte Formen der holotrichen und heterotrichen Ciliaten. Arch. Protistenkde 55 (1926).
39. KAHL, A.: Neue und ergänzende Beobachtungen heterotricher Ciliaten. Arch. Protistenkde 57 (1927).

40. KAHL, A.: Die Infusorien der Oldesloer Salzwasserstellen. A-ch. f. Hydrobiol. **19** (1928).
41. KAHL, A.: Neue und ergänzende Beobachtungen holotricher Infusorien II. Arch. Protistenkde **70** (1930).
42. KAHL, A.: Die freilebenden und ektokommens. Infusorien in DAHLS ,,Tierwelt Deutschlands". 1. Lief. (Prostomata). Jena 1930. ⸗. Lief. (Übrige Holotricha). Jena 1931.
43. KLEIN, B. M.: Arbeiten über das Silberliniensystem. Arch. Protis-enkde **56** (1926) — Mikrokosmos **1926/27** — Arch. Protistenkde **58** 1927); **62** (1928); **65** (1929); **69** (1930).
44. KOFOID, CH. A., and A. S. CAMPBELL: A conspectus of the marine and freshwater Ciliate belonging to the suborder Tintinnoinea, wit⊓ descriptions of new species principally from the Agassiz-Expedition to the East ern Tropical Pacific 1904—1905. Univ.California Publ.Zool. 34 (1929)
45. LEPSI, J.: Die Infusorien des Süßwassers und Meeres. Berlin_ Bermühler 1927.
46. MERKLE, H.: Untersuchungen an Tintinnodeen der Ost- und Nordsee. Diss. Kiel 1909.
47. SWARCZEWSKY, B.: Zur Kenntnis der Baikalprotistenfauna. ⊃ie an Baikalgammariden lebenden Infusorien. V. Spirochonina. Arch. Protistenkde **64** (1928).
48. WETZEL, A.: Vergleichend cytologische Untersuchungen an Ciliaten. Arch Protistenkde **51** (1925).
49. ZICK, K.: Urceolaria Korschelti n. sp., eine neue marine Urceolarine, nebst einem Überblick über die Urceolarinen. Z. Zool. **132** (1928). — Ferner: DOFLEIN-REICHENOW (24); LUDWIG (596); BULLINGTON (593).

§ 10.

50. BARROWS, A. L.: The significance of skeletal variations in the Genus Peridineum. Univ. California Publ. Zool. **18** (1918).
51. DANGEARD, P.: Peridiniens nouveaux ou peu connus de la croisièrez du ,,Sylvana". Bull. Inst. Océan. Monaco **1927**. (Und darin zitierte frühere Arb. d. Verf.).
52. JÍROVEC, O.: Die Silberlinien bei einigen Flagellaten. Arch. Protis-enkde **68** (1929).
53. JÍROVEC, O.: Die Silberlinien der Pyrsonymphiden. Arch. Protis-enkde **73** (1931).
54. KLEIN, B. M.: Über das Silberliniensystem einiger Flagellaten. Arch. Protistenkde **72** (1930).
55. KOFOID, CH. A.: Dinoflagellata of the San Diego Region II. On Triposolenia, a new genus of the Dinophysidae. Univ. California Publ. Zool. **3** (1906/07).
56. KOFOID, CH. A.: A Discussion of species characters in Triposolenia. Univ. California Publ. Zool. **3** (1906/07).
57. KOFOID, CH. A.: On the Lignificance of the Asymmetry in Triposolenia. Univ. California Publ. Zool. **3** (1906/07).
58. KOFOID, CH. A., u. O. SWEZY: On the orientation of Erythropsis. Univ. California Publ. Zool. **18** (1917.)

59. Kofoid, Ch. A., u. O. Swezy: The free-living unarmored Dinoflagellata. Mem. Univ. California **5** (1921).
60. Lebour, M. V.: The Peridiniales of Plymouth Sound from the region beyond the breakwater. J. Mar. biol. Assoc. U. Kingd. **11** (1917).
61. Lemmermann, E.: Algen I. Kryptogamenflora d. Provinz Brandenburg III. 1910.
62. Mangin, L.: Sur l'existance d'individus dextres et sinistres chez certains peridiniens. C. r. Acad. Sci. Paris **153** (1911).
63. Mangin, L.: Sur le Peridiniopsis asymmetrica et le Peridinium Paulseni. C. r. Acad. Sci. Paris **153**, 644 (1911).
64. Neumann, Fr.: Bewegungsvorgänge beweglicher Mikroorganismen, insbesondere von Spirochäten, festgehalten mit dem Kinematograph. Klin. Wschr. **8**, 2081 (1929).
65. Pascher, A.: Die Süßwasserflora Deutschlands, Österreichs und der Schweiz. H. 1, 2: Flagellata I, II (A. Pascher u. E. Lemmermann), 1913/14; H. 3: Dinoflagellata (A. J. Schilling), 1913; H. 4, 5: Chlorophyceae I, II (A. Pascher, E. Lemmermann, J. Brunnthaler), 1915, 1927.
66. Paulsen, O.: Peridiniales. Nordisches Plankton **18** (1908).
67. Peters, N.: Die Peridineenbevölkerung der Weddelsee mit bes. Berücksichtigung der Wachstums- und Variationsformen. Rev. d. ges. Hydrobiol. u. Hydrographie **21** (1928).
68. Peters, N.: Über Orts- und Geißelbewegung bei marinen Dinoflagellaten. Arch. Protistenkde **67** (1929).
69. Schütt, Fr.: Die Peridineen der Plankton-Expedition I. Erg. d. Plankton-Exp. Kiel-Leipzig 1895.
70. Senn, G.: Flagellata. Engler u. Prantls Nat. Pflanzenfamilien I, 1a. 1900.
71. Stein, F. R. v.: Der Organismus der Infusionstiere III, 2. Leipzig 1883.

§ 11.

73. Schulze, F. E.: Hexactinellida. Wiss. Erg. d. D. Tiefsee-Exp. **4** (1904)
74. Sollas, W. J.: Report on the Tetractinellida. Zool. Voyage „Challenger" **25** (1888).
75. Broch, H.: Hydrozoa I. In: Die Tierwelt der Nord- und Ostsee (G. Grimpe u. E. Wagler). Lf. **13** (1928).
76. Chun, C., Will, L., u. A. Kühn: Coelenterata. In: Bronns Klass. u. Ordn. d. Tier-Reichs II, 2. 1889—1915 (unvollständig).
77. Ewald, A.: Über den Bau, die Entladung und die Entwicklung der Nesselkapseln von Hydra und Porpita mediterranea usw. Verh. d. Naturhist.-med. Ver. Heidelberg, N. F. **13** (1915).
78. Kükenthal, W.: Gorgonaria. Ergebn. d. D. Tiefsee-Exp. **13 II** (1919).
79. Moser, E.: Die Siphonophoren der D. Südpolar-Expedition 1901—1903. D. S.-P.-Exp. XVII (Zoologie IX). 1925.
80. Moser, E.: Siphonophora. In: Handbuch der Zoologie (Kükenthal-Krumbach) I. 1924.
81. Nutting, Ch. C.: American Hydroids I. The Plumularidae. Smithsonian Inst. Spec. Bull. Washington 1900.

82. NUTTING, CH. C.: American Hydroids II. The Sertularidae. Smithsonian Inst. Spec. Bull. Washington 1904.

83. NUTTING, CH. C.: American Hydroids III. The Campanularidae and the Bonneviellidae. Smithsonian Inst. Spec. Bull. Washington 1915.

84. SCHNEIDER, K. C.: Mittheilungen über Siphonophoren. V. Nesselzellen. Arb. zool. Inst. Wien 12 (1900).

85. SCHULTZE, L. S.: Die Antipatharien der D. Tiefsee-Expedition. Erg. d. D. Tiefsee-Exp. 3 (1903).

86. SCHULZE, P.: Der Bau und die Entladung der Penetranten von Hydra attenuata Pallas. Arch. Zellforschg 16 (1922).

87. STECHE, O.: Hydra und die Hydroiden. Leipzig 1911.

88. TOPPE, O.: Untersuchungen über Bau und Funktion der Nesselzellen der Cnidarier. Zool. Jb., Abt. Anat., 29 (1910).

89. WILL, L.: Über das Vorkommen kontraktiler Elemente in den Nesselzellen der Coelenteraten. Sitzgsber. Nat. Ges. Rostock 1 (1909).

90. WILL, L.: Kolloidale Substanz als Energiequelle für die mikroskopischen Schutzwaffen der Coelenteraten. Abh. preuß. Akad. Wiss., Physik.-math. Kl. Berlin 1914.

§ 12 a.

91. BRESSLAU, E.: Turbellaria. In: Handb. d. Zool. (KÜKENTHAL-KRUMBACH) 2, Lief. 1, 9. 1928/30 (noch unvollständig).

92. FINDENEGG, J.: Untersuchungen an einigen Arten der Familie Typhloplanidae. Zool. Jb., Abt. System., 59 (1930).

93. GRAFF, L. v.: Monographie der Turbellarien. I. Rhabdocoelida. Leipzig 1882.

94. GRAFF, L. v.: Turbellaria II. In: Tierreich, Lief. 35 (1913).

95. GRAFF, L. v.: Turbellaria. In: Bronns Klass. u. Ordn. d. Tier-Reichs 4. 1. Abt. (Acoela und Rhabdocoela). Leipzig 1904—08. 2. Abt. (Tricladida). Leipzig 1912—1917.

96. MEIXNER, J.: Beitrag zur Morphologie und zum System der Turbellaria Rhabdocoela I, II. Z. Morph. u. Ökol. Tiere 3, 5 (1925/26).

97. MEIXNER, J.: Aberrante Kalyptorhynchia (Turbellaria Rhabdocoela) aus dem Sande der Kieler Bucht (I). Zool. Anz. 77 (1928).

98. MEIXNER, J.: Der Genitalapparat der Tricladen und seine Beziehungen zu ihrer allgemeinen Morphologie, Phylogenie, Ökologie und Verbreitung. Zool. Anz. 11 (1928).

99. MEIXNER, J.: Morphologisch-ökologische Studien an neuen Turbellarien aus dem Meeressande der Kieler Bucht. Z. Morph. u. Ökol. Tiere 14 (1929).

100. REISINGER, E.: Turbellaria. In: Biologie d. Tiere Deutschlands. Lief. 6, T. 4. Berlin 1923.

101. REISINGER, E.: Zur Turbellarienfauna der Ostalpen. Zool. Jb., Abt. System., 49 (1925).

102. REISINGER, E.: Zum Ductus-genito-intestinalis-Problem I. Z. Morph. u. Ökol. Tiere 16 (1929).

103. REISINGER, E.: Unpublizierte Beobachtungen.

104. STEINBÖCK, O.: Eine neue Gruppe allöocöler Turbellarien: Alloeocoela typhlocoela. Zool. Anz. 58 (1924).

§ 12b.

105. BARKER, F. D.: Variations in the vitellaria and vitelline ducts of three Listomes of the genus Opisthorchis. Trans. amer. Micr. Col. 27 (1907).
106. BARKER, F. D.: The trematode genus Opisthorchis. Arch. d. parasit. 14 (1911).
107. BARKER, F. D.: Organ inversion in trematodes. Science 33 (1911).
108. BENEDEN, P. J., u. C. E. HESSE: Recherches sur les Bdellodes ou Birudinées et les Trématodes marins. Mém. Ac. Roy. Belg. 34 (1864).
109. BITTNER, H., u. C. SPREHN: Trematodes. Biologie d. Tiere Deutschlands. Lief. 27. 1929.
110. BRAUN, M.: Trematodes. In: Bronns Klass. u. Ordn. d. Tier-Reichs 4 Abt. Ia. (1879—1893).
111. BRAUN, M., u. O. SEIFERT: Die tierischen Parasiten des Menschen. I Teil. Leipzig 1925.
112. COHN, L.: Mittheilungen über Trematoden. Zool. Anz. 25 (1902).
113. ENGLER, K.: Abnormer Darmverlauf bei Opisthorchis felineus. Zool. Anz. 28 (1905).
114. FUHRMANN, O.: Trematoda. In: Handb. d. Zool. (KÜKENTHAL-KRUMBACH) 2 (1928).
115. FUHRMANN, O.: Briefl. Mitteilung a. d. Verf.
116. BECKERT, G. A.: Leucochloridium paradoxum. Bibliotheca zoologica F. 4 (1889).
117. BOLLACK, J.: Zur Kenntnis der sexuellen Amphitypie bei Dicrocoelium. Zbl. Bakter. I Orig. 3 (1902).
118. JAKOBY, S.: Beiträge zur Kenntnis einiger Distomeen. Diss. Königsberg 1899.
119. KOWALEWSKI, M.: Studya helmintologiczne. V. Przyczynek do bizszej znajomości kilku przywr. Sitzgsber. Natw. Sekt. Akad. Wiss. Krakau 35 (1898).
120. KRAUSE, R.: Beitrag zur Kenntnis der Hemistominen. Z. Zool. 112 (1914).
121. LOOSS, A.: Die Distomeen unserer Fische und Frösche. Bibliotheca zoologica 16 (1894).
122. LORENZ, S.: Über die Organisation der Gattungen Axine und Microcotyle. Arb. Zool. Inst. Wien 1 (1878).
123. MÜHLING, P.: Beiträge zur Kenntnis der Trematoden. Arch. f. Naturg. 62, 1 (1896).
124. ODHNER, T.: Sanguinicola M. Plehn, ein digenetischer Trematode. Zool. Anz. 38 (1911).
125. PERUGIA, A., e C. PARONA: Di alcuni trematodi ectoparassiti di pesci adriatici. Ann. del Museo civico Genova (IIa) 9 (1889/90).
126. STILES, CH. W., u. A. HASSAL: Notes on parasites 21. Veterinary Magaz. 1894. (Zit. nach KOWALEWSKI.)
127. STILES, CH. W.: The anatomy of the large american fluge etc. J. comp. med. and vet. arch. 1894/95. (Zit. nach KOWALEWSKI.)
128. STOSSICH, M.: Sopra una nuova specie delle Allegreadiinae. Arch. de Parasit. 1902.

458 Literaturverzeichnis.

129. VEVERS, G. M.: Observations on the life-history of Hypoderaeum conoideum (Bloch) and Echinostomum revolutum (Froel). Ann. of applied biol. 10 (1924). (In Collected papers T. 3, Nr 34 d. London School of trop. med. Dep. Helminth.)
130. WESKI, O.: Mitteilungen über Distomum lancea Dies. Zbl. Baxter. I Orig. 27 (1900).
131. WILLEMOES-SUHM, R. v.: Über einige Trematoden und Nemathelminthen. Z. Zool. 21 (1871).

§ 12c.

132. BRAUN, M.: Cestodes. In: Bronns Klass. u. Ordn. d. Tier-Rechs 4, Abt. Ib (1894—1900).
133. FUHRMANN, O.: Cestoidea. In: Handb. d. Zoologie (KÜKENTHAL-KRUMBACH) 2 (1931).
133a. NELSON, TH. C.: Spiraled excretory tubes in Cysticercus fasciolaris. J. Parasit. Urbana 10 (1923).

§ 13a.

134. CAULLERY, M., et F. MESNIL: Etude sur la morphologie comparée et la phylogénie des espéces chez les Spirorbis. Bull. biol. France et Belg. 30 (1897).
135. CAULLERY, M., et F. MESNIL: Sur les Spirorbis; asymétrie de ces Annéllides et enchaînement phylogénique des espéces du genre C. r. Acad. Sci. Paris 124, 48 (1897).
136. EHLERS, E.: Die Polychaeten des magellanischen und chilenschen Strandes. Festschr. z. Feier d. 150jähr. Best. d. Kgl. Ges. d. Wiss. zu Göttingen 1901.
137. FAUVEL, P.: Polychètes Errantes. Faune de France 5. Paris 1923.
138. FAUVEL, P.: Polychètes Sédentaires. Faune de France 16 (1927).
139. HEMPELMANN, F.: Annelides. In: Handb. d. Zool. (KÜKENTHAL-KRUMBACH) 2 (1931).
140. ZUR LOYE, J. F.: Die Anatomie von Spirorbis borealis mit bes. Berücksichtigung des Körperbaues und deren Ursachen. Zool. Jb., Abt Anat. 26 (1908).
141. MEYER, E.: Studien über den Körperbau der Anneliden. Mitt. d. Zool. St. Neapel 14 (1901).
142. PERRIER, E.: Traité de Zoologie. Fasc. 4. Paris 1897.
143. STERN, C.: Briefl. Mitt. an den Verf.
144. ZELENY, CH.: A case of compensatory regulation in the regeneration of Hydroides dianthus. Roux' Arch. 13 (1902).

§ 13b.

145. BEDDARD, F. E.: A monograph of the order of Oligochaeta. Oxford 1895.
146. BENHAM, W. B.: Note on a new species of the Genus Nais. Quart. J. microsc. Sci. 34 (N. S.), 383 (1893).
147. CARTER, H. J.: Spermatology of new species of Nais. Ann. Mag. Nat. Hist. (3) 2 (1858).

148. MICHAELSEN, W.: Oligochaeta. In: Handb. d. Zool. (KÜKENTHAL-KRUMBACH) **2** (1928).
149. PERRIER, E.: Traité de Zoologie. Fasc. **4**. Paris 1897.
150. TIMM, R.: Beobachtungen über Phreoryctes Menkeanus Hoffm. und Nais. Arb. Zool. Inst. Würzburg **6** (1883).
151. UDE, H.: Oligochaeta. In: Dahl's Tierwelt Deutschlands **15** (1929).

§ 14.

152. BONFIG, R.: Die Determination der Hauptrichtungen des Embryo von Ascaris megalocephala. Z. Zool. **124** (1925).
153. BOVERI, TH.: Die Entwicklung von Ascaris megalocephala mit bes. Rücksicht auf die Kernverhältnisse. Festschr. f. C. v. KUPFFER. Jena 1899.
154. BOVERI, TH.: Die Potenzen der Ascaris-Blastomeren bei abgeänderter Furchung. Festschr. f. R. HERTWIG **3**. Jena 1910.
155. CIUREA, J.: Über Spiroptera sexalata Molin aus dem Magen des Hausschweines. Zool. Jb., Abt. Syst. **32** (1912).
156. DUNSCHEN, F.: Inversentwicklung und Mosaikfrage bei Ascaris megalocephala. Roux' Arch. **115** (1929).
157. GOLDSCHMIDT, R.: Das Nervensystem von Ascaris lumbricoides und megalocephala. I. II. Z. Zool. **90** (1908); **92** (1909).
158. JÄGERSKIÖLD, L.: Über die büschelförmigen Organe bei den Ascarisarten. Zbl. Parasitenkde **24** (1898).
159. MICOLETZKY, H.: Die freilebenden Erd-Nematoden. Arch. f. Naturg. **87**, 307 (1921).
160. MUELLER, J. F.: Studies on the microscopical anatomy and physiology of Ascaris lumbricoides and Ascaris megalocephala. Z. Zellforschg **8** (1929).
161. NASSANOW, N.: Zur Kenntnis der phagocytären Organe bei den parasitischen Nematoden. Arch. mikrosk. Anat. **55** (1900).
162. RAUTHER, M.: Mitteilungen zur Nematodenkunde. Zool. Jb., Anat. **40** (1918).
163. RAUTHER, M.: Nematodes. In: Handb. d. Zool. (KÜKENTHAL-KRUMBACH) **2** (1930).
164. STEINER, G.: Untersuchungen über den allgemeinen Bauplan des Nematodenkörpers. Zool. Jb., Abt. Anat. **43** (1922).
165. ZUR STRASSEN, O. L.: Embryonalentwicklung der Ascaris megalocephala. Roux' Arch. **3** (1896).

§ 15.

166. DELAGE, Y., et E. HÉROUARD, Traité de Zoologie concrète. **5**. Les Vermidiens. Paris 1897. **6**. Les Procordés. Paris 1898.
167. v. STUMMER-TRAUNFELS, R.: Myzostomida. In: Handb. d. Zool. (KÜKENTHAL-KRUMBACH) **3** (1926).
168. RAUTHER, M.: Nematomorpha. In: Handb. d. Zool. (KÜKENTHAL-KRUMBACH) **2** (1930).
169. BÖHMIG, L.: Nemertini. In: Handb. d. Zool. (KÜKENTHAL-KRUMBACH) **2** (1929).

460   Literaturverzeichnis.

170. BÜRGER, O.: Nemertini. Bronns Klass. u. Ord. d. Tier-Reichs 4 Suppl. (1897—1907).
171. HORST, C. J. VAN DER: Hemichordata. In: Bronns Klassen u. Ordn. d. Tier-Reichs 4, IV. Abt., 2. B. (1927).
172. HARTMANN, O.: Studien über den Polymorphismus der Rotatorien mit besonderer Berücksichtigung von Anuraea aculeata. Arch. f. Hydrobiol. 12 (1920).
173. JENNINGS, H.: Rotatoria of the U. S. II. A monograph of the Rattulidae. U. S. Fish. Comm. Bull. 1903.
174. LUCKS, R.: Rotatoria. Biol. d. Tiere Deutschlands Lfg. 28 (1929).
175. REMANE, A.: Rotatorien, Gastrotrichen und Kinorhynchen. In: Bronns Klass. u. Ordn. d. Tier-Reichs 4, Abt. II, 1. B. (1929f.).
176. WESENBERG-LUND, C.: Rotatoria. In: Handb. d. Zool. (KÜKENTHAL-KRUMBACH) 2 (1929).
177. REMANE, A.: Gastrotricha. In: Handb. d. Zool. (KÜKENTHAL-KRUMBACH) 2 (1929).
178. MARCUS, E.: Tardigrada. In: Bronns Klassen u. Ordn. d. Tier-Reichs 5, IV. Abt., 3. B. (1929).
179. HEYMONS, R.: Pentastomida. In: Handb. d. Zool. (KÜKENTHAL-KRUMBACH) 3 (1926).

§ 16.

180. DAWYDOFF, C.: Traité d'Embryologie comparée des Invertébrés. Paris: Masson 1928.
181. DELAGE, Y., et E. HÉROUARD, Traité de Zoologie concrète. 3. Les Echinodermes. Paris 1903.
182. GEMMIL, J. F.: Double Hydrocoele in the Development and Metamorphosis of the Larva of Asterias rubens L. Quart. J. microsc. Sci. 61 (1916).
183. GRAVE, C.: Metamerism of the Echinoid Pluteus. John Hopkins Univ. Circ. 2 (1911).
184. JUST, G.: Untersuchungen zur Frage der physiologischen Gleichwertigkeit der Seestern-Radien. Roux' Arch. 119 (1929).
185. LUDWIG, H., teilw. fortgesetzt v. O. HAMANN: Echinodermen. In: Bronns Klass. u. Ordn. d. Tier-Reichs 2, III. Abt., 1.—5. B. (1889 bis 1907).
186. MACBRIDE, E. W.: Studies in the Development in the Echinoidea II. Quart. J. microsc. Sci. 58 (1913).
187. MACBRIDE, E. W.: The artificial production of Echinoderm larvae with two water-vascular systems, and also of larvae devoid a water-vascular system. Proc. roy. Soc. Lond. B 90 (1918).
188. NEWMANN, H. H.: The experimental production of twins and double-monsters in the larvae of the starfish Patiria miniata, together with a discussion of the cause of twinning in general. J. of exper. Zool. 33 (1921).
189. NEWMANN, H. H.: Experimental reversal of asymmetry in the starfish Patiria miniata. Anat. Rec. 26 (1923).
190. NEWMANN, H. H.: An experimental Analysis of Asymmetry in the starfish, Patiria miniata. Biol. Bull. 49 (1925).

191. Oohshima, H.: The occurence of Situs inversus among artificially-reared Echinoid Larvae. Quart. J. microsc. Sci **66** (1922). Mit einem Nachwort von Mac Bride.

192. Oohshima, H.: Reversal of Asymmetry in the Plutei of Echinus miliaris. Proc. roy. Soc. Lond. B **92** (1921).

193. Newth, H. G.: The early development of Astropecten irregularis, with remarks on duplicity in Echinoderm larvae. Quart. J. microsc. Sci. **69** (1925).

194a. Runnström, J.: Zur experimentellen Beeinflussung der Asymmetrie bei dem Seeigelkeim. Ark. Zool. (schwed.) **17** (1925).

194b. Runnström, J.: Entwicklungsmechanische Studien an Henricia sanguicolenta Forbes und Solaster spec. Roux' Arch. **46** (1920).

195. v Ubisch, L.: Die Entwicklung von Strongylocentrotus lividus. Z. Zool. **106** (1913).

§ 17.

196. Hath, H.: Reports-expedition-,,Albatross"-XIV. The Solenogastres. Mem. Mus. Comp. Zool. Havard Coll. **45**, 1 (1911).

197. Hoffmann, H.: Aplacophora. In: Bronns Klass. u. Ordn. d. Tier-Reichs **3**, 1. Abt., Nachtrag 1 (1929).

198. Hoffmann, H.: Polyplacophara. In: Bronns Klass. u. Ordn. d. Tier-Reichs **3**, 1. Abt., Nachtr. 2 (1929).

199. Nierstrasz, H. F.: Neue Solenogastren. Zool. Jb., Anat. **18** (1903).

200. Odhner, N. Hj.: Norwegian Solenogastres. Bergens Mus. Aarb. **1918/19, 1921**.

201. Plate, L.: Die Anatomie und Phylogenie der Chitonen. A. Zool. Jb. Suppl. **4** (1897); B. Zool. Jb. Suppl. **4** (1899); C. Zool. Jb. Suppl. **5** (1901).

202. Simroth, H.: Amphineura. In: Bronns Klass. u. Ordn. d. Tier-Reichs **3**, 1. Abt. (1892—1894).

203. Thiele, J.: Beiträge zur vergleichenden Anatomie der Amphineuren I. Z. Zool. **58** (1894).

204. Wirén, A.: Studien über Solenogastres. I. II. Kongl. Sv. Vetenskap. Akad. Handlingar. **24** (1892).

205. Chenu, Illustrations conchyliologiques I. Paris, pl. 65—70, zit. nach Simroth.

206. Distaso, A.: Sull' anatomia degli Scaphopodi. Zool. Anz. **29** (1905).

207. Hoffmann, H.: Scaphopoda. Nachtrag. In: Bronns Klass. u. Ordn. d. Tier-Reichs **3**, Nachtr. 3 (1930).

208. Simroth, H.: Scaphopoda. In: Bronns Klass. u. Ordn. d. Tier-Reichs **3**, 1. Abt. (1892—1894).

§ 18.

209. Anthony, R.: Influence de la fixation pleurothétique sur la morphologie des mollusques acéphales dimyaires. Ann. des Sci. natur. (9.), Zool., **1** (1905).

210. Broderip, W. J.: On the Genus Chama. Trans. Zool. Soc. Lond. **1**, 301 (1835), zit. nach Lamy.

211. Dall, W. H.: Contributions to the Tertiary Fauna of Florida etc. **4**, 1482 (1903).

462 Literaturverzeichnis.

212. DROUET, H.: Etudes Nayades France, 2ᵉ p. Mém. Soc. Acad. Aube 21 (1857); zit. nach LAMY.
213. FISCHER, P.: Manuel de Conchyliologie etc., S. 109. Paris 1880—1887.
214. HAAS, F.: Bivalvia. In: Bronns Klass. u. Ordn. d. Tier-Rechs 3, 3. Abt., Lief. 1, 2, 3 (1929—1931).
215. KIMAKOWICZ, M. v.: Dr. med. ARTHUR VON SACHSENHEIMS Mol uscen-Ausbeute im nördl. Eismeer usw. Verh. d. Siebenbürg. Ver. f. Naturw. zu Hermannstadt 46, 80 (1897).
216. KÜHNELT: Bohrmuschelstudien. Palaeobiologica (Wien u. Lpz.) 3, (1930).
217. LAMY, E.: Révision des Chama vivants du Mus. Nat. d'Hist. nat. de Paris. J. Conch. 72 (1928).
218. *LAMY, E.: Quelques mots sur la torsion de la coquille chez les Lamellibranches. J. Conch. 74 (1930).
219. NELSON, T. C.: The Origin, Nature, and Function of the Cry talline Style of Lamellibranchs. J. Morph. a. Physiol. 31 (1918).
220. ODHNER, N. HJ.: Studies on the morphology, the taxonomy and the relations of recent Chamidae. Vet.-Ak. Handl. (Stockholm) 59 (1919).
221. RÉCLUZ, E.: Des Anomalies chez Mollusques. J. Conch. 7, 214 [1858] 1859).
222. REEVE, L. A.: Monograph of the Genus Lucina. Conchologia Iconica 6 (1850).
223. REEVE, L. A.: Monograph of the Genus Chama. Conchologia Iconica 4 (1847).
224. REYNELL, A.: On Astarte mutabilis, with reversed Hinge-der tition. Proc. Mal. Soc. Lond. 8, 4 (1908).
225. ROSSMAESSLER, E. A., u. W. KOBELT: Iconographie der Land- und Süßwassermollusken usw. 2, H. 3—4, S. 11, Tf. 45, Fig. 588 1839).
226. STEINMANN, G., u. L. DÖDERLEIN: Elemente der Paläontologie. Leipzig 1890.
227. VEST, W. v.: Über Bildung und Entwicklung des Bivalvenschlosses. Verh. d. Siebenbürg. Ver. f. Naturw. zu Hermannstadt 48 1899).
228. ZITTEL, K. v.: Handbuch der Paläontologie, 1. Abt. Paläozologie, 2 (1881—1885).
229. ZITTEL, K. v.: Grundzüge der Paläontologie (Paläozoologie), 1. Abt. Invertebrata. 5. Aufl. 1921.

§ 19.

230. BOYCOTT, A. E., u. C. DIVER: On the inheritance of sinistrality in Limnaea peregra. Proc. roy. Soc. Lond. B. 95 (1923).
231. BOYCOTT, A. E., C. DIVER, S. HARDY a. F. M. TURNER: The nheritance of Sinistrality in Limnaea peregra. Proc. roy. Soc. Lond. B. 104 (1929).
232. CHEMNITZ, J. H.: Nachricht von der Fortpflanzung der linksgewundenen Weinbergschnecken. Naturforscher 17 (1782).
233. COLLIN: Sur la Limnaea stagnalis L. et sur ses variétés observées en Belgique. Ann. Soc. Malac. Belg. 8 (1873).

234. CONKLIN, E. G.: The effects of centrifugal force upon the organization and development of the eggs of Fresh Water Pulmonates. J. exper. Zool. **9** (1910).

235. CRABB, E.: Genetic experiments with pond snails Lymnaea and Physa. Americ. Naturalist **59** (1927).

236. CRAMPTON, H. E.: The coincident production of dextral and sinistral young in the Land-Gastropod Partula. Science (N. Y.) **59** (1924).

237. CRAMPTON, H. E.: Studies on the variation, distribution and evolution of the genus Partula. Publ. Carnegie Inst. Washington **228a** (1925).

238. CRAMPTON, H. E.: Contemporaneous organic differentiation in the species of Partula living in Moorea, Society Islands. Amer. Naturalist **59** (1925).

239. DAUTZENBERG, P.: Rede. Bull. Soc. Zool. France **39** (1914).

240. DEMOLL, R.: Die Spermatogenese von Helix pomatia L. Zool. Jb. Suppl. **15** (1912).

241. DIVER, C.: The iuheritance of inverse symmetry in Lymnaea peregra. J. Genet. **15** (1925).

242. FISCHER, H.: Recherches sur la morphologie du foie des Gastéropodes. Bull. Sci. France et Belgique **24** (1892).

243. FLACH: Über eine rechtsgewundene Rasse der Clausilia (Papillifera) leucostigma Rossm. Mitt. naturwiss. Ver. Aschaffenburg **6** (1907).

244 GARRET, A.: The terrestrial Mollusca inhabiting the Society Islands. Proc. nat. Acad. Sci. Philad. **9** (1884).

245 GEYER, D.: Forma sinistrorsa. Arch. f. Molluskenkde **58** (1926).

246 GRAY, J.-E.: On the operculum of Gasteropodous Mollusca, and an attempt to prove that it is homologous or identical with the second valve of Conchifera. Ann. and Magaz. nat. hist. **5** (1850).

246a. HARGREAVES: Sinistral Limnaea peregra. Müll., and its progeny. J. Conch. **16** (1919).

247. HESSE, P.: Kann sich die abnorme Windungsrichtung bei den Gastropoden vererben? Zool. Anz. **44** (1914).

248. HESSE, P.: Über rechtsgewundene Clausilien. Arch. Moll.kde **59** (1927).

249. SCHLESCH, H.: Bemerkungen zu P. HESSES Aufsatz „. . ." i. vor. Heft d. Archivs. Arch. Moll.kde **59** (1927).

250. HOUSSAY, F.: Recherches sur l'opercule et les glandes du pied des Gastéropodes. Archives de Zool. (2) **2** (1884).

251. KÜNKEL, K.: Zuchtversuche mit linksgewundenen Weinbergschnecken. Zool. Anz. **26** (1903).

252. KÜNKEL, K.: Zur Biologie der Lungenschnecken. Ergebnisse vieljähriger Züchtungen und Experimente. Heidelberg 1916.

253. LANG, A.: Kleine biologische Beobachtungen über die Weinbergschnecke (Helix pomatia). Vierteljahrsschr. nat. Ges. Zürich **41** (1896).

254. LANG, A.: Lehrbuch der vergleichenden Anatomie der wirbellosen Tiere. 2. Aufl. 1. Lief.: Mollusca, bearb. v. K. HESCHELER. Jena 1900. XIV. Versuch einer Erklärung der Asymmetrie der Gastropoden.

255. MAYER, A. G.: Some species of Partula from Tahiti. A study on variation. Mem. Comp. Zool. Cambridge **26** (1902).

257. NAEF, A.: Studien zur generellen Morphologie der Mollusken. 1. Über Torsion und Asymmetrie der Gastropoden. Erg. Zool. 3 (1913).
258. PELSENEER, P.: Sur la dextrorsité de certains Gastropodes dit sénestres. C. r. Acad. Sci. Paris 112, 1015 (1891).
259. PELSENEER, P.: L'hybridation chez les mollusques. C. r. Acad. Sci. Paris 168 (1919).
260. *PELSENEER, P.: L'inversion chez les Mollusques au point de vue de la variation et de l'hérédité. Bull. Sci. Franc. Belg. 48 (1920).
260a. PELSENEER, P.: Les variations chez les Mollusques. Mém. Acad. R. Belg. (Sci.) (2) 5 (1920).
261. PFEFFER, J.: Was ist ein „Schneckenkönig"? Arch. Moll.kde 60 (1928).
262. PLATE, L.: Bemerkungen über die Phylogenie und die Entstehung der Asymmetrie der Mollusken. Zool. Jb. Abt. Anat. 9 (1896).
263. SANIER (1865), GASSIÉS (1874), HELE (1883) s. PELSENEER (260).
264. SCHLESCH, H.: Über Abnormitäten der Färbung, der Windungsrichtung und der Gehäusebildung bei den Clausiliiden. Arch. Moll.kde 59 (1927).
265. SCHLESCH, H.: Nachtrag zu „Über ..." Arch. Moll.kde 60 (1928).
266. SIMROTH, H., u. H. HOFFMANN: Pulmonata. In: Bronns Kl. u. O dn. d. Tier-Reichs 3, II, 2. Leipzig 1928.
267. STURTEVANT, A. H.: Inheritance of direction of coiling in Lymnaea. Science 58 (1923).
268. TAYLOR, J. W.: Briefl. Mitt. an PELSENEER, vgl. P. 260.
269. THIELE, J.: Gastropoda. In: Handb. d. Zool. 5. Berlin u. Leipzig 1925.
270. TRECHMAN: Limnaea peregra monst. sinistrorsum in Durham. Naturalist 1906.
271. WÄCHTLER, W.: Anatomie und Biologie der augenlosen Landlungenschnecke Caecililioides acicula Müll. Z. Morph. u. Ökol. Tiere 13 (1929).

§ 20.

272. APPELLÖF, A.: Über einen Fall von doppelseitiger Hektokotylisation bei Eledone cirrhosa (Lam.) d'Orb. Bergens Mus. Aarbog 1892. Bergen 1893.
273. CHUN, C.: Die Cephalopoden. Wiss. Erg. D. Tiefsee-Exp. 18 (1910).
274. GRIMPE, G.: Teuthologische Mitteilungen IX—XI. Zool. Anz. 58 (1924).
275. GRIMPE, G.: Teuthologische Mitteilungen XIII. Zool. Anz. 95 (1931).
277. JATTA, G.: I Cephalapodi viventi nel Golfo di Napoli. Fauna u. Flora Neapel 23 (1896).
278. NAEF, A.: Die Cephalopoden. Fauna e Flora Napoli 35 (1923).
279. PFEFFER, G.: Die Cephalopoden der Planktonexpedition. Erg. Plankton-Exp. 2 (1912).
280. DEGNER, E.: Zur Entwicklung von Histioteuthis. Zool. Anz. 55 (1923).
281. ROBSON, G. C.: On a case of bilateral hectocotylisation in Octopus. Proc. Zool. Soc. Lond. 1929 I.
281a. ROBSON, G. C.: On Seriation and Asymmetry in the Cephalopod Radula. Linn. Soc. J. Zool. 36 (1925).

§ 21.

282. EAUDOUIN, M.: Autotomie et repousse des pinces chez le Gelasimus tangeri Eyd. Bull. Mus. Hist. Nat. Paris **1903**.

283. EAUDOUIN, M.: Le Gelasimus tangeri etc. Ann. Sci. nat. Zool. (9) **3** (1906).

283a. BOAS, J. E. V.: Zur Kenntnis des Einsiedlerkrebses Paguropsis und seiner eigenartigen Behausung. Kgl. Dansk Vidensk. Selsk. Biol. Medd. **5**, H. 7 (1926); vgl. auch **5**, H. 6.

284. BREHM, V.: Copepoda. In: Handb. d. Zool. (KÜKENTHAL-KRUMBACH) **3** (1927).

285. BUSH, S. F.: Asymmetry and relative growth of parts in the two sexes of the hermit-crab, Eupagurus prideauxi. Roux' Arch. **123** (1930).

286. Crustacea. (Bearb. v. verschiedenen Autoren.) In: Handb. d. Zool. (KÜKENTHAL-KRUMBACH) **3** (1927).

287. DUNCKER, G.: Über Asymmetrie bei Gelasimus pugilator Latr. Biometrika (Lond.) **2** (1903).

288. EMMEL, V. E.: Regeneration and the Question of „Symmetry in the Big Claws of the Lobster". Science N. S. **26** (1907).

289. EMMEL, V. E.: Frühere Publikationen, s. bei PRZIBRAM.

290. GIESBRECHT, W.: Systematik und Faunistik der Pelagischen Copepoden des Golfes von Neapel. Fauna u. Flora Neapel **19** (1892).

291. MORGAN, T. H.: Notes on regeneration. Biol. Bull. **6** (1904).

292. MORGAN, T. H.: The development of Asymmetry in the fiddler crab. Amer. Naturalist **57** (1923).

293. MORGAN, T. H.: The arteficial induction of symmetrical claws in male fiddler crabs. Amer. Naturalist **58** (1924).

294. MORGAN, T. H.: The development of asymmetry. Sci. Monthly **18** (1924).

295. PRZIBRAM, H.: Experimentelle Studien über Regeneration. Roux' Arch. **11** (1901).

296. PRZIBRAM, H.: Experimentelle Studien über Regeneration. II. Mitt. Roux' Arch. **13** (1902).

297. PRZIBRAM, H.: Die „Heterochelie" bei decapoden Crustaceen. Roux' Arch. **19** (1905).

298. *PRZIBRAM, H.: Die „Scherenumkehr" bei decapoden Crustaceen. Roux' Arch. **25** (1908).

299. PRZIBRAM, H.: Versuche an den Scheren der Winkerkrabbe (Gelasimus). Zbl. Physiol. **22** (1908).

300. PRZIBRAM, H.: Transitäre Scherenformen der Winkerkrabbe, Gelasimus pugnax Smith. Roux' Arch. **43** (1918).

301. SPANDL, H.: Copepoda. In: Biol. d. Tiere Deutschlands (P. SCHULZE) 1926.

302. STAHR, H.: Beiträge zur Morphologie der Hummerschere. Jena. Z. Naturwiss. **32** (1898).

303. STAHR, H.: Über das Alter der beiden Chelae von Homarus vulgaris und über die „similar claws" HERRICKS. Roux' Arch. **12** (1901).

304. WILSON, E. B.: Reversal asymmetry in the regeneration of the chelae in Alpheus heterochelis. Biol. Bull. **4** (1903).

305. YERKES, R. M.: A study of variation in the Fiddler Crab, Gelasimus pugilator Latr. Proc. Am. Acad. Arts Sci **36** (1901).
306. ZELENY, Ch.: Compensatory Regulation. J. of exper. Zool. **2** 1905).
307. ZELENY, Ch.: The regulation of the degree of injury to the rate of regeneration. J. of exper. Zool. **2** (1905).
308. WALZ, R.: Über die Familie der Bopyriden. Arb. Zool. Inst. Wien **4** (1882).

§ 22.

309. GERHARDT, U.: Zur vergleichenden Sexualbiologie primitiver Spinnen, insbesondere der Tetrapneumoren. Z. Morph. u. Ökol. Tiere **14** 1929).
— Ferner: HARM, M., Z. Morph. u. Ökol. Tiere **22** (1931).
310. ATTEMS, C. Graf: Chilopoda. In: Handb. d. Zool. (KÜKENTHAL-KRUMBACH) **4** (1926—1930).

§ 23.

310a. BELIAJEFF, N. K.: Erbliche Asymmetrie bei Drosophila. Bio . Zbl. **51** (1931).
310b. BREITENBECHER, J.: The inheritance of sex-limited bilateral asymmetry in Bruchus. Genetics **10** (1925).
310c. BRIDGES, C. B., and T. H. MORGAN: The third chromosome group of mutant characters of Drosophila melanogaster. Carn. Inst. Publ. Nr 327 (1923).
310d. EBNER, R.: Asymmetrie bei Insekten. Naturwiss. Wschr. **17** (1918).
310e. HAGEMANN, J.: Beiträge zur Kenntnis von Corixa. Zool. Jb. Abt. Anat. **30** (1910).
311. Handbuch der Entomologie **1**. Herausgg. von CHR. SCHRÖDER. Jena: G. Fischer 1928.
312. LUDWIG, W.: Die Flügellage der Feuerwanze. Ein Beitrag zum Rechts-Links-Problem. Verh. d. D. Zool. Ges. 1931.
313. MACGILLAVRY: (Vortrag ohne Titel). 69. Zomerverdagering d. Nederl. Entom. Vereeniging te Weert, 1914.
314a. PETRUNKEWITSCH, A., u. G. v. GUAITA: Über den geschlechtlichen Dimorphismus bei den Tonapparaten der Orthopteren. Zool. Jb., Abt. Syst., **14** (1901).
314b. REGEN, J.: Neue Beobachtungen über die Stridulationsorgane der saltatoren Orthopteren. Arb. Zool. Inst. Wien **14** (1903).
314c. SCHARRER, E.: Stimm- und Musikapparate bei Tieren und ihre Funktionsweise. In: Handb. d. norm. u. pathol. Physiol. (BETHE) **15** II (1931).
314d. SCHULZE, P.: Die Flügelrudimente der Gattung Carabus. Zool. Anz. **40** (1912).
315. SCHULZE, P.: Eine Pyrrhocoris apterus L. mit merkwürdigen Flügelverhältnissen. Berl. Entomol. Z. **58** (1913).
316. WESENBERG-LUND, C.: Wohnungen und Gehäusebau der Süßwasserinsekten. Fortschr. naturwiss. Forschg **9** (1913).
316a. SCHMUCKER, TH.: Über asymmetrisches Verhalten von Hymenopteren an Blüten. Biol. Zbl. **51** (1931).

§ 24.

317. DELAGE, Y., u. E. HÉROUARD: Traité de Zoologie. VIII. Les Procordés. Paris 1898.

§ 25.

318. *FRANZ, V.: Morphologie der Akranier. Erg. Anat. 27 (1927).
319. FRANZ, V.: Branchiostoma. In: Die Tierwelt der Nord- und Ostsee (GRIMPE-WAGLER) XIIb, Lief. 8. (1927).

§ 26.

319a. PLATE, L.: Allgemeine Zoologie und Abstammungslehre. Jena. I. 1922. II. 1924.

§ 27.

320 BÜTSCHLI, O.: Vorlesungen über vergleichende Anatomie. 4. Lief.: Ernährungsorgane. Berlin 1924.
321 DUNCKER, G.: Variation und Asymmetrie bei Pleuronectes flesus L., statistisch untersucht. Wiss. Meeresunters. (Helgoland) N. F. 3 (1900).
322a. GARMAN, S.: Sexual rights and lefts. Amer. Naturalist 29 (1895).
322b. GIARD, A.: Sur la persistance partielle de la symétrie bilatérale chez un Turbot (Rhombus maximus) et sur l'hérédité des caractères acquis chez les Pleuronectes. C. r. Soc. Biol. Paris 1892.
322c. JACOBSHAGEN, E.: Untersuchungen über das Darmsystem der Fische und Dipnoer. III. Jena. Z. 53 (1915).
322d. JACOBSHAGEN, E.: Das Problem des Spiraldarms. Gegenbaurs Jb. 67 (1931).
322e. KYLE, H. M.: The classification of the flat-fishes. 18. Ann. Rep. of the Fish. Board f. Scotland (1899) 1900.
322e. KYLE, H. M., u. E. EHRENBAUM: Pisces, Allgemeiner Teil. In: Tierwelt d. Nord- u. Ostsee (GRIMPE-WAGLER) Lief. 4 (1926).
324a. LARRABEE, A. P.: The optic chiasma of Teleosts: A study of Inheritance. Proc. amer. Acad. Arts Sc. 42 (1906).
325. MARTENS, E. v.: Unterschied zwischen Rechts und Links bei einigen Fischen. Sitzgsber. Ges. naturforsch. Freunde Berl. 1896.
325a. PARKER, G. H.: The optic chiasma in Teleosts and its bearing on the asymmetry of the Heterosomata (Flatfishes). Bull. Mus. comp. Zool. Cambridge 40 (1903).
326. PERRIER, E.: Traité de Zoologie, Fasc. 6. Poissons. Paris 1903.
327. SCHIMKEWITSCH, W.: Lehrbuch der vergleichenden Anatomie der Wirbeltiere. Stuttgart 1921.
328. SCHNAKENBECK, W.: Teleostei Physoclisti, 10. Heterosomata. In: Tierwelt d. Nord- u. Ostsee (GRIMPE-WAGLER) Lief. 2 (1925).
329. SCHREINER, K. E.: Über das Generationsorgan von Myxine glutinosa L. Biol. Zbl. 24 (1904).

§ 28.

331. ENGLER, E.: Untersuchungen zur Anatomie und Entwicklungsgeschichte des Brustschulterapparates der Urodelen. Acta zool. (Stockh.) 10 (1929).

331a. FUCHS, H.: Beiträge zur Entwicklungsgeschichte und vergleichenden Anatomie des Brustschultergürtels der Wirbeltiere, IX. Gegenbaurs Jb. 64 (1930).

§ 29.

332. BREHM, L.: Die Kreuzschnäbel. Naumannia. Arch. f. Ornithol 1853.
333. BÖKER, H.: Die Bedeutung der Überkreuzung der Schnabelspitzen bei der Gattung Loxia. Biol. Zbl. 42 (1922).
334. BÖKER, H.: Abnorme Linkslage der Halseingeweide bei Vögeln und ihre Entstehung. Gegenbaurs Jb. 66 (1931).
334a. COLLETT, R.: On the asymmetry of the skull of Strix tengmalmi. Proc. Zool. Soc. Lond. (1871).
335. DUERST, U.: Difformation als Gattungs-, art- und rassebildender Faktor. 1. Mechanische, anatomische und experimentelle Studien über die Morphologie des Schädels von Angehörigen der Gattung Loxia. Mitt. naturforsch. Ges. Bern 1909.
336. GADOW, H.: Versuch einer vergleichenden Anatomie des Verdauungssystems der Vögel. Jena. Z. Naturwiss. 13 (1879).
337. HÉMERY, R.: Note sur l'anatomie des muscles masticateurs chez le bec-croisé Loxia curvirostra L. Rev. franç. Ornithol. 22 (1928).
338. KALISCHER, O.: Das Großhirn der Papageien in anatomischer und physiologischer Beziehung. Abh. Ak. Wiss. Berlin 1905, Abh. nicht z. Ak. geh. Gel. Nr 4.
338a. KUMMERLÖWE, H.: Untersuchungen über das Gonadensystem weiblicher Vögel I—III. Z. mikr.-anat. Forschg 21, 22, 24 (1930/31)
339a. SELENKA, E.: Vögel. In Bronns Kl. u. Ordn. d. Tier-Reichs 6 IV (1891).
339b. STRESEMANN, E.: Aves. In: Handb. d. Zool. (KÜKENTHAL-KRUMBACH) 7 II (1927—1929).

§ 30.

340. ABEL, O.: Sur les Causes de l'Asymmetrie du Crâne des Odontocètes. Mém. Mus. R. Hist. nat. Belgique (Bruxelles) 2 (1902).
341. ABEL, O.: Die Ursache der Asymmetrie des Zahnwalschädels. Sitzgsber. Akad. Wiss. Wien, Math.-naturwiss. Kl. I 111, 511 (1902).
342. DU BOIS-REYMOND, R.: Physiologie der Bewegung. In: Wintersteins Handb. d. vgl. Physiol. 31 (1914).
343. FREUDENBERG, W.: Zur Frage der Rechtshändigkeit des Menschen und der Gliedmaßenasymmetrie der Primaten. Z. Säugetierkde 4 (1929).
344. GULDBERG, G.: Über die morphologische und funktionelle Asymmetrie der Gliedmaßen beim Menschen und bei den höheren Vertebraten. Biol. Zbl. 16 (1896). (Auszug aus 345.)
345. *GULDBERG, G.: Etudes sur la dyssymétrie morphologique et fonctio nelle chez l'homme et les vertébrés supérieurs = franz. Résumé in: Norsk Mag. Laegevidensk. 1897.
346. HERMANN, G.: Sexualismus und Ätiologie 1 (1899).
347. HEUSS, K.: Maß- und Gewichtsbestimmungen über die morphologische Asymmetrie der Extremitätenknochen des Pferdes und anderer Perissodaktylen. Diss. Leipzig 1898.

347a. JACOBI, A.: Das Rentier. Zool. Anz. **96** Ergbd. (1931).

347b. KOCH, W.: Das Gehörn der Schraubenziege. Zool. Anz. **93** (1931).

348. KRUMBIEGEL, J.: Mammalia. In: Biol. d. Tiere Deutschlands (P. SCHULZE) **1930/31**.

349. KÜKENTHAL, W.: Über die Ursache der Asymmetrie des Walschädels. Anat. Anz. **33** (1908).

349a. LÖNNBERG, E.: Contributions to the knowledge of the Anatomy of the Ruminants. Ark. Zool. (schwed.) **5** (1909).

349b. DE LUCA, S.: C. r. Acad. Sci. Paris **59** (1863) (Mensch); **87** (1878) (Wal, Pferd, Büffel); — Redic. Ac. Sci. fisich. mat. Napoli **18** (1879) (Säuger).

350. LYDEKKER, R.: The Beer of all Lands — a history of the family Cervidae living and extinct. London 1898.

351. MACGREGOR, R.: Note on a curious fact regarding wild oxen. Vet. Rec. **8** (1928).

352. PARKER, W. N.: Note on some points in the Anatomy of the Caecum in Lepus cuniculus and timidus. Proc. Zool. Soc. London **1881**.

353. RHUMBLER, L.: Zur Entwicklungsmechanik von Korkzieher-Geweihbildungen und verwandten Erscheinungen. Roux' Arch. **119** (1929).

354. SCHLEGEL, F.: Die Extremitäten der Caniden, ihre Beziehungen zur Körpersymmetrie und die Verhältnisse ihrer relativen Proportionen. Arch. f. Naturg. **71** (1912).

355. SCHWARZNECKERS Pferdezucht. 3. Aufl. Berlin 1894.

356. SPÖTTEL, W.: Schädelasymmetrie als Folge einseitiger Kaumuskeltätigkeit. Zool. Anz. **71** (1927).

357. WEBER, J.: Maß- und Gewichtsbestimmungen über die morphologische Asymmetrie der Extremitätenknochen artiodactyler Säugetiere. Diss. Bern 1903.

358. DUERST, J. U.: Das Horn der Cavicornia. Denkschr. Schweiz. Naturf.-Ges. **53** (1926).

359. ANDRES, J.: Kryptorchismus beim Hunde. Schweiz. Arch. Tierheilk. **68** (1926).

§ 32.

360 ARNOLD, F.: Handbuch der Anatomie des Menschen **1** (1844/45).

361 *BARDELEBEN, K. v.: Über bilaterale Asymmetrie beim Menschen und bei höheren Tieren. Anat. Anz. **34**, Erg.-H. (1909).

362 BARTELMEZ, G. W., u. H. M. EVANS: Development of the human embryo during the period of somite formation, including embryos with 2 to 16 pairs of somites. Carnegie Inst. Washington Publ. 362, Contr. to Embryol. **17** (1926).

362a. BERNSTEIN, F.: Beiträge zur mendelistischen Anthropologie Heft II. SB. Preuß. Akad. Wiss., Phys.-Math. Kl. (1925).

363. BUCHANAN, A.: Mechanical theory of the predominance of the right hand. Proc. philos. Soc. Glasgow **1862**.

364. CORINALDESI, F.: Asimmetria biochemica e funzionale degli ovari muliebri. Nota prev. Monit. ostetr.-ginec. **2** (1930).

365. FAURE, L.: Essai d'étude comparative de l'homme droit et de l'homme gauche. Thèse de Lyon **1902**.

365a. FISCHER, E.: Über Variation der Hirnfurchen des Schimpansen. Anat. Anz. 54, Ergbd. (1921).

366. FROHSE, F., u. M. FRÄNKEL: Die Muskeln des menschlichen Armes. Handb. d. Anat. d. Menschen. Jena 1908.

367. GARSON, J. G.: Inequality in the length of the lower limbs. J. Anat. and Physiol. 13 (1879).

368. GAUPP, E.: Über die Maß- und Gewichtsdifferenzen zwischen den Knochen der rechten und linken Extremitäten des Menschen. Med. Diss. Breslau 1889.

369. *GAUPP, E.: Die normalen Asymmetrien des menschlichen Körpers. Jena: G. Fischer 1909.

370. GODIN, P.: Sur les asymétries normales des binaires chez l'homme. C. r. Acad. Sci. Paris 130 (1900).

371. GEORGE, R.: Human finger types. Anat. Rec. 46 (1930).

373. GULDBERG, G. A.: Om Extremitetsasymetrien hos Mennesket. Norsk. Mag. Laegevidensk. 12 (1897).

374a. HALLERVORDEN: Eine neue Methode experimenteller Physiognomik. Psychiatr.-neur. Wschr. 4 (1902).

374b. HALLERVORDEN: Rechts- und Linkshändigkeit und Gesichtsausdruck. Zbl. Neur. 53 (1929).

375. HARTING, P.: Asymétrie des os du membre supérieur. Bull. Soc. d'anthropol. de Paris 9 (1874).

376. HASSE, C.: Über Gesichtsasymmetrien. Arch. f. Anat. 1887.

377. HASSE, C.: Die Ungleichheit der beiden Hälften des erwachsenen menschlichen Beckens. Arch. f. Anat. 1891.

378. HASSE, C., u. DEHNER: Unsere Truppen in körperlicher Beziehung. Arch. f. Anat. 1893.

379. HEUER, F.: Die physiologische und skoliotische Drehung der Wirbelsäule. Z. orthop. Chir. 52 (1930).

380. HOADLEY, M. F., u. K. PEARSON: On measurement of the internal diameters of the skull in relation. I. To the prediction of its capacity. II. To the „pre-eminence" of the left hemisphere. Biometrika (Lond.) 21 (1929).

381. JOBERT, L.: Les gauches comparés aux droitiers au point de vue anthropologique et médico-légal. Thèse de Lyon 1885.

381a. LAUTERBACH, C. E., and J. B. KNIGHT: Variation in whorl of the head hair. J. Hered. 18 (1927).

382. LIEBREICH, R.: Die Asymmetrie des Gesichtes und ihre Entstehung. Wiesbaden 1908.

383. MANOUVRIER, L.: Mémoires sur la détermination de la taille d'après les grands os des membres. Mém. de la Soc. d'anthropol. Paris 1892.

384. MATIEGKA, H.: Über Asymmetrie der Extremitäten, an osteologischem Material geprüft. Prag. med. Wschr. 1893.

385. MATIEGKA, J.: The skull of the fossil man „Brno III" and the cast of its interior. L'Anthrop. 7 (1929).

386. MINGAZZINI. G.: Beiträge zur Morphologie der äußeren Großhirnoberflächen bei den Anthropoiden (Schimpanse und Orang). Arch. f. Psychiatr. 85 (1928).

387. MOLLISON, TH.: Rechts und links in der Primatenreihe. Korresp.bl. dtsch. Ges. Anthrop. **1908**.

388. MOOHREAD, T. G.: The relative weights of the right and left sides of the body in the foetus. J. of Anat. **36** (N. S. **16**) (1902).

389 MORANT, G. M.: Studies of palaeolithic man. IV. A biometric study of the upper palaeolithic skulls of Europe and of their relationsships to earlier and later types. Ann. of Eugen. **4** (1930).

390. MOSER: Über die Maßverhältnisse des rechten und linken Armes. Ärztl. Sachverst.ztg **1906**.

391. NISHIMURA, K.: Über Lage, Form und Größe des Gehörorganes bei den Japanern. Proc. imp. Acad. Tokyo **5** (1929).

392. PÉRÉ, A.: Les courbures latérales normales du rachis humain. Thèse de Toulouse **1900**.

393. ROLLET, E.: De la mensuration des os longs des membres dans ses rapports avec l'anthropologie etc. Thèse de Lyon **1888**.

394. ROLLET, E.: La mensuration des os longs des membres. Internat. Mschr. f. Anat. u. Physiol. **6** (1889).

395. ROMICH, S.: Über Asymmetrien des menschlichen Körpers und ihre Bedeutung für die Orthopädie. Z. orthop. Chir. **49** (1927).

396. ROSDESTVENSKIJ, K.: Einige Daten zur Frage über die Asymmetrie des Extremitätenskelettes des Menschen. Izv. sev. kavkask. Univ. **1** (1929). (Russisch.)

397. SCHULTZ, A. H.: Fetal growth in man. Amer. J. physic. Anthrop. **6** (1923).

398. SCHULTZ, A. H.: Fetal growth of man and other primates. Quart. Rev. Biol. **1** (1926).

398a. SCHWARZBURG, W.: Statistische Untersuchungen über den menschlichen Scheitelwirbel und seine Vererbung. Diss. Göttingen 1926 [= Z. Morph. u. Anthrop. **26** (1927)].

399. SFAMENI, P., e A. ORSINI: Asimmetria funzionale degli ovari (Nota prev.). Monit. ostetr. ginec. **1** (1929).

400. SMITH, G. E.: Right- and left-handedness in primitive men. Brit. med. J. **1925 II**, 1107.

400a. SNYDER, L. H.: The linkage relations of the blood groups. Anat. Rec. **34** (1926).

400b. STIEVE, H.: Bilaterale Asymmetrien im Bau des menschlichen Rumpfskeletts. Z. Anat. **60** (1921).

401. STRUTHERS, J.: On the Relative Weights of the Viscera of the Two Sides of the Body; and on the Consequent Position of the Centre of Gravity to the Right Side. Edinburgh med. J. **8**, 1086 (1863).

402. THEILE, F. W.: Gewichtsbestimmungen zur Entwicklung des Muskelsystems und des Skelettes beim Menschen. Nova Acta Acad. Caes. Leop. Car. **46**, 198, 244 (1884).

403. TILNEY, FR.: The brain of prehistoric man. A study of the psychologic foundations of human progress. Arch. of Neur. **17** (1927).

404. VERSCHUER, O. v.: Zur Frage der Asymmetrie des menschlichen Körpers. Vorl. Mitt. Z. Morph. u. Anthrop. **27** (1929).

404a. VERSCHUER, O. v.: Anthropologische Studien an ein- und zweieiigen Zwillingen. Z. indukt. Abstammungsl. **41** (1926).
405. VOGT: Zur Morphologie und Mechanik der Darmdrehung. Anat. Anz. **53**, Ergbd. (1920).
406. VOIT, E.: Über die Größe der Erneuerung der Horngebilde beim Menschen. II. Mitt. Die Nägel. Z. Biol. **90** (1930).
407. WEBER, E.: Über die Gewichtsverhältnisse der Muskeln des menschlichen Körpers im allgemeinen. Ber. Verh. K. Sächs. Ges. Wiss. Leipzig, math.-phys. Kl. **1849**.
408. WEIL, A.: Measurements of cerebral and cerebellar surfaces. Comparative studies of the surfaces of endocranial casts of man, prehistoric men, and anthropoid apes. J. physic. Anthrop. **13** (1929).
409. WEVILL, L. B.: The occipital bone and the bones of the superior extremity in relation to „right" or „left" handedness. Edinburgh med. J. **35** (1928).
409a. WOO, T. L.: On the asymmetry of the human skull. Biometrika **22** (1931).
409b. YAMAZAKI, K.; Essai sur l'asymétrie mandibulaire normale chez l'homme adulte. Archives d'Anat. **13** (1931).

§ 33.

410. AUDENINO, E.: L'homme droit, l'homme gauche, et l'homme ambidextre. Arch. di psich., neuropat., antrop., crim. e med. leg. (Turin) **28** (1907).
411. AUDENINO, E.: Mancinismo e destrismo. Arch. di psich., neuropat., antrop., crim. e med. leg. (Turin) **29** (1908).
412. BALDWIN, J. M.: Origin of right or left handedness. Science **1890**.
413. BALDWIN, J. M.: Righthandedness and effort. Science **1890**.
414. BALDWIN, J. M.: Infants' movements. Science **1892**.
414. BALDWIN, J. M.: Die Entwicklung des Geistes beim Kinde und bei der Rasse. (Deutsche Übersetzung.) Berlin 1890. (3. Aufl. des Originals: Mac Millan 1906.)
416. BARDELEBEN, K. v.: Über Rechtshändigkeit beim Menschen. Anat. Anz. **37**, Erg.heft (1910).
417. BARDELEBEN, K. v.: Weitere Untersuchungen über Linkshändigkeit. Anat. Anz. **38**, Erg.heft (1911).
418. BARDELEBEN, K. v.: Ist Linkshändigkeit ein Zeichen von Minderwertigkeit? Anat. Anz. **46**, Erg.heft (1914).
419. BAUER, J.: Ein Beitrag zur Kenntnis der Rechts- und Linkshändigkeit. Z. Neur. **4** (1911).
420. BETHE, A.: Zur Statistik der Links- und Rechtshändigkeit und der Vorherrschaft einer Hemisphäre. Dtsch. med. Wschr. **51**, 681 (1925).
421. BIERVLIET, J. J. VAN: L'homme droit et l'homme gauche. Rev philos. de la France et de l'étranger **47**, 113, 276, 371 (1899).
422. BRINTON, D. G.: Lefthandedness in North American Aboriginal Art. Amer. Anthropologist **1896**.
423. CUNNINGHAM, D. J.: Righthandedness and leftbrainedness. J. Anthrop. Inst. of Gr. Britain **32** (1902).

424. DELAUNEY, C.-G.: Biologie comparée du côté droit et du côté gauche chez l'homme et les êtres vivantes. Paris 1874.

425. DELAUNEY, C.-G.: Pathologie générale. Études de Biologie comparée. Paris 1878.

426. ERLENMEYER, A.: Die Schrift. Grundzüge ihrer Physiologie und Pathologie. Stuttgart 1879.

427. GANTER, R.: Über Linkshändigkeit bei Epileptischen, Schwachsinnigen und Normalen. Allg. Z. Psychiatr. 75 (1919).

428. *GAUPP, E.: Über die Rechtshändigkeit des Menschen. Jena: Fischer 1909.

429. GRIESBACH, H.: Über Linkshändigkeit. Dtsch. med. Wschr. 45, 1408 (1919).

430. HEILIG u. STEINER: Zur Kenntnis der Entstehungsbedingungen der genuinen Epilepsie. Untersuchungen an 567 Soldaten. Z. Neur. 1912.

431. HURST, C. C.: Mendelian Heredity in Man. Eugenics Rev. 4 (1912).

432. JACKSON, J.: Ambidexterity or two-handedness and two-brainedness. London 1905.

433. *JORDAN, H. E.: Hereditary lefthandedness, with a note on twinning. J. Genet. 4 (1914).

434. KAMM, B.: Händigkeit und Variationsstatistik. Klin. Wschr. 1930 I, 435.

435. KATSCHER, L.: Die Linkskultur. Himmel und Erde (Monatsschrift) 27 (1915).

436. *KLÄHN, H.: Das Problem der Rechtshändigkeit vom geologisch-paläontologischen Gesichtspunkt betrachtet. Berlin: Bornträger 1925.

437. LIERSCH, L. W.: Die linke Hand. Berlin 1893.

438. LOMBROSO, C.: Sul mancinismo e destrismo tattile nei sani, nei pazzi nei ciechi e nei sordomuti. Arch. di psichiatria, neurop., antrop. crim. e med. leg. (Turin) 5 (1884).

439. LUEDDECKENS, F.: Rechts- und Linkshändigkeit. Leipzig 1900.

440. MARCUS: Zur Frage der Linkshändigkeit in der Unfallversicherung. Mschr. Unfallheilk. 19 (1912).

441. MARRO, A.: I caratteri dei delinquenti. Turin 1887.

442. MATTAUSCHEK: Einiges über die Degeneration des bosnisch-herzegowinischen Volkes. Jb. Psychiatr. 29 (1908).

443. *MERKEL, F.: Die Rechts- und Linkshändigkeit. Erg. Anat. 13 (1903).

444. MEYER, V.: Über den Ursprung von Rechts und Links. Z. Ethnol. (Verh. Berl. Ges. f. Anthrop.) 5 (1873).

445. MORTILLET, G. DE: Formation des variétés. Albinism et gauchissement. Bull. Soc. Anthrop. Paris (4) 1 (1890).

446. MORTILLET, G. DE, u. M. DE MORTILLET: Le Préhistorique, origine et antiquité de l'homme. 1e éd. Paris 1883.

447. NEURATH, R.: Über Linkshändigkeit im Kindesalter. Wien. klin. Wschr. 35 (1922).

448. OGLE, W.: On Dextral Pre-eminence. Lancet (London) 1871 — Medico-Chirurg. Trans. (London) 54 (1871).

449. *PARSON, B. S.: Lefthandedness. A new Interpretation. New York 1924.

450. PFEIFER, R. A.: Bemerkungen zur Links- und Rechtshändigkeit. Münch. med. Wschr. **74**, 346 (1927).
451. QUINAN, C.: Sinistrality in relation to high blood pressure and defects of speech. Arch. internal med. (Chicago) **7** (1922).
452. RAMALEY, F.: Inheritance of left-handedness. Amer. Naturalist **47** (1913).
453. SARASIN, P.: Über Rechts- und Linkshändigkeit in der Prähistorie und die Rechtshändigkeit in der historischen Zeit. Verh. Naturf. Ges. Basel **29** (1918).
454. SARASIN, P. u. F.: Reisen in Celebes. Wiesbaden 1905.
455. SCHAEFER, M.: Die Linkshänder in den Berliner Gemeindeschulen. Berl. klin. Wschr. **48**, 295 (1911).
456. SIEMENS, H. W.: Über Linkshändigkeit. Ein Beitrag zur Kenntnis des Wertes und der Methodik familienanamnestischer und korrelationsstatistischer Erhebungen. Virchows Arch. **252** (1924) — Münch. med. Wschr. **71** (1924).
457. SIEMENS, H. W.: Die Zwillingspathologie. Berlin: Julius Springer 1924.
458. STEINER, G.: Über die Beziehungen der Epilepsie zur Linkshändigkeit. Mschr. f. Psychol u. Neurol. **30** (1911).
459. STEINER, G.: Zur Theorie der funktionellen Großhirnhemisphärendifferenz. J. Psychol. u. Neur. **19** (1912).
460. *STIER, E.: Untersuchungen über Linkshändigkeit und die funktionellen Differenzen der Hirnhälften. Nebst einem Anhang: „Über Linkshändigkeit in der Deutschen Armee." Jena: G. Fischer 1911f
461. TEDESCHI e RAVA: Differenze funzionale fisiologiche nelle due part. simmetriche etc. Riv. Clin. med. **1** (1900).
462. VOELCKEL, G.: Untersuchungen über Rechtshändigkeit beim Säugling. Z. Kinderheilk. **8** (1913).
463. WILSON, D.: The right hand: Left-handedness. London 1891.

§ 34.

464. ABDERHALDEN, E.: Beobachtungen zur Frage der morphologischen und funktionellen Asymmetrie des menschlichen Körpers. Pflügers Arch. **177** (1919).
465. BIERENS DE HAAN, J. A.: Über Wahrnehmungskomplexe und Wahrnehmungselemente bei einem niederen Affen (Nemestrinus nemestrinus L.). Zool. Jb., Abt. Allg. Zool. u. Physiol. **42** (1925).
465a. BIERENS DE HAAN, J. A.: Phototaktische Bewegungen von Tieren bei doppelter Reizquelle. Biol. Zbl. **41** (1921).
466. BRECHER, G.: Beitrag zur Raumorientierung der Schabe Periplaneta americana. Z. vergl. Physiol. **10** (1929).
467. BRESLER, J.: Das Schuhsohlensymptom. Psychiatr.-neur. Wschr. (Halle) **21** (1919/20).
467a. BUDDENBROCK, W. v.: Untersuchungen über den Mechanismus der phototropen Bewegungen. Wiss. Meeresunters. (Helgoland) **15** (1922).
468. DUNKELBERGER, J.: Spiral movement in mice. J. comp. Psychol. **6** (1926).

469. EXNER, F. M.: Über natürliche Bewegungen in geraden und gewellten Linien. Naturwiss. Wschr. N. F. **19** (1929).
470. FISCHEL, W.: Über die Bedeutung der Erinnerung für die Ziele der tierischen Handlung. Z. vergl. Physiol. **9** (1929).
471. GULDBERG, F. O.: Die Circularbewegung als tierische Grundbewegung, ihre Ursache, Phänomenalität und Bedeutung. Biol. Zbl. **16** (1896) — Z. Biol. N. F. **17** (1897).
472. HUSBAND, R. W.: A comparison of human adults and white rats in maze learning. J. comp. Psychol. **9** (1929).
473. KAHN, R. H.: Zur funktionellen Asymmetrie des menschlichen Körpers. Pflügers Arch. **207** (1925).
474. KOLMER, W.: Tanzenten. Zbl. Physiol. **25** (1911).
475. MUENZINGER, K. F., L. KOERNER a. E. IREY: Variability of an habitual movement in guinea pigs. J. comp. Psychol. **9** (1929).
475a. PETERSON, G. M.: A preliminary report on right and left handedness in rat. J. comp. Psychol. **12** (1931).
476. PINTNER: Vorträge des Vereins zur Verbreitung naturw. Kenntn. in Wien **58** (1918); ref. in. Naturwiss. Wschr. **34** (1919).
477. ROTH, H.: Psychologische Untersuchungen an nicht domestizierten Nagetieren, namentlich der Hausmaus. Z. Psychol. **97** (1925).
478. SCHAEFFER, A. A.: On a new principle underlying movement in organisms. Anat. Rec. **17** (1920).
479. SCHAEFFER, A. A.: Ameboid Movement. Princeton 1920.
480. SCHAEFFER, A. A.: Spiral movement in amebas. Anat. Rec. **34** (1926).
481. SCHAEFFER, A. A.: Observations on spiral movements in amebas, Odontosyllus larvae and terns etc. Carnegie Inst. Year Book **26** (1927).
482. SCHAEFFER, A. A.: Spiral movement in man. J. Morph. **45** (1928). [Excerpt in Anat. Rec. **37** (1927).]
483. SCHAEFFER, A. A.: The effect of light on the mechanism of spiral movement. Anat. Rec. **44** (1929).
484. SCHUT, MLLE.: Quelques facteurs ayant de l'importance dans l'acquisition d'habitude par les oiseaux. Arch. néerl. Physiol. **5** (1921).
485. SIBLEY, W. K.: Leftleggedness. Nineteenth Century **27** (1890).
486. TSAI, L. S., u. S. MAURER: „Right-handedness" in white rats. Science (N. Y.) **1930 II**.
487. YERKES, R. M.: The functions of the ear of the dancing mouse. Amer. J. Physiol. **18** (1907).
488. YERKES, R. M.: The dancing mouse. New York 1907.
489. YOSHIOKA, J. G.: A note on a right or left going position habit with rats. J. comp. Psychol. **8** (1928).
490. YOSHIOKA, J. G.: Frequency factor in habit formation. J. comp. Psychol. **11** (1930).
491. MENNER, E.: erscheint in Z. vergl. Physiol.

§ 35.

492. BALLARD, P. B.: Sinistrality and Speech. J. exper. Pedagogy **1** (1911/12).

493. Baudoin, M.: Une expérience relative à la vision binoculaire. Gaz. méd. Paris 4 (1904).
494. Baudoin, M.: Droiture et gaucherie oculaires. Gaz méd. Paris 4 (1904).
495. Engeland, R.: Über funktionelle Asymmetrie. Münch. med. Wschr. 1922, 1372.
496. Enslin: Kurze Mitteilung über ein Augensymptom bei Linkshändern. Münch. med. Wschr. 1910, 2242.
497. Esser, A. A. M.: Äugigkeit und Händigkeit. Klin. Mbl. Augenheilk. 78 (1927).
498. Funaishi, S.: Über das Zentrum der Sehrichtungen. Graefes Arch. 116 (1925). — Hofmann, F. B. (Bemerkungen hierzu) Graefes Arch. 116 (1925). — Ferner: Graefes Arch. 117.
499. Gould, G. M.: Right-eyedness and Left-eyedness. Science 1904.
500. Gould, G. M.: Andere Art. s. bei Parson[449].
501. Griesbach, H.: Über Linkshändigkeit. Dtsch. med. Wschr. 1919, 1408.
502. Harford, Ch. F.: Squint and the child mind. Child 14 (1924).
503. Heinonen, O.: Über Schielen und Konstitution. Acta ophthalm. (Københ.) 3 (1925).
504. Hillemanns, J.: Die funktionelle Asymmetrie der Augen, die Vorherrschaft eines derselben und die binokulare Richtungslokalisation. Klin. Mbl. Augenheilk. 1927.
505. Inmann, W. S.: An inquiry into the origin of squint, lefthandedress and stammer. Lancet 207 (1924).
506. Krämer, M., u. M. Schützenhuber: Über den Einfluß der Rechts- und Linkshändigkeit auf die Entwicklung des führenden Auges und des Strabismus concomitans unilateralis. Z. Augenheilk. 57 (1925).
507. Lineback, P.: Some observations on the mechanism of double vision. A preliminary paper. Anat. Rec. 38 (1928).
508. Litinskj, G.: Über die Bedeutung der führenden Hand, des führenden Auges, Heterophorie und Refraktion in der Ätiologie des Strabismus. Russk. oftalm. Ž. 8 (1928).
509. Litinskij, G.: Entstehungsursachen der funktionellen Asymmetrie der Augen. Russk. oftalm. Ž. 10 (1929).
510. Miles, W. R.: Ocular dominance in human adults. J. gen. Psychol. 3 (1930).
511. Mills, L.: Eyedness and handedness. Amer. J. Ophthalm. 8 (1925).
512. Rosenbach, O.: Über monoculare Vorherrschaft beim binocularen Sehen. Münch. med. Wschr. 1903, 1290.
513. Sachs, M.: Über Schielen und Stottern. Z. Augenheilk. 53 (1924).
514. Sheard, Ch.: The dominant or sighting eye. Optician 65 (1923).
515. Stevens, H. C., and C. J. Ducasse: The retina and righthandedness. Psychologic. Rev. 19 (1912).
516. Wray, Ch.: Righthandedness and Leftbrainedness. Lancet 1 (1903).
517. Zeisig, H.: Das Gleichgewicht im Bild. Phototechnik 1929.

§ 36.

518. Ardin-Deltail u. a., ref. in Zbl. Neur. 34 (1923). — Mendel, K.: Neur. Zbl. 31 (1912); 33 (1914). — Claude u. Schaeffer: Encéphale 16 (1921).

519. Astwatzaturoff, M.: Über die Entstehung der Rechtshändigkeit und funktionellen Asymmetrie des Gehirns. Wissenschaftl. Med. 11 (1923) (russ.).

520. Aymès, G., et A. Sauvan: Marseille Méd. 60 (1923).

521. Bastian, H. C.: On the specific gravity of different parts of the human brain. J. ment. Sci. 1866.

522. Biervliet, J. J. van: L'asymétrie sensorielle. Bull. Acad. R. Belg. (III) 34 (1897).

523. Biervliet, J. J. van: Nouvelle contribution à l'étude de l'asymétrie sensorielle. Bull. Acad. R. Belg. 1901.

523a. Brandt, A.: Arbeitshypothese über Rechts- und Linkshändigkeit. Biol. Zbl. 33 (1913). Vgl. a. Naturwiss. Wschr. 12 (1913).

524. Brann, R.: Untersuchungen zur Frage der Rechts- und Linkshändigkeit und zum Gestalterkennen aus der Bewegung kleiner Kinder. Arch. f. Psychiatr. 86 (1929).

525. Broca, P.: Sur les poids relatives des deux hémisphères. Bull. Soc. Anthrop. Paris 1875.

526. Broca, P.: De la différence fonctionelle des deux hémisphères cérébraux. Mém. d'Anthrop. (Paris) 5 (1888).

527. Brüning, A.: Einfaches Verfahren zur Ermittlung von Linkshändern. Münch. med. Wschr. 58, 2613 (1911).

528. Burger, H.: Rechts und Links. Nervenarzt 2 (1929).

529. Bushmakin, N.: Characteristics of the brain of the mongol race. Amer. J. physic. Anthrop. 12 (1928).

530. Cushing: A case of motor aphasia. Arch. of Neur. 5 (1921).

531. Dettermann: (Bemerkungen zu Brüning[527]). Münch. med. Wschr. 1912, 202.

532. Downey, J. E.: Types of dextrality and their implications. Amer. J. Psychol. 38 (1927).

533. Fildes, L. G., and C. S. Myers: Lefthandedness and the reversal of letters. Brit. J. Psychol., gen. sect. 12 (1921).

534. Griesbach, H.: Hirnlocalisation und Ermüdung. Pflügers Arch. 131 (1910); ferner: Z. Neur. 32 (1916).

535. Gruhle, W.: Über die Fortschritte in der Erkenntnis der Epilepsie in den Jahren 1910—1920 usw. Zbl. Neur. 34, 33—34 (1924) (Sammelreferat).

536. Günther, H.: Das konstitutionelle Moment in der Ruhelagerung der Organismen und seine Bedeutung für die Pathogenese. Z. angew. Anat. 5 (1919).

537. Hazelhoff, F. E., u. H. Wiersma: Untersuchungen über die Frage der sensorischen Asymmetrie. Z. Psychol. 91 (1923).

538. Hecht, A., u. L. Langstein: Zur Kenntnis der Rechts- und Linkshändigkeit. Dtsch. med. Wschr. 26 (1900).

539 Henschen, S. E.: Ist der Gorilla linkshirnig? Dtsch. Z. Nervenheilk. 92 (1926).

540 Inglessis, M.: Untersuchungen über Symmetrie und Asymmetrie der menschlichen Großhirnhemisphären. Z. Neur. 95 (1924).

541. INGLESSIS, M.: Über Kapazitätsunterschiede der linken und rechten Hälfte am Schädel bei Menschen (insbesondere bei Geisteskranken) und über Hirnasymmetrien. Z. Neur. 97 (1927).

542. KAPPERS, C. U. A.: The relative weight of the brain cortex in human races and in some animals, and the assymetry of the hemispheres. J. nerv. Dis. 64 (1928).

543. KINGMANN, R.: Mirror writing and lefthandedness. Med. Tm. 55 (1927).

544. KISTLER, K.: Linkshändigkeit und Sprachstörungen. Schweiz. med. Wschr. 1930 I.

545. KLAATSCH: Diskussionsbemerkung zu v. BARDELEBEN[416].

546. KRAHMER, W., u. L. FOREST: Zum Problem der Links- und Rechtshändigkeit. Eine experimentelle Studie. Z. Psychol. u. Neur. 31 (1925).

547. LUTZ, F. E.: The inheritance of the manner of clasping the Lands. Amer. Naturalist 42 (1908).

548. MÜHLMANN, M.: Der Tod und die Konstitution. Nebst einem Beitrag zur Rechtshändigkeitsfrage. Beitr. path. Anat. 75 (1926).

549. NEURATH, R.: Zur Symptomatologie der partiellen sekundären Linkshändigkeit. Wien. klin. Wschr. 37 (1924).

550. PFEIFER, R. A.: Die rechte Hemisphäre und das Handeln. Z. Neur. 77 (1922).

551. PFEIFER, R. A.: Bemerkungen zur Links- und Rechtshändigkeit. Münch. med. Wschr. 1927 I, 346.

552. PYE-SMITH, P. H.: On Left-Handedness. Guy's Hosp. Rep. (3) 16 (1871).

553. QUINAN, C.: The principal sinistral types. An experimental study usw. Arch. of Neur. 24 (1930).

554. RADOLSKY: The Asymmetry of the hemispheres of the brain in man and animals. J. nerv. Dis. 62 (1925).

555. RADOLSKY, J.: Die Entstehung der funktionellen Einhändigkeit (Rechts-Links-Händigkeit). Dtsch. Z. Nervenheilk. 84 (1925).

556. REDLICH, E.: Nochmals Epilepsie und Linkshändigkeit. Epilepsia 3 (1912).

557. RIESE, W.: Die Überwertigkeit der einen Hemisphäre auf Grund hirnmorphologischer und hirnpathologischer Untersuchungen. Mschr. Psychiatr. 64 (1927).

558. RIESE, W.: Das Hirn des Linkshänders. Münch. med. Wschr. 1926, 1383; ferner: Münch. med. Wschr. 1927.

559. RIFE, J. M.: Types of dextrality. Psychologic. Rev. 29 (1922).

560. ROTHSCHILD, F. S.: Über Links und Rechts. Eine erscheinungswissenschaftliche Studie. Z. Neur. 124 (1930).

561. RÜBEL, E.: Über das Gewicht der rechten und linken Großhirnhemisphäre in gesundem und krankem Zustande. Diss. Würzburg 1908.

562. SCHOTT, A.: Über Rechts und Links beim Menschen. Mschr. Psychiatr. 77 (1930).

563. SCHOTT, A.: Über die Beziehungen zwischen Kropf, Begabung und Händigkeit. Z. Schulgesundh.pfl. 1930.

564. Schott, A.: Über Rechts- und Linkshändigkeit bei Geistesschwachen. Z. Behdlg. Anomal. 50 (1930).
565. Schott, A.: Über Rechts und Links bei Geistesschwachen. Psychiatr.-neur. Wschr. 1930 I.
566. Schott, A.: Linkshändigkeit und Erblichkeit. Z. Neur. 135 (1931) (Referat).
567. Sieben, W.: Über Rechts- und Linksgliedrigkeit. Dtsch. Z. Nervenheilk. 73 (1922).
568a. Stamm, K.: Untersuchung über Linkshändigkeit. Diss. München 1923.
568b. Kroeger, E.: Untersuchung über Linkshändigkeit. Diss. München 1924.
569 Steiner, J.: Über die Physiologie und Pathologie der Linkshändigkeit. Münch. med. Wschr. 1913, 1098.
570. Sterzinger, O.: Über Rechts- und Linkshändigkeit bei Amputierten. Eine psychologische Untersuchung. Unters. Psychol. usw. (Göttingen) 6 (1927).
571. Taterka s. Zbl. Neur. 35, 446 (1924).
572. Valsik, J. A.: Das Problem der Rechts- und Linkshändigkeit im Lichte der Epidermalkonfigurationen der menschlichen Handfläche. Čas. lék. česk. 67 (1928).
Vilde s. Wilde.
573. Weber, E.: Eine Erklärung für die Art der Vererbung der Rechtshändigkeit. Zbl. Physiol. 18 (1904/05).
574. Wilde, J.: Über das Gewichtsverhältnis der Hirnhälften beim Menschen. Latvijas Univ. raksti (Riga) 14 (1926).
575. Woo, T. L.: Dextrality and sinistrality of hand and eye. II. Mem. Biometrika (Lond.) 20 A (1928).
576. Woo, T. L., and K. Pearson: Dextrality and Sinistrality of hand and eye. Biometrika (Lond.) 19 (1927).
577. Woollard, H. H.: The Australian aboriginal brain. J. of Anat. 63 (1929).
578. Ludwig, W.: Unpublizierte Untersuchungen über Seitigkeit an 3—600 Personen, ausgeführt 1927/28.

§ 37.

579. Bonhoeffer, K.: Zur Klinik und Lokalisation des Agrammatismus und der Rechts-Links-Desorientierung. Mschr. Psychiatr. 54 (1923).
580. Buytendijk, F. J. J.: Über das Umlernen. (Nach Versuchen bei Ratten.) Arch. néerl. Physiol. 15 (1930).
581. Buytendijk, F. J. J., u. W. Fischel: Strukturgemäßes Verhalten von Ratten. Arch. néerl. Physiol. 16 (1931).
582. Elze, C.: Rechts und Links im Körperschema. Anat. Anz. 58, Erg.-H. (1924).
583. Elze, C.: Rechtslinksempfinden und Rechtslinksblindheit. Z. angew. Psychol. 24 (1924).
584. Elze, C.: Kann jedermann rechts und links unterscheiden? Dtsch. Z. Nervenheilk. 90 (1926).

585. FISCHEL, W.: Dressurversuche an Schnecken. Z. vergl. Physiol. 15 (1931).
586. GARTH, TH. R., and M. P. MITCHELL: The learning Curve of a land snail. J. comp. Psychol. 6 (1926).
587. HECK, L.: Über die Bildung einer Assoziation beim Regenwurm auf Grund von Dressurversuchen. Lotos 67 (1920).
588. HEMPELMANN, F.: Tierpsychologie. Leipzig 1926.
589. HUNTER, W. S.: Habit interference in the white rat and in human subjects. J. compar. Psychol. 2 (1922).
590. YERKES, R. M.: The intelligence of earth worms. J. animal behav. 2 (1912).
591. HAMILL, R.: Sequence of turns versus distances as essential pattern-elements in the maze problem. J. comp. Psychol. 11 (1931).
     Ferner: BURGER[528].

§ 38.

592. BULLER, R.: Quart. J. microsc. Sci. 46 (1903). — DEWITZ: Pflügers Arch. 38 (1886). — BALLOWITZ, Z. Zool. 50 (1890). — DUNGERN, Zbl. Physiol. 15 (1901).
593. BULLINGTON, W. E.: A study of spiral movement in the Ciliate Infusoria. Arch. Protistenkde 50 (1925).
594. BULLINGTON, W. E.: A further study of spiraling in the ciliate Paramecium, with a note on morphology and taxonomy. J. exper. Zool. 56 (1930).
595. HEATH, H.: The Development of Ischnochiton. Zool. Jb., Abt. Anat. 12 (1899).
596. LUDWIG, W.: Untersuchungen über die Schraubenbahnen niederer Organismen. Z. vergl. Physiol. 9 (1929).
597. LUDWIG, W.: Zur Nomenklatur und Systematik der Gattung Paramecium. Zool. Anz. 92 (1930).
598. LUDWIG, W.: Zur Theorie der Flimmerbewegung (Dynamik, Nutzeffekt, Energiebilanz). Z. vergl. Physiol. 13 (1930).
599. MARCUS, E.: Bryozoa. In: Biologie d. Tiere Deutschl. (P. SCHULZE), Teil 43.
600. PETERS, N.: Über Orts- und Geisselbewegung bei marinen Dinoflagellaten. Arch. Protistenkde 67 (1929).
601. SCHAEFFER, A. A.: Relation of body form to spiral movement. Anat. Rec. 20 (1920/21).
602. SZYMANSKI, J. S.: Drei Lösungsversuche eines Problems. Biol. Zbl. 42 (1922).
603. WALTON, L. B.: The axial rotation of aquatic microorganisms and its significance. Ohio J. Sci. 18 (1917/18).
604. WILDMANN, E. E.: Why do ciliated animals rotate counter-clockwise while swimming? Science (N. Y.) 63 (1926).
605. WINSLOW, G. M.: Note on the circular swimming of sanddollar spermatozoa. Science (N. Y.) 17 (1903).

§ 39.

606. SCHOENEMUND, E.: Plecoptera. — ULMER, G.: Ephemeroptera. — ULMER: Trichoptera. In: Biologie d. Tiere Deutschlands (P. SCHULZE)

607. BRÜEL, L.: Anatomie und Entwicklungsgeschichte der Geschlechts-ausführwege samt Annexen von Calliphora erythrocephala. Zool. Jb., Abt. Anat. 10 (1897).

608. CHRISTOPHERS, S. R.: The male genitalia of Anopheles. Indian J. med. Res. 3 (1915/16).

609. EDWARDS, F. W.: The nomenklature of the Parts of the Male Hypopygium of Diptera Nematocera, with special Reference to Mosquitoes. Ann. trop. med. a. parasitol (Liverpool) 14 (1920).

610. FEUERBORN, H. J.: Der Dipterenflügel nicht meso-, sondern meta-thoracal? Zool. Jb., Abt. Anat. 42 (1921).

611. FEUERBORN, H. J.: Das Hypopygium „inversum" und „circumversum" der Dipteren. Zool. Anz. 55 (1923).

612. FRIELE, A.: Die postembryonale Entwicklungsgeschichte der männlichen Geschlechtsorgane und Ausführwege von Psychoda alternata Say. Z. Morph. u. Ökol. Tiere 18 (1930).

613. GÄBLER, H.: Die postembryonale Entwicklung des Tracheensystems von Eristalis tenax. Z. Morph. u. Ökol. Tiere 19, 473 (1930).

614. GRUHL, K.: Paarungsgewohnheiten der Dipteren. Z. Zool. 122 (1924).

615. LIANG, SH.: Morphologie des Hypopygiums, der männlichen Genitaldrüsen und des Verdauungssystems von Thaumastoptera calceata Mik. (Tipulida, Diptera). Arch. f. Naturg. 91 A (1925).

616. LINDNER, E.: Diptera. In: Biologie d. Tiere Deutschlands (P. SCHULZE). Lief. 5. Berlin 1923.

617. LUDWIG, W.: Untersuchungen über den Kopulationsapparat der Baumwanzen. Z. Morph. u. Ökol. Tiere 5 (1926).

618. MARTINI, E.: Über den Bau der äußeren männlichen Geschlechtsorgane bei den Stechmücken. Arch. f. Naturg. 88 A (1922).

619. MELIN, D.: Contributions to the knowledge of the biology, metamorphosis and distribution of swedish Asilids. Zoologiska Bidrag Uppsala 8 (1923).

620. OKA, H.: Ein interessanter Fall von Körpertorsion bei Insekten. Zool. Anz. 68 (1926).

621. PETZOLD, W.: Bau und Funktion des Hypopygiums der Tachinen, unter besonderer Berücksichtigung der Kieferneulentachine (Ernestia rudis Fall). Jena Z. Naturwiss. 63 (1928).

622. REICHARDT, H.: Untersuchungen über den Genitalapparat der Asiliden. Z. Zool. 135 (1929).

623. SCHRÄDER, TH.: Das Hypopygium „circumversum" von Calliphora erythrocephala. Ein Beitrag zur Kenntnis des Kopulationsapparates der Dipteren. Z. Morph. u. Ökol. Tiere 8 (1927).

624. STÄGER, R.: Beiträge zur Biologie einiger einheimischer Heuschreckenarten (Orth.). Z. Insektenbiol. 25 (1930).

625. FISCHER, K.: Die Begattung bei Limax maximus. Jena. Z. Naturwiss. 48 (1917/19).

§ 40.

626. BALLOWITZ, E.: Z. Zool. 50 — Arch. mikrosk. Anat. 32, 36, 63, 65 — Anat. Anz. 58 — Arch. exper. Zellforschg 12. — KOLTZOFF, Arch. Zellforschg 2. — RETZIUS, Biol. Unt. N. F. 10, 13—15, 17; und verschiedene andere Arbeiten dieser und anderer Autoren.

482 Literaturverzeichnis.

627. Lee, A. B.: La structure du spermatozoide de l'Helix pomatia. Cellule **21** (1903).
628. Ankel, W. E.: Z. Zellforschg **11** (1930).
629. Korschelt, K., u. E. Heider: Lehrbuch der vergleichenden Entwicklungsgeschichte der wirbellosen Tiere. Allg. Teil, 3. Liefg. Jena 1909.
630. Menner, E.: Zool. Anz. **95** (1931).

§ 41.

631. Befund von W. Herre im Zool. Inst. d. Univ. Halle.
632. Mangold, O.: Situs inversus bei Triton. Roux' Arch. **48** (1921).
633. Meyer, R.: Die ursächlichen Beziehungen zwischen dem Situs viscerum und Situs cordis. Roux' Arch. **37** (1913).
634. *Minkin, S.: Zur Frage des rechtsseitigen Verlaufes des Ductus thoracicus. Anat. Anz. **60** (1925/26).
635. Pan, N.: Transposition of abdominal viscera. J. of Anat. **60** (1926).
636. *Pernkopf, E.: Der partielle Situs inversus beim Menschen. Gedanken zum Problem der Asymmetrie und zum Phänomen der Inversion. Z. Anat. **79** (1926).
637. Pressler, K.: Beobachtungen und Versuche über den normalen und inversen Situs viscerum et cordis bei Anurenlarven. Roux' Arch. **32** (1911).
638. Spemann, H.: Über eine neue Methode der embryonalen Transplantation. Verh. dtsch. Zool. Ges. 1906.
639. Spemann, H.: Über die Determination der ersten Organanlagen des Amphibienembryo I—VI. Roux' Arch. **43** (1918).
640. Spemann, H., u. H. Falkenberg†: Über asymmetrische Entwicklung und Situs inversus viscerum bei Zwillingen und Doppelbildungen. Roux' Arch. **45** (1919).
641. *Vitemberger, P.: Recherches sur l'inversion splanchnique et la conformation du cœur chez les monstres doubles monomphaliens. Archives d'Anat. **6** (1927).
642. Warynski, St., u. H. Fol: Recherches expérimentales sur la cause de quelques monstruosités simples et de divers processus embryogéniques. Rec. Zool. Suisse **1** (1884).
643. Wilhelmi, H.: Experimentelle Untersuchungen über Situs inversus. Erg. Anat. **54** (1920).
644. Wilhelmi, H.: Experimentelle Untersuchungen über Situs inversus viscerum. Roux' Arch. **48** (1921).

§ 44.

645. Goethe: Die G.sche Arbeit über die Spiraltendenz der Pflanzen entstand 1827—1829, erschien erstmals 1831 als letztes Kapitel der deutsch-französischen Ausgabe der Metamorphose der Pflanzen, später ausführlich in den nachgelassenen Werken (**55**, 95—128).
646. Jaeger, F. M.: Lectures on the Principle of Symmetry. 2. ed. Amsterdam 1920.
647. Lewis, F. T.: A note on symmetry as a factor in the evolution of plants and animals. Amer. Naturalist **57** (1923).

§ 46.

648. BATESON, W.: Materials for the study of variation. London 1894.
649. BOND, C. J.: Hemilateral Asymmetry. Its relation to cross-breeding in animals and man. Eugenics Rev. **21** (1929).
650. BONNEVIE, K.: Was lehrt die Embryologie der Papillarmuster über ihre Bedeutung als Rassen- und Familiencharakter? Z. Abstammgslehre **50** (1929).
651. CONKLIN, E. G.: The cause of inverse symmetry. Anat. Anz. **23** (1903).
652. DAHLBERG, G.: Genotypische Asymmetrien. Z. Abstammgslehre **53** (1930).
653. GRÜNEBERG, H.: Die Vererbung der menschlichen Tastfiguren. Z. Abstammgslehre **46** (1928).
654. GRÜNEBERG, H.: Untersuchungen über Asymmetrie der Tastfiguren. Z. Abstammgslehre **47** (1928).
655. GRÜNEBERG, H.: Idiotyp und Paratyp in der menschlichen Erbforschung. Z. Abstammgslehre **50** (1929).
656. GRÜNEBERG, H.: Zur Tastfigurenfrage I. Z. Abstammgslehre **53** (1930).
657. IMAI, Y.: The right- and left-handedness of phyllotaxy. Botanic. Mag. **41** (1927).
658 LANDAUER, W.: Die Vererbung von Haar- und Hautmerkmalen, ausschließlich Färbung und Zeichnung. I. Z. Abstammgslehre **42** (1926); II. Ebenda **50** (1929).
659 LAUER, A.: Über Papillarmuster. Und die anschließenden Diskussionsbemerkungen. Z. Abstammgslehre **50** (1929).
660 LENZ, F.: Über die Erblichkeit der Muttermäler auf Grund von Untersuchungen an 300 Zwillingspaaren. Z. Abstammgslehre **41** (1926).
660a. MORGAN, T. H.: The Development of the Asymmetrie. Scient. Monthly **18** (1924).
661 MORRILL, C. V.: Symmetry reversal and mirror imaging in monstrouts trout etc. Anat. Rec. **16** (1919).
661a. NEWMAN, H. H.: The biology of twins. Chigaco 1917.
661b. NEWMAN, H. H.: The finger prints of twin. J. Genet **23** (1930).
662. PRZIBRAM, H.: Vererbungsversuche über asymmetrische Augenfärbung bei Angorakatzen. Roux' Arch. **25** (1908).
663. PRZIBRAM, H.: Asymmetrie-Versuche als Schlüssel zum Bilateralitätsproblem. Verh. VIII. intern. Zool.-Kongr. Graz 1910/12. — Auch in: J. exper. Zool. **10** (1911).
664. *PRZIBRAM, H.: Die Bruch-Dreifachbildung im Tierreiche. Roux' Arch. **48** (1921).
665. STOCKS, P.: A biometric investigation of twins and their brothers and sisters. Ann. of Eugen. **4** (1930).
665a. SUMNER, F. B., and R. R. HUESTIS: Bilateral asymmetry and its relation to certain problems of genetics. Genetics **6** (1921).
666. SWETT, F. H.: Situs inversus viscerum in double trout. Anat. Rec. **22** (1921).
667. VERSCHUER, O. v.: Die vererbungsbiologische Zwillingsforschung. Erg. inn. Med. **31** (1927).

484 Literaturverzeichnis.

667a. VERSCHUER, O. v.: Zwillingsforschung und Vererbung beim Mens=hen. Züchtungskde 5 (1930).

668. VRIES, W. M. DE: Über die Entstehungsart der zyklopischen Miß-bildungen im Zusammenhang mit der normalen und abnormalen Asymmetrie. Nederl. Tijdschr. Geneesk. 70 (1926).

669. WILHELMI, H.: Ein Beitrag zur Theorie der organischen Symm=trie. Roux' Arch. 46 (1920).

670. GRÄPER, L.: Extremitätentransplantationen an Anuren. Foux' Arch. 51 (1922).

671. GRÄPER, L.: Determination und Differenzierung. Roux' Arch. 98 (1923).

672. GOLDSCHMIDT, R.: Die sexuellen Zwischenstufen. Berlin: Julius Springer 1931.

673. GOLDSCHMIDT, R.: Einführung in die Vererbungswissenschaft. 5. Aufl. Berlin: Julius Springer 1928.

§ 49.

674. KEILBACH, R.: Untersuchungen über Flügligkeit. Noch unpubliziert. (Zool. Institut Halle/S.)

§ 50, Nachträge und Anhang.

675. BACHOFEN, J. J.: Urreligion und antike Symbole. Hrsg. v. A. BER-NOULLI. Leipzig: Reclam.

676. BERNOULLI, A. C.: Johann Jakob Bachofen und das Natursymbol. Basel 1924.

677. FLIESS, Periodenlehre, und neuere Aufsätze, z. B.: „Rechts und links." In: Mschr. „Uhu" H. 9. Berlin: Ullstein 1925.

678. Vgl. KANT: Von dem ersten Grunde des Unterschiedes der Gegenden im Raume.

679. MEISENHEIMER, J.: Geschlecht und Geschlechter im Tierreiche. Jena: Fischer. 1 (1921); 2 (1930).

680. ASTAUROFF, B. L.: Analyse der erblichen Störungsfälle der bilateralen Asymmetrie usw. Z. Abstammgslehre 55 (1930).

681. JAPHA, A.: Über die Vererbung der Augenfarben beim Menschen. Verh. Ges. phys. Anthrop. 1926.

682. SALLER, K.: Über den Erbgang der Rothaarigkeit beim Menschen. Z. Abstammgslehre 59 (1931).

683. BAUER, K. H.: Z. Abstammgslehre 50 (1929). — WAALER, H. W.: Ebenda 55 (1930).

684. KOSSWIG, C.: Untersuchung über die Evolution der Heterochromo-somen bei den Zahnkarpfen. Verh. dtsch. zool. Ges. 1931.

685. COMPTON, R. H.: On right- and left-handedness in barley. Proc. Cambridge philos. Soc. 15 (1910).

686. COMPTON, R. H.: A further contribution to the study of right- and left-handedness. J. Genet. 2 (1912).

687. COMPTON, R. H.: Right- and left-handedness in Cereals. IV. Conf. intern. gén. Paris 1913.

688. EICHLER, A. W.: Blütendiagramme. I. II. Leipzig 1875, 1878.

689. GOEBEL, K.: Organographie der Pflanzen. I. 2. Aufl. Jena 1913. 3. Abschn.: Symmetrieverhältnisse.

690. HEIDENHAIN, M.: Ein vorläufiger Bericht über die Spaltungsgesetze der Blätter. Z. Anat. **90** (1929).

691. IТERSON, G. van: Mathematisch und mikroskopisch-anatomische Studien über Blattstellungen. Nebst Betrachtungen über den Schalenbau der Miliolinen. Jena: Fischer 1907.

692. MACKLOSKIE: Antidromy in plants. Amer. Naturalist **29** (1895).

693. NOLL, F.: Über die verschiedene Windungsrichtung der Schlingpflanzen. Verh. Mitt. Siebenburg. Ver. Naturw. Hermannstadt **45** (1896).

694. WINKLER, H.: Die Monokotylen sind monokotyl. Beitr. Biol. Pflanz. **19** (1931).

695. BRENNER, W.: Beobachtungen an Saxifraga granulata. Flora **98** (1908).

Ferner IMAI[657], LEWIS[647], RAUNKIAER.

Namenverzeichnis.

Sachverzeichnis.

(Man suche ein Stichwort zunächst unter der systematischen Gruppe, z. B. Flügellage der Insekten unter Insekten, Beinlänge des Menschen unter Mensch.)

Druck der Spamerschen Buchdruckerei in Leipzig.

Made in United States
Orlando, FL
22 March 2026